朱庄水库志

刘春广　乔光建　王振强　编著

中国水利水电出版社
www.waterpub.com.cn

内 容 提 要

朱庄水库是海河流域子牙河水系南澧河—沙河主要的控制性水利枢纽工程,是一座防洪灌溉、水力发电、水产养殖、城市供水的多功能大(2)型水库。《朱庄水库志》完整地记录朱庄水库建设初期及建库40年来建设和发展,内容包括朱庄水库流域概况、水库勘测与设计、水库移民、水库建设与施工、水库特征值、水库运行与管理、水库水文要素及特征、水库兴利调度、防洪抢险应急预案、水库灌区建设、"引朱济邢"供水工程、水库水环境质量评价、水库生态调度与功能评价、饮用水水源地保护、流域水土保持、水库泥沙、水库除险加固工程、水库工程效益、水库管理沿革等。

本书可供从事水利工程、水文勘测设计、水力发电、水资源保护、水土保持、水环境评价等技术管理人员及大专院校师生参考。

图书在版编目(CIP)数据

朱庄水库志 / 刘春广,乔光建,王振强编著. -- 北京:中国水利水电出版社,2014.8
ISBN 978-7-5170-2445-3

Ⅰ. ①朱… Ⅱ. ①刘… ②乔… ③王… Ⅲ. ①水库—水利史—淮北市 Ⅳ. ①TV632.543

中国版本图书馆CIP数据核字(2014)第204516号

书　　名	**朱庄水库志**
作　　者	刘春广　乔光建　王振强　编著
出版发行	中国水利水电出版社
	(北京市海淀区玉渊潭南路1号D座　100038)
	网址:www.waterpub.com.cn
	E-mail:sales@waterpub.com.cn
	电话:(010)68367658(发行部)
经　　售	北京科水图书销售中心(零售)
	电话:(010)88383994、63202643、68545874
	全国各地新华书店和相关出版物销售网点
排　　版	中国水利水电出版社微机排版中心
印　　刷	北京纪元彩艺印刷有限公司
规　　格	184mm×260mm　16开本　29.25印张　694千字
版　　次	2014年8月第1版　2014年8月第1次印刷
印　　数	0001—1500册
定　　价	**90.00元**

《朱庄水库志》编辑委员会

主　　任：刘春广

副 主 任：王振强　郑江峰　乔光建

委　　员：李伟召　周振雄　孟　磊　田献文　赵凤翔　李建良
　　　　　王　鹏　赵庆丰　王建华　关东魁　董玉华

主　　编：刘春广

副 主 编：乔光建　王振强

参加人员：李伟召　周振雄　孟　磊　田献文　赵凤翔　王　鹏
　　　　　张瑞民　陈立敏　梅风波　邢国霞　左敬东　卢娅欣
　　　　　申明霞　李志军　王水燕　施观宇　张建勇　穆　剑
　　　　　刘翠卿　乔　梁　张群锋　刘　哲　陈　力　要子霞

审稿人员：左文治　刘文荣　张谦鹏　周振雄

特约审稿专家：焦立君　赵存亮　张英林　宋志伟　张登杰
　　　　　　　张彦增　邢新朝　岳树堂　黄秋生

序

　　朱庄水库是一座以防洪灌溉为主，兼顾发电、水产养殖等综合利用的大
（2）型水利枢纽工程，控制流域面积 $1220km^2$，工程等别为Ⅱ级。1978年建
成蓄水以来，对当地经济发展发挥了重要作用。随着国民经济的发展，朱庄
水库的服务功能也发生了变化，从建设初期的功能是以防洪、灌溉为主，发
电、养殖为辅，如今还增加了城市供水、生态恢复用水、生物多样性保护等
功能。同时，水库周边风景秀丽，空气清新，亦是观光旅游的好去处。

　　邢台市朱庄水库管理处组织有关人员编写《朱庄水库志》一书，收集了
从建设水库的设计、施工、运行管理阶段各个不同时期管理、技术、科研等
方面的资料和文献，并对各种资料进行加工整理，全面、系统、科学地记录
了朱庄水库建设和发展过程，如实记载了水库建设和管理中的经验和问题。
全书共20章，内容包括朱庄水库流域概况、水库勘测与设计、水库移民、水
库建设与施工、水库特征值、水库运行与管理、水库水文要素及特征、水库
兴利调度、防洪抢险应急预案、水库灌区建设、"引朱济邢"供水工程、水库
水环境质量评价、水库生态调度与功能评价、饮用水水源地保护、流域水土
保持、水库泥沙、水库除险加固工程、水库工程效益、水库管理沿革等。

　　朱庄水库的建设与管理，经历了承包责任制管理、改革开放、目标管理
时期等不同历史阶段，水库的建设与管理也随着形势的变化而改变，管理模
式也发生了重大变化。朱庄水库投入运行之后，着力加强管理，努力提高管
理水平，与时俱进，采用新的技术手段，不断有所发展，有所创新，相继建
立了水文观测自动系统、大坝安全监测系统、洪水预报和调度自动化系统、
电站运行自动化系统，并将工程监测系统与水情测报、蓄泄调度系统联网，
实现了水库智能化运行和管理。

　　《朱庄水库志》一书记载朱庄水库从勘察、设计、施工到蓄水调度不同阶
段的运作与管理情况，时间跨度近40年，各种资料表明，朱庄水库的各种服
务功能在邢台市社会经济发展中发挥着越来越重要的作用。基础资料是志书
的生命力，全面、完整、翔实可靠的资料可以满足求实致用的要求，也是学
术价值的所在。该书从水库建设、运行、管理等各个方面的发展过程中进行

总结、汇总，能够在掌握大量资料的基础上提炼内容，理清脉络，是一部完整的水库建设技术档案和水库管理文献，为今后水库运行管理、兴利调度、防洪减灾、科学研究、技术服务提供重要的参考依据。

《朱庄水库志》一书是将志书与科学性、知识性融于一起的朱庄水库大全，为有关部门的科学决策提供了一本全面、系统的水库技术管理历史资料，并为邢台市的经济可持续发展提供水利技术支撑。全书资料宏实、内容祥赡、层次清晰，是一部资政、存史、教育之佳作。

撰文贺之，是以为序。

邢台市人民政府副市长

邝文双

2014 年 7 月

前　言

朱庄水库于1978年建成，是以防洪、农业灌溉、发电和水面养殖等综合利用的大型水库。随着经济的发展，水库的服务功能也发生了变化。朱庄水库是邢台市地表水饮用水源地，"引朱济邢"供水工程为邢台市的工业和生活提供优质水源，而且，对改善下游生态环境、恢复百泉生态系统提供水源，水库的功能和作用远远大于建库初期的防洪和灌溉功能，目前，是一座以防洪、灌溉、饮用水源地、城市供水、生态环境保护于一体的多功能水库。朱庄水库对促进当地经济和社会的可持续发展，提高该区域经济的整体质量，有着十分重要的现实意义和历史意义。

朱庄水库管理处组织有关人员，编写了《朱庄水库志》一书，从管理、发展、技术应用、水资源保护等多方面进行总结和计算，对朱庄水库运行管理中的水库防洪调度、水库淤积量、水库渗漏量、水库蒸发量、水库生态调度等重大技术问题，进行全面的分析研究，对朱庄水库的建设和发展不同阶段的技术问题进行汇总整理。全书分十九章，内容包括朱庄水库流域概况、水库勘测与设计、水库移民、水库建设与施工、水库特征值、水库运行与管理、水库水文要素及特征、水库兴利调度、防洪抢险应急预案、水库灌区建设、"引朱济邢"供水工程、水库水环境质量评价、水库生态调度与功能评价、饮用水水源地保护、流域水土保持、水库泥沙、水库除险加固工程、水库工程效益、水库管理沿革等。

《朱庄水库志》以水库建设、管理为主线，技术方面涉及到水利工程、水力发电、水资源保护、防洪预报、水文计算、水土保持等多个科学分支。新技术在水库管理中的应用和实践，也是本书的一项重要内容。本书以丰富的资料展现和记载了朱庄水库建设、施工、应用和功能的全过程，具有很好的存史和研究价值。

本书涉及资料和有关数据，大部分来自朱庄水库建库前后的资料记载，以及有关单位的科研成果、技术报告、设计规划、科研论文等，在此对这些单位和作者表示感谢。在编写过程中，得到了河北省水利厅、河北省水文水资源勘测局、邢台市水务局、河北省邢台水文水资源勘测局、河北省衡水水文水资源勘测局、邢台县水务局、沙河市水务局等有关单位的大力支持，在此一并致谢。

随着经济的发展，水库的服务功能发生了变化，水库的功能与作用突显。从水库管理、技术应用、科学研究等多方面内容充实水库志，使水库志书更具有实用价值，是一个新的尝试。由于作者水平有限，难免有不妥之处，敬请有关专家、读者批评指正。

作者

2014 年 7 月

目 录

序

前言

第一章 流域概况 ………………………………………………………… 1

　第一节 水文气象 ……………………………………………………… 1

　第二节 土壤植被 ……………………………………………………… 2

　　1 土壤类型 ……………………………………………………… 2

　　2 流域植被 ……………………………………………………… 2

　第三节 地质地貌 ……………………………………………………… 3

　第四节 河流特征 ……………………………………………………… 3

　　1 路罗川 ………………………………………………………… 5

　　2 将军墓川 ……………………………………………………… 5

　　3 浆水川 ………………………………………………………… 6

　　4 宋家庄川 ……………………………………………………… 6

　第五节 水利工程 ……………………………………………………… 7

　　1 中型水库 ……………………………………………………… 7

　　2 小型水库 ……………………………………………………… 7

　参考文献 ……………………………………………………………… 8

第二章 水库勘测与设计 …………………………………………… 9

　第一节 水文勘测与设计 ……………………………………………… 9

　　1 水库建设规划方案 …………………………………………… 9

　　2 水库的勘测与初步设计 ……………………………………… 10

　第二节 水库枢纽工程布置及主要建筑物 ………………………… 11

　　1 溢流坝及非溢流坝 …………………………………………… 11

　　2 泄洪底孔 ……………………………………………………… 12

　　3 消力池 ………………………………………………………… 12

　　4 放水洞 ………………………………………………………… 12

　　5 发电洞 ………………………………………………………… 13

　　6 电站 …………………………………………………………… 13

　　7 渠首工程 ……………………………………………………… 13

　第三节 水库建设洪水设计 ………………………………………… 13

1　设计洪水 ……………………………………………………………… 14

2　设计洪水流量过程线 …………………………………………………… 15

3　可能最大洪水计算 ……………………………………………………… 17

4　设计洪水的复核 ………………………………………………………… 20

参考文献 ……………………………………………………………………… 20

第三章　水库移民 …………………………………………………………… 21

第一节　水库移民安置 ……………………………………………………… 21

1　沙河县移民搬迁 ………………………………………………………… 21

2　邢台县移民搬迁 ………………………………………………………… 22

第二节　施工占地赔偿 ……………………………………………………… 24

参考文献 ……………………………………………………………………… 26

第四章　水库建设与施工 …………………………………………………… 27

第一节　施工组织 …………………………………………………………… 27

1　施工机构 ………………………………………………………………… 27

2　施工布置及器材 ………………………………………………………… 32

3　政治和后勤工作 ………………………………………………………… 33

第二节　施工导流 …………………………………………………………… 34

1　导流涵洞 ………………………………………………………………… 34

2　上游围堰 ………………………………………………………………… 34

3　导流洞改建 ……………………………………………………………… 34

第三节　基础处理 …………………………………………………………… 35

1　基础开挖 ………………………………………………………………… 35

2　增加坝体 ………………………………………………………………… 36

3　灌浆 ……………………………………………………………………… 37

4　基础排水 ………………………………………………………………… 39

第四节　大坝混凝土工程 …………………………………………………… 39

1　浇灌混凝土前准备 ……………………………………………………… 40

2　混凝土浇筑 ……………………………………………………………… 44

第五节　大坝浆砌石 ………………………………………………………… 49

1　采运石料 ………………………………………………………………… 49

2　浆砌石 …………………………………………………………………… 50

3　浆砌石工艺及外加剂 …………………………………………………… 52

4　砌石质量检验 …………………………………………………………… 54

第六节　大坝安装工程 ……………………………………………………… 57

1　观测设备安装 …………………………………………………………… 57

2　金属构件安装 …………………………………………………………… 60

第七节　施工管理 …………………………………………………………… 62

 1 施工组织机构及职责 ································ 62

 2 施工定额管理 ···································· 63

 3 施工安全 ·· 64

第八节 工程投入 ·· 65

 1 施工预算 ·· 65

 2 竣工决算 ·· 66

 3 材料消耗及用工 ·································· 67

第九节 工程验收 ·· 68

 1 阶段验收 ·· 68

 2 竣工验收 ·· 69

参考文献 ·· 71

第五章 水库特征值 ·· 72

第一节 水库工程技术特性 ································ 72

 1 水库工程建筑物、设备的特性 ······················ 72

 2 朱庄水库工程基本情况 ···························· 74

第二节 水库特征水位和相应库容 ························ 75

 1 水库特征水位 ···································· 75

 2 特征水位与库容 ·································· 77

第三节 水库特性曲线 ···································· 78

 1 水库水位—流量曲线 ······························ 79

 2 水库水位—水面面积曲线 ·························· 79

 3 水库水位—库容曲线 ······························ 83

参考文献 ·· 86

第六章 水库运行与管理 ···································· 87

第一节 水库调度规程 ···································· 87

 1 水库调度规程编制原则 ···························· 87

 2 调度条件与依据 ·································· 88

 3 防洪调度 ·· 92

 4 供水调度 ·· 93

 5 泄水闸门调度规程 ································ 94

 6 发电调度 ·· 98

 7 综合利用调度 ···································· 98

 8 水库调度管理 ···································· 98

 9 附则 ·· 99

第二节 工程观测 ·· 99

 1 工程监测项目及观测设施布置 ······················ 99

 2 水库坝体监测要求 ································ 101

　　3　大坝观测分析结果 ……………………………………… 103

　第三节　水库运行与管理 ……………………………………… 103

　　1　自动测报系统 ………………………………………… 104

　　2　调度运用方式 ………………………………………… 106

　　3　流域来水量变化 ……………………………………… 108

　　4　水库蓄水量变化 ……………………………………… 113

　第四节　水库电站运行与管理 ………………………………… 114

　　1　机组设置及技术指标 ………………………………… 114

　　2　机组安装 ……………………………………………… 115

　　3　机组验收 ……………………………………………… 116

　　4　超设计水头实验 ……………………………………… 118

　　5　水库水电站调速器改造 ……………………………… 119

　　6　水电站运行管理 ……………………………………… 121

　第五节　水库工程维修 ………………………………………… 122

　　1　金属结构防腐蚀处理 ………………………………… 122

　　2　通信电气设备维修 …………………………………… 122

　　3　坝体表面维修 ………………………………………… 122

　　4　水库闸门自动化改造工程 …………………………… 123

　参考文献 ………………………………………………………… 123

第七章　水库水文要素及特征 …………………………………… 124

　第一节　水文要素观测 ………………………………………… 124

　　1　朱庄水库水文站 ……………………………………… 124

　　2　野沟门水库水文站 …………………………………… 126

　　3　坡底水文站 …………………………………………… 128

　第二节　降水量 ………………………………………………… 130

　　1　降水量观测 …………………………………………… 130

　　2　降水特征 ……………………………………………… 131

　　3　降水量变化趋势分析 ………………………………… 139

　第三节　径流量变化 …………………………………………… 139

　　1　人类活动对径流量影响分析 ………………………… 139

　　2　植被对径流调节作用 ………………………………… 145

　　3　径流量变化 …………………………………………… 151

　　4　水库渗漏损失量 ……………………………………… 154

　　5　野沟门水库水量变化 ………………………………… 167

　第四节　蒸发量 ………………………………………………… 169

　　1　蒸发量观测 …………………………………………… 169

　　2　蒸发量年内变化特征 ………………………………… 170

　　　3　水库蒸发量 ………………………………………………… 171

　参考文献 …………………………………………………………… 175

第八章　水库兴利调度 ……………………………………………… 177

　第一节　水库优化调度 …………………………………………… 177

　　　1　水库调度总则 …………………………………………… 177

　　　2　水库调度工作内容 ……………………………………… 177

　　　3　水库拦洪功能 …………………………………………… 178

　　　4　防洪安全指标 …………………………………………… 180

　第二节　水电站用水调度 ………………………………………… 182

　　　1　优化调度方案 …………………………………………… 182

　　　2　发电用水效率 …………………………………………… 182

　第三节　水库兴利调节计算 ……………………………………… 184

　　　1　径流调度计算 …………………………………………… 184

　　　2　兴利调节计算 …………………………………………… 185

　第四节　水库防洪调度 …………………………………………… 189

　　　1　水库防洪调度规则的编制 ……………………………… 189

　　　2　水库防洪调度实施措施和工作制度 …………………… 191

　　　3　朱庄水库"96·8"暴雨洪水与防洪调度 ……………… 193

　　　4　朱庄水库 2000 年 7 月暴雨洪水与防洪调度 ………… 199

　第五节　用水调度 ………………………………………………… 201

　参考文献 …………………………………………………………… 203

第九章　防洪抢险应急预案 ………………………………………… 204

　第一节　总则 ……………………………………………………… 204

　第二节　汛期调度运用计划 ……………………………………… 204

　第三节　突发事件危害性分析 …………………………………… 205

　　　1　主要应急措施 …………………………………………… 205

　　　2　重大工程险情分析 ……………………………………… 206

　　　3　大坝溃决分析 …………………………………………… 206

　　　4　影响范围内有关情况 …………………………………… 210

　第四节　险情监测与报告 ………………………………………… 210

　　　1　险情监测和巡查 ………………………………………… 210

　　　2　险情上报与通报 ………………………………………… 212

　第五节　险情抢护 ………………………………………………… 212

　　　1　抢险调度 ………………………………………………… 212

　　　2　抢险措施 ………………………………………………… 212

　　　3　应急转移 ………………………………………………… 213

　第六节　应急保障 ………………………………………………… 214

　　　　1　应急组织保障 ……………………………………………………… 214

　　　　2　队伍和物资保障 ………………………………………………… 215

　　　　3　其他保障 ………………………………………………………… 216

　　第七节　《应急预案》启动与结束 ………………………………………… 216

　　参考文献 ……………………………………………………………………… 217

第十章　水库灌区建设 …………………………………………………… 218

　　第一节　朱庄水库南灌区 ………………………………………………… 218

　　　　1　灌区工程 ………………………………………………………… 218

　　　　2　灌区发展及用水 ………………………………………………… 222

　　　　3　灌区管理 ………………………………………………………… 223

　　第二节　朱庄水库北灌区 ………………………………………………… 223

　　　　1　朱庄北干渠前身 ………………………………………………… 223

　　　　2　朱庄北干渠建设 ………………………………………………… 224

　　　　3　朱庄北干渠历年供水情况 ……………………………………… 225

　　第三节　水库水温分层对下游农作物影响 ……………………………… 226

　　　　1　水库水体热力学状况的监测与分析 …………………………… 226

　　　　2　水温分层对下游农业用水的影响分析 ………………………… 229

　　　　3　低温水灌溉对农作物影响 ……………………………………… 231

　　参考文献 ……………………………………………………………………… 231

第十一章　"引朱济邢"供水工程 ……………………………………… 232

　　第一节　工程设计与管理 ………………………………………………… 232

　　　　1　输水管线 ………………………………………………………… 232

　　　　2　管理站数据采集系统 …………………………………………… 233

　　　　3　自动化监控工程 ………………………………………………… 234

　　　　4　工程管理 ………………………………………………………… 235

　　第二节　工程效益 ………………………………………………………… 235

　　　　1　费用计算 ………………………………………………………… 236

　　　　2　效益估算 ………………………………………………………… 236

　　　　3　国民经济评价 …………………………………………………… 237

　　第三节　工程扩建 ………………………………………………………… 237

　　　　1　德龙钢铁有限公司用水 ………………………………………… 237

　　　　2　沙河电厂用水 …………………………………………………… 238

　　　　3　其他用水 ………………………………………………………… 239

　　参考文献 ……………………………………………………………………… 239

第十二章　水库水环境质量评价 ……………………………………… 240

　　第一节　水质评价 ………………………………………………………… 240

    1　水质评价依据和方法 ·· 240

    2　水质评价结果 ·· 242

    3　水质变化趋势分析 ·· 244

    4　水库水体富营养评价 ···································· 244

  第二节　水库水体污染物时空分布与变化规律 ·············· 246

    1　朱庄水库水质时空变化规律分析 ···················· 246

    2　朱庄水库水体氮磷营养物质变化规律分析 ·········· 249

    3　氮、磷循环特征对水体富营养化影响分析 ·········· 257

  第三节　水库上游流域植被对水质影响 ···················· 263

    1　流域植被分布情况 ·· 263

    2　流域植被对水质影响 ···································· 264

  参考文献 ·· 267

第十三章　水库生态调度与功能评价 ·······················268

  第一节　水库生态用水调度决策 ···························· 268

    1　水库生态用水调度原则和目标 ······················ 268

    2　河流生态环境需水分析 ································ 269

    3　水库生态用水调度 ······································ 270

  第二节　水库生态调度对岩溶地下水的补充作用分析 ······ 272

    1　邢台百泉岩溶地区概况及水环境现状 ·············· 272

    2　水库生态调度对下游地下水环境的保护和修复 ······ 274

    3　水库生态调度补水量计算 ···························· 275

    4　岩溶地区水库生态调度的对策和建议 ·············· 277

  第三节　朱庄水库回补百泉岩溶水调蓄方案 ················ 277

    1　百泉岩溶水系统回灌可行性分析 ···················· 277

    2　回灌调蓄方案分析 ······································ 278

    3　回灌补给岩溶水效果分析 ···························· 279

  参考文献 ·· 281

第十四章　饮用水水源地保护 ·····························282

  第一节　保护区划分依据 ·································· 282

  第二节　饮用水源地保护区划分 ···························· 283

    1　划分原则 ·· 283

    2　技术方法 ·· 283

    3　划分结果 ·· 284

  第三节　饮用水水源保护区的监督与管理措施 ············ 284

    1　工程措施 ·· 285

    2　非工程措施 ·· 289

　　　3　生态环境监察 ································· 289

　　　4　人工增雨措施 ································· 290

　　　5　保护水库水环境的建议 ······················· 291

　　参考文献 ····································· 291

第十五章　流域水土保持 ····························· 292

　第一节　流域土壤侵蚀类型 ························· 292

　　　1　面蚀情况分析 ······························· 292

　　　2　沟蚀情况分析 ······························· 293

　　　3　山洪侵蚀 ································· 294

　第二节　降水对土壤侵蚀实验研究 ····················· 294

　　　1　研究区基本概况与植被情况 ······················· 295

　　　2　流域植被对土壤侵蚀作用的实验分析 ··················· 296

　第三节　水土保持治理措施 ························· 301

　　　1　工程措施 ································· 301

　　　2　植树造林 ································· 301

　第四节　水土保持效益分析 ························· 302

　　　1　水土保持效益计算有关参数 ······················· 302

　　　2　保土经济效益计算 ··························· 303

　　　3　保土生态效益计算 ··························· 304

　　参考文献 ····································· 308

第十六章　水库泥沙 ································· 309

　第一节　流域输沙监测 ··························· 309

　　　1　建库前输沙量监测成果 ························· 309

　　　2　泥沙颗粒分析 ······························· 311

　第二节　流域产沙规律分析 ························· 312

　　　1　研究区土壤侵蚀概况 ··························· 312

　　　2　典型小流域产沙特性分析 ······················· 314

　　　3　流域产沙量时空分布特征分析 ····················· 315

　第三节　降水强度与产沙量的关系 ····················· 316

　　　1　研究区基本概况 ····························· 317

　　　2　流域内水沙关系不确定性分析 ····················· 318

　　　3　降水时空分析对水沙关系影响分析 ··················· 320

　第四节　水库泥沙淤积与清淤 ······················· 323

　　　1　水库淤积影响分析 ··························· 323

　　　2　水库淤积量计算 ····························· 324

　　　3　水库排沙方法 ······························· 329

　　　4　水库库区末端清淤分析 ························· 330

参考文献 ·· 330

第十七章 水库除险加固工程 ································ 332

第一节 水库大坝安全鉴定情况 ·························· 332

  1 大坝安全鉴定 ·· 332

  2 工程存在的主要安全隐患 ······························ 333

  3 针对缺陷、异常现象和安全隐患的处置措施 ········ 333

第二节 主坝加固设计依据 ······························ 333

  1 工程等别及建筑物级别 ································· 333

  2 设计规范及文件 ·· 334

第三节 大坝深层抗滑稳定复核 ························· 334

  1 计算断面的选取及边界条件 ·························· 334

  2 荷载及荷载组合 ·· 335

  3 深层抗滑稳定复核 ····································· 338

第四节 溢流面表层混凝土破坏原因分析及处理 ······· 343

  1 溢流面表层混凝土普查 ································· 343

  2 混凝土芯样质量检查 ··································· 344

  3 溢流面表层混凝土破坏原因分析 ···················· 345

  4 溢流面表层混凝土破坏处理 ·························· 345

第五节 溢流坝闸墩混凝土强度复核 ···················· 347

  1 闸墩牛腿附近混凝土低强问题 ······················ 347

  2 闸墩混凝土强度检测 ··································· 347

  3 牛腿配筋及其附近闸墩局部受拉区强度复核 ········ 349

第六节 水库建筑工程加固 ······························ 353

  1 坝基防渗、排水 ·· 353

  2 溢流坝机架桥改建 ····································· 355

  3 消力池加固设计 ·· 356

  4 坝体裂缝及廊道渗水处理 ······························ 359

  5 放水洞封堵设计 ·· 362

  6 溢流坝、泄洪底孔等闸门启闭机室改建 ·············· 364

  7 坝顶维修和改建 ·· 365

  8 对外交通工程 ·· 366

第七节 大坝金属结构工程加固 ························· 368

  1 溢流坝金属结构 ·· 368

  2 泄洪底孔 ·· 375

  3 发电洞 ··· 378

  4 北灌渠渠首 ··· 380

  5 南灌渠输水管 ·· 381

    6 消力池北边墙廊道排水管逆止阀门 ·················· 381

    7 防冰冻设计 ··· 382

    8 启闭机室辅助设备 ······································· 382

    9 防腐设计 ··· 383

  第八节　木力机械与电气 ···································· 383

    1 工程概况 ··· 383

    2 水力机械设计 ·· 383

    3 供配电方案优化设计 ·································· 385

    4 电气一次设备供配电系统现状及存在问题 ···· 387

    5 电气二次设备 ·· 388

  参考文献 ··· 395

第十八章　水库工程效益 ································· 396

  第一节　经济效益 ·· 396

    1 灌溉效益 ··· 396

    2 发电效益 ··· 398

    3 供水效益 ··· 399

    4 综合经营效益 ·· 400

  第二节　生态效益 ·· 404

    1 恢复百泉生态环境 ····································· 404

    2 改善小气候环境质量 ································· 405

    3 生态旅游 ··· 408

  第三节　社会效益 ·· 410

    1 防洪减灾 ··· 410

    2 保障城市供水 ·· 410

    3 解决山区人畜饮水 ····································· 411

  参考文献 ··· 411

第十九章　水库管理沿革 ································· 412

  第一节　组织沿革 ·· 412

  第二节　管理体制 ·· 413

  第三节　领导人员变更 ···································· 414

  第四节　管理制度 ·· 418

  第五节　下属单位 ·· 419

    1 朱庄水库职干子弟学校 ····························· 419

    2 朱庄水库疗养院 ······································· 420

    3 地震观测站 ··· 420

附录　朱庄水库大事记 ·································· 421

第一章 流 域 概 况

朱庄水库位于河北省沙河市孔庄乡朱庄村附近。是海河流域子牙河水系滏阳河支流沙河上的一座以防洪、工农业供水为主，养殖发电为辅综合利用的大（2）型水利枢纽工程，控制流域面积 1220km²，工程等级为 Ⅱ 级。

第一节 水 文 气 象

朱庄水库位于河北省南部山区，属东亚温带大陆性季风气候，一年四季春夏秋冬分明，寒暑悬殊，冬夏较长，春秋短暂，冬寒少雪。春季干燥，常受西伯利亚大陆性气团影响，偏北风或偏西风盛行，多风沙晦日，蒸发量大，降雨量稀少。夏季炎热，降水主要受西风槽、切变线、低涡、台风和台风倒槽等天气系统的影响。多年平均年降水量为 577.0mm，西部山区偏大，一般可达 660.0mm 以上。全年雨量大部分集中在 6—9 月，约占年总量的 80% 左右，其中尤以 7—8 月两月最多，约占年总量的 60% 左右。与降雨的分布情况相似，山区的径流值明显高于平原，山区的多年平均径流深在 200～300mm，平原区多年平均径流深在 20～50mm，径流在年内的分配很不均匀，主要集中在汛期，连续四个月的径流量占年径流量的 85% 左右，最大月径流量多发生在 8 月，一般占年径流量的 25%～45%，洪水多发生在 7—8 月。全流域初霜期多在 10 月，终霜期多在 4 月，无霜期在 192～223d 左右，日照时数在 2500h 左右。历年最低气温出现在 1 月下旬—2 月上旬，极值为 −4～−21.4℃，历年极端最高气温出现在 7—8 月，极值为 28～41℃，多年平均气温为 16.7℃ 左右。

由于邢台西部山区的特殊地形，使之成为海河流域最主要的暴雨中心，近几十年来两次最大的洪水其暴雨中心均发生在本区。其一是 1963 年的獐獏站最大 3d 降水 1457.5mm，最大 24h 降水 932.0mm。其二是 1996 年的野沟门站最大 3d 降水 618.8mm，最大 24h 降水 436.8mm。主要水文气象指标见表 1-1。

表 1-1　　　　　　　　　　主 要 水 文 气 象 指 标

项目	数值	项目	数值	项目	数值
多年平均气温	16.7℃	多年汛期实测最大风速	12.3m/s	多年汛期最大平均风速	9.8m/s
多年最高气温	41.0℃	最低月平均气温	−4.0℃	多年平均降水量	577.0mm
多年最低气温	−21.4℃	多年实测最大风速	18.0m/s	最大 3d 降水量	1457.5mm
最高月平均气温	28.0℃	多年最大平均风速	12.9m/s	最大 1d 降水量	932.0mm

第二节 土 壤 植 被

1 土壤类型

（1）棕壤土。多分布在西部高程 1000.00m 以上的深山区。它包括 3 个亚类：棕壤土分布于森林和灌木林区；生草棕壤土分布于以生草为主的疏林区；粗骨棕壤土分布于生草很少、土壤严重侵蚀区。

（2）褐土。分布于高程 1000.00m 以下的山区、丘陵和平原。它包括 5 个亚类：褐土性土分布于植被少、土层薄、土壤严重侵蚀的山丘；淋溶褐土分布于高程 600.00m 以上、1000.00m 以下植被较好的山区；褐土分布于高程 600.00～700.00m 以下的山丘区；石灰性褐土分布于深层换土丘陵区；草甸褐土分布于地势低洼的潮湿区。

（3）新积土。新积土是自然力及人为作用将松散物质堆叠而成，大多分布在地势相对低平地段，如河床、河漫滩、冲积平原、洪积扇、谷地或盆地，以及沟坝地等。水库上游的河川入口处分布较多。新积土脱离冲积洪积作用的时间不长，有的还断续再受冲积洪积的影响，故其形态基本上保留着沉积物原状，剖面无发育层次分化。由河流冲积物形成的冲积土，土体结构疏松，沉积层理明显，原生矿物清晰可见。

（4）草甸土。由于山顶风强，乔木生长困难，仅有灌丛及耐湿性草甸植被生长，有的山顶过去曾为木本植物所覆盖，因受火灾影响，林木消失，逐渐为耐风耐寒的灌丛及草甸植被替代，有的形成草毡层，地表生长地衣和苔藓，植被覆盖率在 90％ 以上。山地草甸土的形成特点是：殖质积累明显。山地草甸土所处环境由于气候冷凉，土体湿润，草甸植被生长茂密，每年能提供大量植物残体，但分解缓慢，从而积聚于土体中，使土壤有机质和腐殖质明显富集，形成草根层或草毡层和较厚的腐殖质层。分布于山川峡谷中。其亚类有草甸土和沼泽化草甸土。

2 流域植被

流域上游，古时曾是古木参天、林密草茂、植被良好的区域，由于人类活动及无节制的砍伐，植被几乎破坏殆尽。新中国成立后实施封山育林，使得幼林及天然次生林逐渐成长。

太行东麓自古森林茂密，草木繁茂。据《邢台县志》记载，到北宋依然是"茂林乔松""木阴浓似盖"。民间有"浆水川，路罗川，七十里地不见天"之说。元明清以后，兵火战乱至这一带植被覆盖率锐减，到新中国成立前夕，森林资源已残存无几。1964 年前，启动太行山绿化工程，封山造林使这一带成为太行山最绿的地方。

朱庄水库流域位于山区和深山区，现有植被均属次生和人工植被。

中生性森林植被主要分布于海拔 1000～1500m 以上的中山地带，不老青山为这一植被型的代表地区。植物种类主要有油松、鹅耳枥、辽东栎、六道水、毛榛、牛角棍及细叶苔草、卷柏等。此外，还有少量的白桦、黑桦等植物分布。

旱生性落叶阔叶林植被主要分布在海拔 500m 以上低山区。代表植物主要有麻栎、全皮栎、刺槐、绣绒菊、杭子稍、荆条、多花胡枝子、薄皮木、黄贝草、白阳草、地丁、菌陈蒿、铁杆蒿等。

由于受降水、成土母质和土壤条件的影响,植被类型呈阶梯状分布。在中低山区,植被类型呈垂直分布,山头多为松槐菜,山腰多把果树栽,河川沿岸杨柳树。

受山脉走向的影响,呈南-北走向的山脉,坡前坡后变化不明显。而呈东-西走向的山脉,阴坡的植被明显高于阳坡。

受土壤影响,植被类型多随土壤不同而变化。中生性植被方面,油松、白桦、黑桦一类植物集中分布在棕壤地带,而柞栎(菜树)则主要分布在褐土地带。以灰岩成土母质的中性、偏碱性地带多出现侧柏、洋槐、柿、黑枣、酸枣、花椒、白羊草、黄连木等。而以片麻岩成土母质的中性、偏酸性地带,则多见松、栎、洋槐、板栗、核桃、荆条等。

第三节 地 质 地 貌

朱庄水库位于太行山东南部沙河,河床宽度 200~500m 不等,河床两岸为浑圆状低山景观,大部分高程为 350.00m 左右。

沿河两岸为三级阶地,一、二级阶地高出河床 5~15m,为堆积阶地,三级阶地高出河床 50m,为基座阶地。

水库内广泛分布为太古界片麻岩系,其岩性为肉红色花岗片麻岩,灰黑色角闪片麻岩、灰片麻岩等。坝址区出露地层均为震旦系石英砂岩、砂页岩,层次明显,厚薄不等。其下部为太古界花岗片麻岩成不整合接触。石英岩按其岩性分为九大层,大坝修建在Ⅱ~Ⅲ层上。表 1-2 为朱庄水库坝址主要裂隙特征表。

表 1-2　　　　　　　　　　朱庄水库坝址区主要裂隙特征表

组别	产 状	特 征 及 分 布	发育程度
1	北东 10°~30°倾向北西,倾角 70°~80°	张开宽度一般不大,延伸不长,呈弯曲状,有时出现右型排列,北岸较南岸发育,有水平擦痕,扭性结构面	较发育
2	北东 30°~60°倾向北西,倾角 80°~85°	张开宽度大,延伸长,直线或折线状,面呈弯曲状,有时出现右型排列,有水平擦痕,常呈密集带出现,左岸以北东 30°~50°为发育,右岸北东 50°~60°发育,沿裂隙有小的位移。张扭性结构面	最发育
3	北东 60°~70°倾向北西、南东,倾角 80°~85°	一般张开较小,延伸不长,呈直线状,有时局部地段较密集,有水平擦痕,多数出现在右岸,扭性结构面	发育
4	近东西方向倾向北东,倾角 80°	张开较小,延伸不长,呈弯曲状,有水平擦痕,张扭性结构面	不发育
5	北西 300°~330°倾向南西、北东,倾角 75°~80°	张开较小,出现不多,一般呈直线状延伸较长,面呈弯扭状,有水平擦痕,岸边较为发育,张扭性结构面	不发育

第四节 河 流 特 征

流域面积指流域周围分水线与河口(或坝、闸址)断面之间所包围的面积,习惯上往往指地表水的集水面积。在水文地理研究中,流域面积是一个极为重要的数据。自然条件相似的两个或多个地区,一般是流域面积越大的地区,该地区河流的水量也越丰富。

河流长度指河源到河口的长度,它是确定河流比降的基本参数。

河流弯曲系数:某河段的实际长度与该河段直线长度之比,称为该河段的河流弯曲系数。可用下式表示：

$$K_a = \frac{L}{Z}$$

式中：K_a 为弯曲系数；L 为河段实际长度，km；Z 为河段的直线长度，km。

弯曲系数 K_a 值越大，河段越弯曲。河流弯曲系数大对航运及排洪不利，但是有利于自身的河流健康。河流弯曲系数大于 1.3 时，可以视为弯曲河流，河流弯曲系数不大于 1.3 时，可以视为平直河流。

河段两端的河底高程之差（ΔH）称为落差，河源到河口两处的河底高程之差称为总落差。河道纵比降是指河流（或某一河段）水面沿河流方向的高差与相应的河流长度比值。

朱庄水库坝址在南澧河—沙河上游的綦村镇朱庄村附近，故名朱庄水库。沙河上游分两个河段：宋家庄川，上断面内丘县桃园村，下断面邢台县宋家庄野河桥；野河，上断面邢台县宋家庄野河桥，下断面邢台县庞会村庞会桥。邢台县庞会桥至沙河市与南和县交界处之间河段称为沙河。从南和县境内至任县环水村河段成为南澧河。河流全称南澧河—沙河。

在邢台县境内经宋家庄川、将军墓川、浆水川、路罗川等汇合后南流，直接入朱庄水库。朱庄水库流域河流分布见图 1-1。

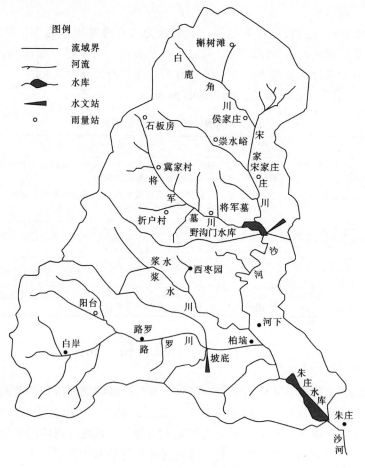

图 1-1　朱庄水库流域河流分布图

1 路罗川

在邢台西部，这样东西走向的支脉有五条，形成了四道"川"。其中最南面的一道称为"路罗川"。

路罗川源头有两处：其一是发源于峰王崖，其二是发源于王山铺。两源分别经白岸、杨庄，于左坡汇合后向东南经路罗、花木、白崖、坡底、麦地湾至庞会入朱庄水库。其上游有桃树坪支沟、前坪至夹道万支沟、南就水至芝麻峪支沟、西工干支沟等8余条较大的支沟。表1-3为路罗川主要支流（河道）特征值统计结果。

表1-3　　　　　　　　　路罗川主要支流（河道）特征值统计结果

序号	河口—河源	流域面积/km²	河长/km	河道直线长度/km	河道弯曲度	流域平均宽度/m	河源高程/m	河口高程/m	落差/m	河道比降/‰	汇入河流
1	南沟—柏垴	318	35.6	29.6	1.20	8.93	1200.00	270.00	930	26.1	
2	南沟—凉水坪	25.4	9.5	8.9	1.06	2.67	1200.00	640.00	560	58.9	
3	南沟—茶棚	220	21.0	18.0	1.17	10.5	1200.00	400.00	800	38.1	
4	南沟—坡底	283	30.2	24.4	1.24	9.37	1200.00	300.00	900	29.8	路罗川
5	王三铺—杨庄	26.5	7.9	6.5	1.22	3.35	1180.00	580.00	600	76.0	
6	小南坪—寺子	28.5	7.7	6.8	1.13	3.7	950.00	550.00	400	52.0	
7	母猪凹—小北坡	44.1	7.7	7.0	1.10	5.73	1000.00	640.00	360	46.7	
8	寇锅垴—前代岭	32.7	9.6	8.3	1.16	3.41	1050.00	570.00	480	50.0	

路罗川全长35.6km，流域面积318km²，山川高程1200.00m，川口高程270.00m，落差930m，比降26.1‰。1963年，该川最大洪峰流量2730m³/s，平均水深3.07m，洪峰模数为8.59m³/(s·km²)。

2 将军墓川

将军墓川发源于太行山脊东侧的山西省和顺县水帘洞，向东南流经石板房、郑家庄、冀家村、上稻畦、孟家嘴、立羊河至野沟门水库注入野河。其上游有老道旮旯至西庄、营里至酒店、折户沟、柳树沟、真碳沟、草峪沟等6条支沟。表1-4为将军墓川主要支流（河道）特征值统计结果。

表1-4　　　　　　　　　将军墓川主要支流（河道）特征值统计表

序号	河口—河源	流域面积/km²	河长/km	河道直线长度/km	河道弯曲度	流域平均宽度/m	河源高程/m	河口高程/m	落差/m	河道比降/‰	汇入河流
1	水帘洞—野河	169	25.5	22.0	1.16	1.68	1250.00	390.00	860	33.7	
2	水帘洞—南台	33.4	8.8	8.2	1.07	3.80	1250.00	680.00	570	64.8	沙河
3	水帘洞—冀家村	64.0	10.3	9.9	1.04	6.21	1250.00	550.00	700	68.0	
4	水帘洞—将军墓	133	18.8	16.6	1.13	7.07	1250.00	450.00	800	42.6	
5	营里—酒店	19.9	5.5	5.4	1.02	3.62	850.00	570.00	280	50.9	将军墓川
6	王家庄—北梁元	20.4	5.6	5.3	1.06	3.64	650.00	500.00	150	26.8	

将军墓川全长 25.5km，流域面积 169km²，其中河北省境内流域面积 166km²。据资料记载，将将军墓附近 1932 年洪峰流量为 1050m³/s，1939 年洪峰流量 1290m³/s，1963 年特大洪峰流量 1510m³/s。该川与宋家庄川汇流后，至河下乡附近的南野河，1939 年洪峰流量 1920m³/s，1956 年为 1620m³/s，1963 年为 3670m³/s。

3 浆水川

浆水川发源于浆水镇的栗树坪和大石岩。向东流经水门、浆水、吕家庄、大河、下寺、下湾至老庄窠村东入野河。其上游有后南峪支沟、营房台支沟、青沙坪至大河等支沟。表 1-5 为浆水川主要支流（河道）特征值统计结果。

表 1-5   浆水川主要支流（河道）特征值统计结果

序号	河口—河源	流域面积/km²	河长/km	河道直线长度/km	河道弯曲度	流域平均宽度/m	河源高程/m	河口高程/m	落差/m	河道比降/‰	汇入河流
1	西坪—老庄窠	168	31.2	23.1	1.35	5.38	1100.00	270.00	830	26.6	
2	西坪—坡子峪	23.5	5.9	5.4	1.09	3.98	1100.00	600.00	500	84.8	沙河
3	西坪—浆水	64.3	11.5	9.6	1.20	5.60	1100.00	500.00	600	52.2	
4	青崖嶂—前水门	13.6	5.2	5.1	1.02	2.61	1000.00	600.00	400	76.9	浆水川

浆水川全长 31.2km，流域面积 168km²，山川高程 1100.00m，川口高程 270.00m，落差 830m，比降 26.6‰。1939 年最大洪峰流量 937m³/s，1963 年特大洪峰流量 3410m³/s，平均水深 4.94m，洪峰模数 20.3m³/(s·km²)。

4 宋家庄川

宋家庄川发源于马岭关东边的明水泉，向东流经崇水峪，在宋家庄与北来的内丘县白鹿角川水汇合，入野河。该川不老清—武家庄、南坦峪—苇峪沟在邢台县境内，其余支流在内丘县境内。表 1-6 为将宋家庄川主要支流（河道）特征值统计结果。

表 1-6   宋家庄川主要支流河道特征值统计结果

序号	河口—河源	流域面积/km²	河长/km	河道直线长度/km	河道弯曲度	流域平均宽度/m	河源高程/m	河口高程/m	落差/m	河道比降/‰	汇入河流
1	内丘北沟—野河	312	31.2	25.4	1.23	10.0	1120.00	390.00	730	23.4	沙河
2	张家沟—白塔	45.2	12.2	7.0	1.74	3.71	1100.00	540.00	560	45.9	
3	黄庵—云大	11.6	3.9	3.6	1.08	2.97	950.00	620.00	330	84.6	
4	月坡—唐家村	12.9	3.6	3.1	1.16	3.58	1050.00	780.00	270	72.2	
5	开行唐—王洛	17.3	4.2	3.5	1.20	4.14	1120.00	765.00	355	85.7	
6	开行唐—潘家庄	48.6	7.2	5.6	1.29	6.75	1120.00	700.00	420	58.3	宋家庄川
7	开行唐—白鹿角	99.3	10.7	8.5	1.26	9.28	1120.00	630.00	490	45.8	
8	开行唐—下候庄	125	16.5	13.0	1.27	7.58	1120.00	540.00	580	35.2	
9	小岭底—酸枣坪	41.8	7.9	7.2	1.10	5.3	1000.00	650.00	350	44.3	
10	不老清—武家庄	67.2	12.5	11.2	1.12	5.38	1400.00	480.00	920	73.6	
11	南坦峪—苇峪沟	10.9	6.5	5.7	1.14	1.68	640.00	450.00	190	29.2	

宋家庄川全长31.2km，流域面积312km²，河源高程1120.00m，河口高程720.00m，河道比降23.4‰。

第五节 水 利 工 程

1 中型水库

野沟门水库位于邢台市邢台县西部山区的野沟门村南，距离邢台市区约48km。

野沟门水库是一座以防洪为主的中型水利枢纽工程，于1966年11月开工兴建，1976年6月拦洪，1986年竣工验收，1988年完成全部遗留工程。水面长约5km，控制流域面积18km²，总库容5040万m³，其中防洪库容3170万m³，兴利库容2569万m³，死库容311万m³。水库防洪标准按100年一遇设计，500年一遇洪水校核。可灌溉土地13.4万亩，受益村庄200多个。是以防洪、灌溉为主，以发电、养鱼为辅的综合水利工程。主体工程包括大坝、泄洪洞、发电站等。野沟门水库主要技术指标见表1-7。

表 1-7 　　　　　　　　　　野沟门水库主要技术指标

库 容 名 称	库 容 指 标 /万 m³	水 位 名 称	水 位 指 标 /m
总库容	5040	校核水位	404.82
防洪库容	3170	设计水位	403.26
兴利库容	2569	汛限水位	393.00
死库容	311	正常高水位	398.00
淤积库容		死水位	379.00

大坝为浆砌石连拱溢流坝，坝顶总长273m，溢流坝位于大坝中间，长150m，坝顶高程398.00m，最大坝高38m。由连接的8个拱和左岸80m的重力溢流坝组成。最大泄量5180m³/s。溢流坝两侧为非溢流坝，坝顶高程405.00m，最大坝高41.6m。

泄洪洞位于左岸重力坝下方，设圆形泄洪底孔，直径2.5m，最大泄量87.0m³/s。

发电站位于左岸重力坝下，灌溉发电洞为标准廊道型断面，高1.6m，宽1.44m，为坝后式。有3台机组，装机容量3×250万kW，设计年发电量280万kW·h。

2 小型水库

岭头水库。岭头位于内丘县侯家庄乡岭头村西，子牙河流域古里河的支流上，水库控制流域面积10.0km²，原设计总库容38.0万m³，是一座以防洪、灌溉和人畜饮水为主的小（2）型水库。水库于1967年10月建成并投入运用，主要由拦河坝、放水洞等建筑物组成。拦河坝为浆砌石重力坝，坝顶长度60m，坝顶宽度8.15m，最大坝高11.5m。放水洞位于溢流坝右端，为有压钢筋混凝土管，直径0.2m，最大输水能力0.3m³/s。

参 考 文 献

[1] 邢台县水务局.邢台县水利志 [R]. 2010.

[2] 邢台地区水利局.河北省邢台地区水文计算手册 [R]. 1974.

[3] 邢台地区水利志编审委员会.邢台地区水利志 [M].石家庄:河北科学技术出版社,1992.

第二章　水库勘测与设计

第一节　水文勘测与设计

1　水库建设规划方案

朱庄水库的勘测规划，始于1953年7月，河北省水利厅梁永顺工程师和河北农业大学一名教授，由邢台地区水利局前身农田水利委员会工程科裴春海陪同，来到朱庄村西窦王墓坝址及沙河左村灌溉渠道进行了勘测，并绘制了平面地形图。1956年，水利部北京勘测设计研究院又对该库坝址进行了地质勘测，并提出规划设计方案。1957年11月在《海河流域规划》草案中，提出朱庄水库规划设计，坝高72m，总库容2.77亿 m³，防洪标准为100年一遇。1958年，河北省水利厅设计院对朱庄水库再次勘探。就在这一年，朱庄水库在没有任何准备的情况下，仓促上马，做了交通、通信、导流、临建工作。然而，因为财力、物力、人力等方面不足，1959年，邯郸地委决定停建朱庄水库（1958年2月—1961年5月，邢台专区隶属邯郸专区管辖）。

1959年6月，河北省水利厅勘测设计院根据《海河流域规划》及1958年河北省编制的《滏阳河流域规划纲要》（草案），把兴建朱庄水库定为南澧河近期治理的主要工程，以解除南澧河洪水灾害。1960年河北省地质局、水文地质工程大队，又对朱庄水库坝址进行地质勘测，邯郸地区水利局编制了朱庄、娄里两座大型水库设计任务书报省审批。

1963年南澧河发生特大洪水灾害后，邢台地区人民更加重视和迫切要求修建朱庄水库，10月15日，在《邢台地区水利建设长远规划》中，重新提出建设朱庄水库，并在9月24日和10月31日先后两次向河北省委提出速建朱庄水库意见。

1965年的《子牙河流域防洪规划》（草案）中，提出上游兴建水库方案。在滏阳河上游兴建水库方案，在滏阳河上游兴建与扩建的7座水库中，以朱庄水库条件为最好，库容最大，群众要求最为迫切。

1966年10月20日，水电部海河设计院以海字第66号文通知邢台地区水利局，电告河北省海河指挥部派人员，于10月28日勘察水库坝址。11月，水电部海河勘测设计院开始对朱庄水库坝址作补充地质勘察、钻探、测量以及设计任务书的编制工作。12月底，水电部海河勘测设计院地质勘探二队，在分析1956年、1958年、1960年地质勘探资料的基础上，开始进行朱庄水库工程地质勘测工作。1967年6月，设计任务书编制完成。7月12日，河北省水利厅在安国召开对朱庄水库设计任务书的讨论会议，1968年3月25日，河北省水利厅以〔1968〕水规字第72号文向河北省革命委员会呈报《南澧河朱庄水库设计任务书》，提出："朱庄水库工程效益大、规模大，浆砌石坝在砌筑到高程超出河底之后，其效益可随着砌筑高程的增加而增大，施工期间即可逐年发挥效益。"

同时，河北省水利厅还要求水电部海河勘测设计院于 1968 年 9 月作出朱庄水库初步设计，将朱庄水库列入"三五"后期和"四五"根治海河计划。

2 水库的勘测与初步设计

1969 年 1 月，水电部海河设计院编出《河北省邢台地区南澧河朱庄水库初步设计》报批。1970 年 10 月水电部以〔1970〕水电综字第 92 号文批复："同意 1971 年进行施工准备。认为坝高 114.5m，总库容 8.25 亿 m³ 偏大，投资偏高，要河北省水利厅编制出修改方案报批。"根据上述意见，1970 年 12 月河北省水利厅编出《河北省邢台地区南澧河朱庄水库修改初步设计》上报。

1971 年 3 月 31 日，水电部以〔1971〕水综字第 40 号文批准了朱庄水库修改初步设计。文件要求按坝高 110m，总库容 7.1 亿 m³ 的规模进行技术设计和进行全面施工准备工作，并为当年施工安排投资 300 万元。

1972 年 9 月，朱庄水库工程指挥部根据地质中出现的顺河床软弱夹层问题，编出《朱庄水库关于溢流坝段加宽和深孔固结灌浆补充初步设计意见》上报。提出溢流坝体向上游加宽 32.5m，第九坝段全部、第八、第十坝段部分坝基进行深孔固结灌浆，并挖出部分软弱夹层。1972 年 11 月，水电部以〔1972〕水字第 77 号文件批复"同意溢流坝体上游加宽 32.5m 和做深孔固结灌浆"的补充初步设计意见，并提出进行补充地质勘察工作。

经过一年多的补充地质勘探，试验和设计，1974 年 1 月 5 日，朱庄水库工程指挥部编制出《河北省邢台地区朱庄水库设计要点》。其中按补充地质勘探与试验，采用有限单元法对坝体抗滑稳定进行了校核，比较了原设计坝高 110m 和降低坝高后的设计成果与安全度，提出了降低坝高 10m，改挑流为改底流消能的意见。同年 5 月，水电部以〔1974〕水电字 35 号文件对朱庄水库设计要点进行了批复："同意坝高降低 10m，进行补充初步设计。同意将挑流改为底流消能形式，在坝下游设消力池的加固方案。"同年 8 月，朱庄水库工程指挥部编制出《朱庄水库补充初步设计》上报，提出最大坝高 100m，坝顶高程 266.50m，总库容 5.04 亿 m³。在补充初步设计中进行了各坝段抗滑稳定计算，并相应地采取了处理措施，还做了有限单元计算和石膏模型试验，对坝体与岩基的应力，变形进行了认真分析研究。同时还修订原设计在两岸各建一个发电洞，合并为右岸建一个发电输水洞的意见。

1975 年 1 月，水电部海河设计院为充实潘家口水库设计力量，提出撤出在朱庄水库的设计组。为此，河北省水利厅设计院随即进驻朱庄水库，经过一年的移交，于当年 12 月底，由水利厅设计院接替了朱庄水库的设计工作。

在水电部对朱庄水库工程指挥部上报《朱庄水库补充初步设计》尚未批复前，1975 年 9 月，河北省建委以〔1975〕冀革字第 56 号文向水电部呈报"关于朱庄水库补充初步设计审查意见的报告"。该报告提出因朱庄水库坝基地质情况复杂，工程量大，为使水库早日发挥效益，朱庄水库可分两期施工，第一期工程非溢流坝筑到 250.00m 或 245.00m 高程，溢流坝筑到 235.00m 或 230.00m 高程，相应库容 2.5 亿 m³，工程总投资可控制在

1亿元以内。大坝降低后，水库防洪标准保下游20年一遇改为10年一遇。1975年10月，水电部以〔1975〕水电水字81号文件向河北省建委批复："同意你委提出朱庄水库大坝分两期施工意见，并要求编制分期施工的设计方案报部批。"

1975年冬，朱庄水库工程指挥部根据水电部1974年5月3日〔1974〕水电水字35号文批示中的建议，研究确定，改建导流洞为放空水库底洞，以利水库人防安全与事故检修。

1976年10月，朱庄水库工程指挥部根据水电部〔1975〕水电水字81号文件批复精神，编制出《朱庄水库工程第一期工程设计报告》。提出坝高90m，溢流坝顶高程236.00m，总投资1.067亿元。同时还提出溢流坝顶高程由236.00m提高到243.00m一次建成的方案。

1976年11月，河北省根治海河指挥部以〔1976〕冀海规字第380号文件批复朱庄水库"第一期工程溢流坝顶高程可提高到238.00m高程。后又经有关部门反复研究同意按'243m方案'提出的初步设计报告"。为此1977年5月，朱庄水库工程指挥部编出《朱庄水库243方案初步设计报告》，其设计指标坝顶高程261.50m，最大坝高95m，总库容4.16亿m³，汛限水位237.1m，多年调节水量1.82亿m³，灌溉面积38万亩，按Ⅱ级建筑物标准，以100年一遇洪峰流量6490m³/s设计，1000年一遇洪峰流量12400m³/s校核，10000年一遇洪峰流量18100m³/s验算，下泄流量12540m³/s，下游河道防洪标准为20年一遇，总投资1.066亿元。

1980年3月3日，水电部以〔1980〕水规字第27号文，批准朱庄水库"243方案"作为最终建设规模，一次建成。而这时朱庄水库的大坝主体工程已基本建成。

第二节　水库枢纽工程布置及主要建筑物

朱庄水库枢纽工程，包括溢流坝、非溢流坝、泄洪底孔、消力池、放水洞、发电站、输水洞和渠首建筑物等。

1　溢流坝及非溢流坝

朱庄水库大坝为浆砌石混凝土重力坝，最大坝高95m，坝长544m，坝顶宽6m，坝顶高程261.50m（除险加固后加高0.18m），坝顶上游边设有1.2m高的防浪墙（除险加固后改为不锈钢栏杆）。坝体上游边坡为1∶0.25，下游边坡为1∶0.75。坝体基础垫层、防渗墙及坝体廊道为混凝土结构，坝身为浆砌石结构。

拦河大坝分为溢流坝段和两岸非溢流坝段，共26个坝块，从左岸向右岸排列，二₁、二₂、三₁、三₂、四₁、四₂、五₁、五₂、六、七坝块为左岸非溢流坝，长194.5m（桩号0+058~0+252.5m），根据左岸地形条件，坝轴线在桩号0+218m处有一96°00′38″拐角；八、九、十坝块为河床溢流坝，长111m（桩号0+252.5~0+363.5m）；十一、十二₁、十二₂、十三₁、十三₂、十四₁、十四₂、十五₁、十五₂、十六₁、十六₂、十七₁、十七₂坝块为右岸非溢流坝段，长238.5m（桩号0+363.5~0+602m）。左、右岸非溢流坝段全长433m。

溢流坝堰顶建闸 6 孔，单孔净宽 14m，堰顶高程 243.00m，为克-奥（Ⅱ）型曲线。设 6 扇 14m×12.5m 的弧形钢闸门，6 台 2×450kN（除险加固后改为 2×500kN）固定卷扬启闭机安装在坝顶启闭机室内，最大下泄流量为 12300m³/S。

在坝体内布设灌浆廊道、观测廊道、交通廊道、排水廊道互相连通。

2　泄洪底孔

泄洪底孔分别布置在溢流坝八、九、十坝块的中墩内，底孔进口位于溢流坝段下 210m 高程处，其出口高程 208.69m，共 3 孔。进口设 3 扇平面滑动事故检修闸门 2.2m×4.75m—45.93m（孔宽×孔高—设计水头），设 3 台 1×1250kN 固定卷扬启闭机，闸门操作方式为动闭静启。启闭机安装在溢流坝中墩顶部的启闭机室内，启闭机室地面高程 261.50m，闸门检修平台高程 251.50m。在平面滑动事故检修闸门后设有 2.2m×4.0m—45.93m（孔宽×孔高—设计水头）潜孔式弧形工作闸门，闸门为主横梁直支臂圆柱铰结构，弧门面板曲率半径 8m，支铰高程 216.50m。闸门启闭设备为 3 台启门力 750kN/闭门力 400kN（除险加固后改为启门力 1000kN/闭门力 400kN 液压）启闭机，闸门操作方式为动水启闭，启闭机安装在 229.413 廊道的启闭机室内，泄洪底孔最大下泄流量为 695m³/s。工作闸门后为门洞形无压洞身，洞身尺寸为 3.0m×6.2m（孔宽×孔高），洞出口下游为曲线段与溢流面平顺衔接。

3　消力池

消力池分二级，全长 137.2m（桩号下$_{72.8m}$～下$_{210m}$），宽 110～120m（桩号 0＋258～0＋358m）；一级消力池长 90.2m，为复式梯形断面，中间底槽底部高程 186.00m，两侧高程 193.00m，边墙顶高程 211.00m，一级堰设计为梯形差动齿来消除下游堰面的负压；二级消力池长 47m，为矩形断面，底高程 187.50m，边墙顶高程 206.50m，末端设差动式尾坎，尾坎顶高程 190.50m。

在消力池底部，设有排水廊道与大坝集水井相同，廊道内设有排水孔，以减小消力池底部水扬压力对消力池底板的作用。廊道断面均为马蹄形，其尺寸和底部高程为：下$_{77m}$ 廊道宽 2m，高 3m，底部高程 181.50m；下$_{120m}$ 廊道宽 1.0m，高 1.8m，底部高程 183.70m；下$_{196.5m}$ 廊道宽 10m，高 18m，底部高程 183.70m；桩号 0＋260m、0＋310m、0＋356m 廊道，均宽 1.0m，高 1.8m，底部高程 183.70m。

4　放水洞

放水洞由进水塔、洞身、消力池及交通桥组成。

放水洞布置在右岸十二$_2$坝块下基岩内，由原导流洞改建而成，断面自宽 1.6m、高 2.8m 逐渐变为宽 3m、高 3.6m 的圆拱直墙无压洞，钢筋混凝土衬砌。进口高程 198.30m，出口高程 196.87m，纵坡为 1∶200，洞身全长 300.68m，泄水能力为 79.9m³/s。除险加固已在洞身的下游进行了封堵。

进水塔长 11m，宽 5.2m，底板高程 198.20m，顶部高程 261.50m，与大坝顶齐平。进水塔内设有工作弧形钢闸门，其尺寸宽、高均为 1.6m，采用 250/170kN 油压启闭机启闭，启闭机安装在进水塔内高程 204.20m 的平台上。

放水洞出口消力池为矩形断面，长 28.1m，宽 4.7~8.9m 渐变，底板高程 195.70m，尾坎顶高程 197.60m。

交通桥是大坝通往放水洞进水塔的交通设施，长 120m，钢结构，3 孔，桥面为混凝土预制板，桥面高程 261.50m，桥墩下部为防止库水侵蚀，采用浆砌石砌筑。

5　发电洞

发电洞布置在右岸十二₁坝，中心桩号为 0+395m，进口底高程 212.95m，进口设有宽 4.5m、高 6.6m 拦污栅，采用 2×80kN（除险加固后改为 2×125kN）固定卷扬式启闭机，下游设有检修平面钢闸门，宽 3.5m，高 4.1m，采用 2×1000kN 固定卷扬式启闭机，拦污栅和检修门的启闭机均安装在坝顶的启闭机室内。

发电洞管道分主管道和高低机组支管道，主管道管径 4.1m，为钢筋混凝土结构，高机组岔管管径 1.5m，底机组岔管管径 1.75m，均为压力钢管道。

6　电站

电站为坝后引水式电站，分高、低机组，总装机容量 4200kW（引朱济邢工程后为 4830kW），设计多年平均发电量为 740 万 kW·h。其中高机组装机 2 台，装机容量 2×500kW，机组安装高程 220.86m，厂房建筑面积 288m²；低机组装机 1 台，装机容量 3200kW，另外为向下游邢台企业供水安装一台装机容量为 630kW 的 2 号机组，机组安装高程 204.00m，低机组厂房建筑面积 522m²。考虑机组维修时不影响农业灌溉在低机组和高级组岔管上分别引出一支管安装灌溉闸阀。

机组尾水布置，高机组尾水渠直接入南灌渠，低机组尾水通过溢流坝消力池南边墙控制闸门入一级消力池，再通过北边墙闸门进入北灌渠，另外低机组尾水池还与放水洞出口消力池连通，由平面钢闸门控制。

在低机组厂房西侧，设 35kV 升压站。

7　渠首工程

南灌渠渠首与电站高机组尾水池和灌溉阀的尾水池相接，渠首底高程 215.40m；北灌渠渠首位于一级消力池末端北边墙上，渠首底高程 195.50m。在渠首安装一扇平板钢闸门，宽 3m，高 2.5m，采用 2×160kN 固定卷扬式启闭机启闭，启闭机安装在消力池北边墙上启闭室内，渠首以下为暗渠。

第三节　水库建设洪水设计

从朱庄流域历史记载的历次洪水分析看，绝大多数洪水为暴雨所致，水库上游多次形成暴雨中心，这是由于该流域内的地理环境和气候所造成的。

从地域上讲，流域西侧是南北走向的太行山脉，起着屏障作用，流域东南方向是夏季多台风的太平洋；从气候环境讲，本流域是东南潮湿季风和西北干冷季风的交汇区域，台风（一般发生在每年的 7 月下旬—8 月上旬）在东南沿海登陆后，形成低气压沿西北而上，到达太行山东麓，这时很容易遇到南下的冷性低温槽，形成雨区。

1956 年 7 月 29 日—8 月 5 日，邢台全区连降大雨，西部山区平均降水量达 450mm。8 月 30 日在朱庄站下游端庄水文站实测洪峰流量 621m³/s，当日即达到南和东关，虽全力护堤，但左岸仍在县城南、东关西、丰华庄、张庄等处决口。由于河水猛涨，造成新中国成立以来最严重的一次洪涝灾害。邢台地区全区淹没村庄 2200 个，倒塌房屋 36 万余间，死伤 500 余人，为做好抗洪救灾工作，邢台地区行署抽调大批干部深入灾区慰问，并领导抗洪救灾工作。

1963 年 8 月上旬，邢台全区普降暴雨，暴雨中心在内丘县獐獏一带，最大 24h 降水量 932.0mm，最大 3d 降水量 1457.5mm，最大 7d 降水量达 2050.0mm，造成山洪爆发。此次洪水为近百年来所罕见，致使几座中型水库失事，平原地区一片汪洋。这是自 1922 年有水文气象资料以来所没有的特大洪水，相当于 1953 年大洪水的 4 倍多。全区各河水量均超过设计水位，河道漫决 2271 处，总长 161km，京广铁路沙河大桥被冲毁，断绝铁路运输月余，在 8 月 6 日朱庄水文站洪水流量达 8360m³/s。这次大洪水，邢台地区 92.8% 的人口和 85% 耕地被淹，被淹村庄 4726 个，死亡 1635 人，伤 1.51 万人，倒塌房屋 275.3 万间，占全区原有房屋的 49%，造成 80 座小水库垮坝，中型水库 5 座，就有 4 座倒坝或失去蓄水能力，被淹村庄中 28 个，沿大沙河的高庙、韩庄、姚庄全部被冲毁。

"56·8"、"63·8"两次暴雨，皆由于台风在东南沿海（福建、浙江一带）登陆后，形成低气压，或外围气团。该气团向北运动，遇到太行山东侧的冷气团，而形成暴雨，然后沿太行山东麓北上到燕山山脉，再沿燕山南麓东去离开河北省区域。其暴雨中心："56·8"在狮子坪，"63·8"在獐獏。该流域的洪水一般特点为量大、峰高、历时较短。这是由于该流域的地形地貌特征所致。水库以上各支流源头较短（大都在 30km 内），河道纵坡较大（大都在 30‰左右）形成源短流急的态势。且流域内植被少，土层薄，径流系数较大，多年平均值为 0.491，这样的地貌，一旦遭遇暴雨 5～6h，便可形成洪峰。

1　设计洪水

设计洪水是指为防洪等工程设计而拟定的、符合指定防洪设计标准的、当地可能出现的洪水，即防洪规划和防洪工程预计设防的最大洪水。设计洪水的内容包括设计洪峰、不同时段的设计洪量、设计洪水过程线、设计洪水的地区组成和分期设计洪水等。可根据工程特点和设计要求计算其全部或部分内容。

根据工程的性质和水文资料条件采用不同的计算方法。在一般情况下，采取多种途径计算，综合分析论证和合理选用成果。常用的计算方法有直接法和间接法。

直接法：即根据流量资料推求设计洪水。当工程所在地或其附近有较长的洪水流量观测资料，而且有若干次历史洪水资料时，逐年选取当年最大洪峰流量和不同时段（如 1d、3d 和 7d 等）的最大洪量，分别组成最大洪峰流量和不同时段最大洪量系列，然后进行频率分析，以确定相应于设计标准的设计洪峰和时段设计洪量。最后，选择典型洪水过程线，按求出的设计洪峰和各时段设计洪量，对典型洪水过程线进行同频率或同倍比放大，作为设计洪水过程线。

间接法：即根据雨量资料推求设计洪水。当工程所在地及其附近洪水流量资料系列过短，不足以直接用洪水流量资料进行频率分析，但流域内具有较长系列雨量资料时，可先求得设计暴雨，然后通过产流和汇流计算，推求设计洪峰、洪量和洪水过程线。该法假定，一定重现期的暴雨产生相同重现期的洪水。

朱庄水库设计洪水采用1956—1974年资料系列。分别计算出不同保证率的最大洪峰流量和最大3d、5d、15d洪水总量。并对该流域1963年、1956年两次较大洪水年份特征值进行计算。计算结果见表2-1。

表2-1　　　　　　　　　　　　朱庄水库设计洪水成果表

项目		最大洪峰流量/(m³/s)	最大洪水总量/亿 m³			水文年水量/亿 m³	
			3d 洪量	5d 洪量	15d 洪量	朱庄水文站	野沟门水文站
均值		700	0.65		1.15	3.0	1.4
C_v		1.9	2.1		1.8	0.95	0.88
C_s/C_v		2.5	2.5		2.5	2.5	2.5
不同保证率设计值 (P,%)	0.01	18220	20.7		28.7		
	0.1	12360	13.57		19.27		
	0.2	10670	11.5		16.52		
	0.33	8400	10.0		14.54		
	1.0	6820	6.98		10.42		
	2.0	5270	5.12		7.98		
	5.0	3370	3.02		4.99		
	10	2100	1.68		3.01		
	20	1049	0.67		1.44	4.53	2.10
	50	248				2.01	0.99
	75					1.05	0.53
1963年	数值	9500	10.25		14.61	17.96	
	重现期（年）	300	330		300	360	
1956年	数值	2610	2.85		4.32	6.88	
	重现期（年）	14	19		16	11	

2　设计洪水流量过程线

设计洪水过程线是符合一定设计标准的洪水流量随时间变化的曲线。它的洪峰流量或（和）时段洪水总量通常要求等于设计洪峰流量或（和）设计时段洪水总量。推求的方法是用设计洪峰流量或（和）设计时段洪水总量作为控制，对实测或虚拟的典型洪水过程线用同一倍比（设计洪峰流量与典型洪水的洪峰流量之比或设计时段洪水总量与典型洪水的时段洪水总量之比）进行放大，也可用变倍比放大，使各时段洪水总量符合同频率设计时段洪水总量而得。可作为确定工程规模、核算工程安全的依据。

由流量资料计算设计洪水过程线此类计算是以实测的典型洪水过程线作为放大的典

型。典型洪水过程线的选择要能代表流域上大洪水的一般特性，并选择峰高量大，洪峰发生时期偏后的洪水作为典型。设计洪水过程线的计算方法有两种，即同倍比放大法和同频率放大法。同倍比放大法用同一个放大比值放大典型洪水过程线。同频率放大法用设计洪峰和几个不同时段的设计洪量同频率控制放大典型洪水过程线。朱庄水库建库前设计洪水过程见表2-2。

表2-2 朱庄水库设计洪水过程表

月	日	时	不同频率设计流量/(m³/s)				
			10000年一遇	1000年一遇	100年一遇	20年一遇	5年一遇
8	2	21	90	69.7	51	196	103
8	3	0	100.0	70	52	436	118
8	3	3	110	72	53	523	141
8	3	6	120	80	59	640	172
8	3	9	180	97.2	71	1245	336
8	3	12	250	135	99	2320	625
8	3	15	350	189	139	3000	810
8	3	18	600	324	238	2190	590
8	3	21	850	459	337	1245	336
8	3	24	1100	594	437	1490	403
8	4	3	6370	4240	156	1930	520
8	4	6	15100	10080	3250	2190	590
8	4	9	12900	8625	5340	1555	420
8	4	12	9450	6300	4570	1495	403
8	4	15	8920	5940	3340	1495	403
8	4	18	6560	4370	3150	2455	662
8	4	21	9680	6450	2320	1780	480
8	4	24	10280	6850	3420	1395	376
8	5	3	8710	5800	3630	1120	303
8	5	6	6920	4610	3070	995	268
8	5	9	5860	3900	2440	747	202
8	5	12	6370	4240	2070	648	175
8	5	15	6920	4610	2250	560	151
8	5	18	5180	3450	2445	550	148
8	5	21	1690	3125	1830	528	143
8	5	24	12600	8350	1660	525	142

续表

月	日	时	不同频率设计流量/(m³/s)				
			10000 年一遇	1000 年一遇	100 年一遇	20 年一遇	5 年一遇
8	6	1	15700	10470	4430		
8	6	2	18100	13430	5550		
8	6	3	17200	12110	7120		
8	6	4	14400	9620	6420		
8	6	5	11800	7120	5100		
8	6	6	10900	7070	4100		
8	6	9	7890	4940	3750	375	197
8	6	12	6840	4550	2620		
8	6	15	6250	4150	2410		
8	6	18	5690	3790	2205		
8	6	21	5310	3540	2010		
8	6	24	5270	3505	1875		
8	7	平均	2100	1110	1860	193	102
8	8	平均	1030	941	816	135	91
8	9	平均	960	925	691		83
8	10	平均	404	384	680		80
8	11	平均	246	216	282		79
8	12	平均	176	143	159		79

3 可能最大洪水计算

3.1 可能最大暴雨

可能最大暴雨（PMP）最初提出的定义是指流域降水的物理上限，PMP 的现行定义是："现代气候条件下，一定历时的理论最大降水量。这种降水量对于特定地理位置给定暴雨面积上，一年中的某一时期内在物理上是可能发生的。"可能最大暴雨是一种不采用概率的设计暴雨，主要用于推求设计流域的可能最大洪水。推求可能最大暴雨在理论上的困难是既难于确切论证它是可能发生的，也难于论证它是不可能被超过的。

目前，各地所用估算可能最大暴雨的方法有 20 余种，归纳起来，则不外水文气象法和数理统计法两种途径。

水文气象法是从暴雨的气象成因着手，进行分析计算。该法认为形成洪水的暴雨是在一定的天气形势下产生的，因而可应用气象学和天气学的理论及水文知识，将实测典型暴雨或暴雨模式加以极大化，求出相应的暴雨，作为可能最大暴雨。

所谓实测典型暴雨是指能够反映设计流域特大暴雨特性，并对工程防洪威胁最大的实测特大暴雨。根据资料情况，它可以是实测的当地暴雨，也可以是从气候一致区移置而来的移置暴雨，或者是将几场实测暴雨组合起来的组合暴雨。

暴雨模式是把实测暴雨的天气系统概化为一个理想的模型，从而建立一种特定形式的包含主要物理因子的降水方程式。

极大化则是指分析影响降水的主要因子，并探求其可能最大值，然后将实测暴雨的因子放大，以推求可能最大暴雨。

目前使用的水文气象法有当地暴雨法、暴雨移置法、暴雨组合法、水汽辐合上升指标法、水汽净输送量法、综合指标法、湿不稳定指示量法、积云模式法和对流模式法等方法。

数理统计法是应用频率分析的原理来推求可能最大暴雨。目前使用的有统计估算法和频率计算法等方法。

各种估算可能最大暴雨的方法，都有其优缺点和适用条件。必须根据流域特征、暴雨特性和气象成因分析，以及基本资料情况，结合工程要求，来拟定一种或几种估算方法，然后加以分析比较，合理选定成果。采用朱庄流域上游1963年8月獐獏暴雨模型，计算朱庄水库可能最大暴雨，分别按直搬地形改正、直搬地形不改、直搬地形订正和等百分比法等进行计算。1996年8月獐獏暴雨模式暴雨代表性露点24.8℃，暴雨区历时最大露点28.0℃，平移后历史最大露点28.0℃，流域平均高程464.00m。朱庄水库可能最大暴雨计算成果见表2-3。

3.2 可能最大洪水

由暴雨推算设计洪水受到多因素的影响，如雨量与洪水资料的代表性，暴雨与洪水同频率的假定，设计雨型的选定，设计暴雨发生前的流域下垫面干湿程度的确定等。这样推算出来的设计洪水成果难免带有误差，因此，应当强调将当地和邻近地区的实测和调查的特大洪水以及地区内设计洪水与本流域设计洪水成果进行对比分析，以检验其合理性。

表2-3 朱庄水库可能最大降雨计算成果

时段	放大前后	项目	1963年8月獐獏暴雨模式设计雨量			
			直搬地形改正	直搬地形不改	直搬地形订正	等百分数法
1d	放大前	点雨量/mm	865	865	865	806.5
		面雨量/mm	452	452	452	588.6
	放大系数	水汽放大	1.25	1.35	1.35	1.35
		地形改正因子	—	—	1.026	—
	放大后	点雨量/mm	1081	1168	1198	1089
		面雨量/mm	615	664	682	795
3d	放大前	点雨量/mm	1457.5	1457.5	1457.5	1356.0
		面雨量/mm	1031.0	1031.0	1031.0	1135.0
	放大系数	水汽放大	1.05	1.35	1.35	1.35
		地形改正因子	—	—	1.026	—
	放大后	点雨量/mm	1822	1968.0	2019.0	1831.0
		面雨量/mm	1288	1392.0	1428.0	1532.0

续表

时段	放大前后	项目	1963年8月獐獏暴雨模式设计雨量			
			直搬地形改正	直搬地形不改	直搬地形订正	等百分数法
7d	放大前	点雨量/mm	2050.8	2050.8	2050.8	1911.0
		面雨量/mm	1458.0	1458.0	1458.0	1599.0
	放大系数	水汽放大	1.25	1.35	1.35	1.35
		地形改正因子	—	—	1.026	—
	放大后	点雨量/mm	2563.0	2769.0	2840.0	2580.0
		面雨量/mm	1822.0	1968.0	2019.0	2159.0

在可能最大暴雨条件下，其雨强及总雨量较之常遇的暴雨大而且集中，这时的产汇流规律与一般暴雨洪水有所不同。对于产流计算，因为对不考虑暴雨分布不均的流域来讲，可能最大暴雨值远超过流域最大初损值，故扣损计算误差在可能最大暴雨值中所占的百分数是很小的，这对计算误差和可能最大洪水的影响很小，可以使用较为简单的方法扣损。

对于汇流计算，流域出口断面实测的水位—流速关系曲线在最高水位部分常为常量或接近常量，仅在中、低水位时，流速才随水位变化。从理论上可以证明，当高水位相应的流速为常数时（为断面面积），因而波速与断面流速相等，汇流时间变为常量，故为线性汇流。因此，在可能最大暴雨条件下，可以采用线性汇流计算方法。如果流域内有2～3次大洪水，并证明其已经达到线性汇流的高水段，就可以用这种线性单位线去计算可能最大洪水过程。

该流域1963年8月发生特大暴雨，暴雨中心邢台市内丘县獐獏村7d降雨量达2050mm，雨量之大为我国大陆7d累计雨量最大记录。该暴雨中心位于该流域上游，采用1962年8月獐獏暴雨模式控制。朱庄水库可能最大洪水计算成果见表2-4。

表2-4　　　　　　　　　　朱庄水库可能最大洪水计算成果

项目	时段	不同时段设计量		
		1956年朱庄单位线	1963年立羊河站雨型	1963年朱庄站典型放大
净雨深/mm	24h	721.2	721.2	—
	3d	1341.6	1341.6	1341.6
	7d	1809.0	1089.0	1809.0
径流量/亿 m³	24h	8.8	8.8	—
	3d	16.37	16.37	16.37
	7d	22.07	22.07	22.07
洪水总量/亿 m³	3d	16.51	18.82	16.42
	6d	23.13	22.06	23.07
洪峰流量/(m³/s)		15500	13300	15200

4 设计洪水的复核

考虑到由于水文气象资料比较短缺，不少水库在进行水文水利计算时，采用了插补延长或借用邻近流域的资料。水库投入运用后，随着运用时间的延续和人类活动的影响，水库控制流域内的各种条件和径流状况都发生了变化；由于水文系列的增长特别是在发生较大洪水后对原设计洪水标准的影响等原因，在水库建成后的运用阶段，根据水库的实际情况对原设计洪水标准进行复核，用以验证工程的安全状况。

利用流量资料进行复核。在复核前对实测洪水和历史洪水调查等资料作必要的审查和处理。在确定设计洪水过程线时，首先要对水库控制流域内洪水形成规律和气象条件、实测洪水过程线的特征（如洪水出现时间、峰型、主峰位置、上涨历时、洪量集中程度等）进行综合分析，选择能概括反映本流域内大洪水一般特征的实测资料与原设计选用的洪水典型进行对比，以峰高、量大、峰型集中和峰现时间偏迟等对工程安全较为不利的实测洪水作为复核设计洪水典型，然后把典型洪水过程线放大成相应频率的设计洪水过程线。

利用暴雨资料进行复核。暴雨是形成洪水的主要因素。经过多年水库运用实践表明，对水库设计洪水分析成果，要通过更多的途径进行复核计算，相互验证，以确保防洪调度和工程的安全运用。

参 考 文 献

[1] 河北省水利勘测设计院. 朱庄水库工程设计简介 [J]. 河北水利水电技术，1994（2）：8-9.
[2] 邢台地区朱庄水库管理处. 朱庄水库调度手册 [R]. 1990.

第三章 水 库 移 民

水库移民也叫水工程移民，是居住地由于水利工程的需要，必须根据政府安排搬迁到他处的群众，也叫库区移民。国家对此有一系列的法律、行政法规、法规性文件、部门规章和规范性文件、后期配套政策等措施来保障水工程移民的顺利开展和可持续发展。新中国成立以来，我国兴建了一大批大中型水库，在防洪、发电、灌溉、供水、生态等方面发挥了巨大效益，有力地促进了国民经济和社会发展，大中型水库移民为此作出了重大贡献。

第一节 水 库 移 民 安 置

朱庄水库移民迁移分两次进行。第一次是从1971年开始，1979年基本结束。按照当时水电部〔1971〕水综字40号文件要求移民迁建高程为272.60m，征地高程为262.00m。第二次移民迁移主要是为了解决耕地少，人口多的矛盾，在水库工程终验后开始直到1989年基本结束。

据1984年统计，朱庄水库移民实际迁建28个村庄，1568户，6603人。其中后靠村庄17个，计714户，2936人；远迁的有11个村庄854户，3667人。国家共投资移民迁建费950余万元。

1 沙河县移民搬迁

第一次移民迁移涉及邢台县和沙河市的22个村庄，1588户，6697人。其中应远迁826户3632人，后靠762户，3065人。经过几年的工作后，远迁531户，2168人，后靠1057户，4529人。第二次移民迁移涉及22个村庄，迁出43户，1370人。

涉及沙河市第一次移民从1972年开始，1979年基本完成。远迁5个村庄，后靠2个村庄。分别是：

（1）杨庄村50户，239人，全部远迁至沙河市桥东办事处，建新村名称为杨庄村。

（2）荣庄村有100户，449人，全部远迁至沙河市留村乡，建新村名为新荣庄。

（3）岳山头村有85户，366人，全部远迁至沙河市赞善办事处，建新村名为岳平村。

（4）炉洞村有46户，171人，远迁至沙河市新城镇，建新村名为胜利村，22户，87人在原址选高处后靠。

（5）溪沟村有48户，201人，远迁至沙河市城关乡，建新村名为新建村，13户，71人在原址选高处后靠。

1982年水库蓄水至247.90m的高程后，库区2000多亩土地被淹，后靠村移民村人多地少，无法维持基本生活，为解决库区村民生活困难，经河北省政府批准，于1986年进行了第二次移民搬迁。

沙河市第二次移民从 1986 年开始，1989 年基本完成，有炉洞村的 21 户，78 人迁至新城镇胜利村；溪沟村的 13 户，76 人迁至城关乡新建村。

炉洞、溪沟 2 村为后靠村，计 35 户 158 人。

2 邢台县移民搬迁

朱庄水库第一次移民搬迁工作自 1971 年 5 月开始，1979 年结束。共安置 1129 户 4661 人，均是在邢台县范围内安置。依照河北省人民政府规定，对人均不足 1 亩土地的 11 个村，由邢台县移民迁建办公室统筹安排，由 461 户 1889 人于 1973 年远迁，在邢台县平原征地 3313 亩，建起三合庄、新元庄、新华、永红庄、新合庄、新营 6 个新村（1986 年、2003 年由于行政区变更，新元庄、新华、永红庄、新营 4 个村划归邢台市区）。旧地后靠村有前东峪、小龙泉寺、老苍会。这 3 个村和 11 个村的后留人员共 668 户 2772 人。

朱庄水库建成后，邢台县移民村有 10 个，部分村庄在原来地址后靠建设家园。

2.1 前熬峪

兴建朱庄水库时，该村处于淹没区。在 1973 年第一次搬迁，迁往邢台县祝村乡永红庄村 31 户 130 人，后留 68 户 314 人分别迁至南长咀和西老坟两处建村。1986 年第二次搬迁，迁往邢台县会宁乡兴华村 42 户 203 人，祝村乡永红庄村 3 户 16 人，中兴村 6 户 34 人，后留 23 户 122 人。在建库之前，该村耕地面积 339 亩，水库建成后，淹没 341 亩土地（283 亩耕地，50 亩旧村基，8 亩打谷场）。

2.2 戴凤庄

戴凤庄原名羊鄄，1982 年改名为戴凤庄。该村属于水库淹没区。1973 年第一次搬迁，迁往邢台县南康壮公社新华村 35 户 169 人，后留 21 户 89 人，从旧村北移至北坡上建村。1986 年第二次搬迁，迁往邢台县会宁乡兴华村 12 户 50 人，后留 13 户 44 人。

在建库之前，该村耕地面积 272 亩。水库建成后，淹没 342 亩土地，其中耕地 186 亩，非耕地 156 亩。

2.3 前东峪

兴建朱庄水库时，1972 年全村 53 户 230 人全部迁到东坡垴上建村。1986 年第二次搬迁，迁往邢台县会宁乡兴华村 40 户 154 人，后留 40 户 150 人。在建库前，该村耕地面积 341 亩。水库建成后蓄水后，淹没土地 249.5 亩，其中耕地 214 亩，村基 29.5 亩，打谷场 6 亩。

2.4 后东峪

该村于 1973 年迁往邢台县晏家屯乡三合庄村 12 户 49 人，后留 45 户 191 人从原村迁至东坡上建村。1986 年进行第二次搬迁，迁往邢台县晏家屯乡永兴村 13 户 67 人，后留 44 户 175 人。在建库前，该村耕地面积 282 亩。水库建成后，淹没土地 123.5 亩，其中耕地 92 亩，旧村基 26.5 亩，打谷场 5 亩。

2.5 小龙泉寺

兴建朱庄水库后，该村于 1973 年全村 32 户 125 人从旧村迁至南办公利寺沟宝峰塔西侧建村。1986 年进行第二次搬迁，迁往邢台县石相乡新兴村 8 户 41 人，后留 29 户 126

人。在建库前,该村耕地162亩。水库建成蓄水后,淹没土地131亩,其中耕地112亩。旧村基16亩,打谷场3亩。

2.6 老苍会

该村于1973年全村61户203人北移办公利于水沟处建村。1986年进行第二次搬迁,迁往邢台县石相乡新兴村24户110人,后留42户200人。在建库之前,该村耕地面积212亩。水库建成蓄水后,淹没土地185亩,其中耕地151亩,旧村基28亩,打谷场6亩。

2.7 营头

该村于1973年迁往邢台县晏家屯乡新营村52户193人,新合庄村22户91人,后留99户409人,从原村址迁至西北1km土沟处建村。1986年进行第二次搬迁,迁往邢台县晏家屯乡永兴村78户335人,后留51户214人。在建库之前,该村有耕地面积883亩。水库建成蓄水后,淹没土地881.5亩,其中耕地755亩,旧村基106.5亩,打谷场20亩。

2.8 庞会

该村于1973年迁往邢台县晏家屯乡三合庄村22户100余人,后留36户161人从旧村址向西北移1km处建村。在建库之前,该村有耕地面积149亩。水库建成蓄水后,淹没土地134亩,其中耕地96亩,旧村基32亩,打谷场6亩。

2.9 张沟

该村于1973年迁往邢台县晏家屯乡三合村13户44人,后留22户100人从原村址西移0.5km于西沟处建村。1986年进行第二次搬迁,迁往晏家屯乡永兴村2户5人。在建库之前,该村有耕地面积206亩。水库建成蓄水后,淹没193.5亩土地,其中耕地168亩,旧村基21.5亩,打谷场4亩。

2.10 落峪

该村于1973年迁往南康庄公社新华村34户143人,后留49户196人从原村址西移0.5km在北坡上建村。1986年进行第二次搬迁,迁往祝村乡中兴村17户59人,后留48户210人。在建库之前,该村耕地面积414亩。水库建成蓄水后,淹没土地373.5亩,其中耕地323亩,旧村基43.5亩,打谷场7亩。

2.11 李峪

该村于1973年迁往邢台县晏家屯乡新合村11户52人,后留33户132人从原址迁往1km处的北坡上建村。1986年进行第二次搬迁,迁往邢台县晏家屯乡永兴村6户31人,后留35户121人。在建库之前,该村耕地面积152亩。水库建成后,淹没土地178亩,其中耕地152亩,旧宅基22亩,打谷场4亩。

2.12 崔峪

该村于1973年迁往邢台县祝村乡永红庄村33户133人,后留40户193人从旧村西移0.5km在北坡上建村。1986年进行第二次搬迁,迁往邢台县祝村乡永红庄村8户35人,后留52户209人。在建库之前,该村耕地面积368亩。水库建成后,淹没土地324.5亩,其中耕地287亩,旧宅基32.5亩,打谷场5亩。

2.13 赵罗

该村于1986年进行移民搬迁,迁往邢台县祝村乡中兴村41户133人,后留72户316

人。在水库建成前，该村耕地面积 344 亩。水库建成后，淹没土地 147 亩，其中耕地 145 亩，旧宅基 1.5 亩，打谷场 0.5 亩。

2.14 元庄

该村于 1973 年从旧村迁往 0.5km 的北坡上建村。1986 年进行第二次搬迁，迁往邢台县石相乡新兴村 73 户 293 人，晏家屯乡永兴村 8 户 40 人，后留 44 户 154 人。在建库之前，该村耕地面积 890 亩。水库建成后，淹没土地 765 亩，其中耕地 618 亩，旧宅基 126 亩，打谷场 21 亩。

2.15 王峪

该村于 1973 年迁往邢台县晏家屯乡新合庄村 51 户 217 人，后留 12 户 39 人从旧村西移 1km 于东坡凹建村。1986 年进行第二次搬迁，迁往邢台县石相乡新兴村 7 户 29 人，后留 6 户 22 人。在建库之前，该村有耕地面积 211 亩。水库建成后，淹没土地 196.5 亩，其中耕地 167 亩，旧宅基 25.5 亩，打谷场 4 亩。

第二节 施 工 占 地 赔 偿

朱庄水库在修建过程中，工程、施工人员驻地、施工场地、临时设施、道路（包括铁路、运石路等）、仓库等计划永久性耕地 635.299 亩，临时占地 738.791 亩，均按当时规定做了征购和赔偿。

邢台县用地涉及 8 个大队，永久性征用土地 227.83 亩，赔偿金额 37299.72 元；临时占用土地 288.368 亩，赔偿金额 7514.29 元；青苗赔偿面积 329.889 亩，金额 4319.67 元；果树赔偿 42138.00 元；平整土地用工金额 717.60 元；其他赔偿 860.00 元。邢台县被征用土地赔偿情况见表 3-1。

表 3-1　　　　　　　　　　邢台县被征用土地赔偿统计表

用地情况	项目	固坊	喉咽	东坚固	许坚固	中坚固	西坚固	前熬峪	后熬峪
永久征用	面积/亩	12.43	91.87	26.82	23.35	13.35	60.01		
	金额/元	1872.46	14147.98	4010.13	3713.58	4171.06	9384.51		
临时占地	面积/亩	25.49	90.23	62.85	50.61	14.71	44.478		
	金额/元	637.25	2255.75	1571.25	1265.25	397.38	1387.41		
青苗赔偿	面积/亩	19.36	80.09	78.98	63.81	17.13	60.319	10.20	
	金额/元	285.76	640.72	1064.48	863.92	200.48	1182.15	82.16	
果树赔偿	数量/棵	20	52	123	95	73	1289	5321	47
	金额/元	120.00	312.00	756.00	570.00	438.00	7734.00	31926.00	282.00
平整土地	面积/亩	0							
	金额/元	0			144+16	557.60			
其他赔偿	名称		坟 45 座	坟 39 座	坟 16 座	坟 46 座	坟 26 座		
	金额/元		225.00	195.00	80.00	230	130		

朱庄水库施工期间，沙河县涉及征用土地的有 10 个大队。永久性征地 371.59 亩，赔

偿金额 51264.65 元；临时征用土地 448.42 亩，赔偿金额 49023.86 元；青苗赔偿面积
310.56 亩，赔偿金额 2564.40 元；果树赔偿金额 156420.00 元；苗圃、药材占地赔偿
796.40 元；平整土地用工费用 20257.45 元；其他赔偿 4352.19 元。沙河县被征用土地数
量及赔偿统计见表 3－2。

表 3－2　　　　　　　　　　沙河县被征用土地赔偿统计表

用地情况	项目	孔庄	左村	峪里	纸房	朱庄	杨庄	荣庄	岳山头	溪沟	炉洞
永久征用	面积/亩			14.35	8.91	323.07	15.349	7.91		2.0	
	金额/元			1970.83	1637.74	44164.74	2060.76	1126.22		304.36	
临时占地	面积/亩	3	39.7	14.21	59.5	192.58	45.4	92.18	1.847		
	金额/元	225.0	2481.25	1651.26	5561.62	25387.40	4988.75	8497.71	230.87		
青苗赔偿	面积/亩	3		6.1	31.91	187.92	10.6	69.3	0.95		0.78
	金额/元	24		48.80	300.28	1503.08	84.80	589.60	7.60		6.24
果树赔偿	数量/棵			218	1	1766	10636	12666	583	50	150
	金额/元			1308.00	6.00	10596.00	63816.00	75996.00	3498.00	300.00	900.00
苗圃赔偿	面积/亩			0.9	3.47				0.625		
	金额/元			18.00	69.40	433.00		216.00	60.00		
平整土地	面积/亩										
	金额/元		800		2298.60	17158.85					
其他赔偿	名称										
	金额/元		370.50		56.50	3088.19	297.00		540.00		

上述临时占用和永久占地，朱庄水库工程指挥部与被占地单位在占地时均签订协议，
记载丈量尺寸，折合亩数，签字、盖章。属于临时征用土地，退还时再立退地协议，存有
问题的，解决方法记载清楚，立字备查。工程计算时，凡属临时征用的土地，均于 1982
年 4 月之前退清，无遗留问题。

对于永久性征地，双方只是签订协议，由于种种原因，没有及时办理征地手续。据沙
河朱庄村反映，永久性征地农业税在县里没有消号，仍每年上交。从 1971 年起，朱庄村
交农业税后，水库再向朱庄村补交，一直交到 1977 年。1976 年 8 月朱庄水库工程指挥部
与朱庄大队重申永久征地，签订协议，双方、县、公社均盖章；1979 年 8 月双方对永久
性征地界定、埋桩、制图、盖章，再次签订协议，并报沙河县备案。

1984 年朱庄水库工程验收时，朱庄村提出要求：永久征地按 1982 年 5 月 14 日国务
院公布的《征地条例》补办征地手续。永久征地 300 余亩，按新的《征地条例》标准，需
增征地费 40 余万元。河北省水利厅不同意增款。1984 年 9 月 1 日河北省农业厅土地管理
处答复：1971 年水库征地时无征地条例，不必再补手续。

1976 年双方重申征地事宜，又签订协议，应按原协议执行。征地时按当时政策已经
做了赔偿，不应以现在政策再作更改，不能按现在《条例》套过去的问题。结果，双方意
见无法统一。

1989 年 2 月 15 日朱庄村出动劳力砍伐朱庄水库材林。在 1990 年经地区领导调解，退给朱庄村耕地、非耕地 300 余亩，又拨款 20.5 万元，补办了朱庄水库 1971 年征用朱庄村耕地 313.75 亩的征地手续。朱庄村 1983 年接管了朱庄水库苹果园。至此，水库建设征地遗留问题得到解决。

参 考 文 献

［1］ 邢台地区水利志编审委员会．邢台地区水利志［M］．石家庄：河北科学技术出版社，1992.
［2］ 邢台县水利局．邢台县水利志［R］．2010.
［3］ 邢台县迁建办公室．邢台县水库移民工作手册［R］．2009.

第四章 水库建设与施工

第一节 施 工 组 织

1 施工机构

1.1 指挥部机构

朱庄水库工程的施工组织，始于 1970 年 8 月，邢台地区革命委员会首先派出原行署水利局长吉祥为首的先遣工作人员进驻朱庄村，进行水库施工筹备工作。同年 9 月 14 日，地区革命委员会根据河北省根治海河指挥部在廊坊召开的"根治海河"会议精神，定为朱庄水库配备干部 50～70 人，樊风书（军代表）、吉祥、秦存英、左树斌、王永华组成 5 人领导小组。

1970 年 10 月 14 日，水电部以〔1970〕水电综字第 92 号文批复同意"朱庄水库做施工前的准备工作"。朱庄水库当月成立工程指挥部（属县团级）；10 月 29 日，邢台地区革命委员会生产指挥部以〔1970〕革字第 359 号文件批准，朱庄水库工程指挥部下设三个组：政办组、施工组、后勤组；10 月下旬，邢台、内邱两县进场 4500 人（邢台县 2000人，内丘县 2500 人）进行三通施工；12 月 15 日，地区革命委员会任命樊风书为朱庄水库工程指挥部政治委员；吉祥任指挥长；秦存英、左树斌、王永华任副指挥长。随着施工进展，水库人员不断增加，到 1971 年 6 月 6 日，已有干部 131 人，其中党员干部 53 人。这些人员大都是从"五七"干校或黄壁庄水库工程局调来。

河北省根治海河指挥部根据朱庄水库的准备情况，要求"1971 年汛后正式动工兴建，大坝河床基础开挖年末完成，并回填高程为 196m"。按上级部署，朱庄水库三年完成，四年扫尾。时间紧任务重，必须加强工程的领导力量。

为此，1971 年 8 月 16 日，邢台地区革命委员会以〔1971〕55 号文件批准，一是建立中共朱庄水库委员会，由李衡甫（地区革命委员会副主任）、王金海（原行署副专员）、贾恩高（军分区副司令员）、师自明（原地委副书记）、李长汉、吴文景、李占华、吉祥、翁入、郑惠民组成。李衡甫为书记，王金海、贾恩高、师自明、李长汉任副书记。二是任命李衡甫任朱庄水库政治委员，贾恩高、师自明、李占华任副政治委员；王金海任指挥长，李长汉、吴文景任副指挥长。三是朱庄水库工程指挥部下设政治部、后勤部施工部和办公室。

为加强施工管理，1972 年 10 月 21 日，朱庄水库工程指挥部将施工部中的调度和工程设计组分出，组成调度室。1973 年，水库工程指挥部已有干部职工 290 人。为迎接全面施工，1974 年 3 月，水库施工管理单位改为"五处、两区、一室"，即政治处、后勤处、调度处、技财处、机电处、大坝工区、浇筑工区和办公室。1975 年 12 月 12 日又将两区改为施工处和浇筑处，并增设质量安全处、水库管理筹备处，成为十大处室。

除上述施工组织外，为做好水库施工物资的安全保卫工作，1972 年 6 月 6 日，经邢台地委决定建立水库派出所，并任命卫明卿为中国人民解放军邢台地区公安机关军事管制委员会朱庄水库派出所所长。为搞好民兵训练，各自治机构实行民兵建制。水库工程指挥部为民兵师，各施工县团为民兵团。邢台军分区有一名首长参与水库党委工作，专抓军事训练。

自 1971 年 8 月 16 日，邢台地区革命委员会领导担任水库领导职务后，朱庄水库领导机构即属地区级单位，民兵组织也按地级设立。指挥部下设职能处室领导均按县团级配备。

朱庄水库兴建于"文化大革命"期间，而且是临时性机构，组织机构处室以上领导成员变动频繁。朱庄水库建设期间处室以上领导人员任职情况见表 4-1。

表 4-1　　　　朱庄水库工程建设指挥部处室以上领导人员任职情况统计表

序号	姓名	原任职务	在工程建设指挥部任职情况
1	樊凤书	军代表	1970 年 9 月 24 日任筹备处负责人；1970 年 12 月 15 日任政治委员
2	吉祥	地区农电局局长	1970 年 9 月 24 日任筹备处负责人；1970 年 12 月 15 日任指挥长；1971 年 8 月任党委常委，施工部主任；1972 年任副指挥长；1973 年 4 月调出
3	秦存英	沙河县委宣传部部长	1970 年 9 月 24 日任筹备处负责人；1970 年 12 月 15 日任副指挥长；1971 年 8 月任施工部副主任；1974 年 3 月改任大坝工区副主任；1975 年 12 月改任施工处副处长
4	左树彬	南和县副县长	1970 年 9 月 24 日任筹备处负责人；1970 年 12 月 15 日任副指挥长；1971 年 8 月 16 日任后勤部副主任；1974 年 3 月改任后勤处副主任；1981 年 12 月 21 日调出
5	王永华	平乡县组织部副部长	1970 年 9 月 24 日任筹备处负责人；1970 年 12 月 15 日任副指挥长；1971 年 8 月 16 日任政治部副主任；1974 年 3 月改任政治处副主任；1978 年 4 月 1 日调出
6	李衡甫	地区革委会副主任	1971 年 8 月 16 日任党委书记、政委，1975 年 1 月调出
7	王金海	地区行署副专员	1971 年 8 月 16 日任党委副书记、指挥长；1975 年 2 月 1 日兼任党委书记、指挥长；1979 年 3 月 26 日任政委、党委书记、指挥长，1981 年 4 月调出
8	贾恩高	邢台军分区副司令员	1971 年 8 月 16 日任党委副书记、副政委，1973 年 3 月调出
9	师自明	邢台地委副书记	1971 年 8 月 16 日任党委副书记、副政委；1975 年 2 月任党委第一书记、第一政委。1979 年 3 月 26 日调出
10	李长江	邢台军分区副司令员	1971 年 8 月 16 日任党委副书记、副指挥长；1973 年 3 月 17 日调出
11	吴文景	地区生产指挥部主任	1971 年 8 月 16 日任党委常委、副指挥长；1972 年 12 月 11 日任党委副书记、副指挥长；1975 年 10 月 29 日调出
12	李占华	地区革委会政治部副主任	1971 年 8 月 16 日任副政委、政治部主任；1972 年 7 月调出
13	郑惠民	南宫县县委副书记	1971 年 8 月 16 日任党委常委、办公室主任；1972 年 12 月 11 日任党委常委、后勤部主任；1974 年 3 月任党委常委、后勤部主任
14	张富生	地委宣传部副部长	1971 年 8 月 16 日任党委常委、政治部副主任；1973 年 3 月 17 日调出

序号	姓名	原任职务	在工程建设指挥部任职情况
15	高功臣	柏乡县县委副书记	1971年8月16日任政治部副主任；1972年1月17日任党委委员、政治部副主任
16	史增贵	地区行署计委副主任	1971年8月16日任政治部副主任；1972年7月调出
17	李敬起	地委农村工作部副部长	1971年8月16日任办公室副主任；1972年12月11日任党委常委、办公室主任；1974年9月8日任党委常委、副指挥长；1980年4月调出
18	孙敬言	地区行署计委科长	1971年11月5日任后勤部副主任；1974年改任后勤处副主任；1977年调出
19	张清明	地区行署水电局副局长	1971年9月任施工部副主任，1972年1月调出
20	刘立根	清河县县委副书记	1971年任政治部副主任
21	李志宏	邢台县县委书记	1972年10月任党委常委、副指挥长；1975年11月29日调出
22	李喜斋	河北省水利工程局副局长	1972年1月17日兼任党委委员、副指挥长；1975年2月1日兼任党委常委、副指挥长
23	班敬之	地区行署办公室主任	1972年6月6日任政治部副主任；1973年3月17日任党委常委、政治部主任、后任办公室主任；1979年3月3日调出
24	卫明卿	河北省第二监狱长	1972年6月6日任党委委员、派出所所长
25	安耕野	地区行署水利局副局长	1972年6月7日任施工部副主任；后任机电处、质量安全检查处、调度处副主任；1976年6月调出
26	扬逢杰		1972年6月7日任后勤部副主任；后改任浇筑处副主任；1979年5月7日调出
27	崔从里	沙河县副县长	1972年6月7日任施工部副主任；后改任后勤处副主任；1979年3月17日调出
28	董学保	黄壁庄工程队支部书记	1971年任施工部主任；1972年10月21日任调度处副主任；1974年9月18日任党委委员、副指挥长兼任调度处主任；1981年调出
29	贺哲民	黄壁庄工程队科长	1972年10月21日任调度室副主任；1974年3月任技财处主任；1974年9月28日任党委委员、副指挥长兼任技财处主任；1978年调出
30	魏良才	柏乡县政府办公室副主任	1971年任办公室副主任；1981年调出
31	刘义民	任县县委书记	1972年12月11日任党委常委、副指挥长；1977年1月31日调出
32	孟庆奎	沙河县革委会副主任	1972年12月11日任党委常委、副指挥长；1973年3月22日调出
33	魏家玉	内丘县县委副书记	1972年12月11日任党委常委、施工部主任；1974年9月17日任党委常委、副指挥长兼任施工处主任；1975年11月8日任党委副书记、副指挥长
34	李志华	柏乡县副县长	1973年任施工部副主任；1975年12月12日任水管筹备处副主任；1978年病逝
35	马振锡	邢台军分区副司令员	1973年3月17日任党委副书记、副指挥长；1974年10月22日调出

序号	姓名	原任职务	在工程建设指挥部任职情况
36	王永淮	柏乡县革委会农办主任	1973年4月21日任党委常委、施工部副主任；1973年11月调出
37	张玉庄	南和县革委会副主任	1973年5月9日任施工部副主任；1974年任技财处副主任；1980年4月调出
38	李秋田	任县水管站负责人	1973年5月—1977年3月任机关总支部副书记；1976年3月23日任浇筑处副主任；1982年10月调出
39	周学彬	内蒙古革委会政治部机关书记	1973年8月24日任副政委；1975年2月1日任党委常委，同年11月任党委副书记；随后调出
40	范振江	临城县革委会副主任	1973年12月4日任党委委员；1974年9月5日任党委常委、副指挥站；1980年7月16日调出
41	庞贵福	平乡县革委会副主任	1974年3月16日任党委委员、施工部副主任；1974年9月28日任党委委员、副指挥长
42	高全夫		
43	靳银中	地区粮食局副局长	1974年9月5日任党委常委、后勤部第一主任、后勤部政治处主任；1981年11月调出
44	彭惠民	内丘县革委会副主任	1974年9月5日任党委委员、后勤处主任；1979年5月7日调出
45	马尚信	沙河县水利局副局长	1974年9月28日任党委委员、副指挥长
46	王庆	沙河县团民工	1974年9月28日任党委委员、副指挥长；1980年9月免职
47	乔金宝	邢台军分区参谋长	1974年10月22日任党委副书记、副指挥长；1975年9月27日调出
48	卫光学	南和县县委书记	1974年11月23日任党委副书记；1975年2月1日任政委；1975年8月30日调出
49	王清君	清河县核心小组成员	1975年8月6日任办公室副主任；1979年7月3日免职
50	马玉平	邢台军分区副参谋长	1975年9月27日任党委副书记、副指挥长
51	冯秀岩	施工处大坝组组长	1975年9月27日任施工处负责人；1976年3月23日任施工处副主任
52	张选	福建山美水库党委书记	1975年3月任机电处负责人；1976年3月23日任调度处副主任
53	赵玉林		1975年3月任政治处副主任；1980年9月调出
54	宋耕海		1975年3月任政治处副主任；1980年8月调出
55	周士晋	某团参谋长	1977年任安全处副主任
56	郑德明	技财处设计组组长	1979年7月任党委委员、水库指挥部负责人

1.2 施工县团

历史将永远铭记1971年的10月1日，朱庄水库终于再次动工。朱庄村周围的山坡上，搭起了数百个工棚，来自邢台、沙河、临城、内丘、隆尧、任县、柏乡和邢台市等八个县（市）的上万民工驻扎在此。朱庄水库工程从1971年正式动工兴建，历时10年基本完成。

各施工县在朱庄水库工程指挥部统一领导下，按民兵建制，县设民兵团，下设营（连）、排、班、组。各施工县团设政委、团长各一人，副团长2人。营（连）以公社为单位组成排，班组以大队为单位组成。

民工县团建立党委会，营（连）设支部，排设党小组，党支部设正副书记各一人。朱庄水库施工期间历年各施工县团政委、团长名单见表4-2。

表4-2　　　　　　　　朱庄水库工程指挥部各县团领导一览表

年份	领导职务	邢台县	沙河县	临城县	内丘县	隆尧县	任县县	南和县	邢台市
1970	政委	王怀礼			刘凤山				
	团长	王怀礼			赵继民				
1971	政委	王怀礼	黄桢	陈喜宝	刘凤山	王文卿	焦凤魁	白振戊	
	团长	王怀礼	谢世锁	李书庆	赵继民	张星	隋云祥	姚青连	
1972	政委	和丰	李兆瑞	陈喜宝	郑汉杰	李孝	焦凤魁	白振戊	张满英
	团长	—	王敬雨	李书庆	魏家玉	王毅	冯文英	姚青连	王守魁
1973	政委	梁好修	段光廷	王超平	魏家玉	李中林		师计昌	张满英
	团长	肖增勤	马尚信	郝玉德	马胜群	张景海		张志军	王守魁
1974	政委	梁好修	秦凤友	未根和	邱玉坤	张庚森	杨志田	范国桢	张满英
	团长	肖增勤	马尚信	郝玉德	赵继民	张景海	冯文英	—	王守魁
1975	政委	刘炳恒	秦凤友	卜隧良	梁立贞		马献增	张怀保	王守魁
	团长		马尚信	焦小刚	赵继民		吴东坡	李和义	陆金栋
1976	政委	刘炳恒	彭进廷	李凤海	刘洪铎	曹厚坤	马献增	张怀保	王守魁
	团长	—	贾广新	梁建华	王魁法	张景海	吴东坡	孙宏彬	陆金栋
1977	政委	刘炳恒	彭进廷	李凤海	任清晨	曹厚坤	马献增		
	团长		贾广新	梁建华	赵继民	张景海	郭庆彦	孙宏彬	
1978	政委		彭进廷	李凤海	王树坤	曹厚坤	马献增		
	团长		贾广新	梁建华	赵继民	张景海	郭庆彦	孙宏彬	

各县出工人数的多少，根据实际工程需要，由水库工程指挥部做出计划上报地区，然后由地区向各县下达出工人数及施工任务。在1975年施工高峰期，民工出工人数达2.43万人。为搞好施工管理，水库工程指挥部从参加朱庄水库建设做出贡献及本地区招收上千人的民技工和劳模工队伍，这些民技工和劳模工为水库建设做出了重大贡献。各县历年出工人数见表4-3。

1.3　技术力量

参加朱庄水库枢纽工程建设的有水电部河海设计院、河北省水利厅设计院、河北省水利厅工程局水工五队、灌浆队、土方机械队、汽车队，水电部一局、地区建安公司、二十冶等外援单位。其中河北省水利厅水工五队灌浆队、河北省水利厅设计院在水库施工时间最长，参加了水库建设的全过程。在专业施工队伍中，有一批坚强的专业技术干部，也是建设朱庄水库的重要骨干。

表 4 – 3　　　　　　　　　　朱庄水库建设各县历年出工人数表

年份	邢台	沙河	临城	内丘	隆尧	任县	南和	邢台市	民技工	合计
1970	2000	0	0	2500	0	0	0	0		4500
1971	3251	2461	1601	2084	3300	2135	2600	0		17432
1972	3689	2826	1803	2255	3816	2331	3006	200		19926
1973	4018	2964	1000	3145	3750		4416	280		19573
1974	3606	1887	1608	2239	3600	2254	2577	300		18071
1975	4900	3895	2100	3200	3400	2900	3280	600		24275
1976	3517	3381	1440	2500	3400	1909	5843	300		22290
1977	3600	3866	1600	3926	3850	2393	1647	0		20882
1978	3000	2601	800	1710	3100	1600	1500	0		14311
1979	1880	2001	0	0	0	0	0	0	1411	5292
1980	650	493	0	0	0	0	0	0	835	1978
1981									559	559

注　表中 1979—1981 年民技工单独列出，其他年份的民技工则包括在各县团出工人数中。

在施工期间，水库工程指挥部有副总工程师一人（崔梦悦），工程师 4 人（苏从瞻、周定宏、马树理、朱世忠），1978 年晋升工程师 3 人（贺哲民、袁国林、郑德明），其他技术干部 50 人，技工 95 人。朱庄水库建设，在技术方面主要靠外援单位和水库工程指挥部的专业技术干部。

2　施工布置及器材

2.1　交通运输

朱庄水库枢纽工程所需建筑材料和所购一切设备，均先调拨到邢台，而后转运到水库工地；生活物资则有邢台直运工地。邢台—朱庄相距 35km，运输靠公路。邢朱公路是在 1970 年 10 月—1971 年 10 月修复延伸的。邢台—西坚固原有一条土公路改建成碎石路面；西坚固—朱庄 5.65km 公路全部新建。为汛期正常运输，该段公路走线避开河滩，改选在左岸半山坡处，谓东山公路。整个路段开山劈岭，蜿蜒过沟，路面宽 4～4.5m，公路最大坡度 10%，开山坡度 1∶0.5。由于东山公路路基高，路面窄又弯曲，较重较长的部件难于运输，后在河滩又修建了一条临时性碎石面公路，东山公路为汛期备用。

水库建设高峰期，运输量大，日运量达 30 万 kg，邢朱公路每 5min 就通过一个车次。显然，运输量和现有公路很不适应。为此，1975 年春—1976 年秋又改修了自 826 库（羊范镇西侧）至朱庄水库长达 11.25km 的公路，其标准按山区四级公路，路面加宽至 7m，铺设沥青。1977 年对金牛洞至水库长达 5km 河滩公路部分段铺设了混凝土路面。而后又于 1985 年把河滩公路全部铺设为混凝土路面；1981 年又把朱庄村至北坝头公路全部为混凝土路面。

2.2 输变电机通信

长征厂至朱庄水库长达 14.5km 的 35kV 高压输电线路，1970 年 10 月—1971 年 10 月由邢台供电局勘测、设计，水库协助施工完成的。随后又加设了从西坚固至朱庄变电站 10kV 备用输电线路。

由于主输电线较长，为确保水库工地用电，在朱庄村西又建设一座 3200kVA 的变电站。专供水库工地最大用电量 2600kW·h 用电。从朱庄变电站到工地加设了两条 10kV 输电线路。同时还备有一台 50kW 柴油发电机作为备用电源，以防意外停电，在施工现场和生活区架设有施工动力用电和照明用电线路。

邢台至朱庄通信线路，由邢台邮电局施工。为确保水库施工对外通信畅通，水库至邢台间加设了两条通信线路。水库指挥部安装一台 50 门电话总机，以便内外联系。

2.3 生活区及附属设施

朱庄水库在施工期间，指挥部及其职能机构，办公室、宿舍合二为一，并以工棚、半永久房屋为基础。共建工棚 2.32 万 m²，半永久房屋 1.13 万 m²，而永久性房屋很少且为仓库占用。

3 政治和后勤工作

3.1 政治思想工作

水库工程指挥部 1970 年 10 月设政办组，1971 年 8 月改为政治部，1974 年 3 月改为政治处，具体负责水库机关党团组织活动和政治思想工作。指挥部、民工团设政治委员、营（连）设有教导员主抓政治思想工作。

水库工程指挥部利用各种宣传工具，将政治思想工作抓的有生有色。有油印"工地通信"，每周出一期；设有广播室，有广播员 3 人，每天早、午、晚三次广播，24 时向工地广播一次（三班作业）；各县团在工地还办有宣传栏，及时宣传好人好事、上级指示和施工进度等。为进一步活跃水库工地文化生活，还设有文艺宣传队、电影队定期活动；各县团还不断来剧团、电影慰问演出。工地政治空气异常浓厚，民兵士气高昂。

3.2 后勤工作

水库后勤，从指挥部到各县团、营、连都组织专业班子，设专人抓该项工作。物资供应，省、地领导十分重视。钢材、水泥、木材等统筹物资，都是按计划满足供应。地区革命委员会专门召开各行业会议，号召全力支援水库建设，物资需要啥、供应啥，需多少，供多少。

在生活用品方面，也满足供应，水库工地设粮、油、煤供应站，加强粮食品种的调剂。水库所在地沙河县在工地还设商店，专门供应百货用品。

水库还设有工地医院，建筑面积 1000m²，设病床 30 张，配有中西医 30 名，护士 10 名。医院配有手术室、X 射线化验室、中西药房，救护车 1 辆，基本做到一般手术就地抢救、治疗。各县团、连队均设卫生流动药箱。

水库还设有缝纫组，承做水库劳保用品及服装等。

第二节 施 工 导 流

朱庄水库枢纽工程施工导流，是在大坝右岸开凿涵洞，在洞口以下，大坝以上修筑围堰的方法进行的，凿洞工程于 1970 年冬季开始，1971 年 9 月 30 日完成，开始导流。

上游围堰按 20 年一遇，平均流量计算出相应库水位高程为 204.00m，作为围堰设计高程，始建于 1971 年 9 月，1972 年汛后，又加高到 207.00m 高程。

1 导流涵洞

导流涵洞断面高 4m，宽 4m，进口高程 197.46m，洞长 300m，纵坡 1/300，在进口设一叠梁门槽。施工方法采用风钻打眼，双轮车出渣。此工程有河北省水工四队五名技术工人指导风钻打孔，火雷管引炮，邢台县羊范营民兵出渣施工。

开挖时，首先打一个 2m 宽，2m 高的下导洞，而后扩大挑顶形成设计断面。为加大施工进度，在距进口 100m 处打一支洞，形成 4 个掌子面同时钻孔。导流洞竣工后，将支洞采用 2m 厚的浆砌石墙与 5m 厚的混凝土予以封堵。

2 上游围堰

上游围堰工程在 1971 年由邢台、临城、南和三个县团施工，同年 9 月底合拢。

确定围堰顶高程，是根据朱庄水文站 1953—1971 年每年 9 月至次年 6 月平均流量，进行频率计算，采用 20 年一遇日平均流量为 61.4m³/s，计算出相应库水位为 204.00m 高程，以此高程作为围堰顶的标准高程。但是，1957 年 6 月 9 日的日平均流量为 278m³/s，按此计算水库水位相应高程为 205.00m。为安全起见在 1972 年汛后又将围堰加高到 207.00m 高程。

上游围堰采用黏土斜墙铺盖砂壳坝，在坝两头与山岩接触 5m 范围内采用黏土均质坝。施工前，基础及岩石均作处理，并开挖凿槽。修筑围堰从两岸向深水河槽方向填筑，填筑时边缘地方边填边夯实，再大范围内使用拖拉机碾压。当围堰合拢时原河道仍有流量 4m³/s，为此，深水河槽处采用大块石、卵石、砂及黏土合龙闭气，围堰 204m 高程以上加高部分为黏土心墙坝。

3 导流洞改建

根据水电部指示精神，1974 年 11 月 22—28 日由河北省建委在邢台主持召开的"朱庄水库补充初步设计"审查会议决定，将施工导流洞改为水库放水洞，以利冲沙和放空水库检修。

导流洞改为放水洞，将进口段做了调直。放水洞工作门竖井设在进口位置，进口高程198.30m，全长300.625m，纵坡1:2000，出口高程196.867m。闸门井段长11m，底部高程198.20m，工作门口径1.6m×1.6m，设弧形门油压启闭机操作，油压启闭机设在竖井内204m高程的平台上。检修门为平板钢闸门，尺寸1.6m×2.1m（宽×高），采用固定卷扬式1×125t启闭机操作。启闭机设在进水塔顶部，高程为261.50m，以交迪桥与大坝顶连接。洞身为圆拱直墙明流洞，钢筋混凝土衬砌，出口设在消力池。

第三节 基 础 处 理

朱庄水库枢纽工程由于地质构造复杂，既有多层软弱夹层和泥化夹层，还有断层、褶曲、破碎带等，并多处发现承压水，对坝体稳定极为不利。根据水库施工条件，基础处理采取挖、压、灌、排综合处理。

1 基础开挖

基础开挖既有土砂卵石开挖，又有基础岩石开挖，具体可分为坝体基础开挖（河床溢流坝段开挖、河床两岸劈坡、南北非溢流坝基础开挖），消力池基础开挖，电站厂房基础及电站输水管道基础开挖。

1.1 坝体基础开挖

河床溢流坝段基础开挖，于1971年10月开始，1972年5月底完成，河床两岸劈坡逐年开展，包括南北非溢流坝基础开挖，直至1976年完成。共计完成土石方开挖107.91万 m³，其中石方30.65万 m³。

河床溢流坝段基础开挖，由邢台、隆尧两县出动6500名民工施工。后又组织任县、南和两县团参加会战。同时参加会战的还有邢台驻军1588部队部分指战员。

施工方法是人工装卸，双轮车运输，爬坡器上坡。向坝上下游两侧出渣，以下游出渣为主。爬坡器最大高度达40m，为确保安全，要求爬坡机路宽5m以上，坡比小于1:3.5，并设专人随时清爬坡道路。在开挖过程中，做好基坑排水是提高施工工效的关键。为减少基坑以外来水，在基坑上下游筑了围堰，拦截表面客水，并组织200人的抽水专业队，昼夜抽水。具体方法是在两县基坑分界处横向挖一条集水主沟，随开挖随加深排水主沟，此沟总比开挖面低1m左右。沟两侧挖排水支渠、斗渠，形成排水渠道网。基坑来水量在0.3～0.5m³/s。在集水沟一端安装4台直径250mm抽水泵，7台直径100～150mm泵的排水设备，总排水能力为2810m³/h，相当于渗水量的1.5～2.5倍，控制着基坑水位，使基坑开挖顺利进行。

坝体基础岩石开挖，主要是将较浅层起控制作用的软弱夹层部分挖除或挖断，以争取到较大的摩擦系数或使其失去控制作用。具体做法有三种。

部分的挖掉埋藏不深，而起控制作用的泥化夹层变低摩擦系数为较高摩擦系数，借以提高大坝的抗滑稳定性。如溢流坝体向上游加宽32.5m，第9坝段的全部，第8坝段的大部，第 10 坝段的 1/3 强均将 Cn72 夹泥层挖掉了，使摩擦系数由 0.22 提高到 0.55（混凝土与岩石的摩擦系数）。

挖齿槽切断较浅，起控制作用的泥化夹层后回填混凝土，以混凝土抗剪断维持大坝沿该层的抗滑稳定。如右岸 12～14 坝段，结合处理坝底中部基岩中的裂隙密集带开挖齿槽，将Ⅲ层底挖断后回填混凝土，沿Ⅲ层底的滑动力靠混凝土抗剪断来解决。经计算该齿槽宽度 15m，齿槽底低于Ⅲ层底以下 5m。15 和 16 坝段结合开挖 F4 断层的混凝土塞而达到了上述目的。

整个坝底宽度开挖除浅层的低摩擦系数的夹泥层。如左岸非溢流坝 2、3 坝段，右岸 16、17 坝段挖去Ⅴ层底软弱夹层，4 坝段挖除了Ⅳ层底软弱夹层；5、6、7 坝段及右岸 11 坝段挖去Ⅲ层底软弱夹层；右岸 17 坝段挖除Ⅵ层软弱夹层就是按此原则确定的。

岩石开挖的施工方法是风钻打眼放炮，双轮车出渣，先后共安装 6 台容积 112m³ 空压机集中送风，开挖高潮时上风钻 30 多部，三班作业，每班打炮眼 500 个，一般炮眼深 1m 左右，火雷管引爆。当接近设计开挖高程时，改为打浅眼、放小炮、人工敲石，尽量避免基岩超挖。

1.2　消力池基础开挖

消力池基础开挖始于 1976 年 9 月，由南和县民工施工。为在翌年汛前完成开挖任务，组织 6 个县团的民工参加大会战。到 1977 年 5 月全部完成。共计开挖 31 万 m³，其中沙卵石开挖 28 万 m³。1977 年 5 月 18 日到 21 日由海河工程指挥部与邢台地区革命委员会主持省、地有关单位参加，予以验收。

在消力池开挖时，河床溢流坝段已经基本回填到高程 243m，并对该段进行了帷幕灌浆和深孔固结灌浆。因此，在开挖过程中，排水设备仅安装了直径 150mm 水泵 2 台，直径 250mm 水泵 1 台，就控制了整个开挖面作业场。施工方法，除采用皮带机出渣一冬天外，仍是人工挖装，双轮车运输，风钻打眼放炮，爬坡器上坡的方法。

1.3　发电输水管道深槽开挖

电站厂房和输水管道的基础开挖，始于 1976 年下半年，由邢台县民工施工，1979 年汛前完成，总计开挖 46 万 m³。

发电输水管道深槽开挖，采取预裂爆破方法，即首先在深槽周边沿设计开挖线用风钻打深孔，孔距 0.5m，孔深 2～3m，在钻孔 1m 以下及钻孔底部各装炸药 100g，各放雷管 1 枚。两层放药中间用松散土或砂充填，采用电发火一次引爆。当开挖接近于裂深度孔度时，再重新钻预裂孔，循序渐进。槽深 5m，先后进行了三次预裂爆破。周边基本直立，岩石整齐，节省大量开挖方量。

2　增加坝体

增加坝体或坝下游压重以提高自身的稳定性和阻滑力。如溢流坝段原坝体向上游加宽了 32.5m，它不仅增加了坝体的自重，而且还多了一部分水重。溢流坝将挑流消能形式改为底流消能形式，设置了 150m 长的二级消力池，规定其底板厚度不小于 3m，并以锚筋与基岩连接，增加了下游压重。同时保护下游岩体不被冲刷破坏，对大坝的安全尤为重要。

消力池混凝土底板还起到如下作用：由于消力池底板的弹模高于基岩弹模 3～4 倍，它可以分配到较多的荷载，也相应减少了基岩应力，因而可减少大坝水平位移；由于基岩成层状并近于水平，受水平推力作用后容易产生翘曲失稳，基岩上增加盖重后可减少此种失稳的可能性；由于基岩上增加盖重可提高其允许单位抗力值。

3 灌浆

3.1 帷幕灌浆

大坝帷幕灌浆防渗工程始于 1974 年 10 月，由河北省水利厅工程局灌浆队承担。于 1981 年 7 月完成。总计钻孔 379 个，总进尺 2.02 万 m（其中混凝土进尺 5900m，岩石进尺 1.43 万 m），耗用水泥 194.47 万 kg（注入量 159.46 万 kg），单位注入量 111.07kg/m。另设检查孔 37 个，总进尺 1953.12m，封孔用水泥 6.31 万 kg。

根据水库蓄水后，坝前水头大小，各坝段基础岩石及灌浆试验情况，帷幕灌浆孔布置有所不同。溢流坝段（即第八、九、十坝段）设帷幕 3 排，均布置在灌浆廊道上游高程 210.00m 平台上，其位置在上$_{32m}$、上$_{34.2m}$、上$_{36.5m}$处，排距为 2.2m 和 2.3m，孔距 3m。

左岸非溢流坝，经压水试验，单位吸水量大于 0.01L/(min·m·m) 的深度在 30m 左右，少数地段深达 65～78m。因坝前水头较小，相对不透水层埋藏又深，除第七坝段岩石破碎严重，帷幕钻孔仍设 3 排，二至六坝块布设帷幕钻孔 2 排，排距、孔距均为 2m（其中第五坝块排距为 2.5m）。

右岸（南岸）非溢流坝段十一至十七坝块，经试验透水性较小，单位吸水量 0.01L/(min·m·m) 的深度一般为 20～25m，最深达 54m。帷幕钻孔设一排，孔距为 2.5m。但在桩号 0+542～0+582m 的 F4 断层地段，为加强防渗，帷幕钻孔仍设 3 排，其孔距同上。

帷幕灌浆深度：溢流坝段基岩鉴于花岗片麻岩表层有 10m 的古风化壳，帷幕专控深入新鲜花岗片麻岩内 5m，其底部高程为 140.00m；左岸帷幕灌浆深度，除 7 坝块进入花岗片麻岩内，其余各坝块帷幕底部高程均在软弱夹层 Z1-Ⅱ、Z1-Ⅲ层中；右岸帷幕钻孔底部高程在 Z1-Ⅱ层底部，高程为 185.00m。为防止 F4 断层绕渗，在桩号 0+550～0+580m 段帷幕钻孔要求更深些。

帷幕灌浆效果。总的看，单位吸水量随灌浆次序的增加而减少。单位注入量随灌浆次序增进，有明显降低。同时，在单位吸水量与单位注入量较大的钻孔之间，共钻检验孔 37 个（为灌浆孔 379 个的 9%），根据检验资料，单位吸水量小于 0.01L/(min·m·m) 的有 14 孔，占总检查孔的 43%。单位注入量在 100kg/m 以内的有 31 孔，占检验孔总数的 94%，其中单位注入量在 20kg/m 以内的有 25 孔，占检验孔总数的 76%，由此说明，帷幕灌浆效果是比较好的。

在二至五坝块，由于基础岩石破碎，透水性大，尤其第三坝块为甚。第一排帷幕（即上游前排）灌浆效果较差。单位吸水量大于设计防渗标准 0.01L/(min·m·m)，全孔平均单位注入量大于 1000kg/m 的钻孔有 6 孔，均在第二至五坝块；单位注入量大于 1000kg/m灌段，全坝段有 90 段，而二至五坝块就占有 77 段，占总数的 90%。为此，在灌浆过程中，又增加下游（后排）帷幕。

后排帷幕灌浆后，除第二坝块单位注入量从 1238.2kg/m 降到 84.5kg/m，单位吸水量从 0.73L/(min·m·m) 降到 0.03L/(min·m·m)，使坝基透水性大有改善；其他坝段都接近或达到设计防渗标准。第十六坝块受 F4 断层影响，在 4 个钻孔中，平均单位吸水量大于 0.01L/(min·m·m)，而单位注入量小于 30kg/m，即吃水不吃浆。表 4-4 为大坝帷幕灌浆工程完成情况表。

表 4-4　　　　　　　　　大坝帷幕灌浆工程完成情况表

项目	孔数	总进尺/m			水泥注入量/万 kg	岩石中单位注入量/(kg/m)
		砌石混凝土	岩石	合计		
坝基帷幕灌浆	379	5891.28	14357.43	20248.71	194.47	111.07
坝基帷幕检查	37	615.03	1338.14	1953.17	6.31	32.6
合计	416	6506.31	15695.57	22201.88	200.78	

3.2　固结灌浆

溢流坝段深孔固结灌浆始于 1972 年 10 月，终于 1974 年 12 月。灌浆范围：第九坝块全部，第八、第十坝块各 18～25m 宽，共计面积 9000m²。钻孔 256 个（包括检验孔 6 个），总钻进 7257.51m（其中浆砌石、混凝土 2856.03m，岩石 4411.48m），水泥注入量 151.43 万 kg。钻孔深度一般钻至泥化夹层 Cn72 以下 2～3m；在背斜轴附近，沿顺河方向的三排钻孔，钻孔深度至 Z1-Ⅱ层岩石底部；河床深槽部位钻孔在岩石中深度不小于 10m。

左岸非溢流坝二至三坝块，深孔固结灌浆，始于 1975 年 10 月，终于 1977 年 6 月。共计钻孔 76 个（包括检验孔 5 个），总进尺 794.81m，水泥注入量 21 万 kg。

消力池深孔固结灌浆，开始于 1977 年 9 月，同年 12 月完成。共计钻孔 89 个（包括检验孔 11 个），总进尺 2448.4m（其中岩石内长度 1827.4m），水泥注入量 46.05 万 kg（其中岩石内注入量 41.66 万 kg）。固结范围在第 9 坝段下游距坝脚 50m 范围内的一级消力池中进行。

深孔固结灌浆效果：溢流坝段 6 个检验孔，二、三坝段 5 个检验孔，消力池 11 个检验孔的压水试验表明，均能达到或接近设计要求 0.05L/(min·m·m)。第二、第三坝段基础岩石虽然破碎，但 5 个检验孔、15 段压水试验，单位吸水量有 9 段达到 0.009～0.006L/(min·m·m)，即合格率 60%；有 3 段 0.118～0.14L/(min·m·m)，占 13%；有一孔 3 段大于 10L/(min·m·m)。由于二、三坝段处非溢流坝坝头，大部分坝顶嵌入岩石，没有再进行补灌。

此外，在灌浆前后还做了震波速度和弹性模量试验。灌浆前，在九坝段下游 4 号竖井（桩号 0+298m、下69.8m）上游壁用锤击法测得震波速度为 1920～2000m/s，换算成动弹性模量为 (8.2～8.9)×10⁴kg/cm²。灌浆后，在检验孔中用超声波法和地震法测定第 9 坝段震波速度达 3740～4630m/s，换算成弹性模量为 (23.4～37.7)×10⁴kg/cm²。虽然灌浆前后侧点位置不尽相同，但也可以看出灌浆后弹性模量提高了不少，基本满足了岩石固结一般标准要求的 3500～4000m/s 震波速度。

表 4-5 为深孔固结灌浆完成情况表。

表 4-5　　　　　　　　　　　深孔固结灌浆完成情况表

项目	孔数	总进尺/m			水泥注入量/万 kg	岩石中单位注入量/(kg/m)
		砌石混凝土	岩石	合计		
溢流坝八、九、十坝段	250	2856.08	4411.43	7267.51	151.13	336.0
溢流坝段检查孔	6	75,93	202.95	278.88	0	0
二、三坝段固结灌浆	71	164.64	585.21	749.85	19.60	294.3
二、三坝段检查孔	5	5.00	40.00	45.00	1.68	380.0
消力池固结灌浆	78	538.54	1618.16	2156.70	46.05	236.7
消力池固结检查孔	11	82.45	209.25	291.70	0	160.6
合计	421	3722.64	7067.00	10789.64	218.46	

4　基础排水

在坝上游虽然进行帷幕灌浆，为使水库蓄水后，进一步降低基础渗水扬压力，在大坝基础和消力池基础设有排水孔，加强基础排水。

4.1　大坝基础排水

坝基排水孔布置在灌浆廊道内，即帷幕灌浆的下游，距廊道下游壁 0.8～1.0m 处设一排水孔。同时，为进一步排除坝基承压水和减少扬压力，又在溢流坝段下 5.5m 廊道内增加一排排水孔。该工程始于 1979 年 6 月，终于 1981 年 8 月，由河北省水利厅工程局灌浆队施工。共计钻排水孔 170 个，总进尺 6400m。

4.2　消力池排水

在消力池底部廊道内，设有承压水和潜水排水孔，这些排水孔在 1977 年 5 月完成。承压排水孔由河北省水利厅工程局灌浆队钻孔；潜水排水孔由水库工程指挥部风钻工用风钻打孔。大坝基础及消力池基础排水孔完成情况见表 4-6。

表 4-6　　　　　　　　大坝基础及消力池基础排水孔完成情况表

部位	孔数/个	进尺/m	排水孔平均深/m	备注
非溢流坝段左岸	31	106.45	34.27	有 2 孔未到设计孔深
非溢流坝段右岸	88	3267.73	37.18	有 20 孔未达到设计孔深
溢流坝段上 28.8m 廊道	31	1407.18	45.39	有 4 孔未达到设计孔深
溢流坝段上 5.5m 廊道	20	668.29	33.42	有 3 孔未达到设计孔深
消力池	91	6405.65	70.37	有 6 孔未达到设计孔深

第四节　大坝混凝土工程

朱庄水库枢纽工程，混凝土浇筑 62.47 万 m³，占整个主体工程量 106.5 万 m³ 的

58％。混凝土浇筑部位主要为基础垫层，溢流坝、大坝廊道、大坝上游防渗墙、消力池及电站压力管道及电站厂房下部结构部位。混凝土浇筑由河北省工程局水工五队施工，民工配合。自 1972 年 5 月—1980 年 8 月全部完成。总耗资 3174.25 万元，占全部投资的 31％，用工 89.66 万个工作日。

1 浇灌混凝土前准备

1.1 砂石骨料

朱庄水库坝型的确定，主要是从经济效益出发，建筑材料，就近可取。砂石骨料，一是料场离坝较近，且储量丰富；二是石质坚硬，风化极少，成品率高；三是运输方便，开采中占地少。经勘察比较，砂石骨料场选在大坝下游朱庄村东、村南，纸房村东，孔庄村南、村北，左村北，西坚固村南河滩共 7 个料场，开采面积达 6km²，总储量达 900 万m³。共采集 90.5 万 m³，其中粗骨料 49.4 万 m³，砂 41.1 万 m³。

由于自然级配粗细骨料不均，直径 5～20mm 的中、小石含量较少，不足混凝土浇筑使用。为此，自 1974 年开始，由任县县团邢家湾连队生产上述规格机碎石 19.6 万 m³。并将机碎石筛余的小豆石选作为粗沙用。粗骨料为质地坚硬的河卵石。各砂、石骨料储存天然级配岩石性、质量分析见表 4－7、表 4－8。

表 4－7　　　　　　　　　　砾 石 质 量 表

料场	粒径/mm	相对密度/(t/m³)	容重/(kg/m³)	含泥量/%	吸水率/%	针片状/%
孔庄（南）	5～20			6.45		
孔庄（北中）	5～80	2.68	1580		0.54	0.38
朱庄（后）	5～20	2.63	1610	1.72	1.2	15.5
左村（北）				8.35		

表 4－8　　　　　　　　　　砂石骨料天然储量与级配表

料　场	储量/万 m³		天然级配/%			天然三级配/%		
	总量	卵石	砂	5～80	大于80	5～20	20～40	40～80
孔庄（金牛洞）	18.1	9.28	29.2	42.7	27.4	15.5	29.5	55.0
孔庄（北）	20.4	8.28	42.0	33.8	24.2	13.9	28.4	57.7
孔庄（南）	61.4	12.7	55.3	17.3	27.4	15.1	28.3	56.6
朱庄（北）	2.69	3.93	29.3	57.8	12.9	27.1	35.5	37.4

细度模数表征天然砂粒径的粗细程度及类别的指标。天然砂又分河砂、海砂和山砂。砂子的粗细按细度模数分为 4 级。粗砂：细度模数为 3.7～3.1，平均粒径为 0.5mm 以上。中砂：细度模数为 3.0～2.3，平均粒径为 0.5～0.35mm。细砂：细度模数为 2.2～1.6，平均粒径为 0.35～0.25mm。特细砂：细度模数为 1.5～0.7，平均粒径为 0.25mm 以下。细度模数越大，表示砂越粗。普通混凝土用砂的细度模数范围在

3.7～1.6，以中砂为宜，或者用粗砂加少量的细砂，其比例为 4∶1。表 4-9 为用砂质量试验表。

砂石骨料，从 1971 年开始，由南河县团人工采集和筛分。利用孔径 40～80mm、20～40mm、5～20mm 三种编制铁筛进行筛分，不同规格的成料分别堆放，待水库工程指挥部质检组验收后集中运输。

表 4 9　　　　　　　　　　　砂 质 量 试 验 表

料场	细度模数	疏松容量	相对密度 /(t/m³)	黏杂含量/%	孔隙率/%	试验组数
孔庄（金牛洞）	2.38	1.52	2.68	1.9	43.3	14
孔庄（北）	2.17	1.45	2.69	1.6	46.1	17
孔庄（南）	1.95	1.41	2.69	1.4	47.5	37
朱庄（南）	2.38	1.47	2.68	0.3	45.1	38
纸房（东）	1.84	1.38	2.72	0.44	49.2	16

砂石骨料运输以 762 型火车为主，辅助以汽车，双轮车短线倒运。C2 型 762MM 窄轨蒸汽机车主要特征是无风泵，煤水车采用 3 轴式。此车为 1953 年石家庄动力机械厂生产，长度为 10.06m，宽度为 2.05m，高度为 3.15m，整备重量 28t，净重 20t。762 轻轨铺设，由混凝土拌和低系统（即河滩系统）后料台，顺河滩一直延伸到西坚固料场，全长 15km。铁路运营管理由水库工程指挥部火车队负责。火车卸料后，用推土机推料入仓。

骨料质量控制，首先由施工班、组、连队进行自检，然后县团检查，最后水库工程指挥部质检组抽检验收。质量项目包括筛网尺寸、砂石骨料规格及超径情况。水库工程指挥部质检组抽样方法，采用定时（10d）或定量（200m³）抽样一组，粗骨料用标准筛进行筛分，评定超逊径及针片状含量（砂砾石要求石质坚硬、清洁、含泥量小于 1%，针片状含量不大于 10%，超径小于 5%，逊径小于 10‰）。细骨料（砂），取样送试验室筛分，评定其细度模数、杂质含量。抽样结果通报施工县团，不合格者，予以返工。

运入后料仓的骨料，质检组再定期（10d）检查，确定是否合格，或改变混凝土配比，通知施工单位和试验室。

从 1971 1980 年，共采集砂石骨料 90.5 万 m³，其中砂 41.1 万 m³，总用工 422 万个工作日。机碎石 19.6 万 m³，用工 119.7 万个工作日。

1.2　混凝土拌和系统

朱庄水库工程混凝土拌和系统，按照大坝浇筑高程不同，兴建了河滩、北山和消力池三处混凝土拌和系统。

1.2.1　河滩混凝土拌和系统

河滩混凝土拌和系统设在大坝下游河滩左侧高程 210.00m，距坝脚 50 余 m，由 9 台 0.8m³ 鼓式拌和机组成。该系统兴建于 1971 年，次年正式投产。全系统由存储骨料厂、水泥仓库、762 火车轻轨及 610 斗车轻轨线路组成，总占地面积 1750m²。担负着大坝 166.50～215.00m 高程间的 25 万 m³ 混凝土浇筑任务（占混凝土总量的 41%）。每年分春、秋两季施工，为防汛期来大水，拌和系统每年汛前拆除，汛后恢复，一直延续到 1976 年底开挖消力池时全部拆除。

砂石骨料先由后料仓装入双轮车，过磅后卸入 610 斗车运入拌和机中搅拌。前料台采用传送带将熟料运至浇筑仓面。该系统最高日产量 1249m³，最高班产 432m³。1974 年，将拌和机分为南北两组，北 5 台采用斗车进料，南 4 台利用传送带进料，并创最高日产 974m³。

1.2.2 北山拌和系统

北山拌和系统设在北非溢流坝下游高程 204.00m 的平台上，距坝脚 30m。1975 年上半年始建，下半年投产。至 1980 年 8 月底共浇筑混凝土 23 万 m³，占总体混凝土的 38%。该系统由 4 台 0.8m³ 鼓式拌和机组成。后料台由地垄、储料仓、水泥库组成，总面积 6000m²。骨料由推土机和人工倒运进入设在地弄上的漏斗内，落入自动衡量器，再由传送带将骨料运入搅拌机。前料台仍采用传送皮带将熟料输送到浇筑仓面。

该系统浇筑高程在 215.00～261.50m 和坝下游的电站混凝土浇筑。混凝土最高班产量 433m³，最高日产量 918m³。

1.2.3 消力池浇筑拌和系统

该系统是 1977 年上半年在消力池下游新设系统。分南北两组拌和机，南站采用地弄配料，传送带运输；北站利用 612 斗车配料运输，熟骨料用传送带运输。

该系统控制高程为 194.00～200.00m，浇筑范围长 137.2m，宽 120m，面积近 1.7 万 m²，共计浇筑混凝土 13.25 万 m³，占总体混凝土的 20%。本系统南站机组最高班产 673m³，最高日产量 1278m³；北站最高班产量 504m³，日产量最高 1189m³。在浇筑高潮时，北山系统同时投入，最高日产量达 3200m³。

1.2.4 拌和系统不同进料方式比较

水泥的标号是水泥"强度"的指标。水泥的强度是表示单位面积受力的大小，是指水泥加水拌和后，经凝结、硬化后的坚实程度（水泥的强度与组成水泥的矿物成分、颗粒细度、硬化时的温度、湿度以及水泥中加水的比例等因素有关）。水泥的强度是确定水泥标号的指标，也是选用水泥的主要依据。测定水泥强度目前使用的方法是"软练法"。表 4-10、表 4-11 分别为三条拌和系统混凝土质量对比表和经济效益比较表。

表 4-10 三条拌和系统浇筑 150 号混凝土质量对比表

运输方式	设计强度	试验组数块数		混凝土强度范围/(kg/cm²)	合格率/%	均方差	保证率/%	均匀系数
		组数	块数					
地弄皮带	150	106	316	101～362	93	53.3	88	丁
斗车	150	18	53	90～296	92.4	42.5	90	丙
皮带	150	19	56	119～334	96.4	50.0	88	丁

表 4-11　　　　　　　　**三条混凝土拌和系统经济效益比较表**

项　目	斗　车		皮　带		地弄皮带
	低系统	新系统	低系统	新系统	高系统
土建费/万元	21	4	1.5	3	18
机械费/万元	37	4	9.5	12	25
拌和机/台	5	6	4	5~6	4
平均班产量/万 m³	186.5	237.4	148.7	267.9	145.4
最高班产量/万 m³	432	504	405	673.2	437.4
平均日产量/万 m³	386	550	326.5	600	560
最高日产量/万 m³	1248.5	1400	974	1500	1265.6
使用民工人数/(人/班)	300~450	360	160~250	200~300	40
工效/(工作日/m³)	3.2~3.0	1.6	1.5	1.27	0.38

1.3 模板、钢筋加工与安装

朱庄水库枢纽工程混凝土浇筑所使用的模板，分为小型标准模板、特殊形状模板、混凝土镶面模板、混凝土预制模板和液压滑动模板，共计5种。

各种模板均有河北省水利厅工程局五队制作。木模板由木器工厂加工，该厂设在朱庄水库工程指挥部北侧，占地8000m²；混凝土模板由混凝土预制厂加工，该厂设在1号桥右侧河滩，占地2400m²。

小型标准模板使用最多。其规格180~200cm，高90~100cm，厚3~4cm；板带为5cm×7cm，站杆围令均为10cm×15cm，特殊形状模板适用于各种孔洞形结构和闸墩圆头部位（如防水洞、泄洪底孔、大坝廊道等）混凝土镶面模板使用在溢流坝闸墩上；混凝土预制模板用在大坝廊道顶部；液压滑动模板用于溢流坝曲线面。主体工程混凝土模板消耗木材共计10000m³，平均1.0m³ 混凝土使用木材0.016m³。

各种模板制作后，经过自检运往工地。浇筑仓面放线后即架立模板。模板外围树立站杆围令撑固定，内侧用拉筋（一般采用直径6~8mm盘条）固定。特殊模板，如廊道拱模板，一般规格为50cm×200cm×5cm，镶面模板规格为58cm×58cm和58cm×118cm两种。其抗压强度250号。镶面模板的支立，是站筋加固后，在站筋内侧支立模板，并用梯形钉固定后上围令，经调整顺直加螺栓，面板支立时留有2~3cm缝隙，以便在镶面拉板后面采用同标号水泥砂浆勾缝，勾缝时砂浆不超过1/2镶面模板厚。当混凝土浇筑3~5d后镶面模板表面清缝，用同标号水泥砂浆勾缝。镶面模板与木模板比较，每立方米可节省木材0.01~0.02m³，钢材1kg，同时减轻支模劳动强度与拆模时间。

钢筋制作架立及检查。钢筋制作架设均有河北省水工队承担，设有钢筋厂，该厂位于木器厂南侧，占地7500m²。

钢筋厂负责钢筋调直、切割、焊接，成型等工序。钢筋在使用前，首先经水库实验室抽样检查是否合乎规格，检验项目包括拉力，屈服极限、断裂强度、断面收缩率及延伸率等。钢筋经加工成型后运往工地架立、绑扎、焊接。钢筋架立结束，首先自检，而后交水库质检组验收。验收项目包括钢筋型号、架立位置、高程、搭焊接长度，焊缝质量及除锈等。主要工程共耗用钢筋 540.5 万 kg，占工程总用钢材量的 979.1 万 kg 的 66%。

2　混凝土浇筑

混凝土浇筑是皮带输送熟料，通过溜斗或吊桶入仓。仓面一般 300～600m²，人工平整，振捣器振捣，浇筑厚度 1.5～3m。浇筑前进行老混凝土面凿毛、冲洗，铺设钢筋，架立模板，预埋件埋设等，并检验验收合格，方可开盘。

混凝土浇筑高潮是 1975—1977 年。施工场地脚手架林立，条条传送带如巨龙腾空，机械轰鸣，夜晚灯火通明，场地异常壮观。这三年每年浇筑混凝土 11 万～15 万 m³。1975—1978 年混凝土浇筑高峰期完成情况见表 4-12。

表 4-12　　　　　　　　朱庄水库混凝土浇筑高峰期完成任务表

年份	一条龙作业传送皮带运输混凝土/m³				全年完成量/万 m³
	最高班产量	最高日产量	平均班产量	平均日产量	
1975	432	1249	296	410.3	11.63
1976	420	1108.8	167.5	474.7	11.37
1977	673.2	1278.6	267.9	918.15	15.39
1978	352.5	909.5	166.4	519.3	7.73

2.1　溢流坝面浇筑

1976 年汛后，浇筑大坝溢流面混凝土，采用液压滚动模板试验成功，解决了抗冲混凝土在曲线型的平整度和密实性等方面的技术难题，不用模板，节约木材 600m³，并且节省立模和拆模等繁重的体力劳动，总计节约投资 12 万元。

溢流坝面总宽度 110m，总面积近 600m²，分三个坝段，由于分期施工，横向分 5 块，纵向分 9 块，仓面宽度 12.25m 和 12.5m，最大仓面 187.5m²，为抗冲（最大流量 30m³/s），其表面采用 250 号混凝土，浇筑厚度为 1m。其反弧段圆弧曲线半径 79.185m，坡度 1：2.3～1：1。

液压滑动模板系三角形钢架，全长 13.5m，宽 1m。为运输方便，分四节，每节 3.11m，用直径 16mm 螺栓连成整体。在滑模两端各装有一对滚轮和丝杆组成滚动机构，其作用是约束和引导滑模在预定轨道上滑动及调整升降。滑模总重量 3500kg，两端各装一台液压千斤顶，爬杆采用两根直径 25mm 的元钢，上端固定在仓外的锚固定点上，下端穿入千斤顶内。滑模依靠千斤顶沿爬杆实现滑升。在滑模后面挂有抹面台车，随时对脱模混凝土表面进行抹平和压光。

滑模轨道采用 7.5kg/m 钢轨，并按溢流面设计要求成型。仓外侧沿不同高程现浇混凝土墩或焊支架以固定轨道。两轨道之间距离 13.28m。油压设备皆装在滑模一段的控制柜中，并联引出两条高压油管道直通千斤顶。

滑模加配重共 5000kg，滑模和混凝土附着力按 200kg/m 考虑，共需爬升力 6000kg，采用两台双油路 7000kg 油压千斤顶，行程 12cm。完成一个循环约 1min。为施工安全和防止提升设备出故障，加 5000kg 慢速卷扬机作辅助牵引。

滑模浇筑混凝土的入仓方式，是根据工程布置特点和现有机械设备情况，采用皮带机进临仓面配缓降机加小溜入仓和悬空，脚手架单皮带机配缓降器直接入仓的综合方法。

2.2 保质量促节约

在确保混凝土质量的前提下，最大限度地节约水泥，降低混凝土成本，降低混凝土前期水化热，采用以下措施。

合理分区，充分利用混凝土的后期强度。根据大坝各部位的受力大小不同，合理划分混凝土标号区，根据混凝土标号予以配比，节约水泥，同时，对非溢流坝混凝土标号采用 90d 令期强制控制，使单位水泥用量降低 23kg 左右。

2.2.1 大体积混凝土埋石块

大体积混凝土埋石块，减少混凝土方量，节约水泥。根据统计，1975 年以前浇筑混凝土 35 万 m³，埋入块石 2.2 万 m³，折合混凝土 1.4 万 m³，平均埋块石率达 5%，最大埋块石率 16%，节约水泥 320 万 kg。混凝土中埋块石，不仅降低混凝土单位水泥用量，并能降低水化热。实测埋块石部位温度降低 1~2℃。

混凝土中合理埋石，毫不影响混凝土质量。大坝上游高程 210.00m 以下混凝土埋块石后，钻孔压水试验，共钻孔 5 个，检查深度 30m，压水试验 14 段，单位吸水率在 0~0.001L/(min·m·m)，达到或超过设计要求。同时对深槽基础混凝土埋石区做了钻孔直径 40cm 的取样试验，岩芯获取率较高。这说明埋石混凝土的密实性和抗渗性能是好的，埋石与混凝土结合亦是好的。

2.2.2 使用粉煤灰掺和料

1974—1976 年，在大体积混凝土浇筑中，共掺用邯郸码头粉煤灰 300 万 kg，节约水泥 200 万 kg。最大掺量控制在 30%。为不致造成其他事故，规定对有特殊要求部位的混凝土不掺用粉煤灰，如薄壁防渗墙，廊道及有抗冲要求的部位。在气温低的月份浇筑混凝土也不掺用粉煤灰。适量掺用粉煤灰，不仅不降低混凝土强度，并能增强混凝土的和易性。混凝土浇筑掺用粉煤灰试验成果见表 4-13。

表 4-13　　混凝土浇筑掺用粉煤灰试验成果

年份	编号	设计标号	水泥用量/(kg/m³)	粉煤灰掺量/%	室内试验强度/(kg/cm²)	工地取样数量	样本强度/(kg/cm²)	水泥品种
1974	12 号	R90、150 号	210		R28、214 R90、231			获鹿 400 号
1974	10 号	R90、150 号	180	20	R28、143 R90、223	25	R90、241	获鹿 400 号
1974	7 号	R28、100 号	172	20	R28、170	26	R28、184	邯郸 500 号
1975	8 号	R28、100 号	183	15	R28、127	10	R28、156	大坝 400 号

2.2.3 混凝土掺用减水剂

自 1976 年春开始，将试验在混凝土中掺用减水剂为水泥的 0.2%~0.3%时，即不影响混凝土的抗压强度和其他指标，并节约水泥6%～11%。如再利用混凝土令期为90d的后期强度，掺粉煤灰并加糖剂，可把150号的混凝土的水泥用量（400号矿渣水泥），每立方米用量从200kg降低到170kg，节约水泥22%。

1976年春，浇筑非溢流坝混凝土时进行试验，掺用糖剂与粉煤灰，共浇筑150号混凝土3683m³，浆砌石砂浆粉煤灰砌石2.75万m³（80号砂浆）共节约水泥130万kg。试验结果见表4-14～表4-16。

表4-14　　　　　　　　　　　混凝土掺用木质素试验对比成果

编号	设计标号	水泥品种	水泥用量/(kg/m³)	木质素用量/%	室内试验强度/(kg/cm²)	工地试验组数	工地试验强度/(kg/cm²)	节约水泥/(kg/m³)
7号	R28、150号	邯郸400号	220		R28、182			
3号	R28、150号	邯郸400号	198	0.3	R28、208	6	R28、214	22
4号	R28、150号	邯郸400号	198	0.3	R28、233	8	R28、229	22
8号	R28、150号	邯郸400号	220		R28、256			
10号	R28、150号	邯郸500号	195		R28、227			
6号	R28、150号	邯郸500号	176	0.3	R28、210	2	R28、160	19
18号	R90、200号	邯郸500号	195		R28、225 R90、254			
19号	R90、200号	邯郸500号	176	0.3	R28、207 R90、217	20	R90、350	19
20号	R90、250号	邯郸500号	220		R90、338			
21号	R90、250号	邯郸500号	195	0.3	R90、283	2	R90、370	22

表4-15　　　　　　　　　　混凝土掺用糖剂试验对比成果表

编号	设计标号	水泥品种	水泥用量/(kg/m³)	糖剂用量/%	室内试验强度/(kg/cm²)	工地试验组数	工地试验强度/(kg/cm²)	节约水泥/(kg/m³)
1号	R28、150号	邯郸400号	220		193			
21号	R28、150号	邯郸400号	207	0.3	222	12	R28、214	13
2号	R28、150号	邯郸400号	220		208			
22号	R28、150号	邯郸400号	208	0.3	229	1	R28、279	12
19号	R28、150号	邯郸400号	172	0.3、粉煤灰20	171	2	R28、305	48

表4-16　　混凝土掺和料与减水剂同时掺用与不掺用外加剂对比试验成果表

编号	设计标号	木质素用量/%	糖剂用量/%	粉煤灰用量/%	水泥品种	水泥用量/(kg/m³)	节约水泥/(kg/m³)
1号	R28、150号				邯郸400号	270	
2号	R28、150号		0.3		邯郸400号	207	6.4
3号	R28、150号		0.3	20	邯郸400号	172	21.8
4号	R28、150号				邯郸500号	210	

续表

编号	设计标号	木质素用量 /%	糖剂用量 /%	粉煤灰用量 /%	水泥品种	水泥用量 /(kg/m³)	节约水泥 /(kg/m³)
5 号	R28、150 号		0.3		邯郸 500 号	195	7.1
6 号	R90、150 号		0.3	20	邯郸 500 号	151	28.1
7 号	R28、150 号	0.3			邯郸 400 号	198	10
8 号	R90、150 号	0.3		20	邯郸 400 号	157	29
9 号	R28、150 号	0.3			邯郸 500 号	177	16

2.3 混凝土质量控制与评价

混凝土质量控制，通过以下四个方面实施。

一是设计根据大坝不同部位的受力条件提出混凝土标号，按照标号予以控制。大坝混凝土垫层为 100 号混凝土，大体积为 150 号混凝土，重要部位的混凝土标号较高，如溢流坝面和压力管道等为 200 号和 250 号混凝土。除高标号混凝土外，一般采用三级配。水泥类别均为 500 号普通矿酸盐水泥和 400 号矿渣水泥。

二是工地试验室按照混凝土标号，根据浇筑特征及施工条件，通过试验，提出各种标号的混凝土配比。

三是浇筑专业队按照混凝土配比，现场配料搅拌，并由专业人员按时在机口和仓面取样制模进行抗压试验，验证标号是否达标。

四是质检人员按照规范要求，在现场对搅拌时间，熟料运输，入仓状态，入仓温度，振捣平仓等检查监督。

自 1972—1980 年混凝土浇筑，共取试样 1592 组，平均强度均达到或超过设计值。其中 150 号混凝土的平均强度达到 214kg/cm²，200 号混凝土的平均强度达到 258kg/cm²，250 号混凝土的平均强度达到 318kg/cm²，300 号混凝土平均强度达到 340kg/cm²。总体保证率为 92.53％，均方差 41.94，离差系数 0.017，均匀性为丙级。单项工程混凝土取样试验成果见表 4-17～表 4-21。

表 4-17　　　　　　　　　　溢流坝段混凝土取样试验成果表

部位名称	设计标号	取样组数	平均抗压强度/(kg/cm²)	均方差	离差系数	保证率/%	均匀性等级
基础垫层	R28、150 号	270	205	44	0.218	89.22	丙级
上游防渗墙	R28、150 号	102	227	46	0.206	95.00	丙级
坝面Ⅰ	R28、150 号	132	225	51	0.227	97.40	丁级
坝面Ⅱ	R28、250 号	55	348	50	0.144	97.40	丙级

表 4-18　　　　　　　　　　溢流坝段混凝土仓内取样试验成果表

部位名称	设计强度	浇筑方量 /m³	试验组数	平均抗压强度 /(kg/cm²)	合格率 /%	保证率 /%	均方差	均匀性等级
基础	R90、150 号	9791	27	263	96.3	99.5	38.3	丙级
	R28、150 号	27373	92	218	98.9	94.5	36.0	丙级

续表

部位名称	设计强度	浇筑方量/m³	试验组数	平均抗压强度/(kg/cm²)	合格率/%	保证率/%	均方差	均匀性等级
第八至十坝块	R90、150号	13010	28	249	100	99.7	34.0	乙级
	R28、150号	54490	191	213	92.7	100	12.1	甲级
	R28、250号	11850	60	352	100	99.2	37.2	丙级

表 4-19　　　　　　　　左右岸非溢流坝段混凝土取样试验成果表

部位名称	设计标号	取样组数	平均抗压强度/(kg/cm²)	均方差	离差系数	保证率/%	均匀性等级
左岸坝段垫层	R28、150号	123	191	43.0	0.23	82.48	丙级
左岸防渗墙	R28、150号	54	204	56.4	0.276	83.10	丁级
右岸坝段垫层	R28、150号	110	217	40.8	0.188	94.90	丙级
右岸防渗墙	R28、150号	121	223	54.0	0.242	91.90	丁级

表 4-20　　　　　　　　消力池混凝土取样试验成果表

部位名称	设计标号	取样组数	平均抗压强度/(kg/cm²)	均方差	离差系数	保证率/%	均匀性等级
消力池北边墙	R28、200号	24	272	49.8	0.183	92.6	丙级
消力池南边墙	R28、200号	31	287	46.2	0.160	96.96	丙级
一级消力池地板	R28、150号	70	204	51.8	0.254	85.02	丁级
一级消力池表层	R28、200号	13	254	47.8	0.188	89.03	丙级
一级消力池表层	R28、250号	07	341	37.8	0.110	99.22	丙级
消力池一级堰	R28、150号	13	204	52.2	0.256	84.79	丁级
消力池一级堰	R28、250号	12	315	32.0	0.102	97.85	乙级
二级消力池地板	R28、150号	61	207	49.1	0.237	89.22	丙级
二级消力池表层	R28、200号	22	290	57.6	0.199	94.02	丁级
二级消力池表层	R28、250号	16	307	33.8	0.110	95.40	丁级

表 4-21　　　　　　溢流坝段上游防渗墙高程 210m 以下压水试验成果表

坝块	孔号	孔深/m	段长/m	单位吸水量/[L/(min·m·m)]	备注
第八坝块	0～13～8	0～10	10	0	钻机钻孔共5孔
	上₃₄	10～20	10	0	孔深27m
	0+267.5m	20～27	7	0	
	8～c～3	0～10	10	0.00075	孔深31m
	上₃₂	10～19.62	9.62	0	
	0+281m	20～31	11	0	

坝块	孔号	孔深/m	段长/m	单位吸水量 /[L/(min·m·m)]	备注
第九坝块	9～13～11	0～10	10	0.00075	孔深30m
	上34	10～20	10	0.0006	
	0+296.5m	20～30	10	0.001	
	9～13～2	0～10	10	0.0009	孔深30m
	上34	10～20	10	0.00075	
	0+323.5m	20～30	10	0.0006	
第十坝块	10～c～7	0～10	10	0	孔深20m
	上32	10～20	10	0.001	

对上游防渗墙的防渗标准，浇筑混凝土时取样作抗渗性试验，均达到设计要求。试验成果见表4-22。

表4-22 防渗墙混凝土抗渗试验成果表

试验日期	取样高程	水泥品种	水泥用量/kg	配合比	抗渗标号	抗渗标准
1976年5月11日	218.00m以上	邯郸400号	270	1：2.38：7.13	12.8	138
1976年4月20日	218.00m以上	邯郸500号	210	1：2.38：7.4	13.4	138
1976年5月30日	218.00m以上	邯郸500号	210	1：2.52：7.55	12.2	138
1976年5月9日	218.00m以上	邯郸400号	220	1：2.36：7.22	12.0	138
1975年10月20日	218.00m以下	邯郸400号	223	1：2.36：7.10	11.0	138
1975年10月20日	218.00m以下	邯郸400号	223	1：2.36：7.10	12.0	138

第五节 大坝浆砌石

朱庄水库拦河大坝为浆砌石混凝土重力坝。按设计要求，基础开挖后，首先浇筑一定厚度的混凝土垫层，然后，除上游防渗墙和坝体内廊道、泄洪底孔等浇筑混凝土外，其余均为浆砌石。

大坝浆砌石1971年开始备料，1972年浆砌，到1978年基本完成。从开采石料到浆砌，均系土法上马，群众极易掌握施工方法。搞浆砌石砌筑的民工均是邢台、沙河、内丘、临城四个县西部山区有砌石经验的群众，水库工程指挥部施工处大坝组负责施工，累计完成浆砌石42.24万 m^3，占大坝总体工程的40.5%。砌石总用工作日2311.23万个，平均砌石7.63个工作日/m^3，功效为0.13m^3/工作日。砌石砂浆使用水泥6699.3万kg，平均1.0m^3砌石用水泥164.2kg。总耗用木材1265m^3。使用炸药73万kg，平均砌石耗用炸药1.74kg/m^3。

1 采运石料

根据大坝砌石设计需要，首先对水库上下游采石料场进行实地勘察，本着距大坝近，覆盖层薄、石质好、成品率高、储量大、占地毁林少、便于运输等原则，选取溪沟、杨庄、荣庄、岳山头、前熬峪、窦王墓六个料场。总计采运石 51.34 万 m³，总用工作日 2501 万个。

开采石料方法有三种，分别是侧向单线掌子面开采法、选择式开采法和平采法。

侧向单线掌子面开采法。即自山坡一侧按开挖线，开除路面和掌子面，然后人工打炮眼放炮向内侧开挖。成料用双轮车顺路运出，山皮及废渣倒入沟内。此种方法适用于开采高度 10～20m 山坡。

选择式开采法。适用于高山陡壁，当坡高 20m 以上时，由于清理山皮费工，采取选好药室，计算药量，放大炮，掀掉山头后采石。将合格块石撬翻到路边装车运出，石渣留在原地。采用此法采石，最大装炸药量曾用过 500～1000kg。这样炸开的山头，不至于形成老虎嘴形状，可安全作业。

平采法。适用于在山皮薄，山头低，块石质良好的料场。清理山皮后自上而下采用松动爆破开采，这样既安全，成品率也较高。

根据库区附近块石上下有层面，层间较厚，石质硬脆，多用松动爆破开采块石，用炸药量少，成品率高。如窦王墓料场，采用松动爆破法，块石成品率在 30％以上。峡沟料场采用小炮开采，成品率为 20％。其他料场采用放大炮开采，成品率在 15％以下。

大坝浆砌石使用的石料分粗料石和块石两种。粗料石表面要加工錾场，用于大坝下游及其临空面的表层。块石用于坝体内部。石英砂岩质体为砂质胶结，强度高、密实性大，层面基本平行，能完全满足高坝强度要求，是较为理想的建筑材料。新鲜石英岩其物理性质见表 4-23。

表 4-23　　　　　　　　　新鲜石英砂岩的物理力学性质表

岩石种类	相对密度/(kg/m³)	抗压强度/(kg/m²)	弹性模数/(kg/cm²)
石英砂岩	2628	1429	100000～550000

块石质量，要求新鲜并达到一正四无。即体形大致方正，无风化、无裂缝、无棱角、无水锈。上下两面平整，厚理一致。平面高差不超过 2cm，厚度不小于 20cm，宽度大于 30cm，长度不超过厚度的 3 倍。每块块石重量要求达到 50kg 以上，最大不超过 500kg。

石料运输，采用人工双轮车。运输的关键在于交通道路。在修筑道路上，一方面根据地形；另一方面本着低料低用，高料高用，始终保持运石运输道路高于坝体砌石场面，以便于装石重车顺坡而下，减轻劳动强度，提高运输工效。为此，先后修筑了高程 210.00m、250.00m、270.00m 的运石主干道路 12 条，总长 28.2km，路面宽 5m，支干道路 97 条，路面宽 3m。筑路土石方总量共计 37.11 万 m³，用工作日 48.47 万个（包括维修路用工 3.45 万个）。

2　浆砌石

大坝浆砌石质量关系到大坝运用安全。为此，从 4 个山区县抽调有砌石经验的群众专门负责砌石。在砌石过程中，着重抓 6 个方面。

2.1　砌石场面准备

砌石体底面如系混凝土找平层或上一年的浆砌石，首先要凿毛、冲洗、清理干净。而后用 1∶0.6 水灰比的水泥浆涂敷表面,随后铺垫 5cm 的砂浆,开始砌石。砌石侧面如系陡立的岩石,之间要留 0.3m 宽的间缝,随着砌体上升回填 150 号小石混凝土。这样,砌石与岩石结合更好。

2.2 浆砌石的水泥砂浆强度

控制砂浆强度的重要材料之一是砂子颗粒大小。拌和砂浆用的是天然河砂,其容量一般为 1500kg/m³,孔隙率 45%,吸水率 1.92%,细度模数为 2.3～2.9(低于 2.0 的不允许使用)。为提高细度模数,曾在砂中掺用豆石。

浆砌石初期,因施工经验不足,浆砌石砂浆是由施工县团配料拌和,因拌和分散,不便管理,常常出现砂浆强度不够,拌和不均等问题,造成不少返工。其中比较大的返工出现过两次。1972 年 6 月临城县团,在桩号 0＋326.75～337.5m 坝段,高程为 193.50～196.50m 浆砌时,因砂浆强度不够而返工。1974 年 7 月,邢台、内丘、临城 3 县团也因砂浆强度低,凿除浆砌石 1000m³,造成人力、物力、财力的浪费。为改变这一状况,水库工程指挥部专门抽技术人员负责砂浆配比、过磅、拌和,集中管理,采用 0.1m³ 的砂浆拌和机和 0.4m³ 鼓式混凝土拌和机拌和砂浆,严格按配比材料,严格按拌和时间出砂浆,使砂浆质量得到有效控制。

砂浆标号的确定,是根据坝体断面不同部位的应力值,乘以安全系数。坝体不同部位采用砂浆标号见表 4-24。

表 4-24　　　　　　　　　　坝体不同部位采用砂浆标号

溢流坝		非溢流坝	
坝体高程/m	砂浆标号	坝体高程/m	砂浆标号
180～195	150 号	210～225	120 号
195～210	120 号	225～240	100 号
210～230	100 号	240～260	80 号
230～243	80 号		

砂浆配比,是根据大坝各部位的砂浆标号,结合当地砂浆配置的材料,由水库实验室做了多种试验确定的。朱庄水库浆砌石采用低稠度砂浆,一般坍落度为 3～4cm,其优点是容易插捣出浆,砂浆强度及砂浆与石块黏着力可以得到保障,便于运输,适合于民工使用。

为控制砂浆强度,水库实验室从施工现场取砂浆试样检验强度,为及时了解砂浆强度,试验室经反复试验,采用蒸养办法,即砂浆制模后,养护 24～48h,再蒸养 16h,然后将试块进行压强试验,乘以系数,测定出 28d 的抗压强度,确定砂浆是否合格,及时指导施工。水泥品种不同,其蒸养系数各异。砂浆蒸养系数见表 4-25。

表 4-25　　　　　　　　　　砂浆蒸养系数

水泥品种	砂浆设计标号	试验组数	蒸养系数	水泥品种	砂浆设计标号	试验组数	蒸养系数
普通 500 号	150 号	41	1.96	矿渣 400 号	100 号	43	1.62
普通 500 号	120 号	26	1.8	矿渣 400 号	80 号	8	1.6

2.3　严格控制块石质量

为确保浆砌石质量，层层把关。由料场运来块石卸在坝附近的料场内，不准直接上坝。在此料场专人把块石按块石厚薄一致，大小接近的进行归类，分别上坝，以保证坝面浆砌石的每一层块石基本持平。同时在此料场也要进行块石的粗料修整，巨大块石解开，打掉尖角，砸掉结皮，有裂隙的沿裂隙劈开，同时要准备一部分填缝小石块，修整后的块石，装车上坝前，要用高压水、铁丝刷把块石表面的泥土、水锈冲刷干净。并设专人按块石规范要求逐块检验合格，才准予块石运上坝面。坝面浆砌石还设有施工员、质检员，当查出不符合要求的块石必须运出坝外。

2.4　砌石工艺

首先，要检查砌石场面，是否达到标准，经施工员、质检员联合检查验收，合格后签字发合格证，方准砌石，如在混凝土垫层上砌石时，还须先测量、划出砌石边线，而后砌石。砌石时，首先要预摆试砌，定位，看砌石厚度是否与已砌石齐平，各方面都合适，而后铺设厚约 5cm 的砂浆，再把预摆的块石平放在砂浆上，晃几晃即不再动，这叫"坐浆法"砌石。严禁在块石下面垫小石块找平，严禁用木棒、木板捣砂浆。一次只准砌筑两层块石，高度约 40～50cm。块石与块石间留 1～3cm 的距离，以便填充砂浆捣实。

砌石时，严禁在坝面上加工敲打块石，以防震动已经砌筑好的砌石，影响质量。砌石立缝内要分两次填筑砂浆，边填筑边捣鼓直至密实为止。当局部立缝超过 5cm 时，可以边填砂浆边填塞小石块边捣固，但不允许与大石块接触。每次砌完石后，必须间隔 24h 以上，才准再向上砌筑。砌体的接茬高差一般不超过 1m；超过 1m 时，要留 1:1 的错砌斜坡。

砌石的具体要求有四条。平：砌石层理要平，砌筑时要平放、平砌；稳：每块块石都要将最大面坐底、放稳；满：砌石砂浆要灌填满，捣得实，不能有空架和空洞；紧：砂石缝隙适当，砂浆捣紧密实。

砌石误差。因块石薄厚不等，基础砌石时，要求高低误差不超过正负 5cm；基础以上在 1m 以内垂直面的误差不超过正负 1cm，斜面不超过正负 2cm，垂直或斜面全高的误差不超过全高的 0.1%，与混凝土连接处的浆砌石不得侵占混凝土浇筑厚度。

2.5　砌石保养

新砌石砂浆初凝固后，要覆盖草袋，草袋上面不断洒水，保持经常湿润，保养期一般不少于 7d。如果保养期内需要继续砌石，可在 24h 后砌筑。但对斜坡、立面不便覆盖草袋时，在砌石完 48h 内，可采用喷壶洒水养护，以后用水管浇水养护。砌石过程中如遇到降雨，应在砌体上盖好草袋等防雨设备，以防雨水冲刷砂浆。夏季气温高于 30℃时，为保持砂浆水分，石料砌筑前应用水浇湿。

2.6　防冻要求

初冬浆砌石，要注意防冻。日最低气温在 −3℃ 时，砌石可覆盖两层草袋。如发现砂浆表层受冻，应当凿除。浆砌石施工一般在 11 月底或 12 月初停止。

3　浆砌石工艺及外加剂

3.1　振捣器试验结果

1975 年，在溢流坝段第八、十坝块的 200.00m 高程处，试用直径 5cm 电动振捣器振捣一级混凝土浆砌石核销振捣器振捣砂浆砌石试验成功。在砌石缝隙间充填一级配 150 号混凝土，采用小直径振捣器振捣，具有砌体密实，抗渗性增强，节省劳力，可以连续作业等优点。其试验成果见表 4-26。

表 4-26　　　　　　　　　　一级配混凝土浆砌石试验成果

项　目	试验结果	项　目	试验结果
砌石方量/m³	320	推算 28d 抗压强度/(kg/cm²)	218
水泥用量/kg	47040	块石占砌体/%	59.1
砌石水泥用量/(kg/m³)	147	一级配混凝土占砌体/%	40.9
混凝土砌石单位重量/(kg/m³)	2497	压水试验单位吸水量/[L/(min·m·m)]	0.008~0.21
7d 抗压强度/(kg/cm²)	131		

采用小型振捣器振捣砂浆砌石，在对角线及宽缝中，随振捣砂浆随填碎石，既增加砌体密实度，又能节约水泥用量。试验成果见表 4-27。

表 4-27　　　　　　　　　　小型振捣器振捣砂浆填碎石试验成果

砌石方量/m³	水泥用量/万 kg	砌石水泥用量比较/(kg/m³)			单位吸水量/[L/(min·m·m)]
		砌石水泥用量	原砌石水泥用量	节约水泥用量	
644.5	7.97	123.6	140.0	16.4	0.014

从表 4-27 试验成果表明，采用新工艺砌石，具有高质量低消耗的共性。只因当时未购到小型振捣器，不能大面积推广。

3.2　添加剂试验结果

在砌石砂浆中掺用外加剂和掺和料，可以节约水泥用量，确保砂浆强度和增强砂浆的和易性。经多次匹配比试验，80 号砂浆使用邯郸 400 号水泥，掺糖蜜 0.3%，比不掺外加剂 1.0m³ 节约水泥 22kg，占水泥用量的 6%；使用同样品种标号水泥，既掺 0.3%糖蜜，又掺 20%的粉煤灰，比不掺外加剂和掺和料，1.0m³ 砂浆节约水泥 63kg，占水泥用量的17%；使用同样品种、标号的水泥，掺用 0.3%木质素，比不掺外加剂，1.0m³ 砂浆节约水泥 40kg，占水泥用量的 9.2%；使同样品种、标号的水泥，既掺 0.3%木质素，又加20%粉煤灰，再加 20%豆石，比不掺外加剂及掺和料，1.0m³ 砂浆节约水泥 100kg，占水泥用量的 27.3%。80 号砂浆掺外加剂与掺和料试验成果见表 4-28。

表 4-28　　　　　　　　　砂浆（80 号）掺外加剂、掺和料试验成果

水泥品种	糖剂掺量/%	木质素掺量/%	粉煤灰掺量/%	豆石产量/%	水泥用量/(kg/m³)	节约水泥/%
邯郸 400 号					367	
邯郸 400 号	0.3				345	6.0
邯郸 400 号			20		332	9.8
邯郸 400 号				30	326	11.2
邯郸 400 号	0.3		20		305	17.0
邯郸 400 号	0.3			30	290	18.5

水泥品种	糖剂掺量/%	木质素掺量/%	粉煤灰掺量/%	豆石产量/%	水泥用量/(kg/m³)	节约水泥/%
邯郸 400 号	0.3		20	30	254	31.0
邯郸 500 号					347	
邯郸 500 号	0.3				330	4.9
邯郸 500 号			30		276	20.5
邯郸 500 号	0.3		30		258	25.6
邯郸 500 号	0.3		30	30	228	34.3
邯郸 400 号		0.3			327	9.2
邯郸 400 号		0.3		30	293	20.0
邯郸 400 号		0.3	20	30	263	27.3
邯郸 400 号		0.3			293	15.6
邯郸 400 号		0.3		30	276	20.5
邯郸 400 号		0.3	30	30	215	38.0

4　砌石质量检验

朱庄水库大坝浆砌石工程，在施工过程中，水库工程指挥部设有专职施工员、质量检查员，随砌筑随检查，同时试验室定期从工地取砂浆试样进行检查，即使是这样，砌石质量是否能达到设计要求，在施工过程中和砌石完工后，不断进行石料压强、砌体抗压、砌体单位相对密度、砌体吸水率等检查。

4.1　强度检验

砌体压强计算，按浆砌石经验公式计算：

$$R_砌 = A R_石 \left[1 - \frac{\alpha}{\beta + \dfrac{R_砂}{R_石}} \right]$$

其中

$$A = 1.4 \times (100 + R_石 / 100 + 6 R_石)$$

式中：$R_砌$ 为浆砌石抗压强度；A 为经验系数；$R_石$ 为岩石抗压强度；$R_砂$ 为砂浆抗压强度；$\alpha = 0.2$ 和 $\beta = 0.25$，均为结构系数。

石英砂岩试验结果见表 4-29。

表 4-29　　　　　　　　浆砌石计算实际抗压强度与设计强度比较表

砂浆设计抗压强度/(kg/cm²)	实际砂浆抗压强/(kg/cm²)	实际/计算
80	88	1.10
120	131	1.09

4.2　单位重量检验

1978 年 1 月，利用冬季坝面停工期间，在第八坝块人工挖除浆砌石，干砂回填体积的方法，进行了浆砌石单位重量及质量的考查，其成果见表 4-30。

表 4-30　　　　　　　　　　　　　　　　浆砌石试验结果对比表

项目	浆砌石密度 /(kg/m³)	块石重 /(kg/m³)	砂浆密度 /(kg/m³)	砂浆体积 /%	块石体积 /%
设计标准	2290	2600	2000	35	65
实测结果	2343	2628	1823	35.29	64.71

4.3　压水试验及补强灌浆

朱庄水库在大坝浆砌石中，为进一步检查砌石密实情况，对坝段的重要部位，每年进行一次压水试验检查，采用风钻打孔，钻孔 3～4m，设计要求试水压力在 2kg/cm，单位吸水量达到相当于基础实验固结灌浆要求的标准 [0.05L/(min·m·m)]，当对 1972—1973 年砌体压水试验发现 7 孔无压漏水，其中 5 孔在溢流坝段。为此，1974 年在溢流坝段进行深孔固结灌浆的同时，并对 1973 年以前的砌体进行了灌浆补强。

经灌浆补强后的压水试验表明，效果较好，单位吸水量达到固结灌浆要求的标准。1973—1976 年砌体压水试验检查成果见表 4-31。

表 4-31　　　　　　　　　　　　　　大坝浆砌石压水试验成果表

年份	坝段	试验高程 /m	孔深 /m	孔数	单位吸水量/[L/(min·m·m)]					
					0.05	0.05～0.1	0.1～0.2	0.2～1.0	1.0～5.0	无压漏水
1973	溢流坝	196.00		35	14	8	3	4	1	5
1974	八	202.00～196.50	3～3.8	21	2	1	2	10	6	0
1974	九	200.00～199.00	2.0～3.8	31	0	1	6	15	9	0
1974	十	197.70～196.30	1.5～4.0	12	1	0	2	8	1	0
1975	八	207.00～206.50	2.7～3.1	3	0	0	0	0	1	0
1975	九	208.00～207.80	3.1～4.0	3	0	0	1	2	0	0
1975	十	209.00～207.50	3.0～4.0	3	0	0	0	3	0	0
1976	五	235.00	3.7～4.0	5	0	0	0	1	3	1
1976	六	235.00	3.9	1	0	0	0	1	0	0
1976	七	235.00	3.9～4.0	6	0	0	1	2	3	0
1976	八	230.00～229.00	3.9～4.0	7	0	2	2	1	2	0
1976	九	229.30～228.30	3.7～4.0	8	2	0	1	3	2	0
1976	十	231.90	3.8～4.0	8	2	1	0	3	2	0
1976	十一	235.00	4.0	3	1	0	0	2	0	0
1976	十二	233.00～232.20	3.5～4.0	5	0	0	0	1	3	1
1976	十三	234.40～233.00	3.7～4.0	5	0	0	0	5	0	0
1976	十三	235.00	3.5～4.0	5	1	1	0	3	0	0
1976	十四	235.00	3.8～4.0	6	0	2	0	4	0	0
1976	十四	244.20	3.4～4.0	5	0	0	1	2	2	0
合计				172	23	19	18	70	35	7
占百分数/%				100	13.37	11.05	10.46	40.70	20.35	4.07
累积值/%					13.37	24.42	34.88	75.58	95.93	100

4.4　抗压强试验

根据坝体不同部位砂浆设计强度，试验室及时检查砌石拌和砂浆强度，直到施工。历年砂浆取样抗压强度达到或超过设计标准。施工砂浆强度与设计要求强度对比见表4-32。

表4-32　　　　　　　　　　　朱庄水库大坝砂浆取样强度与设计强度对照表

年份	水泥品种	设计强度	砂浆配比（水泥：砂：水）	工地取样试验组数	平均强度/（kg/m²）	室内试验强度/（kg/m³）	水泥用量/（kg/m³）
1974	矿渣400号	150号	1:3.0:0.6	30	184	248	488
1974	矿渣400号	120号	1:3.8:0.68	73	177		394
1975	普通400号	100号	1:4.0:0.75	184	190	126	389
1975	普通400号	100号	1:4.3:0.8	121	156	108	344
1976	矿渣400号	80号	1:4.1:0.7	391	118	96	367
1976	普通400号	80号	1:4.3:0.74	164	156	118	347

大坝溢洪道在第八至十坝块，对溢流坝浆砌石砂浆取样四组，分别检验抗压强度。溢流坝浆砌石砂浆取样强度与设计强度对比见表4-33。

表4-33　　　　　　　　　溢流坝浆砌石砂浆取样强度与设计强度对比表

砌石部位	设计标号	取样组数	平均抗压强度/（kg/m²）	均方差	离差系数	保证率/%	均匀性等级
第八至十坝块	R28、150号	15	186	47.3	0.3	78.8	丙级
第八至十坝块	R28、120号	96	171	47.8	0.3	86.4	丙级
第八至十坝块	R28、100号	70	138	30.3	0.2	89.4	乙级
第八至十坝块	R28、80号	121	145	35.2	0.24	96.8	丙级

大坝非溢洪道在第二至七坝块、第十一至十七坝块，对非溢流坝浆砌石砂浆取样12组，分别检验抗压强度。非溢流坝浆砌石砂浆取样强度与设计强度对比见表4-34。

表4-34　　　　　　　　非溢流坝浆砌石砂浆取样强度与设计强度对比表

砌石部位	设计标号	取样组数	平均抗压强度/（kg/m²）	均方差	离差系数/%	保证率/%	均匀性等级
第二至七坝块	R28、150号	17	195	38.5	0.20	88.5	丙级
第二至七坝块	R28、120号	116	172	51.0	0.30	84.1	丁级
第二至七坝块	R28、100号	59	130	22.7	0.17	96.2	甲级
第二至七坝块	R28、80号	356	136	37.0	0.27	93.4	丙级
第十一坝块	R28、150号	13	190	56.6	0.30	75.8	丁级
第十一坝块	R28、120号	86	181	44.7	0.25	91.3	丙级
第十一坝块	R28、100号	66	135	30.9	0.23	87.1	乙级
第十一坝块	R28、80号	216	135	29.3	0.22	97.0	乙级

续表

砌石部位	设计标号	取样组数	平均抗压强度/(kg/m²)	均方差	离差系数	保证率/%	均匀性等级
第十二至十七坝块	R28、150 号	17	187	42.0	0.20	81.6	丙级
第十二至十七坝块	R28、120 号	42	169	27.7	0.16	96.1	乙级
第十二至十七坝块	R28、100 号	54	140	30.6	0.20	90.5	乙级
第十二至十七坝块	R28、80 号	390	128	33.6	0.26	92.3	乙级

第六节 大坝安装工程

大坝安装工程包括观测设备安装和金属结构安装。根据其结构特点和"边建设、边收益"的原则,安装工程与大坝建设穿插进行。

1 观测设备安装

朱庄水库观测设备自 1974 年开始安装,随着主体工程完成而结束。观测设备有垂直位移标点、视准线、正垂线、倒垂线、引张线、连通管倾斜仪、测缝器、测缝计、温度计、应变计、测压管、渗流观测及库区淤积等。

1.1 垂直位移标点

垂直位移标点实安装 115 个,可测 90 个,于 1980 年 12 月安装完成。

坝顶垂直位移标点安装 36 个(见表 4 - 35),下$_{16}$溢流坝分流墩垂直位移标点 9 个;消力池两边墙垂直位移标点在下$_{70}$、下$_{165}$、下$_{208}$处各测点共计 6 个。以上 51 个测点用直径 220mm 铸铁标盒,标签用长 100mm 圆顶钢棒和测视准线用的水平底盘安装在一起。

表 4 - 35 　　　　　　　　坝顶垂直位移标点位置表

序号	坝块	桩号		序号	坝块	桩号		序号	坝块	桩号	
1	二-1	下$_{30}$	0+067	13	八	上$_{7.0}$	0+253.5	25	十二-3	上$_{7.0}$	0+412
2	二-2	下$_{30}$	0+080	14	八	上$_{7.0}$	0+271.025	26	十三-1	上$_{7.0}$	0+432
3	三-1	下$_{30}$	0+100	15	八	上$_{7.0}$	0+288.25	27	十三-2	上$_{7.0}$	0+452
4	三-2	下$_{30}$	0+120	16	九	上$_{7.0}$	0+290.25	28	十四-1	上$_{7.0}$	0+472
5	四-1	下$_{30}$	0+140	17	九	上$_{7.0}$	0+308	29	十四-2	上$_{7.0}$	0+492
6	四-2	下$_{30}$	0+160	18	九	上$_{7.0}$	0+325.75	30	十五-1	上$_{7.0}$	0+509.5
7	五-1	下$_{30}$	0+180	19	十	上$_{7.0}$	0+327.25	31	十五-2	上$_{7.0}$	0+524.5
8	五-2	下$_{30}$	0+200	20	十	上$_{7.0}$	0+344.975	32	十六-1	上$_{7.0}$	0+534
9	六	下$_{30}$	0+218	21	十	上$_{7.0}$	0+362.5	33	十六-1	上$_{7.0}$	0+555
10	七	上$_{7.0}$	0+228	22	十一	上$_{7.0}$	0+365	34	十六-2	上$_{7.0}$	0+564.5
11	七	上$_{7.0}$	0+242.6	23	十二-1	上$_{7.0}$	0+362.5	35	十七-1	上$_{7.0}$	0+573.5
12	七	上$_{7.0}$	0+251	24	十二-2	上$_{7.0}$	0+392	36	十七-2	上$_{7.0}$	0+590

左非溢流坝高程246.00m平台上设垂直位移标点7个；第七坝块高程225.00m平台设垂直位移标点2个。在右非溢流坝高程242.40m平台设垂直位移标点11个；左坝踵设垂直位移标点9个（因弃渣和备用柴油发电机房覆盖，实测3个）。灌浆廊道安装28个垂直位移标点（因廊道高差太大，仅在非溢流坝段设9个标点可测）。以上57个测点用直径110mm小型铸铁标盒，标芯用长110mm圆顶钢棒。

溢流坝上有210.00m高程平台设4个垂直位移标点，因长期处于水下，作为临时点只测过数次。放水洞桥墩顶上埋装3个垂直位移标点。坝顶垂直位移标点安装36个，见表4-35。

1.2 视准线

在两固定点间设置经纬仪的视线作为基准线，定期测量观测点到基准线间的距离，求定观测点水平位移量的技术方法。视准线共5条49个测点。1980年12月底安装完成。

分布在坝顶两条：AB向9个测点，BC向27个测点；闸墩下16安装9个测点。消力池两边安装2条：下$_{165}$、下$_{208}$各安装2个测点。标盒和垂直位移标点安装在一起。

测站设在坝的两端，坝顶AB向视准线测站至后视点长532.66m；坝顶BC向视准线至后点长536.56m；分流墩下$_{16}$视准线至后视点长508.58m，消力池边墙下$_{165}$、下$_{208}$视准线站至后视点长分别为341.07m、209.03m。各测站均埋入基岩内，并加筋采用混凝土浇筑。

1.3 正垂线

正垂线安装共计4条，分别在第七、九、十一、十四坝块上，悬线口设在坝顶，中间高程在229.41m和244.00m廊道设卡线点，测站设在接近坝基的底层廊道上。垂线采用直径0.8mm不锈钢丝，重锤用20kg铸铁砝码，阻逆油桶用直径34cm，高35cm镀锌板制作，阻逆油采用浓度小、防冻的变压器油。于1980年完成安装。正垂线安装情况见表4-36。

表4-36　　　　　　　　　　正垂线安装情况一览表

坝块	纵坐标	横坐标	固定夹线装置高程/m	活动卡线点高程/m	观测室高程/m	目　　的
七	0+242.6	上$_{5.1}$	260.0	230.6	206.5	监视边坡坝段高程206.50m以上坝体位移，控制引张线站点
九	0+310.25	上$_{2.4}$	260.7	230.6	202.0	监视高程202.00m以下溢流坝体位移
十一	0+373.4	上$_{5.1}$	260.0	245.2	214.0	监视边坡坝段高程214.00m以上坝体变位，控制引张线端点
十四	0+492.0	上$_{5.1}$	260.0	245.2	225.5	监视高程225.50m以上坝体变位

1.4 倒垂线

倒垂线用来测量垂直方向一系列测点间的水平相对位移。水库大坝倒垂线设计为5条，实际安装3条。

倒$_{9~1}$位置在第九坝块三号井，坐标0+295.50m、下$_{43}$。测站高程202.00m，固定端高程172.00m。以检测软弱夹层Cn 72以上基岩变位，于1976年完成安装。

倒$_{9~3}$位置在第九坝块上$_5$廊道中，坐标0+306.00m、上$_6$，测站高程202.00m，固定端高程 172.00m。布置目的是监测软弱夹层 Cn 72 以上基岩变位，于 1976 年安装完成。初步安装时因采用直径 2mm 不锈钢线太粗，致使仪器不灵。为此，在 1986 年重钻，并更换为直径 0.8mm 不锈钢线。既是这样，遇仪器调整仍难以恢复原位。所以，1989 年试安装一套遥测垂线坐标以进行观测。

倒$_{14}$位于第十四坝块坝下游的竖井中，坐标为 0＋249.00m、下$_{26}$，测站高程 226.00m，固定端点高程 206.00m。安装目的监视软弱夹层Ⅲ层底以上基岩变位，于 1982 年 6 月完成安装。

1.5　引张线

在两固定点间以重锤和滑模拉紧的丝线作为基准线，定期测量观测点到基准线间的距离，以求定观测点水平位移量的技术方法。

引张线安装两条。一条在高程 229.41m 廊道内，引张线长 124m，固定端在第七、十一坝块上。控制溢流坝段的第八、九、十坝块，测点设在施工分缝的两侧，测点共设 6 个。安装目的监测溢流坝水平位移，于 1980 年完成安装。另一条引张线安装在右非溢流坝高程为 244.00m 的廊道中，线长 205.5m，固定端在第十一和十七坝块上，控制第十二至十六坝块，测点设在各坝块中的廊道上游壁上，共设测点 10 个，其用途为监测该段水平位移，于 1982 年安装完成。

1.6　连通管倾斜仪

在高程 229.41m 和 244m 廊道中各安装一条连通管，二层廊道安装一套倾斜仪。均以连通管形式，安装时采用 1 英寸塑料管和粘合剂黏接，安装后，经注水长时间通不过去，不能使用。为此，1986 年冬改为 1 英寸铁管重新安装后，经注水试验，因整条连通管为水平形式，中间又有多处测点，水从测点外溢，造成廊道到处是水，也注不满另一端的平衡水池。

1989 年 4—8 月在廊道底测台处改埋装置垂直位移标点，采用圆顶钢标，其中 229.41m 廊道内埋设 9 个，244 廊道埋设 13 个，二层廊道埋设 8 个，共计埋设 30 个标点。

1.7　测缝器

测缝器为双向安装，共安装 42 个。分别安设在各廊道的施工分缝线上。其安装位置：二层廊道 4 个：上$_5$廊道 2 个，下$_{30}$廊道 2 个。229.41m 廊道内安装 5 个；244m 廊道安装 11 个；灌浆廊道安装 18 个；第十四坝块竖井内安装 4 个。于 1979 年完成安装。

1.8　渗漏观测

在灌浆廊道溢流坝段通往下游的排水沟内和消力池北边墙的竖井内，各设一个测点。

1.9　测压管

为观测大坝和消力池基础扬压力，在大坝灌浆廊道及消力池分别布设观测管 20 个、19 个，并在消力池设承压观测管 3 个，潜水观测管 3 个，以及在大坝下游两岸布设绕渗孔 28 个，同时布设坝体扬压力管 3 个，地质孔 7 个，第八坝块溢流面脉动压力管 4 个，共计 87 个。根据设计〔1975〕第 88 号文件通知，取消溢流面脉动压力底流速观测，实际观测 83 个。

1.10　温度计

温度计埋设两个断面。共安装 43 支。其中：0＋315m 断面安装 26 支，自 1974 年 5 月—1980 年 6 月完成；在 0＋492m 断面安装 17 支，自 1976 年 5 月—1978 年 10 月安装。

在后断面的第一层廊道中埋设 4 支；第二层以上由于垂线影响，改在 0＋494m 断面位置。

1.11　应变计

应变计用于钢结构或混凝土结构表面的应变测量。使用时将传感器粘贴到混凝土结构表面，也可点焊或用螺钉铆接在钢结构表面。主要用于钢架结构建筑物、混凝土结构等表面应变监测。

应变计分两处安装，共计 34 支。其中：消力池应变计自 1977 年 5 月—1978 年 3 月安装完成，共计 19 支；第十四坝块竖井安装 15 支，于 1981 年 9—10 月埋设完成。

1.12　测缝计

测缝计分三处安装共计 12 支。其中：上 5 廊道安装 4 支，于 1974 年 4—5 月完成，其目的观测混凝土与浆砌石结合缝混凝土与混凝土结合缝的变化；三号竖井安装 4 支，安装于 1975 年 12 月，主要观测软弱夹层缝的变化；第十四坝块竖井安装 4 支，于 1981 年 9 月完成。

1.13　库区淤积

为观测库区淤积情况，布设测量断面 26 个。

2　金属构件安装

朱庄水库金属结构制作与安装，包括溢流坝泄洪闸门 6 扇，三个泄洪底孔闸门 6 扇，放水洞闸门 2 扇，发电输水洞闸门、拦污栅 2 扇，及电站高低机组尾水闸门、退水闸门、北灌区首进水闸门等合计闸门、拦污栅 21 扇；启闭机 19 台、电动葫芦 3 个。此外，还有放水洞进水塔与大坝连接的钢架桥与发电洞管道等。共计使用钢材 105.19 万 kg。其中钢闸门与埋件重 75.22 万 kg（埋件 12.59 万 kg），闸门叶与拉杆重 62.63 万 kg，各种规格的钢管道及埋件 17.67 万 kg（埋件 3.6 万 kg），钢架桥 12.3 万 kg，启闭机除放水洞工作门（及弧门）为油压启闭机按设计图纸加工制作外，其他均为配套订货。各闸门、启闭机的规格尺寸及型号见表 4 - 37。

表 4 - 37　　　　　　　　　　　　　闸门启闭机规格尺寸汇总表

序号	闸 门 名 称	闸门尺寸 /(m×m)	闸门数量 /扇	闸门及埋件重量 /t	启闭机型号及吨位 /t
1	溢流坝堰顶大弧门	14×12.5	6	529.72	QPQ2×45
2	泄洪底孔弧门	2.2×4	3	61.89	螺杆式 75/40
3	泄洪底孔平门	2.2×4.75	3	72.86	QPQ1×125
4	放水洞弧门	1.6×1.6	1	5.9	
5	放水洞平门	1.6×2.1	1	20.41	
6	电站进口平门	4.5×6.6	1	27.42	
7	电站进口拦污栅	4.5×6.6	1	7.46	

序号	闸门名称	闸门尺寸 /(m×m)	闸门数量 /扇	闸门及埋件重量 /t	启闭机型号及吨位 /t
8	北灌区首平门	3.17×2.6	1	4.47	
9	消力池南边墙平门	3.17×2.6	1	4.47	
10	低机组尾水退水闸平门	3.17×2.6	1	4.47	
11	低机组尾水平门	4.83×1.65	1	6.80	
12	高低组尾水平门	2.2×1.12	1	6.33	
合计			21	752.2	

2.1　闸门启闭机

闸门、启闭机于 1976 年开始安装，至 1980 年完成，并投入运用。

溢流坝堰顶 6 扇大弧门，每扇宽 14m，高 12.5m。每扇大弧门以 2×45t 固定卷扬式启闭机启闭。该闸门由第二十冶金建筑公司制作并安装。安装后，做了空载运行验收。

泄洪底孔 3 处，该工作钢弧形门 3 扇，每扇宽 2.2m，高 4.0m，由 3 台固定螺杆式 75/40t 启闭机控制。启闭机安装在高程 229.41m 廊道操作室内。在弧形门前设有事故检修平板钢闸门，共计 3 扇，每扇宽 2.2m，高 4.75m。3 台启闭机为 125t 固定卷扬机，设在坝顶启闭机室内。该闸门由河北省海河工程局修配厂制作，闸门、启闭机均由河北省海河水利工程安装队安装。1977 年 5 月竣工。通过几年实际运用，启闭机平稳、灵活，机械运行正常。但因闸门槽混凝土跑模未做处理，闸门启闭扯裂止水，存有漏水现象。

放水洞弧形闸门一扇，门宽、高均为 1.6m，由 25/17t 油压启闭机启闭。启闭机布置在高程 204m 平台上；工作门前设检修平板钢闸门，宽 1.6m，高 2.1m，启闭机为 1×33t 固定卷扬式，安装在进水塔顶部。由于平板闸槽变形未做处理，闸门启闭困难。

输水洞闸门，底部高程为 212.95m，设检修平板钢闸门一扇，宽 3.5m，高 4.1m。启闭机为 2×100t 固定卷扬式，安装在坝顶启闭机室内；进口设有拦污栅一扇，启闭机室内启闭机为 2×8t 固定卷扬式。该闸门和拦污栅均由河北省海河工程局修配厂制作，该工程局安装队安装，1976 年汛期完成。水库工程指挥部验收。运行中发现启闭机底座不平，北高南低，钢丝绳卷轴向南倾斜移动。

消力池南北边墙闸门为电站低机组尾水入一级消力池控制闸门；北边墙平板钢闸门为一级消力池入北灌渠首控制闸门。闸门尺寸均为宽 3.17m，高 2.6m，各设 2×16t 固定卷扬式启闭机启闭。闸门由河北省海河工程局修配厂制作；闸门埋件，闸门和启闭机均由邢台地区建安公司安装。竣工后，未行验收，并无安装资料可查，但实际运行平稳、灵活。

电站低机组尾水退水平板钢闸门，为双面止水，设在低机组尾水池右侧。闸门宽 3.17m，高 2.6m，由河北省海河工程局修配厂制作，河北省水利厅工程局第五工程队安装。经验收满足设计要求，但无安装资料。启闭机系整体安装，由水库工程指挥部民技工施工，经验收合格，符合设计要求。

高机组电站尾水平板钢闸门，宽 4.83m，高 1.65m，采用 5t 电动葫芦启闭；高机组尾水门两扇，宽 2.2m，高 1.12m，合用一台 5t 电动葫芦启闭机。尾水闸门均由水库修配厂制作，闸门和电动葫芦启闭机均由水电部一局安装。

在南干渠渠首和一级消力池南边墙外设有电动暗杆式闸阀各一个，以解决南北灌区在电站不发电情况下灌溉用水。闸门型号为：南灌区首闸门为 Z945T－10－φ1400；北灌区闸门为 z945t－6－φ800。

2.2　钢架桥、电站钢管道制作与安装

钢架桥是放水闸进水塔与大坝连接的交通桥，全长 120m，分三孔。1980 年由河北省海河工程局第五工程队现场制作与安装，经水库工程指挥部组织有关单位验收。

电站钢管道，设在输水洞岔管以下，通往高低机组。钢管道是邢台钢管厂制作，水电部一局安装。安装前，曾对钢管道焊缝 X 射线抽检，抽查纵向焊缝 10%，环向焊缝 5%，共拍摄照片 183 张，其中部分焊缝内存有气孔，夹渣及未焊透等问题，均由水电部一局剥掉重新焊接。

第七节　施　工　管　理

搞好施工管理是多、快、好、省地建设朱庄水库的重要保证。根据该库所在的位置气候及施工特点，工程分春、秋两季施工。春季从 3 月初—6 月中旬，秋季从 9 月初—12 月初。施工管理需要认真做好工程计划，施工布置、生产调度，充分发挥各职能部门的作用，严格按施工程序规范施工。

1　施工组织机构及职责

朱庄水库工程施工组织机构，根据工程进展和施工实践，考虑到施工中任务、性质、机构间的联系，制约等情况，经几次变革，朱庄水库工程指挥部组织机构如下。

办公室，下设行政组、秘书组和资料组。

政治处，下设组织组、理论组、宣传组和秘书组。

后勤处，下设生活组、仓保组、修配厂、汽车队、采运组、秘书组、医院、物资组、邢台仓库等。

调度处，下设调度组、劳保组和质检组。

技财处，下设工务组、测量组、设计组和财务组。

施工处，下设大坝组、机电组、采石组和测量组。

浇筑处，下设混凝土组、骨料组、灌浆组和火车队。

安全处，下设警卫组、保卫组和消防组。

水库管理筹备处，下设临建组和沥青厂。

施工组织的首脑机构是朱庄水库工程指挥部，下设办公室和 8 大处，分管整个工程施工和统辖 8 个县市团的全面工作。各处室明确分工，密切合作。直接参与施工第一线管理的是技财处、施工处、浇筑处、调度处和安全处。根据设计提供工程图纸，总体工程任务和总体布局要求，由技财处提出年度完成工程项目，工程量和相应需要的建筑材料、机械设备以及投入劳力、完成所用工作日、资金投入、形象进度，做出总体，分期施工部署、安排等。由水库工程指挥部研究决定后经上级领导单位审批后，具体实施。

具体在第一线负责施工的是施工处、浇筑处。施工处负责采石、开挖大坝基础、河床

两岸劈坡、导流、截流、坝体浆砌石、排供水、供电风和金属设备安装、坝体内设备安装、发电站设备安装等。浇筑处负责混凝土浇筑，混凝土投石、采运骨料和大坝基础钻机灌浆等。调度处负责监督施工单位执行年度或阶段施工计划；根据施工进度，调整施工机械设备、物资、劳力；解决施工干扰、矛盾和因计划不合理，劳力、机械的再调配；并负责检查、控制工程的用料、工程质量等。

由于朱庄水库工程是边勘探、边设计、边施工的"三边"情况下展开的，起初由水电部13工程局设计院设计，后由河北省海河指挥部勘测设计院接替。除进行枢纽工程设计、修改不适宜工地情况的设计变更，勘探坝区地质情况外，还直接参与施工计划的制定和实施，现场解决工程问题。设计图纸，由测量单位放线定位，而后着手施工，施工过程中及竣工后，工程尺寸是否符合设计要求，均有测量控制。后勤处担负工程需要的设备、物资采购、运输、保管，确保及时并提供施工人员必需的一切劳保，生活资料和安全、卫生保健、设备等。安全处负责施工安全保卫，监督检查施工单位安全操作，及时消除隐患，处理伤亡事宜等。

上述各施工职能部门及参加施工的各县（市）团的广大民工、干部的政治思想领域的工作，由政治处负责。施工进度计划上报和工程指挥部对下属各单位的指示等均由办公室完成。因此，在朱庄水库工程指挥部领导下，各职能部门按照分工井然有序的开展工作，各施工县（市）团按照指令计划，保质保量地完成施工任务。水库工程指挥部参与施工管理的干部，在高峰施工期间的1975年达267名，其中工程技术人员45名，行政人员157名，其他人员若干。

2　施工定额管理

朱庄水库工程指挥部为加强施工管理和经济管理，提高劳动效率，全面推行了施工定额管理，并设专人负责这项工作。起到预期效果，比较圆满地实现了"多劳多得，按劳取酬"的分配原则。同时工程也保证了工期和质量，并积累了一些施工管理经验。

2.1　工程施工定额管理

朱庄水库工程在施工管理中曾走过一段弯路。在1970年10月—1971年9月施工准备阶段，水库工程指挥部刚建立，施工人员还未配齐，同时受社会"极左"思想影响，批判工分挂帅，极力推行大锅饭。正在施工的"三通"工程，除输电线路实行承包施工外，其余两项修建东山公路和开挖导流洞，均是吃大锅饭，没有实行定额要求，因而，工程进步迟缓、质量差、工效低，东山公路长5.65km，施工用了三个工期才完成，工程结算时，施工县团和水库工程指挥部争论不休，导流洞开挖，1971年9月完成工程，直到1975年才结清工程，此项工程概算为13.8万元，实际结算58.1万元，突破概算421%。

为了吸取上述教训，1971年10月，主体工程正式动工后，水库工程指挥部党委决定在施工中全面实行定额管理：首先按"1965年河北省水利建设工程施工定额"执行；并于1972年11月19日上报邢台地委"实行定额包工"的请示，1975年8月27日，水库工程指挥部以〔1975〕43号文下发《关于进一步加强施工定额管理的规定》。由各施工单位贯彻执行，同时，还相应建立健全施工定额管理组织，设专人负责执行，制定施工定额。

文件明确指出：凡单项工程在200个工作日以上，必须由定额负责人员出施工定额；

以下定额可由施工员按定额记工。对施工定额文件中没有定额的工程，由定额负责人员会同施工员，现场查定，根据施工条件，施工工序制定出该项工程的施工定额，以文字下达。如属几个县团参加施工的工程，施工定额规定中没有施工定额，由管理定额的人员，根据施工条件，工序制定出定额后，先由水库党委讨论审定，而后以文件形式发至县团级及各施工主管部门、财务部门予以执行。

工程完工后，均由水库工程指挥部测量组收方为准，予以结算。施工期结束时，由施工部门负责收回计工凭证。填写结算单，内容包括：工程项目、单位、完成工程量、施工定额及用工数。结算单一式三份，一份留施工部门，两份连同计工单交定额管理人员审核，审核无误后，一份留存，另一份交财务，进行结算。

2.2　施工管理

通过施工定额管理，对浆砌石工程比较适宜的劳力组合和外界干扰影响工效的情况，进行总结。根据现场实地考察，大场面浆砌石、块石和砂浆运输均在 400m 范围内，双轮车运石块，人工抬筐抬砂浆，0.1m³ 拌和机制砂浆，劳力组合及工效统计见表 4-38。

表 4-38　　　　　　　　　　劳力组合机工效统计表

劳力组合	砌石方量/万 m³	砌石用工/万工作日	平均工效/(m³/工作日)	劳力组合/%					
				砌石	捣固	拌砂浆	抬砂浆	运块石	其他
一般	25.68	128.61	0.196	18.0	5.10	12.80	19.90	38.90	5.30
较好	3.60	14.62	0.246	15.21	5.26	12.96	19.55	39.16	7.90

浆砌石三班连续作业，砌石 24h 再砌第二层，并且外界干扰不太大，考察浆砌面上每 1.0m² 上 0.14 人为佳。如果 1.0m² 上 0.25 人就会发生拥挤，工效会降低 32.3%；如浆砌石面上 1.0m² 用人 0.072 人，虽然不出现拥挤现象，但工效不增加。因此，每 1000m² 浆砌石面上 137～139 人比较适宜。

如果浆砌石受外界干扰，工效就会根据干扰情况，不同程度的受到影响，根据考察，浆砌石场面只受防渗墙混凝土干扰，平均工效为 0.20～0.29m³/工作日；浆砌石场面有少量廊道，且尚有未防渗墙干扰，工效为 0.17～0.24m³/工作日。

3　施工安全

朱庄水库自 1970 年 10 月开始搞"三通"工程起，对安全施工十分重视，强调施工必须抓安全，考虑施工方案，优先考虑是否安全，施工员即为安全员。为确保安全生产，在施工中，采取了一系列的防范措施和补救措施。

"三通"工程，其中导流洞开挖尤为注意安全。因此，在施工中强调入洞必须戴安全帽，放炮后先检查有无哑炮。为了确保安全，特从水利厅工程局聘请了四名有经验的老风钻工来水库带班开挖导流洞。根据开挖导流洞起至大坝基础开挖、两岸劈坡、打试验孔、北灌渠首引水洞等，总计开挖石方 112 万 m³，用炸药 27.44 万 kg。由于 4 名老师傅坚持跟班作业，全面指导，没有发生一例伤亡事故。

水库工程全面动工后，水库工程指挥部为确保施工安全，建立健全了安全组织。1971

年8月成立了安全组，1974年3月为加强施工安全管理，在施工现场建立大坝安全施工指挥部，由一名副指挥长任指挥，5名处领导任副指挥，专人值班，现场抓安全施工，定期开展安全施工检查。同时还在各种会议上贯彻安全施工，并为安全施工发放文件。在1975年施工高峰期，又将安全组改为安全处，并增加人员，严密分工。1976年1月3日水库工程指挥部在修改补充原安全施工文件的基础上，又以朱水〔1976〕3号文下发了《关于安全施工几项制度的暂行规定》。进一步明确各项工程施工，爆破品管理及爆破系统、混凝土拌和系统、机电系统、工地防火等诸方面的安全规定、制度和守则。

在施工中强调凡高差在4m以上者，必须在边缘上加安全网，因而大坝砌石边缘、桥梁、混凝土脚手架都配装了安全网。严格放炮时间，放炮前专人执勤，撤出施工人员，不准无关人员进入炮区。加工制炮和炸药库、油库等危险品存放，都是经认真选择的确安全的地方。同时还设立了消防队，配置消防设施。

此外，从朱庄水库开始施工就在工地设置了工地医院，除抓正常的医疗保健外，对工地出现的创伤事故能够及时抢救。

第八节 工 程 投 入

朱庄水库枢纽工程由国家投资，本地区8个县（市）出工兴建，1971年10月正式动工，1981年8月主体工程基本完成，完成总投资1.06亿元，民工出工主要是以生产队记工分，国家适当补助性质，每完成一个工作日补助0.8元。

1 施工预算

1969年，水电部海河设计院编制"朱庄水库初步设计"提出总库容8.25亿 m^3，最大坝高114.5m，总投资4504万元。1970年10月14日，水电部以〔1970〕水电综字第92号文批准兴建朱庄水库，同意做施工准备，但认为总库容偏大，投资偏高，据此精神，邢台地区于同年12月做出朱庄水库修改初步设计上报，总库容7.1亿 m^3，最大坝高110m，总投资3970万元。1971年3月31日，水电部以〔1971〕水电综字第40号文批准，同意按此规模进行技术设计和施工准备。并当年投资300万元，要求总投资控制在3900万元之内。

1972年春，水库在开挖基础中发现岩石有多层软弱夹泥层，对坝体抗滑稳定极为不利。经设计验算，1972年9月12日，朱庄水库提出"溢流坝段加宽和深孔固结灌浆补充初步设计"。同年11月29日，水电部以〔1972〕水字第77号文批示，同意溢流坝体向上游加宽及作深孔固结灌浆，并进行补充地勘与试验，降低坝高15m左右。

根据水电部（1972）水电水字第77号文指示精神，朱庄水库迅速进行地质勘探和试验，于1974年1月5日，编制出"朱庄水库设计要点"上报，提出降坝10m，溢流坝由挑流消能改为底流消能。总库容4.95亿 m^3，总投资1.45亿元。当年5月3日，水电部以〔1974〕水电水字第35号文批示，同意暂按此进行补充设计。1974年8月朱庄水库编制出"朱庄水库补充初步设计"。最大坝高100m，总库容5.04亿 m^3，总投资1.61亿元，并编制出施工预算。同年11月，水电部委托邢台召开朱庄水库补充初步设计审查会议，确定降坝 10m，即坝顶高程为 266.5m。

1975 年 9 月 5 日，河北省建委以冀革基〔1975〕第 56 号文"关于朱庄水库补充初步设计审查意见的报告"报水电部，提出基本同意上年 11 月邢台市审查会议意见，鉴于坝基地质复杂，工程量大，投资多等情况，分两期施工。1975 年 10 月 17 日，水电部以〔1975〕水电水字第 81 号文批复河北省建委报告，同意分两期施工，总投资控制在 1 亿元以内。

1976 年 9 月，朱庄水库工程指挥部根据水电部、河北省建委意见编制出"朱庄水库工程第一期工程设计报告"最大坝高 90m（坝顶高程 256.5m），溢流坝顶高程 236m，总库容 3.27 亿 m^3，总投资 1.067 亿元，同时在设计中也提出"溢流坝顶由 236m 提高到 243m 高程，一次建成的方案"。

1976 年 11 月，河北省海河指挥部以〔1976〕冀海规字 380 号文，批复朱庄水库第一期工程溢流坝顶可提高到 238m 高程，后经有关部门反复研究同意按 243 方案，提出初步设计报告。1977 年 5 月朱庄水库编制出"243m 方案"初步设计报告，提出坝高 95m，总库容 4.366 亿 m^3，总投资 1.0664 亿元。

1980 年 3 月，水电部以〔1980〕水规字第 27 号文批复，同意按 243 方案作为最终规模，一次建成。施工期间，朱庄水库工程指挥部每年提前编制年施工预算，报河北省海河指挥部审批后实施。

2 竣工决算

朱庄水库竣工决算，是根据水电部 1981 年 10 月 16 日以〔1981〕水财字第 74 号文颁发的《水利基本建设竣工工程决算编制办法》，结合水库工程实际，在 1982 年初验收前编制的。决算依据是根据河北省海河勘测设计院、朱庄水库工程指挥部于 1980 年 7 月 23 日编制的 243 方案总概算 1.06 亿元。并不包括以后发现的问题需要的投资，如移民迁建工程和水库尾工等，见表 4-39。

表 4-39　　　　　　　　　　朱庄水库竣工决算表

总体工程	工程分类		工程费用/万元				合计/万元
	序号	工程项目	建筑工程	安装工程	设备购置	其他费用	
永久工程	1	溢流坝工程	5709.51	100.08	325.69		6135.28
	2	消力池工程	878.16	0.72	1.30		880.18
	3	电站工程	203.12	60.35	245.25		508.72
	4	放水洞工程	150.16	11.64	42.34		204.14
	5	渠首工程	24.62	2.35	7.27		34.24
	6	交通工程	219.26	0	0		219.26
	7	房屋建筑	133.15	0	0		133.15
	8	其他工程	14.76	6.05	71.43		92.24
	9	尾工	280.00	0	0		280.00
	小计		7612.74	181.19	693.28		8487.21

总体工程	工 程 分 类		工程费用/万元				合计/万元
	序号	工程项目	建筑工程	安装工程	设备购置	其他费用	
临时工程	1	临时交通工程	179.16	17.54	1.21		197.91
	2	风水电信工程	95.90		9.82		105.72
	3	砂石工程	3.88		0		3.88
	4	混凝土拌和系统	81.73		4.83		86.56
	5	施工脚手	100.33		0		100.33
	6	导流工程	81.11		9.42		90.53
	7	临时房屋	116.84				116.84
	8	其他工程	132.21				132.21
	小计		791.16	17.54	25.28		833.98
其他工程	1	水库淹没赔偿				505.02	505.02
	2	生产准备费				90.40	90.40
	3	施工补助费				100.37	100.37
	4	其他费用				92.95	92.95
	小计				497.60	788.74	1286.34
	合计		8403.86	198.73	1216.15	788.75	10607.49

3 材料消耗及用工

朱庄水库总枢纽工程计消耗水泥 22568.8 万 kg，钢材 787.2 万 kg，木材 1.58 万 m³，炸药 111.1 万 kg；总计投工 2673.28 万工作日。朱庄水库主要材料使用情况和历年用工统计见表 4-40、表 4-41。

表 4-40　　朱庄水库枢纽工程 1971—1981 年主要材料使用情况汇总表

序号	工程项目	水泥/万 kg	木材/m³	钢材/万 kg	炸药/万 kg
1	大坝混凝土工程	14342.60	10049	600.70	9.7
2	大坝浆砌石工程	6699.30	1468	0	71.90
3	大坝基础灌浆	769.00	962	4.1	0
4	永久交通	346.30	654	7.9	8.8
5	闸门安装	0	325	94.1	0
6	永久性房屋	106.50	625	6.40	0.10
7	施工用料	152.50	833	0	19.4
8	修配用料	0	63	53.9	0
9	养殖	66.50	39	0.5	0.10
10	风、水、电、通信	15.70	454	6.6	0.40
11	其他	70.40	358	13.00	0.70
合计		22568.80	15830	787.2	111.1

表 4 - 41　　　　　　　　　朱庄水库各项工程历年用工统计汇总表

年份	永久工程/万工作日							临时工程/万工作日		合计/万工作日
	拦河坝	泄洪	放水洞	电站	渠首	交通供电	房屋其他	备料	其他	
1970			4.0			6.0				10.0
1971	53.07		8.63			9.56	5.69	63.59	42.7	183.24
1972	83.99		0			0.18	1.36	89.62	66.56	241.71
1973	124.09		0.09			1.30	0.84	121.29	65.23	312.84
1974	109.45		0			2.72	3.03	124.90	75.79	315.89
1975	151.63		0.17	0.04		38.01	2.42	184.47	108.82	485.56
1976	115.87	11.25	2.45	1.62	2.87	1.79	0.37	140.80	115.24	392.26
1977	73.00	33.00	0	0	2.38	0.95	2.77	142.49	79.48	334.07
1978	40.68	2.90	3.35	6.42	0.38	1.49	0	49.77	102	206.99
1979	11.42	0.16	0.81	9.96	0	4.95	2.72	11.36	86.26	127.64
1980	3.08	0.13	0.75	2.10	0	0.15	0	3.26	39.75	49.22
1981	4.11	0.09	0.27	1.44	0.05	1.47	1.34	0.32	4.77	13.86
合计	770.39	47.53	20.52	21.58	5.68	68.57	20.54	931.87	786.6	2673.28

第九节　工　程　验　收

朱庄水库枢纽工程，在施工中每项工程完成后，对工程情况，施工材料是否合格，工程部位强度是否达到要求等，均要进行审查，验收，如基础开挖、基岩处理，混凝土浇筑前的场面清理、骨料配比、混凝土强度，大坝浆砌石前的场面清理、砂浆配比和强度，以及安装工程等。施工上一道工序完成后，经验收合格、签证，方可进行下一道工序施工，这叫施工阶段验收。全部工程完成后，邀请上级主管部门、有关部门进行竣工验收。朱庄水库工程竣工验收前有一次初步验收，是为竣工验收做准备；竣工验收后又搞了尾工施工，最后还有一次尾工验收。

1　阶段验收

朱庄水库枢纽工程，自1971年10月正式开工至全部竣工，施工每道工序，如基础开挖、基岩处理、混凝土、浆砌石凿毛冲洗等，都是逐项进行验收，合格后，由质检签发证书，方可进行下一道施工工序。以上验收，是由朱庄水库工程指挥部调度室牵头、施工、质检、地质、设计等部门的参加，确定是否达到要求标准。

对较大工程项目施工完成后，需邀请上级主管部门参加验收，如溢流坝段、南北非溢洪坝段和消力池基础开挖完成后，首先由朱庄水库指挥部进行自检，并写出报告报河北省海河指挥部申请验收。由河北省海河指挥部组织省、地有关单位组成验收小组，通过听取汇报、审查材料、现场查勘等，而后写出验收意见报告，开挖尺寸、高程、施工质量完全合乎要求，确定验收后，方可进行下一步的施工。

2 竣工验收

2.1 初验

1981 年 12 月，朱庄水库工程指挥部向水利厅报出《关于朱庄水库枢纽工程竣工并申请验收的请示》报告。1982 年 7 月中旬，河北省水利厅与邢台地区行署联合组成验收小组，于 7 月 13—17 日对朱庄水库枢纽工程进行了初验，初验会议由水利厅王子清副厅长、邢台地区行署王金海副专员主持，参加验收的有河北省水利厅工程局、工管局、设计院、计划处、规划处、水电处、基建局、邢台地区水利局、电力局以及朱庄水库工程指挥部与水库管理处的代表，共计 30 余人。

会议期间，参照水电部〔1980〕水基字第 25 号通知规定，逐项检查验收。首先，听取了朱庄水库工程指挥部关于工程设计、完成情况、质检情况和物资、财务清理、移民迁建，朱庄水库管理处人员编制意见以及工程存在问题等情况的汇报，而后查勘现场分组讨论。同时审阅了竣工验收文件和资料：《关于朱庄水库枢纽工程竣工报告》《朱庄水库设计简介》《朱庄水库枢纽工程初步总价（施工部分）》及竣工图纸、《朱庄水库管理运用要求》《关于朱庄水库工程竣工决算编制汇报提纲》《朱庄水库剩余器材、物资清理和处理意见的汇报提纲》《朱庄水库继续完成剩余工程的意见》。还审查了施工阶段验收资料和单项工程施工小结。1972—1981 年基岩开挖验收意见，溢流坝段深孔固结灌浆小结，大坝基础帷幕灌浆小结，混凝土与砌石砂浆验收报告，电站水轮发电机组运转操作规程和闸门启闭机运转操作规程。

验收小组通过听取汇报，审阅文件资料，现场查勘，研究讨论一致认为：朱庄水库1972 年春发现基础有软夹层，进入边勘探、边设计、边施工阶段后，施工中克服了种种困难；1976 年汛期拦洪蓄水后，逐年发挥了工程效益；竣工验收文件和资料基本符合要求；主体工程、大坝基础处理、混凝土浇筑、浆砌石、发电站机组安装、闸门启闭机安装质量基本符合设计施工技术要求，可以竣工验收。

同时，还指出：按设计要求尚须完成的尾工和需要修理或更换的设备抓紧编制计划上报，竣工资料根据提出的意见抓紧整理补充，设计资料、财务、物资情况继续整理，水库管理处留用设备登记造册、管理人员定好岗明确责任、做好闸门启闭及附属设备的维护保养，为正式验收做好准备。

2.2 终验

1985 年 4 月 9—12 日，河北省水利厅按河北省计委〔1985〕冀计基字第 71 号文，委托河北省水利厅主持朱庄水库竣工验收的意见，依据水利部〔1980〕水基字第 25 号文同时颁发《水利基本建设工程验收办法》（试行），组织有关单位对朱庄水库工程进行了竣工验收。

参加验收的单位有：水电部基建司、海河水利委员会、河北省计划委员会、河北省建设银行、河北省城建环保厅、河北省水利厅所属的设计院、工程局，邢台地区行署及地区计委、建行、财政局、水利局、供电局，朱庄水库管理处（工程指挥部）和邢台县、沙河县政府 17 个单位。并组成以河北省水利厅副厅长王子清为主任，邢台地区行署副专员杨湘荣、原副专员王金海、地区水利局局长王存贵为副主任，其他单位代表为委员的朱庄水库竣工验收委员会，负责验收工作。

在验收期间，委员会成员听取了河北省水利厅设计院关于朱庄水库工程设计情况的汇报和朱庄水库工程指挥部关于施工、水库初步运用情况及尾工实施计划的汇报，到工地察看了主要工程部位，进行了座谈讨论，一致认为：朱庄水库是河北省第一座浆砌石混凝土结构的大型水利工程枢纽，设计、施工和建设单位都很重视，在兴建期间较妥善地解决了大坝基础处理问题。主体工程结构尺寸、高程、施工质量基本符合设计、施工要求。混凝土除闸墩高程 249.00～255.00m 部位 28d 强度偏低外，其余部位的强度及抗渗性能均达到或超过设计要求，但部分浇筑坝块均匀性较差，外观欠平整。浆砌石的单位重、砂浆强度达到或超过了设计要求。固结灌浆及帷幕灌浆（第十六$_2$坝段除外）均符合设计施工技术要求。金属结构安装基本符合设计要求。电站机组、输配系统安装尚能满足运行要求。主要竣工资料齐全。自 1976 年汛期拦洪蓄水发挥了防洪、灌溉、发电、养殖的综合效益，并经受了 1982 年蓄水位 247.80m 的考验，工程状况未见异常。

关于工程遗留问题：溢流坝闸墩局部强度低，第十六$_2$坝段帷幕灌浆单位吸水量较大、基岩结构复杂、有承压水、抗滑性能差。极限平衡理论计算，汛后最高蓄水位遇Ⅶ度地震，第九坝段及 F4 断层处的岩石抗力偏大、安全系数偏小等，确定不再新增工程措施。在管理运用中，逐步提高蓄水位、加强观测，出现问题专门处理。水电站机型不合理，建议电站不按企业管理，而与水库管理处统一按事业单位核算收支。库区移民迁建新增迁建费 400 万元（后又增为 480 万元）。遗留尾工省计委以〔1985〕冀计基第 71 号文核复投资 280 万元包干使用，河北省水利厅核复尾工设计和遗留工程，水库管理处具体组织实施。

最后，验收委员会通过了《朱庄水库竣工验收报告书》，同意朱庄水库管理处工程竣工验收。水库工程移交朱庄水库管理，按处规定投入运用。

2.3 尾工验收

朱庄水库尾工投资 280 万元，河北省计委以〔1985〕冀计基第 71 号文批复包干使用。河北省水利厅以〔1985〕冀水基字第 9 号文对朱庄水库尾工计划进行批复，核定水库遗留工程，观测设备、电站工程、坝区供电、闸门及其他金属结构保养维修、溢流坝面维修、对外公路整修、生活区整修改建及其他工程和费用等，总计投资 280 万元。全部尾工于 1985 年 8 月开始招标兴建，1987 年汛前基本完成。共计完成土石方开挖 13.04 万 m³，浆砌石 1.11 万 m³，干砌石 0.16 万 m³，混凝土及钢筋混凝土 0.46 万 m³；改建、新建房屋 3277m²，共用水泥 242.9 万 kg，木材 120.0m³，钢材 77 万 kg，共用工 17.49 万工作日，完成投资 291.7272 万元。

河北省水利厅于 1988 年 1 月 30 日，会同河北省建行、邢台地区行署及其所属计委、建行、水利局、朱庄水库管理处、沙河市政府、邢台县政府等单位人员组成以邢台行署副专员杨湘荣、河北省水利厅基建处处长朱伟觉为首的尾工验收委员会，对朱庄水库尾工工程及河北省水利厅 1984 年批准实施和河滩公路，四里桥跌水进行验收。通过听取汇报、审查资料和现场察看，验收委员会一致认为：尾工工程主要土建工程的主要部位的结构、尺寸、高程基本符合设计施工技术要求，混凝土工程抗压强度，金牛洞—羊范（862库）段混凝土路面合格率78.7％偏低，过路小型工程盖板大部分断裂，其他工程部位符合设计、施工技术要求。浆砌石工程砂浆标号部分偏低。河道清渣、机电（油压启闭机除外）、电站、观测等设备安装，金属结构除锈、喷锌、刷漆、测压管清淤加深、廊道裂缝化灌、电站保护设施购买安装、主干改造和输电线改装，输水管路铺设，消力池清淤，房屋整修、重建、新建等，基本符合设计计划要求。个别项目或部位质量较差，运用中注意观察，发现问题及时处理。

河滩公路段混凝土路面工程及四里桥跌水工程的质量符合设计施工技术要求。

竣工资料齐全，同意竣工验收，由朱庄水库管理处管理中运用。

参 考 文 献

[1]　郑德明．朱庄水库浆砌石重力坝砂浆实验［J］．水利水电技术，1982（3）.

[2]　河北省水利水电勘测设计院．朱庄水库初步设计［R］. 1969.

[3]　河北省朱庄水库工程指挥部．关于朱庄水库枢纽工程竣工报告［R］. 1980.

[4]　河北省朱庄水库工程指挥部．朱庄水库管理运用要求［R］. 1980.

[5]　河北省朱庄水库工程指挥部．朱庄水库继续完成剩余工程的意见［R］. 1980.

第五章 水库特征值

第一节 水库工程技术特性

朱庄水库位于河北省邢台市所辖沙河市孔庄乡朱庄村，滏阳河流域南澧河上游沙河干流上，控制流域面积 1220km²，总库容 4.162 亿 m³。是一座以防洪、灌溉为主，发电养殖为辅综合利用的大（2）型水利枢纽工程。

1 水库工程建筑物、设备的特性

朱庄水库工程主体部分主要包括大坝、溢流底孔、消力池、防水洞、主要廊道和输水洞及渠首等，这些工程的尺寸、高程及型号等，对大坝运行和调度有重要作用。表 5-1 为水库建筑物及设备特性表。

表 5-1 水库建筑物及设备特性表

主体	指标名称	数值/说明
大坝	型式	浆砌石混凝土混合重力坝
	最大坝高	95m
	坝顶长度	544m
	坝轴走向	北东 195°09′22″～北西 136°
	坝顶宽度	6m
	溢流坝长度	111m，0+252.5～0+363.5，由第 8、9、10 坝块组成
	溢流坝顶高程	243m
	溢流孔数	6 个
	溢流坝弧门尺寸	14m×12.5m
	弧门启闭机	固定卷扬式，2×45t（除险加固后改为 2×50t）
	工作桥高程	265m
	溢流坝单宽流量	149.3m³/s，可宣泄 10000 年一遇洪水 12540m³/s
	南非溢流坝段长	238.5m，0+363.5～0+602m，由第十一～十七₂ 坝块组成
	北非溢流坝段长	194.5m，0+058～0+252.5m，由第二～七坝块组成
泄洪底孔	底孔数量	3 孔
	位置	0+271.25m、0+308m、0+344.975m
	无压洞身尺寸	3m×6.2m

续表

主体	指标名称	数值/说明
泄洪底孔	进口底部高程	210m
	工作弧门尺寸	2.2m×4.0m
	弧门启闭机	750kN/400kN，安装在工作廊道内（除险加固后改为1000kN/400kN）
	检修门启闭机	1×125kN，QPQ安装在261.5m的启闭机室
	泄洪能力	724m³/s，水位在260.9m时
消力池	消力池总长	137.2m，下$_{72.8m}$～下$_{210m}$
	消力池宽度	106.4m
	一级坝顶高程	198.00m
	一级池底部高程	186.00m
	一级池长度	90.8m
	二级池长度	47.0m
	二级池底部高程	187.05m
	二级堰顶高程	190.50m
放水洞	放水洞长度	300.575m，上$_{170.191m}$～下$_{126.048m}$
	进口高程	198.20m
	出口高程	196.86m
	进口检修门	1.6m×2.1m
	检修门启闭机	PQR/1×630kN
	进口工作弧门	1.6m×1.6m
	弧门启闭机	油压式250kN/170kN
	防水洞明流洞身尺寸	3m×3.6m、3m×3m、3m×4m
	防水洞消力池长度	26.55m
	泄洪能力	47.5～79.9m³/s，10000年一遇
主要廊道	灌浆廊道	3m×4m，0+132（高程243.25m）～0+252m（高程244.10m），最低高程191.00m
	观测廊道	1.8m×2.5m，0+300m，上$_{29.5m}$～下$_{8m}$（高程194.00m） 北侧：0+263.4，上$_{29.5m}$（高程198.00m）～下$_{5.5m}$（高程191.00m）
	溢流坝下交通廊道	1.8m×2.5m，南侧：0+366m，上$_{29.5m}$（高程191.00m）～下$_{5.5m}$（高程191.00m）
	南岸交通廊道	1.8m×2.5m，0+265.1～0+575m（高程244.00m）
	上$_{5m}$用补强廊道	3m×4m，0+258～0+350m（高程202.00m）
	下$_{30m}$南北交通廊道	1.8m×2.5m，0+219.75～0+370m（高程204.00m）
	启闭机室廊道	2m×3m，0+217.2～0+379.1m（高程229.41m）
输水洞及渠首	南干渠输水管直径	1.4m，钢质结构
	南干渠输水管闸阀	电动暗管式闸阀，φ1400mm（除险加固后改为一体式梳齿碟阀检修闸阀）
	南干渠渠底高程	215.4m

主体	指标名称	数值/说明
输水洞及渠首	北干渠输水闸阀	电动暗管式闸阀，$\phi100$mm（现为碟阀）
	北干渠闸首平门	3.17m×2.6m
	北干渠闸门启闭机	QPQ/2×160kN
	北干渠孔口尺寸	3m×2.5m
	北干渠渠底高程	进口：195.5m

2 朱庄水库工程基本情况

根据原水利电力部 1978 年颁发的《水利水电枢纽工程等级划分及设计标准》（山丘、丘陵区部分）（SDJ 12—78）的试行规定，水利水电枢纽根据其工程规模、效益和在国民经济中的重要性，划分为五等，见表 5-2。

表 5-2 水利水电枢纽工程的分等指标

工程等别	水库		防洪		治涝	灌溉	供水	水电站
	工程规模	总库容/亿 m³	城镇及工矿企业的重要性	保护农田/万亩	治涝面积/万亩	灌溉面积/万亩	城镇及工矿企业的重要性	装机容量/万 kW
Ⅰ	大（1）型	≥10	特别重要	≥500	≥200	≥150	特别重要	≥120
Ⅱ	大（2）型	10～1.0	重要	500～100	200～60	150～50	重要	120～30
Ⅲ	中型	1.0～0.1	中等	100～30	60～15	50～5	中等	30～5
Ⅳ	小（1）型	0.10～0.01	一般	30～5	15～3	5～0.5	一般	5～1
Ⅴ	小（2）型	0.01～0.001		≤5	≤3	≤0.5		≤1

朱庄水库位于邢台沙河市朱庄村西。位于南澧河上游，汇聚邢台、沙河、内邱三县数十条河流、溪谷之水，控制范围达 1220km²，是一座防洪、灌溉、发电综合利用的大型水库。总库容 4.162 亿 m³，防洪库容 2.422 亿 m³，兴利库容 2.285 亿 m³，死库容 0.34 亿 m³，死水位 220.0m，汛限水位 242.0m，正常蓄水位 251.0m，设计洪水位 255.30m，校核洪水位 258.90m。朱庄水库工程基本情况见表 5-3。

表 5-3 朱庄水库工程基本情况一览表

水库名称	朱庄水库		坝型	浆砌石重力坝
建设地点	邢台市		坝顶高程/m	261.68
所在河流	沙河～南澧河		最大坝高/m	95
流域面积/km²	1220	主坝	坝顶长度/m	544
管理单位名称	朱庄水库管理处		坝顶宽度/m	6
主管单位名称	邢台市水务局		坝基地质	备注中
竣工日期	1985 年 4 月		坝基防渗措施	灌浆帷幕
工程等别	Ⅱ		防浪墙顶高程/m	262.7（加固后改为不锈钢栏杆）

续表

地震基本烈度/抗震设计烈度	Ⅶ度/8度	副坝	坝型	
多年平均降水量/mm	686		坝顶高程/m	
设计	洪水标准/%	1		坝顶长度/m	
	洪峰流量/(m³/s)	7710		坝顶宽度/m	
	3d洪量/m³	7.68亿	正常溢洪道	型式	实用堰
校核	洪水标准/%	0.1		堰顶高程/m	243.0
	洪峰流量/(m³/s)	12400		堰顶净宽/m	6×14
	3d洪量/m³	14.5亿		闸门型式	弧形钢闸门
水库特性	水库调节特性	多年调节		闸门尺寸/(m×m)	14×12.5
	校核洪水位/m	258.9		最大泄量/(m³/s)	10995
	设计洪水位/m	255.3		消能型式	底流消能
	正常蓄水位/m	251.0		启闭设备	固定卷扬式
	汛限水位/m	243.0	非常溢洪道	型式	
	死水位/m	220.0		堰顶高程/m	
	总库容/m³	4.162亿		堰顶净宽/m	
	调洪库容/m³	2.422亿		最大泄量/(m³/s)	
	兴利库容/m³	2.285亿		消能型式	
	死库容/m³	0.34亿	其他泄洪设施	泄洪底孔、输水洞	
工程运行	历史最高库水位/m	258.79			
	发生日期	1996年8月4日			
	历史最大入库流量/(m³/s)	9760	备注	高程系统：大沽 坝址区的主要工程地质问题是软弱夹层及F4断层对坝基抗滑稳定的影响，水库兴建过程已按照设计要求进行了以挖除或部分挖除为主要方式的处理	
	发生日期	1996年8月4日			
	历史最大出库流量/(m³/s)	5700			
	发生日期	1996年8月4日			

注　上述特性指标采用除险加固初步设计值。

第二节　水库特征水位和相应库容

　　反映水库工作状态的水位和库容有设计死水位、设计兴利水位（正常蓄水位）、防洪限制水位（汛前限制水位）、设计洪水位、校核洪水位；死库容、兴利库容、防洪库容、超高库容、重叠库容、总库容等。

1　水库特征水位

　　水库工程为完成不同任务在年内不同时期和各种水文情况下，需控制达到或允许消落到的各种库水位。水电部1977年颁布试行的《水利水电工程水利动能设计规范》（SDJ 11-77）中，规定水库特征水位主要有：正常蓄水位、死水位、防洪限制水位、防洪高水位、设计洪水位、校核洪水位等。

正常蓄水位（正常水位）：水库在正常运行情况下，为满足兴利要求应在开始供水时蓄到的高水位，曾称正常高水位、兴利水位、设计蓄水位。它决定水库的规模、效益和调节方式，也在很大程度上决定水工建筑物的尺寸、型式和水库的淹没损失，是水库最重要的一项特征水位。当采用无闸门控制的泄洪建筑物时，它与泄洪堰顶高程相同；当采用有闸门控制的泄洪建筑物时，它是闸门关闭时允许长期维持的最高蓄水位，也是挡水建筑物稳定计算的主要依据。

死水位：水库在正常运用情况下，允许消落到的最低水位，曾称设计低水位。日调节水库在枯水季节水位变化较大，一般每 24h 内将有一次消落到死水位。年调节水库一般在设计枯水年洪水期末才消落到死水位。多年调节水库只在连续枯水年组成的枯水段末才消落到死水位。水库正常蓄水位与死水位之间的变幅称水库消落深度。

防洪限制水位（汛限水位）：也称汛期限制水位，是水库在汛期允许兴利蓄水的上限水位，也是水库在汛期防洪运用时的起调水位。防洪限制水位是协调防洪和兴利关系的关键，对工程防洪效益、发电灌溉等兴利效益、库内引水位高程、通航水深、泥沙淤积，以及水库淹没指标等均有直接影响，具体研究时要结合工程开发条件，全面进行分析比较后选定。如汛期内不同时段的洪水特征有明显差别时，可考虑分期采用不同的防洪限制水位。

防洪高水位：水库遇到下游防洪保护对象的设计洪水时，在坝前达到的最高水位。只有当水库承担下游防洪任务时，才需确定这一水位。此水位可采用相应下游防洪标准的各种典型洪水，按拟定的防洪调度方式，自防洪限制水位开始进行水库调洪计算求得。

设计洪水位：水库遇到大坝的设计洪水时，在坝前达到的最高水位。它是水库在正常运用情况下允许达到的最高水位，也是挡水建筑物稳定计算的主要依据之一。可采用相应大坝设计标准的各种典型洪水，按拟定的调洪方式，进行调洪计算求得。

校核洪水位：水库遇到大坝的校核洪水时，在坝前达到的最高水位。它是水库在非常运用情况下，短期内允许达到的最高水位，是确定大坝顶高及进行大坝安全校核的主要依据。此水位可采用相应大坝校核标准的各种典型洪水，按拟定的调洪方式，进行调洪计算求得。

朱庄水库特征水位表和水位面积特征表分别见表 5-4、表 5-5。

表 5-4 朱庄水库特征水位表

水库水位名称	水位/m	水库水位名称	水位/m	水库水位名称	水位/m
正常水位	251.00	汛限水位	242.00	校核洪水位（1000 年一遇）	258.90
死水位	220.00	设计洪水位（100 年一遇）	255.30		

注 上述特性指标采用除险加固初步设计值。

表 5-5 水 库 面 积 特 征

水库特征		项　目	水库特征	项　目
水位面积/km²	死水位面积	3.48	库容系数	0.52
	正常高水位面积	12.5	调节特征	多年调节
	最高洪水位面积	18.07		

注 上述特性指标采用除险加固初步设计值。

2 特征水位与库容

库容大小决定着水库调节径流的能力和它所能提供的效益。因此，确定水库特征水位及其相应库容是水利水电工程规划、设计的主要任务之一。朱庄水库特征库容见表5-6。

表5-6 朱庄水库特征库容表

水库库容名称	库容/亿 m³	水库库容名称	库容/亿 m³	水库库容名称	库容/亿 m³
总库容	4.162	校核洪水位库容	3.819	汛限兴利库容	1.740
正常高水位库容	2.625	设计洪水位库容	3.215	防洪库容	2.422
死库容	0.34	汛限库容	1.740		

注 上述特性指标采用除险加固初步设计值。

2.1 死水位和死库容

水库在正常运用情况下，允许消落到的最低水位，称死水位，又称设计低水位。死水位以下的库容称为死库容，也叫垫底库容。死库容的水量除遇到特殊的情况外（如特大干旱年），它不直接用于调节径流。在灌溉水库中，死水位必须满足自流灌溉高程及淤积泥沙的要求，在灌溉、发电等综合利用的水库中，除满足上述要求外，尚须满足发电最低水头和环境生态库容的要求。

2.2 正常蓄水位和兴利库容

正常蓄水位是水库在正常情况下，供水期开始时为保证各用水部门用水应蓄到的水位。正常蓄水位也叫设计兴利水位。它与死水位之间的库容叫兴利库容。正常蓄水位至死水位间的深度又称消落深度，对电站水库消落度是综合比较选定的指标。兴利库容所蓄的水量与供水期设计年天然来水量之和，减掉供水期内损失水量后，必须满足设计条件下各用水部门总需求。

兴利库容可用以进行径流调节。按照用水部门（如灌溉、水力发电、航运、给水、漂木、过鱼等）的需要，并考虑防洪要求，将径流重新分配使用。

2.3 防洪高水位和防洪库容

遇到下游防护对象的设计洪水时，水库为控制下泄流量而拦蓄洪水，这时在坝前达到的最高水位，称为防洪高水位。防洪限制水位与防洪高水位之间的库容，称为防洪库容。

水库的防洪高水位是水库遇到下游防护对象的设计标准洪水时，在坝前达到的最高水位。只有当水库承担下游防洪任务时，才需确定这一水位。此水位可采用相应下游防洪标准的各种典型洪水，按拟定的防洪调度方式，自防洪限制水位开始进行水库调洪计算求得。

防洪库容是防洪高水位至防洪限制水位之间的水库容积，用以控制洪水，满足下游防护对象的防洪标准。当汛期各时段分别拟定不同的防洪限制水位时，这一库容指其中最低的防洪限制水位至防洪高水位之间的水库库容。

2.4 校核洪水位和调洪库容

遇到大坝的校核洪水时，水库在坝前达到的最高水位，称为校核洪水位。防洪限制水位与校核洪水位之间的库容，称为调洪库容。校核洪水位以下的全部库容，称为水库的总库容。（校核洪水：工程在非常运用条件下符合校核标准的设计洪水。）

水库的校核洪水位是水库遇到大坝的校核洪水时，在坝前达到的最高水位，它是水库在非常运用情况下，允许临时达到的最高洪水位，是确定大坝顶高及进行大坝安全校核的主要依据。此水位可采用相应大坝校核标准的各种典型洪水，按拟定的调洪方式，自防洪限制水位开始进行调洪计算求得。

2.5 静库容和动库容

静库容：库中水流速为零时水面呈水平状态时的库容。动库容：水库水面不是水平的，从坝址起，越靠上游越往上翘，形成一回水曲线：

$$V_{动} = V_{静} + V_{附加}$$

大型水库库容曲线（包括静库容、动库容）是水库运行调度与管理的基本依据，关系到水库长期效益的发挥。但对于大型河道型水库，水库水面不是水平的，水库库容包括水平面以下的静库容和水库实际水面与水平面之间的楔形库容，两部分库容都参与了水库调洪的整个过程，仅使用静库容曲线进行水库调度是不可靠的，必须使用动库容调洪的方式进行水库调度。

应注意的问题，水库淹没、浸没，梯级水库衔接需考虑动库容。

2.6 总库容和有效库容

总库容即校核水位以下的库容。包括死库容、兴利库容、调洪库容（减掉和兴利库容重复部分）之总和，称总库容，它是水库兴建的总规模。

$$V_{总} = V_{死} + V_{兴} - V_{共} + V_{调洪}$$

校核洪水位与死库容之间的能够参与径流调节的库容称为有效库容：

$$V_{有效} = V_{总} - V_{死} = V_{兴} - V_{共} + V_{调洪}$$

水库特征水位及库容示意见图 5-1。

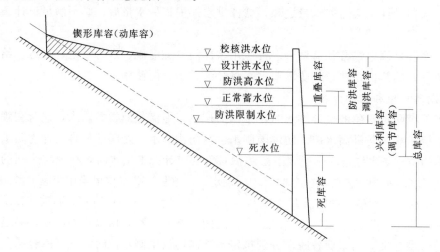

图 5-1 水库特征水位及库容示意图

第三节 水 库 特 性 曲 线

表示水库库区地形特征的曲线，称为水库特性曲线。它包括水库水位与面积的关系曲线和水库水位与容积的关系曲线，简称水库面积曲线和水库容积曲线（或库容曲线），是水库规划设计的重要基本资料。

1 水库水位—流量曲线

水库中各种蓄水深度的相应的水面面积是不相同的，即水库水面面积随水位而变化。在山区建设的水库，河流面积随水位增加较慢曲线坡度较大。曲线形状反映水库地形特性。

水库建成后，随着水库水位不同，水库的水面面积也不相同。这个水位 Z 与水面面积 A 的关系曲线，称为水库面积曲线。表 5-7 为朱庄水库水位—面积—泄量关系表。

表 5-7　　　　　　　　　　朱庄水库水位—面积—泄量关系表

水位/m	水面面积/km²	泄水流量/(m³/s)		
		放水洞	泄洪洞	溢流坝
210.00	1.750	31.0		
211.00	1.850	33.0	10.38	
212.00	2.020	35.0	29.37	
213.00	2.200	37.0	53.94	
214.00	2.400	38.5	83.04	
215.00	2.558	40.83	116.04	
216.00	2.740	41.80	152.55	
217.00	2.950	43.50	190.00	
218.00	3.100	44.90	220.00	
219.00	3.300	46.00	250.00	
220.00	3.480	46.77	275.00	
225.00	4.428	52.04	373.20	
230.00	5.940	56.83	439.11	
235.00	7.450	61.24	496.38	
240.00	8.950	65.35	547.68	
245.00	10.440	69.22	594.57	459.88
250.00	11.952	72.89	638.04	3011.65
255.00	14.500	76.38	678.72	6759.78
260.00	17.050	79.72	717.09	11398.24
265.00	19.600	82.92	753.51	

水库放水洞、泄洪洞流量与水库水位关系见图 5-2、图 5-3。

2 水库水位—水面面积曲线

水库水位—水面面积关系是水库的基本技术资料，一般由实测库区地形图量算得出。为了便于查用，通常制成关系表或关系曲线的形式。表 5-8 为朱庄水库水位—水面面积关系表。

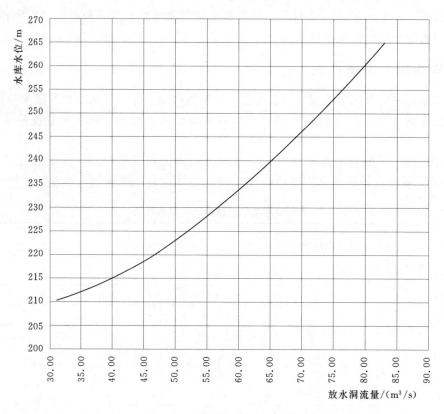

图 5-2 朱庄水库放水洞流量与水库水位关系线

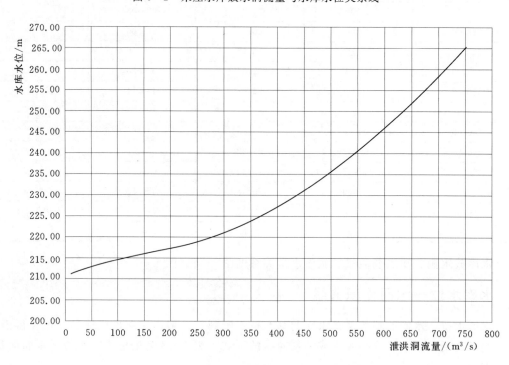

图 5-3 朱庄水库泄洪洞流量与水库水位关系线

表 5－8 　　　　　　　　　　　　朱庄水库水位—水面面积关系表

水位 /m	水库水面面积/km²									
	0.0	0.1	0.2	0.3	0.4	0.5	0.6	0.7	0.8	0.9
210	1.750	1.760	1.770	1.780	1.790	1.800	1.810	1.820	1.830	1.840
211	1.850	1.867	1.884	1.901	1.918	1.935	1.952	1.969	1.986	2.003
212	2.020	2.038	2.056	2.074	2.092	2.110	2.128	2.146	2.164	2.182
213	2.200	2.220	2.240	2.260	2.280	2.300	2.320	2.340	2.360	2.380
214	2.400	2.416	2.432	2.447	2.463	2.479	2.495	2.511	2.526	2.542
215	2.558	2.576	2.594	2.613	2.631	2.649	2.667	2.685	2.704	2.722
216	2.740	2.761	2.782	2.803	2.824	2.845	2.866	2.887	2.908	2.929
217	2.950	2.965	2.980	2.995	3.010	3.025	3.040	3.055	3.070	3.085
218	3.100	3.120	3.140	3.160	3.180	3.200	3.220	3.240	3.260	3.280
219	3.300	3.318	3.336	3.354	3.372	3.390	3.408	3.426	3.444	3.462
220	3.480	3.499	3.518	3.537	3.556	3.575	3.594	3.613	3.632	3.651
221	3.670	3.689	3.708	3.726	3.745	3.764	3.783	3.802	3.821	3.840
222	3.859	3.878	3.897	3.916	3.935	3.954	3.973	3.992	4.011	4.030
223	4.049	4.068	4.087	4.106	4.125	4.144	4.163	4.182	4.200	4.219
224	4.238	4.257	4.276	4.295	4.314	4.333	4.352	4.371	4.390	4.409
225	4.428	4.458	4.488	4.519	4.549	4.579	4.609	4.640	4.670	4.700
226	4.730	4.761	4.791	4.821	4.851	4.882	4.912	4.942	4.972	5.003
227	5.033	5.063	5.093	5.124	5.154	5.184	5.214	5.244	5.275	5.305
228	5.335	5.365	5.396	5.426	5.456	5.486	5.517	5.547	5.577	5.607
229	5.638	5.668	5.698	5.728	5.759	5.789	5.819	5.849	5.880	5.910
230	5.940	5.970	6.000	6.031	6.061	6.091	6.121	6.151	6.182	6.212
231	6.242	6.272	6.302	6.333	6.363	6.393	6.423	6.453	6.484	6.514
232	6.544	6.574	6.604	6.635	6.665	6.695	6.725	6.755	6.786	6.816
233	6.846	6.876	6.906	6.937	6.967	6.997	7.027	7.057	7.088	7.118
234	7.148	7.178	7.208	7.239	7.269	7.299	7.329	7.359	7.390	7.420
235	7.450	7.480	7.510	7.541	7.571	7.601	7.631	7.661	7.692	7.722
236	7.750	7.780	7.810	7.840	7.871	7.901	7.931	7.961	7.991	8.022
237	8.050	8.080	8.110	8.140	8.171	8.201	8.231	8.261	8.291	8.322
238	8.350	8.380	8.410	8.440	8.470	8.500	8.530	8.560	8.590	8.620
239	8.650	8.680	8.710	8.740	8.770	8.800	8.830	8.860	8.890	8.920
240	8.950	8.980	9.010	9.039	9.069	9.099	9.129	9.159	9.188	9.218
241	9.248	9.278	9.308	9.337	9.367	9.397	9.427	9.457	9.486	9.516
242	9.546	9.576	9.606	9.635	9.665	9.695	9.725	9.755	9.784	9.814
243	9.844	9.874	9.904	9.933	9.963	9.993	10.023	10.053	10.082	10.112
244	10.142	10.172	10.202	10.231	10.261	10.291	10.321	10.351	10.380	10.410
245	10.440	10.470	10.500	10.531	10.561	10.591	10.621	10.651	10.682	10.712
246	10.742	10.773	10.803	10.833	10.863	10.893	10.924	10.954	10.984	11.014
247	11.045	11.075	11.105	11.135	11.166	11.196	11.226	11.256	11.286	11.317

续表

水位 /m	水库水面面积/km²									
	0.0	0.1	0.2	0.3	0.4	0.5	0.6	0.7	0.8	0.9
248	11.347	11.377	11.408	11.438	11.468	11.498	11.528	11.559	11.589	11.619
249	11.650	11.680	11.710	11.740	11.770	11.801	11.831	11.861	11.891	11.921
250	11.952	12.003	12.054	12.105	12.156	12.207	12.258	12.309	12.360	12.411
251	12.462	12.513	12.564	12.614	12.665	12.716	12.767	12.818	12.869	12.920
252	12.971	13.022	13.073	13.124	13.175	13.226	13.277	13.328	13.379	13.430
253	13.481	13.532	13.583	13.634	13.685	13.736	13.787	13.838	13.888	13.939
254	13.990	14.041	14.092	14.143	14.194	14.245	14.296	14.347	14.398	14.449
255	14.500	14.551	14.602	14.653	14.704	14.755	14.806	14.857	14.908	14.959
256	15.010	15.061	15.112	15.163	15.214	15.265	15.316	15.367	15.418	15.469
257	15.520	15.571	15.622	15.673	15.724	15.775	15.826	15.877	15.928	15.979
258	16.030	16.081	16.132	16.183	16.234	16.285	16.336	16.387	16.438	16.489
259	16.540	16.591	16.642	16.693	16.744	16.795	16.846	16.897	16.948	16.999
260	17.050	17.101	17.152	17.203	17.254	17.305	17.356	17.407	17.458	17.509
261	17.560	17.611	17.662	17.713	17.764	17.815	17.866	17.917	17.968	18.019
262	18.070	18.121	18.172	18.223	18.274	18.325	18.376	18.427	18.478	18.529
263	18.580	18.631	18.682	18.733	18.784	18.835	18.886	18.937	18.988	19.039
264	19.090	19.141	19.192	19.243	19.294	19.345	19.396	19.447	19.498	19.549
265	19.600									

水库水位—水面面积关系曲线见图 5-4。

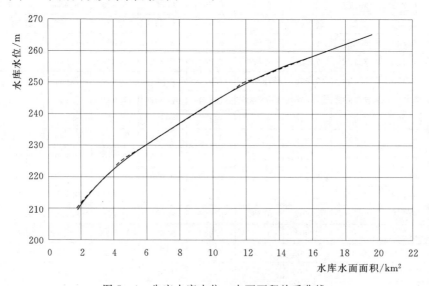

图 5-4 朱庄水库水位—水面面积关系曲线

3　水库水位—库容曲线

水库水位—库容曲线表示水库水位 G 与库容 V 的关系，可由水库面积曲线推算得出，见图 5-5。

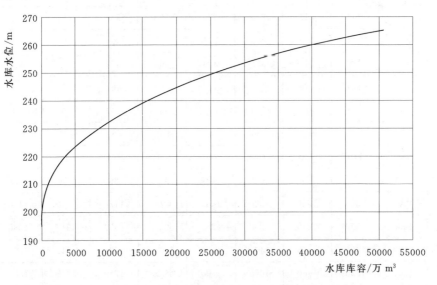

图 5-5　朱庄水库水位—库容关系曲线

以上所说的库容是当水库水面为水平时的水库容积，称为静库容。实际上只是当水库的入库流量为零时，水面才是平的。如水库有一定的入库流量，其水面将成为回水曲线，入库处的水位比静水位高。这部分因回水形成的附加库容，称为动库容。入库流量越大，动库容也越大。在大型水库的洪水调节和淹没计算以及梯级水库的衔接计算中，须考虑动库容及回水影响。对于一般的水库径流调节计算，按静库容作出的库容曲线，已能满足精度要求。

朱庄水库水位面积关系在 1990 年以前采用 1958 年地形测量结果进行计算的，1990 年对水库库区内重新进行测量，用新的测量结果计算水位—库容关系图。表 5-9 为朱庄水库现在使用的水位库容关系表。

表 5-9　　　　　　　　　　　　朱庄水库水位—库容关系曲线

水位 /m	水库库容/万 m³									
	0.0	0.1	0.2	0.3	0.4	0.5	0.6	0.7	0.8	0.9
195	0	2	4	6	8	10	12	14	16	18
196	20	22	24	26	28	30	32	34	36	38
197	40	42	44	46	48	50	52	54	56	58
198	60	62	64	66	68	70	72	74	76	78
199	80	82	84	86	88	90	92	94	96	98
200	100	103	106	109	112	115	118	121	124	127
201	130	134	137	141	144	148	151	155	158	162

续表

水位 /m	水库库容/万 m³									
	0.0	0.1	0.2	0.3	0.4	0.5	0.6	0.7	0.8	0.9
202	165	169	172	176	179	183	186	190	193	197
203	200	207	213	220	226	233	239	246	252	259
204	265	272	278	285	291	298	304	311	317	324
205	330	337	344	351	358	365	372	379	386	393
206	400	410	420	430	440	450	460	470	480	490
207	500	510	520	530	540	550	560	570	580	590
208	600	510	520	630	640	650	660	670	680	690
209	700	710	720	730	740	750	760	770	780	790
210	800	810	820	830	840	850	86	870	880	890
211	1000	1020	1040	1060	1080	1100	1120	1140	1160	1180
212	1200	1220	1240	1260	1280	1300	1320	1340	1360	1380
213	1400	1420	1440	1460	1480	1500	1520	1540	1560	1580
214	1600	1525	1650	1675	1700	1725	1750	1775	1800	1825
215	1850	1895	1900	1925	1950	1975	2000	2025	2055	2075
216	2100	2130	2160	2190	2220	2250	2280	2310	2340	2370
217	2400	2430	2460	2490	2520	2550	2580	2610	2640	2670
218	2700	2735	2770	2805	2840	2875	2910	2945	2980	3015
219	3050	3085	3120	3155	3199	3225	3260	3295	3330	3365
220	3400	3440	3480	3520	3560	3600	3640	3680	3720	3760
221	3800	3840	3880	3920	3960	4000	4040	4080	4120	4160
222	4200	4250	4300	4350	4400	4450	4500	4550	4600	4650
223	4700	4750	4800	4850	4900	4950	5000	5050	5100	5150
224	5200	5240	5280	5320	5360	5400	5440	5480	5520	5560
225	5600	5640	5680	5720	5760	5800	5840	5880	5920	5960
226	6000	6060	6120	6180	6240	6300	6360	6420	6480	6540
227	6600	6660	6720	6780	6840	6900	6960	7020	7080	7140
228	7200	7260	7320	7380	7400	7500	7560	7620	7680	7740
229	7800	7860	7920	7980	8040	8100	8160	8220	8280	8340
230	8400	8470	8540	8610	8680	8750	8820	8890	8960	9030
231	9100	9170	9240	9310	9380	9450	9520	9590	9660	9730
232	9800	9860	9920	9980	10040	10100	10160	10220	10280	10340

水位 /m	水库库容/万 m³									
	0.0	0.1	0.2	0.3	0.4	0.5	0.6	0.7	0.8	0.9
233	10400	10460	10520	10580	10640	10700	10760	10820	10880	10940
234	11000	11080	11160	11240	11320	11400	11480	11560	11640	11720
235	11600	11880	11960	12040	12120	12200	12280	12360	12440	12520
236	12600	12670	12740	12810	12880	12950	13020	13090	13160	13230
237	13300	13370	13440	13510	13580	13650	13720	13790	13860	13930
238	14000	14080	14160	14240	14320	14400	14480	14560	14640	14720
239	14800	14880	14960	15040	15120	15200	15280	15360	15440	15520
240	15600	15690	15780	15870	15960	16050	15960	16230	16320	16410
241	16500	16590	16680	16770	16860	16950	17040	17130	17220	17310
242	17400	17490	17580	17670	17760	17850	17940	18030	18120	18210
243	18300	18390	18480	18570	18660	18750	18840	18930	19020	19110
244	19200	19275	19350	19425	19500	19575	19650	19725	19800	19875
245	19950	20050	20100	20175	20250	20325	20400	20475	20550	20625
246	20700	20805	20910	21015	21120	21225	21330	21435	21540	21645
247	21750	21855	21960	22065	22170	22275	22380	22485	22590	22695
248	22800	22910	23020	23130	23240	23350	23460	23570	23680	23790
249	23900	24010	24120	24230	24340	24450	24560	24670	24780	24890
250	25000	25125	25250	25375	25500	25625	25750	25875	26000	21625
251	26250	26375	26500	26625	26750	26875	27000	27125	27250	27375
252	27500	27635	27770	27905	28040	28175	28310	28445	28580	28715
253	28850	28985	29120	29255	29590	29525	29660	29795	29950	30065
254	30200	30350	30500	30650	30800	30950	31100	31250	31400	31550
255	31700	31850	32000	32150	32300	32450	32600	32750	32900	33050
256	33200	33375	33550	33725	33900	34075	34250	34425	34600	34775
257	34950	35125	35300	35475	35650	35825	36000	36175	36350	36525
258	36700	36865	37030	37195	37360	37525	37690	37855	38020	38185
259	38300	38515	38660	38845	39010	39175	39340	39505	39670	39835
260	40000	40180	40360	40540	40720	40900	41080	41260	41440	41620
261	41800	41960	42160	42340	42520	42700	42880	43060	43240	43420
262	43600	43780	43960	44140	44320	44500	44680	44860	45040	45220
263	45400	45580	45760	45940	46120	46300	46460	46660	46840	47020
264	47200	47390	47580	47770	47960	48150	48340	48530	48720	48910
265	49100	49290	49480	49670	49860	50050	50240	50430	50620	20815
266	51000	51190	51380	51507	51760	51950	52140	52330	52520	52710

参 考 文 献

［1］ 邢台地区朱庄水库管理处．朱庄水库调度手册［R］．1990.

［2］ 刘会霞．朱庄水库供水量分析［J］．河北水利水电技术，2003（B9）：99－101.

第六章 水库运行与管理

　　为了在工程管理中有章可循，结合水库工程管理工作中的具体情况，水库管理处制定了一系列规章制度、规程，管理工作实现规范化、制度化，工程投入运行30多年来，管理工作已走上正规化、规范化，并逐步实现自动化，工作有章可循、有法可依。

　　朱庄水库管理处，在日常工程管理中按照规章、制度、规程办事，在工程监测、维修、防洪、供水、发电等方面做了大量的工作。

第一节 水库调度规程

　　朱庄水库是以防洪灌溉为主，兼顾发电养殖的大型综合水利枢纽工程。在确保工程安全的前提下，最大限度地发挥其兴利除害效益，以满足国民经济各部门的需要，制定本规程。

　　水库调度计划及蓄水方案经上级批准后，应严格执行，如有特殊情况需要变更时，应会同有关部门提出修正意见，报主管部门审批。

　　编制水库年度运用计划，如发现调度实践累计的资料与原设计的依据有矛盾，并影响调度指标和原设计标准时，应会同有关部门综合分析论证以修改，推荐新的水库特征参数和动能指标，并报上级批准后，代替原有资料和指标。

1 水库调度规程编制原则

1.1 为保障水库大坝安全，促进水库综合效益发挥，依据《中华人民共和国水法》、《中华人民共和国防洪法》、《水库大坝安全管理条例》等法律法规，编制本规程。

1.2 水库调度规程是水库调度运用的依据性文件，应明确水库及其调度依据、调度任务与调度原则、调度要求和调度条件、调度方式等。

1.3 水库调度规程编制以初步设计确定的任务、原则、参数、指标为依据。当水库调度任务、运行条件、调度方式、工程安全状况等发生重大变化，需要对水库调度文件进行修订时，应进行专题论证，并报原审批部门审查批准。特定条件下，应根据水库实际运用情况和工程安全运用条件，分析确定调度条件和依据，并经审查批准。

1.4 水库调度应坚持"安全第一、统筹兼顾"的原则，在保证水库工程安全、服从防洪总体安排的前提下，协调防洪、兴利等任务及社会经济各用水部门的关系，发挥水库的综合利用效益。

1.5 编制水库调度文件应收集与水库调度有关的自然地理、水文气象、社会经济、工程情况及各部门对水库调度的要求等基本资料，并对收集的资料进行可靠性分析和合理性检查。

1.6 水库调度文件应按"责权对等"原则明确水库调度单位、水库主管部门和运行管理单位及其相应责任与权限。

1.7 水库调度规程由水库主管部门和水库运行管理单位组织编制。水库主管部门和水库运行管理单位应委托有资质的设计或研究单位编制。

1.8 水库调度应采用成熟可靠的技术和手段，研究优化调度方案，提高水库调度的科学技术水平。

2 调度条件与依据

2.1 水工建筑物及金属结构安全运用条件

2.1.1 水工建筑物特性

朱庄水库枢纽工程由溢流坝、非溢流坝、泄洪底孔、发电洞、高低电站及南、北干渠渠首建筑物等组成。大坝为混凝土浆砌石重力坝。溢流坝布置在河床段，全长 111m，分八、九、十共三个坝段，溢流堰堰顶建闸 6 孔，单孔净宽 14m，堰顶高程 243.00m，为克-奥（Ⅱ）型曲线。非溢流坝布置在两岸，由左岸非溢流坝段和右岸非溢流坝段组成，坝顶全长 544m，坝顶高程 261.68m，坝顶宽 6m；左岸非溢流坝段坝顶长 194.5m，在坝轴线桩号 0+218m 处设拐点，拐角 26°00′38″，右岸非溢流坝段坝顶长 238.5m。泄洪底孔布设在河床溢流坝段（八、九、十坝块）的 3 个中墩内，共设 3 孔，进口底高程 210.00m，孔口尺寸为 2.2m×4m，底孔下游以曲线段与溢流面平顺衔接。消力池分二级，全长 137.2m，宽 110～120m；一级消力池长 90.2m，为复式梯形断面，中间底槽底部高程 186.00m，两侧高程 193.00m，边墙顶高程 211.00m；二级消力池长 47m，底高程 187.50m，边墙顶高程 206.50m，尾坎顶高程 190.50m。发电洞中心桩号为 0+395m，进口底高程 212.95m；发电洞管道分主管道和高低机组支管道，主管道管径 4.1m，高机组岔管管径 1.5m，底机组岔管管径 1.75m，均为压力钢管道。电站为坝后引水式季节性电站，分高低机组，其中高机组装机 2 台，装机容量 2×500kW，低机组装机 2 台，装机容量 3830kW，总装机容量 4830kW。南灌渠渠首与电站高机组尾水池和灌溉阀的尾水池相接，渠首底高程 215.40m；北灌渠渠首位于一级消力池末端北边墙上，渠首底高程 195.50m。

2.1.2 金属结构设备的特性

朱庄水库大坝金属构建主要包括溢流坝弧形闸门和启闭机、泄洪底孔工作闸门和启闭机、泄洪底孔事故检修闸门和启闭机、输水发电洞进口拦污栅门和启闭机、输水发电洞事故检修闸门和启闭机、北灌溉渠首工作闸门和启闭机、南干渠闸门等。

表 6-1　　　　　　　　　溢流坝弧形闸门和启闭机主要技术参数

闸门		启闭机	
型式	露顶式弧形钢闸门	型式	弧门固定卷扬式
孔口尺寸	14.0m×12.5m（宽×高）	额定容量	2×500kN
设计水头	12.225m	启闭扬程	15m
操作条件	动水启闭	启门速度	～1.496m/min
闸门补强量	42.75t/扇	吊点距	9.0m

表 6 - 2 泄洪底孔工作闸门和启闭机主要技术参数

闸 门		启 闭 机	
型式	潜孔式弧形钢闸门	型式	摇摆式液压
闸门尺寸	2.2m×4.0m（宽×高）	额定容量	1000kN/400kN
设计水头	45.3m	工作行程	6m
操作条件	动水启闭	启门速度	～0.7497m/min
闸门自重	20.5t/扇	吊点距	单吊点

表 6 - 3 泄洪底孔事故检修闸门和启闭机主要技术参数

闸 门		启 闭 机	
型式	潜孔式平面钢闸门	型式	固定卷扬式
闸门尺寸	2.2m×4.75m（宽×高）	额定容量	1250kN
设计水头	45.3m	启闭机杨程	20m
操作条件	动闭静启	启门速度	～1.19m/min
闸门自重	13t；拉杆重5.6t	吊点距	单吊点

表 6 - 4 输水发电洞进口拦污栅门和启闭机主要技术参数

闸 门		启 闭 机	
型式	滑动倾斜式拦污栅	型式	固定卷扬式
孔口尺寸	4.5m×6.6m（孔宽×孔高）	额定容量	2×125kN
设计水头差	4m	扬程	9m（拉杆长2×34m）
操作条件	静水启闭	启门速度	～2.41m/min
栅门自重	门重9t/扇；拉杆重5t/孔	吊点距	4.0m

表 6 - 5 输水发电洞事故检修闸门和启闭机主要技术参数

闸 门		启 闭 机	
型式	潜孔式平面滑动钢闸门	型式	固定卷扬式
孔口尺寸	3.5m×4.1m（孔宽×孔高）	额定容量	2×1000kN
设计水头	42.35m	工作行程	16m
操作条件	动闭静启	启门速度	～1.43m/min
闸门自重	15.5t/扇；拉杆重15.5t/孔	吊点距	4.0m

表 6 - 6 北灌溉渠首工作闸门和启闭机主要技术参数

闸 门		启 闭 机	
型式	潜孔式平面定轮钢闸门	型式	固定卷扬式
闸门尺寸	3m×2.5m（宽×高）	额定容量	2×160kN
设计水头	13.5m	扬程	12m
操作条件	动水启闭	启门速度	～2.32m/min
闸门及埋件	改造量2t/扇	吊点距	2.6m

南灌渠引水支管出口设梳齿碟阀控制流量和检修闸阀。碟阀传动方式为电动，闸阀传动方式为手动。渠底高程为215.40m。

2.1.3　水库工程安全监测与巡视检查

2.1.3.1　水库工程险情监测内容、方式及频次

（1）巡查的部位。为了更及时地发现险情、应对险情，水库在汛期（特别是高水位或水位急剧抬升期间）重点对以下部位进行监测、巡查。①坝顶。②坝址及下游两侧山体岸坡。③迎水坡。④溢流面。⑤灌浆廊道。⑥位移测点。⑦左、右岸坝肩。

（2）巡查内容。①检查坝下游两侧岸坡有无松动岩体，特别是连降大雨期间，应加密检查。②对坝体出现的较大裂缝进行详测，重点关注有无异常发展。③对坝体排水管、坝基排水孔渗水量进行测量，检查水量和水质有无异常。④坝内廊道内渗水严重部位巡查，检查渗水量和水质有无异常。⑤观测大坝位移测点，严密监视其变化情况有无异常。⑥查看左、右岸坝肩有无异常绕渗和开裂现象。⑦查看闸墩尾翼和坝身结合部位有无开裂现象。⑧检查迎水坡有无裂缝、剥落、冲刷、水面有无异常等现象。

（3）巡查方式、频次。巡视检查分为日常巡视检查、年度巡视检查和特别巡视检查三类。日常巡视检查包括月检查和季度检查。

日常巡视检查：由观测工结合观测对建筑物进行检查，一般每月不少于两次，可在每月 5 日、20 日进行；季度检查由主管科领导组织，可在每季度末的 20 日进行。若有特殊情况，检查时间可顺延 5 日。

汛期高水位时应增加次数，特别是出现大洪水时，每天应至少一次。

年度巡视检查：每年的 5 月、10 月即汛前汛后，由工管科科长组织有关人员对大坝、输水洞、溢洪道等建筑物和机电设备进行巡视检查。

特别巡视检查：在遭遇特大暴雨、大洪水、地震、持续高水位、水位骤升骤降、大流量下泄、爆破等可能造成工程发生异常情况，以及正常运行中工程出现异常现象时，由施工项目部与管理处主管工程领导及时组织相关科室和工程技术人员进行特别检查，提出处理意见，必要时组织专人对出现险情的部位进行连续监视，报主管部门复查，并做出鉴定。

2.1.3.2　巡查结果处理程序

监测巡查结果分为一般险情、中度险情、特大险情，按下列程序处理。①一般险情。由管理处防汛抢险小组主要负责成员进行会商。②中度险情或特大险情。由防汛抢险小组组长上报水库防汛指挥部办公室主任或副主任，由指挥长或副指挥长主持组织有关人员进行会商，并进行处理。

当工程出现一般险情和中等险情时，险情巡查组应在 4h 内将该等级险情的具体部位、规模、程度和发展情况预测等内容以口头或电话形式向水库防汛指挥部常务副指挥长和防办主任汇报。

当工程出现重大险情对工程安全造成威胁时，险情巡视组应立即向水库防汛指挥部和防办主任汇报，防汛办在 4h 内向防汛指挥部指挥长和市防办报告，并防汛办于每日 9 时向市防办通报情况。

2.2　水库运行参数及主要指标

水库特性及工作指标主要包括水文特征、水库特性、非溢流坝和溢流坝、泄洪底孔、放水洞、发电洞、下游情况等。表 6 - 7 为朱庄水库特征及工程指标。

表 6 - 7   **朱庄水库特性及工程指标**

水库名称：朱庄水库				型式		坝内明流
所在河流：子牙河系南澧河				断面尺寸（孔×宽×高）		3 孔×2.2m×4m
所在地点：邢台市沙河县朱庄村		泄洪底孔		进口底高程/m		210.00
控制面积：1220km²			闸门型式	进口		平板钢闸门
	多年平均降水量/mm	639			出口	弧形钢闸门
水文特性	多年平均经流量/亿 m³	2.95		启闭设备		1000kN/400kN 液压
	多年平均输沙量/万 t	74		最大泄量/(m³/s)		695
	100 年（设计） 洪峰流量/(m³/s)	7710		型式		
	100 年（设计） 三日洪量/亿 m³	7.68		断面尺寸（宽×高）		
	1000 年（校核） 洪峰流量/(m³/s)	14280	放水洞	进口底高程/m		予以封堵
	1000 年（校核） 三日洪量/亿 m³	14.5		闸门型式		
水库特性	调节性能	多年调节		最大泄量/(m³/s)		
	校核洪水位/m	258.90		启闭设备		
	设计洪水位/m	255.30		型式		有压管
	正常蓄水位/m	251.00	发电洞	断面尺寸		φ4.1m
	汛限水位/m	242.00		进口底高程/m		212.90
	死水位/m	220.00		闸门型式		平板钢闸门
	死库容/亿 m³	0.343		最大过流量/(m³/s)		16.32
	调洪库容/亿 m³	2.422		保下游河道		20 年
	兴利库容/亿 m³	2.285	下游情况	保下游铁路		100 年
	总库容/亿 m³	4.162		河道安全泄量/(m³/s)		1800
非溢流坝	坝型	浆砌石 混凝土重力坝		铁路桥安全泄量/(m³/s)		8730
	坝顶高程/m	261.68	灌溉	设计面积/万亩		38
	最大坝高/m	95		有效面积/万亩		23.4
	坝顶长度/m	544		最大实灌/万亩		14
	坝顶宽度/m	6		供水量/(万 m³/年)		3785
	坝坡比 上游	1/0.25	防洪保护	市县区个数		7
	坝坡比 下游	1/0.75		人口/万人		128
	防浪墙顶高程/m	262.7（除险加固后改为拦杆）		耕地/万亩		117
	坝基防渗型式	帷幕灌浆	发电	设计装机/kW		4200
溢流坝	型式	实用堰		实际装机/kW		4830
	堰顶高程/m	243		设计发电量/（万 kW·h)		443
	堰顶净宽/m	84		实际发电量/（万 kW·h)		400
	孔数	6	城市供水	设计/（万 m³/年）		5000
	闸门 型式	弧形闸门		实际/（万 m³/年）		—
	闸门 尺寸（宽×高）	14m×12.5m				
	最大泄量/(m³/s)	10300		地震设计烈度		7 度
	消能型式	底流消能		高程基准面		大沽
	启闭设备	2×500kN 卷扬				

3　防洪调度

3.1　调度任务与原则

3.1.1　影响范围内有关情况

朱庄水库防洪保护的城镇及重要工矿区有：邢台市、沙河市、邢台煤矿、邢台电厂、南和县、任县、巨鹿、隆尧、宁晋等，共 9 个市镇，57 个乡镇，128 万人口，116.7 万亩耕地，工农业产值 89 亿元。保护交通线路有：京广铁路、107 国道、京深高速公路。

朱庄水库下游沙河河道的设计防洪标准采用 10 年一遇，安全泄量为 1100 m³/s，南澧河河道的设计防洪标准采用 20 年一遇，安全泄量为 1800m³/s，京广铁路桥安全泄量为 8730 m³/s。

3.1.2　水库调度任务

在确保大坝安全的条件下，多蓄水、多灌溉、多发电、多收益。

合理安排水库的蓄、泄、供水方式，实行水库的统一调度，并使防洪、工农业供水、发电达到最优配合。确保下游京广铁路及邢台市的安全，减免下游农田洪灾损失。不断提高水库综合利用最佳效果和水库调度管理水平。

3.2　防洪调度方式

3.2.1　朱庄水库调度方案的变化

朱庄水库建成后运用方式分为初期运用和正常运用两个阶段，自 1976 年汛期拦洪蓄水至 1989 年为初期运用阶段，期间经历了 1982 年和 1988 年较高洪水位的考验。

根据水库初期运用情况及对观测资料的分析，经省水利厅批准，水库自 1990 年起开始转入正常调度运用阶段。

正常调度运用阶段水库特征水位为：死水位 220.00m，汛限水位 237.10m，汛后最高蓄水位 251.00m。水库调度方式为：5 年一遇 3 天洪量不泄，库水位达到 248.20m；5～10 年一遇洪水，库水位超过 248.20m，与区间凑泄 1100 m³/s；10～20 年一遇洪水，库水位超过 248.20m，水库泄洪 700～1300 m³/s，与区间凑泄 1800m³/s；20 年以上洪水，库水位超 254.60m 时，溢流坝闸门开启敞泄。

按上述运用方式既要结合预报，又要预知区间来水才能凑泄，在实际运用中很难掌握。因此，1992 年仍维持朱庄水库能达到 100 年一遇的条件下，重新确定朱庄水库的调度运用方式控制条件改为：

起调（汛限）水位 237.10m，5 年一遇 3 天洪量不泄，水位 248.20m；10 年一遇洪水限泄 700 m³/s，水位 252.15m；20 年一遇洪水限泄 1300 m³/s，水位 255.77m，超过 20 年洪水敞泄。

"96·8"洪水后，对朱庄水库汛期调度方式重新进行了研究，因水库 1997 年前主汛限水位 237.10m，水位较低。1997 年对水库调度运用方式进行了修订，并报国家防总批准后执行。修订后的调度运用方式为：汛限水位 242.00m；小于 5 年一遇洪水与区间错峰前不泄，控制水位 245.90m，错峰后控泄流量 200m³/s，水位控制在 245.00～248.70m；遇 5～10 年一遇洪水，限泄流量 700m³/s，控制水位 248.70～251.50m；遇 10～20 年一遇洪水，限泄流量 1300m³/s，控制水位 251.50～254.70m；遇 20～100 年一遇洪水，限泄流量 3265m³/s,控制水位 254.70m;遇大于 100 年一遇洪水,所有泄洪设施泄洪。

2000 年 7 月 4 日河北省防汛抗旱指挥部办公室以冀汛办字〔2000〕47 号文下发"河北省大型水库 2000 年汛期调度运用计划"的通知,将朱庄水库汛限水位调整为 243.00m。小于 5 年一遇洪水与区间错峰前不泄,控制水位 246.70m,错峰后控泄流量 200 m³/s,水位控制在 246.70～249.40m;遇 5～10 年一遇洪水,限泄流量 700 m³/s,控制水位 249.40～252.10m;遇 10～20 年一遇洪水,限泄流量 1300 m³/s,控制水位 252.10～255.20m;水位超过 255.20m,原则上不限泄。

3.2.2 2013 年朱庄水库汛期调度运用计划

因朱庄水库除险加固尚未竣工,经和市防办沟通,2013 年调度运用计划仍按 2012 年省防办批准调度运用计划执行。2013 年主汛期汛限水位为 239.00m。5 年一遇洪水,限泄 200 m³/s,水位控制在 239.00～244.51m;遇 5～10 年一遇洪水,限泄流量 700 m³/s,控制水位 244.51～248.16m;遇 10～20 年一遇洪水,限泄流量 1300 m³/s,控制水位 248.16～252.41m;水位超过 252.41m,原则上不限泄。

在汛期中,只要泄洪,均应首先用于发电,以获得较多的电能。主汛期以后的洪水,均按实测降雨作短期预报进行洪水调度,不得任意开闸放水。当库水位已达汛后最高蓄水位,而又出现暴雨威胁大坝时,应及时按上述方式调度。

3.3 应对不同标准洪水时的应急措施

当发生标准以内的洪水时:①按照省批的调度运用计划及市防办的调度指令进行洪水调度。②动力保障组坚守岗位,当外动力发生故障时,马上启动备用电源。③水文组和水情调度组做好水雨情的测报和预报,并将测报结果及时上报市防办。④通信组确保电话、电台、移动及卫星等通信的畅通,确保汛情的及时上报及上级调度指令的及时下达。⑤险情巡查组要加强对大坝的巡视检查,发现异常及时上报。⑥其他各职能组都要上岗待命。

当发生超标准洪水时:①当水库发生超标准洪水时,请示上级防办采取预泄措施,启用所有的泄洪设施,降低库水位,按照省、市防办的调度指令进行洪水调度。②动力保障组坚守岗位,当外动力发生故障时,马上启动备用电源。③水文组和水情调度组做好水雨情的测报和预报,并将测报结果及上报市防办。④通信组确保电话、电台、移动及卫星等通信的畅通,确保汛情的及时上报及上级调度指令的及时下达。⑤水库抢险队待岗工作,一旦险情出现,利用编织袋、草袋等砂袋封堵坝顶溢流坝段、配电室、启闭室、电梯楼、泄洪底孔检修闸门启闭机室等进口,以保证坝上机电设备、廊道启闭机室不被水淹,能够正常运行。⑥巡查组要加强对大坝的巡视检查,发现异常及时上报。⑦其他各职能组上岗工作。

4 供水调度

4.1 调度任务与原则

水库供水任务主要是满足城镇用水、工业供水、灌溉供水,在条件满足的情况下应尽量满足各个对象的用水需求。

结合水资源状况和水库调节性能,水库供水任务的优先次序为城镇供水、工业供水、灌溉供水。

节约与有效利用水资源；发生供水矛盾时，优先保障生活用水。

4.2 调度方式

结合水库实际情况当水位高于220.00m时应尽量满足城镇生活用水、工业供水、农业供水；当水位低于220.00m时应停止农业供水，以保证城镇生活用水和工业供水。

朱庄水库承担城镇供水、工业供水、农业供水等多目标供水任务，为保证各供水对象的用水权益，应提前统计各供水对象下一年度用水量，制定供水计划，以便合理调度。

特殊干旱年应结合实际情况制作新的应急供水方案和相应的调度原则和方式，当供水不能满足要求时，应尽量减小破坏深度。

5 泄水闸门调度规程

5.1 泄水闸门的泄水能力

5.1.1 溢流坝弧形门泄水计算成果

弧门全开流量公式：

$$Q = \varepsilon mnb \sqrt{2g} H^{3/2}$$

式中：ε 为侧收缩系数，0.95；m 为流量系数，0.46；g 为重力加速度，9.8m/s²；n 为闸门孔数，6孔；b 为单孔净宽，14m；H 为堰上水头，$H = H_{水位} - 243$m。

流量系数与这些影响堰流过流能力的因素除与堰上水头 H 有关外，还与堰高、堰顶边缘的进口形状等边界条件有关。因此，不同类型、不同高度的堰其流量系数 m 是不尽相同的。表6-8为朱庄水库溢流坝全开泄泄量表。

表6-8 溢流坝全开泄量表

序号	水位/m	闸门全开泄量/(m³/s)					
		一孔	二孔	三孔	四孔	五孔	六孔
1	243.00	0	0	0	0	0	0
2	244.00	27.10	54.20	81.30	108.40	135.50	162.60
3	245.00	76.65	153.30	229.95	306.60	383.25	459.90
4	246.00	140.83	281.66	422.49	563.32	704.15	844.98
5	247.00	216.82	433.64	650.46	867.28	1084.1	1300.92
6	248.00	303.01	606.02	909.03	1212.04	1515.05	1818.06
7	249.00	398.33	796.66	1194.99	1593.32	1991.65	2389.98
8	250.00	501.94	1003.88	1505.82	2007.76	2509.7	3011.64
9	251.00	613.25	1226.5	1839.75	2453	3066.25	3679.5
10	252.00	731.77	1463.54	2195.31	2927.08	3658.85	4390.62
11	253.00	852.07	1704.14	2556.21	3408.28	4260.35	5112.42
12	254.00	988.79	1977.58	2966.37	3955.16	4943.95	5932.74

序　号	水位/m	闸门全开泄量/(m³/s)					
		一孔	二孔	三孔	四孔	五孔	六孔
13	255.00	1126.63	2253.26	3379.89	4506.52	5633.15	6759.78
14	256.00	1270.36	2540.72	3811.08	5081.44	6351.8	7622.16
15	257.00	1419.72	2839.44	4259.16	5678.88	7098.6	8518.32
16	258.00	1574.53	3149.06	4723.59	6298.12	7872.05	9447.18
17	259.00	1734.57	3469.14	5203.71	6938.28	8672.85	10407.42
18	260.00	1899.71	3799.42	5699.13	7598.84	9498.55	11398.26
19	261.00	2069.78	4139.56	6209.34	8279.12	10348.9	12418.68
20	262.00	2244.62	4489.24	6733.86	8978.48	11223.1	13467.72

弧门局部开启流量公式：

$$Q = U_0 eb \sqrt{2g} H^{1/2}$$

$$U_0 = 0.65 - 0.19 \frac{e}{H} \quad 0.1 < e/H < 0.75$$

式中：e 为开启高度，m；b 为单孔净宽度，m；H 为水头高度，$H = VH_{水位} - 243m$；g 为重力加速度，9.8m/s²。

当 $e/H > 0.75$ 时，则溢流堰在局部开启下为汇流的过渡区。

表 6-9 为朱庄水库溢流堰在闸门不同开启高度的下泄量。

表 6-9　　　　　　　　　　溢流堰在闸门不同开启高度的下泄量

水位/m	开启不同高度泄量/(m³/s)									
	e=1m	e=2m	e=3m	e=4m	e=5m	e=6m	e=7m	e=8m	e=9m	e=10m
242.34	39.0									
245.00	51.71									
245.67		110.06								
246.00	66.81	119.88								
247.00	79.01	146.37	201.69							
248.00	89.72	168.91	237.55							
248.34				311.31						
249.00	99.18	188.95	268.84	339.01						
250.00	107.98	207.10	296.87	378.75	450.47					
251.00	115.93	223.45	323.07	413.96	496.36	570.38				
252.00	123.54	239.27	347.19	447.29	538.64	622.93				
252.34							720.42			
253.00	130.61	253.76	369.47	477.72	578.52	671.86	757.76			

水位/m	开启不同高度泄量/(m³/s)								
	$e=1$m	$e=2$m	$e=3$m	$e=4$m	$e=5$m	$e=6$m	$e=7$m	$e=8$m	$e=9$m	$e=10$m
253.67								878.29		
254.00		267.44	390.66	506.89	616.13	717.17	812.18	900.23		
255.00		280.58	410.55	534.52	650.96	760.52	863.22	959.03	1047.98	
256.00		293.42	430.07	560.00	684.35	801.09	912.69	1016.24	1115.09	
256.34										1227.61
257.00		305.42	448.38	585.77	715.96	839.66	958.49	1071.28	1175.94	1274.11
258.00		317.07	466.23	609.16	747.03	877.70	1002.13	1122.23	1234.41	1340.84
259.00		327.96	483.01	632.11	776.49	913.93	1045.41	1170.94	1290.51	1404.13
260.00		339.07	500.17	654.61	804.20	948.17	1086.51	1219.22	1344.00	1456.21
261.00		349.46	515.17	676.82	831.56	982.08	1125.50	1265.23	1397.33	1523.64
262.00		359.56	531.23	697.49	858.35	1013.79	1163.84	1308.47	1447.70	1581.52

5.1.2　溢流底孔弧门泄流计算

5.1.2.1　泄洪底孔闸门全开情况下的泄量计算

单孔闸流量：

$$Q_单 = \mu A \sqrt{2g} H^{1/2}$$

式中：$\mu=0.885$；A 为单孔面积，$A=2.2\times4=8.8$（m²）；H 为计算水头，$H=VH_{水位}-VH_{中心}$，$VH_{中心}=210+a/2=212$m；$g=9.8$m/s²。

单孔汇流：

$$Q_单 = mb \sqrt{2g} H^{3/2}$$

式中：$b=2.2$m；$m=0.355$；$g=9.8$m/s²；$H=VH_{水位}-210$m。

泄洪底孔二孔全开泄量：

$$Q_2 = 2Q_单$$

泄洪底孔三孔全开泄量：

$$Q_3 = 3Q_单$$

表 6-10 为朱庄水库泄洪底孔全开时泄流量。

5.1.2.2　泄洪底孔单孔闸门局部开启的泄量（只计算孔流流态）

$$Q = \mu Be \sqrt{2g} (H-\varepsilon e)^{1/2}$$

式中：μ 为流量系数，0.855；B 为水流收缩断面处的底宽，2.2m；e 为闸门开启高度，m；ε 为孔口出流垂直收缩系数；其他符号意义同前。

表 6-10   泄洪底孔全开时泄流量

水位/m	孔流流态流量/(m³/s)			水位/m	堰流流态流量/(m³/s)		
	一孔	二孔	三孔		一孔	二孔	三孔
265.00	251.17	502.34	753.51	216.00	50.85	101.7	152.55
260.00	239.03	478.06	717.09	215.00	38.65	77.3	115.95
255.00	226.24	452.48	678.72	214.00	27.68	55.36	83.04
250.00	212.68	425.36	638.04	213.00	17.98	35.96	53.94
245.00	198.19	396.38	594.57	212.00	9.79	19.58	29.37
240.00	182.56	365.12	547.68	211.00	3.46	6.92	10.38
235.00	165.45	330.9	496.35	210.00	0	0	0
230.00	146.37	292.74	439.11				
225.00	124.4	248.8	373.2				

表 6-11 为朱庄水库泄洪底孔闸门局部开启下泄流量。

表 6-11   泄洪底孔闸门局部开启下泄流量表

项 目		泄量/(m³/s)								
e/a		0.1	0.2	0.3	0.4	0.5	0.6	0.7	0.8	0.9
开启高度/m		0.4	0.8	1.2	1.6	2.0	2.4	2.8	3.2	3.6
收缩系数		0.800	0.700	0.747	0.732	0.730	0.730	0.735	0.620	0.805
水位/m	225.00	13.22	26.17	38.87	51.32	63.48	75.35	86.87	97.82	108.03
	230.00	15.30	30.38	45.24	59.88	74.28	88.43	102.30	115.68	128.40
	235.00	17.14	34.07	50.82	67.36	83.70	99.82	115.68	131.10	145.97
	240.00	18.18	37.40	55.79	74.11	92.12	109.92	127.76	144.91	161.78
	245.00	20.32	40.43	60.44	80.32	99.88	112.44	138.63	157.60	170.06
	250.00	21.74	43.33	64.69	85.97	107.12	127.93	148.77	169.29	189.10
	255.00	23.05	45.95	68.72	91.36	113.85	136.21	158.19	179.96	201.52
	260.00	24.32	48.51	72.55	96.46	120.23	143.87	167.12	190.45	213.03
	265.00	25.51	50.89	76.13	101.25	126.22	151.05	175.72	200.11	224.13

5.2 泄洪闸门的启闭制度

水库调度人员根据水库水情决定泄洪闸门的开闭,并根据工程管理科提供的闸门启闭程序,开具大坝闸门操作通知单,经主管科长、主任签发后,由闸门组安排人员按时操作。通知单应包括启闭时间、孔数、启闭高度等。

在泄洪闸门开启前 20min,要通知防汛办公室当班人员鸣警报。预备报警 5min 连续短声,预备报警后,15min 开启闸门,开启时鸣一声长笛。

闸门启闭时,操作人员发现下游出现异常情况时,有权临时决定终止启闭,待情况正常后再操作。但事后应及时将闸门的实际启闭起始时间报调度值班人员。

溢流坝大弧门的启闭方式应按二、五，三、四，一、六的次序同步开启。以相反的顺序同步关闭，泄洪底孔的闸门应自中孔开始向两侧运用，并按相反顺序关闭。

闸门操作人员，在闸门运行期间，必须按现行闸门启闭规程进行操作。

6 发电调度

发电调度根据发电机组特性确定，主要项目有最大水头、最小水头、设计水头、设计流量和单机容量等。表6-12为发电机组特性表。

表6-12 发电机组特性表

项 目	一号机	二号机	三、四号机
最大水头/m	45	51.7	22
最小水头/m	26		8
设计水头/m	30.5	40.9	16
设计流量/(m³/s)	12.4	1.95	3.92
单机容量/kW	3200	630	500

7 综合利用调度

朱庄水库的防洪任务是：在确保大坝安全的前提下，保护邢台、沙河、邢台煤矿、邢台电厂、南和、任县、巨鹿、隆尧、宁晋等县128万人口和116.7万亩耕地以及京广铁路、107国道、京深高速公路等的防洪安全。

依据《河北省防洪规划总报告》，朱庄水库下游河道的规划治理标准为10年一遇，河道安全泄量为1100m³/s，水库控泄流量700m³/s；南澧河河道规划治理标准为20年一遇，河道安全泄量1800m³/s，水库控泄流量1300m³/s，在水库实际运用中，根据上下游雨情、水情实际情况，合理调度，为下游防洪安全起到重要作用。

正常来水或丰水年，在确保大坝安全的前提下，按照水库调度任务的主次关系及不同特点，合理调配水量。

枯水年，按照区分主次、保证重点、兼顾其他、减少损失、公益优先的原则进行调度，重点保证生活用水需求，兼顾其他生产或经营需求，降低因供水减少而造成的损失。

综合利用调度应统筹各目标任务主次关系，优化水资源配置，按"保障安全、提高效益、减小损失"的原则确定各目标任务相应的调度方式。

8 水库调度管理

水库水情调度科负责制定水库调度计划、下达水库调度指令、组织实施应急调度等，并收集掌握流域水雨情、水库工程情况、各用水单位用水需求等情报资料。

水库主管部门和运行管理科室负责执行水库调度指令，建立调度值班、巡视检查与安全监测、水情测报、运行维护等制度，做好水库调度信息通报和调度值班记录。

水库调度各方应严格按照水库调度文件进行水库调度运用，建立有效的信息沟通和调度磋商机制；编制年度调度总结并报上级主管部门；妥善保管水库调度运行有关资料并归档。

　　按水库大坝安全管理应急预案及防汛抢险应急预案等要求，明确应对大坝安全、防汛抢险、抗旱、突发水污染等突发事件的应急调度方案和调度方式。

9　附则

　　本水库调度规程内容可根据水库调度任务、运行条件、调度方式、工程安全状况发生重大变化和特殊需要，对水库调度规程进行修订时。应报原审批部门审查批准。

　　本水库调度规程由水库调度单位负责解释。

　　本水库调度规程的实施时间为该工程批准之日起执行。

第二节　工　程　观　测

1　工程监测项目及观测设施布置

1.1　大坝原型监测项目

　　朱庄水库拦河坝监测项目有竖向位移、水平向位移（包括视准线、正倒垂线、引张线）、坝基测压管、渗漏、伸缩缝变量及坝体温度等项目。表 6-13 为大坝观测信息项目、设备一览表。

表 6-13　　　　　　　　　　大坝观测信息项目、设备一览表

序号	名称	数量	用途	埋设位置	精度要求
1	垂直位移标点	115 个	垂直位移	坝顶、分流墩、消力池边墙、廊道、溢流坝平台等	$\pm 0.72\sqrt{n}$
2	视准线	5 条	水平位移	坝顶、闸墩、消力池边墙	＜2mm
3	正垂线	4 条	水平位移	第 7、9、11、14_2 坝段	≤0.1mm
4	倒垂线	3 条	水平位移		≤0.1mm
5	引张线	2 条	水平位移	224 廊道、229.41 廊道	＜0.2mm
6	连通管倾斜仪	停测			
7	垂直标点	30 个	沉陷倾斜	229.41 廊道、224 廊道、二层廊道	$\pm 0.72\sqrt{n}$
8	测线器	42 个	永久缝		≤0.1mm
9	测压管	71 个	渗漏、扬压力	灌浆廊道、消力池等	＜2cm
10	温度计	43 个	坝体温度	0+315m 断面、0+492m 断面	
11	应变计	34 支	下游坝脚应力	消力池、14_2 坝块竖井内	
12	测缝计	12 支	基础夹层缝	上$_5$廊道下部、14_2 坝块竖井内	
13	淤积标点	26 个	测水库淤积		

1.2　水平位移观测设施布置

视准线：视准线安装 5 条，测站 5 个，后视点 5 个，测点 49 个。其分布是：坝顶 AB 向 9 个测点，视线长 532.66m；坝顶 BC 向 27 个测点，视线长 536.56m；溢流坝分水墩下 $_{16}$ 九个测点，视线长 508.58m；消力池边墙下 165 两个测点，视线长 341.07m；消力池边墙下 208 两个测点，视线长 209.03m。

引张线：安装引张线两条，两条共 16 个测点，其中一条在溢流坝沿 229.4m 廊道设测点 6 个，引张线长 124m，固定端在第七、十一坝块上，控制第八、九、十共 3 个坝块；另一条在右岸非溢流坝段沿 244m 廊道设测点 10 个，引张线长 205.5m，固定在第十一、十七坝块上，控制第十二$_1$~第十六$_2$ 的 10 个坝块。

正垂线：正垂线安装四条，分别设在第七、九、十一、十四坝块上，共设测点 9 个，悬线间设在坝顶高程 260.00m 处，在高程 230.60m 和 245.20m 设活动卡点，测站设在连接近坝基的底层廊道上。

倒垂线：倒垂线安装三条，布设目的是监视基岩变位情况，倒 9-1 在九坝块三号井内、坐标为 0+295.50m，下$_{43.0}$，测站高程 202.00m，固定端高程 172.00m，监视 Cn72c 以上的基岩变位；倒 9-3 在九坝块廊道内，坐标为 0+305.00m，下$_{6.0}$，测站高程 202.00m，固定端高程 172.00m，监视 Cn72c 以上的基岩变位；倒 14 号在十四$_2$ 坝块后部竖井中，坐标为 0+492.00m，下$_{26.0}$，测站高程 226.00m，固定端高程 206.00m，监视Ⅲ层底以上的基岩变位。

1.3　竖向位移观测设施布置

朱庄水库竖向位移基点 2 个，分别是水基 2、水基 4；竖向位移的起测点有 7 个，观测标点 120 个，在坝体外部布设 81 个、坝体内部 39 个。

坝体外部观测标点分别布设于七处：坝顶 36 个测点；溢流坝分水墩下$_{16}$ 共 9 个测点；消力池边墙下$_{70}$2 个测点，下$_{165}$2 个测点，下$_{208}$2 个测点；左岸非溢流坝 246 平台 7 个测点，第七块 225 平台 2 个测点；右岸非溢流坝 242.4 平台 11 个测点，右坝踵 3 个测点。另外，备用发电机房测压点 1 个，第十一块钻机平台测压点 1 个，坝后弃渣测压点 4 个；溢流坝前 210 平台 4 个测点，长期处于水下；放水洞桥墩装 3 个测点。

坝体内部标点分别布设在 4 处位置：灌浆廊道 9 个（另外，还有 19 个已做，因高差太大不能测）；244 廊道 12 个；229 廊道 9 个；下$_{30}$及上$_5$ 廊道 8 个。

1.4　渗流观测布置

拦河坝共设测压管 84 孔，其中坝基扬压力孔 59 个，浇渗孔 25 个。

1.5　渗漏观测布置

拦河坝渗漏观测有 2 处，一处在坝体灌浆廊道的排水沟内，另一处设在消力池北边墙竖井内。

1.6　坝体温度观测布置

坝体温度观测断面有两个，溢流坝段 0+315m 横剖面上设有 25 个测点，在非溢流段 0+492m 横剖面上有 16 个测点。表 6-14 为朱庄水库坝体温度观测点分布。

1.7　坝体应变计布置

应变计安装 34 个，分布于两处 6 组。消力池安装三组 19 支，1979 年 5 月电缆被割断；14$_2$ 竖井安装应变计三组 15 支。

表 6－14 坝体温度观测点分布

0＋492m 剖面		0＋315m 剖面	
高程/m	测点数	高程/m	测点数
259.00	1	242.00	1
250.00	2	232.50	3
243.50	6	222.90	7
232.00	4	203.00	2
223.00	3	191.00	6
		185.00	6
合计	16		25

1.8 坝体测缝计布置

测缝计共安装三处，12 支。上₅廊道安装 4 支，观测混凝土与浆砌石结合缝和混凝土与混凝土结合缝的变化，3 号安装 4 支观测 Cn72 和软夹泥层的缝变化，14 号安装 4 支。

1.9 坝体伸缩缝变形观测布置

拦河坝安装双向测缝器 42 个，分别安装在各廊道的固定分缝上。其安装位置：二层廊道 4 个（上₅廊道 2 个，下₃₀廊道 2 个），229 廊道安装 5 个，244 廊道安装 11 个，灌浆廊道 18 个，14 块竖井 4 个。

2 水库坝体监测要求

为了解水库大坝的运行状态，及时发现安全隐患，并采取修补措施和改善运用方式，保证工程安全，并为设计、施工、科学研究提供资料，必须对水库大坝枢纽工程进行系统的观测。根据《混凝土坝安全监测技术规范》（DL/T 3778—2003），并结合朱庄水库大坝具体情况，特制定本观测细则。

2.1 水库大坝现有观测项目

大坝变形观测：水平位移、垂直位移。渗透观测：绕坝渗流、坝基扬压力。坝体温度、应力、应变观测。坝体伸缩缝观测。

2.2 大坝的水平位移观测规定

朱庄水库大坝的水平位移观测，分别采用三种方法进行，包括视准线、垂线和引张线。

2.2.1 视准线法观测

观测仪器采用 1s 级以上的精密经纬仪，最好使用 T3 经纬仪。目前该观测项目采用 The°010 经纬仪和活动觇标观测。

观测时间为每半年一次，与垂直变形连续观测。

观测精度测回差不得大于 2mm，根据测点的位置不同，分别测 2～4 个测回。

2.2.2 引张线法观测

观测仪器采用读数显微镜。

观测时间每半年一次，与视准线连续观测。

观测精度：每次应测三个测回，各测点三测回观测值之差限值为 0.2mm。

测前检查引张线有无障碍。引张线采用 $\phi0.8mm$ 的不锈钢丝，悬线单位重 g ＝ $0.005kg/m$，锤重 W ＝ 40kg。使用水箱和浮船将其托起，要求钢丝高出标尺面 $0.3\sim0.5mm$。

非观测期间重锤垫起，测线松弛。测前重锤放下，张紧测线。

2.2.3　垂线法观测（包括正垂线和倒垂线）。

观测仪器，采用垂线坐标仪进行观测。

观测时间，每半年观测一次，与视准线连续观测。

观测精度，每个测点测两个测回，测回差不大于 0.1mm。

进行倒垂线观测时，每次观测应保持浮力一致。

2.3　大坝竖向位移观测规定

观测仪器使用精密水准仪。

观测时间为每半年一次。

观测精度要求闭合差不超过 $\pm0.72n^{1/2}$（n 为测站数），否则应重测。

2.4　大坝的渗透观测

观测项目主要有：基础扬压力、绕坝渗流。

观测时间，每 10d 进行一次观测。

观测精度，用测绳配合电流表观测测压管水位，连续观测两次，其读数差不得大于 1cm，否则重测。

2.5　伸缩缝观测

观测仪器采用游标卡尺进行测量。

观测时间，每月观测一次。

观测精度，每个测点观测两次，两次误差不得超过 0.1mm。

2.6　坝体温度观测

观测仪器，用比例电桥测定温度计的电阻，并换算成相应的温度。

观测时间，每季度观测一次。

观测时要保证接线柱的接触良好，保证电桥电池的电量充足。

2.7　大坝测缝计、应变计观测

观测仪器，用比例电桥测定电阻值及电阻比，可计算出相应的变形及应变。

观测时间，每月观测一次。

观测时要保证接线柱的接触良好，保证电桥电池的电量充足。

当库水位骤升、骤降或发生地震等特殊情况时，要增加观测次数。

2.8　资料整理

将观测资料及时填表上报、存档。

资料整理分析与整编工作，按规范及有关规定执行。

2.9　水库大坝安全监测系统存在问题及改进

从水库大坝观测项目上来看，原观测设计基本考虑了所有应设置项目，但由于工程建设于 20 世纪 70 年代，当时没有观测设计规范可依，一些观测项目的布设不能满足现阶段工程规范的要求。部分观测设施经过几十年的运行，已出现仪器损坏或测值失真现象，无法达到规定的观测精度，急需进行更新、改建。

水库大坝的视准线观测设有 5 条，其中有 4 条视准线超过 300m，最长达到 536.56m。依据 DL/T 5178—2003，重力坝视准线长度不宜超过 300m，观测精度相对较低；并且该项观测仪器 Theo 010 经纬仪老化严重，放大倍数低，观测精度相对较低。

现垂线观测采用 CG-805 垂线观测仪（江苏清江光学仪器仪厂生产），该仪器已经无法使用，而且该仪器已停产。

坝体温度及测缝计观测：坝体温度观测断面有 2 个，溢流坝段 0+315m 横剖面上设有 26 个测点，在非溢流段 0+492m 横剖面上，设有 17 个测点。目前 0+492m 横剖面上已全部失效，0+315m 横剖面上失效 16 支。

测缝计共设置 10 支，上5 廊道安装 4 支，用以观测混凝土与浆砌石结合缝、混凝土与混凝土结合缝的变化。三号井安装 4 支，用以观测 Cn72 和软弱夹泥层的变化，十号井安装 4 支。目前上五廊道失效 3 支，三号井 4 支全部失效，十号井 4 支全部失效。

拦河坝安装双向测缝器 36 个，分别安装在各廊道的固定分缝上。由于廊道内环境较为潮湿，双向标点锈蚀严重，失效较多。

各项观测仪器老化严重，应尽早更换。

3 大坝观测分析结果

自 1982 年以来，朱庄水库根据多年观测资料，系统对观测资料进行分析，解析结果如下：大坝的位移变化随着年温度变化而变化，呈正弦曲线形式，而且近期变幅逐年减少趋于稳定；水平位移和垂直位移的大小沿着坝轴线的分布较为合理，各测点的测值变化符合一定的规律性。测值变化的规律能得到合理解释；资料分析表明，朱庄水库大坝经过历次高水位蓄水后，逐步趋于稳定状态，大坝运行状态良好。

第三节 水库运行与管理

朱庄水库 1976 年开始拦洪蓄水，但当时以施工为主，蓄水制约。灌区自引水，不受管理约束。1981 年水库主体工程竣工，从 1982 年起，灌区分水，按量收费，灌溉水发电，年发电量有指标要求。但水库管理处因准备竣工验收资料、申报尾工、尾工施工与验收等，其工作重点真正转向水库运行管理，始于 1988 年元月底尾工验收后。通过多年运行管理，积累了大量资料，改变、提高了水库运行方式，验证了设计效益，同时，还根据水库来水、用水量情况和朱庄灌区近、远期规划灌溉面积，使水资源发挥更大的效益。

朱庄水库库区内，丰枯年份降水量值差为 1493.8mm，极为悬殊。因而，每年 4 月、5 月，水库管理处根据当年气象预报、水库蓄水量、水库运行方式等，编制出当年水库调度运用方案，报上级主管部门批复实施。搞好水库调度必须及时、准确掌握水库流域的雨情、水情。为此，在水库内设有两处水文站：野沟门水库水文站、坡底水文站；一处水位站：老庄窝水位站；一处气象站：浆水气象站；7 处常年雨量站：侯家庄、将军墓、野沟门、坡底、路罗、槲树滩、浆水；9处汛期雨量站：石板房、崇水域、折户、西枣园、老庄窝、河下、柏垴、白岸、北河；8处配套雨量站：杨庄、前坪、五花、王山铺、大西庄、清沟、大戈廖、芝麻峪。

1　自动测报系统

1.1　建设目标

朱庄水库以上流域自动测报系统建设的总目标是根据防汛抗旱的需求，建成一个以水旱灾情信息采集系统为基础、通信系统为保障、决策支持系统为核心的水文信息系统。要求该系统先进实用、高效可靠，能为朱庄水库及各级防汛抗旱部门及其他有关部门及时提供防汛抗旱和水资源信息，较准确地做出降雨、洪水和旱情的预测预报，为防洪抗旱调度决策和指挥抢险救灾以及水资源评价提供有力的技术支持和科学依据。系统建成后应达到下列主要目标。

在水情信息采集方面，全部采用数据自动采集、长期自记、固态存储、数字化自动传输技术，以提高观测精度和时效性。

在报汛通信方面，通过对流域内报汛设施设备的更新改造和朱庄水库水情监控中心的建设，实现在20min内收集齐报汛站的雨水情信息，在30min内上传至国家防汛抗旱总指挥部的目标。

通信方面，根据防汛抗旱需要，首先考虑使用电信公网，充分发挥已有防汛通信网设施的功能，提高和加强通信的保障程度。为防汛抗旱调度指挥提供可靠的通信保证。

1.2　自动测报系统报汛通信

自动测报系统报汛通信建设的设计任务是通过构建报汛通信网，使地域上比较分散的报汛站点所采集的各类水情信息，实现准确、及时地传输到指定部门。本系统水情信息包括固态存储数据采集仪获取的雨量、水位信息。

1.2.1　报汛通信设施现状及存在问题

在2006年邢台水情分中心建设中，朱庄水库上游部分站点已得到改造，经过几年的投入运行后，使得该地区部分站点的水雨情信息的自动监测与传输水平得到了很大提高，为朱庄水库的合理调度做出了很大贡献。然而，随着网络技术的迅猛发展和报汛通信设备的不断更新升级，原自测报系统在经历了近5年的运行后，出现了不少难以解决的问题。

该系统的设计使用寿命为5年，元器件经常出现故障，造成遥测数据中断，恢复运行极为困难。

本系统数据直接传输至邢台水情分中心与市防办，水库管理处没有接口，不能实时监控上游雨水情信息。

1.2.2　报汛通信组网方案

遵照有关要求，根据各站点所处地理位置，GPRS覆盖范围及强度，经调查测试，GPRS已全线开通，基本覆盖全流域，从而充分利用全球移动通信系统（GPRS）实现报汛站至分中心的数据传输。

现有的自动测报系统并入本次建设的通信网中。

1.2.3 通信系统的组成

报汛通信设施设备包括具备人工置数、固态存储、数传仪功能的 RTU 和分中心的实时水情接收控制机。报汛通信系统基本上由 5 个部分组成：①发终端；②发信机；③收信机；④收终端；⑤信道。如图 6-1 所示。

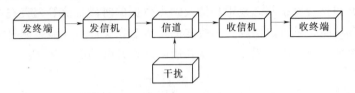

图 6-1 通信系统基本构成示意图

1.2.4 报汛通信网络结构

报汛通信采用单一星形网，全部报汛站均直接与监控中心通信。报汛通信采用半双工方式，保证水文信息在给定的时间内沿任一个方向输送，满足分中心从各报汛站点获得水文信息。报汛通信网数据传输采用异步串行的方式，在数据传输过程中，通过计算机软件的设置，以逐站顺序召测方式进行数据传输，从时间上讲耗时少，可以避免从多报汛站点同时向分中心通信的拥挤、碰撞问题。

1.3 自动测报系统设施设备

1.3.1 技术要求

翻斗式雨量计应符合翻斗式雨量计水利行业标准；左右翻斗集中一个出口排水，桶高不超过 36cm；雨量筒旁配置仪器机箱，用于放置雨量记录仪器、供电电池和接线端子，仪器机箱上方固定 5W 太阳能充电板，仰角 45°，仪器机箱有自己的承重支角，不妨碍雨量筒安装用三个固定支角。

浮子式水位计应符合浮子式水位计水利行业标准；水位轮槽底直径 10.086cm，工作周长 32cm，分辨力 1cm；其水位最大变率达 100cm/min。编码输出有效量程为 40.95cm。

降水、水位观测端机，配置包括 12V、12AH 电瓶一块，GPRS 天线一根。端机具备降水、水位信号接口，降水翻斗脉冲信号输入，水位格雷码输入，可 6V 或 12V 供电，具备电源反向保护功能；一般降水和水位变化情况下，12AH 电瓶可支持仪器工作 1 个月以上。其密集数据（降水 5min、水位 6min）存储不短于 3 个月，密集数据包发送到接收中心，可根据服务器收到该数据包的确认，指定下次发送密集数据包的时间位置；仪器 GPRS 信道双 IP 地址发送数据，具备召测、增量自报和密集数据上传功能，可以通过电信座机和移动手机等的语音呼叫，仪器应用振铃启动召测，向接收中心发送数据，呼叫方不产生通话费用；端机也可以接受内容为"001"的短信息召测，并以回复短信方式点对点发送降水、水位数据；增量自报每降水 1mm，仪器立刻向接收中心发送数据，6min 之内，水位涨落超过 2cm，仪器立即向接收中心发送数据。端机参数修改全部短信息方式完成，设置包括增量自报、定时自报、仪器时钟、仪器初始值、接收中心、所属单位、站点名称和资料下载的设置，并在完成参数设置后回复指令者一条确认短信。

水文站数据显示无线终端机，可显示三组水文站本站和上游相关站的水文数据，发光数码管显示，数据可 0.5h 更新一次。数据显示包括数据类型标识（水位或降水）、测站水位（降水）数值，操作遥控器，还可以显示相应仪器编号、仪器供电电压、仪器工作温度和仪器与数据接收中心时钟差。

数据处理程序安装运行环境不受专用系统软件限制，程序分管理软件和职守软件，分别使用于管理单位和水文站。数据处理程序具备图形化数据监视界面，可自定义职守起始时间；具备数据和仪器设备状态检索功能及站点数据的时段日值等列表查询功能。程序具备密集数据下载功能，可以提供纯文本格式的密集数据文件，并能生成符合河北省水文资料整编格式的数据文件。以上程序均具备新版本远程升级功能。

1.3.2　建设方案

按照有关的要求，根据水文测验规范，主要为没有改造的雨量站配备观测设备，3处水文站配备水情处理及显示设备，水情监控中心购置水情分析、处理、显示等设备，具体建设方案如下。

雨量遥测站：配备翻斗雨量计、机箱、供电系统、数传终端设备等7套，备品备件2套，GPRS方式传输。与邢台水情分中心（邢台市防办）具有北斗卫星通信备用通道。

水文站：为朱庄水库、野沟门水库、坡底3处水文站配备水情数据处理工控机、实时水情显示屏、UPS、水位数传终端、浮子水位计、机箱、供电系统等设备各3套，备品备件1套，GPRS方式传输。与邢台水情分中心（邢台市防办）具有北斗卫星通信备用通道。

水情监控中心：为朱庄水库监控中心配备水情前置计算机、水情采集工作站、实时水情显示屏、外置设备（绘图仪、打印机）、UPS、数据采集处理软件、水情测报及调度系统软件等各1套。

测试仪器及专用工具：购置系统现场维护及数据下载笔记本电脑、Windows系统移动电话（系统简单维护、数据实时查询）等各2套。

按照上级有关规定和国有资产管理办法，由河北省邢台水文水资源勘测局移交给运行管理单位，2011年6月投入运行。

2　调度运用方式

朱庄水库调度运用方式，运用管理要求，是由河北省水利厅勘测设计院根据水利规划、水工模型试验、抗滑稳定分析等设计成果提出的。调度运用方式分为初期运用方式和正常运用方式两个阶段。通过观测资料证明初期运用阶段大坝运行正常，由朱庄水库管理处报请河北省有关部门审定批准后，方能按正常运用方式运行。

2.1　初期运用方式

死水位为214.00m，汛限水位234.60m，汛后最高蓄水位243.00m，保下游河道标准10年一遇洪水。6月15日—8月15日汛期库水位控制在234.60m以下。8月初，如天气预报无大雨，可提前占部分防洪库容蓄水。

如遇5年一遇洪水（洪峰流量约1100m³/s），限制库水位不超过241.80m，发水时先关闭闸一天蓄洪，然后全开放水洞工作门，再开启九坝块泄洪底孔弧形闸门，下泄200～300m³/s与河道凑泄500m³/s；如下泄流量仍不足时，可局部开启第10、8坝块两孔弧门参加凑泄。库水位达到241.8m后的泄水过程，可根据天气预报和下游流量不超过

$500m^3/s$ 的要求控制运用；如天气预报无相继大雨，可减少下泄量，控制在 $5\sim10d$ 内将库水位降到汛限水位，如还有大雨，则应迅速将库水位降至汛限水位。

如遇 $5\sim10$ 年一遇洪水（入库流量为 $1100\sim2200m^3/s$），水库放水与河道凑泄 $1100m^3/s$，此时溢流坝弧形闸门挡水，最高库水位允许达到高程 247.20m。放水时先全部打开放水洞弧形工作门，而后按第 9、8、10 次序打开泄洪弧形门参与凑泄，泄量 300 $\sim800m^3/s$。洪峰过后，如预报近期又相继大雨，迅速将库水位降到汛限水位，如无大雨可在 $5\sim10d$ 内降到汛限水位。

如遇到 10 年一遇以上洪水（即入库流量超过 $2200m^3/s$），先按上述 $5\sim10$ 年一遇洪水运用，当达到 10 年一遇设计洪水位 247.2m 后，使溢流坝弧形闸门投入运用，运用次序按 2、5、3、4、1、6 孔同步启开，来多少泄多少，直到全部打开任其漫泄。当最高库水位回降到 247.2m 后，可改按上述 10 年一遇洪水控制运用，适当减少下泄量。溢流坝弧形闸门按 1、6、3、4、2、5 的次序逐渐关闭，而以后放水洞和 3 个泄洪底孔泄洪，使库水位在 $5\sim10d$ 内降到汛限水位以下。如遇到天气预报相继还有大雨，则需要使用全部泄洪设备，迅速将库水位降到汛限水位以下。在汛期中，只要超过汛限水位就应放水，首先满足发电放水需要，然后再使用其他泄洪设备。在汛限水位以下，可根据水情放水发电。

2.2 正常运用方式

根据水库初期运用情况及对观测资料的分析，经省水利厅批准，水库自 1990 年起开始转入正常调度运用阶段。

正常调试运用阶段水库特征水位为：死水位 220.00m，汛限水位 237.10m，汛后最高蓄水位 251.00m。水库调度方式为：5 年一遇 3d 洪量不泄，库水位达到 248.20m；$5\sim10$ 年一遇洪水，库水位超过 248.20m，与区间凑泄 $1100m^3/s$；$10\sim20$ 年一遇洪水，库水位超过 248.20m，水库泄洪 $700\sim1300m^3/s$，与区间凑泄 $1800m^3/s$；20 年一遇以上洪水，库水位超 254.60m 时，溢流坝闸门开启敞泄。

按上述运用方式既要结合预报，又要预知区间来水才能凑泄，在实际运用中很难掌握。因此，1992 年仍维持朱庄水库能达到 100 年一遇的条件下，重新确定朱庄水库的调度运用方式控制条件改为：

起调（汛限）水位 237.10m，5 年一遇 3d 洪量不泄，水位 248.20m；10 年一遇洪水限泄 $700m^3/s$，水位 252.15m；20 年一遇洪水限泄 $1300m^3/s$，水位 255.77m，超过 20 年一遇洪水敞泄。

"06·8"洪水后，对朱庄水库汛期调度方式重新进行了研究，因水库 1997 年前主汛限水位 237.10m，水位较低。1997 年对水库调度运用方式进行了修订，并报国家防总批准后执行。修订后的调度运用方式为：

汛限水位 242.00m，小于 5 年一遇洪水与区间错峰前不泄，控制水位 245.90m，错峰后控泄流量 $200m^3/s$，水位控制在 $245.00\sim248.70m$；遇 $5\sim10$ 年一遇洪水，限泄流量 $700m^3/s$，控制水位 $248.70\sim251.50m$；遇 $10\sim20$ 年一遇洪水，限泄流量 $1300m^3/s$，控制水位 $251.50\sim254.70m$；遇 $20\sim100$ 年一遇洪水，限泄流量 $3265m^3/s$，控制水位 254.70m；遇大于 100 年一遇洪水，所有泄洪设施泄洪。

2000 年 7 月 4 日河北省防汛抗旱指挥部办公室以冀汛办字〔2000〕47 号文下发"河北省大型水库 2000 年汛期调度运用计划"的通知，将朱庄水库汛限水位调整为 243.00m。水位在 243.00～246.70m，与下游错峰前不泄；5 年一遇洪水时，水位控制在 246.70～249.40m，限泄 200m³/s；10 年一遇洪水时，水位控制在 249.40～252.10m，限泄 700m³/s；20 年一遇洪水时，水位控制在 252.10～255.20m，限泄 1300m³/s；水位超过 255.20m，原则上不限泄。

表 6-15 为朱庄水库分期运用规划特性指标。

表 6-15　　　　　　　　　　　　　朱庄水库分期运用规划特性指标

重现期/年	水库水位/m		水库库容/亿 m³		下泄量/(m³/s)	
	初期运用	正常运用	初期运用	正常运用	初期运用	正常运用
5 年一遇	241.40	248.20	1.687	2.302		
10 年一遇	247.20		2.194		300～800	
20 年一遇		254.60		3.11		700～1300
100 年一遇	251.20	254.60	2.665	3.11	4410	6872
1000 年一遇	256.40	256.40	3.39	3.39	8400	8380
獐獏暴雨	259.60		3.92			12540
10000 年一遇		260.90		4.162		12540

3　流域来水量变化

实时入库流量计算是水库调度频繁而重要的工作，其准确与否将影响到水库的安全经济运行。由于受发电、泄流和库水位波动等因素的影响，实时入库流量的计算结果偏差较大，过程线也大多呈"锯齿"状剧烈波动，甚至出现负值，计算结果严重失真，需要进行人工校正后才能加以利用。近年来随着水情自动测报系统普及，许多水电厂实现了电脑化水务管理，但是，实时入库流量的推求还是原来手工作业的"翻版"，这种"硬拷贝"式的处理使计算精度并未得到实质性的提高，这种计算结果同样不能直接利用，制约了水库实时优化调度等水库调度功能的实现，以及其他实用功能的开发。

3.1　入库水量的特性及作用

实时入库流量是河川径流的一种特殊状态，它的发生、发展有其特定的规律，并表现出其相应的独特个性，主要有：①时变性，受自然或人为因素的影响，实时入库流量随时间而不断改变；②连续性，其变化总是连续不断的，并遵循质量守恒定律；③非线性和非恒定性，与自然河道水流一样，入库流量的变化不是均匀的、线性的；④不重复性，虽然河川径流有其本身的周期性，但不会重复同样的变化轨迹；⑤非模型化，实时入库流量的推求不能像对待水文预报那样，可建立起计算模型来进行模拟；⑥不可测量性，与河道断面流量的可测量性不同，入库流量只能在发生过后，利用公式进行反推才能得出"实际"值。

实时入库流量在水库调度中的作用。实时入库流量是指导水库运行最直接、最有效的指标之一。水库实时优化调度、实时洪水调度以及实时洪水预报等都需要准确的实时入库流量作为支持，特别是在水库调度自动化程度日益提高的今天，实时入库流量计算精度偏低，不但限制了一些水调自动化功能的实用性，也影响电网端对电厂实时水情的采集和使用。可以说，实时入库流量的准确推求，不但能够促进水库的安全经济运行，还能够促进电网的优化调度，有利于实现水资源的优化配置，促进国民经济可持续发展。

3.2　计算方法

水量平衡法：即利用坝前的水位库容关系曲线及出库流量等资料，由实测出库水量（水量）和水库蓄水变化量，按水量平衡的方法反推入库流量。

马斯京根法：根据上断面的入流过程，通过逐时段求解河段的水量平衡方程和蓄泄方程，计算出下断面的出流过程。

退水曲线法：根据流域退水规律，绘制退水曲线或推导退水计算公式，然后通过曲线查取或公式计算某时刻的入库流量。

相关分析法：利用上游干支流测站和本站的实测流量资料，经过相关分析后总结成公式或绘制成曲线，就可根据上游测站某一时刻的流量，查取或计算经过传播时间后的入库流量。

由于水量平衡法的物理意义较为明显，易于理解和计算，求解时既不需要事先绘制图表，也不需要掌握高深的理论或经过严密数学的推导，而且计算所需资料简单、易于收集，计算结果经人工校正后基本能够满足生产实践的要求，因此在水库调度的实践中被广泛使用。用水量平衡法对朱庄水库上游来水量分析，从1976年水库蓄水开始统计，统计每年的最大入库洪峰流量及入库时间。计算方法采用反推流量法。并计算每年最大一次入库洪水总量及时间、历时等。最后计算每年入库总量。表6-16为朱庄水库上游最大流量统计表。

表6-16　　　　　　　　　　朱庄水库上游最大流量统计表

| 年份 | 最大入库洪峰 | | 最大一次入库洪量 | | | 年入库总量 /万 m³ | 最大一次占全年洪量的比例/% |
	入库时间 /月-日	流量 /(m³/s)	入库时间 /月-日	历时 /月-日	洪量 /万 m³		
1976	07-29	287.8	07-19	07-29—08-13	3798	24300	15.6
1977	07-29	270.3	07-21	07-21—07-30	1055	25800	4.1
1978	07-28	138.4	07-26	07-26—07-29	457	12000	3.8
1979	07-30	107.7	07-28	07-28—09-15	1042	5600	18.6
1980	08-26	22.4	08-19	08-19—08-28	400.6	2800	14.3
1981	08-15	338.9	08-15	08-15—09-26	3055.2	3900	78.3
1982	08-3	1166.7	08-02	08-02—08-06	10440	26800	39.0
1983	08-25	256.9	08-24	08-24—09-11	1190	3300	36.1
1984	07-11	50.2	07-09	07-09—08-09	624	2800	22.3
1985	07-23	361.0	07-23	07-23—07-25	250.4	9200	2.7
1986	07-11	21.9			253	300	84.3

续表

年份	最大入库洪峰		最大一次入库洪量			年入库总量 /万 m³	最大一次占全年洪量的比例/%
	入库时间 /月-日	流量 /(m³/s)	入库时间 /月-日	历时 /月-日	洪量 /万 m³		
1987	08-26	66.6			430	1900	22.6
1988	08-07	1166			4200	16900	24.9
1989	08-16	1110			1508	6300	23.9
1990	08-21	301	08-26	08-26—08-29	1464	12400	11.8
1991	09-13	300	08-24	08-24—08-31	1560	7355	21.2
1992	08-03	167	08-03	08-03—08-10	268	2338	11.5
1993	08-05	500	08-01	08-03—08-11	3026	5408	56.0
1994	07-15	55.6	07-10	07-10—07-20	630	1806	34.9
1995	08-16	389	08-14	08-14—08-20	5840	24660	23.7
1996	08-04	9404	08-03	08-03—08-06	39135	61070	64.1
1997	08-01	1000	07-29	07-31—08-05	2674	5920	45.2
1998	07-01	111	07-01	07-01—07-12	440	2879	15.3
1999	08-09	64.5	08-09	08-09—08-10	15	823	1.8
2000	07-05	5557	07-05	07-05—07-08	20801	29810	69.8
2001	07-27	121	07-27	07-27—08-02	784	3260	24.0
2002	07-28	25.5	07-26	07-26—08-04	470	1995	23.6
2003	07-05	58.7	10-02	10-02—10-24	1970	5286	37.3
2004	08-12	611	08-12	08-12—08-17	3330	10129	32.9
2005	08-17	250	08-11	08-16—08-21	2870	8269	34.7
2006	08-30	98.2	08-27	08-27—09-15	4030	8743	46.1
2007	08-07	70.7	08-06	08-06—08-16	915	3242	28.2
2008	08-12	113	08-11	08-11—08-19	901	3258	27.7
2009	07-08	38.9	07-08	07-08—07-10	98.1	1966	5.0
2010	09-04	100	09-04	09-04—09-12	1755	3766	46.6
2011	09-17	77.8	09-16	09-16—09-19	644	5523	11.7
2012	07-15	155	07-14	07-14—07-21	1157	5367	21.6
2013	07-13	117	07-10	07-10—07-22	3816	7870	48.5

朱庄水库建设前，径流量没有受水利工程控制，而且上游人类活动影响较小，基本反映天然状态下径流量变化。表6-17为朱庄水库建库前逐月来水量统计表。

表 6-17   朱庄水库建库前逐月来水量统计表

年份	月来水量/万 m³												合计 /万 m³
	1 月	2 月	3 月	4 月	5 月	6 月	7 月	8 月	9 月	10 月	11 月	12 月	
1953	734	680	667	137	364	492	1296	9776	1677	988	1109	921	18841
1954	720	585	611	111	121	1822	6053	17249	9176	2812	1791	1433	42484
1955	1203	733	747	205	99	402	295	20570	13245	3428	1874	1200	44001
1956	1358	1315	1444	899	959	3784	6830	46336	3292	2153	1503	1345	71218
1957	1128	849	822	588	158	1734	2456	948	511	324	625	686	10829
1958	589	460	292	244	546	197	5785	9214	2773	2223	1949	1178	25450
1959	694	619	418	259	289	2157	2030	11249	3888	1655	1343	1203	25804
1960	978	689	587	267	313	202	2510	4205	684	921	726	753	12835
1961	678	467	415	163	129	68	2499	3616	915	2515	3084	2496	17045
1962	1270	973	560	132	94	410	892	4312	1128	1058	980	964	12773
1963	645	472	504	293	1677	858	9723	138205	4951	1754	1488	1224	161794
1964	978	809	927	2333	3535	1630	4526	7928	6947	3375	2198	1379	36565
1965	1047	808	603	718	996	373	994	983	332	295	645	686	8480
1966	704	399	337	171	14	238	12106	18427	6117	1746	956	833	42048
1967	809	697	611	202	169	207	1513	5330	3499	1620	1153	712	16522
1968	621	539	437	0	0	57	2084	3482	881	5571	1731	1138	16541
1969	795	697	570	275	169	220	2893	3535	3162	3053	1558	1018	17945
1970	731	489	337	0	142	31	1907	6134	1223	423	490	667	12574
1971	651	433	273	0	0	275	2161	4232	6065	1002	1304	683	17079
1972	619	586	487	52	46	10	62	490	438	110	132	169	3201
1973	150	179	56	16	11	505	16311	13419	12856	8544	2366	1010	55423
1974	913	750	402	104	29	29	1647	6107	557	1195	894	895	13522
1975	704	559	281	52	48	10	1326	9455	1436	1738	1350	884	17843

水库建成后，由于朱庄水库供水功能的变化，每月的蓄水量也发生了相应的变化。历年逐月蓄水量（每月 1 日 8 时相应水位的蓄水量）变化见表 6-18。

表 6-18   朱庄水库逐月 1 日 8 时蓄水量

年份	蓄水量/万 m³											
	1 月	2 月	3 月	4 月	5 月	6 月	7 月	8 月	9 月	10 月	11 月	12 月
1976								486	4175	7220	7856	7628
1977	7916	8419	8909	7274	6458	5160	4170	4595	5824	7052	5684	5524
1978	5520	5400	5292	4425	258	105	1138	2303	7310	6992	7424	5520
1979	7706	8150	8144	7028	4600	38.4	190	1292	1918	1543	1084	1212
1980	1392	1565	1790	1166	998	740	403	452	1124	986	1184	1372

续表

年份	蓄水量/万 m³											
	1 月	2 月	3 月	4 月	5 月	6 月	7 月	8 月	9 月	10 月	11 月	12 月
1981	1543	1723	1875	1416	780	708	634	1126	3584	3748	2814	2688
1982	2891	3052	2912	1900	1210	964	912	1446	19810	22330	22480	21750
1983	21910	22080	22210	20280	17600	14730	11090	9035	9280	9651	9874	9892
1984	9070	9266	9455	9546	7058	5744	5954	6578	7502	7856	8024	8006
1985	7304	7412	7538	7316	5748	5244	4850	5136	7562	11310	12510	12780
1986	13110	13370	13590	12450	10220	9462	8349	8818	8902	7640	6458	6206
1987	5816	5880	5960	5692	3800	3013	3209	3340	3908	3864	3017	3230
1988	3440	3612	3764	3844	2519	2489	2450	3251	16630	18190	18610	17230
1989	17435	17669	17831	17318	16535	15770	14916	13634	16364	16778	16967	15608
1990	15380	15510	15800	16400	17020	15330	13830	14250	17650	19560	17500	17760
1991	17670	17930	18100	18470	18950	16080	13890	13870	15290	16560	17180	17190
1992	16860	17100	17050	15880	14810	14380	13620	12860	13590	13750	13160	12990
1993	12630	12730	12640	11500	10450	9518	8890	9317	12950	13420	12840	13290
1994	13560	13750	13900	12600	12550	10810	10110	11030	11010	10100	9422	9641
1995	9832	9941	10030	8703	7542	7038	5440	8304	22650	26890	25150	23020
1996	21820	21800	22100	20850	21170	20210	20110	19930	26850	25450	23690	22600
1997	20840	20910	21410	22000	20590	18520	16690	16410	16950	17070	17040	16030
1998	15700	15850	15860	15260	14650	14860	14900	16210	17060	16770	15700	15490
1999	14630	14610	14620	13740	13670	12510	12340	12120	11440	11140	10790	10750
2000	10300	10350	10410	9607	8918	7668	7584	21800	22840	24150	25240	25790
2001	26080	26310	26510	26450	24510	22250	19960	17990	18080	18230	18430	18550
2002	18070	18190	18300	17410	17040	16750	17000	17910	17550	17750	17410	17000
2003	16920	16960	17070	17270	16540	16720	16800	15540	15430	16220	18360	18920
2004	19140	19350	19250	18780	18380	17830	17380	16830	21680	22460	22680	21940
2005	20310	20440	20610	20610	19380	17340	16090	16630	20890	22350	22930	21880
2006	21040	20870	20870	19490	19040	17350	16250	16860	19070	21690	21630	20440
2007	20520	20470	20400	20370	19120	17250	16200	16410	17380	17360	17610	16930
2008	16200	16170	16130	15260	14820	14110	13570	13870	15170	15150	15020	14210
2009	13040	12720	12300	11830	11160	10740	9429	9401	10020	10770	11060	11430
2010	11690	11770	11910	10800	10770	9546	6153	5249	6546	9668	9978	9546
2011	9149	9240	9387	8369	7974	6744	5916	6366	8286	10900	11560	11900
2012	12160	12350	12490	11690	11480	9884	6642	8645	10600	10740	10510	10420
2013	10280	10260	10270	9723	6654	5544	5944	11450	13480	13900	14110	13910

4　水库蓄水量变化

朱庄水库从 1976 年开始蓄水，2000 年以前主要以农业灌溉为主，兼顾发电、渔业养殖等。2000 年以后，开始向城市供水，同时兼顾生态用水，水库的供水功能发生了变化。通过对朱庄水库 1976—2010 年最高蓄水位、最低蓄水位和相应蓄水量统计，反映水库蓄水量的变化，见表 6 – 19。

表 6 – 19　　　　　　　　　朱庄水库历年蓄水情况统计表

年份	最高蓄水情况			最低蓄水情况		
	时间/月 – 日	水位/m	库容/万 m³	时间/月 – 日	水位/m	库容/万 m³
1976	12 – 31	229.34	7916	01 – 01	库干	
1977	03 – 01	230.87	8909	07 – 26	209.51	750
1978	12 – 31	229.1	7706	05 – 02	库干（施工需要）	
1979	02 – 16	230.06	8324	05 – 18	库干	
1980	03 – 06	215.27	1818	06 – 15	206.68	368
1981	09 – 26	221.39	3854	07 – 03	209.30	630
1982	10 – 20	247.81	22501	07 – 23	210.20	740
1983	03 – 07	247.58	22259	08 – 24	230.36	8552
1984	03 – 24	231.81	9567	08 – 27	225.60	5740
1985	12 – 31	236.85	13095	07 – 22	222.95	4575
1986	03 – 09	237.64	13720	12 – 15	225.71	5880
1987	03 – 10	226.13	6090	10 – 14	218.46	2850
1988	11 – 04	243.48	18730	06 – 28	217.28	2540
1989	03 – 15	242.70	18060	07 – 23	237.36	13550
1990	09 – 30	244.52	19590	07 – 18	237.01	13307
1991	04 – 27	243.76	19020	07 – 10	243.76	19020
1992	02 – 25	241.81	17720	12 – 15	236.02	12600
1993	12 – 31	237.36	13580	07 – 03	230.69	8890
1994	03 – 05	237.91	13930	10 – 14	231.34	9310
1995	09 – 20	251.84	27250	07 – 10	224.25	5280
1996	08 – 04	258.34	37195	07　30	244.38	19500
1997	04 – 09	247.36	22170	07 – 29	239.45	15120
1998	09 – 16	241.74	17130	05 – 06	238.74	14560
1999	01 – 01	238.79	14640	12 – 18	232.83	10280
2000	07 – 08	251.26	26625	06 – 20	228.63	7560
2001	03 – 14	251.27	26625	08 – 11	242.09	17490
2002	03 – 03	243.01	18300	05 – 09	241.00	16500

续表

年份	最高蓄水情况			最低蓄水情况		
	时间/月-日	水位/m	库容/万 m³	时间/月-日	水位/m	库容/万 m³
2003	12-31	243.93	19110	08-07	239.34	15040
2004	11-18	248.06	22910	07-12	240.96	16500
2005	10-26	248.12	22910	06-27	240.49	16050
2006	10-02	246.95	21750	08-13	240.61	15960
2007	01-01	254.79	20550	07-28	240.43	15960
2008	01-01	240.67	16230	12-31	236.64	13020
2009	01-01	236.64	13020	07-08	231.13	9170
2010	03-09	235.19	11960	08-06	223.98	5200
2011	12-31	235.41	12160	06-28	225.79	5916
2012	03-07	235.92	12540	07-08	226.33	6198
2013	11-17	238.18	14140	05-31	224.86	5544

第四节　水库电站运行与管理

朱庄水库水电站安装于1979年，时值各项发电设备严重缺乏，设计水轮发电机型无处购置，只有改变机型。因而出现机型（1号、3号、4号机组）与水库最高兴利水位和下游渠道均不配套。汛后最高兴利水位有近9.7m水头，9480万 m³ 水量不能确定于发电。下游渠道最大引水量时，低机组只能半负荷以下运行，高机组仅能用一台机组发电，机组效能不能正常发挥。2003年为配合"引朱济邢"供水工程在低厂房预留基坑安装了一台小型卧式水轮发电机。

1　机组设置及技术指标

电站设于水库下游右岸山坡（隔南岸）为引水式坝后水电站，分高低两处厂房，高厂房机组尾水接南干渠道，低厂房机组出水流量通过一级消力池分别接北干渠，"引朱济邢"管道。下游用水结合发电。

发电站机组总装机容量4830kW，高厂房机组（3号、4号）安装两台500kW机组，低厂房安装一台3200kW机组（1号）和一台630kW机组（2号），机组主要技术指标列表6-20。

其他部位设备结构情况是：发电输水管道为钢筋混凝土结构，直径4.1m；接大坝下游压力管道为钢筋混凝土内衬钢板管道，长44.5m，直径4.1m。岔道以下为钢管道。进低厂房管道直径1.75m，进高机组厂房钢管直径为1.5m，电站主副厂房面积：高厂房288m²，低厂房为522m²。低厂房西侧为35千伏升压站。表6-21为发电机组指标一览表。

表 6-20   机 组 主 要 技 术 指 标

项　　目	1 号机组	2 号机组	3 号、4 号机组
水轮机型号	HL123-LJ-140	HLN276-WJ-50	ZD560-LH-100
发电机型号	TS325/36-20	SFWJ630-6/990	SF500-12/1430
单机容量/kW	3200	630	500
最高水头/m	45.00	51.70	22.00
设计水头/m	30.50	40.90	16.00
最低水头/m	26.00	20.7	8.00
设计流量/(m³/s)	12.6	1.95	4.18

表 6-21   发 电 机 组 指 标 一 览 表

项目	1 号机组	2 号机组	3 号、4 号机组	厂用变压器
变压器/kV	SJL$_1$-4000/35	S$_9$-M-80/35	SJL$_1$-1250/35	SJL$_1$-100/0.4
额定容量/kVA	4000	800	1250	100
额定电压/kV	35/6.3	38500±2×2.5%/380	35/6.3	35/0.4
相数		三相		

　　从水电站发出电量通过升压站，经 35kV 导线送往朱庄变电站并入电网，全长 1.5km。

2　机组安装

　　水电站（1 号、3 号、4 号）机组于 1979 年 8 月由水利部一局开始安装，到 1981 年 8 月完成。完成主要工程量如下：

　　机组及其附属设备安装：高厂房机组 500kW 水轮发电机 2 台，XT-600 调速器 2 台；直径 1.5m 电动蝴蝶阀 2 台，5t 吊桥 1 台，5t 电动葫芦 1 个，油罐 2 个，直径 1.5m 闸阀 1 台。低厂房 1 号机组 3200kW 水轮发电机 1 台，CT-400 调速器 1 台；直径 1.75m 油压操作蝴蝶阀 1 台，30t 吊桥 1 台，直径 0.8m 闸阀 1 台；6 台水泵及其管路系统，2 台空压机及其管路系统，5t 电动葫芦 2 个。

　　电气二次设备安装，操作控制保护动力盘 41 面，端子箱、操作箱，启动器 36 台件，管路埋件及电缆架制作与安装 1012m/3850kg，蓄电池直流系统及充电装置一套。

　　电气一次设备安装：接地系统预埋安装 1786m；避雷针 3 基；35VA 开关站及混凝土电杆安装；35kV 开关站电气一次设备安装；4000kVA 与 1250kVA 变压器各 1 台；100kVA 变压器 2 台；各种母线、保护网、套管等安装。

　　电缆工程：各种动力电缆 1757m；各种操作电缆 6245m。

　　照明各种管路预埋件 1469m 及各种布线灯具安装。

　　金属结构制作 4.18 万 kg。金属结构安装 16 万 kg。低机组临时斜桥及 2 号机临时钢支墩等。

　　此外，还安装 35kV 线路 1.5km；1 号、2 号铁塔安装 6700kg；并对水轮发电机组启动调整试验和高、低机组厂房预制件吊装等。

2003 年安装完成的 2 号机组及其附属设备:低厂房 2 号机组 630kW 水轮发电机 1 台,调速器 1 台;操作控制保护动力盘 5 面,35kV 开关站电气一次设备,800kVA 安变压器 1 台。

3 机组验收

机组试运转:1981 年 8 月,水利部一局将 1 号、3 号、4 号机组及其配套设备安装完后,同年 9 月,水库工程指挥部组织力量对机组安装进行检查调试。随后,邀请省、地有关单位组成验收小组进行机组试运转并验收。首先由验收小组草拟了《朱庄水库水电站水轮发电机启动试运转程序》逐项进行:启动试运转检查;水轮发电机组空载运行;发电机组短路干燥;发电机定子绕组直流耐压;发电机空载试验;母线单相接地检查;发电机组同期并列;机组带负荷及甩负荷;调速器静特性;输变电工程;压力钢管检查;桥式吊车负荷试验等。

机组首先以手动方式进行启动,在 50% 额定转速下运行 2~3min,各部位正常后增加额定转速。

1 号机同时录制永磁机输出电压与发电机转速关系特性记录,机组启动开度,空载开度,测量机组各部位摆度等。附机组运转记录见表 6-22。

表 6-22　　　　　　　　　机组运转记录表

机组	导叶开度		摆度 0.01m/m				水头 /m	水压/(kg/cm²)			吸出管真空度/cm	流量 /(m³/s)
	启动	空载	上导	法兰	水导	集电环		水管	蜗壳	上盖		
1 号	16	29	10	10	16	18	24.41	2.3	2.0	0.5	0	5.4
3 号	30	58		10	20	20	5.50	0.4	0.4	0	0	2.9
4 号	26	60		10	18	6	5.50	0.4	0.4	0	0	2.1

机组带负荷运行情况,1 号机组带负荷连续运行 72h,3 号 4 号机组因受库水位限制,只做了并网试验,未能带负荷运行。表 6-23 为各机组运行记录表。

表 6-23　　　　　　　　　机组试运行记录表

项　目	1 号	3 号	4 号	项　目	1 号	3 号	4 号
水头/m	21.41	5.50	5.50	空载开度/%	28	16	16
流量/(m³/s)	5.4	2.9	2.1	负载开度/%	62	95	95
有功功率/kW	800	90	30	周波	49.75		
无功功率/kW	600~1000	0	200	效率/%	68.6		
功率因数	0.82	0.99	0.5				

根据机组各项试运行记录,水轮机及其附属设备基本符合安装规程要求,发电机短路干燥测励磁时间,常数 1 号机为 0.3s,3 号 4 号机为 0.4s,电动机绝缘达到最佳状态,绝缘电阻均大于 2500MΩ,在直流耐压试验时,绝缘强度均符合规程 2.5 倍,额定电压 15000V 的要求。根据励磁机空载及负荷特性试验资料,录制的曲线正常,详见图,能够

安全使用，调速器特性试验，根据记录整理绘制静特性曲线图，1号机灵敏度0.42%，残留值4格2.9%，6格4.5%；3号机灵敏度0.26%，残留值4格4.1%，6格5.6%；4号机灵敏度0.34%，残留值4格4.1%，6格5.9%。即灵敏度和残留值均符合使用要求。1号机在甩负荷时效果良好。分4个档次进行甩负荷试验，转速最大上升11.6%，压力上升为运行水头（23m）的30%，过渡时间6s左右，即恢复空载稳定开度，在准同期装置检查中，1号、3号、4号机均一次并网成功。不同断路处的准同期均准确可靠，证明机组安装较好。

根据设计图纸检查和实际运行，高、低厂房机组自动控制情况，通过停机，增减励磁，增减转速和同期并网集中操作运行，都能达到自动控制正常。

1983年9月和1984年4月对3号、4号机组做了试运行。发现两机组均有摆度大，超过规程要求，经检查系安装过程中，由于转轮室与转轮间隙过小，施工单位切割转轮造成动平衡不理想所致，因存在上述问题，在正常水头情况下，机组运行达不到额定出力，3号机组最大出力430kW，4号机组最大出力370kW，且摆度过大，因此还需要进行处理。

2号机组安装完成后，进行了机组空载试验和甩负荷试验，符合国家的相关规定，经过72h试运行，运行状况良好。表6-24为机组空载试验和甩负荷试验记录，表6-25为水轮发电机甩负荷试验记录。

表6-24　　　　　　　　　　　机组空载试验记录表

启动开度/%	空载开度/%	上游水位/m	下游水位/m	轴承瓦温/℃	推力瓦温/℃
1	11	243.67		49	27
油面波动	垂直摆度/mm	水平摆度/mm	轴承瓦温/℃	油面波动	垂直摆度/mm
无	0.03	0.03	38	无	0.05
水平摆度/mm	蜗壳压力/MPa	尾水真空/MPa	刹车时间/s	水平摆度/mm	
0.05	0.42	0.015	34	0.05	

表6-25　　　　　　　　　　　水轮发电机甩负荷试验记录表

机组负荷	300kW			600kW		
记录时间	甩前	甩时	甩后	甩前	甩时	甩后
机组转速/(r/min)	1000	1033	0	1000	1116	0
导叶开度/%	41	26	3	65	61	3
导叶关闭时间/s	3.3			3.0		
接力器活塞往返数/次	1			2		
调速器调节时间/s						
蜗壳实际压力/MPa	0.42	0.44	0.43	0.42	0.44	0.43
真空破坏阀开启时间/s						
吸出管真空度 H_2O/mm	0.02	0.025	0.02	0.025	0.015	0.02
大轴法兰处运行摆度/mm						

续表

机组负荷	300kW			600kW		
记录时间	甩前	甩时	甩后	甩前	甩时	甩后
160 轴承处运行摆度/mm	0.05	0.09	0.06	0.05	0.06	0.05
120 轴承处运行摆度/mm	0.03	0.04	0.04			
转速上升率/%		3.3		11.6		
水压上升率/%		4.7		4.7		

4　超设计水头实验

水电站机组超设计水头运行实验，1号机组实验成功，高厂房机组3号4号机组试验失败。2号机组设计不需要进行超高水头试验。

1983年3月1—12日，1号机组进行了超高水头试验成功。此时库水位为247.58m，运行水头49.28m，超过最大设计水头6.28m，为慎重起见，试运行时，河北省水利厅水电处领导参加，并邀请安各庄、王快水电厂，河北工学院，河北水专、邢台电力局，河北省水利厅设计院等单位有实践经验和技术专长的技术人员，组成试运行领导小组现场指挥。经妥善准备后，于同年3月7日10时30分开始空转，做各项测试工作，3月8日做了半负荷（1600kW）至满负荷（3200kW）的5级甩负荷试验。3月8日—11日16时进行了72h的连续试运行。除尾水渠左边墙稍有振动，漏水外，场内一切设备操作灵活，运行正常。说明1号机组在超设计最大水头6.28m（超设计水头18.78m）情况下，是能安全运行的。机组出力在2000～2800kW范围内，运行稳定，工况良好；当机组出力在3200kW·h，出力表摆度较大，主轴摆度达到了0.27mm（超允许值0.14mm的一倍）；机组出力在1500kW·h，甩负荷压力上升值达66m，与机组强度（65m）相近，且振声加剧。因此，在超设计水头情况下，机组不宜在1500kW以下及2800kW以上长期运行。当库水位超过248m（超设计最大水头7m以上）时，能否运行，可先请设计院提出成果再通过试验确定。通过几年运行看，在适应设计水头情况下运行，出力在1500kW以下和出力2200～2300kW，机组有杂音，音量大，不够稳定，应尽量避开此区间运行；而在其他出力情况运行，尤为满负荷运行时，机组稳定。

1985年5月，河北省水利厅以〔1985〕冀水基字9号文批复的朱庄水库尾工计划中，确定3号、4号机组更换转轮。水库发电站把转轮予以更换后，于1988年11月在库水位243.48m情况下，结合冬灌进行试运行。当运行到第七天时，上导瓦升高72℃，自动停机。

1988年12月邀请石家庄田庄电站一行6人进场检修。在拆卸推力头时发生轴划痕11道。此后又转修4号机组，检修完毕，两次试运行均未成功。于1989年春，邀请省、地水电处（科）、华北水电学院、西大洋水电厂等单位有经验技术专长人员，两次来水库帮助指导，重新更换成旧转轮（旧转轮轮叶角度为5°，新转轮轮叶角度为15°），同时田庄电站利用春灌间隙5次进场检修机组，3号机组于1989年7月13日在库水位238.06m情况下试运行成功，继而连续运行，未发现问题。1990年9月29日，3号机组在库水位

244.51m情况下，连续运行5h10min，因严重振动而停机。由此得知，高机组不易超设计最大水头运行。各次运行，试运行情况见表6-26。

表6-26　　　　　　　　　　高机组运行、试运行情况统计表

机组类别	运行分类	运行时间（年-月-日时：分）	库水位/m	运行水头/m	超机组设计水头/m	超机组设计最大水头/m	运行情况	备注
3号	试运行后连续运行	1988-11-07 10：20—1988-11-13 8：15	243.48	25.18	9.18	3.18	上导瓦油温升高72℃，自动停机	新转轮叶角15°
4号	试运行	1989-03-20 16：00—1989-03-21 11：50	242.69	24.39	8.39	2.39	强烈振动，发出"咔"一声巨响停机	旧转轮叶角5°
4号	试运行	1989-04-30—1989-05-04	242.45	24.15	8.15	2.15	振动过大，水轮机架底脚螺丝振松动停机	
3号	试运行后连续运行	1989-06-30 8：00—1989-07-11 16：15	238.06	19.76	3.76	-2.24	有振动、符合要求	
3号	结合灌溉发电运行	1990-09-29 18：20—1990-09-29 23：30	244.51	26.21	10.21	4.21	振动过大，并夹有咕嘟声，停机	

由表6-22不难看出，高机组凡超过设计最大水头运行时，均出现导瓦油温升高或振动过大，机架底脚螺丝松动等问题而停机。由此说明，高机组不适宜在超设计最大水头情况下运行。

5　水库水电站调速器改造

朱庄水库水电站，装机容量为3200kW，水轮机为TS 325/36-20型，调速器为CT-40型。该电站于1981年2月投入运行。CT-40机械液压调速器在电站运行中存在的问题有以下几个方面：

（1）水轮机调节系统灵敏度差。转速死区大，空载时频率波动大，稳定性差。

（2）机组频率不能自动跟踪电网频率，机组同期并网冲击电流大，难于及时准确并网。

（3）自动化功能低，难以适应无人值班或少人值守电站以及微机监控的要求。

（4）液压系统部件漏油，引起调速器自己调整开度及负荷引起事故。

（5）部件易磨损。调速器的性能已经不能适应电站安全经济运行要求，因此需要对调速器进行技术改造。

5.1　调速器的选配

性价比是调速器技术改造的首要考虑的问题，调速器经过几十年的时间，随着科技的进步，调速器已经经历了机械液压型、电气液压型和微机型几个阶段。微机调速器又有单微机、双微机、PLC、PCC可编程几种形式。机械液压系统依据电液转换电液转换方式分为：电液转换器类、电机类、比例伺服阀类、数字阀类。其中电液转换器类已基本为市

场淘汰。为使这次技术改造能立足于当前科技的最前端和充分安全可靠的基础之上，并能做到在今后几年中不被淘汰不会为出现问题没有标准的固件、没有专业的维修人员的后顾之忧，尽量做的该整体制造及零配件有一个标准的市场。经过对国内运行的各类调速器的调查研究和分析，在电气控制部分选择了 PLC 和 PCC。液压随动系统选择了步进式跟数字阀来对比以决定最后选择哪种型号的调速器。

5.2　电气控制部分分析

PLC（可编程逻辑控制器）是专门为解决工业现场恶劣环境而诞生的工业控制计算机系统，其高可靠性已得到广泛的验证。国内将其应用于水轮机调速器后，以其优异的高可靠性能立即成为调速器的主流方向。PCC 是继 PLC 后新一代可编程计算机控制器，采用全新的控制理念，高级语言编程，分析能力强，其硬件具有独特新颖的插拔式模块结构，可使系统得到灵活多样的扩展和组合。软件业具备模块结构，系统扩展时只需在原有的基础上叠加运用软件模块。CUP 运行效率高能同时运行不同程序。

从可靠性来讲，PLC 平均无故障时间为 30 万 h 而 PCC 平均无故障时间高达 50 万 h，在处理任务时，PLC 通过程序扫描完成并行处理。但事实上多任务才是并行处理的逻辑表达式，PCC 恰恰可以满足这种需求，当一个任务在等待时，其他任务可以继续执行，这也是 PIC 不能与其相比的。

不但如此，PCC 的 512KB 大内存也为智能型调速器提供了可靠资源保证，远远大于 PIC 的 10KB 内存，在维护简单调试方面由于 PCC 的高度集成化和高可靠性，对于运行维护人员没有太高的特殊要求，没有像 PIC 太多的电位器等可调元件。性价比方面现在 PIC 已逐渐被淘汰，而 PCC 价格也很合理，综合以上各方面在电气控制部分选择了 PCC 可编程计算机控制器。

5.3　随动系统部分分析

步进电机式调速器机械液压系统是以步进电机为电信号-位移信号转换装置，并操作主配压阀，最终推动接力器。调速器控制步进式电机的转动方向和启动、停止的开环的控制方式和调节器构成一个以"模糊控制"为基础的直接数字控制方式。步进电机受驱动线路控制，将进给脉冲序列转换成为具有一定方向、大小和速度的机械转角位移，并通过齿轮和丝杠带动工作台移动。进给脉冲的频率代表了驱动速度，脉冲的数量代表了位移量，而运动方向是由步进电机的各相通电顺序来决定，并且保持电机各相通电状态就能使电机自锁。但由于该系统没有反馈检测环节，其精度主要由步进电机来决定，速度也受到步进电机性能的限制，下面以步进电机-凸轮传动装置来说明原理。

当调节器输出关方向信号时，步进电机带动传动轴转动，使传动轴带动凸轮连接体和上环垫克服弹簧向上的压力而向下运动，当调节器输出开方向信号时，步进电机带动传动轴转动，使传动轴带动凸轮连接体和上环垫克服弹簧向下的压力而向上运动，当控制信号为零时，在弹簧的作用下，通过引导阀带动主配压阀上下运动，控制接力器，调节导叶开启、关闭。

数字阀调速器是以标准液压元件即电磁球阀为先导阀，代替传统的电液转换器，以标准液压元件即二通插装阀为放大元件代替传统的主配压阀。工作特点及原理是以电磁球阀的通断控制插装阀，插装阀的通断来控制接力器，电磁球阀的工作状态只有通断两个状态，也即相当于数字电路的高、低电平两个状态，故将其称为数字阀，以下通过二通插装阀介绍下开启关闭原理：二通插装阀通过先导阀的先导元件和控制面板的控制功能控制，再以控制面板做为桥梁控制插入元件的开启关闭动作开启量控制液流的大小，实现对液压执行机构的方向压力和速度的控制，从而调节导叶的开启、关闭。

5.4　步进式数字阀和开关阀相比较

步进式数字阀按步进的方式工作，具有重复精度高及无滞环的优点。但是，步进式数字阀通过阀芯的步进运动将输入的信号量转化为相应的步数（脉冲数），因而存在着量化误差，通过增加阀的工作步数可以减小量化误差，但却使阀的响应速度大大降低。同时，步进式调速器必须保留有引导阀和主配结构，造成步进式调速器的结构较复杂，加工件较多，不具有良好的通用互换性。而开关阀同时也具备无杠杆，无明路对液压油要求低的特点，还具有多机能（具有二通换向阀和单项阀实现方向控制的机能，如果设定了控制腔的压力，当控制腔的压力超过设定值后阀会开启这就是压力控制机能，如果控制腔采用行程调剂措施限制阀芯的开启高度，就可以作为节流元件实现流量控制机能）电磁阀又具有换向可靠和换向工作频率高的特点。

缺点是由于流量、压力脉动等因素的限制，数字阀只适应中小型及调速器操作功不大于 17000kg·m。综合上述，选择了 PCC 可编程智能调节器加中型数字阀的调速器。

6　水电站运行管理

6.1　制定实用的水电站运行管理制度

发电设备能否安全、经济、稳发、满发，很大程度上取决于运行人员的认真监护和操作的标准化、规范化。为此，必须建立一套完善的规章制度和防范措施，使运行人员监护和操作标准化、规范化。股份制水电站基本上套用原有的电力企业运行管理模式，存在运行台账过多、过细的现象，加重员工不必要的负担。因此制定符合本电站的运行管理标准是必要的。应建立一套适应小水电的管理制度，进一步完善安全、生产、劳动纪律等管理体系。在制度制定和修编过程中应听取各层管理人员及员工的意见，更加注重制度的实用性。组织电站现有的技术人员，对水电站设备现场运行规程、操作规程进行编写，建立生产质量管理体系。对运行管理制度、各类规程要组织全体员工学习，并评估员工学习效果，使之落实到具体工作当中去。从而降低水电站设备故障及事故率，确保安全生产，提高生产效益。

6.2　完善管理机构

根据实际情况建立岗位，做好人员编制工作，可以实行一人多岗，一岗多责等形式，决不多设岗位，使每个岗位的工作满负荷。岗位还应实行定期轮岗，这有利于提高员工自身素质与企业创新。各管理部门应严密分工，明确各职能部门的职责，理清上下级的关系，保证集中统一指挥。同时赋予最基层的电站管理工作人员必要的职权，如管事、管人、管分配的权力，这样发挥岗位管理人员的积极性，从而提高企业的工作效率。

6.3　健全工资分配制度

应在企业内部扩大工资差距，拉开档次，充分体现奖勤罚懒、奖优罚劣、多劳多得、少劳少得的工资分配体制。而员工工资的评定和发放，必须有科学、严格的考核，根据其业务水平，劳动贡献和岗位变化，做到员工收入能高能低。只有这样，才能更好鼓励先进、鞭策落后。激励员工努力提高业务技术水平，为企业兴旺发达多做贡献。

结合电站实际情况，可以进一步健全实行结构工资制，以基础工资（即保障员工基本生活需要）、职务（即岗位）工资、工龄工资（即年功工资，可以提高其占工资中的比例）、奖励工资四部分构成。并把工资效益与企业效益相应挂钩，依照结构工资原理，贯彻"岗位靠竞争，收入靠贡献"的思想，把员工收入同所在的岗位以及所作贡献挂钩起来，进一步健全工资管理体系。

第五节　水库工程维修

1　金属结构防腐蚀处理

1986 年 12 月完成溢流坝大弧门和放水洞进水塔钢架桥的防腐蚀处理。对溢流坝大弧门迎水面进行表面喷锌，喷涂面积 1050m²，总投资 4.82 万元，经实践考验这种防腐方法效果良好。对大弧门背水面和进水塔钢架桥采用刷涂防腐涂料的方法进行防腐，涂刷面积 10487m²，总投资 21.46 万元。

1991 年对三个泄洪底孔的工作弧门进行了涂刷防腐涂料的防腐处理，处理面积 492m²，总投资 1.2 万元。

1997 年 9 月对溢流坝的 1 号和 2 号大弧门进行了防腐处理，涂刷面积 2160m²，总投资 13 万元。

1995 年对防汛电台塔及坝顶的栏杆、灯柱等进行了防腐处理，总投资 1.2 万元。

1999 年 9 月请岗南水库潜水员对灌溉发电洞检修门拉杆脱接进行了维修，并对闸门进行了大修，对支承轮进行了更换，对闸门及拉杆进行了防腐处理，总投资 10 万元。

2000 年 5 月对溢流坝启闭机机架桥 T 形梁进行了加固处理，1996 年汛后检查发现，T 形梁存在多条垂直裂缝，并且有多条裂缝超过了半个梁高，经鉴定 T 形梁的强度安全系数偏低，对其进行了施加预紧力钢筋的加固处理，主要工程量为：钢筋 11.5t，混凝土 3.20m³，裂缝灌浆 90.3 延米，裂缝封堵 990m²，总投资 67 万元，保证了工程的正常安全运行。

2　通信电气设备维修

根据"96·8"洪水调度的经验，水库的备用电源系 60 年生产的老式产品，启动运行维修均较困难，另外其位置正好在大坝下游，存在安全隐患。在 1997 年 5 月对备用电源机房进行了搬迁，对原备用发电机进行了更换，为汛期的防洪抢险提供了可靠的电力保证，购置设备和建设机房总投资 50 万元。

1997 年汛前为保证水库对外通信畅通，先后投资 41.2 万元用于白云山直放站，架光缆 10km，新装程控电话 3 对，完成 8 路载波及机关内部程控设备安装。

3　坝体表面维修

1986 年 12 月对溢流面反弧段剥蚀进行了处理，处理面积 1600m²，同时对一级消力池进行了清淤处理，完成投资 7.5 万元。1986 年对部分测压管和扬压力排水孔进行了清淤，总投资 4.1 万元。

在"96·8"洪水调度中发现消力池南边墙偏低，影响电站的安全运行；在 1996 年汛后检查中发现溢流坝溢流面反弧段剥蚀严重，经水下摄像发现一级消力池堰坎有多条裂缝；在 2000 年 5 月检查时发现溢流坝 5 号孔 5 号梁左侧支墩处和 4 号孔 5 号梁右侧支墩处 T 形梁悬空，并且在 T 形梁支铰下有多条裂缝存在。

2001 年 5 月对上述存在的问题进行了处理。对溢流面剥蚀进行 TK 聚合物砂浆修补，修补面积 1800m²，总投资 45 万元；对溢流坝闸墩采用混凝土支承柱加固，对支墩裂缝进行 JH - 1 化学灌浆，工程投资 8 万元；对一级消力池挑坎裂缝进行 JH - 1 化学灌浆，处理长度 200m，完成投资 17 万元；对消力池南边墙采用板柱结构加高，一级消力池加高 3m，二级消力池加高 2.5m，总投资 15 万元。

4 水库闸门自动化改造工程

朱庄水库闸门自动化系统包括：溢流坝 6 孔闸门、泄洪底孔 3 孔闸门、北干渠渠首闸门的现地和远程控制，水库水位监测，朱庄水库监控中心，系统通信等几部分。

该工程于 2005 年 5 月 15 日开工，6 月 15 日竣工。总投资 65 万元。

闸门的现地、集中控制：即在闸门启闭机室设闸门现地控制柜，在现地控制柜上，通过按钮手动或自动进行闸门升、降、停操作；实际闸位和设定闸位在闸门测控仪的 LED 显示屏上实时显示，当达到上限及下限时报警并自动停机；当达到设定闸位时自动停机。并具有过载、过流保护功能。

集中控制：即在溢流坝闸门启闭机室中将 6 面现地控制柜分成 3 组，分别为：1 号、6 号柜一组，2 号、5 号柜一组，3 号、4 号柜一组。通过设在 1 号、2 号、3 号现地控制柜上按钮手动或自动进行各组闸门的同时升、降、停操作，闸位设定则在各闸门测控仪上各自进行。

远程控制：即在水库管理中心控制室，利用监控计算机远程闸门自动进行单闸、成组、群闸同时升、降、停操作，同时闸位及闸门状态等数据以图形或数表方式显示在彩色显示器上。远程控制操作由设在现地柜上的现地/远程转换开关转换控制。运行时，闸位有不间断反映，当闸位达到上、下限闸位或设定闸位时，自动停机。

水库水位监测：采集水位信号将实时水位显示在闸室的水位计和控制中心的微机上，并记录下每整时的水位，存入微机中。

参 考 文 献

[1] 邢国霞，张瑞民. 浅谈邢台市朱庄水库小水电的开发利用 [J]. 中国水能及电气化，2007 (9)：13 - 14.
[2] 河北省邢台水文水资源勘测局. 朱庄水库上游水情自动测报系统建设实施方案 [R]. 2010.
[3] 周振雄. 邢台市朱庄水电站运行故障处理五例 [J]. 中国水能及电气化，2010 (6)：55 - 57.
[4] 张岭辉. 朱庄水库水电站调速器改造方案 [J]. 价值工程，2013 (2)：89 - 90.

第七章 水库水文要素及特征

第一节 水文要素观测

1 朱庄水库水文站

朱庄水库水文站前身为朱庄水文站，始建于 1953 年，位于河北省沙河市綦村镇朱庄村（东经 114°14′，北纬 36°59′），为沙河朱庄水库控制站，集水面积 1220km²，高程采用大沽基面。测站类别为基本站，测站级别为省级重要站。

1.1 基本情况

1953 年 1 月，河北省水利厅设立朱庄水文站；1956 年 7 月为了便于控制，基本水尺断面上迁 406m；1958 年，因朱庄水库施工，基本水尺断面下迁 471m；1963 年 6 月为了便于控制，基本水尺断面上迁 50m；1975 年朱庄水文站改为朱庄水库水文站，监测项目也做了相应的调整。

1953 年 1 月—1954 年 2 月，隶属河北省水利厅；1954 年 3 月—1957 年 12 月，隶属河北省邢台专署水利局；1958 年 1—6 月，隶属河北省水利厅，1958 年 7 月—1961 年 5 月，隶属河北省邯郸专署水利局；1961 年 6 月—1962 年 12 月，隶属河北省邢台专署水利局；1963 年 1 月—1970 年 5 月，隶属河北省水文总站，1970 年 6 月—1980 年 5 月，隶属河北省邢台地区水利局，1980 年 6 月后隶属河北省水文总站；1993 年 1 月，管辖单位河北省水文总站更名为河北省水文水资源勘测局，管辖至今。

1.2 流域概况

朱庄水库水文站位于沙河朱庄水库下游约 500m 处。沙河为子牙河水系滏阳河支流，以沙河市与南和县交界划分，以西称沙河，以东至环水村与顺水河汇流，称南澧河。本站以上流域面积 1220km²，有宋家庄川、将军墓川、浆水川、路罗川汇流而成，形状呈伸展的手掌状。主河道长 67.5km，流域平均宽度 20.03km。该站多年平均降水量为627.9mm，多年平均年径流量为 1.8836 亿 m³，多年平均含沙量和输沙量分别为 3.53kg/m³、99.5 万 t。

朱庄水库水文站上游流域朱庄水库总库容达 4.126 亿 m³，是一座以防洪灌溉为主，兼顾发电、城市供水等综合利用的大（2）型水利枢纽工程；引、供水工程主要有"引朱济邢"管道和南、北干渠。其中，"引朱济邢"管道渠口位于朱庄水库电站下，引水能力为 1.60m³/s，主要任务是城镇工业供水，南、北干渠，主要任务是农业灌溉用水。朱庄水库水文站上游流域有雨量站 12 处，密度为 102km²/站。朱庄水库水文站上游设有野沟门水文站，坡底水文站，下游设有端庄水文站。

1.3 水文站站房及测报设施发展情况

1952—1956 年租用民房办公，1956 年征地修建站房 6 间（60m²），1964 年扩建站房 8 间，1974 年修建 6 间东屋作为职工宿舍，1992 年在东院修建 8 间站房，1996 年拆除东屋，2002 年拆除老站房在原地扩建 2 层办公楼 12 间及平房 1 间。

1955 年建成 210m 跨度吊箱；1982 年 8 月建成自记水位计；1978 年建成手动、电动两用悬索缆道；1978 年 5 月建成 230m 大跨度缆道；1984 年 1 月 1 日，更新为电传水位计；1997 年恢复水毁工程建成 210m 跨度吊箱，2005 年建成 16m×20m 的观测场，配备了翻斗式雨量计、远传水位计、雷达测速枪等新仪器。

1.4 主要观测项目及资料情况

朱庄水库水文站观测项目有：水位、流量、泥沙、泥沙颗粒分析、蒸发、气温、风速、降水、水温、冰凌、水质、土壤墒情。具体项目及观测要求见表 7-1。

表 7-1 朱庄水库水文站观测项目及观测要求一览表

观测项目	观测要求	观测设备	观测起始时间	计算方法
水位	每日 8 时定时观测。水位变化缓慢时应于 20 时或 16 时加测一次，开闸期和洪水期随时增加测次	水尺、自记水位计	1953 年 1 月 1 日至今连续观测；1975 年后改为水库站后，增加了坝上、南干渠、北干渠等断面	算术平均法、面积包围法
流量	开闸后水流平稳时施测一次，闭闸前施测一次，稳定的放水期每 5～7d 施测一次。不同的开度、孔数、流态及库水位变化大时，随时增加测次，以测得完整变化过程	高架浮标、水文缆车	1953 年 1 月至今连续观测	连实测流量过程线法、连时序法、临时曲线法
泥沙	稳定放水期每月测 5～10 次，闸门变动和含沙量变化大时，每次泄洪过程不得少于 5 次，平、枯水期每月施测 5～10 次	水文缆车	1953 年至今连续观测	近似法
泥沙颗粒分析	断颗在汛期的洪水时应测 5～7 次，非汛期取样 2～3 次。单颗每次洪水过程中取样 1～3 次，非汛期取样 2～3 次	水文缆车	1956 年至今连续观测	粒径计法
蒸发	每日 8 时定时观测	20cm 蒸发器、E601 型蒸发器	1953 年至今连续观测	
气温	每日 8 定时观测	温度表	1956 年 1 月至今连续观测	
风速	每日 8 时、14 时、20 时定时观测	手持风速仪	1953 年、2006 年 5 月至今连续观测	

续表

观测项目	观测要求	观测设备	观测起始时间	计算方法
降水	5—10月每日8时定时观测，普通雨量器按1段制观测。汛期遇特大暴雨或自记故障不能排除时，应按24段制观测。观测降水量的同时应观测冰雹及雪深等辅助项目	普通雨量器、自记雨量计	1953年至今连续观测	
水温	每日8时定时观测，同时观测岸上气温	水温表	1953年至今连续观测	
冰情	目测冰情，即冰凌期与水位同时观测，冰情发生显著变化时应随时增加测次		1953年至今连续观测	
水质	每月1日在基本水尺断面取样送市局水质科	瓶式采样器	1953年至今连续观测	
土壤墒情	于3—6月、9—11月的1日、11日、21日观测，当次降水量超过10mm时随时加测	取土钻	2002年9月至今连续观测	

朱庄水文站下属雨量观测站有册井、渡口、新城、羊范、大贾乡、南大郭、辛庄；旱情监测站为朱庄。

朱庄水库水文站及其所属雨量站册井、渡口、大贾乡、南大郭、辛庄为省级汛站。报汛期（6月1日—10月1日）采用24段制报送降水量，非汛期报日降水量。水情报汛按照当年河北省防抗办下达的"报汛报旱任务的通知"执行。当报汛站日降水量超过50mm或河道发生重要水情、超标准洪水或特大洪水时，必须及时向邢台市防抗办加报雨水情，并上报有关信息及阶段性总结。

1.5　历史洪水

朱庄水库水文站泄洪洞断面实测最高洪水水位为105.99m（假定），最大洪峰流量8360m³/s，最大含沙量38.3kg/m³，出现在1963年8月6日。

坝上断面实测最高洪水水位258.34m（坝上水位），反推最大入库洪峰流量9404m³/s，水库最大下泄量6600m³/s，河道相应水位202.60m，出现在1996年8月4日。

2　野沟门水库水文站

野沟门水库水文站始建于1972年，位于河北省邢台县宋家庄乡野沟门村（东经114°06′，北纬37°12′），为海河流域子牙河水系沙河上游野沟门水库控制站，集水面积500km²，高程采用大沽基面。测站类别为基本站，测站级别为一般站。

2.1　基本情况

1972年1月，河北省水利厅设立野沟门水库水文站，1973年1月开始观测工作。1972年1月—1980年5月，隶属河北省邢台地区水利局；1980年6月后，隶属河北省水文总站。1993年1月，管辖单位河北省水文总站更名为河北省水文水资源勘测局，管辖至今。

2.2 流域概况

野沟门水库水文站位于海河流域子牙河水系沙河上游，在将军墓、宋家庄川汇合口下约 2km 处。流域形状为扇面状。流域处于深山区，山峰起伏，最高山峰高达 1800m。河流源短流急，支流发育，河网密度大。主河道长 33km，流域平均宽度 15.2km。该站多年平均降水量为 553.7mm，多年平均年径流量为 0.75555 亿 m^3，多年平均含沙量和输沙量分别为 4.08kg/m^3、28.9 万 t。

野沟门水库总库容 5040 万 m^3，于 1966 年 11 月兴建，1976 年 6 月拦洪，1986 年竣工，是一座以防洪为主的中型水利枢纽工程。野沟门水库水文站上游流域内有雨量站 8 处，密度为 62km²/站，下游设有朱庄水库水文站。

2.3 水文站站房测报设施发展情况

1972—1973 年租用民房办公，1973 年征地修建站房 6 间（60m²）。1984 年站房改为瓦房，2003 年在原站址处改建为平房。

1975 年建成手摇式水文缆道，高架浮标投掷器，1976 年水库大坝竣工，坝上水位自计井同时建成，1979 年 9 月建成了两用吊箱缆道及操作室，由于使用不便，1980 年拆除，2003 年浮标断面上迁 50m 到现址，原手摇式水文缆道改建为半自动水文缆道，2006 年建成 4m×4m 的标准雨量观测场，配备了翻斗式雨量计、雷达测速枪等新仪器。

2.4 主要观测项目及资料情况

野沟门水库水文站观测项目有水位、流量、降水、水温、泥沙、泥沙颗粒分析、冰凌、水质。具体项目及观测要求见表 7-2。

表 7-2　　　　　　野沟门水库文站观测项目及观测要求一览表

观测项目	观测要求	观测设备	观测起始时间	计算方法
水位	每日 8 时观测一次。水位变化缓慢时应于 20 时或 16 时加测一次，洪水期、冰凌期和特殊情况影响水位变化时应随时增加测次，以测得完整的变化过程	水尺	1973 年 1 月至今连续观测	算术平均法、面积包围法
流量	开闸后、闭闸前施测一次，稳定的放水期每 5～7d 施测一次。不同的开度、孔数、流态及库水位变化大时，随时增加测次	高架浮标、水文缆道	1973 年 1 月至今连续观测	连实测流量过程线法、连时序法、临时曲线法
泥沙	稳定放水期 5～10d 于 8 时取样一次，闸门变动和含沙量变化时，应随时增加测次，每次泄洪过程不少于 3 次	水文缆车、瓶式采样器	1973 年至今连续观测	近似法
泥沙颗粒分析	断颗年测次不少于 10 次，非汛期取样 2～3 次，汛期次洪峰取样 1～3 次	水文缆道、瓶式采样器	1977 年 1 月至今连续观测	粒径计法
降水	5—10 月每日 8 时定时观测，普通雨量器按 1 段制观测。汛期遇特大暴雨或自记故障不能排除时，应按 24 段制观测。观测降水量的同时应观测冰雹及雪深等辅助项目	普通雨量器、自记雨量计	1973 年至今连续观测	

续表

观测项目	观测要求	观测设备	观测起始时间	计算方法
水温	每日 8 时定时观测坝上水温，同时观测岸上气温	水温表	1973 年至今连续观测	
冰情	在河流出现冰情现象的时期内，与 8 时水位同时观测，当冰情发生显著变化时应增加测次。固定点冰厚应从封冻后且在冰上行走无危险时开始观测，至解冻时停止，于每月 1 日、6 日、11 日、16 日、21 日、26 日测量。应与 8 时水位观测结合进行		1973 年至今连续观测	
水质	每月 1 日在基本水尺断面取样送市局水质科	瓶式采样器	1973 年至今连续观测	

野沟门水库水文站下属雨量站有槲树滩、侯家庄、崇水峪、冀家村、折户、将军墓、石板房。

野沟门水库水文站及其所属雨量站槲树滩、侯家庄、崇水峪、冀家村、折户、将军墓、石板房为省级报汛站。报汛期（6 月 1 日—10 月 1 日）采用 24 段制报送降水量，非汛期报日降水量。水情报汛按照当年河北省防抗办下达的"报汛报旱任务的通知"执行。当报汛站日降水量超过 50mm 或河道发生重要水情、超标准洪水或特大洪水时，必须及时向邢台市防抗办加报雨水情，并上报有关信息及阶段性总结。

2.5　历史洪水

1996 年 8 月 4 日，本流域发生了建站以来的最大洪水，实测最高洪水位 403.91m（坝上水位），最大入库洪峰流量 5180m³/s，水库最大下泄量 4110m³/s，河道相应水位 369.41m。

3　坡底水文站

坡底水文站始建于 1973 年 1 月，位于河北省邢台县城计头乡坡底村（东经 114°02′，北纬 37°05′），为山区小河代表站兼朱庄水库入库流量控制站，集水面积 283km²，高程采用黄海基面。测站类别为基本站，测站级别为一般站。

3.1　基本情况

1973 年 1 月，河北省邢台地区水利局设立坡底水文站。1973 年—1980 年 5 月，隶属河北省邢台地区水利局；1980 年 6 月后，隶属河北省水文总站。1993 年 1 月，管辖单位河北省水文总站更名为河北省水文水资源勘测局，管辖至今。

3.2　流域概况

坡底水文站位于海河流域子牙河水系、朱庄水库上游路罗川上，路罗川发源于邢台县白岸。流域上支沟较多，河网发达，主河长 30.2km，流域平均宽度 9.37km。该站多年平均降水量为 588.6mm，多年平均年径流量为 0.6417 亿 m³，多年平均含沙量和输沙量分别为 1.00kg/m³、10.91 万 t。

坡底水文站流域内无较大水利工程，支沟上有塘坝、谷坊等小型水土保持工程。坡底水文站上游流域共有 10 处配套雨量站，站网密度 28.3km²/站。坡底水文站下游有朱庄水库水文站。

3.3 水文站站房及测报设施发展情况

1972—1973 年租用民房办公，1973 年征地新建站房 10 间（120m²），1994 年维修部分站房，2000 年拆除站房西 6 间，原地址建 6 间平房，2003 年拆除原站房东 4 间，原地址建 4 间平房。

1972 年 1 月建成吊箱和高架浮标设施。1985 年 1 月断面下迁至现址。新建水尺、吊箱、高架浮标等设备。1996 年大部分设备被洪水冲毁，1997 年重建水尺、吊箱、高架浮标等观测设备。2003 年建成 6m×6m 的观测场，配备了分辨力 0.2mm 的翻斗式雨量计、远传水位计、雷达测速枪等新仪器。

3.4 主要观测项目及资料情况

坡底水文站观测项目有：水位、流量、泥沙、降水、水温、冰凌、水质、土壤墒情。具体项目及观测要求见表 7 - 3。

表 7 - 3　　　　　　　　坡底水文站观测项目及观测要求一览表

观测项目	观 测 要 求	观测设备	观测起始时间	计算方法
水位	每日 8 时观测一次。水位变化缓慢时应于 20 时或 16 时加测一次，洪水期、冰凌期和特殊情况影响水位变化时应随时增加测次，以测得完整的变化过程	水尺	1972 年 1 月至今连续观测	算术平均法、面积包围法
流量	平水期和稳定封冻期每 3～5d 施测一次。洪水期每次洪峰过程不少于 3～5 次，如峰形变化复杂或洪水过程持续较久时，应适当增加测次，测得完整的变化过程	高架浮标、水文缆道	1972 年 1 月至今连续观测	连实测流量过程线法、临时曲线法
泥沙	汛期的平水期，每日 8 时取样一次，非汛期含沙量变化平缓时，每 5～10d 8 时取样一次。洪水期，每次较大洪水，不应少于 5 次，洪峰重叠、水沙峰不一致或含沙量变化剧烈时，应增加测次，在含沙量变化转折处应分布测次，以测得完整的变化过程	水文缆车、瓶式采样器	1972 年 1 月至今连续观测	近似法
降水	每日 8 时定时观测，普通雨量器按 1 段制观测。汛期遇特大暴雨或自记故障不能排除时，应按 24 段制观测。观测降水量的同时应观测冰雹及雪深等辅助项目	普通雨量筒、自记雨量计	1972 年 1 月至今连续观测	
水温	每日 8 时定时观测，同时观测岸上气温	水温表	1972 年 1 月至今连续观测	
冰情	在河流出现冰情现象的时期内，与 8 时水位同时观测，当冰情发生显著变化时应增加测次。固定点冰厚应从封冻后且在冰上行走无危险时开始观测，至解冻时停止，于每月 1 日、6 日、11 日、16 日、21 日、26 日测量。应与 8 时水位观测结合进行		1972 年 1 月至今连续观测	
水质	每月 1 日在基本水尺断面取样送市局水质科		1972 年 1 月至今连续观测	
土壤墒情	于 3—6 月、9—11 月的 1 日、11 日、21 日观测，当次降水量超过 10mm 时随时加测	取土钻	2002 年 9 月至今连续观测	

坡底水文站下属雨量观测站有路罗、白岸、大戈廖、杨庄、清沟、王山铺、五花、芝麻峪、前坪、大西庄、西枣园、河下、柏碯、蝉房；旱情监测站为坡底。

坡底水文站及所属雨量站路罗、白岸、河下、柏碯、西枣园、蝉房为省级报汛站。报汛期（6月1日—10月1日）采用24段制报送降水量，非汛期报日降水量。水情报汛按照当年河北省防抗办下达的"报汛报旱任务的通知"执行。当报汛站日降水量超过50mm或河道发生重要水情、超标准洪水或特大洪水时，必须及时向邢台市防抗办加报雨水情，并上报有关信息及阶段性总结。

3.5　历史洪水

坡底水文站实测最大洪峰流量 $1120m^3/s$，最高洪水位 312.16m，出现在 1996 年 8 月 4 日。调查资料最高洪水位 309.11m，最大洪峰流量 $2690m^3/s$，均出现在 1963 年 8 月。

第二节　降　水　量

1　降水量观测

朱庄水库水雨情数据接收设备，水文信息系统计划实现下列主要目标。

在水情信息采集方面，全部采用数据自动采集、长期自记、固态存储、数字化自动传输技术，以提高观测精度和时效性。

在报汛通信方面，通过对流域内报汛设施设备的更新改造和朱庄水库水情监控中心的建设，实现在10min内收集齐报汛站的雨水情信息，在20min内上报至国家防汛抗旱总指挥部的目标。

通信方面，根据防汛抗旱需要，首先考虑使用现有公网，充分发挥已有防汛通信网设施的功能，提高和加强通信的保障制度。为防汛抗旱调度指挥提供可靠的通信保证。

朱庄水库以上流域水情站网分布在邢台县、沙河市、内丘县山区，详细情况见表7-4。

表7-4　　　　　　　　　朱庄水库以上流域站网基本情况一览表

序号	河名	站名	属性	地址	地面高程/m	观测仪器
1	沙河	河下	雨量	邢台县龙泉寺乡河下村	300	20cm 自记
2	路罗川	柏脑	雨量	邢台县城计头乡柏脑村	290	20cm 自记
3	路罗川	路罗	雨量	邢台县路罗镇路罗村	480	20cm 自记
4	路罗川	白岸	雨量	邢台县白岸乡白岸村	640	20cm 自记
5	浆水川	西枣园	雨量	邢台县浆水镇西枣园村	460	20cm 自记
6	浆水川	浆水	雨量	邢台县浆水镇浆水村	500	20cm 自记
7	将军墓川	将军墓	雨量	邢台县将军墓镇将军墓村	380	20cm 自记
8	将军墓川	冀家村	雨量	邢台县将军墓镇冀家村	550	20cm 自记
9	将军墓川	石板房	雨量	邢台县将军墓镇石板房村	750	20cm 自记

序号	河名	站名	属性	地址	地面高程/m	观测仪器
10	宋家庄川	侯家庄	雨量	内丘县侯家庄乡侯家庄村	550	20cm 自记
11	宋家庄川	崇水峪	雨量	内丘县宋家庄乡崇水峪村	550	20cm 自记
12	宋家庄川	槲树滩	雨量	内丘县侯家庄乡槲树滩村	730	20cm 自记
13	宋家庄川	孟家坪	雨量	内丘县侯家庄乡孟家坪村	—	20cm 自记
14	将军墓川	折户	雨量	邢台县将军墓镇折户村	560	20cm 自记
15	路罗川	大戈廖	雨量	邢台县路罗镇大戈了村	610	20cm 自记
16	路罗川	芝麻峪	雨量	邢台县白岸乡芝麻峪村	540	20cm 自记
17	路罗川	五花	雨量	邢台县白岸乡五花村	650	20cm 自记
18	路罗川	前坪	雨量	邢台县白岸乡钱坪村	820	20cm 自记
19	路罗川	大西庄	雨量	邢台县白岸乡大西庄村	720	20cm 自记
20	路罗川	王山铺	雨量	邢台县白岸乡王山铺村	1050	20cm 自记
21	路罗川	杨庄	雨量	邢台县路罗镇杨庄村	600	20cm 自记
22	路罗川	清沟	雨量	邢台县路罗镇清沟村	650	20cm 自记
23	浆水川	营房台	雨量	邢台县浆水镇营房台村	—	20cm 自记
24	宋家庄川	宋家庄	雨量	邢台县宋家庄乡宋家庄村	—	20cm 自记
25	宋家庄川	摩天岭	雨量	内丘县侯家庄乡摩天岭村	—	20cm 自记
26	沙河	野沟门	雨量	邢台县宋家庄乡野沟门村	380	20cm 自记
27	路罗川	坡底	雨量	邢台县城计头乡坡底村	315	20cm 自记
28	沙河	朱庄	雨量	沙河市綦村镇朱庄村	200	20cm 自记

2 降水特征

2.1 年降水量特征计算

在水文频率计算中，把实测资料系列看作是从总体中随机抽取的一个样本，并在一定程度上可以代表总体。如将样本得到的规律，考虑抽样误差，作为总体规律，便可以应用到实际中去解决工程计算的问题。因此，在资料系列方面要满足下列要求：

具有一致性，在同一条件下产生的同类资料；具有代表性，即现有的短期观测资料中应有包括各种特征数值，这样才能推算出未来的、比较可靠的水文变化规律；具有独立性，即不能把相互有关的资料统计在一起。

2.1.1 皮尔逊Ⅲ型频率曲线

2.1.1.1 理论频率曲线的意义

在水文计算中的理论频率曲线，是从经验资料出发、从数学上已知的频率函数中选配出来的，频率曲线方程式的参数则利用观测资料定出，按方程式的计算值将曲线外延，可减少外延的任意性。根据方程式点绘的频率曲线称为理论频率曲线。

理论频率曲线有多种，以数理统计中的皮尔逊Ⅲ型频率曲线与大多数水文资料的经验频率点子配合较好。根据我国观测站长期观测资料的检验，它适合于我国水文计算的情况。因此，目前基本上都采用皮尔逊Ⅲ型频率曲线。这样，对于地区参数的综合和各地区观测数据之间的相互比较，也是有利的。

2.1.1.2　皮尔逊Ⅲ型频率曲线参数的确定

皮尔逊Ⅲ型频率曲线方程式比较复杂，一般不按原方程式直接计算，只要根据观测数据定出三个统计参数（$\overline{X}$，C_v，C_s），就可以查专用表，按下式推求各种频率的设计数值。

$$X_p = X(1 + \Phi C_v)$$

式中：X_p 为频率为 p 的变量；X 为观测系列的均值；C_v 为变差系数；C_s 为偏态系数；Φ 为离均系数，与 p 和 C_s 有关。

统计参数的计算。算术平均值：

$$\overline{X} = \frac{1}{n}\sum_{i=1}^{n} X_i$$

变差系数：

$$C_v = \sqrt{\frac{\sum(K_i - 1)^2}{n - 1}} = \sqrt{\frac{\sum K_i^2 - n}{n - 1}}$$

或

$$C_v = \sqrt{\frac{\sum X_i^2 - n\overline{X}^3}{n - 1}} = \frac{1}{\overline{X}}\sigma_x$$

偏态系数：

$$C_s = \frac{\sum X_i^3 - 3\sum \overline{X} X_i^2 + 2n\overline{X}^3}{(n - 3)\sigma_x^3}$$

式中：σ_x 为均方差。

$$K_i = \frac{X_i}{\overline{X}}$$

2.1.1.3　统计参数的误差计算

X 的相对误差：

$$\sigma_{\overline{x}} = \pm \frac{C_v}{\sqrt{n}} \times 100\%$$

C_v 的相对误差：

$$\sigma_{C_v} = \pm \frac{1}{\sqrt{2n}}\sqrt{1 + 2C_v^2 + \frac{3}{4}C_s^2 - 2C_v C_s} \times 100\%$$

C_s 的相对误差：

$$\sigma_{C_s} = \pm \frac{1}{C_s}\sqrt{\frac{6}{n}\left(1 + \frac{3}{2}C_s^2 + \frac{5}{16}C_s^4\right)} \times 100\%$$

2.1.2　皮尔逊Ⅲ型频率曲线的适线法

将原始资料依次递减次序排列，记入计算表内；计算资料系列的均值，由于矩法计算的均值抽样误差较小，一般不加修正，但有时也做少量的修正；计算平方表得 X_i^2 值，求

$\sum X_i^2$，并计算变差系数 C_v 值。

在资料系列短的情况下，计算的 C_v 值平均偏小，可以进行适当加大，对计算 C_v 值加大的方法有以下几种：一种是将计算的 C_v 值乘以修正系数 γ。

$$\gamma = \sqrt{\frac{n-1}{n-3}}$$

一种是计算 C_v 值的误差 σ_{C_v}，在 σ_{C_v} 的范围内酌情加大 C_v，再一种是参考当地水文特性，直接适当加大 C_v 值。

进行频率计算，并将经验点点绘在几率格纸上。计算经验频率公式为：

$$P = \frac{m}{n+1} \times 100\%$$

进行适线：根据水文要素及当地频率计算的经验选定一个 C_s 值，选择适当的 C_s/C_v，进行适线。

当选定了 X，C_v，C_s 值后，可查皮尔逊Ⅲ型曲线的 K_p 值表，查出各个 P_i 值相应的 K_p 值，由下式计算 X_p 值：

$$X_p = K_p \overline{X}$$

将各个 X_p 点绘在几率格纸上，绘出皮尔逊Ⅲ型频率曲线。检查曲线与经验频率点据的配合情况，如果配合不好，再修正 C_v 及 C_s 值，直至认为配合最佳时为止。

关于 C_s 值的确定，有时可根据样本系列的最小值 X_{min} 来估计总体皮尔逊Ⅲ型分布的 C_s/C_v 的可能最大值。估算公式为：

$$C_s = C_v \times \frac{2\overline{X}}{\overline{X} - X_{min}}$$

2.1.3 年降水量特征

利用朱庄水库流域内雨量站 1956—2010 年年降雨量资料系列，求不同保证率的年降雨量。表 7-5 为朱庄水库流域内代表站年降水量系列。

表 7-5   朱庄水库流域代表站年降水量表

序号	年份	年降水量/mm						
		朱庄	路罗	将军墓	侯家庄	浆水	冀家村	白岸
1	1956	1172.7	1200.0	705.1	1180.0	952.6	705.1	1069.5
2	1957	425.3	480.0	397.9	470.0	439.0	361.6	516.3
3	1958	682.5	720.0	647.9	650.0	684.0	647.9	700.7
4	1959	579.0	620.0	622.9	740.0	621.5	583.8	623.8
5	1960	471.4	520.0	431.5	245.0	475.8	394.8	547.0
6	1961	615.8	660.0	680.3	360.0	670.2	640.5	654.6
7	1962	588.2	640.0	529.7	445.0	584.9	670.7	639.2
8	1963	1769.8	1753.1	1650.0	2015.7	1324.9	1735.0	1494.4

续表

序号	年份	年降水量/mm						
		朱庄	路罗	将军墓	侯家庄	浆水	冀家村	白岸
9	1964	816.5	917.5	749.9	722.5	833.7	764.9	852.4
10	1965	431.7	338.0	361.8	538.4	349.9	371.3	410.3
11	1966	623.4	839.4	772.4	738.8	805.9	963.1	749.6
12	1967	575.3	734.4	498.0	585.4	616.2	504.6	710.4
13	1968	601.3	652.2	533.2	684.3	592.7	351.0	727.8
14	1969	687.6	605.1	625.7	695.4	615.4	553.2	667.8
15	1970	406.3	665.9	557.0	515.9	611.5	412.7	542.7
16	1971	716.2	689.1	720.9	791.8	705.0	492.3	616.2
17	1972	332.0	390.2	220.3	218.3	305.3	239.3	348.1
18	1973	953.0	968.2	922.2	939.7	945.2	811.6	958.6
19	1974	561.9	478.0	603.7	571.8	460.8	455.3	435.1
20	1975	695.4	676.0	453.0	472.8	414.6	437.3	557.2
21	1976	698.5	709.0	638.6	637.3	567.4	652.1	615.4
22	1977	885.6	669.7	717.3	685.7	619.9	735.1	550.6
23	1978	426.3	600.0	642.5	650.3	562.3	506.1	714.3
24	1979	419.4	491.5	444.1	504.9	304.6	451.0	481.4
25	1980	401.1	426.0	395.1	378.1	520.0	322.5	657.5
26	1981	445.9	457.6	484.8	422.8	409.9	336.8	435.3
27	1982	795.6	790.5	634.1	650.4	749.5	663.5	869.8
28	1983	472.6	623.9	491.7	526.2	534.7	513.2	587.0
29	1984	618.3	517.0	489.7	437.7	475.1	424.4	557.7
30	1985	590.8	719.9	565.3	515.8	683.6	540.2	803.4
31	1986	269.5	281.8	314.3	356.0	451.2	322.8	360.5
32	1987	498.7	626.2	466.7	456.9	625.9	435.7	741.9
33	1988	505.9	586.9	585.1	545.2	686.4	556.1	685.4
34	1989	674.4	586.9	508.5	589.1	531.0	430.3	646.2
35	1990	742.9	742.9	708.2	728.5	877.0	573.5	766.3
36	1991	645.8	626.8	445.3	562.9	595.1	374.8	718.0
37	1992	442.2	403.5	338.7	474.1	451.2	399.4	496.6
38	1993	636.7	678.9	431.1	420.6	635.7	362.4	653.6
39	1994	404.2	415.9	507.2	550.0	483.7	560.8	437.6
40	1995	823.2	857.3	810.7	783.0	902.7	750.4	709.1
41	1996	865.1	924.0	1070.9	824.5	917.7	858.8	788.0
42	1997	508.1	459.8	506.0	533.6	479.4	462.7	450.2

序号	年份	年降水量/mm						
		朱庄	路罗	将军墓	侯家庄	浆水	冀家村	白岸
43	1998	534.9	440.3	711.6	376.9	576.0	359.1	461.8
44	1999	304.5	359.4	299.0	361.2	344.1	350.6	409.9
45	2000	939.6	949.4	1045.9	928.1	1336.1	856.6	872.0
46	2001	489.3	464.2	384.3	426.0	420.5	373.6	469.0
47	2002	434.7	527.6	540.9	496.3	592.1	480.7	620.9
48	2003	697.0	674.8	645.4	543.2	629.5	585.2	635.2
49	2004	748.9	767.7	600.7	509.3	610.9	531.2	482.9
50	2005	646.4	666.9	506.1	519.2	599.8	639.2	792.4
51	2006	558.6	656.5	477.5	646.7	708.5	502.9	701.6
52	2007	447.7	541.8	522.9	567.0	690.4	566.9	474.2
53	2008	481.0	746.8	562.6	454.5	695.3	483.4	514.2
54	2009	545.8	477.1	468.1	529.5	582.3	474.8	466.4
55	2010	509.0	530.1	453.4	406.5	544.9	438.8	470.4
	平均	614.8	646.3	583.6	592.3	625.7	544.9	634.9

因矩法算得 C_v 值平均偏小，需要适当调大，现采用 0.3。朱庄水库流域内代表站年降水量特征值见表 7-6。

表 7-6　　　　　　　　　　朱庄水库流域代表站频率计算成果

站名	多年平均 /mm	统 计 参 数		不同保证率年降水量/mm			
		C_v	C_s/C_v	$P=20\%$	$P=50\%$	$P=75\%$	$P=95\%$
朱庄	614.8	0.39	3.0	789.8	569.2	437.4	317.5
路罗	646.3	0.36	3.0	818.4	604.4	474.1	348.5
将军墓	583.6	0.38	3.0	747.7	543.7	419.5	299.7
侯家庄	592.3	0.44	3.0	780.0	527.6	399.5	279.6
浆水	625.7	0.33	3.0	782.6	592.6	475.0	353.0
冀家村	544.9	0.41	3.0	708.0	502.5	379.6	267.9
白岸	634.9	0.31	3.0	786.4	605.4	491.2	369.2

西部山区多年平均年降雨量 596.3mm，并有以白岸、路罗为中心的 650mm 以上的多雨区。图 7-1 为朱庄水库水文站年降水量频率曲线。

2.2　降水量时空分布

降水量的年内分配集中。全年降水量 75%～80% 集中在 6—9 月的汛期，而汛期降水量又主要集中在 7 月中下旬至 8 月上中旬的 30d 甚至几天之内，特别是一些大水年份，降水更加集中。朱庄水库流域内主要站代表年降水量年内分配见表 7-7～表 7-11。

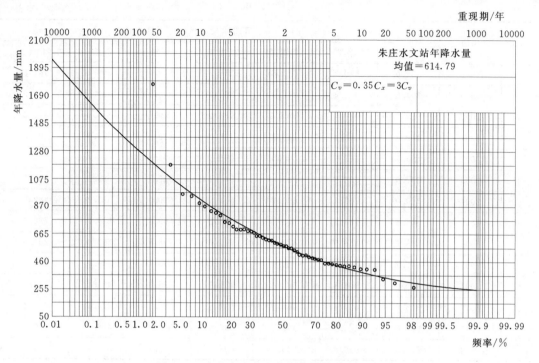

图 7-1　朱庄水库水文站年降水量频率曲线

表 7-7　　　　　　　　　朱庄水库雨量站典型年降水量年内分配表

月份	不同典型年月降水量/mm									
	$P=20\%$		$P=50\%$		$P=75\%$		$P=95\%$		年平均	
	1982年	百分比/%	1962年	百分比/%	1992年	百分比/%	1972年	百分比/%	年平均	百分比/%
1	0	0.0	0	0.0	0	0.0	17.3	5.2	3.6	0.6
2	16.1	2.0	11.2	1.9	0	0.0	8.2	2.5	6.6	1.1
3	9	1.1	0.8	0.1	18.7	4.2	2.8	0.8	13	2.1
4	6.5	0.8	6.2	1.1	1.4	0.3	5.7	1.7	26.2	4.2
5	17.3	2.2	3.1	0.5	56.9	12.9	10.2	3.1	38.3	6.1
6	32.5	4.1	93.6	15.9	21.1	4.8	4	1.2	65	10.4
7	144.5	18.2	132.4	22.5	43.9	9.9	103.1	31.1	190.5	30.6
8	508.2	63.9	203.9	34.7	254.8	57.6	96.2	29.0	181.3	29.1
9	48.2	6.1	59.2	10.1	17.7	4.0	57.1	17.2	49.3	7.9
10	2.8	0.4	23.4	4.0	16.3	3.7	16.3	4.9	31.9	5.1
11	10.5	1.3	54.4	9.2	11.4	2.6	11.1	3.3	14.1	2.3
12	0	0.0	0	0.0	0	0.0	0	0.0	3.71	0.6
合计	795.6	100.0	588.2	100.0	442.2	100.0	332.0	100.0	623.5	100.0

表 7-8　　　　　　　　　　路罗雨量站典型年降水量年内分配表

月份	不同典型年月降水量/mm									
	P=20%		P=50%		P=75%		P=95%		年平均	
	1982 年	百分比/%	1991 年	百分比/%	1974 年	百分比/%	1965 年	百分比/%	年平均	百分比/%
1	0.0	0.0	4.2	0.7	3.8	0.8	2.9	0.7	2.5	0.4
2	18.0	2.3	0.2	0.0	5.2	1.1	2.0	0.5	5.1	0.8
3	9.8	1.2	53.3	8.5	4.9	1.0	9.5	2.4	9.4	1.5
4	3.7	0.5	40.8	6.5	9.0	1.9	72.5	18.7	20.6	3.3
5	14.9	1.9	74.9	11.9	15.5	3.2	20.0	5.2	33.5	5.4
6	28.9	3.7	49.4	7.9	11.2	2.3	14.6	3.8	62.3	10.0
7	192.7	24.4	111.7	17.8	162.5	34.0	104.9	27.0	177.3	28.4
8	434.1	54.9	180.6	28.8	129.6	27.1	53.3	13.7	210.0	33.7
9	76.4	9.7	45.0	7.2	60.1	12.6	14.8	3.8	56.0	9.0
10	1.6	0.2	44.0	7.0	30.0	6.3	27.0	7.0	29.7	4.8
11	10.4	1.3	9.4	1.5	28.2	5.9	16.5	4.3	13.8	2.2
12	0.0	0.0	13.3	2.1	18.0	3.8	0.0	0.0	3.1	0.5
合计	790.5	100.0	626.8	100.0	478.0	100.0	338.0	87.1	623.3	100.0

表 7-9　　　　　　　　　　将军墓雨量站典型年降水量年内分配表

月份	不同典型年月降水量/mm									
	P=20%		P=50%		P=75%		P=95%		年平均	
	1977 年	百分比/%	1976 年	百分比/%	1991 年	百分比/%	1979 年	百分比/%	年平均	百分比/%
1	1.5	0.2	0.0	0.0	6.1	1.4	2.3	0.5	3.8	0.7
2	0.0	0.0	22.5	3.5	2.0	0.4	14.7	3.3	6.9	1.2
3	0.9	0.1	11.0	1.7	42.5	9.5	24.9	5.6	10.3	1.8
4	24.6	3.4	38.1	6.0	24.7	5.5	11.1	2.5	19.4	3.4
5	70.6	9.8	10.5	1.6	50.2	11.3	20.4	4.6	35.2	6.1
6	126.7	17.7	48.7	7.6	36.6	8.2	40.2	9.0	60.9	10.5
7	254.4	35.5	287.8	45.0	69.9	15.7	255.2	57.5	161.0	27.9
8	163.4	22.8	125.2	19.6	112.8	25.3	26.1	5.9	183.9	31.8
9	6.4	0.9	66.2	10.4	61.9	13.9	33.4	7.5	51.6	8.9
10	26.8	3.7	21.0	3.3	22.0	4.9	8.7	2.0	26.3	4.6
11	36.0	5.0	5.3	0.8	7.0	1.6	2.5	0.6	14.5	2.5
12	6.0	0.8	2.5	0.4	9.6	2.2	4.7	1.1	3.7	0.6
合计	717.3	100.0	638.6	100.0	445.3	100.0	444.2	100.0	577.5	100.0

表 7 - 10   侯家庄雨量站典型年降水量年内分配表

月份	不同典型年月降水量/mm									
	P＝20％		P＝50％		P＝75％		P＝95％		年平均	
	1995 年	百分比/%	1983 年	百分比/%	1983 年	百分比/%	1980 年	百分比/%	年平均	百分比/%
1	0.0	0.0	0.0	0.0	0.0	0.0	1.3	0.3	2.8	0.5
2	1.3	0.2	4.5	0.9	4.5	0.9	0.0	0.0	6.2	1.0
3	0.0	0.0	9.0	1.7	9.0	1.7	27.4	7.2	10.3	1.7
4	27.0	3.4	26.9	5.1	26.9	5.1	28.9	7.6	23.7	3.8
5	0.0	0.0	74.2	14.1	74.2	14.1	29.9	7.9	37.0	6.0
6	168.8	21.6	25.6	4.9	25.6	4.9	68.6	18.1	69.2	11.2
7	181.4	23.2	137.1	26.1	137.1	26.1	51.1	13.5	176.9	28.7
8	311.9	39.8	84.3	16.0	84.3	16.0	130.5	34.5	187.7	30.4
9	71.1	9.1	119.4	22.7	119.4	22.7	12.0	3.2	60.6	9.8
10	21.5	2.7	43.3	8.2	43.3	8.2	28.4	7.5	27.1	4.4
11	0.0	0.0	1.9	0.4	1.9	0.4	0.0	0.0	12.5	2.0
12	0.0	0.0	0.0	0.0	0.0	0.0	0.0	0.0	3.1	0.5
合计	783.0	100.0	526.2	100.0	526.2	100.0	378.1	100.0	617.1	100.0

表 7 - 11   坡底雨量站典型年降水量年内分配表

月份	不同典型年月降水量/mm									
	P＝20％		P＝50％		P＝75％		P＝95％		年平均	
	1976 年	百分比/%	1978 年	百分比/%	1984 年	百分比/%	1972 年	百分比/%	年平均	百分比/%
1	0.0	0.0	1.0	0.2	0.0	0.0	0.0	0.0	2.6	0.4
2	25.3	3.5	19.3	3.6	1.2	0.3	0.5	0.2	6.4	1.1
3	6.9	1.0	2.4	0.4	9.5	2.1	15.8	5.5	13.4	2.2
4	33.7	4.7	1.0	0.2	3.3	0.7	8.8	3.1	21.2	3.5
5	2.8	0.4	23.9	4.4	41.5	9.3	35.4	12.3	32.6	5.4
6	60.3	8.4	49.5	9.2	109.0	24.4	31.4	10.9	59.1	9.8
7	298.6	41.7	208.7	38.6	101.1	22.7	123.7	43.0	180.3	29.8
8	177.6	24.8	127.9	23.6	109.8	24.6	24.9	8.7	188.3	31.1
9	74.6	10.4	51.5	9.5	32.3	7.2	14.4	5.0	48.9	8.1
10	26.6	3.7	43.3	8.0	15.2	3.4	24.2	8.4	34.9	5.8
11	8.2	1.1	5.1	0.9	8.7	2.0	3.2	1.1	12.7	2.1
12	1.9	0.3	7.4	1.4	14.4	3.2	5.1	1.8	4.5	0.7
合计	716.5	100.0	540.9	100.0	446.0	100.0	287.4	100.0	604.9	100.0

朱庄水库多年平均月降水量见图7-2。

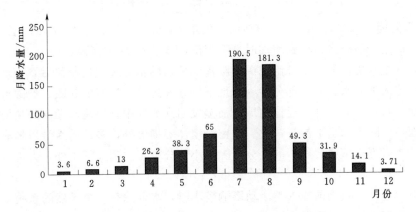

图7-2 朱庄水库多年平均月降水量柱状图

3 降水量变化趋势分析

利用朱庄水库雨量站1956—2010年就降水量资料系列,绘制降水量变化趋势图。通过朱庄站年降水量过程线可看出,1956年和1963年降水量超过1000mm,其他年份降水量交替变化,但总的趋势是年降水量趋于减少。图7-3为朱庄站年降水量变化过程线图。

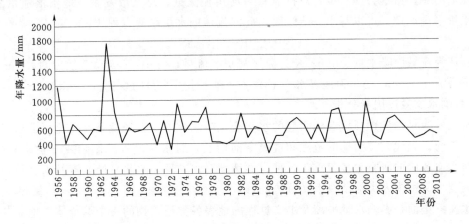

图7-3 朱庄水库年降水量趋势变化过程图

第三节 径流量变化

1 人类活动对径流量影响分析

1.1 流域水量平衡分析

水量平衡是指任意的区域或流域,在任意的时段内,其收入的水量与支出的水量之差等于其蓄水量的变化。即在水循环过程中,从总体上来说水量收支平衡。对于陆地系统水量平衡方程式为：

$$P_c = E_c + R + \Delta U$$

式中：P_c 为陆面降水量，mm；E_c 为陆面蒸发量，mm；R 为径流量，mm；ΔU 为计算时间内蓄水量的增加量（当蓄水量增加时 ΔU 为正，减小时 ΔU 为负），mm。

大气降水是水资源的主要补给来源，降落到地面的水经过植物截留后，一部分产生径流流入河川形成地表水；另一部分渗入到地下储存并运动于岩石的孔隙、裂隙或岩溶空洞中，形成地下水；还有一部分通过地球表面蒸发回到大气中。河流水循环的主要途径，降水落到地面后，除了满足下渗、蒸发、截留、填洼等损失外，多余的水量以地表径流形式汇入江河。渗入到土壤或岩石中的水分，除一小部分被蒸发到大气中外，大部分转化成地下水。

在人类活动未涉及之前或人类活动影响较小时，水资源是一个天然的系统，其降水补给、产流、汇流、径流过程以及地表水与地下水相互转化等，是按照自然规律进行的。但在人类活动影响作用下，人为改变了原有水资源系统，水源地下垫面的改变，将会影响到天然降水量再分配、调节、储蓄和改变水循环系统等。

坡底小流域是一个分水岭边界清楚，完全闭合的自然单元，并且有长系列降水量和径流量监测资料，为研究该流域土地利用变化与水文效应相关性提供了科学依据。

在一个闭合流域内，如果把地表水、土壤水、地溪水看做一个整体或一个系统，则天然情况下的总补给量为降水量，总排泄量为河川径流量、总蒸散发量、地下潜流量之和。根据水量平衡原理，可以写出一定时段内此河流域的水量平衡方程式：

$$P = R + E + U_g + \Delta U$$

式中：P 为流域面降水量，mm；R 为流域河川径流量，mm；E 为总蒸散发量，mm；U_g 为地下潜流量，mm；ΔU 为地表水、土壤水、地下水蓄水量的变化量，mm。

1.2　影响水文效应因素分析

水文效应是指地理环境变化引起的水文变化或水文响应。环境条件变化可分自然和人为两个方面。当代人类活动的范围和规模空前增长，对水文过程的影响或干扰越来越大。目前对水文效应的研究大多着重于各种人类活动对水循环、水量平衡要素及水文情势的影响或改变，又称为人类活动对水文情势的影响。

水文下垫面是影响水量平衡及水文过程的地表各类覆盖物的一个综合体。地表各类覆盖物很多，我们研究和关注的仅是影响水量平衡及水文过程的那些要素。这些要素大致可分为地质、地貌、植被和人为建筑等四类要素。地质类要素是指地表各类岩石、土壤、底层构造和各种水体等；地貌类要素指的是地表覆盖物的表面形态和高度（相对高度、绝对高度和地面坡度）；植被类要素指的是植被的种类、大小和密度等；人为建筑物要素指的是各类房屋、道路、场院、水库、梯田等。上述组成水文下垫面的 4 类要素，对水量平衡及水文过程的影响是各不相同的。本文通过对太行山典型小流域水文要素变化进行分析，分析其各要素对水量平衡及水文过程的影响，为水资源保护和开发利用提供科学依据。

地质类要素对水量平衡及水文过程的影响主要表现在入渗率、蒸发量、流域蓄水量、地表径流与地下径流的相互转化等方面，地质类要素一般变化不大。

地貌类要素对水量平衡及水文过程的影响起关键作用，如绝对高度与历年的降水量有相当密切的关系，另外，地面坡度越大，下渗量越小，蒸发量也越小，而汇流速度却越大，一般而言，地面坡度越大，则越有利于产流汇流；反之，则不利于产流汇流。

植被类要素是通过植物的生长影响水量平衡，同时，在植物生长的地方，由于土质较疏松易于入渗并能够存贮一定的水量，致使洪水过程趋于平缓，又使洪水总量有所减少，因此，植被对区域的水量平衡及水文过程亦有较大的影响。

人为建筑物从各方面改变了原有的水文下垫面状况，如改变了岩性，减小了地面坡度，破坏了地表原有的天然植被，修建水库后改变了下游原有的水量平衡及水文过程，某些道路、桥隧可能改变了原有的流域界线并打破了原有的水量平衡及水文过程状态。

人类活动影响地表径流可分为水资源开发利用活动的直接影响和流域下垫面渐变累积的间接影响两大类型。前者主要指因支撑河道外社会经济发展用水需求或防汛分洪和洪水利用，通过取水（分洪）设施直接引取利用河川径流，而对河流自然流量和过程造成的直接影响。后者主要指人类社会大规模土地开发利用和土地覆盖变化活动，渐进式引起流域下垫面变化，最终累积产生流域产汇流变化的水文效应，使流域地表径流伴随过程的变化而增大或减少。如：水土保持工程、城镇化、道路硬化、森林砍伐、农林牧渔垦殖，以及大规模水利工程、地下水超采引起的土壤干化等活动，造成的流域产汇流损失、产汇流速率、降水入渗、下垫面蒸散等产流特性发生变化，导致河川径流的量和过程发生变化的后置效应。本文重点分析该流域土地利用变化对流域产流的影响。

根据《邢台县水资源调查及水利区划报告》、《邢台县水资源开发利用现状分析报告》和《邢台县水资源评价》计算成果，分别对该流域 1980 年、1990 年、2000 年土地利用情况进行分析。计算成果见表 7-12。

表 7-12 　　　　　坡底小流域 1980 年、1990 年、2000 年土地利用变化

土地利用类型		不同年代土地利用情况/hm²		
		1980 年	1990 年	2000 年
耕地	水浇田	483.9	575.9	868
	旱地、坡耕地	1129.2	1313.4	1302
林地	果园	60	85.2	1247
	灌木丛	15100	14908	14700
	人工林	2300	4800	6000
	其他林地	4748.9	2739.5	805
草地	高覆盖度草地	1670	1070	1000
	中覆盖度草地	1100	900	470
	低覆盖度草地	608	408	270
其他	乡镇居民用地	1100	1500	1708
合计		28300	28300	28300

1.3 土地利用变化与水文效应相关性分析

在一个较短的时期内，地质类和地貌类要素的变化较小，但是人类活动对植被和人为建筑要素的影响则较为显著。短时期内水文下垫面变化以土地利用方式的改变为主。

根据现有资料情况，分别统计 1980 年、1990 年和 2000 年的耕地、林地、草地和其他用地的变化情况。土地利用柱状图见图 7-4。

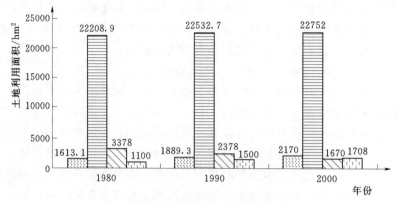

图 7-4　坡底小流域土地利用变化情况柱状图

通过不同年代土地利用变化情况对比分析，1990 年和 2000 年耕地面积比 1980 年分别增加了 17.1% 和 34.5%；林地面积分别增加了 1.46% 和 2.45%。土地变化情况为草地面积减小，草地改造为耕地、梯田和林地。其他用地增加幅度较大，但该项用地仅占全流域面积的 6%，相对影响较小。

荒坡地改为林地后，土壤在结构及地质方面均会得到改善，土壤的下渗能力及蓄水能力会有所增强。林地对径流的影响为枝叶在降雨过程中可以截留一部分水分，这部分水分大部分要蒸发掉；有枯枝落叶和发达根系的林地，具有含蓄一定水量的能力，其入渗能力比草地大，从而增加了降雨过程的入渗损失量。通过典型年不同时期降水量对径流系数影响分析、不同时段降雨径流关系分析等方法，分析土地利用变化与水文效应相关性。

1.3.1　典型年不同时期降水量对径流系数影响分析

本文利用该流域以往研究成果资料，分别对 1980 年、1990 年、2000 年土地利用情况进行对比分析，只能定性地反映流域土地利用变化过程。

通过对 1973—2007 年降雨径流检测资料分析，分别选取不同量级的年降水量，对照不同年代的径流系数，分析其变化特征。根据该流域年降水量大小，分别按照 100mm 划分时段，并依据时间顺序（1990 年前后）分别选取两个年降水量与径流系数进行比较。坡底小流域典型不同时期年降水量与径流系数特征统计见表 7-13。

表 7-13　　　坡底小流域典型不同时期年降水量与径流系数特征统计表

分组序号	降水量级/mm	降水时段	年降水量/mm	径流系数	径流系数比值
Ⅰ	900~1000	1973 年	968.2	0.58	1.8:1
		2000 年	949.4	0.32	
Ⅱ	800~900	1982 年	790.5	0.47	1.3:1
		1995 年	857.3	0.35	

续表

分组序号	降水量级/mm	降水时段	年降水量/mm	径流系数	径流系数比值
Ⅲ	700~800	1982 年	790.5	0.47	2.8:1
		2004 年	767.7	0.17	
Ⅳ	600~700	1975 年	676.0	0.35	2.3:1
		1993 年	678.9	0.15	
Ⅴ	500~600	1988 年	586.9	0.36	3.3:1
		2002 年	587.6	0.11	
Ⅵ	400~500	1974 年	478.0	0.25	1.9:1
		2001 年	464.2	0.13	

通过对 6 组不同降水量级雨量分析，该流域产流系数呈递减趋势，变化范围在 1.3:1~3.3:1 之间。在降水量基本相同的典型年，由于土地利用变化等因素影响，前期径流系数明显大于后期。例如，1988 年年降水量为 586.9mm，径流系数为 0.36；2002 年年降水量为 587.6mm，径流系数仅为 0.11。两个典型年降水量基本相同，径流系数却相差 3.3 倍。径流系数递减主要由于流域土地利用变化引起的，另外，降雨在流域分布不均和降雨强度也是影响径流系数的一个因素。

1.3.2 不同时段降雨径流关系分析

流域土地利用变化是一个渐变的过程，对流域径流的影响也是一个渐变过程。根据该流域水文监测资料情况，考虑当地经济发展以及社会环境因素，以 1990 年为分界点。以 1973—1989 年作为一个时段，绘制降水—径流关系曲线；再以 1990—2007 年作为一个时段，同样绘制一条降水—径流关系曲线。关系曲线见图 7-5。

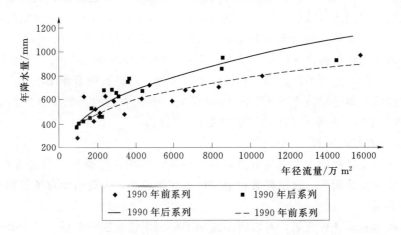

图 7-5 坡底小流域不同时段降水—径流关系曲线

由该流域降水—径流关系曲线可以看出，1973—1989 年系列系列曲线与 1990—2007 年系列曲线形成两个系列。1990 年以后，土地利用变化，流域植被增加，入渗量增加，使地表径流量呈递减趋势。

1.3.3　土地利用变化与水文效应相关性分析

根据不同年代土地利用资料分析，耕地面积有所增加。耕作的土壤具有特殊的水、热、气条件，有利于土壤生物、微生物滋生繁衍，促进土壤有机质分解和土壤结构形成，土壤松弛，有利于土壤持水量的提高和土壤水分运动。水分在不同土层缓慢入渗，可以调节径流，改变河川水文状况。虽然耕地增加会增加降水入渗量，对产流汇流有增加作用，但耕地面积占全流域的 7.67%，对径流系数减小的贡献率影响不大。

林地面积变化不大，1990 年比 1980 年增加了 1.46%，2000 年比 1980 年增加了 2.45%。有调查资料显示，林地结构却发生了变化，果林面积增加幅度较大，2000 年比 1980 年增加了 20.8 倍。人工林增加了将近 3 倍。而林地面积占流域总面积的 80.4%，因而林地变化对该流域产流汇流影响较大。林地植被较好，植被层是一个包括微生物、昆虫等在内的生物群，具有较高的透水性和持水量。根据试验资料，1kg 风干的枯枝落叶层可以吸水 2~5kg，达到饱和时仍有很好的透水能力。林地植被有粗糙度大、透水性强的特点，对地表径流起着分解、滞缓、过滤等作用。同时，在植被较好的流域，土壤中动物运动的洞穴、孔道和植物根系的生长更新，使土壤密度小，总孔隙度大，这些有利于土壤持水量的提高和土壤水运动。植被对径流的作用，对于适中的降雨，一部分被地面枯落叶形成的腐殖层所吸收，一部分透过腐殖层渗入土壤形成地下水，改变了径流的分配形式。

草地变化呈递减趋势，1990 年比 1980 年减少了 29.6%，2000 年比 1980 年减少了 50.6%。草地面积占全流域总面积的 11.9%，而草地减少的面积大部分用于果林和农田，增加降水的入渗量，对径流系数的影响趋于减小。

其他用地包括居民用地、道路、村镇建设、河川、农村工矿企业占地等，该项用地变化最大，1990 年比 1980 年增加了 36.4%，2000 年比 1980 年增加了 55.3%。关于城镇化过程的水文影响，一般认为，在城镇化快速发展的驱动下，不透水面积大量增加，改变了水量平衡状况，造成入渗减少，洪峰流量增大，但不同地区城市化发展程度的不同使得水文效应的表现也不相同。通过该项用地过程分析，用地有所增加，对流域产流汇流量增加，但由于该项用地所占比例较小，仅占全流域面积的 6%，对全流域产流影响不大。

通过上述分析，流域内耕地面积和林地面积增加，对径流调节作用增大，使产流系数产生一定的影响。通过对该流域 1973—2007 年资料分析，产流系数呈递减趋势，平均每年递减 0.005。图 7-6 为该流域产流系数变化过程线。

1.4　人类活动对径流影响

影响流域水文过程的水文下垫面因素包括地质、地貌、植被和人为建筑等 4 类要素。对于一个固定的流域而言，地质要素和地貌要素变化较小，人类活动对植被和人为建筑要素影响较为显著。

利用以往水资源评价成果，对坡底小流域土地利用情况进行分析，以 1980 年为基础，分别与 1990 年、2000 年进行对比，耕地分别增加了 17.1% 和 34.5%；林地分别增加了 1.46% 和 2.45%；其他用地分别增加了 36.4% 和 55.3%；草地分别减少了 29.6% 和 50.6%。

通过对该流域 1973—2007 年资料分析，产流系数呈递减趋势，平均每年递减 0.005。以 1990 年为时段分界，分别绘制两个系列降水—径流关系曲线，明显形成两个系列，土

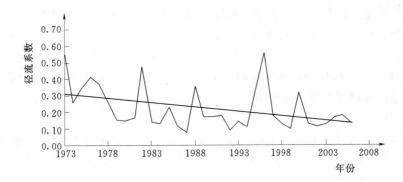

图 7-6 坡底小流域径流系数变化过程线

地利用变化对水文效应影响显著。对不同量级降水量分析,在年降水量基本相同的情况下,由于土地利用变化(也包括降水分布不均和降雨强度的影响因素),径流系数变化范围在 1.3~3.3 倍之间。

综合分析表明:流域内通过植树造林、种草、修建梯田等措施,使得流域下垫面覆盖状况发生了很大的改变,造成年径流和洪峰流量减少,而使入渗和枯季径流增加。该项研究采用太行山典型小流域长期检测资料分析成果,受地域和地理环境因素的制约,有一定的局限性。农业开发活动对水文过程的影响则因研究尺度、区域位置、气象条件、研究对象等因素的影响,不同区域有较大的差异。正确评价土地利用/覆被变化的水文效应,研究对水资源时空分布的影响,为水土资源的合理配置和可持续利用提供科学依据。

2 植被对径流调节作用

流域植被较好的区域,土壤疏松,物理结构好,孔隙度高,具有较强的透水性。在汛期可以截留大量的水分,渗入地下补充地下水。土壤渗透能力主要决定于非毛管孔隙度,通常与非毛管孔隙度呈显著正线性相关关系。土壤渗透的发生及渗透量决定于土壤水分饱和度与补给状况,不同的土壤类型和森林生态系统类型决定着土壤的渗透性能。植被较差的流域会降低根系的活动,加之凋落物层减少和土壤孔隙度降低,使土壤的渗水性能降低。

水资源的主要来源是降水,区域降水量的多少决定水资源量的多寡。但这不是唯一因素,由于地形、植被等因素不同,对于同一场降水过程,直接到地面产生径流,或者通过树冠漏下,或通过较好植被流入土壤中,再流入溪流中去。在这中间,无论是在数量上还是在质量上,水都发生了很大变化,这种不同不仅与植被、土壤、地形等自然环境有关,还和水利工程、水土保持等人类活动有关。特别是森林植被,它的水文效应最为突出,其结果就是影响到流域下游地区可用水量的有效性,包括区域的产流(水)量和产流量的(年内)时程分配与用水的协调适应性。现就河北省南部两个小流域实验站进行分析,比较不同流域和不同植被情况下对水资源在时空分布上的影响。

2.1 研究区水文特征与植被情况

2.1.1 研究区地理位置

坡底水文站位于邢台县西部山区城计头乡,东经 114°02′,北纬 37°05′。流域面积 283km²。该流域农垦面积较小,山林面积大,连年绿化封山造林,基本上消灭了荒山,植被较好。土壤主要以黄土黑土为主。流域内无大型水利工程，只有几处塘坝等小型水土保持工程。西台峪水文站位于临城县石城乡，东经 114°17′，北纬 37°25′。本站上游河网密度大，都是小支沟，源短流急，洪枯期流量悬殊，流量暴涨暴落。流域集水面积 127km²，由于近年来搞封山育林，基本上消灭了荒山，水土流失现象大为减少，但植被度不高。土壤主要以红土和沙土为主。

2.1.2 水文特征

降水：邢台市西部山区多年平均降水量 610.3mm。计算的小流域附近有禅房、獐貘等 700mm 以上的多雨中心。降水量年内分配集中，全年降水量 75%～80%集中在 6—9 月的汛期，而汛期降水量又集中在 7 月中下旬至 8 月上中旬的 30d，甚至 7d 之内，特别是一些大水年份，降水量更加集中。降水量的年际变化很大，变差系数坡底和西台峪基本相同（0.46），单站年降水量最大最小之比一般在 5～9 倍。

蒸发：坡底站多年平均水面蒸发量 1187mm（E601 型蒸发器），西台峪站多年平均水面蒸发量 1005mm。水面蒸发量变化与年降水量相反，年内变化较大，随各月气温、温度、日照、风速而变化，蒸发量最大出现在 5—6 月，水面蒸发的年际变化较小，一般不超过 15%。

径流：两个流域均为闭合流域，径流主要以降水补给为主，其特点是全年水量集中在 7—8 月，年最大流量发生在 7 月下旬和 8 月上旬，在枯水期，径流量很小，有的年份甚至河干。由于汛期降水的特点，水量主要集中在汛期，占全年水量的 65%～75%，非汛期水量只占全年的 25%～35%，反映北方季节性河流的特性。河流径流量的多年变化与年降水量有直接关系，径流量多年变化基本上反映了降水量的多年变化。它们变差系数 C_v 值分别为：坡底站 1.20；西台峪站 1.25。

2.1.3 流域植被与土地利用状况

通过对不同小流域土壤土质情况调查，坡底流域内土壤类型以褐土、草甸土为主，土体结构为片状团粒，土壤中有机质为 2.36%。西台峪流域内土壤类型为褐土，土壤结构为单粒、屑粒，土壤中有机质含量为 1.30%。

流域内地理状况和生产结构及生产条件等，包括农田面积、林地面积、天然草地、荒坡地、果园面积等所占比例的多少，均对流域的产流、汇流有直接影响，表 7-14 是两个流域土地生产类型与利用情况。

表 7-14　　　　　　　　　　实验区植被及土地利用情况调查表

流域植被分类	坡底小流域		西台峪小流域	
	面积/hm²	占总面积的百分数/%	面积/hm²	占总面积的百分数/%
农田面积	2170	7.67	2936	23.12
林地面积	6805	24.04	952	7.50
天然草地	1670	5.90	661	5.20
荒坡地	14700	51.94	6354	50.03
果园面积	1247	4.41	743	5.85
其他	1708	6.04	1054	8.30
合计	28300	100	12700	100

通过对两个小流域土地利用情况调查可看出，西台峪流域内农田面积占流域总面积的 23.12%，而坡底流域的农田面积占总面积的 7.67%，西台峪流域内农业开发程度较高。坡底流域内林地面积占总流域面积的 24.05%，而西台峪流域内林地面积仅占总流域面积的 7.50%。流域植被覆被率按林地面积、天然草场、荒坡地和果园面积统计，则坡底流域植被覆盖率占流域面积的 86.30%，西台峪的植被覆盖率占总流域面积的 68.58%。

2.2 流域植被对径流调节作用的实验研究

在流域植被较好的区域，植被可以调节地表径流、防止土壤侵蚀、减少河流泥沙淤积等。树冠防止雨滴直接打击地表，削弱雨滴对土壤溅蚀作用，并可截流部分雨水。截留量的大小主要受降雨量和降雨强度的影响。

当降雨经过林冠层时，降雨量首先要进行第一次再分配，一部分被林冠截留，另一部分以穿透雨量和树干径流的形式到达土壤表面，土壤表面的实际受雨量称为林内净雨量或有效雨量。有效雨量在土壤包气带还要进行第二次再分配，一部分形成径流，另一部分通过下渗暂蓄包气带。在包气带较厚地区，由下渗补充给土壤包气带的水量，难以补给深层地下潜水，只有少部分形成壤中流。所以降雨的下渗量除部分以壤中流的形式产生径流外，其余暂蓄包气带，并将消耗于土壤蒸发和植物蒸腾。在我国北方的半干旱地区，降雨历时比较短促，如果不考虑雨期蒸发（雨期空气湿度相对较大，雨期蒸发可忽略不计），可以用水量平衡方程表达降雨量在林地的再分配关系：

$$P_{降雨量} = I_{截留量} + R_{径流量} + D_{蓄水量}$$

式中：$P_{降雨量}$ 为流域面平均降雨量，mm；$I_{截留量}$ 为植被和林冠截留量，mm；$R_{径流量}$ 为直接产（径）流量，mm；$D_{蓄水量}$ 为包气带蓄水量，mm。

当降雨到达坡面以后，一部分雨量沿坡面产生地表径流，另一部分渗入土壤，随着这一过程的继续，土壤含水量达到并超过田间持水率，由于水分不能为毛管力所保持，而受重力支配，形成重力水。当重力水渗透到风化岩石所构成的弱透水层或相对不透水层时，一部分水量在土壤风化岩石的交界面处相聚，并沿相对不透水层侧向流动，形成壤中流；另一部分水量则进入风化岩体继续向下渗透，当风化岩体的含水量达到并超过岩体的弱透水层或相对不透水层时，水量再次积聚于风化岩石-基岩的交界面处，并沿该相对不透水层侧向流动，形成裂隙流。到了枯季，以地下水的形式排泄，形成枯季径流。

2.2.1 流域植被对年径流量的调节作用

河流水量可分为降水直接产生的流量和基流流量两部分。直接流量即为相应于降雨马上产生的流量，基流包括流域植被截留部分和土壤中被储留后在缓慢流出的部分。直接流量包含溪流的流路上降水和短暂透过露岩的水、降于地表后又原封不动流出的水和降于山腹斜面的又经过地表或土壤表层很快流出的水。直接流量和基流流量的比例，在一定程度上反映流域植被对径流的影响程度。流域植被越好，直接流量越小，对径流的调节作用越大。采用 1995—2004 年监测资料，分析两个流域直接产流情况，流域植被对径流影响统计见表 7-15。

通过对坡底、西台峪两个小面积站年径流量与年内降雨直接产流水量进行分析计算，坡底站流域植被截留率为 68.78%，西台峪站为 54.67%。通过计算还可以看出，流域植

表 7-15　　　　　　　　　　　　　　　流域植被截留率统计表

年份	坡底小流域			西台峪小流域		
	年径流量 /万 m³	降水直接产流水量 /万 m³	流域植被截留率 /%	年径流量 /万 m³	降水直接产流水量 /万 m³	流域植被截留率 /%
1995	8536	2511	70.58	6920	2833	59.06
1996	14570	8903.2	38.89	8112	5257.7	35.19
1997	2287	506.4	77.86	1327	326.8	75.37
1998	1626	152.7	90.61	86.0	29.2	66.05
1999	952	78.6	91.74	358	165.2	53.85
2000	8595	5903	31.32	3359	2600	22.60
2001	1682	588.6	65.01	849	391.6	53.88
2002	1696	364	78.54	886	463	47.74
2003	2831	707	75.03	670	79.1	88.19
2004	3661	1165	68.18	3863	2132	44.81
平均			68.78			54.67

被截流主要与植被有关，但也和降雨强度和降雨历时及降水量有关。如 1996 年、2000 年，该流域发生较大洪水，两站截留率都比正常年份低 2～3 倍，说明流域植被截留也是有一定限度的，超过流域植被截留能力后，则全部以直接产流形式流出。而且降雨强度愈大，降雨愈集中，植被截留率愈低。

林地的枯枝落叶层腐烂后形成疏松结构层，有良好的吸水性和透水性。而枯枝落叶层的厚度、分解状况决定其吸水能力的大小。枯枝落叶和林木的死亡细根增加了土壤的有机质，并经微生物分解形成腐殖质，与土壤结合成团粒结构，加之林木根系和土壤中动物的洞穴、孔道，使土壤孔隙增加，改善了土壤物理、化学性质，提高了土壤透水性和蓄水能力。因此，有森林覆盖的地面，雨水缓慢渗入土内变成地下水，减少了地表径流量对土壤的冲刷作用，对减轻流域水土流失也起重要作用。

2.2.2　流域植被对径流量的年内分配的调节作用

植被较好的土壤具有特殊的水、热、气条件，有利于土壤生物、微生物的滋生繁衍，促使土壤有机质分解和土壤结构形成，加速土壤发育。同时，土壤中动物活动的洞穴、孔道和植物根系的生长更新，使土壤密度小，总孔隙大，非无管孔隙比例增大，这些有利于土壤持水量的提高和土壤水分运动。水分在不同土层内缓慢地沁流，最后进入河川，可以调节径流，改善河川水文状况，达到涵养水源的作用。

流域对降雨径流有调节作用，这种调节作用关键取决于流域植被，一方面植被截留缓和汇流时间，另一方面延长下渗时间，增大下渗量，减少由超渗产流汇聚的水量。汇流过程就是对降水进行重新分配的过程。通过对不同流域汛期（6—9 月）与非汛期（10 月—次年 5 月）流量分配比例计算，分析流域植被对径流年内分配的影响。两个流域汛期与非汛期水量所占比例见表 7-16。

表 7－16　　　　　　　　　　　　流域汛期与非汛期水量所占比例

年份	坡 底 站		西 台 峪 站	
	汛期/%	非汛期/%	汛期/%	非汛期/%
1995	83.4	16.6	88.6	11.4
1996	87.9	12.1	88.4	11.6
1997	59.7	40.3	76.3	23.7
1998	60.8	39.2	河干	河干
1999	49.6	50.4	100	河干
2000	82.4	17.6	81.8	18.2
2001	63.9	36.1	65.7	34.3
2002	57.3	42.7	66.5	33.5
2003	33.6	66.4	14.5	85.5
2004	66.8	33.2	85.5	14.5
平均	64.54	35.46	74.14	25.86

　　通过分析可以看出，流域植被较好的坡底站，在每年 10 月—次年 5 月，平均径流所占水文年径流量的比例明显高于流域植被较差西台峪站。根据 10 年平均资料计算，坡底站的汛期径流量占全年径流量的 64.54%，非汛期径流量占全年的 35.46%。西台峪站的汛期径流量占全年的 74.14%，非汛期径流量占全年的 25.86%。分析结果说明，流域植被对径流年内分配影响比较明显，坡底站的非汛期径流量比例明显高于西台峪站。

2.2.3　流域植被对洪峰的截留作用

　　对于一个闭合小流域，单次洪水水量就是收集监测断面上的区域所收集起来的直接天然降水径流，一次降雨的产流量将受到众多因素的影响，如降雨、前期土壤含水量、下垫面情况等，降雨因素又包括降水量、降雨强度等；下垫面情况又包括集水面质地、土壤结构、容重、集水面坡度等，均影响产流量的变化。

　　根据实测降雨和径流资料，确定两个流域次暴雨径流系数。在上述两个小面积站的降水中，从 1995—2004 年测验成果中，选择降雨强度、降水量相似的次暴雨进行比较，分析不同流域单次暴雨的产流情况，并计算其径流系数，调查结果见表 7－17。

表 7－17　　　　　　　　　　　　不同流域次暴雨产流调查表

站名	降雨时间	流域面雨量 /mm	降水历时 /h	降水强度 /(mm/h)	径流深 /mm	径流系数 /%
坡底	1997 年 6 月	62.9	31	2.03	1.89	3.0
	1999 年 8 月	66.1	30	2.20	2.80	4.2
	2003 年 8 月	62.6	49	1.28	3.30	5.3
	2004 年 7 月	146.1	132	1.11	4.19	2.9
西台峪	1996 年 7 月	59.4	30	1.98	7.1	12.0
	1999 年 8 月	75.8	34	2.23	9.8	12.9
	2003 年 9 月	46.2	31	1.49	3.3	12.7
	2004 年 8 月	183.6	88	2.09	29.8	16.2

通过对两个流域几场暴雨产流情况调查分析，在流域面雨量、降雨历时及降雨强度基本相同的情况下，其径流系数相差很大。坡底站在降雨强度为 1.11～2.20mm/h，径流系数分别为 2.9％～5.3％之间；西台峪站降雨强度为 1.49～2.23mm/h，径流系数在12.0％～16.2％之间。通过对次暴雨产流情况分析，说明流域植被对调节洪水起很大作用，不仅减少洪峰流量，而且延缓洪峰时间，增大对地下水的入渗量和入渗时间，对于涵养流域水分起重要作用。

2.2.4　流域植被对枯季径流量的影响

枯季径流来源主要是汛末滞留于流域内的蓄水量和枯季降水量，以地下蓄水量补给为主。枯季径流情势的特点是呈现比较稳定的消退过程。山区河流的主要补给来源为包气带水或岩层裂隙水。此外，枯季径流的来源还包括枯季降雨。降雨量除一部分形成直接径流外，其余的可能滞蓄于地面（最终耗于蒸发和下渗），或渗入土壤补给土壤含水量与地下水，引起地下水位的变化，进而影响地下径流及后期的枯水径流。流域内的蒸散发也是影响枯季径流的因素之一，冬季植物蒸散发能力减弱，地下水位呈现缓慢上升。北方地区的冬季积雪、河流结冰、土壤水冻结以及春季融雪、解冻等，都会对枯季径流产生不同程度的影响。上述两个流域在其他影响因素基本相同的情况下，则流域植被对枯季径流的影响就比较明显了。

根据对太行山片麻岩坡地不同植被覆盖条件下降雨入渗过程中岩土不同剖面总水势实验资料分析，在片麻岩区坡地降雨入渗主要因素有以下几个方面：降落在坡地上的水分主要通过风化岩体的裂隙网络渗入地下；坡地上的植被的根系主要分布在风化岩体的裂隙网络里，植被的存在与生长，加速了坡地岩土的风化过程，这主要表现在岩石的破碎，岩体裂隙的增多、增长、裂隙宽的增大，以及岩块孔隙的增多；在降雨过程中，植被的存在不同程度的加快了片麻岩坡地降雨的入渗过程及对浅层地下裂隙潜流的补给过程。

采用1995—2004 年测验资料，对两个小面积实验站径流量和枯季径流量进行分析，计算出不同流域枯季单位面积产流量，坡底小流域站为 58183m³/km²，西台峪小流域站为 53448m³/km²，坡底流域植被覆盖率比较好，在枯季比西台峪流域1.0km² 多产水量4735m³，流域植被对枯季径流的影响比较明显。计算成果见表 7-18。

表 7-18　　　　　　　不同实验小面积实验站枯季单位面积产流量统计表

流域名称	流域面积 /km²	植被覆盖率 /％	年径流量 /万 m³	枯季径流量 /万 m³	枯季单位面积产流量 /(m³/km²)
坡底	283	86.30	4643.6	1646.6	58183
西台峪	127	68.58	2624.9	678.8	53448

2.3　结论

通过对坡底、西台峪两个小面积站年径流量与年内降雨直接产流水量进行分析计算，坡底站流域植被截留为 68.78％，西台峪站为 54.67％。流域植被覆盖率高的流域，截留率就高。根据实验站 10 年监测资料分析，流域植被覆盖率高 17.72％，植被对水量的截留则提高了 14.11％。

根据 10 年平均资料计算，坡底站的汛期径流量占全年径流量的 64.54％，非汛期径流量占全年的 35.46%。西台峪站汛期径流量占全年的 74.14%，非汛期径流量占全年的 25.86%。分析结果说明，坡底站非汛期径流量高于西台峪站和柳林站，森林植被对年径流量的调节作用比较明显。在流域植被高 17.72% 的情况下，非汛期径流量提高了 9.60%。

通过对不同流域几场暴雨产流情况调查分析，在流域面雨量、降雨历时及降雨强度基本相同的情况下，其径流系数相差很大，西台峪流域的次降雨径流系数是坡底流域的 3 倍左右。通过对单次暴雨产流情况分析，说明流域植被对调节洪水起很大作用，不仅减少洪峰流量，而且延缓洪峰时间，增大对地下水的入渗量和入渗时间，对于涵养流域水分起重要作用。

流域植被对改变水量循环有密切关系，对天然降水量起水量再分配、调节、储蓄和改变水分循环系统的作用，同时也改变了径流的分配形式。对于植被较好的流域，大量的雨水渗入地下储存起来，从而减少了洪水径流，在枯季地下水又成为补给河流水量的来源，通过地下浅层过滤和自净作用使水质质量变得更好。

3 径流量变化

多年平均年径流量指多年径流量的算术平均值，以 m³/s 计。用以总括历年的径流资料，估计水资源，并可作为测量或评定历年径流变化、最大径流和最小径流的基数。多年平均年径流量也可以多年平均径流深度表示，即以多年平均年径流量转化为流域面积上多年平均降水深度，以 mm 计。水文手册上，常以各个流域的多年平均径流深度值注在各该流域的中心点上，绘出等值线，叫做多年平均径流深度等值线。

河流的年径流量在多年期间内的变化。常以各年的年径流量作为随机变量，绘制频率曲线来反映河川径流的年际变化规律，这是水利工程规划设计和跨流域引水的研究必不可少的基本资料。为了反映年径流量的相对变化，可采用年径流量的变差系数值表示。有些河流多水年和少水年常是连续几年成组交替出现，造成"供"与"需"的矛盾，需兴建大型水利工程，进行径流的年际调节，才能满足用水要求。

径流年际变化指河川径流在多年期间内的变化。由于气候因素的年变化，致使河流年径流量也有一定的年际变化规律。从大量实测径流资料中发现，丰水年或枯水年往往连续出现，而且丰水年组与枯水年组循环交替。

丰、枯水年组的循环规律与大气环流的变化有密切关系。反映年径流量相对变化的特征值，主要是年径流量的变差系数和绝对比率。变差系数能够反映总体的相对离散程度（即不均匀性）。绝对比率是实测的最大年平均流量与最小年平均流量的比值，它也能反映年径流量的变幅。河川径流年际变化规律，不仅为水利工程的规划设计提供基本依据，而且对于一个地区自然地理条件的综合分析评价以及跨流域引水工程的研究都是重要的资料。

3.1 水库站河川径流还原计算

河川径流还原计算的方法很多，主要有分项还原法、模型法、经验公式法、径流双累积法和流域蒸发差值法。而进行月径流还原计算时，通常采用分项还原法。分项还原法是根据水量平衡原理建立水平衡公式，通过计算水利工程引起的增减水量推求测验断面的天然河川径流量。计算公式如下。

$$W_{天然} = W_{出库} + W_{农耗} + W_{工耗} \pm W_{库蓄} + W_{渗漏} + W_{库蒸}$$

式中：$W_{天然}$为还原后的天然河川月径流量；$W_{出库}$为出库实测月径流量；$W_{农耗}$为农田灌溉月耗水量；$W_{工耗}$为工业用水月耗水量；$W_{库蓄}$为水库月蓄水变量；$W_{渗漏}$为水库月渗漏损失量；$W_{库蒸}$为水库增加的月水面蒸发损失量。

3.1.1　农田灌溉耗水量

农田灌溉耗水量是指农田灌溉引水过程中，因蒸发消耗和渗漏损失掉而不能回归到河流的水量，为渠首引水量与回归入河水量之差。在计算农田灌溉耗水量之前，须首先弄清区域用水水源、用水区域和回归水之间的关系和相对位置，来判别应还原的水量。如果灌区引水口在测验断面上游，而灌区在测验断面下游时，则灌溉耗水量即为渠首引水量。如灌区引水口和灌区均在测验断面上游时，则灌溉耗水量应等于渠首引水量减去综合回归水量，即：

$$W_{农灌} = W_{引水} - W_{综回} - W_{净灌} - W_{田回} + E_{渠蒸}$$

其中

$$W_{净灌} = m_{净定} f_{实灌}$$

式中：$W_{引水}$为渠首引水量；$W_{综回}$为农田灌溉水综合回归水量，包括田渠下渗回归水量和田渠弃水量；$W_{净灌}$为农田灌溉净用水量；$W_{田回}$为田间下渗回归水量；$m_{净定}$为农田灌溉净定额；$f_{实灌}$为实际灌溉面积；$E_{渠蒸}$为渠系引水、输水过程中增加的蒸发损失量。

由于$W_{田回}$和$E_{渠蒸}$可相互抵消一部分，因此灌溉耗水量计算可简化为下式：

$$W_{农耗} = m_{净定} f_{实灌}$$

3.1.2　工业用水耗水量

工业用水耗水量为工业用水取水量与工业废水入河排放量之差。其值包括两部分：一是用水户在生产过程中被产品带走、蒸发和渗漏掉的水量，称为用水消耗量；二是工业废水在排放过程中因渗漏和蒸发而耗损的水量，称为排水消耗量。以上各项水量的水平衡关系为：

$$W_{工耗} = \begin{cases} W_{取水} - W_{河排} \\ W_{用耗} + W_{排耗} \end{cases}$$

式中：$W_{工耗}$为工业用水耗水量；$W_{取水}$为工业用水取水量；$W_{河排}$为工业废水入河排放量；$W_{用耗}$为用水消耗量；$W_{排耗}$为排水消耗量。

用经还原、修正后的1956—2005年年径流量系列资料，根据数理统计原理，通过频率计算推求出不同保证率径流量。根据计算结果，参考邻区和全市历次评价成果，并适当考虑降水、地理等因素绘制出1956—2005年平均径流深等值线图，见图7-7。

本次计算所采用统计参数中，均值直接用矩法计算成果，变差系数和偏差系数先用矩法估算，再由皮尔逊Ⅲ型曲线进行适线调整，并参考参数地区分布规律综合分析确定。年径流深变差系数C_v的地区分布情况，大致是由西部山丘区向平原区逐渐递增。高值区出现在平原区，C_v值在$1.0 \sim 1.4$之间变化。C_s/C_v值变化不大，在$2.0 \sim 2.5$之间。

3.2　年径流的地区分布

年径流的分布规律基本上与年降水一致，但地区分布变化更大，这是由于地表径流除了受降水分布不均的影响外，还要经过流域下垫面的调节，其地区分布的变化是降水和流

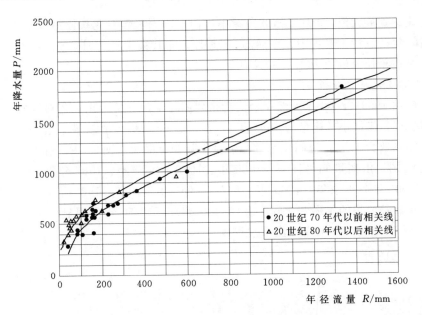

图 7-7 朱庄站年 $P—R$ 相关图

域下垫面综合作用的结果。

高值地带，其中有以路罗为中心的高值区，年径流深达 200mm 以上；平原区则不足 50mm。从多年平均年径流深等值线图上可以看出，在太行山的迎风坡，呈现一条与山脉弧形走向一致的径流深大于 100mm 的高值带。

3.3 径流的年内分配和多年变化

3.3.1 径流量年内分配

径流年内分配的特点与降水年内变化的规律相似，但由于下垫面因素的影响，使径流的年内分配与降雨又有所不同。山丘区的河流的全年连续最大四个月水量一般出现在 7—10 月，由于各河径流的补给形式和流域调蓄能力的差异，使各河水量的集中程度有所不同，一般为 70%～80%（见图 7-8），其汛期的水量（6—9 月）可占全年水量的 70% 左右。

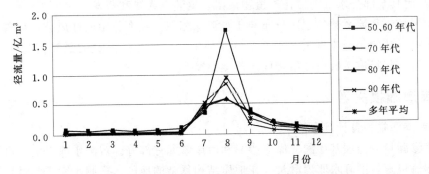

图 7-8 朱庄水库流域各年代多年月平均流量过程线

由图可知，朱庄站不同年代及多年平均的年内径流变化过程相似均为单峰型且峰值均出现在 8 月。径流量年内分配不均，1—6 月径流量小且变化缓慢，7 月开始逐渐增加，8

月增加迅速达到最大值，9月开始逐渐减小，10—12月径流变化缓慢但量较1—6月稍大。总体来看，年径流量主要集中在汛期的6—9月，尤其集中在7月、8月两月，汛期6—9月的径流量占年径流量的70%～80%。

3.3.2　年际变化特征分析

对朱庄站1953—2000年天然年径流量系列进行统计分析得出，年最大径流量为1963年16.4亿 m^3，年最小径流量为1999年0.0823亿 m^3，最大值与最小值的比值为198.5，年径流变差系数为1.02，说明该区域径流量年际变化很大，图7-9为朱庄区域径流量年际变化曲线图。由图可知，1953—1969年、1973—1977年、1982年、1988年、1995—1996年、2000年为丰水年，1965年、1979—1981年、1983—1987年为枯水年，其余年份为平水年。径流量的年际变化幅度表现为20世纪70—80年代明显小于50—60年代和90年代。图7-9为朱庄水库径流量过程线。

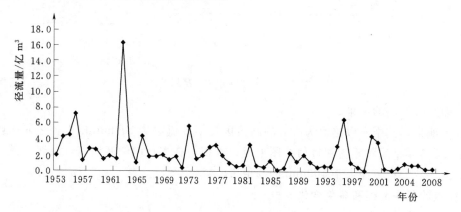

图7-9　朱庄水库径流量过程线

3.4　年径流系数

径流系数是一定汇水面积内总径流量（mm）与降水量（mm）的比值，是任意时段内的径流深度 Y 与造成该时段径流所对应的降水深度 X 的比值。径流系数说明在降水量中有多少水变成了径流，它综合反映了流域内自然地理要素对径流的影响。其计算公式为 $\alpha = Y/X$。而其余部分水量则损耗于植物截留、填洼、入渗和蒸发。

多年平均年径流系数的地区分布与年径流深相似。在太行山的迎风坡，呈现一条与山脉弧形走向一致的年径流系数大于0.2的高值地带。年径流系数的最高值为0.35，出现在路罗一带。年径流系数由高值带向东部逐渐减小。

4　水库渗漏损失量

4.1　水库渗漏损失量计算方法

水库渗漏量分为坝基渗漏、库底渗漏和库岸渗漏三部分。观测水库渗漏，可用坝下反滤沟实测流量资料推算水库渗漏量。在地质结构复杂的地区，观测水库渗漏量较复杂，可采用水量平衡方法进行估算。计算公式为：

$$W_{渗漏} = W_{入库} + W_{降水} \pm W_{蓄变} - W_{出库} - W_{蒸发}$$

式中：$W_{渗漏}$ 为水库渗漏量，万 m^3；$W_{入库}$ 为计算时段内入库水量，万 m^3；$W_{降水}$ 为计算时段内降落在水库水面的水量，万 m^3；$W_{蓄变}$ 为计算时段内水库蓄水量变化，万 m^3；$W_{出库}$ 为计算时段内出库水量，万 m^3；$W_{蒸发}$ 为计算时段内水库水面蒸发量，万 m^3。

4.2 入库水量计算

朱庄水库上游来水量包括野沟门水库来水量和区间流域来水量。

4.2.1 野沟门水库来水量

朱庄水库地表径流量，因上游有野沟门水库形成梯级水库，野沟门水库向朱庄水库入流可以通过野沟门水库河道放水或弃水量计算。朱庄水库流域上游有野沟门水库是一座以防洪为主的中型水利枢纽工程，控制流域面积 $500km^2$，总库容 5040 万 m^3，可灌溉土地 12 万亩，受益村庄 200 多个，是一座库容量为 2800 万 m^3 的中型水库。

野沟门水库水量主要用于野沟门灌区农业用水，丰水年弃水进入朱庄水库。该水库河道过水量即为朱庄水库上游来水的一部分。利用野沟门水库河道流量资料，逐月计算计入朱庄水库的水量。计算公式为：

$$W_{i,野沟门} = 8.64 N_i Q_{i,河道}$$

式中：$W_{i,野沟门}$ 为野沟门水库第 i 月进入朱庄水库水量，万 m^3；N_i 为第 i 月的天数；$Q_{i,河道}$ 为野沟门水库河道第 i 月进入朱庄水库的平均流量，m^3/s。

利用野沟门水库 1990—2010 年河道逐月流量资料，计算逐月进入朱庄水库的水量。计算结果见表 7-19。

表 7-19 野沟门水库河道来水量计算结果

年份	逐月来水量/万 m^3											
	1月	2月	3月	4月	5月	6月	7月	8月	9月	10月	11月	12月
1990	0	0	0	0	0	0	0	974.9	1086.0	0	0	0
1991	0	0	0	0	0	0	0	0	0	0	0	0
1992	0	0	0	0	0	0	0	0	0	0	0	0
1993	0	0	0	0	0	0	0	0	0	0	0	0
1994	0	0	0	0	0	0	0	0	0	0	0	0
1995	0	0	0	0	0	0	3696.19	2537.57	0	0	0	0
1996	0	0	0	0	0	0	76.33	24266.30	790.56	0	0	0
1997	0	0	0	0	0	0	0	0	0	0	0	0
1998	0	0	0	0	0	0	0	0	0	0	0	0
1999	0	0	0	0	0	0	0	0	0	0	0	0
2000	0	0	0	0	0	0	9508.3	750.0	0	0	0	0
2001	0	0	0	0	0	0	0	0	0	0	0	0
2002	0	0	0	0	0	0	0	0	0	0	0	0
2003	0	0	0	0	0	0	0	0	0	0	0	0
2004	0	0	0	0	0	0	733.88	1880.24	0	0	0	0
2005	0	0	0	0	0	0	0	822.27	0	0	0	0
2006	0	0	0	0	0	0	299.98	744.60	1715.90	0	0	0

年份	逐月来水量/万 m³											
	1月	2月	3月	4月	5月	6月	7月	8月	9月	10月	11月	12月
2007	0	0	0	0	0	0	0	0	0	0	0	0
2008	0	0	0	0	0	0	66.16	78.74	0	0	0	0
2009	0	0	0	0	0	2.85	238.11	358.91	370.66	215.34	156.82	81.16
2010	0	0	0	0	4.55	33.96	35.35	7.50	0	0	0	0

4.2.2　区间流域地表径流量

地表径流量考虑野沟门水库下游至朱庄水库区间形成的地表径流。野沟门水库流域控制面积 $500km^2$，则本次计算地表径流的面积为 $720km^2$。

水文比拟法是将参证流域的某一水文特征移用到应用流域的一种方法。野沟门至朱庄水库区间内，坡底水文站有较长系列的水文监测资料，坡底小流域作为参证流域，利用坡底水文站资料系列，按照水文比拟法计算区间地表径流。计算公式为：

$$W_{i,区间}=W_{i,坡底}\frac{A_{区间}}{A_{坡底}}$$

式中：$W_{i,区间}$ 为第 i 月区间流域地表径流量，万 m³；$W_{i,坡底}$ 为第 i 月坡底小流域地表径流量，万 m³；$A_{区间}$ 为区间流域面积，km²；$A_{坡底}$ 为坡底小流域的流域面积，km²。

利用坡底水文站 1990—2010 年逐月平均流量资料，计算区间流域的水量。计算结果见表 7-20。

表 7-20　　　　　　　　　　　　区间地表径流量计算结果

年份	逐月来水量/万 m³											
	1月	2月	3月	4月	5月	6月	7月	8月	9月	10月	11月	12月
1990	224.9	230.8	429.3	402.3	647.4	751.8	1165.2	2173.8	1701.4	729.1	468.2	327.1
1991	299.8	270.4	245.3	323.1	177.2	692.4	545.1	2732.5	1193.6	838.2	369.3	333.9
1992	299.8	257.2	184.0	92.3	64.1	18.5	15.0	633.7	553.9	293.0	145.1	60.0
1993	102.2	191.2	68.1	49.5	27.3	18.5	313.5	4000.0	1055.1	368.0	540.7	429.3
1994	273.4	208.9	99.3	167.8	69.4	119.1	1210.6	225.1	128.3	173.4	289.6	387.7
1995	389.0	262.9	88.4	3.3	0.0	55.3	2448.5	10678.2	5772.4	911.4	555.5	482.9
1996	445.5	421.4	370.0	287.6	280.2	72.4	2550.5	28361.8	2053.6	911.4	704.3	527.1
1997	607.4	457.1	629.1	335.7	95.2	249.5	523.7	1645.9	370.6	319.0	296.2	283.6
1998	310.8	278.3	122.4	81.6	166.0	192.9	1319.5	597.8	333.7	235.3	243.5	246.2
1999	283.6	259.2	153.7	77.0	42.2	34.2	93.2	449.6	391.0	261.9	188.2	182.3
2000	160.5	122.9	55.8	0.0	0.0	40.8	15099.1	2183.2	1441.5	1271.9	809.6	628.4
2001	395.2	276.4	159.2	0.0	0.0	32.9	809.4	1428.3	466.7	316.9	211.9	173.4
2002	180.9	126.5	99.3	64.5	472.7	445.6	965.8	547.3	506.2	326.3	281.7	293.1
2003	297.2	213.2	161.2	177.1	208.9	352.8	209.7	536.0	914.9	1727.6	710.9	523.7

年份	逐月来水量/万 m³											
	1月	2月	3月	4月	5月	6月	7月	8月	9月	10月	11月	12月
2004	443.5	302.2	230.6	287.6	181.6	162.6	1428.3	3611.5	1007.0	611.4	510.8	507.4
2005	467.9	363.7	319.0	187.6	128.5	123.1	993.0	6638.2	2718.4	1795.6	789.8	482.9
2006	295.2	304.1	455.0	464.7	532.5	463.4	1258.3	4645.4	4627.1	925.0	691.1	502.6
2007	410.1	392.6	609.4	421.2	344.8	354.1	884.2	1530.3	783.3	1373.9	691.1	548.2
2008	495.8	392.6	397.9	425.9	395.8	908.3	1475.9	2387.3	882.0	775.4	635.8	522.3
2009	398.6	340.3	389.0	337.7	242.8	148.1	382.9	802.6	1000.5	693.7	603.6	381.6
2010	343.5	301.0	314.9	299.5	207.4	173.8	127.2	2979.0	2856.6	537.3	346.2	348.9

4.3 水库水面降水量计算

根据朱庄水库降水量观测资料，与相应月份水库水面面积，分别计算各月在水库水面的降水量，计算公式为：

$$W_{i,降水} = kP_{i,降水}A_{i,水面}$$

式中：$W_{i,降水}$ 为第 i 月降落在水库水面的水量，万 m³；k 为单位换算系数；$P_{i,降水}$ 为第 i 月的降水量，mm；$A_{i,水面}$ 为第 i 月的水库水面面积，km²。

利用朱庄水库 1990—2010 年逐月降水量资料，结合水库逐月平均水面面积，分别计算逐月降落在水库水面的水量。计算结果见表 7-21。

表 7-21　　　　　　　　　朱庄水库水面降水量计算表

年份	逐月水库水面降水量/万 m³											
	1月	2月	3月	4月	5月	6月	7月	8月	9月	10月	11月	12月
1990	17.5	36.5	60.5	57.9	106.9	81.4	137.8	104.9	38.1	5.4	12.1	0.0
1991	2.2	1.1	45.9	43.9	60.3	31.6	194.8	125.5	75.9	27.1	7.0	8.2
1992	0.00	0.00	17.18	1.25	48.54	17.75	35.22	205.11	14.57	13.12	9.11	0.00
1993	1.87	0.70	2.26	11.18	11.56	45.47	127.66	140.19	23.26	35.10	47.90	0.00
1994	1.31	0.58	1.47	38.23	9.20	36.97	102.81	31.81	1.13	25.18	27.68	5.28
1995	0.00	0.66	4.65	13.31	4.15	65.99	74.07	388.58	16.64	42.69	3.51	0.00
1996	0.33	3.33	6.07	89.23	9.16	52.44	264.78	539.21	28.43	16.45	10.89	0.00
1997	3.64	16.88	73.68	7.93	9.06	71.78	199.09	32.94	55.72	2.92	9.03	3.51
1998	4.51	4.25	8.03	22.82	80.17	63.28	177.62	103.86	2.74	7.80	0.00	0.44
1999	0.00	0.00	4.64	26.17	12.04	34.46	65.47	49.60	21.09	11.27	6.39	0.00
2000	12.06	0.55	0.00	1.25	11.57	46.04	553.23	95.47	94.41	106.39	14.22	0.00
2001	23.26	18.42	0.50	16.78	4.97	105.10	202.74	57.40	31.72	35.97	6.35	1.28
2002	0.00	1.28	6.61	23.28	64.70	66.63	159.36	18.89	41.89	11.12	0.00	20.16
2003	0.28	4.80	24.66	23.77	56.95	78.16	137.20	125.53	71.32	96.61	25.40	0.20
2004	0.00	6.23	0.20	39.25	27.17	82.24	276.64	216.43	70.31	3.05	4.86	15.37

续表

年份	逐月水库水面降水量/万 m³											
	1月	2月	3月	4月	5月	6月	7月	8月	9月	10月	11月	12月
2005	0.00	11.00	0.00	8.79	31.28	68.31	98.14	270.38	139.71	16.44	0.34	0.55
2006	1.2	1.9	0.0	20.7	119.8	31.3	68.4	213.1	52.1	0.4	25.3	4.3
2007	0.00	10.65	47.67	7.45	31.75	35.35	109.40	78.05	83.49	23.11	0.19	1.10
2008	7.40	3.01	9.93	43.04	64.66	42.40	63.53	115.74	46.08	15.00	0.26	0.00
2009	0.00	8.04	6.45	8.37	51.86	13.84	68.59	127.41	48.10	9.27	24.75	0.66
2010	0.28	8.66	6.09	11.49	11.17	3.02	67.76	70.24	74.04	4.53	0.00	0.50

4.4 水库蓄水变量

利用朱庄水库水位观测资料，以每月 1 日 8 时坝上水位和相应的水库蓄水量，分别计算出逐月水库蓄水量变化。计算关系式为：

$$W_{i,蓄水} - W_{i+1,蓄水} = \pm W_{蓄变}$$

式中：$W_{i,蓄水}$ 为第 i 月水库蓄水量，万 m³；$W_{i+1,蓄水}$ 为第 $i+1$ 月水库蓄水量，万 m³；$\pm W_{蓄变}$ 为第 i 月和第 $(i+1)$ 月水库蓄水量变化，万 m³。

利用朱庄水库 1990—2010 年水位、蓄水量观测资料，计算朱庄水库逐月水库蓄水量变化。计算结果见表 7-22。

表 7-22 朱庄水库历年逐月蓄水变量

年份	逐月蓄水变量/万 m³											
	1月	2月	3月	4月	5月	6月	7月	8月	9月	10月	11月	12月
1990	130.0	290.0	600.0	620.0	-1690	-1500	420.0	3400	1910	-2060	260.0	-90.00
1991	260.0	170.0	370.0	480.0	-2870	-2190	-20.00	1420	1270	620.0	10.00	-330.0
1992	240.0	-50.00	-1170	-1070	-430.0	-760.0	-760.0	730.0	160.0	-590.0	-170.0	-360.0
1993	100.0	-90.00	-1140	-1050	-932.0	-628.0	427.0	3633	470.0	-580.0	450.0	270.0
1994	190.0	150.0	-1300	-50.00	-1740	-700.0	920.0	-20.00	-910.0	-678.0	219.0	191.0
1995	109.0	89.00	-1327	-1161	-504.0	-1598	2864	14350	4240	-1740	-2130	-1200
1996	-20.00	300.0	-1250	320.0	-960.0	-100.0	-180.0	6920	-1400	-1760	-1090	-1760
1997	70.00	500.0	590.0	-1410	-2070	-1830	-280.0	540.0	120.0	-30.00	-1010	-330.0
1998	150.0	10.00	-600.0	-610.0	210.0	40.00	1310	850.0	-290.0	-1070	-210.0	-860.0
1999	-20.00	10.00	-880.0	-70.00	-1160	-170.0	-220.0	-680.0	-300.0	-350.0	-40.00	-450.0
2000	50.00	60.00	-803.0	-689.0	-1250	-84.00	14220	1040	1310	1090	550.0	290.0
2001	230.0	200.0	-60.00	-1940	-2260	-2290	-1970	90.00	150.0	200.0	120.0	-480.0
2002	120.0	110.0	-890.0	-370.0	-290.0	250.0	910.0	-360.0	200.0	-340.0	-410.0	-80.00
2003	40.00	110.0	200.0	-730.0	180.0	80.00	-1260	-110.0	790.0	2140	560.0	220.0
2004	210.0	-100.0	-470.0	-400.0	-550.0	-450.0	-550.0	4850	780.0	220.0	-740.0	-1630
2005	130.0	170.0	0	-1230	-2040	-1250	540.0	4260	1460	580.0	-1050	-840.0

续表

年份	逐月蓄水变量/万 m³											
	1月	2月	3月	4月	5月	6月	7月	8月	9月	10月	11月	12月
2006	−170.0	0	−1380	−450.0	−1690	−1100	610.0	2210	2620	−60.00	−1190	80.00
2007	−50.00	−70.00	−30.00	−1250	−1870	−1050	210.0	970.0	−20.00	250.0	−680.0	−730.0
2008	−30.00	−40.00	−870.0	−440.0	−710.0	−540.0	300.0	1300	−20.00	−130.0	−810.0	−1170
2009	−320.0	−420.0	−470.0	070.0	420.0	−1311	−28.00	619.0	750.0	290.0	370.0	260.0
2010	80.00	140.0	−1110	−30.00	−1224	−3393	−904.0	1297	3122	310.0	−432.0	−397.0

4.5 水库水面蒸发量计算

4.5.1 计算方法

目前，尚无直接测定天然水体水面蒸发的方法。通常确定水面蒸发的方法有器测法、水量平衡法、热量平衡法、湍流扩散法、经验公式法。目前采用的水面蒸发观测的方法是器测法，器测法所测得的蒸发量，要和代表天然水体的蒸发量进行折算，才能得到水库、湖泊等天然水体的蒸发量。

小型蒸发器观测到的蒸发量，与天然水体表面上的蒸发量仍有一定差别。观测资料表明，当蒸发器的面积大于 $20m^2$ 时，蒸发器观测的蒸发量与天然水体的蒸发量才基本相同。因此，用上述设备观测的蒸发量数据，都应乘以折算系数，才能作为天然水体的蒸发量估计值，即：

$$E_{天然} = K E_{仪器}$$

式中：$E_{天然}$ 为天然水面蒸发量，mm；K 为折算系数；$E_{仪器}$ 为小型蒸发器观测的水面蒸发量，mm。

在 20 世纪 80 年代初期，世界气象组织仪器和观测方法委员会提出以 $20m^2$ 水面蒸发池作为水面蒸发量的临时国际标准，推荐 ГГΝ-3000 和 A 级蒸发器为站网用蒸发器。世界气象组织已通过这项建议。

蒸发观测场为 $20m^2$ 蒸发池，水面蒸发采用器测法，每日 8 时、20 时观测两次。在封冻期间，将观测时间改为 14 时。在初冰期和解冻期，池面冰盖很薄，中午近池壁的部分融化，冰体呈自由漂浮的大圆片，可正常观测逐日蒸发量。在封冻期，冰盖加厚对冰下水挤压，为防止池壁变形或开裂，用连通管排水的原理来减压。池面形成坚实的冰盖，必须沿蒸发池壁用电钻打孔，使冰盖脱离池壁而浮起，再用测针观测连通管内的水位。

利用河北省衡水水文实验站 $20m^2$ 池观测的水面蒸发资料，与同步观测的 E601 型蒸发器观测资料进行分析，计算两种观测仪器各月的水面蒸发量折算系数。计算结果见表 7-23。

表 7-23　　　　蒸发池（20m²）与 E601 型蒸发器水面蒸发量换算系数

月份	1	2	3	4	5	6	7	8	9	10	11	12
折算系数	0.86	0.84	0.82	0.78	0.83	0.86	0.92	1.00	1.02	1.01	1.11	0.99

4.5.2 朱庄水库水面蒸发量

根据河北省衡水水文实验站 $20m^2$ 蒸发池与 E601 型蒸发器的折算系数，利用朱庄水库 E601 型蒸发器观测资料，结合水库水面面积，计算朱庄水库水面蒸发量。计算时段以月为计算时段，计算公式：

$$E_{i,水库} = kA_{i,水面面积}E_{i,水面蒸发}$$

式中：$E_{i,水库}$ 为第 i 月水库蒸发量，万 m³；k 为单位换算系数；$A_{i,水面面积}$ 为第 i 月水库水面面积 km²；$E_{i,水面蒸发}$ 为第 i 月天然水面蒸发量，mm。

利用朱庄水库 1990—2010 年水面蒸发量观测资料，结合水库逐月水面面积，计算各年逐月水库水面蒸发量。计算结果见表 7-24。

表 7-24 朱庄水库水面蒸发量计算表

年份	逐月水库水面蒸发量/万 m³											
	1 月	2 月	3 月	4 月	5 月	6 月	7 月	8 月	9 月	10 月	11 月	12 月
1990	7.80	8.27	44.99	75.01	85.92	80.74	80.04	74.96	101.72	90.43	51.66	44.78
1991	21.78	28.19	37.98	71.16	102.61	108.01	124.22	106.63	75.45	90.64	69.08	32.21
1992	25.94	35.51	45.51	98.99	100.61	132.21	136.90	89.03	78.42	62.93	54.73	22.11
1993	19.40	29.59	61.84	94.50	92.85	115.95	72.18	85.51	94.83	72.26	28.61	22.00
1994	19.32	19.99	58.40	65.76	132.41	108.10	101.03	119.87	131.87	68.38	28.95	11.93
1995	7.80	9.31	35.06	48.43	54.68	49.17	35.13	51.38	83.34	72.58	75.65	19.90
1996	24.79	22.85	71.19	115.10	158.80	170.45	97.44	125.60	126.07	103.48	67.72	27.12
1997	25.02	30.47	76.32	102.92	174.42	196.21	171.26	162.12	129.01	125.97	53.42	26.05
1998	23.01	29.46	78.85	67.39	100.67	117.57	92.99	99.69	106.01	82.35	71.67	31.73
1999	34.65	45.17	46.44	77.68	100.58	105.58	80.95	93.53	66.56	55.84	38.22	27.50
2000	9.72	10.67	56.39	69.65	72.89	70.34	114.60	104.60	100.71	65.45	46.26	24.00
2001	16.69	24.73	111.32	98.70	175.10	141.21	117.26	94.19	76.09	59.93	52.28	26.16
2002	27.78	45.49	78.98	83.14	90.85	90.14	93.36	123.69	101.26	88.61	57.37	13.18
2003	13.90	12.34	44.71	66.93	82.50	100.39	70.94	70.94	52.81	66.94	26.75	29.05
2004	33.81	38.68	72.20	100.09	122.83	108.04	78.23	82.34	93.08	98.58	65.59	28.95
2005	19.46	17.31	61.84	118.12	115.07	139.86	99.39	92.18	99.09	82.22	64.17	26.98
2006	22.99	20.20	85.94	98.26	111.72	140.36	75.80	81.66	109.45	91.51	68.61	20.77
2007	13.94	45.43	49.90	89.88	139.79	110.19	96.29	93.51	80.50	47.27	41.33	24.30
2008	20.91	21.40	59.35	62.93	89.91	76.42	77.58	74.14	68.26	65.55	59.26	25.12
2009	19.76	22.58	56.52	62.75	87.60	112.71	71.64	56.11	40.54	58.66	23.45	18.89
2010	12.95	14.04	36.07	50.25	81.19	78.79	52.98	36.76	38.18	44.30	45.64	26.41

4.6 出库水量

朱庄水库出库水量除主河道放水或弃水外，还有南干渠、北干渠向灌区供水和邢台市兴泰发电厂、邢台钢铁厂和德隆钢铁公司等工业用水（"引朱济邢"供水工程）。

4.6.1 南干渠水量

朱庄水库南干渠设计灌溉面积 13.8 万亩，有效灌溉面积 7.0 万亩。灌区位于沙河市浅山、丘陵和山前平原区，受益范围涉及孔庄乡、綦村镇、十里亭、新城、白塔、赞善等乡镇。供水量主要用于农业灌溉。供水时间随着农作物的需水季节放水。朱庄南干渠1990—2010年逐月过水量见表7-25。

表7-25 南干渠过水量计算结果

年份	逐月出水量/万 m³											
	1月	2月	3月	4月	5月	6月	7月	8月	9月	10月	11月	12月
1990	0.0	0.0	0.0	0.0	404.4	0.0	0.0	26.8	23.3	932.1	57.0	265.2
1991	0.0	0.0	0.0	31.1	717.8	0.0	0.0	0.0	0.0	0.0	145.2	492.8
1992	0	0	450	212.5	254.7	63.8	503.5	0	0	0	232.0	391.0
1993	0	0	479.4	111.2	642.8	0	0	0	0	210.8	0	0
1994	0	0	578.5	0	613.4	0	0	0	114.3	407.1	0	0
1995	0	0	255.8	292.9	127.8	0	0	0	0	0	0	549.1
1996	0	0	487.5	24.6	391.0	0	0	0	0	0	347.3	191.2
1997	0	0	0	13.5	471.4	10.4	0	184.5	38.1	0	162.3	380.3
1998	0	122.2	52.0	419.9	7.0	20.0	0	16.6	62.5	506.2	0	409.8
1999	0	0	375.0	0	396.4	0	25.4	182.4	31.4	13.1	0	460.7
2000	0	0	92.9	378.4	425.9	0	0	0	0	0	0	0
2001	0	0	0	484.7	412.5	19.2	0	0	0	0	0	401.8
2002	0	0	348.2	89.2	275.9	0	0	225.5	0	273.2	5.7	114.9
2003	0	0	0	295.5	0	0	0	0	0	0	0	0
2004	0	19.8	219.1	238.5	0	0	0	0	0	0	0	345.5
2005	0	0	0	259.2	289.3	52.1	0	0	0	0	68.7	170.6
2006	0	0	68.3	244.9	310.7	0	0	0	0	0	264.4	0
2007	0	0	0	204.2	361.6	56.2	51.7	0	0	0	116.4	148.7
2008	0	0	0	240.8	0	17.6	0	13.1	0	0	0	294.6
2009	0	0	92.7	54.2	120.8	27.0	12.6	0	0	0	0	0
2010	0	0	223.6	4.1	275.9	164.1	219.9	0	0	0	144.1	45.0

4.6.2 北干渠水量

朱庄北灌区位于邢台县中南部浅山丘陵区，设计有效灌溉面积9.6万亩。受益范围包括邢台县南石门、羊范、太子井3个乡镇43个行政村，受益总人口8.3万人。朱庄北干渠1990—2010年逐月过水量见表7-26。

表7-26 北干渠过水量计算结果

年份	逐月出水量/万 m³											
	1月	2月	3月	4月	5月	6月	7月	8月	9月	10月	11月	12月
1990	109.8	87.1	83.0	90.7	302.7	391.4	273.2	123.2	181.4	1133.0	77.8	0.0
1991	0.0	0.0	58.9	111.5	833.0	313.6	235.7	372.3	114.0	112.5	116.6	179.5
1992	109.3	278.2	881.2	894.2	260.6	663.6	305.3	101.8	130.6	827.6	0.0	0.0

续表

年份	逐月出水量/万 m³											
	1月	2月	3月	4月	5月	6月	7月	8月	9月	10月	11月	12月
1993	0.0	160.6	597.3	868.3	173.6	458.8	33.2	0.0	30.6	709.8	0.0	0.0
1994	0.0	0.0	910.7	187.7	916.0	785.4	0.0	0.0	705.0	313.4	0.0	0.0
1995	0.0	0.0	921.4	684.3	117.0	0.0	0.0	0.0	0.0	0.0	178.6	479.4
1996	0.0	0.0	851.7	0.0	725.8	0.0	0.0	0.0	0.0	0.0	171.8	1666.0
1997	192.0	0.0	147.6	290.3	436.6	1013.5	10.2	404.4	43.0	0.0	780.2	0.0
1998	0.0	0.0	551.8	168.0	80.1	0.0	0.0	0.0	269.6	436.6	147.5	412.5
1999	0.0	0.0	474.1	0.0	645.5	0.0	48.5	377.7	195.7	237.3	0.0	0.0
2000	0.0	0.0	637.5	75.9	495.5	0.0	0.0	0.0	0.0	0.0	0.0	0.0
2001	0.0	0.0	57.0	1290.8	1181.2	269.6	176.2	0.0	0.0	0.0	0.0	166.6
2002	0.0	0.0	543.7	205.8	270.5	0.0	0.0	313.4	0.0	0.0	469.2	8.8
2003	0.0	0.0	0.0	445.8	0.0	112.0	495.5	219.1	0.0	0.0	0.0	0.0
2004	0.0	179.0	541.0	188.4	484.8	282.5	1076.7	187.8	81.9	0.0	375.8	313.4
2005	0.0	0.0	88.1	476.9	385.7	578.0	0.0	0.0	0.0	228.2	811.3	447.3
2006	283.9	258.9	744.6	163.6	626.7	259.2	200.1	610.7	0.0	0.0	743.9	0.0
2007	0.0	0.0	84.4	668.7	648.2	539.1	0.0	56.2	0.0	0.0	316.2	463.4
2008	0.0	0.0	634.8	0.0	412.5	476.9	0.0	0.0	0.0	0.0	249.6	342.8
2009	0.0	0.0	124.8	352.5	142.5	891.6	116.2	0.0	0.0	0.0	0.0	0.0
2010	0.0	0.0	712.5	0.0	728.5	637.6	506.2	0.0	0.0	0.0	303.3	297.3

4.6.3 邢台市工业用水量

河北省"引朱济邢"引水工程是引朱庄水库的蓄水至邢台市区的钢厂和电厂。一条输水管道自水库尾水池引水，沿河右岸铺设，在调度中心分成四条支路，其中两支通往钢厂，两支通往电厂。2004 年 12 月开始试供水，2005 年"引朱济邢"工程正式向市区供水，2004—2010 年供水量见表 7 - 27。

表 7 - 27　　　　　　　　　　"引朱济邢"供水工程供水量

月份	工业供水量/万 m³						
	2004 年	2005 年	2006 年	2007 年	2008 年	2009 年	2010 年
1	—	37	192	153	233	190	88
2	—	32	188	170	209	126	79
3	—	62	186	205	204	142	93
4	—	63	335	215	174	185	133
5		64	289	257	178	180	155
6	12	48	278	257	195	208	210
7	12	71	280	267	202	176	212
8	12	138	283	247	191	188	208

续表

月份	工业供水量/万 m³						
	2004 年	2005 年	2006 年	2007 年	2008 年	2009 年	2010 年
9	12	146	240	234	192	135	144
10	12	191	230	207	178	102	134
11	12	168	191	150	147	92	138
12	12	164	119	163	163	96	112
合计	83	1185	2811	2525	2266	1820	1705

4.6.4 河道放（弃）水量

河道放水或弃水，水库根据汛期和枯水期的径流条件及水库泄洪建筑物的条件确定的汛期起始调洪的水位称汛前限制水位，汛前水库必须把蓄水位降到此水位。朱庄水库河道断面平时很少过水，放水时间一般在汛前为达到汛前限制水位放水，再就是汛期上游来水量大，需要弃水。朱庄水库1990—2010 年河道放水（弃水）量见表 7-28。

表 7-28　　　　　　　　　河道过水量计算结果

年份	逐月出水量/万 m³											
	1 月	2 月	3 月	4 月	5 月	6 月	7 月	8 月	9 月	10 月	11 月	12 月
1990	0	0	0	0	1652.6	2128.0	1202.6	0	31.1	916.0	0	0
1991	0	0	0	0	1564.2	2382.0	380.3	0	0	0	0	0
1992	0	0	0	0	0	0	0	0	0	0	0	0
1993	0	0	0	0	0	0	0	0	0	0	0	0
1994	0	0	0	0	0	0	0	0	0	0	0	0
1995	0	0	0	0	189.4	1500.8	140.9	0	1964.7	2525.7	2314.7	431.2
1996	0	0	0	0	0.0	4499.7	44461.4	4250.9	2705.2	1246.8	0
1997	0	0	0	1389.3	1068.7	1207.9	1936.5	881.2	0	0	0	0
1998	0	0	0	0	0	0	0	68.2	70.7	38.9	91.1
1999	0	0	0	0	0	0	0	188.1	254.3	0.0	0.0
2000	0	0	0	0	0	9829.7	2083.8	0	0	0	0
2001	0	0	0	46.7	527.6	1635.6	2573.9	875.8	0	0	0	0
2002	0	0	0	0	0	0	0	0	0	0	0	0
2003	0	0	0	0	0	980.3	436.6	0	0	0	72.9
2004	0	0	0	0.0	0	200.6	1955.2	270.5	0	642.8	1352.6
2005	0	0	0	811.3	1387.4	510.6	43.1	0	0	0	531.4	399.1
2006	0	0	916.0	0	779.4	741.3	321.4	666.9	254.0	300.0	300.7	200.9
2007	0	0	0	596.2	881.2	386.2	340.2	340.2	329.2	340.2	329.2	305.3
2008	0	0	192.8	292.9	409.8	248.6	361.6	361.6	349.9	361.6	505.4	650.9
2009	412.5	498.4	215.3	169.0	0	40.4	46.1	0	0	0	0
2010	0	0	42.9	0	28.7	1972.5	0	0	0	0	0

4.7　水库渗漏量计算

根据 1990—2010 年朱庄水库降水、蒸发、用水及蓄水量变化资料，以月为计算时段计算各月朱庄水库渗漏量。朱庄水库涉及水量平衡的因素较多，上游水利工程来水、地表径流量，用水涉及南干渠、北干渠、河道放水及工业用水等，还有水库水面降水量和蒸发量等，每个因素产生的误差都累积到渗漏量。因此对该影响因素的月份计算的渗漏量产生较大误差。

表 7-29 为朱庄水库 1990—2010 年逐月平均水位。

表 7-29　　　　　　　　　　朱庄水库 1990—2010 年逐月平均水位

年份	月平均水位/m											
	1月	2月	3月	4月	5月	6月	7月	8月	9月	10月	11月	12月
1990	239.81	240.04	240.42	241.30	240.61	238.84	237.62	239.67	243.68	243.18	242.26	242.43
1991	242.44	242.70	242.93	243.47	242.14	239.29	237.49	238.04	240.45	241.53	241.86	241.43
1992	241.54	241.74	240.82	240.04	238.60	238.21	236.91	236.97	237.59	236.95	236.81	236.15
1993	236.12	236.22	235.31	233.86	232.19	231.31	230.90	235.32	236.94	236.41	236.64	237.18
1994	237.51	237.77	237.29	235.84	234.90	233.29	233.32	234.06	233.66	231.57	231.58	231.91
1995	232.13	232.28	231.69	230.07	228.20	226.08	225.75	239.75	251.11	250.87	249.20	247.42
1996	247.04	247.24	247.01	246.19	246.10	245.27	245.54	251.80	250.81	249.55	248.37	246.98
1997	246.09	246.47	246.92	246.87	244.47	242.60	240.13	242.07	241.53	241.60	241.19	240.22
1998	240.20	240.34	239.92	239.23	238.92	239.07	239.84	241.04	241.68	240.41	240.10	239.17
1999	238.77	238.76	238.28	237.60	236.44	235.77	235.62	234.68	234.53	233.79	233.65	233.08
2000	232.88	232.95	232.57	231.12	229.29	228.68	243.91	247.43	248.62	249.72	250.42	250.77
2001	250.96	251.13	251.25	250.40	248.66	246.27	243.52	242.45	242.82	243.01	243.24	242.93
2002	242.81	242.95	242.58	241.99	241.19	241.37	241.97	242.47	242.28	242.14	241.91	241.44
2003	241.49	241.56	241.79	241.37	241.14	241.38	240.99	239.50	240.34	241.97	243.39	243.81
2004	244.06	244.23	243.62	243.40	242.77	242.32	241.67	244.08	247.32	247.79	247.84	246.03
2005	245.60	245.78	245.95	244.80	242.96	241.41	240.71	243.40	246.57	247.98	247.89	246.52
2006	246.26	246.13	245.52	244.03	242.51	241.46	241.17	241.50	246.26	246.91	246.30	245.76
2007	245.75	245.68	245.66	244.71	242.75	241.35	240.56	241.79	241.95	242.15	242.09	240.82
2008	240.64	240.61	240.25	239.27	238.60	237.75	237.69	238.64	239.48	239.40	239.01	237.10
2009	236.39	235.92	235.47	234.44	233.79	232.91	231.34	231.91	233.02	233.93	234.29	234.74
2010	234.90	235.04	234.72	233.68	232.61	229.21	224.69	224.70	230.07	232.07	232.25	231.16

在分析计算时，分别选择没有上述因素影响的月份进行统计，做到去伪存真，去粗保精，使选择的该月的渗漏量能真是反映水库渗漏的水量。图 7-10 为朱庄水库月平均水位与渗流量相关关系图。

选择的大部分点距，均在水位 235m 以上，因此朱庄水库月平均水位与渗漏量相关关系，适用于月平均水位在 235m 以上。在月平均水位小于 235m 时，按实际计算的最小值

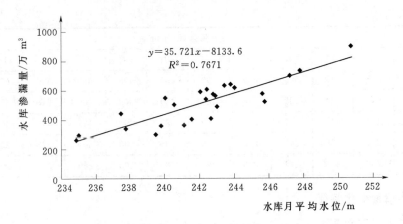

图 7 - 10　朱庄水库月平均水位与渗漏量相关关系图

的平均值计算，水库渗漏量计算结果小于 200 万 m³ 时，以 200 万 m³ 控制最低控制。其关系式如下：

$$Y = \begin{cases} 35.721X - 8133.6 & (Y > 200) \\ 200 & (Y \leqslant 200) \end{cases}$$

根据朱庄水库月平均水位与渗漏量相关关系，计算出 1990—2010 年逐月朱庄水库渗漏量。计算结果见表 7 - 30。

表 7 - 30　　　　　　　　　　朱庄水库 1990—2010 年逐月渗漏量

年份	逐月渗漏量/万 m³											
	1 月	2 月	3 月	4 月	5 月	6 月	7 月	8 月	9 月	10 月	11 月	12 月
1990	433	441	454	486	461	398	354	428	571	553	520	526
1991	527	536	544	563	516	414	350	369	456	494	506	491
1992	494	502	469	441	389	375	329	331	353	330	325	302
1993	301	304	272	220	200	200	200	272	330	311	319	339
1994	350	360	343	291	257	200	201	227	213	200	200	200
1995	200	200	200	200	200	200	200	431	836	828	768	704
1996	691	698	690	661	657	628	637	861	826	781	738	689
1997	657	671	687	685	599	521	444	513	494	497	482	447
1998	447	452	437	412	401	406	434	477	499	454	443	410
1999	396	395	378	354	312	288	283	249	244	218	213	200
2000	200	200	200	200	200	200	579	705	747	787	812	824
2001	831	837	841	811	749	663	565	527	540	547	555	544
2002	540	545	532	511	482	488	510	528	521	516	508	491
2003	493	495	503	488	480	489	475	422	452	510	561	576
2004	584	591	569	561	538	522	499	585	701	718	719	655
2005	639	646	652	611	545	490	465	561	674	724	721	672

续表

年份	逐月渗漏量/万 m³											
	1月	2月	3月	4月	5月	6月	7月	8月	9月	10月	11月	12月
2006	663	658	637	583	529	492	481	493	663	686	664	645
2007	645	642	642	608	538	488	459	503	509	516	514	469
2008	462	461	448	413	389	359	357	391	421	418	404	336
2009	310	294	278	241	218	200	200	200	200	223	235	252
2010	257	262	251	214	200	200	200	200	200	200	200	200

4.8　水库渗漏量变化特征

4.8.1　多年平均渗漏量

根据朱庄水库 1990—2010 年水库逐月渗漏量计算结果，计算出朱庄水库年渗流量，朱庄水库多年平均渗漏量为 4885 万 m³。计算结果见表 7-31。

表 7-31　　　　　　　　　　朱庄水库 1990—2010 年渗流量计算结果

年份	渗流量/万 m³	年份	渗流量/万 m³	年份	渗流量/万 m³	年份	渗流量/万 m³
1990	4949	1996	7526	2002	5428	2008	4276
1991	5072	1997	5891	2003	5227	2009	2575
1992	4083	1998	4634	2004	6369	2010	2431
1993	2954	1999	3117	2005	6508	平均	4885
1994	2781	2000	5117	2006	6327		
1995	4539	2001	7046	2007	5745		

4.8.2　水库渗漏量年际变化

极差是观测变量的最大取值与最小取值之间的离差，也就是观测变量的最大观测值与最小观测值之间的区间跨度。极差的计算公式为：

$$R = \max(X_i) - \min(X_i)$$

式中：R 为极差；$\max(X_i)$、$\min(X_i)$ 分别为最大年渗漏量、最小年渗漏量，万 m³。

从一定意义上来说，绝对数值的变化，更能反映一个地区的自然地理特征的变化大小。朱庄水库 1996 年渗漏量为 7526 万 m³，2010 年为 2431 万 m³，极值差为 5095 万 m³。通过极值差可以看到，年最大水面渗漏量与年最小渗漏量相差 5095 万 m³。水库渗流量年际变化与水库水位、水库蓄水量等有关，也与水库周边地形构造有关。

极值比表示年际渗漏量最大值与最小值之比，极值比 K_a 可表示为：

$$K_a = \frac{\max(X_i)}{\min(X_i)}$$

式中：K_a 为极值比；$\max(X_i)$、$\min(X_i)$ 分别为年最大渗漏量、年最小渗漏量，万 m³。

渗漏量 K_a 值越大，渗漏量年际变化越大；K_a 值越小，年际变化小，表示渗漏量年际之间均匀。朱庄水库渗漏量极值比为 3.1，表示年际变化大。

水库渗漏量是水量平衡计算的一个重要因子。用直接测量水库渗漏量的方法较复杂，成本高，开展此项工作较少。采用水量平衡法计算水库渗漏量，直接利用水文监测数据进行计算，可以解决不具备监测渗漏量的水库获得渗漏量。

采用水量平衡法计算水库渗漏量，以月为计算时段进行分析。在分析过程中，筛选出对水量平衡影响因素较小的月份，建立水库渗漏量与水库水位相关关系，用改关系推求逐月水库渗漏量。

朱庄水库多年平均渗漏量为 4885 万 m^3。水库渗漏量受水库水位、蓄水量等影响因素影响，年际变化较大，极值差为 5095 万 m^3，极值比为 3.1。

5 野沟门水库水量变化

野沟门水库位于朱庄水库上游，流域面积 $500km^2$，占朱庄水库总面积的 41%。野沟门水库水量调节，对下游水库的水量调节和调度都有影响。特别是野沟门灌区用水，对流域水平衡计算也有影响。对野沟门水库流域，按照单独流域进行分析计算，为全流域水量计算和水平衡分析提供参考依据。

5.1 水库蓄水量变化

野沟门水库出水量主要有河道放水（或弃水）和渠道放水，渠道放水主要供给野沟门灌区以及七里河河道补水。表 7 - 32 为野沟门水库 1986—2013 年水量变化统计。

表 7 - 32 野沟门水库水量变化统计表

年份	河道水量/亿 m^3	渠道水量/亿 m^3	合计/亿 m^3	年份	河道水量/亿 m^3	渠道水量/亿 m^3	合计/亿 m^3
1986	0	0.269	0.269	2000	1.025	0.5113	1.5363
1987	0	0.0597	0.0597	2001	0	0.1446	0.1446
1988	0.594	0.348	0.942	2002	0	0.1599	0.1599
1989	0.0112	0.4522	0.4634	2003	0	0.1783	0.1783
1990	0.2061	0.6547	0.8608	2004	0.2617	0.4181	0.6798
1991	0	0.3529	0.3529	2005	0.0822	0.3701	0.4523
1992	0	0.3197	0.3197	2006	0.2761	0.4927	0.7688
1993	0	0.0837	0.0837	2007	0	0.4389	0.4389
1994	0	0.2203	0.2203	2008	0.0145	0.2288	0.2433
1995	0.6227	0.463	1.0857	2009	0.1423	0.2284	0.3707
1996	2.512	0.4694	2.9814	2010	0.0081	0.098	0.1061
1997	0	0.3904	0.3904	2011	0.0119	0.3582	0.3701
1998	0	0.1705	0.1705	2012	0.1686	0.3566	0.5252
1999	0	0.0809	0.0809	2013	0.2685	0.7103	0.9788

2013 年 5 月 29 日，邢台县野沟门和东川口水库同时提闸放水，通过七里河河道渗漏带为百泉泉域补充岩溶水。这是继朱庄水库放水通过大沙河强渗漏带补充岩溶水之后的又一新渠道。通过七里河强渗漏带向市区补充岩溶水 1511.47 万 m^3，历时 38d，

即从野沟门水库引水，途经 9.4km 的野沟门灌区渠道和 10km 的自然河道，输送到东川口水库后以 5m³/s 的流量通过七里河黄店村东至邢左公路桥 10km 渗漏段补充泉域岩溶水。

5.2　野沟门灌渠用水量

野沟门灌区总干渠长 5.77km，渠道设计流量 10m³/s，由野沟门水库电站尾水渠引水，经 1.4km 的浆砌石防渗明渠段，在穿过 4413m 的凤凰山隧道，跨越分水岭进入丘陵区，在总干渠隧道出口处的西河口村建有分水枢纽工程。向北为北干渠，途经西侯峪、连牛田、于家庄、孔家庄至桐花岭，长 21km，穿过 14 个山丘，越过 5 条山谷。建有隧洞 14 个，总长度 3700m。建有渡槽 5 座，长 600m。修闸涵 74 座。明渠宽 4m，高 2.2m，全部为浆砌石衬砌防渗，设计流量 6.0m³/s。

凤凰山隧道 1966 年 8 月正式开工，1970 年 4 月 30 日竣工，历时 3 年 4 个月。全长 4413m，隧道为廊道形断面，涉及断面宽度 3.3m、高 3.4m，其中有一段尚未按设计完成，仅开凿一个宽度 2.4m、高 2.6m 的小断面。其明渠长度 1500m，宽 3.4m、高 3.5m，由于隧道尚未全部达到设计要求。输水能力仅为 6.7m³/s。在开挖隧道时，为扩大施工面，沿线打竖井 13 眼，共长 500 多 m，最深处 93m。全部工程完成工程量 9.9 万 m³。

北干渠在桐花岭建有泄洪闸，可顺石相河向阳河向羊卧湾水库送水，补充钙水库水源。这条干渠上有团结渠、跃进渠、胜利渠、北支渠、南支渠等 5 条支渠，总长 44km，共建有渡槽 14 座、隧洞 45 处、小型闸涵 108 座。

北干渠在总干渠完成后的 1971 年 4 月动工，至 1976 年 6 月竣工。共完成土石方 55.4 万 m³，用工 242.5 万个，国家补助投资 250 万元。5 条支渠有当地受益亲中自己修建，共动土石方 24 万 m³。

由西河口向南，可利用七里河自然河道将水输送到东川口水库。在输水河道的右岸，马河乡建有多丰、前进 2 条支渠。夺丰渠长 17.5km，沿线建有隧洞 5 处、渡槽 2 座、倒虹吸 1 座、小型建筑物 12 座。前进渠长 2.5km，沿线建有隧洞 8 处、倒虹吸 1 座。

整个灌区内有总干渠 3 条、干渠 6 条、支渠 15 条，总长 170km。建有各种建筑物 636 座，其中较大建筑物 47 座。

以灌区更新改造为契机，大力推广灌区渠道防渗节水措施。目前灌区渠系渗漏量大，约占引水量的一半，渠系水利用率较低，一般约 0.5，田间灌水技术较粗放，田间水利用率约 0.8，灌溉水利用率约 0.4，在无井灌条件下，约占一半的水量回收利用率低。采用渠道防渗的方式来减少输水损失，提高输水利用率，降低单位面积负担，不仅利于灌区发展，而且优化了资源配置，利于提高全社会节水意识，对节约水资源起着重要作用。

渠道兴建防渗护面工程后，渠道质量改善，渠床稳定性、行水速度与过水能力提高，便于维修养护，有利于及时、快速引水、输水与配水；新建防渗渠道还因断面缩小而减少渠道占地，因此对灌区工程进行渠道防渗节水技术改造是主攻方向。表 7-33 为野沟门水库灌区历年灌溉供水量统计表。

表 7-33 野沟门水库灌区历年灌溉供水量统计表

年份	灌溉供水量/万 m³	年份	灌溉供水量/万 m³	年份	灌溉供水量/万 m³	年份	灌溉供水量/万 m³
1986	2690	1993	837	2000	5113	2007	4389
1987	597	1994	2203	2001	1446	2008	2288
1988	3480	1995	4030	2002	1599	2009	2284
1989	4522	1996	4694	2003	1783	2010	980
1990	6547	1997	3904	2004	4181	2011	3582
1991	3529	1998	1705	2005	3701	2012	3566
1992	3197	1999	809	2006	4927	2013	7103

第四节 蒸 发 量

1 蒸发量观测

朱庄水文站于 1953 年开始观测水面蒸发项目，观测方式有 20cm 铜器观测皿、20cm 铁质观测皿 80cm 套盆蒸发器和 E601 蒸发器。目前，普遍认为 E601 蒸发器接近水面蒸发。

按照《河北省市级水资源评价技术细则》规定，采用标准蒸发器 E601 观测的资料代表水面蒸发量。水文部门的蒸发站在结冰期使用 D20 蒸发皿，非结冰期使用 E601 蒸发器或 80cm 套盆蒸发皿来测定水面蒸发量，需要将不同器皿所观测的水面蒸发资料折算成标准蒸发器 E601 的蒸发量。上述 3 种蒸发器（皿）与 E601 蒸发器换算系数见表 7-34。

表 7-34 水面蒸发折算系数采用值（与 E601 对比）

月份	1	2	3	4	5	6	7	8	9	10	11	12
20cm 铜	0.72	0.54	0.59	0.63	0.59	0.65	0.65	0.65	0.69	0.69	0.69	0.68
20cm 铁	0.57	0.47	0.50	0.52	0.52	0.50	0.50	0.53	0.54	0.55	0.55	0.55
80cm 套盆				0.71	0.40	0.67	0.67	0.70	0.74	0.73		

朱庄水库水面蒸发量观测以 E601 型观测为主，其他型号蒸发器（皿）作为辅助观测，如冰期观测，以其他型号蒸发器观测数值和 E601 型在冰期观测总量进行分配，求出 E601 行蒸发器完整的观测资料系列。表 7-35 为朱庄水库站 E601 行蒸发器逐月观测结果。

表 7 – 35　　　　　　　　　　　　　　朱庄站 E601 蒸发器监测成果

年份	朱庄历年蒸发量月年统计/mm												
	1月	2月	3月	4月	5月	6月	7月	8月	9月	10月	11月	12月	年蒸发量
1981	31.20	41.40	102.40	89.59	117.10	100.50	62.01	54.80	49.40	48.85	46.30	40.70	784.25
1982	50.80	38.60	100.10	113.10	149.40	134.20	108.40	70.07	72.45	69.90	43.54	69.70	1020.26
1983	34.30	22.70	56.94	97.27	86.97	144.60	107.80	103.30	70.79	43.19	42.02	32.40	842.28
1984	31.80	22.40	49.50	78.18	85.85	93.41	78.72	83.72	58.86	60.58	30.36	16.00	689.38
1985	15.50	10.50	39.94	94.56	69.44	129.30	90.61	66.82	43.88	44.30	35.60	23.20	663.65
1986	23.30	15.80	44.25	91.98	92.98	122.50	96.79	97.70	96.05	54.03	32.78	18.90	787.06
1987	18.90	15.20	45.96	79.70	90.45	88.08	80.67	70.98	76.45	52.79	27.19	13.50	659.87
1988	31.10	21.80	33.98	95.07	80.24	114.70	45.96	56.62	68.10	53.89	46.58	19.00	667.04
1989	18.90	18.00	58.65	78.94	94.11	99.52	56.55	61.23	64.03	59.27	31.60	15.80	656.60
1990	7.34	5.94	35.70	64.89	66.91	71.05	68.71	54.99	68.45	62.38	33.33	31.80	571.49
1991	18.90	18.60	27.85	57.52	76.17	93.41	78.39	83.01	56.10	65.90	45.13	23.60	644.58
1992	23.10	24.10	35.64	89.33	83.84	118.80	120.60	71.89	64.45	53.41	42.57	19.50	747.23
1993	20.90	24.40	59.00	107.20	99.95	138.40	82.10	73.71	79.97	62.72	23.05	18.60	790.00
1994	19.70	15.50	51.63	69.05	126.90	117.60	102.90	109.00	126.40	72.73	28.01	12.60	852.22
1995	13.80	16.70	66.26	104.00	122.10	120.10	81.77	57.79	65.34	57.89	58.24	18.00	781.99
1996	18.80	13.20	46.37	86.06	104.80	122.30	65.00	63.44	69.00	59.75	36.71	16.90	702.33
1997	17.90	18.00	49.86	75.47	120.50	153.90	134.70	110.00	92.87	91.29	35.67	19.90	920.06
1998	21.40	21.00	63.60	62.50	83.01	102.40	73.91	70.07	75.83	62.03	44.64	25.00	705.39
1999	33.80	33.80	39.59	76.23	90.74	103.70	74.95	82.62	61.69	53.82	33.81	27.50	712.25
2000	12.00	10.00	60.42	89.59	90.51	95.94	69.81	60.84	59.06	37.67	23.81	13.50	623.15
2001	15.60	23.50	108.70	104.10	182.70	151.70	128.50	97.30	76.20	60.20	47.50	26.90	1022.90
2002	33.00	55.10	99.10	111.70	114.20	112.00	106.40	127.70	103.10	91.50	54.30	14.20	1022.80
2003	17.20	15.60	57.50	91.70	107.00	124.70	83.40	79.80	57.20	69.50	24.20	29.10	756.90
2004	38.70	45.10	87.80	128.80	151.40	130.30	90.00	81.90	81.90	86.50	52.30	27.20	1001.00
2005	21.30	19.30	70.30	146.50	141.40	173.80	118.00	92.80	89.00	71.80	51.10	25.00	1020.30
2006	24.70	22.30	98.90	124.10	138.80	173.50	88.60	86.90	85.20	70.10	49.00	17.00	979.50
2007	15.20	50.80	57.20	111.30	172.40	137.00	114.80	98.60	82.80	48.80	38.90	26.70	954.50
2008	26.60	27.90	80.20	92.40	127.00	107.30	102.20	86.80	76.10	74.00	61.70	31.40	893.60
2009	29.20	34.80	90.80	110.50	149.00	192.20	122.40	86.10	58.00	81.50	29.20	25.90	1009.60
2010	21.60	22.40	63.60	97.60	155.80	160.70	131.80	84.10	62.80	66.80	62.10	42.40	971.70

2　蒸发量年内变化特征

朱庄水库流域地处暖温带半湿润季风型大陆性气候区，受季风影响，四季分明，水面蒸发受气象因素影响，也有明显的季节变化。每年的结冰期，由于气温低蒸发很小，日平均蒸发量在 1mm 左右；4—6 月由于干旱多风少雨，空气湿度小，气温逐渐回升，因此这段时期蒸发量很大，约占年蒸发量的 42％左右，最大日蒸发量达 10mm 以上；7—9 月虽然气温高，但降雨次数多，空气湿度大，风速小，所以此段时期蒸发量小于 4—6 月，约占全年的 30％；10—11 月气温逐渐降低，蒸发量也随之减少。

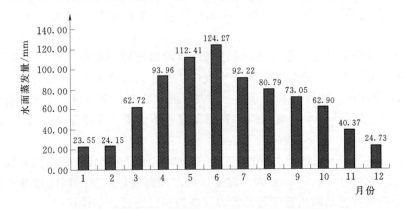

图 7 - 11　朱庄水库站水面蒸发量年内变化柱状图

3　水库蒸发量

3.1　世界气象组织推荐的水面蒸发器

常用的水面蒸发器有 E601 型蒸发器和 20cm 口径蒸发皿，这些蒸发器（皿）观测的蒸发量只能表示在充分供水情况下该仪器的蒸发能力，不能够代表自然水体的蒸发能力，影响水资源评价的质量。国内外许多分析资料认为，当蒸发池的直径大于 3.5m 时，所测得的水面蒸发量比较接近大水体在自然条件下的蒸发量。

世界上不同国家和地区，使用的蒸发器（皿）各不相同。由于材料、尺寸、颜色和安装方法的不同，性能有很大差异。为此，世界气象组织仪器和观测方法委员会对其中使用比较普遍的下列三种蒸发器进行了比较。

（1）美国 A 级蒸发器。A 级蒸发器是一个直径 121cm、深 25.5cm 的圆柱状容器，安放在高出地面的木支架上。蒸发器用马口铁或蒙乃尔高强度耐蚀合金制成。蒸发器水面高度距蒸发器口缘 5cm。

蒸发器中的水面高度有两种测量方法。一种是用钩形水位尺，另一种是用固定接点水尺。钩行水尺由可移动标尺和游标组成。在蒸发器中有水位观测井，它的直径为 10cm，深 30cm，底部有孔，使井内和蒸发器内的水面高度相同。固定接点水尺由一个固定在水位观测井中的有刻度的铜标尺构成，其上缘比器口缘低 6～7cm；每次观测时用量杯加水或减水，使水面到固定接点后测定。

除测定水面高度的装置外，蒸发器中还装有测定水面温度的温度计。温度计通常放在一个平漂浮架上，温度计的球部与水面接触，并设有防太阳辐射影响温度计球的装置。

美国 A 级蒸发器已在许多国家使用。世界气象组织和国际水文科学协会曾把它作为国际地球物理年的标准仪器。A 级蒸发器不仅广泛用于水文气象，而且也广泛用于农业和其他行业的水面蒸发观测。

（2）苏联 ГГN - 3000 型蒸发器。ГГN - 3000 蒸发器是一个具有锥形底的圆柱形蒸发器。圆柱桶的直径 61.8cm，中心深度 68.5cm。蒸发器埋入地下，其口缘高出地面 7.5cm。蒸发器中央有一个带刻度的金属管，在金属管上方安装着量管，量管有一个阀门。打开阀门时便可使其水面与蒸发器内水面的高度相同，然后把阀门关上，量出管内水面的高度。蒸发器内的水面应调到指针指示的高度，最低不低于针尖 5mm，最高不得高于针尖 10mm。

（3）20m² 水面蒸发池。蒸发表面积为 20m² 的圆柱形平底蒸发池，水深 2m，用 4～5mm 厚的锅炉钢板制成，蒸发池安装在土壤中，池缘高出地面 7.5cm。

蒸发池内部和露出的外部表面涂白。仪器有测定装置，用来测定水面蒸发量。池内静止井中有一水位指示针，水面应调到针尖的高度，不低于针尖以下 5mm，不高于针尖以上 10mm。

通过对上述三种蒸发仪器对比观测实验，在 20 世纪 80 年代初期，世界气象组织仪器和观测方法委员会提出以 20m² 水面蒸发池作为水面蒸发量的临时国际标准，推荐 ГГN - 3000 和 A 级蒸发器为站网用蒸发器。世界气象组织已通过这项建议。

3.2　朱庄水库蒸发量计算

目前，尚无直接测定天然水体水面蒸发的方法。通常确定水面蒸发的方法有器测法、水量平衡法、热量平衡法、湍流扩散法、经验公式法。目前采用的水面蒸发观测的方法是器测法，器测法所测得的蒸发量，要和代表天然水体的蒸发量进行折算，才能得到水库、湖泊等天然水体的蒸发量。

小型蒸发器观测到的蒸发量，与天然水体表面上的蒸发量仍有一定差别。观测资料表明，当蒸发器的面积大于 20m² 时，蒸发器观测的蒸发量与天然水体的蒸发量才基本相同。因此，用上述设备观测的蒸发量数据，都应乘以折算系数，才能作为天然水体的蒸发量估计值，即：

$$E_{天然} = K E_{仪器}$$

式中：$E_{天然}$ 为天然水面蒸发量，mm；K 为折算系数；$E_{仪器}$ 为小型蒸发器观测的水面蒸发量，mm。

利用衡水水文实验站 1985—2010 年资料系列，计算 20m² 蒸发池水面蒸发量与 E601 型蒸发器蒸发量进行相关性分析，以月为单位时段进行分析计算，计算结果见表 7 - 36。

表 7 - 36　　　　蒸发池（20m²）与 E601 型蒸发器水面蒸发量换算系数

月份	1	2	3	4	5	6	7	8	9	10	11	12
折算系数	0.86	0.84	0.82	0.78	0.83	0.86	0.92	1.00	1.02	1.01	1.11	0.99

朱庄水库水文站水面蒸发量只有 E601 型蒸发器观测资料，计算水库水面蒸发量，要换算成天然水面蒸发量。影响水面蒸发量的因素有太阳辐射、气温日照差、风速和相对湿度等。在河北省境内，有大型水面蒸发池观测资料的只有衡水水文实验站，从地理位置上分析，衡水水文实验站在东经 115°30′，北纬 37°45′。朱庄水库水文站在东经 114°14′，北纬 36°59′，相差较小，几乎在同一经度和纬度。在同经度和纬度的位置，影响蒸发得因子

太阳辐射、气温日照差、风速和响度湿度变化不大。所以利用衡水水文实验站 $20m^2$ 蒸发池与 E601 型蒸发器折算系数，在根据朱庄水库 E601 型蒸发器观测资料，计算其水面蒸发量，更接近天然水面蒸发量。

根据河北省衡水水文实验站 $20m^2$ 蒸发池与 E601 型蒸发器的折算系数，利用朱庄水库 E601 型蒸发器观测资料，结合水库水面面积，计算朱庄水库水面蒸发量。计算时段以月为计算时段，计算公式：

$$E_{i,水库} = kA_{i,水面面积}E_{i,水面蒸发}$$

式中：$E_{i,水库}$ 为第 i 月水库蒸发量，万 m^3；k 为单位换算系数；$A_{i,水面面积}$ 为第 i 月水库水面面积 km^2；$E_{i,水面蒸发}$ 为第 i 月天然水面蒸发量，mm。

利用 2000 年各月水库、水面面积和同步观测的 E601 型蒸发量资料系列，计算朱庄水库水面蒸发量。计算结果见表 7-37。

表 7-37　　　　　　　朱庄水库 2000 年水面蒸发量计算结果

月份	月平均水位 /m	水面面积 /km²	E601 型水面蒸发量 /mm	E601 与 20m² 蒸发池换算系数	天然水面蒸发量 /mm	水库水面蒸发量 /万 m³
1	232.88	6.810	16.6	0.86	14.28	9.72
2	232.95	6.831	18.6	0.84	15.62	10.67
3	232.57	6.716	102.4	0.82	83.97	56.39
4	231.12	6.279	142.2	0.78	110.92	69.65
5	229.29	5.725	153.4	0.83	127.32	72.89
6	228.68	5.541	147.6	0.86	126.94	70.34
7	243.91	11.622	107.4	0.92	98.81	114.84
8	247.43	11.175	93.6	1.00	93.60	104.60
9	248.62	11.535	85.6	1.02	87.31	100.71
10	249.72	11.867	54.6	1.01	55.15	65.45
11	250.42	12.079	34.5	1.11	38.30	46.26
12	250.77	12.185	19.9	0.99	19.70	24.00
合计			976.4			745.52

根据上述计算方法，分别对朱庄水库 2000—2010 年水面蒸发量进行计算。通过计算结果可以看出，朱庄水库水面蒸发量较大值出现在 5 月、6 月，较小值出现在 1 月、12 月。计算结果见表 7-38。

表 7-38　　　　　　　朱庄水库 2001—2010 年逐月蒸发量计算结果

年份	逐月蒸发水量/万 m³											
	1 月	2 月	3 月	4 月	5 月	6 月	7 月	8 月	9 月	10 月	11 月	12 月
2000	9.72	10.67	56.39	69.65	72.89	70.34	114.60	104.60	100.71	65.45	46.26	24.00
2001	16.69	24.73	111.32	98.70	175.10	141.21	117.26	94.19	76.09	59.93	52.28	26.16

年份	逐月蒸发水量/万 m³											
	1月	2月	3月	4月	5月	6月	7月	8月	9月	10月	11月	12月
2002	27.78	45.49	78.98	83.14	90.85	90.14	93.36	123.69	101.26	88.61	57.37	13.18
2003	13.90	12.34	44.71	66.93	82.50	100.39	70.94	70.94	52.81	66.94	26.75	29.05
2004	33.81	38.68	72.20	100.09	122.83	108.04	78.23	82.34	93.08	98.58	65.59	28.95
2005	19.46	17.31	61.84	118.12	115.07	139.86	99.39	92.18	99.09	82.22	64.17	26.98
2006	22.99	20.20	85.94	98.26	111.72	140.36	75.80	81.66	109.45	91.51	68.61	20.77
2007	13.94	45.43	49.90	89.88	139.79	110.19	96.29	93.51	80.50	47.27	41.33	24.30
2008	20.91	21.40	59.35	62.93	89.91	76.42	77.58	74.14	68.26	65.55	59.26	25.12
2009	19.76	22.58	56.52	62.75	87.62	112.71	71.45	56.11	40.54	58.66	23.45	18.89
2010	12.95	14.04	36.07	50.25	81.19	78.79	52.98	36.76	38.18	44.30	45.64	26.41
平均	19.26	24.81	64.84	81.88	106.32	106.22	86.17	82.74	78.18	69.91	50.07	23.98

3.3　水面蒸发量及变化特征

水库水面蒸发量变化特征包括单位面积蒸发量和蒸发量年内分配。

3.3.1　单位面积蒸发量计算

利用朱庄水库 2000—2010 年水库水位面积和水面蒸发量计算成果，分别计算出朱庄水库多年平均水面蒸发量为 794.38 万 m³，单位面积水面蒸发量为 85.60 万 m³/km²。表 7-39 为朱庄水库单位面积蒸发量计算表。

表 7-39　　　　　　　　　朱庄水库单位面积蒸发量计算表

年份	年蒸发量/万 m³	年平均水位/m	年平均水面面积/km²	单位面积蒸发量/(万 m³/km²)
2000	745.28	239.90	8.920	83.55
2001	993.66	246.36	10.851	91.57
2002	893.85	242.09	9.573	93.37
2003	638.22	241.56	9.415	67.79
2004	922.44	244.59	10.318	89.40
2005	935.68	244.96	10.428	89.73
2006	927.26	244.47	10.282	90.18
2007	832.34	242.92	9.820	84.76
2008	700.83	239.03	8.659	80.94
2009	631.04	234.00	7.148	88.28
2010	517.55	231.23	6.311	82.01
平均	794.38			85.60

3.3.2 年内变化特征

利用 2000—2010 年水库蒸发量资料,分别计算出朱庄水库逐月蒸发量。逐月蒸发量变化柱状图见图 7-12。

通过朱庄水库逐月水面蒸发量可以看出,水面蒸发量较大值出现在 5 月、6 月,分别为 106.30 万 m³ 和 106.22 万 m³。在北方地区,5 月、6 月气温虽不是最高,但气候干燥,风速大,蒸发损失量也大,是全年中最干旱的季节。较小值出现在 1 月和 12 月,分别为 12.96 万 m³ 和 23.94 万 m³。北方地区的 1 月、12 月在冰期,水库水面结冰影响水面蒸发量,在水与空气之间有冰层的存在,影响水面与空气接触,是全年水面蒸发量最小的季节。

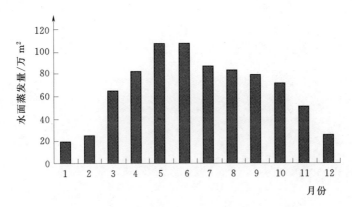

图 7-12 朱庄水库水面蒸发量年内变化柱状图

朱庄水库年内最大月平均蒸发量为 106.30 万 m³,最小月平均蒸发量为 12.96 万 m³,极值比为 8.20,极值差为 93.34 万 m³。

3.4 结论

由于受观测仪器条件的限制,水库水面蒸发量计算常采用 E601 型蒸发器观测资料近似代替水面蒸发量,而天然水面蒸发量与 E601 型蒸发器观测值存在一定的误差。采用大水体蒸发池观测资料能较好地反映天然水体蒸发量。通过河北省衡水水文实验站 20m² 蒸发池观测资料与 E601 型蒸发器进行同步计算,采用其折算系数,将朱庄水库 E601 型蒸发器蒸发量换算成大水体水面蒸发量,使水面蒸发结果接近于天然水体蒸发量。

朱庄水库多年平均蒸发量为 794.38 万 m³,单位面积蒸发量 85.60 万 m³/km²。朱庄水库年内最大月平均蒸发量出现在 5 月,为 106.30 万 m³;最小月平均蒸发量出现在 1 月,为 12.96 万 m³。年内变化极值比为 8.20,极值差为 93.34 万 m³。

水库水面蒸发损失量,在水资源用水规划、水资源调度及水量平衡计算中,是一项重要的指标。准确计算水库水面蒸发量,对水资源合理开发利用由重要作用。

参 考 文 献

[1] 乔光建,张均铃,刘春广. 流域植被对水质的影响分析 [J]. 水资源保护,2004,20 (4): 28-30.

［2］　乔光建．区域水资源保护探索与实践［M］．北京：中国水利水电出版社，2007.

［3］　叶守泽，詹道江．工程水文学［M］．北京：中国水利水电出版社，2007.

［4］　雒文生，宋星原．洪水预报和调度［M］．武汉：湖北科技出版社，2000.

［5］　河海大学．水文学原理［M］．南京：河海大学出版社，1998.

［6］　陈宁珍．水库运行调度［M］．北京：水利电力出版社，1993.

［7］　王春泽．河北省水文站名览［M］．石家庄：河北科学技术出版社，2014.

第八章 水库兴利调度

第一节 水库优化调度

朱庄水库是以防洪、工农业供水为主，发电、养殖为辅的大型水库，首先水库在确保安全度汛的前提下进行供水调度。供水期，在保证工农业供水，电站最大力的发电盈利，蓄水期，在加大保证率多发电，必要时可根据天气中短期预报，利用弃水发电，增加电站出力。朱庄水库的优化调度就是在满足灌溉流量下，使发电站最大负荷发电盈利。

1 水库调度总则

朱庄水库系以防洪灌溉为主，兼顾发电养殖的大型综合水利枢纽工程，是国家重要水力资源的一部分。在确保工程安全的前提下，最大限度地发挥其兴利除害效益，以满足国民经济各部分的需要。

水库调度计划及蓄水方案经上级批准后，应严格执行，如有特殊情况需变更时，应会同有关部门提出修正意见，报主管部门审批。

编制水库调度运用计划，如发现调度实践积累的资料与原设计的依据有矛盾，并影响调度指标和原设计标准时，应会同有关各部门综合分析论证以后修改，推荐新的水库特征参数和动能指标，并报上级批准后，代替原有资料和指标。

2 水库调度工作内容

水库调度任务：在确保大坝安全的前提下，多蓄水，多灌溉，多发电，多受益；合理安排水库的蓄、泄、供水方式，实行水库的统一调度，并使防洪发电、蓄水达到最优配合。确保下游京广铁路及邢台市的安全，减免下游农田洪灾损失。不断提高水库综合利用最佳效果和水库调度管理水平。

调查研究，统筹防洪、灌溉、发电、供水、养殖各综合部门的要求，协调矛盾，综合平衡，编制水库控制运行计划，实行灵活调度。

掌握中长期水文预报，加强与水文气象部门的联系，随时掌握水、雨情。制定调洪预案，保证工程安全。

分析掌握水文规律，对水库运行方式，灌溉用水及发电计划提供参考数据。

按规定向有关部门报告水库运行方式和答复有关咨询，总结调度经验，搜集汇编有关资料，开展科学实验，采用新技术。

按有关规程规定要求，搜集、整理、汇编流域水文资料，向防汛、抗旱等部门提供服务。

防洪与兴利结合的调度方式：承担防洪及兴利任务的水库，在调度上要使水库的防洪库容与兴利库容尽可能结合起来，以尽量提高综合效益。常采用的方法有：利用洪水季节性变化规律，分期拟定汛期限制水位，以便与兴利库容结合；利用水文预报（见水库预报调度）；通过绘制水库调度图使防洪库容与兴利库容结合。采用以上方法调度时，对防洪与兴利均要全面考虑。

发电、灌溉、供水相结合的调度方式：要根据水库承担任务的主次关系和各部门用水在时间、空间上可能结合的情况，拟定合适的统一调度方式。

以发电为主的水库，灌溉或供水自坝下引水（与发电用水可以结合），或自库内引水（与发电用水不能结合）量不大，可按发电水库拟定调度方式，库内的引水量可按需要供给。

以灌溉或供水为主兼顾发电的水库，一般应以灌溉或供水水量拟定调度方式，根据灌溉或供水的要求确定发电时间和发电量，多余的水量可主要用于增加发电效益。

发电和灌溉或供水并重，或它们的用水比重均相当大，在时间或空间分布不一致时，应根据它们的设计保证率、用水要求绘制水库两级调度图，对于不同来水年份和水库蓄水情况，分别采用不同的调度方式。

3 水库拦洪功能

朱庄水库的设计，按照当时的历史背景，主要是以防洪灌溉为主进行设计施工的。随着社会经济的发展，水库的功能也发生相应的变化，为城市生活和工业供水也成为水库服务功能的重要内容。

利用水库防洪库容调蓄洪水以减免下游洪灾损失的措施。水库防洪一般用于拦蓄洪峰或错峰，常与堤防、分洪工程、防洪非工程措施等配合组成防洪系统，通过统一的防洪调度共同承担其下游的防洪任务。

库区的水文过程和水量平衡特性与天然湖泊近似，回水楔以上仍具有天然河流特性。库区水文情势主要取决于大坝造成的壅水，并表现为水位显著上升，形成广阔的水面；其次还取决于由开发目标所决定的各种调节形式及运行制度。库区水位随泄放水量而发生周期性变化。水库所在河流的径流情势发生时程变化，这种变化取决于水库的调节程度。水库一般多具有多年、年、季及月、日等调节方式，水库的调节程度（调节系数）愈高，水位变化愈缓和；反之，则变化急剧。库区由于水面辽阔，蒸发量有明显增加趋势，库区降雨、渗漏、气候、水动力学、热力学等因素也都有不同程度的变化。

防洪库容的确定：根据防护区的防洪标准求出防护区、水库及区间的设计洪水；通过调查研究确定有关防护区的保证水位及安全泄量。以安全泄量减去区间流量求出水库各时段允许的最大泄量；根据防护区离水库的远近、区间洪水特性、泄洪设备能力及是否设闸控制等条件，拟定水库防洪调度方式；根据上述条件，以防洪限制水位作为调洪计算的初始水位（亦称起调水位），通过水库调洪计算求出防洪库容。对于防洪与兴利结合的综合利用水库，当泄洪设备有闸控制、洪枯水期比较稳定时，可分别绘制防洪与兴利调度线。通过对两条调度线的分析，求出能供防洪与兴利同时使用的重叠库容。它是防洪库容的一部分。朱庄水库设有专门防洪库容 2.8 亿 m³，有较强的调洪滞洪能力，可保证下游河道

20 年一遇洪水。表 8-1 为朱庄水库逐年拦蓄洪水计算表。

表 8-1　　　　　　　　　　　朱庄水库逐年拦蓄洪水计算表

年份	时间 （月-日）	入库洪峰 流量 /（m³/s）	出库 流量 /（m³/s）	削减 洪峰 /%	最高 库水位 /m	入库 水量 /万 m³	出库 水量 /万 m³	拦洪 水量 /万 m³	拦洪率 /%
1981	08-15	338.9	4.88	98.6	221.39	3055	101	2954	96.7
1982	08-03	1166.7	86.8	92.6	247.81	10440	548	9892	94.8
1983	08-25	256.9	9.70	96.2	247.58	625	44	581	93.0
1984	07-11	50.2	0	100	237.81	624	0	624	100
1985	07-23	361	0	100	236.84	250.4	0	250.4	100
1986	07-11	21.9	0	100	237.59	253	0	253	100
1987	08-26	66.6	0	100	226.13	430	0	430	100
1988	08-07	1166	0	100	234.48	4200	0	4200	100
1989	08-16	1110	0	100	242.70	1508	0	1508	100
1990	08-21	301	0	100	244.52	1464	0	1464	100
1991	09-13	300	0	100	243.76	1560	0	1560	100
1992	08-03	167	0	100	241.81	268	28.5	239.5	89.4
1993	08-05	500	0	100	237.36	3026	0	3026	100
1994	07-15	55.6	0	100	237.91	630	0	630	100
1995	08-16	389	0	100	251.84	5840	0	5840	100
1996	08-04	9404	6600	29.8	258.34	39135	29594	9541	24.4
1997	08-01	1000	10.2	99.0	247.36	2674	324	2350	87.9
1998	07-01	111	0	100	241.74	440	0	440	100
1999	08-09	64.5	8.98	86.1	238.79	15	75	-60	-400
2000	07-05	5557	395	92.9	251.26	20801	1939	18862	90.7
2001	07-27	121	10.0	91.7	251.27	784	584	200	25.5
2002	07-28	25.5	0	100	243.01	470	0	470	100
2003	07-05	58.7	3.18	94.6	243.93	1970	0	1970	100
2004	08-12	611	0	100	248.06	3330	0	3330	100
2005	08-17	250	0	100	248.12	2870	0	2870	100
2006	08-30	98.2	0.98	99.0	246.95	4030	161	3869	96.0
2007	08-07	70.7	1.27	98.2	245.79	915	115	800	87.4
2008	08-12	113	1.73	98.5	240.67	901	111	790	76.8
2009	07-08	38.9	0	100	236.64	98.1	0	98.1	100
2010	09-04	100	0	100	235.19	1755	0	1755	100
2011	09-17	77.8	0	100	235.45	644	0	644	100
2012	07-15	155	4.91	96.8	235.92	1157	233	924	79.9
2013	07-13	117	0	100	238.18	3816	0	3816	100

通过对朱庄水库 1981—2010 年水库拦洪蓄水分析计算，枯水年或平水年拦洪率为 100%，充分发挥水库的调节作用。遇到大水年，水库的防洪作用主要是削减洪峰，1982 年 8 月 3 日洪水中，水库削减洪峰 92.6%，拦蓄洪水总量 9892 万 m³；1996 年 8 月 4 日洪水中，水库削减洪峰 29.8%，拦蓄洪水总量 9541 万 m³；2000 年 7 月 5 日洪水中，水库削减洪峰 92.9%，拦蓄洪水 18862 万 m³。在特大暴雨洪水发生时，水库在防洪减灾方面发挥了重要作用。

4 防洪安全指标

4.1 城市防洪标准达标率

城市防洪标准达标率是反映城市防洪安全的安全性指标，随着现代化进程的加速，防洪安全对经济和社会的保障作用越来越重要，设立这一指标十分必要。其计算公式为：

$$C = \frac{S_{防洪}}{S_{总}} \times 100\%$$

式中：C 为城市防洪标准达标率，%；$S_{防洪}$ 为流域内符合城市规划防洪标准的城市个数；$S_{总}$ 为流域内城市总数。

4.2 高标准防洪保护区比例

高标准防洪保护区比例是指现状防洪标准达到规划防洪标准的防洪保护区面积占防洪保护区总面积的比率，是反映防洪安全性的指标。随着现代化进程的加速，防洪安全对经济和社会的保障作用越来越重要。其计算公式为：

$$B = \frac{F_{高标准}}{F_{总}} \times 100\%$$

式中：B 为高标准防洪保护区比例，%；$F_{高标准}$ 为高标准防洪保护区面积，km²；$F_{总}$ 为流域内防洪保护区总面积，km²。

4.3 调节能力指数

水库调洪作用有蓄洪与滞洪两种。蓄洪一般指水库设有专用的防洪库容或通过预泄，预留部分库容，用来拦蓄洪水，削减洪峰流量，满足下游防洪要求。滞洪指仅仅利用大坝抬高水位，增大库区调蓄能力，当入库洪水流量超过水库泄流设备下泄能力时，将部分洪水暂时拦蓄在水库内，削减洪峰，待洪峰过后，所拦蓄的洪水，再逐渐泄入河道。对防洪与兴利相结合的综合利用水库来说，当入库洪水为中小洪水时，一般以蓄洪为主，以便为兴利之用；而在大洪水年份，则兼有蓄洪滞洪的作用。入库洪水经水库调蓄后，其泄流量的变化情况与水库的容积特性、泄洪建筑物形式、尺寸以及下游防洪标准、水库运行方式等有关。

水库调洪方式基本有自由泄流、固定泄流和补偿调节等三种。

（1）自由泄流（敞开泄流）。指水库不承担下游防洪任务，水库调洪只需解决水库遭遇设计标准及校核标准洪水，在水库水位超过防洪限制水位时为确保大坝安全时的泄洪。当水库承担下游防洪任务而入库洪水超过下游防洪标准设计洪水时的泄流，也是自由泄流。

（2）固定泄流。即采用闸门控制措施，使水库下泄流量按固定值泄放（一级或多级固定），各级控制下泄流量值视入库洪水和控制点的防洪能力而定。对于调洪能力较小的水库，可按入库流量来判别属于何级下泄值，对调洪能力大的水库洪量起主要作用，宜采用库水位涨率与入库流量相结合方法判定宜选泄量数值。

（3）补偿调节。理想的补偿调节方式是根据区间洪水预报逐时段确定水库相应下泄流量，使其与区间洪水流量组合结果不超过下游控制点的安全允许泄流量。考虑错峰要求的水库泄流即属于此种方式，但这种方式只适合于水库泄流至下游防洪控制点的传播时间小于区间洪水的预见期和预报精度较高的情况。如果某些水库泄流传播到下游防洪控制点的时间较长，而区间洪水集流却很快，预见期短，水库接到区间水情预报时已来不及关闸错峰，那么，需采用经验性或统计性的补偿调节洪水方式。如把区间地区的某些暴雨因素和防洪控制点涨率等作为关闸错峰的指标。当上游水库群共同承担下游防洪任务时，一般需要考虑补偿问题，当水库群洪水具有同步性时，选调洪能力大的，控制洪水比重大的水库作为防洪补偿调节水库，其余为被补偿水库；反之，洪水同步性差的水库群，采用补偿方式时，应将各库泄流最大值与区间洪峰错开，避免出现组合更不利情况。

由于我国降雨时间上比较集中，对水利工程的调蓄能力要求更高一些，其中水库调节是主要的调蓄措施。如果一个流域内水库总防洪库容能够消纳所有汛期径流，那就不会出现洪水问题，因此采用调节能力指数来评价流域的防洪能力，按照防洪库容和某个水平年汛期径流量的比值来计算，由于资料问题，采用多年平均径流量进行分析，其计算公式为：

$$T = \frac{W_{防洪}}{W_{径流量}} \times 100\%$$

式中：T 为调节能力指数，%；$W_{防洪}$ 为水库防洪库容，万 m³；$W_{径流量}$ 为多年平均年径流量，万 m³。

4.4 洪灾损失率

洪灾损失率通常是指受灾区域各类财产或农作物的损失值与灾前值或正常值之比。洪灾损失包括直接经济损失、间接经济损失和非经济损失三类。直接经济损失计算的关键是合理确定各类财产和作物在不同淹没程度下的洪灾损失参数，洪灾损失率是其中最重要的参数之一。它对防洪效益计算及经济评价结论可靠性具有举足轻重的影响。

洪灾损失率主要影响因素分析。洪灾损失率与灾区地形地貌、经济状况、淹没程度（深度、时间、流速）、上次成灾洪水到本次洪水的间隔时间、洪水过程线的变化特性、洪水在年内发生的时间、天气季节、灾区范围、预报期、抢救情况（时间、速度）、指挥组织等因素有关。就财产损失率而言，它取决于淹没程度、洪灾间隔时间、财产种类及耐淹性能，对农作物损失率而言，除上述因素外，还受洪泛区内土壤类型及其分布、作物品种、产量与耐淹能力的影响。洪灾损失率计算公式为：

$$H = \frac{W_{损失}}{GDP} \times 100\%$$

式中：H 为洪灾损失率，%；$W_{损失}$ 为洪灾灾害造成的经济损失量；GDP 为同期 GDP 数。

洪灾损失率可以反映一个流域的防洪减灾水平。当此指标较低时，表明流域防洪体系的防洪效益基本实现；相反，当此指标较高时，表明防洪体系防洪效益较小，有待于进一步提高。近10年来平均损失占全国GDP的2.2%左右，约为美国的30倍，日本的10倍。

第二节 水电站用水调度

1 优化调度方案

为了多发电，发电用水计量优化调度。

运行方式的选择：水电站的运行方式可按电站的本身特点选定。具有调蓄水库和优良水道参数并靠近电网负荷中心的水电站，都被指定作电网的调峰电站。径流式水电站或缺乏调蓄库容的电站都被指定为基荷电站。按水文情况来选定时，水电站在汛期需按基荷运行，尽量少弃水，到枯水期改为按调峰运行。短期（日）运行方式一般是在已确定的日平均出力 N（或日发电量）下，安排电站的瞬时出力和机组的开停及负荷分配，因而短期运行方式需立足在中、长期水库发电调度的基础上。

运行方式的优化：运行方式是电网调度的组成部分。它的优化涉及网内各类电站的特性，包括火电站的机、炉特性，水电站机组动力特性，以及输电网损耗特性。目前在电网日调度中对于各类机组的实时出力安排，多采用"等微增率"为准则，并结合电网可靠性方面的要求；对水电站内机组的开停和负荷分配，逐步向全盘自动化方向发展。由于电网负荷是随机变化的，故须进行实时调度，以收到优化的实效。

提前弃水：汛前腾库迎汛弃水越多，弃水时间越提前，一般5月开始弃水发电。因春灌开始，雨季到来之前，正是用电高峰期。用电部门愿意接受水力发电。

调节弃水方式：弃水初期怕来汛旱，电站满负荷、大流量（1.5m³/s）弃水发电；后期当水库水位接近汛限水位时，气象预报如无较大降水，改用小流量运行，延长弃水时间，以求得更多雨水入库，连续运行发电。弃水期间，降雨入库水量1987年为700万m³，1990年为260万m³，供发电237.4万kW·h。一旦降雨，农田不再浇地，用电少，用电部门不愿意接水力发电。

结合灌溉用水：增加弃水，增发电量。从1990年秋灌开始，根据水库蓄水量和机组性能，结合灌溉用水增加弃水，加大机组过水量，多发电。水电站1号机组下游河道，最大过7个流量，机组相应负荷1500kW·h左右，并且震动较大。从此时，如再增大1～2个流量，机组负荷即可增到2000～2400kW·h，效果十分明显，且机组运营平稳。

2 发电用水效率

朱庄水库电站自1983年并网发电以来，截至2013年，累计发电12354万kW·h，累计发电时间94536h。结合水库灌溉和工业用水，实行优化调度，发电用水利用率64.8%。朱庄水库水电站逐年发电量统计见表8-2。

表 8-2　　　　　　　　　　　　水电站逐年发电用水量统计表

年份	发电量/(万 kW·h)		用水量/万 m³		发电水利用率		发电时间/h	
	发电量	累计发电量	用水量	累积用水量	出库量	利用率/%	发电时间	累积发电时间
1983	929	929	10501	10501	16619	63.2	3960	3960
1984	85	1014	1700	12201	3780	45.0	720	4680
1985	33	1047	600	12801	3243	18.5	720	5400
1986	218	1265	4560	17361	7104	64.2	2880	8280
1987	68	1333	927	18288	3857	24.0	1080	9360
1988	52	1385	1046	19334	2569	40.7	1080	10440
1989	367	1752	4143	23477	6764	61.3	1920	12360
1990	599	2351	6810	30287	8094	84.1	2880	15240
1991	445	2796	5050	35337	8162	61.9	1824	17064
1992	241	3037	4452	39789	6560	67.9	1920	18984
1993	172	3209	3032	42821	4476	67.7	1584	20568
1994	226	3435	3818	46639	5531	69.0	2640	23208
1995	848	4283	11448	58087	12674	90.3	4320	27528
1996	963	5246	10590	68677	62021	17.1	4008	31536
1997	844	6090	9802	78479	11063	88.6	3720	35256
1998	150	6240	2066	80545	3951	52.3	1920	37176
1999	129	6369	1979	82524	3905	50.7	2160	39336
2000	427	6796	5550	88074	14020	39.6	2376	41712
2001	804	7600	8801	96875	10119	87.0	3360	45072
2002	98	7698	1811	98686	3144	57.6	1872	46944
2003	183	7881	2460	101146	3058	80.4	1152	48096
2004	659	8540	8132	109278	8956	90.8	3456	51552
2005	613	9153	7890	117168	8730	90.4	4320	55872
2006	878	10031	11200	128368	12087	92.7	8736	64608
2007	708	10739	9162	137530	10101	90.7	8472	73080
2008	496	11235	6448	143978	8690	74.2	8592	81672
2009	186	11421	3010	146988	5147	58.5	2856	84528
2010	266	11687	5229	152217	8021	65.2	2232	86760
2011	96	11783	2300	154517	4146	55.5	1320	88080
2012	303	12086	7288	161805	8867	82.2	2640	90720
2013	268	12354	5231	167036	6630	78.9	3816	94536
平均	399		5388		9100	64.8	3050	

第三节 水库兴利调节计算

1 径流调度计算

南北两灌渠直接从水库引水。设计灌溉面积为 38 万亩，实际灌溉面积 13 万亩。

采用 1953—1986 年水文资料系列计算，水库天然入库水量为 2.182 亿 m³，损失量为 0.28 亿 m³，兴利年水量为 1.902 亿 m³，计算成果见表 8-3。

表 8-3　　　　　　　　　　　　朱庄水库兴利调节计算成果

项　　目	不同水平年水量/亿 m³			
	$P=15\%$（1982 年）	$P=50\%$（1975 年）	$P=75\%$（1957 年）	$P=95\%$（1986 年）
天然来水	2.958	1.059	0.841	0.118
折算水量	3.01	1.49	0.701	0.161

表 8-4 为朱庄水库不同保证率典型年各月水量折算表。表 8-5 为朱庄水库净水量表。

表 8-4　　　　　　　　朱庄水库不同保证率典型年各月水量折算表

月份	不同保证率水量/亿 m³							
	$P=15\%$（1982 年）		$P=50\%$（1975 年）		$P=75\%$（1957 年）		$P=95\%$（1986 年）	
	天然来水	折算水量	天然来水	折算水量	天然来水	折算水量	天然来水	折算水量
6	0.114	0.115	0.058	0.057	0.032	0.027	0.005	0.007
7	0.282	0.284	0.142	0.140	0.079	0.067	0.011	0.015
8	1.664	1.677	0.840	0.829	0.468	0.395	0.066	0.093
9	0.304	0.306	0.154	0.152	0.0856	0.0772	0.012	0.017
10	0.145	0.146	0.073	0.072	0.041	0.035	0.006	0.008
11	0.117	0.118	0.059	0.058	0.033	0.028	0.005	0.007
12	0.097	0.098	0.049	0.048	0.027	0.023	0.004	0.006
1	0.074	0.075	0.037	0.037	0.021	0.018	0.003	0.004
2	0.053	0.053	0.027	0.027	0.015	0.013	0.002	0.003
3	0.047	0.047	0.024	0.024	0.013	0.011	0.002	0.003
4	0.034	0.034	0.017	0.017	0.0096	0.008	0.001	0.001
5	0.056	0.056	0.028	0.028	0.016	0.013	0.002	0.003
合计	2.987	3.009	1.508	1.489	0.8402	0.7152	0.119	0.167
折算系数	3.009/2.987=1.007		1.489/1.508=0.987		0.7152/0.8402=0.851		0.167/0.119=1.403	

表 8-5　　　　　　　　　　　　　　朱庄水库净水量表

月份	上游用水/亿 m³	不同保证率供水量/亿 m³							
		P=15% (1982年)		P=50% (1975年)		P=75% (1957年)		P=95% (1986年)	
		折算水量	净来水量	折算水量	净来水量	折算水量	净来水量	折算水量	净来水量
6	0.011	0.115	0.104	0.057	0.046	0.027	0.016	0.007	−0.004
7	0.000	0.284	0.284	0.140	0.140	0.067	0.067	0.015	0.015
8	0.000	1.677	1.677	0.829	0.829	0.395	0.395	0.093	0.093
9	0.014	0.306	0.292	0.152	0.138	0.072	0.058	0.017	0.003
10	0.010	0.146	0.136	0.072	0.062	0.035	0.025	0.008	−0.002
11	0.010	0.118	0.108	0.058	0.048	0.028	0.018	0.007	−0.003
12	0.000	0.098	0.098	0.048	0.048	0.023	0.023	0.006	0.006
1	0.000	0.075	0.075	0.037	0.037	0.018	0.018	0.004	0.004
2	0.000	0.053	0.053	0.027	0.027	0.013	0.013	0.003	0.003
3	0.016	0.047	0.031	0.024	0.008	0.011	−0.005	0.003	−0.013
4	0.015	0.034	0.019	0.017	0.002	0.008	−0.007	0.001	−0.014
5	0.013	0.056	0.043	0.028	0.015	0.013	0.000	0.003	−0.010
合计	0.089	3.009	2.920	1.489	1.400	0.710	0.621	0.167	0.078

2　兴利调节计算

河流天然来水与用水之间的矛盾，不仅表现在年内分配上，有时年与年之间也有矛盾。在枯水年，当年的全部来水量不能满足当年用水量，甚至连续几年有这样的情况发生，称连续枯水年组。有些丰水年全年来水量却大于全年的用水量，有余水产生。在这种情况下，如果库容较大将多余的水全部蓄存起来，满足枯水年或枯水年组缺水的需要，这种水库就是多年调节水库。多年调节水库不仅能调节年内各月径流的分配不均匀性，而且能调节年与年之间的径流分配不均匀性。多年调节水库是调节性能高，径流利用程度充分的一种水库。表 8-6 为朱庄水库历年径流量统计表。

典型年法，仅对设计代表年进行列表调节计算，求出该年满足兴利用水的兴利库容，作为兴利库容。兴利调节原理即水量平衡原理：

$$\Delta W_{来} - \Delta W_{用} - \Delta W_{损} - \Delta W_{弃} = \Delta W = \Delta V = V_{末} - V_{初}$$

式中：$\Delta W_{来}$ 为时段来水量；$\Delta W_{用}$ 为时段用水量；$\Delta W_{损}$ 为时段内蒸发渗漏损失量；$\Delta W_{弃}$ 为时段水库弃水量；ΔW 为时段水量变化值；$V_{末}$ 为时段末水库水量；$V_{初}$ 为时段初水库水量；ΔV 为水库水量变化。

表 8 - 6   朱庄水库历年径流量统计表

序号	年份	径流量 /亿 m^3	序号	年份	径流量 /亿 m^3	序号	年份	径流量 /亿 m^3
1	1953	2.0392	21	1973	5.7335	41	1993	0.7161
2	1954	4.428	22	1974	1.4964	42	1994	0.558
3	1955	4.596	23	1975	1.956	43	1995	3.2032
4	1956	7.343	24	1976	3.0764	44	1996	6.6565
5	1957	1.292	25	1977	3.2872	45	1997	1.1169
6	1958	2.757	26	1978	1.9158	46	1998	0.4728
7	1959	2.791	27	1979	0.9798	47	1999	0.0823
8	1960	1.494	28	1980	0.5789	48	2000	4.5548
9	1961	1.912	29	1981	0.6826	49	2000	3.7711
10	1962	1.487	30	1982	3.3815	50	2001	0.326
11	1963	16.338	31	1983	0.6437	51	2002	0.1995
12	1964	3.793	32	1984	0.5031	52	2003	0.5286
13	1965	1.0226	33	1985	1.3428	53	2004	1.0129
14	1966	4.414	34	1986	0.1973	54	2005	0.8269
15	1967	1.863	35	1987	0.3632	55	2006	0.8743
16	1968	1.895	36	1988	2.3441	56	2007	0.3242
17	1969	2.052	37	1989	1.1804	57	2008	0.3258
18	1970	1.472	38	1990	2.0049	58	2009	0.1966
19	1971	1.896	39	1991	1.2048	59	2010	0.3766
20	1972	0.459	40	1992	0.4718	60	平均	2.1154

求出相应于设计保证率的设计径流量和年内分配，作为水库代表年的来水过程，再列出相应的用水过程，根据兴利计算原理，列表逐时段计算，即可求出兴利库容。以月为时段的兴利库容计算公式为：

$$V_{月末} = V_{月初} + (W_{来} - W_{用})$$

式中：$V_{月末}$ 为月末水库蓄水量；$V_{月初}$ 为月初水库蓄水量；$W_{来}$ 为该月来水量；$W_{用}$ 为该月用水量。

对朱庄水库不同保证率 $P = 15\%$、$P = 50\%$、$P = 75\%$ 和 $P = 95\%$ 四种方案进行兴利库容计算，计算结果见表 8 - 7～表 8 - 10。

表 8-7 朱庄水库兴利调节计算 （P=15%）

月份	来水量 /亿 m³	用水量及损失量/亿 m³					水量平衡/亿 m³		库水位变化/m	
		南灌区	北灌区	弃水量	损失量	小计	水量变化	月初水量	月初库水位	月末库水位
6	0.104	0.02	0.025	0	0.014	0.059	0.045	0.340	220.00	221.10
7	0.284	0	0	0	0.014	0.014	0.270	0.385	221.10	227.10
8	1.677	0	0	0	0.009	0.009	1.668	0.655	227.10	248.40
9	0.292	0.02	0.025	0	0.007	0.052	0.240	2.323	248.40	250.50
10	0.136	0.03	0.035	0	0.006	0.071	0.065	2.563	250.50	251.20
11	0.108	0.02	0.025	0	0.004	0.049	0.059	2.628	251.20	252.00
12	0.098	0	0	0	0.003	0.003	0.095	2.687	252.00	252.75
1	0.075	0	0	0	0.003	0.003	0.072	2.782	252.75	253.30
2	0.053	0.706	1.412	0	0.004	2.122	−2.069	2.854	253.30	230.10
3	0.031	0.045	0.045	0	0.007	0.097	−0.066	0.785	230.10	229.40
4	0.019	0.04	0.04	0	0.01	0.09	−0.071	0.719	229.40	228.20
5	0.043	0.026	0.026	0	0.003	0.055	−0.012	0.648	228.20	228.00
合计	2.92	0.907	1.633	0	0.084	2.624	0.296			

表 8-8 朱庄水库兴利调节计算 （P=50%）

月份	来水量 /亿 m³	用水量及损失量/亿 m³					水量平衡/亿 m³		库水位变化/m	
		南灌区	北灌区	弃水量	损失量	小计	水量变化	月初水量	月初库水位	月末库水位
6	0.046	0.02	0.025	0	0.011	0.056	−0.010	0.340	220.00	219.70
7	0.14	0	0	0	0.008	0.008	0.132	0.330	219.70	222.80
8	0.829	0	0	0	0.007	0.007	0.822	0.462	222.80	236.30
9	0.138	0.02	0.025	0	0.006	0.051	0.087	1.284	236.30	237.60
10	0.062	0.03	0.035	0	0.005	0.07	−0.008	1.371	237.60	237.50
11	0.048	0.02	0.025	0	0.003	0.048	0.000	1.363	237.50	237.50
12	0.048	0	0	0	0.003	0.003	0.045	1.363	237.50	238.00
1	0.037	0	0	0	0.002	0.002	0.035	1.408	238.00	238.50
2	0.027	0.282	0.565	0	0.003	0.85	−0.823	1.443	238.50	226.30
3	0.008	0.045	0.045	0	0.006	0.096	−0.088	0.620	226.30	227.80
4	0.002	0.04	0.04	0	0.008	0.088	−0.086	0.532	227.80	226.40
5	0.015	0.026	0.026	0	0.011	0.063	−0.048	0.446	226.40	225.30
合计	1.4	0.483	0.786	0	0.073	1.342	0.058			

表 8 - 9 朱庄水库兴利调节计算 (**P=75%**)

月份	来水量 /亿 m³	水库兴利调节计算 (1957 年)								
		用水量及损失量/亿 m³					水量平衡/亿 m³		库水位变化/m	
		南灌区	北灌区	弃水量	损失量	小计	水量 变化	月初 水量	月初 库水位	月末 库水位
6	0.016	0	0	0	0.01	0.01	0.006	0.34	220.00	220.20
7	0.067	0	0	0	0.006	0.006	0.061	0.346	220.20	221.70
8	0.395	0	0	0	0.005	0.005	0.39	0.407	221.70	229.30
9	0.058	0.02	0.025	0	0.004	0.049	0.009	0.797	229.30	229.40
10	0.025	0.03	0.035	0	0.004	0.069	−0.044	0.806	229.40	228.70
11	0.018	0.02	0.025	0	0.003	0.048	−0.03	0.762	228.70	228.60
12	0.023	0	0	0	0.002	0.002	0.021	0.732	228.60	229.00
1	0.018	0	0	0	0.002	0.002	0.016	0.753	229.00	229.30
2	0.013	0	0	0	0.002	0.002	0.011	0.769	229.30	229.40
3	−0.005	0.045	0.045	0	0.005	0.095	−0.1	0.78	229.40	227.80
4	−0.007	0.04	0.04	0	0.007	0.087	−0.094	0.68	227.80	226.20
5	0	0.026	0.026	0	0.009	0.061	−0.061	0.586	226.20	225.80
合计	0.621	0.181	0.196	0	0.059	0.436	0.185			

表 8 - 10 朱庄水库兴利调节计算 (**P=95%**)

月份	来水量 /亿 m³	水库兴利调节计算 (1986 年)								
		用水量及损失量/亿 m³					水量平衡/亿 m³		库水位变化/m	
		南灌区	北灌区	弃水量	损失量	小计	水量 变化	月初 水量	月初 库水位	月末 库水位
6	−0.004	0	0	0	0.006	0.006	−0.010	0.340	220.00	219.7
7	0.015	0	0	0	0.004	0.004	0.011	0.330	219.70	220.00
8	0.093	0	0	0	0.004	0.004	0.089	0.341	220.00	222.20
9	0.003	0.010	0.010	0	0.003	0.023	−0.020	0.430	222.20	221.70
10	−0.002	0.005	0.010	0	0.002	0.017	−0.019	0.410	221.70	221.30
11	−0.003	0.010	0.010	0	0.002	0.022	−0.025	0.391	221.30	220.70
12	0.006	0	0	0	0.001	0.001	0.005	0.366	220.70	220.80
1	0.004	0	0	0	0.001	0.001	0.003	0.371	220.80	220.90
2	0.003	0	0	0	0.002	0.002	0.001	0.374	220.90	220.90
3	−0.013	0.020	0.020	0	0.003	0.043	−0.056	0.375	220.90	219.40
4	−0.014	0.015	0.015	0	0.004	0.034	−0.048	0.319	219.40	218.00
5	−0.010	0	0	0	0.006	0.006	−0.016	0.271	218.00	217.5
合计	0.078	0.060	0.065	0	0.038	0.163	−0.085			

上述水库兴利调节计算是以实际灌溉面积 13 万亩分析计算的,不同保证率的可供水量为:$P=15\%$ 时,可供水量为 2.8360 亿 m^3;$P=50\%$ 时,可供水量为 1.3260 亿 m^3;$P=75\%$ 时,可供水量为 0.5586 亿 m^3;$P=95\%$ 时,水库将减少 0.0314 亿 m^3。朱庄水库不同保证率供水量见表 8 - 11。

表 8 - 11 朱庄水库不同保证率供水量

项　目	不同水平年水量/亿 m^3			
	1982 年	1975 年	1957 年	1986 年
	$P=15\%$	$P=50\%$	$P=75\%$	$P=95\%$
年净水量	2.9200	1.4000	0.6200	0.0070
年损失量	0.0840	0.0740	0.0614	0.0384
可供水量	2.8360	1.3260	0.5586	−0.0314

计算结果表明,当保证率在 15% 和 50% 时,可供水量比实际用水量多 2.118 亿 m^3 和 0.874 亿 m^3。此时可用两种方式进行调节,一种是将多余的水量在 2 月以发电放出;另一种是将多余的水量平均在 3—6 月、9—11 月结合灌溉放出。根据具体情况和当年的水量,以获得最佳效益为原则进行调节。另外,结合邢台市工业和生活、生态用水,多余的水可向邢台市提供水源。

按照 50% 水平年控制,灌溉用水 0.376 亿 m^3,工业用水 0.33 亿 m^3,各月供水量见表 8 - 12。

表 8 - 12 朱庄水库平水年 ($P=50\%$) 工农业需水量分配表

项目	各月工业、农业需水量/亿 m^3											
	6 月	7 月	8 月	9 月	10 月	11 月	12 月	1 月	2 月	3 月	4 月	5 月
农业需水	0.161	0.228	0.158	0.154	0	0	0	0	0	0.198	0.306	0.171
工业需水	0.027	0.028	0.028	0.027	0.028	0.027	0.028	0.028	0.026	0.028	0.027	0.028
合计	0.188	0.256	0.186	0.181	0.028	0.027	0.028	0.028	0.026	0.226	0.333	0.199

第四节　水库防洪调度

1　水库防洪调度规则的编制

1.1　水库防洪调度规则的内容

编制防洪调度规则是水库洪水运用工作的重要内容之一,是编制年度防洪调度计划的准则。防洪调度规则是按照水库设计确定的防洪任务、洪水调度运用原则,并在分析流域自然条件、洪水特性、水库工程情况和本身的防洪安全要求的基础上合理地进行编制。

阐明水库影响范围内的流域概况以及工程概况,设计和校核洪水标准,以及对下游防护对象的防洪标准,泄洪设施使用条件,洪水调度运用原则和水库下游有关控制点的安全水位、允许泄量等。

确定洪水调度特征水位。在水库工程已按设计规模完成且能正常运用时，则洪水调度特征水位可采用水库设计中确定的运用指标。

汛期限制水位。系指水库在汛期允许蓄水的上限水位，是预留防洪库容的下限水位，在常规防洪调度中是设计调洪计算成果的起始水位。对于入库洪水具有明显的季节性变化规律，可实行分期防洪调度。分期限制水位，应根据审批后的分期设计洪水成果和按照不降低工程安全标准、承担下游的防洪标准和库区安全标准的原则、考虑相应泄流方式以及原设计确定的防洪调度原则，经调洪计算后确定。改变原设计确定的汛期限制水位，必须经过充分论证，并报请上级主管审批部门核定，严格掌握执行。

防洪高水位。系指在遇到下游防护对象的设计标准洪水时，经过水库泄流调蓄后坝前达到的最高水位。

允许最高洪水位。系指在汛期调度中，为保障水库工程安全而允许蓄洪的最高洪水位。根据洪水预报并参照当时水文气象情势分析，确认有可能超出允许最高洪水位时，必须结合工程安全情况提出非常洪水调度意见，按照防洪调度指挥权限规定，报请有关防汛指挥部门决策。同时要作好临时非常抢护措施准备。

明确防洪调度方式。水库防洪调度方式就是为满足大坝安全和水库承担的防洪任务要求，而拟定的对各类洪水的蓄泄规则。

对防洪调度实施的有关问题都应在防洪调度规则中提出必要的要求和规定。

1.2 水库防洪调度方式的拟定

对于未承担下游防洪任务的水库，正常防洪调度的任务就是在设计标准洪水情况下，保证大坝的安全。采用的调度方式，一般在运用中以汛期限制水位为控制条件，该水位以上按防洪要求预留一定调洪库容，用于调蓄设计，校核标准洪水。汛期出现洪水，当水库蓄水达到控制水位且继续上涨时，则入库洪水经溢洪道堰顶自由漫溢，或按要求启用溢洪道闸门和其他泄洪设施泄洪。

承担下游防洪任务的防洪调度：①分级控制泄流。这种调度方式是对不同量级洪水采取不同的控制泄量，它主要适用于水库距下游防洪控制点较近、区间洪水较小等情况。②补偿调节。这种防洪调度方式是在发生相应于下游防洪标准及其以下洪水时，调节水库下泄流量使其与区间来水之和等于或小于防洪控制点的安全泄量。③错峰调度。错峰调度亦属补偿调节运用方式，它是在水库和防洪控制点之间集雨面积大、区间洪水预报期短、水库放水至下游防洪控制点的传播时间长等方面不适应完全补偿调节下，而采用的经验性调度方法。

分期防洪调度：对入库洪水具有明显季节变化规律的水库，可以实行分期防洪调度，在汛期不同时段采取不同的限制水位，更好地发挥水库的综合利用效益。

预报调度：预报调度是在编制防洪调度规则时应考虑预报因素，经过综合分析、论证、计算，合理提出汛期防洪限制水位，减少预留洪水库容，在确保防洪安全的前提下，充分发挥水库的综合利用效益。具体方法是：①编制洪水预报调度规则。②制定实时调度方案。③实施预报调度。

1.3 防洪调度方案

朱庄水库是以防洪为主的水利工程，2002 年汛限水位河北省防汛抗旱指挥部批准的

243.00m，根据不同水位，调度原则为分以下几种情况。

汛限水位 243.00m；水位 242.00～247.21m（5 年一遇与下游错峰前）不泄。

水位 243.00～249.40m（相当于 5 年一遇），限泄 200m³/s。

水位 249.40～252.10m（相当于 10 年一遇），限泄 700m³/s。

水位 252.10～255.20m（相当于 20 年一遇），限泄 1300m³/s。

水位超过 255.20m（超过 20 年一遇），原则上不限泄。

按照上述原则运用，水库 100 年一遇设计洪水位为 255.30m，1000 年一遇校核洪水位为 258.90m。

下游保护对象及范围：涉及 6 各县市区城镇及重要工、矿区，人口数量 128 万人；耕地面积 7.8 万 hm²；水库距京广铁路 30km 以及附近的公路、京深高速公路、107 国道等重要交通要道。

2　水库防洪调度实施措施和工作制度

2.1　水库年度度汛调度计划的编制

每年汛前，针对水库安全监测分析成果、下游河道及其允许安全泄量的变化，并参考上年度的洪水调度情况，合理编制年度防洪调度计划（或称度汛计划），指导当年汛期洪水实时调度，确保水库安全。

确定水库度汛标准。度汛标准系指当年汛期水库防御洪水机遇大小的能力。一般来讲，水库设计规定的防洪标准即作为编制年度防洪调度计划的度汛标准。

明确防洪调度方式。防洪调度方式是水库年度防洪调度计划的重要内容。在年度防汛调度计划中要对汛期各种可能来水情况需采取的蓄泄方式、判别条件和调度运用指标等以条文形式规定下来，而且要保持连续性，使水库在汛期出现各种洪水时，指挥防洪调度都有所遵循。

拟定防御超标准洪水应急抢护措施。①加高加固大坝防浪墙或抢筑子堤。②选择适宜的山凹或土坝破口汇洪，保障主坝免遭洪水漫溢溃决。采取炸坝泄洪应急措施要非常慎重。③当出现超设计标准洪水时，可用人工开挖溢洪通道，保护主坝的安全。再认真分析当时水文气象情势，提出拟采取的应急抢护措施方案，按防洪调度指挥权限制定，报请上级指挥部门决策实施。在应急抢护措施实施前，要按照溃坝洪水影响范围及洪水可能到达的时间，迅速通知有关部门，作好组织群众安全转移准备。

安全度汛组织措施。①建立健全防洪组织机构。汛期必须健全以地方行政首长负责，水库管理单位具体掌握防洪调度实施的防汛指挥机构。②汛前要审查、完善报汛站点布设，明确报汛任务，落实测报人员、测报手段和通信条件。要建立可靠的洪水调度专用通用系统，保证测报信息传递准确及时。③要加强汛期工程检查、安全监测工作，随时掌握工程的安全状况。④要做好防汛准备工作。

2.2　水库实时防洪调度

水库实时防洪调度，就是对汛期出现的各种入库洪水，经调度计算作出科学合理的蓄泄安排。

调度依据。实时防洪调度的依据是水库防洪调度规则，洪水预报方案和当年的防洪调度计划，短期洪水预报成果，水库工程的安全状况和下游河道的安全行洪能力，以及洪水调节计算成果等。

调度原则。①在洪水入库前将库水位降到汛期限制水位，其泄量及下游区间流量之和不应超出下游河道的安全行洪能力。②要控制一次洪水的总泄量应不大于预报期洪水总量与当时库水位、汛期限制水位间相应库容量之差。③当库水位正处于汛期限制水位时，则可根据批准的防洪调度运用方式进行调蓄，其总泄量不应大于预报入库洪水总量。④当库水位已达到防洪高水位，即可认为水库已完成对下游承担的防洪任务。⑤有条件实行预报调度的水库，其洪水预报方案经主管部门审定后进行实时调度。⑥在实时调度中要随时根据洪水修正预报调整蓄泄方式，同时在采用洪水预报成果时要适当留有余地，以保安全。⑦洪峰过后，水库的退水阶段如仍处于主汛期，则要把库水位逐步降到汛期限制水位。

2.3　防洪调度工作制度

水库防洪调度是防汛的重要工作之一，为搞好防洪调度，要建立一套切合实际的工作制度，以保障防洪调度方案顺利实施。

水库年度防洪调度计划编制、审批、执行制度。①计划编制应根据工程安全监测成果分析、泄洪设施运用情况及下游河道的行洪能力等，复核是否满足原设计确定的安全运用要求，如不能满足就应重新核定本年的度汛标准及相应的调度运用指标。②在计划内容上要着重阐明工程的安全状况及影响安全的主要问题，重新核定度汛标准的论证分析；防御超设计标准洪水应急抢护措施方案的实施计划；明确防洪调度指挥权限等。③年度防洪调度计划按程序上报审批，并抄报（送）有关防汛部门，作为监督水库防洪调度的依据。④防御超标准洪水应急抢护措施的实施计划按规定上报有关防汛指挥机构审查决策。⑤经批准的年度防洪调度计划要严格执行，各级地方行政领导要大力支持贯彻实施。

请示汇报制度。在汛期，水库防汛指挥机构要按照要求向上级报告水情、雨情；在降雨达到一定量级后应做出洪水预报和实时洪水调度意见；当大坝或泄洪设施出现异常情况等均应及时向上级主管和有关防汛指挥部门汇报。由于水文气象变化异常，确需改变调度运用方式，如改变错峰时间或泄流量、汛末收水时间和速度；以及在特殊情况下对重大问题的处理等均应事先请示，事后汇报。

防洪调度工作制度。①每年汛末，布置下达下一年度报汛任务。②汛前按已批准的年度防洪调度计划，由水库管理单位向有关部门通报防汛工作部署有关防洪调度要求，以取得支持。③参照有关积累资料，结合总结实践经验，修订洪水预报方案，负责水、雨情报的收集、洪水预报发布、实时洪水调度。④制定闸门启闭运用程序和操作规程，严格按启闭规程操作。

安全检查制度。①汛前检查。②汛期检查。除按规定加强正常观测外，当库水位达到或超过历史上最高蓄水位时应适当增加观测次数。要组织巡视检查，把检查内容和任务落实到人，作好检查记录和简要文字说明。③必要时应根据观测成果和检查情况作出安全评估。若出现问题要提出处理意见。

值班制度。在汛期实行昼夜值班。人员应做到：①要做好水文情报的收集、处理，及时计算前期影响雨量，进行洪水预报，提出预报成果和洪水调度意见。②密切注视水库影响范围内的水、雨情变化和水库工程的安全状况，当水、雨情发生突变或工程出现异常，要立即向防汛负责人和有关领导汇报。③当水库开始改变泄流方式，以及工程或泄洪设施出现异常，可能危及大坝和下游防洪安全时，要把情况及时向上级主管部门、领导汇报，并将各项决策传达到有关部门。④做好调度值班记录，对重要的调度命令和上级指示应进行文字传真或录音。在交接班时要把本班发生的问题、处理情况，以及需要留待下班解决的问题，一并向下一班值班人员交代清楚。要做好交接班记录。⑤值班人员要严格遵守劳动纪律，服从调度指挥。

联系制度。防洪调度工作涉及的方面很多，必须加强与上级主管部门、防汛部门、地方政府和水文气象、电力、电信、交通、物资等部门联系。联系制度一般可分为正常运用联系和非常运用联系。

资料保管制度。要建立水库防洪调度技术档案，除搜集保存水库工程的基本资料外，对每年调度运用中所有水文气象的原始数据，如雨量、库水位、入出库流量、渗漏、蒸发及泥沙等，防洪调度计划中洪水调度各种运用指标，及短期洪水预报成果，洪水预报方案、调度决策、调度总结、泄洪设施运行记录，以及有关各种技术文件、工程安全状况分析等均应经过认真校核，按照国家规定逐年分别整理汇编、刊印归档。

总结制度。为了评定水库防洪效益，逐步提高防洪调度水平，积累调度运用经验，应建立防洪高度总结制度。总结内容主要包括：①水库防洪调度的基本情况、特点，取得的成绩和总的评价，以及存在的问题。②水文气象预报情况，预报成果及对预报误差的评定。③防洪调度工作的主要经验、教训、体会，今后改进意见。有条件的还应进行有关业务管理工作的专题总结。

3　朱庄水库"96·8"暴雨洪水与防洪调度

3.1　暴雨分析

1996年8月1日9608号台风在福建福清登陆，经江西、湖南、湖北，8月3日到达河南，在林县附近形成一个暴雨中心，随后中心移至河北省漳河一带，而后暴雨迅速向北推移，4日凌晨暴雨区扩展到滏阳河及滹沱河上游，且降雨强度增大，4日7时暴雨中心移至大清河水系保定西部山区，但强度有所减弱，此后雨区转向东北方向，沿燕山迎风区移至北京、迁西一带，雨强继续减弱，6日12时雨区移出河北省境。"96·8"暴雨集中在海河南系太行山东侧迎风区，降雨量超过600mm的中心有四个：河南林县土圈679.9mm、沙河上游河下653.0mm、泜河上游石家栏642.9mm、黄壁庄水库上游南西焦652.0mm。四个暴雨中心相距不远，几乎连成一片，顺太行山迎风区形成一个狭长带状的300mm以上的高值区。

"96·8"暴雨特点为：降雨强度大；雨区集中；暴雨梯度大；持续时间短；降雨总量较小。降雨量在300mm以上的笼罩面积为9280km^2；降雨量在500mm以上的笼罩面积为1100km^2。

通过对朱庄水库流域内16个雨量站降水资料分析，单站最大日降水量为柏硐站，日雨量为434.2mm；本次降水量最大站为野沟门站，降雨量为700.5mm。朱庄水库流域1996年8月各站降水量统计见表8-13。

表 8-13 朱庄水库流域 1996 年 8 月暴雨各站降水量统计表

雨量站	日降水量/mm								合计/mm
	7月29日	7月30日	7月31日	8月1日	8月2日	8月3日	8月4日	8月5日	
槲树滩	0.8	6.7	8.6	10.0	55.8	136.3	191.1	1.1	410.4
侯家庄	0	6.0	10.0	11.8	37.7	125.1	197.3	0	387.9
崇水峪	0	9.1	13.5	9.1	14.9	141.4	202.8	0	390.8
石板房	0	17.0	16.0	3.0	13.0	130.0	246.0	0	425.0
冀家村	4.9	29.0	12.9	12.4	19.5	125.9	259.6	2.4	466.6
折户	5.9	29.2	16.1	12.7	9.6	125.1	232.1	3.3	434.0
将军墓	0	25.7	19.4	13.0	20.5	163.0	336.0	0	577.6
野沟门	0	50.2	21.1	14.8	10.6	291.2	316.9	0.5	705.3
浆水	0	78.4	18.2	6.3	8.3	145.8	155.0	2.0	414.0
西枣园	0	94.0	7.0	7.7	1.5	177.2	199.0	0	486.4
河下	0	31.4	16.1	13.6	7.2	205.6	426.6	0	700.5
白岸	0	38.6	15.7	22.9	21.7	145.6	127.5	1.0	372.8
路罗	0	53.1	17.2	10.0	21.6	162.9	116.7	1.5	383.0
坡底	0	44.2	15.1	8.5	19.8	221.2	192.3	0	501.1
柏硇	0	38.2	17.8	8.2	5.1	179.1	434.2	0	682.6
朱庄	2.2	8.4	10.4	26.3	0.8	192.7	172.0	3.7	416.5
平均	0.9	34.9	14.7	11.9	16.7	166.8	237.8	1.0	

3.2 入库洪水分析

反推水库入库洪水需要的基本水文资料主要有：水库坝上水位过程；总出库流量过程和水库的库容曲线（水库水位—容积关系表）或水库库区地形图等。

3.2.1 反推入库洪水过程

3.2.1.1 基本原理

反推入库洪水流量过程的基本原理，为时段（洪水场次）水库水量平衡方程。水库时段（场次洪水）的水量平衡方程为：

$$W_i + W_q = W_o + W_g \pm \Delta W$$

式中：W_i 为场次洪水入库水量，万 m^3；W_q 为场次洪水库面产水量，万 m^3；W_o 为场次洪水出库总水量，万 m^3；ΔW 为场次洪水始末库容变化量，万 m^3；W_g 为场次洪水水库渗漏水量和蒸发损失量，万 m^3。

对于水库的场次洪水而言，W_q 为产水量（场次洪水时段短，雨期蒸发量小），但由于库面面积占水库大坝以上流域面积的比重很小，W_q 对入库洪水过程及洪峰流量的作用较小，另外场次洪水中水库大坝的渗漏水量也相对极小，因此，在实际操作中把场次洪水水量平衡方程中的 W_q 项并入 W_i，W_g 项并入 W_o，这样场次洪水的水量平衡方程可简化为：

$$W_i = W_o \pm \Delta W$$

　　用场次洪水的简化水量平衡方程原理反推的入库洪水流量过程实际为坝址断面的洪水流量过程。对于水面较大的水体，如大型湖泊，W_q 应单独计算。

3.2.1.2　推求方法

　　场次洪水的入库洪水过程中，任意时刻的入库流量等于同时刻水库的调节流量与总出库流量之和，即：

$$Q_{ti} = Q_{调ti} + Q_{oti}$$

式中：Q_{ti} 为 t_i 时刻入库流量，$\mathrm{m^3/s}$；$Q_{调ti}$ 为 t_i 时刻水库调节流量，$\mathrm{m^3/s}$；Q_{oti} 为 t_i 时刻实测总出库流量，$\mathrm{m^3/s}$。

　　Q_{oti} 由实测的总出库流量过程提供，一般在水库水文要素摘录资料中已列出，可直接使用，也可在总出库流量过程线上读取。因此，主要需推求场次洪水中，水库调节流量过程中任意时刻的调节流量 $Q_{调ti}$。

$$Q_{调ti} = \Delta W_{\Delta t_i} / \Delta t_i$$

　　$\Delta W_{\Delta t_i}$ 使用场次洪水中水库坝上水位代表站，在（Δt_i）时段始末的水位，依据库容曲线计算。$\Delta W_{\Delta t_i} / \Delta t_i$ 为场次洪水中各（Δt_i）时段水库的平均调节流量，用 $\Delta W_{\Delta t_i} / \Delta t_i$ 点绘的调节流量过程为多柱状组成的流量过程。对柱状组成的流量过程按割补相等法则（按多柱状组成的流量过程趋势不变，保持场次洪水始末的库容变量不变），勾绘成光滑连续的调节流量过程线（曲线），即是本场次洪水水库调节流量过程初始过程线。

　　将实测的场次洪水总出库流量过程线与推求的相应场次洪水水库调节流量的初始过程线（光滑连续曲线）叠加，即得到初步的该场次洪水的入库洪水流量过程。

3.2.1.3　Δt 的确定

　　从理论上说 Δt 取得越短，计算出的调节流量越接近实际。其实不然，由于水位观测存在误差，Δt 取得越短，就有可能使真实过程被误差淹没，往往出现虚假现象，同时计算工作量也很大。Δt 取得过长，最大调节流量被均化，甚至丢失，不能反映出最大调节流量。因此，Δt 的确定需要根据已有资料现状，进行综合分析确定。目前，Δt 的确定基本上有两种方法。

　　（1）固定 Δt 时段长度的方法。此方法一般用于人工观测水库坝上代表站水位使用。主要根据水库来水面积和已有的水位观测资料段（次）。确定 Δt 的固定时段，以能反映出场次洪水中水库代表站水位的变化过程（不可将涨、落趋势并入一个 Δt 时段内）。

　　（2）不固定 Δt 时段长度的方法。此方法主要是建立在水库代表站有水位自记记录的基础上。即根据场次洪水水库代表站自记水位过程线的涨、落趋势和涨、落变率，按涨、落趋势一致，涨、落变率基本相同为原则，确定 Δt 时段长度，Δt 时段长度是动态的。

3.2.2　合理性分析与修正

　　实测的场次洪水总出库流量过程线与推求的相应场次洪水水库调节流量的初始过程线（光滑连续曲线）叠加，得到的初始入库洪水流量过程，除总水量符合水量平衡外，其过程有可能仍存在不合理现象，必须要对反推的初始入库洪水流量过程线做综合合理性分析并修正。

3.2.2.1 反推入库洪水流量过程的合理性分析

场次洪水入库流量过程中，任意时刻 $Q_{ti} \geqslant 0$。但由于调节流量 $Q_{调ti}$ 在落水的 Δt_i 时段为负值，因此场次洪水总出库流量过程与相应推求的场次（光滑连续曲线）水库调节流量过程叠加，得到的场次初始入库洪水流量过程中，可能会出现 $Q_{ti} < 0$ 的不合理情况；其次推求的初始入库洪水流量过程中有可能不是光滑连续曲线，不符合水流运动的连续原理。

3.2.2.2 洪峰流量的合理性分析

反推入库洪水流量过程中，洪峰流量的合理性分析，一般采用峰量关系法、洪峰模数对比法。

峰量关系法：根据水库建库前坝址处实测资料建立的峰量关系与反推的峰量关系进行对比分析；利用上游入库站的峰量关系与水库反推的峰量关系进行比较分析。

洪峰模数对比法：利用同场次上游入库站洪水的洪峰模数与反推的洪峰模数之间关系进行分析。在水库集水区范围，若降雨情况相同，上游入库站的洪峰模数应大于下游站洪峰模数。降雨情况分布不同则要根据降雨量、雨区位置具体分析其合理性。也可利用水库在建库前的实测资料，分析其降雨量、降雨的区间分布与洪峰模数关系，结合反推场次入库洪水的实测雨量资料与反推的洪峰模数进行合理性分析。

3.2.2.3 峰现时间的合理性分析

反推入库洪水流量过程中峰现时间的合理性分析，有降雨过程中心与峰现时间关系分析法，上游入库站的峰现时间对比法。

降雨过程中心与峰现时间关系分析法：根据水库建库前实测资料分析的降雨过程中心与峰现时间关系，结合反推场次入库洪水的实测雨量资料分析反推入库洪水流量过程中峰现时间的合理性；也可利用上游入库站同场次洪水降雨过程中心与峰现时间关系分析反推入库洪水流量过程中峰现时间的合理性。

上游入库站的峰现时间对比法：水库集水区范围内同场次洪水的峰现时间，当降雨情况相同时，上游入库站的峰现时间早于反推入库洪水流量过程中峰现时间；当降雨情况不同时，则要根据降雨的起始时间、降雨量、降雨强度与降雨的区间位置，具体分析反推入库洪水流量过程中峰现时间合理性。

3.2.2.4 初始入库洪水流量过程线的修正

经过合理性分析，可发现已反推出初始入库洪水流量过程线存在不合理现象的，需要根据合理性分析结论，对初始入库洪水流量过程线进行合理性修正。对初始的入库洪水流量过程修正，应根据合理性分析结论，按水量平衡法则进行修正。修正后的最终反推入库洪水流量过程，应满足入库流量任意时刻 $Q_{ti} \geqslant 0$；入库流量过程为光滑连续曲线，并且与本次降雨过程对应；洪峰流量及峰现时间在允许的误差范围内。用修正后的最终反推入库洪水流量过程减去相应的实测场次洪水总出库流量过程，得到修正后最终的调节流量过程（需要列出最终调节流量过程的情况），实测场次洪水总出库流量过程形状不得有任何改变。

3.2.3 入库洪水过程线

野沟门水库位于朱庄水库上游，控制流域面积 500km^2，上游来水受水库调节控制。

野沟门水库大坝为浆砌石连拱溢流坝，最大坝高45m，坝顶总长280m，坝顶高程398.00m，水库水位大于398.00m后为自由敞泄。本次洪水，野沟门水库出库最大流量为4110m³/s，持续时间为8月4日18：00—18：30。图8-1为野沟门水库"96·8"洪水出库流量过程线。

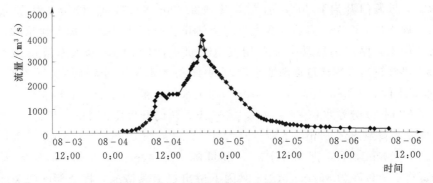

图8-1 野沟门水库出库洪水过程线

1996年8月，邢台西部山区形成以野沟门水库为中心的大暴雨，24h降雨590mm，野沟门水库最大入库流量6480m³/s，最大出库流量为4110m³/s。

野沟门水库出库流量的变化，对朱庄水库入库洪水过程线产生影响。朱庄水库入库洪水过程可利用有关资料进行反推。

通过对朱庄水库"96·8"洪水过程分析，对反推入库洪水过程进行合理性分析与修正，绘制出入库洪水过程线。入库最大洪峰流量为9404m³/s，计算时段8月3日12：00—8月6日12：00期间，入库洪水总量为39135万m³。图8-2为朱庄水库反推入库洪水过程线。

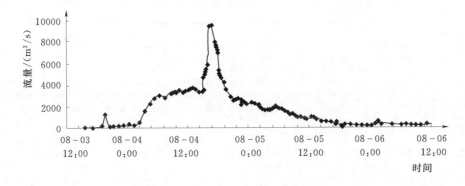

图8-2 朱庄水库入库洪水过程线

3.3 洪水调度

1996年7月19日，水库开始按100m³/s流量泄洪，一直到8月初，由于上游有入库洪水，水库水位一直维持在245.0m左右。8月2日8时，水库开始以200m³/s流量放水，因下游京深高速公路桥施工，要求少泄或不泄，泄量没有再增加。

在8月4日前由于库水位高于汛限，水库以100m³/s的流量下泄，"96·8"大暴雨开始后，8月4日9时水库入库流量增至2413m³/s，库水位上升到250.79m，水库将9号底孔全开加大泄量到 215m³/s，10 时入库流量增大到 3457m³/s，11 时水位上升至 252.59m 时，将 8 号、10 号底孔开启 1m 加大泄量至 331m³/s，12 时 24 分入库流量为 3370m³/s，13 时库水位上升至 254.30m，将 8 号、9 号、10 号底孔全开，加大泄量到 672m³/s，14 时库水位至 255.09m，将溢流坝大弧门 2、5 两孔开启 1.5m 加大泄量为 1084m³/s，14 时 30 分将 2、5 两弧门开启到 6m，加大泄量到 2130m³/s，17 时 30 分入库流量上升到 7991m³/s，库水位 257.78m，将 6 孔大弧门全部开启 6m，将下泄量加大到 5614m³/s，这时大电网已停电，闸门的启动全靠备用发电机供电，17 时 45 分入库流量达到最大值 9404m³/s。洪峰过后入库流量逐渐变小，19 时 15 分库水位达到最高洪水位 258.79m，21 时 35 分水库水位 257.62m 仍高于 1000 年一遇洪水位，将六孔大弧门开启到 7m，下泄量 6270m³/s，22 时 20 分库水位 257.14m，将六孔大弧门开度降到 5m，下泄量 4760m³/s，5 日 2 时库水位降到 254.82m，下泄量降为 3538m³/s，3 时 20 分入库流量 528m³/s，将下泄量降为 2600m³/s，4 时 55 分将下泄量降为 1544m³/s，9 时 10 分库水位隆至 252.97m，将下泄量降为 662m³/s，13 时因下游出现紧急情况，将全部闸门关闭停止下泄，17 时 20 分以 223m³/s 的流量下泄，18 时 40 分以 670m³/s 下泄，6 日 2 时将下泄量降为 301m³/s，10 时将下泄量降为 166m³/s，至此，"96·8"洪水调度基本结束。表 8-14 为朱庄水库"96·8"洪水水库下泄流量摘录表。

表 8-14　　　　　　　　　　　　朱庄水库出库流量要素摘录

时间	坝上水位/m	水库蓄水量/万 m³	出库流量/m³/s	时间	坝上水位/m	水库蓄水量/万 m³	出库流量/(m³/s)
4 日 0：00	245.60	20360	103	5 日 0：00	255.88	33010	5130
4 日 8：00	249.69	24640	103	5 日 2：00	254.82	31430	4980
4 日 12：00	253.42	29420	233	5 日 3：00	254.16	30430	3810
4 日 14：00	255.09	31830	593	5 日 4：00	253.80	29920	2750
4 日 14：30	255.24	32060	1670	5 日 5：00	253.50	29510	2660
4 日 15：00	254.40	32300	2170	5 日 6：00	253.36	29340	2360
4 日 16：00	256.03	33250	2940	5 日 7：00	253.24	29170	2250
4 日 17：00	257.35	35560	3010	5 日 8：00	253.14	29040	1940
4 日 20：00	258.28	37170	4300	5 日 9：00	252.96	28800	1830
4 日 22：00	257.41	35670	6600	5 日 10：00	253.01	28860	834
4 日 23：00	256.61	34270	5380	5 日 13：24	253.21	29130	93.0
4 日 23：30	256.24	33600	5280	5 日 13：30	253.23	29160	0

　　在这次洪水调度中，朱庄水库入库最大洪峰流量为 9404m³/s，最大泄量 6600m³/s，削减洪峰 29.8%；入库水量 39135 万 m³，出库水量 29549 万 m³，拦蓄洪水量 9541 万 m³，拦洪率 24.4%，充分发挥了水库的缓峰削峰作用。对减轻下游灾害发挥了重要作用。图 8-3 为朱庄水库"96.8"洪水调度出库流量过程线。

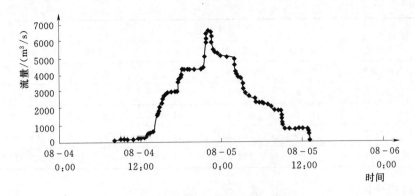

图 8-3 朱庄水库出库洪水过程线

4 朱庄水库 2000 年 7 月暴雨洪水与防洪调度

4.1 暴雨分布

2000 年汛期，受冷涡和低空暖湿气流的共同影响，7 月 3—6 日，海河流域西南部普降大到暴雨，河北西南部、河南北部和中部部分地区降大暴雨。受其影响，除滦河水系无明显产流外，海河流域其他河流均有不同程度的涨水过程，以子牙河、大清河、漳卫南运河及永定河较为明显。

朱庄水库流域内，此次降水过程为 7 月 3—6 日，7 月 7 日无降水，7 月 8 日流域平均降水量为 25.4mm，对径流过程和入库水量均有影响，因此也统计在本次降水过程中。本次降水最大日雨量为河下站，日雨量为 381.7mm。本次降水过程降水量最大的是浆水站，降水量为 548.7mm。表 8-15 朱庄水库流域 2000 年 7 月暴雨各雨量站降水量统计。

表 8-15　　　　　　　　朱庄水库流域 2000 年 7 月暴雨各雨量站降水量统计表

雨量站	日降水量/mm						合计/mm
	7 月 3 日	7 月 4 日	7 月 5 日	7 月 6 日	7 月 7 日	7 月 8 日	
槲树滩	43.1	78.1	234.3	34.8	0	17	407.3
侯家庄	46.6	85.0	261.0	39.6	0	31.2	463.4
崇水峪	49.5	107.1	366.2	34.0	0	47.2	604.0
石板房	31.0	147	168.0	34.0	0	9.0	389.0
冀家村	49.0	101	158.7	45.2	0	36.4	390.3
折户	44.1	120.4	236.5	57.2	0	36.9	495.1
将军墓	44.7	93.3	274.6	52.9	0	27.1	492.6
野沟门	45.4	76.9	218.4	56.9	0	10.8	408.4
浆水	37.1	124.8	272.6	59.8	0	54.4	548.7
西枣园	34.8	66.0	243.2	51.0	0	14.5	409.5
河下	33.1	76.8	381.7	33.4	0	17.8	542.8
白岸	34.7	119.5	115.4	23.4	0	47.6	340.6

续表

雨量站	日降水量/mm						合计/mm
	7月3日	7月4日	7月5日	7月6日	7月7日	7月8日	
路罗	27.2	99.8	150.9	63.4	0	30.0	371.3
坡底	38.2	90.4	328.7	51.1	0	15.4	523.8
柏硇	44.7	65.2	314.4	51.5	0	9.6	485.4
朱庄	24.5	113.9	184.3	44.6	0	1.4	368.7
平均	39.2	97.8	244.3	45.8	0	25.4	452.5

4.2 洪水过程分析

朱庄水库上游野沟门水库控制流域面积 $500km^2$，入库洪水受降水量、降水强度和降水分布等因素的影响。受降水影响，入库洪水过程出现两个洪峰。最大洪峰流量为 $3603m^3/s$。图 8-4 为野沟门水库反推入库洪水过程线。

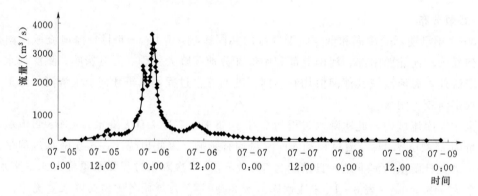

图 8-4 野沟门水库 2000 年 7 月反推入库洪水过程线

朱庄水库入库洪水过程，受野沟门水库放水影响较大。在这次洪水中，野沟门水库最大出库流量 $2060m^3/s$；在 7 月 5 日 22：30 时开始，到 7 月 11 日 0：00 时，出库洪水总量 1939 万 m^3。野沟门水库出库流量过程线见图 8-5。

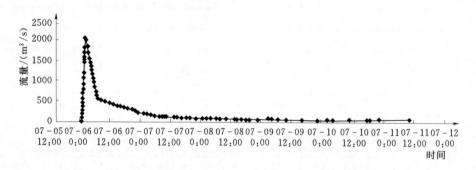

图 8-5 野沟门水库 2000 年 7 月出库流量过程线

根据水库水量平衡法反推入库洪水过程线，整个洪水过程从 7 月 5 日开始，到 7 月 10 日结束，最大洪峰流量 $5557m^3/s$。由于受上游水库来水及流域降水分布的影响，入库洪水过程不同于天然洪水过程，过程线局部出现峰齿状。图 8-6 为朱庄水库 2000 年 7 月入库洪水过程线。

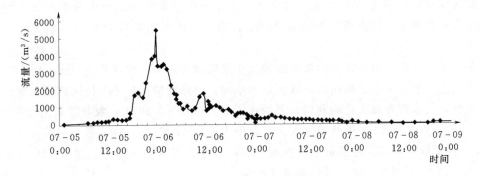

图 8-6　朱庄水库 2000 年 7 月入库洪水过程线

4.3　防洪调度

在 7 月 6 日 4：48，水库水位在 244.02m，开始提闸放水，出库流量达 112m³/s 后，持续了 7h。6 日 12：42，出库流量加大至 202m³/s 后，持续到 6 日 19：48，出库流量加大到 395m³/s，持续到 6 日 22：24，开始减小出库流量，一直到 7 日 19：18，出库流量减少至 16.0m³/s。

在这次洪水过程中，最大入库流量为 5557m³/s，最大出库流量为 395m³/s，削减洪峰流量 5162m³/s，削减洪峰 92.9%。从水量上分析，这次洪水过程入库总量 20801 万 m³，出库总量 1939 万 m³，拦蓄洪水总量 18862 万 m³，拦蓄洪水总量占总来水量的 90.7%。发挥了水库拦蓄洪水和削减洪峰的作用。

图 8-7 为朱庄水库 2000 年 7 月出库流量过程线。

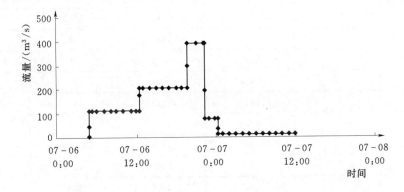

图 8-7　朱庄水库 2000 年 7 月出库洪水过程线

第五节　用　水　调　度

朱庄水库是以防洪灌溉为主的大型水库，在确保水库安全度汛的前提下，根据水库实际蓄水量、来水量和灌溉蓄水量，通过综合平衡，合理调度利用水资源，提高水的利用率，加强用水管理，最大限度发挥水库水资源的综合效率。

朱庄水库现状供水对象主要为下游灌区农业用水，水库下游有朱庄南灌区和朱庄北灌区。灌区供水保证率为 50%，采用《河北省主要农作物灌溉用水年内分配》和朱野灌区规划成果分析确定，净灌溉定额每亩 239m³，输水有效利用系数为 0.65，两大灌区年需水量为 0.9 亿 m³。

朱庄水库灌溉放水，首先由南灌区或北干渠管理处向朱庄水库申请放水，经水库研究后给予放水，满足下游灌溉需求。灌区放水期间，水库安排人员 24h 待岗调流，满足灌区灌溉流量，使水资源最大化的利用，节约水资源。1982—2013 年，农业灌溉用水 12.2670 亿 m³；工业供水从 2004 年开始供水，工业用水 1.8067 亿 m³；河道放水或弃水 14.8111 亿 m³，河道放水大部分补充百泉岩溶地下水，是生态用水的一部分。表 8-16 为朱庄水库 1982—2013 年用水、放（弃）水量统计表。

表 8-16　　　　　　　　　朱庄水库多年用水放（弃）水统计表

年份	灌区引水量/万 m³			河道/万 m³	年出库总水量/万 m³
	工业用水	南灌渠	北灌渠		
1982		1488	1897	3351	6736
1983		3072	5547	8000	16619
1984		1766	2014	0	3780
1985		2217	1026	0	3243
1986		3386	3718	0	7104
1987		2285	1572	0	3857
1988		1371	1198	0	2569
1989		1752	1779	3233	6764
1990		1182	1191	5721	8094
1991		1387	2448	4327	8162
1992		2108	4452	0	6560
1993		1444	3032	0	4476
1994		1713	3818	0	5531
1995		1226	2381	9067	12674
1996		1442	3415	57164	62021
1997		1261	3318	6484	11063
1998		1616	2066	269	3951
1999		1484	1979	442	3905
2000		897	1209	11914	14020
2001		1318	3141	5660	10119
2002		1333	1811	0	3144
2003		296	1272	1490	3058
2004	83	823	3711	4422	9039

年份	灌区引水量/万 m³			河道 /万 m³	年出库总水量 /万 m³
	工业用水	南灌渠	北灌渠		
2005	1185	840	3016	3683	8724
2006	2811	888	3892	4481	12072
2007	2525	939	2776	3848	10088
2008	2266	566	2117	3735	8084
2009	1820	307	1628	1382	5137
2010	1705	1077	3185	2044	8011
2011	1695	551	1900	0	4146
2012	1657	422	2394	4394	8867
2013	2320	79	1231	3000	6630
合计	18067	42536	80134	148111	288848

参 考 文 献

[1]　何俊仕，林洪孝．水资源规划及利用 [M]．北京：中国水利水电出版社，2006 年．

[2]　宋秀华．以朱庄水库"96·8"洪水调度谈防洪调度计划的调整 [J]．河北水利水电技术，1998 (3)：85－87．

[3]　王振强，刘春广，杨晓梅．朱庄水库防洪调度系统的组成与应用 [J]．河北水利，2006 (B11)：62－63．

第九章 防洪抢险应急预案

第一节 总 则

编制《水库防洪抢险应急预案》（以下简称《应急预案》）是为了提高水库突发事件应对能力，切实做好水库遭遇突发事件时的防洪抢险调度和险情抢护工作，力保水库工程安全，其作用是科学、合理、及时、有效地应对水库重大险情威胁，尽可能地保障下游人民群众生命财产安全，将灾害损失降到最低程度。

《应急预案》的编制依据是《中华人民共和国防洪法》、《中华人民共和国防汛条例》、《水库大坝安全管理条例》、《河北省实施〈中华人民共和国防洪法〉办法》、《河北省水利工程管理条例》等有关法律、法规，以及经批准的《朱庄水库汛期调度运行计划》和《朱庄水库防洪预案》。

《应急预案》的编制以确保人民群众生命安全为首要目标，贯彻"以防为主，全力抢险"的原则，体现行政首长负责制、统一指挥、统一调度、全力抢险、力保水库工程安全的原则。

水库遭遇的突发事件是指水库工程因以下因素导致重大险情：超标准洪水；工程隐患；地震灾患；地质灾患；上游水库溃坝；上游大体积漂移物的撞击事件；战争或恐怖事件；其他不可预测事件。

第二节 汛期调度运用计划

根据上一年度河北省防办批复的调度运用计划及除险加固工程施工单位汛期施工安排，制定了汛期调度运用计划，具体如下。

汛期时段的划分：7月10日—8月10日为主汛期，8月11—20日为过渡期，8月21—31日为后汛期。调度运用计划中的汛限水位为主汛期水位。

调度运用计划：汛限水位243.00m；5年一遇洪水限泄200m³/s，水位控制在243.00～249.40m；10年一遇洪水限泄700m³/s，控制水位249.40～252.10m；20年一遇洪水限泄1300m³/s，控制水位252.10～255.20m；水位超过255.20m，原则上不限泄。

汛期大型水库洪水调度权限：按照分级负责的原则，凡由市（县）管理的水库，标准以内洪水由各市（县）防汛指挥部按照河北省批复的水库汛期调度运用计划进行调度；遇有特殊情况，由河北省防办进行协调；河北省管辖的水库由河北省防汛抗旱指挥部办公室及主管单位负责调度；各大型水库采取非常措施，统一由河北省防汛指挥部下达命令。

　　历史灾害情况：本流域历史上是洪水灾害的多发区，自有记载以来的 2600 年间，共发生洪水 221 次。但历史上的洪水虽然有灾情的描述，但量化不准确，只择录有量化记录的 1954 年以后的历次洪水见表 9－1。

表 9－1　　　　　　　　　　　朱庄水库建库前后洪水实测记录

建库前洪水		建库后洪水	
发生时间	最大洪峰流量/(m³/s)	发生时间	最大洪峰流量/(m³/s)
1954 年 8 月 4 日	430	1982 年 8 月 3 日	1167
1955 年 8 月 7 日	1140	1988 年 8 月 7 日	1166
1956 年 7 月 30 日	2610	1989 年 8 月 16 日	1110
1963 年 8 月 6 日	9500	1996 年 8 月 4 日	9404
1966 年 7 月 19 日	1270	2000 年 7 月 5 日	5528
1973 年 6 月 30 日	1763		

第三节　突发事件危害性分析

1　主要应急措施

1.1　险情监测和巡视

　　简述根据不同险情发生特点，对水库挡水和输水、泄水建筑物加强监测和巡视的部位、监测内容、方式、时间要求以及成果上报程序等。

1.2　工程应急抢险措施

　　按工程可能发生的险种，说明发生不同险情时的抢险方案，方案中要求明确抢险方法、所需抢险物资、负责不同抢险部位的抢险队伍和责任人等。

1.3　超标准洪水应急抢险措施

　　超标准洪水指水库遇到超过设计的校核防洪标准的洪水时，通常应考虑的应急措施有：加高加固大坝防浪墙或抢筑子埝；选择适宜的山凹或副坝破口泄洪，保障主坝避免遭受洪水漫溢溃决；其他有效的抢险措施。

1.4　溃坝应急措施

　　溃坝洪水计算：主要包括溃坝处最大洪峰流量的计算、洪水下游演进沿程计算等内容；根据溃坝计算成果提供溃坝洪水淹没图。

　　溃坝应急逃生方案：按照预先推测的溃坝洪水影响范围及洪水到达时间制定下游人员紧急撤离方案，方案中要明确需紧急撤离人员范围、人数、撤离方式和路线、安全避险地点、负责人及联系方式等。

1.5　预警应急通信措施

　　根据突发事件引发的重大险情，设定警报信号，制定严格的报警方式和责任制。"警报信号"及"解除警报信号"要做到家喻户晓，可利用电视、广播、报刊等媒体，以及通过社区机构预先通知群众。

警报形式：可使用锣（鼓）警号、发信号弹、对讲机、电台、报警器等发布警报。

出险标志：可在出险处白天悬挂易于辨认的标志，夜间使用红灯警报等标志。

解除警报：说明解除警报的条件、方式及发布权限等。

1.6　人员转移应急措施

转移安置方案：说明不同险情发生时，需要组织转移的险村险户范围、人口、转移地点、所用交通工具、时间、指挥人员、联系方式等。根据现有交通网络、社区和村镇分布及安全安置点的分布情况，分片明确需转移人员和财产的数量，以及向安全地带转移的路线，必要时可附图说明。

转移安置的组织实施：说明负责组织、落实和监督转移安置的部门、责任人和联系方式以及相应的转移任务。

2　重大工程险情分析

2.1　水库工程出现重大险情的主要因素简析

朱庄水库大坝工程在高水位情况下导致重大险情的主要因素有如下几点。

由于坝基有软弱夹层存在，在高水位的情况下有可能引起坝体的失稳。

由于消力池消能不充分，对下游冲刷严重，在大流量泄流的情况下，有可能在二级池下游引起冲刷破坏，危及消力池的安全，由于消力池在坝体稳定中起抗体的作用，进而危及大坝的稳定。

2.2　水库可能出现的重大险情及可能产生的部位和程度

初步分析引发险情的主要因素，认为在高水位情况下水库可能出现的重大险情有下游冲刷破坏和坝体稳定破坏两种。二级池下游引起冲刷破坏，危及消力池的安全，进而危及大坝的稳定；在强大的水压力下，溢流坝段可能产生深层滑动。

2.3　出现重大险情对水库工程安全的危害程度

通过上面对水库可能发生的重大险情种类分析可以看出，一旦发生上述情况均能直接导致大坝整体结构破坏，这种险情若不能及时得到抑制，局部坝块将失稳，大坝工程安全将受到严重威胁，国家的财产、下游保护区的 276 万亩耕地和 135 万人民的生命财产将受到重大损失。因此，只有全面了解工程存在的隐患和薄弱环节，才能在防汛过程中制定正确的应对措施，大大减少重大险情发生的几率，维护国家和人民生命财产的安全。

3　大坝溃决分析

朱庄水库为浆砌石重力坝，100 年设计，1000 年校核，10000 年一遇洪水保坝验算，水库有强大的泄流能力，10000 年的洪水位为 260.9m，说明朱庄水库有较高的防洪能力，一般情况下溃决的可能性较小，其溃坝主要来自不确定的因素。由于不同溃坝形式的洪水计算和分析对下游防洪工程、重要保护目标等造成的破坏程度和影响范围等工作量大，应请设计院等技术力量强大的单位帮助完成。朱庄水库溃坝风险图见图 9-1。

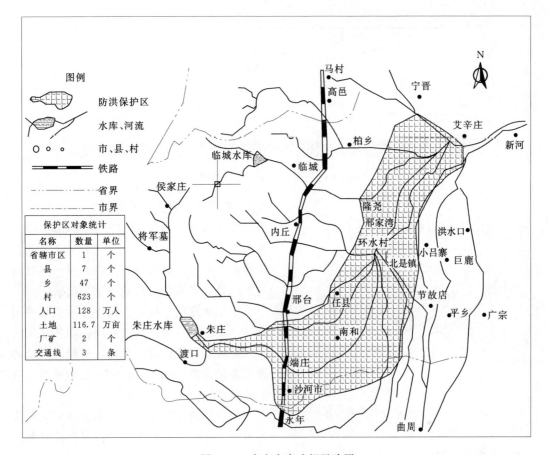

图 9-1 朱庄水库溃坝风险图

3.1 溃坝洪水及溃坝水流物理概念

如果水库遇到特殊情况，例如地震、战争、超设计标准的洪水以及坝基处理不当或工程施工质量太差等，以致坝体遭到突然破坏，顷刻之间即造成溃坝洪水。溃坝可分为瞬时全溃及部分溃和逐渐全溃及部分溃等情况，其洪水设计方法各不相同。对于中小水库的土坝、堆石坝而言，实时证明逐渐局部溃坝的较多，也有瞬时全溃的情况。现按影响最严重的恶劣情况，即瞬时全溃说明溃坝水流的物理概念。

实验证明溃坝水流的物理过程如下：在溃坝初瞬，库内蓄水在水压及重力作用下，奔泻而出，在坝前形成负波（减水为负）称落水逆波，向上游传播。在下游形成正波（增水为正）称涨水波，向下游运动。这种波克是为无数元波组成，波速为：

$$\theta = \sqrt{gH_0}$$

在溃坝下泄流量的情况下，落水逆波向上游传播，波后水深总是小于波前水深，所以后面的波速小于前面波速，使波形逐渐展平，水库水面成非水平下降。下游涨水顺波，正与之相反，后面的水深总是大于前面的水深，后面的波速快于前面波速，所以后波追上前波使波额变陡形成立波（不连续波）。在经过一段河槽调蓄及河床阻力作用之后，立波逐渐坦化，最终消失（如图 9-2 所示）。

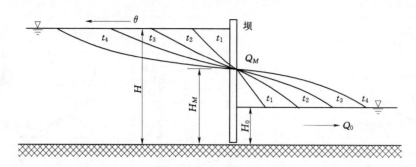

图 9-2 溃坝水流状态示意图

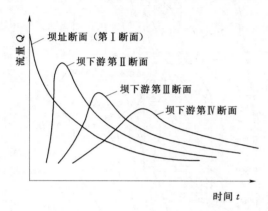

图 9-3 溃坝洪水沿程演进示意

3.2 溃坝坝址最大流量计算

坝址及其下游的洪水过程线如图 9-3 所示，可以看出，坝址最大流量 Q_M 及其相应的最大水深 H_M 出现在溃坝初瞬，随时间增长流量下降很快，形成下凹形曲线。

中小水库的坝址如为山谷土坝或某些刚性坝（如拱坝）等，调查资料说明，这类水库在短时间内坝体容易全溃。对瞬时全溃的最大流量计算，生产单位多采用物理概念清楚的堰流坡流交汇法进行。

（1）堰流坡流交汇法。堰流坡流交汇法认为溃坝时通过坝址断面的流量应满足堰流规律。宽顶堰流量公式为：

$$Q_堰 = mB \times \sqrt{2g} \times H_1^{\frac{3}{2}}$$

其中

$$H_1 = H + \frac{v_0^2}{2g}$$

式中：m 为流量系数，对于矩形堰，无侧收缩的宽顶堰可近似取 0.385；B 为坝址断面平均宽度，m；H_1 为堰上水头，m。

假定一系列水深 H，可求得堰流曲线 $Q_堰 = Q(H)$，见图 9-4。

溃坝初瞬坝址产生上上游传播的负波，形成波流量下泄。波流量由下式决定：

$$Q'_波 = \frac{2}{3} \times \theta \times \Delta A$$

其中

$$\theta = \sqrt{g \times H_0} - v_0$$

$$\Delta A = \overline{B} \times \Delta H$$

式中：$Q_波$ 为波流量；θ 为负波波速；H_0 为坝前水深，非矩形河槽取平均水深；v_0 为溃坝前坝址断面平均流速；$\overline{B}$ 为坝址断面的平均宽

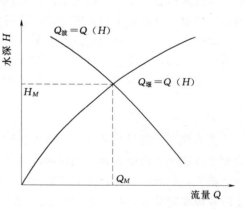

图 9-4 $Q_堰 = Q(H)$ 及 $Q_波 = Q(H)$ 曲线

度；ΔH 为坝址断面水面跌落高差（或称波额高度）。

根据圣维南的理论计算，溃坝上游水面曲线为二次抛物线，其值应为矩形 $abcd$ 面积的 2/3。显然 ΔH 愈大，波流量愈大。假定一系列的坝址水深 H 即不同的 $\Delta H(\Delta H = H_0 + Q_0)$，可求出波流量与坝址水深的关系。因波速中已将 v_0 减去，故最后总波流量为：

$$Q_{波} = Q'_{波} + Q_0$$

式中：Q_0 为溃坝前坝址下泄流量，$\mathrm{m^3/s}$。

将波流量曲线 $Q_{波} = Q(H)$ 绘在堰流曲线 $Q_{堰} = Q(H)$ 的同一张图纸上，而曲线交点的坐标最大值 Q_M 及其相应的水深 H_M，如图 9 - 5 所示。

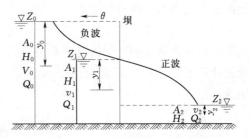

图 9 - 5　溃坝后波组成示意图

堰流量随坝址水深增大而增加，波流量正与之相反，坝址水深愈小，可能下泄的流量愈大。只有二曲线交点才是坝址既能通过而下游又能补充的流量，这个流量就是最大流量 Q_M。

堰流、波流交汇法的主要缺点是没有考虑坝址上下游水流的初始条件，如水深、流量等对坝址最大流量的影响。波流量法比较完善地考虑了断面形状和坝上下游初始水流等因素。

（2）波流量法。波流量法认为大坝瞬时全溃后，坝址上下游的水流由正、负立波所组成，如图 9 - 5 所示。

界定河槽为平底、无阻力，由质量守恒和动量守恒原理可以列出正、负波流量的基本方程。

$$Q_{正} = \frac{A_1}{A_2} Q_2 + \sqrt{\frac{A_1}{A_2}(A_1 - A_2) g P_{正}}$$

$$Q_{负} = \frac{A_1}{A_0} Q_0 + \sqrt{\frac{A_1}{A_0}(A_0 - A_1) g P_{负}}$$

其中
$$P_{正} = \gamma(\overline{y}_1 A_1 - \overline{y}_2 \div A_2)$$
$$P_{负} = \gamma(\overline{y}_0 A_0 - \overline{y}_{-1} \div A_1)$$

式中：$P_{正}$、$P_{负}$ 为压力差；$\overline{y}$ 为过水断面的形心至水面的距离；γ 为水的容重；其他符号如图所示。

坝上、下游流态（水深及流量等）一般为已知，可用试算法求解最大流量值。即先假定几个 A_1 值代入计算 $Q_{正}$ 公式，算出几个 $Q_{正}$；再将假定几个 A_1 值代入 $Q_{负}$ 公式中，同样可以算出几个 $Q_{负}$ 值。当 $Q_{正} = Q_{负}$ 时，即得最大流量 Q_M。

3.3　水库溃坝坝址最大流量经验公式

（1）辽宁省水利局推荐的堰流与波流相交法简化公式。

1）对于坝体瞬时全溃的情况，计算公式为：

$$Q_M = 0.91 B h^{\frac{3}{2}}$$

式中：Q_M 为坝址处的溃坝最大流量，m^3/s；B 为坝长，m；h 为坝前水深，可根据具体情况，取正常水位以下的水深，校核洪水位以下的水深或坝高程以下的水深，m。

2）对于部分溃坝，修改的公式为：

$$Q_M = 0.91\left(\frac{B}{b}\right)^{\frac{1}{4}} bh^{\frac{3}{2}}$$

式中：b 为溃坝长度，m；其他符号意义同前。

据调查，一般认为小型水库取 $b=B$，中型水库 $b=(0.6\sim0.7)B$，大型水库取 b 为下游附近可到洪水主河槽宽度的 1.5 倍。

(2) 水电部十一局公式。1977 年，水电部十一工程局勘测设计院根据国内大小水库失事资料及南京水利科学研究所有关研究资料，研究并提出用于计算沙质河床的土坝溃坝流量计算公式，该公式属堰流公式形式，公式的特点是计及坝下的冲刷坑深，其方程组为：

$$\begin{cases} Q_m = \mu B \sqrt{g} h_m^{\frac{3}{2}} \\ h_m = 1.82 \times 10^2 h^{\frac{1}{3}} D^{\frac{2}{3}} \end{cases}$$

式中：μ 为流量系数，根据板桥水库资料分析，$\mu=0.25$（根据圣维南公式，当溃口断面为矩形时，$\mu=0.296$；二次抛物线时为 0.23；三角形时为 0.18，对于土坝，溃口断面不可能是三角形或矩形）；B 为平均宽度，m；D 为床沙中值粒径，即 d_{50}，m；h_m 为坝下冲刷坑深度的坝前水深，m；g 为重力加速度，m/s^2。

当坝址横断面较窄时，用断面平均宽度。根据国内大小水库失事资料综合分析，断面较宽及库容较大时，断面宽度公式为：

$$B = 3.7(h_0^2 V)^{0.26}$$

式中：h_0 为最大坝高，m；V 为最大库容，m^3。

4　影响范围内有关情况

影响范围内防洪重点保护对象及人口、财产等社会经济情况：朱庄水库防洪保护的城镇及重要工矿区有：邢台市、沙河市、邢台煤矿、邢台电厂、南和县、任县、巨鹿、隆尧、宁晋等，共 9 个县市，57 个城镇，128 万人口，116.7 万亩耕地，工农业产值 89 亿元。保护交通线路有：京广铁路、107 国道、京深高速公路。

影响范围内的工程防洪标准以及下游河道安全泄量：朱庄水库下游沙河河道的设计防洪标准采用 10 年一遇，安全泄量为 $1100m^3/s$，南澧河河道的设计防洪标准采用 20 年一遇，安全泄量为 $1800m^3/s$，京广铁路桥安全泄量为 $8730m^3/s$。

第四节　险情监测与报告

1　险情监测和巡查

水库工程险情监测内容、方式、频次等。

1.1 巡查的部位

为了更及时地发现险情、应对险情，水库在汛期（特别是高水位或水位急剧抬升期间）重点对以下部位进行监测、巡查。坝顶、坝址及下游两侧山体岸坡、迎水坡、溢流面、灌浆廊道、位移测点、左、右岸坝肩。

1.2 巡查内容

检查坝下游两侧岸坡有无松动岩体，特别是连降大雨期间，应加密检查。

对坝体出现的较大裂缝进行详测，重点关注有无异常发展。

对坝体排水管、坝基排水孔渗水量进行测量，检查水量和水质有无异常。

坝内廊道内渗水严重部位巡查，检查渗水量和水质有无异常。

观测大坝位移测点，严密监视其变化情况有无异常。

查看左、右岸坝肩有无异常绕渗和开裂现象。

查看闸墩尾翼和坝身结合部位有无开裂现象。

检查迎水坡有无裂缝、剥落、冲刷等现象；水面有无异常现象。

1.3 巡查方式、频次

巡视检查分为日常巡视检查、年度巡视检查和特别巡视检查三类。日常巡视检查包括月检查和季度检查。

日常巡视检查：由观测工结合观测对建筑物进行检查，一般每月不少于两次，可在每月5日、20日进行；季度检查由主管科领导组织，可在每季度末的20日进行。若有特殊情况，检查时间可顺延5日。

汛期高水位时应增加次数，特别是出现大洪水时，每天应至少一次。

年度巡视检查：每年的5月、10月即汛前汛后，由工管科科长组织有关人员对大坝、输水洞、溢洪道等建筑物和机电设备进行巡视检查。

特别巡视检查：在遭遇特大暴雨、大洪水、地震、持续高水位、水位骤升骤降、大流量下泄、爆破等可能造成工程发生异常情况，以及正常运行中工程出现异常现象时，由施工项目部与管理处主管工程领导及时组织相关科室和工程技术人员进行特别检查，提出处理意见，必要时组织专人对出现险情的部位进行连续监视，报主管部门复查，并做出鉴定。

险情发生后，除安排专人昼夜监测和巡视外，通信人员应及时将险情和灾情上报，对急需采取的应对重大险情的措施，必须立即汇报请示后执行。因此，为提高水库应对突发事件的能力，要在日常工作中加强水库预警系统的开发和建设，确保应急状态下通信畅通，显得尤为重要。

1.4 巡查人员组成

组长：田献文；副组长：李伟召、梅风波。

成员：施观宇；李书敬、金钊、李宁、闫亚宁、康楠、郑素丽、白丽红。

1.5 巡查结果处理程序

监测巡查结果分为一般险情、中度险情、特大险情，按下列程序处理。

一般险情。由施工项目部和管理处防汛抢险小组主要负责成员进行会商。

中度险情或特大险情。由防汛抢险小组组长上报水库防汛指挥部办公室主任或副主任，由指挥长或副指挥长主持组织有关人员进行会商，并进行处理。

2　险情上报与通报

当工程出现一般险情和中等险情时，险情巡查组应在 4h 内将该等级险情的具体部位、规模、程度和发展情况预测等内容以口头或电话形式向水库防汛指挥部常务副指挥长和防办主任汇报。

当工程出现重大险情对工程安全造成威胁时，险情巡视组应立即向水库防汛指挥部和防办主任汇报，防汛办在 4h 内向防汛指挥部指挥长和市防办报告，并且防汛办于每日 9 时向市防办通报情况。

第五节　险　情　抢　护

1　抢险调度

当水库出现险情时，首先根据发生险情的部位和程度来确定水库允许的最高水位，根据库水位和下游的情况确定最大下泄流量。

执行抢险调度方案时，应先上报市防办批准，由施工项目部防汛领导小组和水库防汛指挥部协商进行调度指挥，水库水情调度科负责执行。

2　抢险措施

2.1　一般险情

出现一般险情，比如坝下游两岸山体发生滑坡、渗水量偏大、大坝变形、测值连续出现异常值等现象，由水库防汛抢险小组和施工项目部共同组织抢险。发生山体滑坡时首先在其对应路段设置警示牌，再把松动岩体撬下，清理通向大坝道路上杂物，保障道路畅通，之后还要加强对该部位的巡查及时发现问题；若观测值连续出现异常，要迅速做原因分析，一旦确定属于监测量变化异常，应及时上报抢险小组，商量处理措施，并每天测量一次，随时掌握测值动态，收集第一手资料。

2.2　重大险情

坝顶溢流产生原因：当流域发生超标准的特大洪水或闸门机电设备等出现故障，库水不能及时下泄，形成坝顶溢流。

处理措施：首先由施工项目部抢修闸门机电设备加大泄洪量，降低库水位；施工项目部和水库防汛小组迅速组织人力清除坝前阻碍行洪的漂浮物体；利用塑料编织袋、草袋、麻袋装土，封堵坝顶溢流坝段、配电室、启闭室、电梯楼、泄洪底孔检修闸门启闭机室等的进水口，以保证坝上机电设备能够正常运行。对大坝左右岸的缺口进行封堵，以防电站及下游管理处及备用电源被淹。

2.3　应对不同标准洪水时的应急措施

水库大坝为浆砌石重力坝，发生不同标准洪水时，一定要做好洪水调度，防止洪水漫顶，必须采取相应的应急措施。

2.3.1 标准以内洪水

当发生标准以内的洪水时，按下列应急措施。

按照河北省批的调度运用计划及市防办的调度指令进行洪水调度。

动力保障组坚守岗位，当外动力发生故障时，马上启动备用电源。

水文组和水情调度组做好水雨情的测报和预报，并将测报结果及时上报市防办。

通信组确保电话、电台、移动及卫星等通信的畅通，确保汛情的及时上报及上级调度指令的及时下达。

险情巡查组要加强对大坝的巡视检查，发现异常及时上报。

其他各职能组都要上岗待命。

2.3.2 超过标准洪水

当发生超标准洪水时，采用以下相应措施。

当水库发生超标准洪水时，请示上级防办采取预泄措施，启用所有的泄洪设施，降低库水位，按照省、市防办的调度指令进行洪水调度。

动力保障组坚守岗位，当外动力发生故障时，马上启动备用电源。

水文组和水情调度组做好水雨情的测报和预报，并将测报结果及上报市防办。

通信组确保电话、电台、移动及卫星等通信的畅通，确保汛情的及时上报及上级调度指令的及时下达。

施工项目部及水库抢险队上岗工作，利用编织袋、草袋等砂袋封堵坝顶溢流坝段、配电室、启闭室、泄洪底孔检修闸门启闭机室等进口，以保证坝上机电设备、廊道启闭机室不被水淹，能够正常运行；对大坝左右岸的缺口进行封堵，以防电站及下游管理处及备用电源被淹。

施工项目部和巡查组要加强对大坝的巡视检查，发现异常及时上报。

其他各职能组上岗工作。

3 应急转移

当发生险情时及时上报市防办，由市防办通知邢台市、沙河、南和、任县、滞洪区内各县及受威胁区域人员和财产转移和安置。

转移遵循先人员后财产，先老弱病残人员后一般人员的原则。负责转移的责任人对不服从转移命令的人员可采取强制转移措施。转移安置路线的确定遵循就近、安全的原则。汛前，拟定好转移和安置路线并在明白卡上标注。

3.1 一级转移

一级转移对象原则上是最危险区域的人员。一般汛情或险情受到生命安全威胁的人员，如处在地质灾害隐患点、危险水库下游、一般洪水风险线以内受淹的危险区人员安排转移，村级防汛防台指挥部成员负责该区域的人员转移工作。

村级防指需要做到按户结对，具体到个人，确保在一级转移期间的，被转移群众不因无人负责而出现危险后果。

3.2 二级转移

二级转移对象原则上是在警戒区域内的人员。随着汛情或险情的发展，使得这一区域内的人员安全威胁增大，有必要做出撤离或转移的人员。如处于临时工棚、危房、大洪水风险线以内的人员，地质灾害隐患点附近和病险水库下游的人员需转移至安全地点。有出现泥石流、山洪可能地区的人员密切注意情况变化，并做好紧急转移准备。村级防指成员负责落实专人具体到户，转移该区域人员。

第六节　应　急　保　障

1　应急组织保障

1.1　应急指挥机构及分工

按照行政首长负责制的要求，根据"分级分部门负责"的原则，成立水库防洪应急指挥部（或联防指挥部）。大型水库防汛行政责任人由所在地市人民政府行政领导担任；中型、小（1）型和威胁城镇的小（2）型水库以及水电站由所在县政府行政领导担任；其他水库和淤地坝由所在乡镇政府行政领导担任。同时，中型以上水库还要设立监测、信息、转移、调度、保障等工作组，落实人员，明确职责和任务。

1.2　信息传递和报告

信息内容包括向上级汇报请示、下游告警以及向社会发布的各类有关情况，要明确信息联络方法、传递方式和要求等。

1.3　决策制定与执行

大、中型水库防洪决策必须通过水库防洪应急指挥部（或联防指挥部）相关成员会商、制定、签发、下达，明确决策实施的执行部门、时间、方式、要求等。小型水库可参考以上执行。

1.4　抢险队伍落实

专业抢险队指由水库工程管理单位的技术及管理人员组成的抢险技术骨干。根据工程实况，说明出现不同险情时投入抢险的人员、时间和要求等。

群众抢险队指由群众防汛队伍中选拔出的有抢险经验的人员组成的抢险队伍。

落实人民解放军、武警部队抢险队伍，做好重大灾害抢险准备工作。

1.5　抢险物资准备

说明常规储备的土料、砂、块石、木料、草袋、铅丝、油料、照明电源、救生设备及车船运输工具等抢险物资的品种、数量、存放地点、联系人和联系方式，以及紧急挖取地点和调运方式等。要对各种物资分类登记造册。

1.6　通信保障

主要报汛方式指有线通信、无线电台、自动遥测报汛系统和微波、载波或卫星通信系统等。

1.7　救灾防疫保障

救灾物资的储备、调拨和供应计划，灾民撤离、转移、安置卫生防疫、组织机构等保障措施。

1.8 朱庄水库应急组织人员分工

防汛负责人主要由水库防洪抢险指挥部和施工项目部防洪度汛领导小组共同组成。

1.8.1 朱庄水库防洪抢险指挥部组成及分工

指挥长：刘春广，负责全面工作。

副指挥长：王振未，负责抗洪抢险工作。王振强，负责水情调度、工程检测和水文工作。郑江峰，负责供电、通信、后勤保障及安全保卫工作。

防汛办公室主任：李伟召；副主任：孟磊、董玉华。

1.8.2 施工项目部防洪度汛领导小组组成及分工

项目部成立以项目经理为组长的抗洪抢险工作领导小组。

抗洪抢险领导小组组长：武彦东，全面负责项目部的度汛工作。

副组长：李峰，协助组长对度汛工作进行综合调度。

领导小组成员：吕胜乐、秦永彪，协助组长、副组长综合调度各度汛班组，主抓以下工作：抢险人员的组织和调动；抢险物资的储存和发放；抢险车辆的组织和调度；抢险过程中的各类费用和有关资金及时、足额到位；抢险过程中的人员及设备安全工作；人员及设备紧急撤离时的安全通道畅通；确保抢险过程中的对外交通车辆畅通无阻；保证抢险过程中的通信联络畅通，各种信息及时反馈到有关项目部和个人；密切关注和收集当地气象信息，做好天气预报工作。

1.8.3 水库应急抢险专家组组成

水库应急抢险专家组由管理处主任刘春广、副主任王振未、王振强、郑江峰、办公室主任李伟召、事务科科长董玉华、电站站长周振雄、水情调度科科长孟磊以及工管科科长田献文组成。刘春广任组长，王振未、王振强、郑江峰任副组长。

2 队伍和物资保障

2.1 队伍保障

根据抢险需求和水库实际情况，施工项目部与管理处共同组成抢险队伍，当进入水库的防汛公路中断，组成以青壮年为主的抢险队伍。朱庄水库2013年制定的防洪抢险人员情况如下。

施工项目部抢险队伍负责人及成员。组长：武彦东；副组长：李峰；领导小组成员：吕胜乐、秦永彪。

水库管理处抢险队伍负责人及成员。总负责：王振未；组长：董玉华；副组长：赵庆丰。成员：赵凤翔、王建华、李志军、张瑞民、石虎林、王鹏、沈军华、刘占良、王振生、张建红、孙立勇、曹新民、胡志祥、王聚文、王小军、高立波、张英辉、李立华、李志宇 刘志友、李永海、齐彦斌、侯朝义、张岭辉、侯延民、范宏斌、苗洪武、豆向凯、王大荣、王振亮、要子霞、穆剑、刘洪洲、池建青、李义忠（司机）。

2.2 物资保障

施工项目部准备了防洪抢险物资车辆及通信工具。

物资：编织袋300个、沙子100m³、铁锹50把、雨衣30件、手电15把。

设备：柴油发电机1台、抽水泵1台。

车辆：挖掘机1台、指挥车1辆、客货车2辆。

通信：对讲机6部。

根据日常防汛的需要，朱庄水库管理处准备了抢险物资。备用船只两艘，75kW的发电机2台，救生衣40件，编织袋1000条，铅丝2t，柴油3t，汽油、机油各1t，还有一定数量的铁锹、镐等，除编织袋、铅丝、铁锹、镐、柴油、黄油、汽油、机油在水库仓库，其他均在使用现场。

3 其他保障

3.1 通信保障

在紧急情况下，当正常的网络传输中断时，水情和险情的传递方式改由电台、卫星电话和移动电话应急传送。

工程抢险指挥的通信方式为网通、移动、联通提供公共通信手段，由事务科落实。

3.2 动力保障

水库有10kV的外动力供电线路作为第一套方案，一台225kW的备用发电机作为第二套方案，有两台75kW的备用柴油发电机作为第三套方案，一旦发生故障，由大坝施工项目部和水库事务科共同处理。

3.3 技术保障

工程技术保障：朱庄水库及相关的设计单位、施工单位负责提供设计规划、建设和管理参数。

抢险技术保障：出现一般险情时，由朱庄水库防汛部门的干部、技术人员依据水利工程专业抢险办法提出抢险方案，经防汛指挥部同意后指导实施抢险。出现重大灾情时，由防汛指挥部和技术人员研究确定抢险方案，直到实施抢险。

信息技术保障：由防汛部门、水文和气象部门，结合本地实际发布汛情。

交通、卫生、饮食、安全等方面的保障措施由管理处防洪抢险指挥部和施工项目部防汛度汛领导小组视具体情况临时发布。

第七节 《应急预案》启动与结束

应急预案启动条件。当出现下列情况之一时启动应急预案：当入库洪水达到20年一遇以上特大洪水时；当水库工程出现重大隐患，出现重大险情时。

应急预案结束条件。当洪水回落较小的入库流量，并预报近期无大的降雨和洪水时；当工程险情和隐患得到排除，或水库水位较低不会形成大的泄洪时。

《朱庄水库防汛抢险应急预案》的启动与结束由邢台市防汛抗旱指挥部决定。当符合《应急预案》启动条件时，朱庄水库管理处及时向邢台市防汛抗旱指挥部报告，并申请启动《应急预案》，当符合《应急预案》结束条件时，向邢台市防汛抗旱指挥部申请结束《应急预案》。

参 考 文 献

[1] 王春泽，乔光建.水文知识读本 [M].北京：中国水利水电出版社，2011.

[2] 朱庄水库管理处.朱庄水库防汛抢险应急预案 [R].2013.

[3] 王振强，刘春广，杨晓梅.朱庄水库防洪调度系统的组成与应用 [J].河北水利，2006（b11）：62－63.

第十章 水库灌区建设

朱庄南、北灌区于 1976 年 11 月全面开工，邢台地区和沙河县、邢台县分别组成南、北干渠工程指挥部。当时国家补助部分材料费，因而发动地区和邢台市、邢台县、沙河县等机关干部、厂矿工人和驻军 5 万多人参加援建义务劳动，修建渠道，开挖土方工程。同时由邢台地委副书记师自明带领邢台县、沙河县、邢台市和地区有关负责人，到邯郸地区参观学习厂矿企业职员建设大跃峰渠的经验。参观学习后，驻邢台县、邢台市、沙河县的较大厂矿企业采取承包形式，无偿支援朱庄南、北干渠工程建设。计有：冶金部第二十建设公司、邢台冶金厂、邢台钢铁厂、长征汽车厂、邢台矿务局、章村煤矿、綦村铁矿等单位，援建渡槽、隧道等较大建筑物工程。土方工程动员邢台、沙河两县民工完成，共计民工 5 万人。

第一节 朱庄水库南灌区

朱庄水库南干渠是在原孔庄灌渠的基础上，经扩建改修而成。孔庄灌渠是 1966—1970 年修建，系利用沙河基流的灌溉渠道。南干渠 1976 年始建，1980 年完工。渠首接朱庄水库南侧高机组电站尾水渠。经由綦村、白塔、十里亭、新城等乡镇，总长 46km，矩形渠槽，渠砌石衬砌，底宽 4.5m，边高 2.3m，设计流量 5.5m³/s。渠上有各种建筑物 262 座。其中黑山洼隧洞长 2304m，系市内最长的隧道。最大跨度的渡槽是位于孔庄村西的前进渡槽，长 256m，高 6m，多拱结构。南干渠有支渠 18 条，斗渠 100 多条，总设计可浇 13.8 万亩，实际每年可灌溉 7 万～8 万亩，有时可达 10 万亩。该渠的设计者有侯景田、任承兴等，指挥施工者有段广廷、齐孟生、高震等。全县各个公社和县直单位均抽人参加施工建设。

朱庄南灌区是以朱庄大型水库为水源的中型灌区，设计灌溉面积 13.8 万亩，有效灌溉面积 7 万亩。灌区位于河北省沙河市浅山、丘陵和山前平原区，受益范围涉及孔庄、綦村、十里亭、新城、白塔、赞善等 6 个乡、镇、办事处，西起朱庄水库下游中低山丘陵区，东至京广铁路西侧平原，南、北分别以市界和大沙河为界。

朱庄水库南灌区管理单位为"朱庄水库南干渠管理处"，隶属于沙河市水务局领导。

1 灌区工程

灌区行政区划涉及沙河市的孔庄、綦村、白塔、十里亭、新城、赞善等 6 个乡（镇）、77 个行政村，土地总面积 341km²，是沙河市域经济、农业生产、乡镇企业和商品粮的重要基地。

沙河市朱庄南灌区属朱庄水库配套工程，位于沙河市中西部，地处京广路以西、大沙河南岸，纵穿山区、丘陵及平原区，始建于 1975 年冬，主体工程于 80 年底完成，干渠总长（包括隧洞 7 条，长 6668m，明洞 10 处，长 5800m，闸涵 32 处）46km，支渠及分支 18 条，长 83km，属浆砌石防渗渠道，总投资 1439 万元（1980 年价格），设计流量为 5.5m³/s，最大流量 6m³/s，设计灌溉面积 13.8 万亩，有效灌溉面积 9 万亩，受益 6 个乡镇办，30 多年来在邢台市的农业发展、农村稳定、农民增收及改善全市人民生活等方面起着举足轻重的作用，同时也带动了其他各项事业的发展。

该渠是在原孔庄灌渠的基础上，经扩建改修而成。孔庄灌渠是 1966—1970 年修建，系利用沙河基流的灌溉渠道。南干渠 1976 年始建，1980 年完工。渠首接朱庄水库南侧高机组电站尾水渠。经由綦村、白塔、十里亭、新城等乡镇，总长 46km，矩形渠槽，渠砌石衬砌，底宽 4.5m，边高 2.3m，设计流量 5.5m³/s。渠上有各种建筑物 262 座。其中黑山洼隧洞长 2304m，系市内最长的隧道。最大跨度的渡槽是位于孔庄村西的前进渡槽，长 256m，高 6m，多拱结构。

1.1　渠道工程

南干渠有支渠 18 条，斗渠 100 多条，总设计可浇 13.8 万亩，实际每年可灌溉 7 万～8 万亩，有时可达 10 万亩。

灌区灌溉渠系包括：干渠一条，长 46km，支渠及分支 18 条，长 83.5km，斗渠 179 条长 245km。朱庄南灌区干支渠道工程布置长度及设计灌溉面积统计见表 10 - 1。

表 10 - 1　　　　朱庄南灌区干支渠道工程布置长度灌溉面积统计表

序号	支渠名称	支渠长度/km	设计灌溉面积/万亩	现状灌溉面积/万亩
1	张峪支渠	4.3	0.326	0.2
2	綦村支渠	9	1.016	0.8
3	白塔支渠	6.7	0.605	0.4
4	新城支渠	6	1.78	0.6
5	新章分支渠	2	1	0.1
6	白错分支渠	2.3	0.904	0.7
7	葛泉支渠	3.6	0.638	0.5
8	十里亭分支	4.1	1.305	0.6
9	下解分支	8.5	1.365	0.2
10	油村支渠	1.95	0.41	0.4
11	王岗支渠	9.3	1.56	0.7
12	高店分支	3.4		0.4
13	北掌西支	3.05		0.3
14	上郑支渠	1.2		0.4
15	大掌支渠	2.62		0.3
16	北掌分支	9.3	1.56	0.2
17	赞善支渠	4.9	1.05	0.1
18	许庄分支	2.65		0.1
	总计	245	13.8	7

朱庄水库南干渠渠道设计时，正处于 20 世纪 70 年代末，渠道参数设计不仅受自然、环境影响因素，而且受经济条件、技术发展水平以及设计人员素质等社会因素影响，主要参数大部分采用经验数值。表 10-2 为朱庄水库南灌渠的干、支渠主要参数。

表 10-2 朱庄水库南灌区的干、支渠主要参数

渠道名称	起止桩号 /(m~m)	底宽 /m	水深 /m	边坡系数	糙率	纵坡	流速 /(m/s)	设计流量 /(m³/s)	校核流量 /(m³/s)	备注
干渠一	0+000~0+920	2.5	2.7	0	0.02	1/3000	0.82	5.5	6.3	砌石渠道
干渠二	0+920~10+818	4.5	1.71	0	0.02	1/5000	0.71	5.5	6.3	砌石渠道
干渠三	10+818~13+040	4.1	1.76	0	0.02	1/4000	0.76	5.5	6.3	砌石渠道
干渠四	13+040~46+000	4.5	1.71	0	0.02	1/5000	0.72	5.5	6.3	砌石渠道
张峪支渠	0+000~4+300	0.7	0.4	0	0.019	1/1000	0.54	0.15	0.25	砌石渠
綦村支渠	0+000~9+000	1.4	0.65	0	0.2	1/3000	0.44	0.40	0.55	砌石渠
白塔支渠	0+000~6+700	1.0	0.5	0.3	0.017	1/3000	0.32	0.25	0.35	混凝土渠
新城支渠	0+000~6+000	0.56	0.49	0.2	0.017	1/100	2.02	0.65	0.85	砌石渠
新章分支渠	0+000~3+400	0.8	0.54	0	0.019	1/160	1.5	0.65	0.85	砌石渠
白错分支渠	0+000~2+000	0.9	0.49	0	0.019	1/250	1.25	0.55	0.70	砌石渠
葛泉支渠	0+000~2+300	1.2	0.46	0	0.02	1/1000	0.65	0.35	0.50	砌石渠
十里亭分支	0+000~3+050	1.0	0.47	0	0.019	1/1000	0.65	0.3	0.4	砌石渠
下解分支	0+000~1+200	1.15	0.46	0	0.019	1/1000	0.67	0.35	0.50	砌石渠
油村支渠	0+010~3+600	0.74	0.18	0.20	0.017	1/60	1.93	0.25	0.35	渠混凝土板
王岗支渠	0+000~4+100	0.7	0.38	0	0.019	1/100	1.69	0.45	0.60	砌石渠
高店分支	0+000~2+620	0.8	0.32	0	0.019	1/400	0.83	0.2	0.3	砌石渠
北掌西支	0+000~8+500	1.00	0.7	0	0.019	1/1000	0.73	0.5	0.65	砌石渠
上郑支渠	0+000~1+950	0.5	0.26	0	0.019	1/300	1.17	0.15	0.20	砌石渠
大掌支渠	0+000~9+300	1.6	0.7	0	0.019	1/3000	0.5	0.55	0.75	砌石渠
北掌分支	0+000~1+200	0.6	0.55	0	0.019	1/280	1.05	0.35	0.45	砌石渠
赞善支渠	0+000~4+900	1.0	0.26	0	0.20	1/100	1.54	0.4	0.55	砌石渠
许庄分支	0+000~2+650	0.5	0.3	0	0.019	1/70	1.67	0.25	0.35	混凝土砌石

1.2 建筑物

共有渠系配套建筑物 720 座，其中有隧洞 11 处总长 6210m、渡槽等大中型建筑物 24 座，总长 1049m，节制闸 5 座，分水闸 8 座，排洪闸涵 22 座。表 10-3 为朱庄水库南干渠建筑物汇总表。

表 10-3 朱庄水库南灌区建筑物统计汇总表 单位：条

名称	干渠	支渠	合计	名称	干渠	支渠	合计
水闸	81	70	151	倒虹吸	1	4	5
跌水	0	5	5	排洪渡槽	20	260	280
陡坡	1	20	21	排洪闸涵	0	22	22
渡槽	8	15	23	桥	78	106	184
隧洞	16	13	29	合计	212	509	720

1.2.1 隧洞

英雄隧洞：英雄隧洞是朱庄南干渠最上游的一个隧洞，位于孔庄乡纸房村西，地势险要，全长447m。洞的岩石为石英砂岩，顶壁较好，未设拱圈。初建于1965年，由孔庄公社负担开凿，1975年扩建竣工。

团结隧洞：团结隧洞位于孔庄村东南至西左村西北，洞长1084m，号称"千米洞"。1976年12月开凿，在水源缺乏的情况下，采用干打眼方法，把隧洞凿通。

工农隧洞：工农隧洞原名长沟隧洞，全长820m，进口在樊下曹乡浅井村北好汉坡下长沟，出口在綦村乡西九家村西南寺沟。2001年发生洞顶塌方15m，淤积渠道，不能通水，灌渠集资10万元进行恢复，清土渣500m³，洞顶返修20m。

向阳隧洞：向阳隧洞位于西九家村南，隧洞长864m，1977年1月开挖施工后建成。1996年8月，天降暴雨，造成洞顶塌方15m，灌区争取资金8万元进行恢复。2008年返修渠底50m，投资3万元。

胜利隧洞：胜利隧洞原名黑山洼隧洞，位于西赵村西。自秦庄村东北黑山洼进口，从西赵村西北出口，全长2300m，是沙河市最长的一条隧洞。初建于1965年，因年久失修，洞内泥土堵塞，部分顶壁坍塌。1977年1月，由白塔公社进行维修，仅用了一个月时间完成维修任务。

红旗明洞：红旗明洞处于干渠中游，西毛村东，邢台石灰石矿区，全长496m，宽3.8m，干砌石压顶，地质构造属黏土或多卵石区。2000年由于石灰石矿侧向倒渣20多m高，引起红旗洞侧向受压，洞顶变形、洞帮变形、洞底上拱50cm，长80m。2004年争取资金30万元，剥开重建也没有恢复。

1.2.2 渡槽

前进渡槽：前进渡槽位于孔庄村西，长245m，高6m，是一座多拱渡槽。1965年由通元井公社建造。渡槽由富有建桥经验的山区老石匠和技术人员一起研究和修筑，就地取材，用当地的青石砌成，结构轻巧，坚固美观。

大冶渡槽：大冶渡槽原名西南沟渡槽，位于西南沟村北，长67m，高6m，共5孔，拱形，由高庄公社于1976年扩建，并改名大冶渡槽，结构坚固壮观。

左村渡槽：该渡槽位于左村东南，1966—1968年建造。长135m，高25m，共7孔，渡槽基座为圆锥形，采用U形薄壁渠槽钢筋混凝土预制板，邢台冶金厂协助吊装。渡槽西头靠原左村水库土坝，东头和千米盘山渠相接，有"一桥飞渡"之称，结构雄伟，壮观大方。

王窑渡槽：该渡槽位于葛泉乡王窑村北，长50m，又名胜天渡槽由二十冶金建设公司支援搞预制件，留村公社担负施工。渡槽处地质情况恶劣，多为易塌方的砂石层，但民工精心施工，克服困难，终于架起这座渡槽。

千米盘山渠：千米盘山渠位于浅井村西的半山腰，自左村渡槽东头起，到工农洞西口止，长2km，称为"千米盘山渠"。其间有小渡槽2座，小桥1座，明洞3处。1978年11月由淮庄公社和秦庄公社施工，经3个月苦干，建成了这段蜿蜒美丽的盘山渠。

1.3 排水工程

灌区处于浅山丘陵地带，高差较大，地下水埋深大，利用自然沟排水，不会引起盐碱化，渠道每隔 2000m 都设有排洪闸，可满足汛期排水需求，平原地带由于近几年矿井疏干水大量长期排入干渠，造成以下两处排水沟冲刷严重，需加以维修。内有排水沟两处，一处为宋王沟排水沟，一处为果园排水沟，排水工程参数统计见表 10-4。

表 10-4 排水工程参数统计

名称	长度 /km	底宽 /m	水深 /m	设计流量 /(m³/s)	水闸 /个	桥/座
宋王沟	5	1	0.5	1.5	2	5
果园	4	1.2	0.6	1	1	3

2 灌区发展及用水

朱庄南灌区自 1980 年开灌以来，实灌面积逐年增加，工程效益得到发挥，特别是在 1986 年前后，达到最高峰。以后几年，灌溉面积又逐渐减少，特别是近几年，实灌面积仅为 5.2 万亩，不足原设计面积的 50%。但自 2000 年以来，节水灌溉面积又呈上升趋势。灌区作物种植比例粮食作物占 85%，经济作物占 15%，

历年实灌面积，有效灌溉面积及灌溉效益详见表 10-5。

表 10-5 朱庄南灌区历年灌溉情况统计表

年份	有效灌溉面积 /万亩	实际灌溉面积 /万亩	灌溉供水量 /万 m³	年份	有效灌溉面积 /万亩	实际灌溉面积 /万亩	灌溉供水量 /万 m³
1982	9.0	7.0	1488	1998	7.2	6.5	1616
1983	9.0	7.5	3072	1999	7.2	6.5	1484
1984	9.0	7.5	1766	2000	7.2	6.2	897
1985	9.0	7.5	2217	2001	7.2	6.3	1318
1986	9.0	7.5	3386	2002	7.2	6.8	1333
1987	9.0	7.5	2285	2003	7.2	5.8	296
1988	9.0	7.5	1371	2004	7.2	5.2	823
1989	9.0	7.5	1752	2005	6.0	4.0	840
1990	9.0	7.2	1182	2006	6.0	4.0	888
1991	9.0	7.2	1387	2007	5.0	3.0	939
1992	9.0	7.2	2108	2008	5.0	3.0	566
1993	9.0	7.2	1444	2009	5.0	2.5	307
1994	9.0	7.2	1713	2010	8.0	3.0	1077
1995	8.0	7.2	1226	2011	8.0	3.0	551
1996	7.5	7.2	1442	2012	8.0	3.0	422
1997	7.5	7.2	1261	2013	8.0	3.0	79

3 灌区管理

朱庄南灌区管理处是灌区日常管理的专管机构，设处长一名（科级）、副处长 2 名，共有人员 68 名，正式职工 65 名，临时人员 3 名。机关内设一室三科，共有 25 名，下设 4 个基层管理站，人员 43 名，分别负责干渠、支渠工程、灌溉管理和水费征收等各项工作。单位属事业单位（差额补贴）。

灌区管理机构计划进一步进行改革，在管理体制上推行用水户参与灌区管理，突破现行行政区划，按支渠水文边界划分和组织用水户协会；成立协会 32 个。以使其负责支渠以下田间渠道的工程管理和灌溉管理及水费征收工作。管理处内部继续深化干部人事分配、经营机制等项改革，改领导干部任命制为聘任制，对各管理站推行目标管理责任制，对各类人员实行竞争上岗，收入实行岗位工资制，体现竞争择优原则，以充分调动干部职工积极性，促进灌区良性发展。

在工程管理体制比较完善的情况下，建立科学、完备的供水体制，以保证农作物灌溉正常用水，最大限度发挥水资源效能。

灌区通过进一步健全管理组织及工程管理、灌溉管理及多种经营各环节的规章制度，做到管理机构、管理人员、管理经费和规章制度"四落实"，运用行政、法律、经济手段对灌区工程进行全方位管理。

1996 年以后至今，由于干渠日益老化、年久失修，再加上维修资金不足，造成干渠危段险段逐年增加，渗漏严重；支渠远端 2/3 以上出现荒废，致使大量的水浇地变成旱地，有效灌溉面积由 9 万亩锐减至不足 3 万亩，水利用系数仅为 0.4，使农民浇地不便。

第二节 朱庄水库北灌区

1 朱庄北干渠前身

朱庄水库北灌区是利用朱庄水库水源在原羊范灌渠的基础上扩建的。历史上，早在朱庄水库建设前，大沙河北岸就兴建了羊范灌渠。羊范灌渠是民国二十四年（1935 年）春勘查，民国二十五年（1936 年）冬测量上报，拨公费大洋 1.3 万元，于民国二十六年（1937 年）春动工修建。从喉咽村西千斤石起到路村东七里河止。渠底宽 3m，长 10km，当年 10 月建成通水。民国三十年（1941 年）春，继续修筑了路口、河坝、渡槽、闸口，开挖了支渠。整个区尚有水利建筑物 89 处：渠口开瓶水石闸 1 处、拦河石坝 1 处、防溢池水口 1 处、大渡槽 7 座、小渡槽 6 座、大石桥 6 座、小石桥 4 座、水眼 3 处、大闸口 6 处、支取闸口 43 处、滴石水口 11 处等。为当年规模较大的水利工程。该区使羊范一带 1 万亩旱地变为水田。

新中国成立后，邢台专署农田水利委员会组织邢台县、沙河县民工，扩大延长羊范灌渠。1952 年 5 月开渠 35km，投工 1.9 万个，完成工程量 3.4 万 m³，引水能力达 25m³/s。受益村由原来 5 个增至 20 个，扩浇耕地 3 万亩。该渠命名为"民复渠"，成立了"邢台专署民复渠灌溉管理委员会"，隶属于邢台专署农田水利委员会领导。1960年改为朱庄渠。

随着朱庄水库的兴建，1972年，邢台地委提出了将朱庄水库之水东调黑龙港的规划意见，并在同年6月，组织地区有关技术人员，对朱庄北干渠线路及灌溉范围进行勘测。原规划拟将渠线经山区、半山区，过京广铁路，跨过滏西平原至黑龙港地区。北干渠全长110km，输水能力30m³/s。中途利用溜子河分回水10m³/s，向北输水至隆尧、宁晋东部和新河县，其余20m³/s汇入老漳河，供平乡、广宗、巨鹿、南宫等县灌溉。后因朱庄水库大坝高程降低，兴利库容相对减少，河北省确定朱庄水库之水近期不过京广铁路，北干渠灌溉范围调整到大沙河北岸的山区及丘陵区。这样，朱庄北干渠—朱庄水库多年调节水量1.278亿m³的42.4%作为水源，涉及灌溉面积9.6万亩。

2 朱庄北干渠建设

1975年10月，朱庄北干渠开始兴建，先期抽调羊范、龙华、大贾乡、石相、祝村、西黄村、冀家村共2万余人投入施工。冶金部第二十冶建筑公司、邢台冶金厂、邢台长征汽车制造厂、邢台红星汽车制造厂、邢台钢铁厂、邢台矿务局、章村煤矿等单位援建了渡槽、隧洞等较大建筑物。1978年5月，灌区工程基本建成。

灌区工程自朱庄水库消力池北侧引水，沿大沙河北岸向东。输水工程包括：总干渠由水库到喉咽四里沟，全长15.74km。渠道设计流量8.5m³/s，加大流量5.4m³/s。干渠上建筑物设计流量8.5m³/s，加大流量10m³/s，渠道宽3.5m，深2.2m，全部为水泥浆砌石防渗；该渠渠首与朱庄水库连接，流经朱庄、纸房、西坚固、中坚固、许坚固、东坚固五村，到四里沟分水，总长15.7km，断面3.6m×2.4m，设计流量6.2m³/s，主要功能担负着整个灌区的输水任务。

四里沟向北至西侯兰为一分干，渠长6.12km，渠宽3.5m，全部为浆砌石防渗；一分干渠从四里沟分水闸往北，流经四里沟、工农隧洞、祁村、石坡头村到西侯兰分水闸，该渠长6.12km，断面3m×2.2m，设计流量4.5m³/s，主要功能担负着一分干渠东、西、北三条支渠的输水任务和祁村、石坡头0.94万亩浇地任务。

四里沟向东至王村为二分干，渠长12.34km，渠宽2.9m，上段为砌石防渗，下段混凝土板防渗。二分干渠从四里沟分水闸往东，流经喉咽村、固坊村、羊范村、伍仲村、王村，长13.331km，断面3.0m×2.2m，设计流量4m³/s，主要功能担负着二分干七条支渠的输水任务和0.58万亩浇地任务。

总干渠和一、二分干共完成土石方开挖49.85万m³，砌石17.37万m³，混凝土及钢筋混凝土1.6万m³。用工490万个，投资468.4万元，其中国家补助及援建投资300万元，县、乡自筹168.4万元。用水泥22860t、钢材274t、木材530m³。

分干渠以下设10条支渠，全长43km，全部浆砌石防渗。支渠以下设斗渠102条，全长120km。

灌区内共有渠道建筑物634座，其中较大建筑物及渡槽8座、倒虹吸1座、陡坡2处、隧洞3处。支渠10条，总长43.737km。

其中一分干东支渠流经西侯兰村、东侯兰村、北唐村、大陈庄、小陈庄、南唐村、大路村、小路村，长10km，断面1.8m×1.8m，设计流量1.5m³/s，主要功能担负着9村

1.42 万亩浇地输水任务。

一分干西支渠流经西侯兰村、石坡头村、南岗西村、南贾乡村、尹贾乡村、大贾乡村，长 5.15km，断面 1.7m×1.6m，设计流量 2.5m³/s，主要功能担负着 5 村 1.11 万亩浇地输水任务。

二分干一支渠流经咽喉村、固坊村，长 2.35km，断面 1.1m×1.1m，设计流量 0.09m³/s，主要功能担负着 2 村。11 万亩浇地输水任务。

二分干二支渠流经羊范村，长 3.2km，断面 1.1m×0.9m，设计流量 0.12m³/s，主要功能担负着羊范村 0.22 万亩浇地输水任务。

二分干三支渠流经羊范村、南唐村、北唐村，长 4.07km，断面 1.6m×1.2m，设计流量 0.17m³/s，主要功能担负着三村 0.3 万亩浇地输水任务。

二分干四支渠流经伍仲村、王村、西前留村、东前留村、中留村、西北留村、洛阳村，长 7.2km，断面 1.2m×1.3m，设计流量 0.48m³/s，主要功能担负着七村 1.03 万亩浇地输水任务。

二分干七支渠流经王村、西北留村、东前留村、后留庄村，长 1.375km，断面 1.5m×1.5m，设计流量 0.18m³/s，主要功能担负着四村 0.42 万亩浇地输水任务。

灌区承担着南石门、羊范、大贾乡、龙华和沙河县洛阳、孔村及邢台市郊区等 7 个乡镇、45 个村的农田灌溉任务。设计灌溉面积 96 万亩（其中扬水灌溉 3.15 万亩），有效灌溉面积 9.8 万亩，并解决邢台县大沙河北岸 5 个村的人畜饮水问题。

1979 年，建成朱庄北干渠管理处，设在喉咽四里沟。1980 年，国家投资 111 万元，完成灌区干支渠建筑物、配套工程、管理处通信设施、基建等项工程。

1989 年，西坚固西溶洞区干渠基础塌陷，断流停水。1990 年，国家投资 119 万元，修复了纸房东山隧道衬砌，红旗、跃进、胜天 3 个渡槽防渗等 10 项工程。同年底全部竣工，灌区重新投入运用。1993 年，干支渠配套工程、斗渠防渗工程也全部完成，提高了渠水的利用率。

朱庄北干渠管理单位为"邢台县朱庄北灌区管理处"，隶属于邢台县水务局领导。

3　朱庄北干渠历年供水情况

朱庄北灌区位于邢台县中南部浅山丘陵区，是以朱庄大（2）型水库为水源的中型灌区，设计有效灌溉面积 9.6 万亩。灌溉区西起邢台县中低山东端，东至京广路西侧，南、北边界分别以大沙河和七里河北为界。受益范围包括邢台县南石门、羊范、太子井 3 个乡镇 43 个行政村，土地总面积 129.5km²，总人口 8.3 万人，现有耕地面积 11.86 万亩，主要粮食作物为小麦、玉米。

朱庄北灌区于 1957 年 10 月北灌区 2 号隧洞开挖正式开工建设，1977 年初冬大部分干渠工程建设开始通水发挥效益，至 1983 年春干、支渠骨干工程全部完成，同时斗渠也进行了开挖并完成少量衬砌防渗。灌区历经 30 年建设，目前已形成干、支、斗三级固定渠道体系，共 109 条总长 191.3km。

朱庄北灌区的建设和投入运行对改变邢台县丘陵区干旱面貌及至邢台县整个农业可持续发展起着重要作用。表 10-6 为朱庄水库北灌区历年供水量统计表。

表 10 - 6　　　　　　　　　　　朱庄水库北灌区历年供水量统计表

年份	灌溉供水量 /万 m³	年份	灌溉供水量 /万 m³	年份	灌溉供水量 /万 m³
1982	1897	1993	2892	2004	2205
1983	5547	1994	3712	2005	2320
1984	2014	1995	2342	2006	2994
1985	1025	1996	2243	2007	1987
1986	3718	1997	2345	2008	2263
1987	1572	1998	1817	2009	1621
1988	1198	1999	1517	2010	3112
1989	1779	2000	1205	2011	1900
1990	1191	2001	881.4	2012	2394
1991	2448	2002	1798	2013	1231
1992	1521	2003	669.2		

第三节　水库水温分层对下游农作物影响

1　水库水体热力学状况的监测与分析

　　水温的日变化和年变化，主要取决于日内和年内热量收支各要素间的平衡。水温的日变化和年变化以表层水最为明显，随着深度的加深，变化衰减，最高、最低水温出现时间滞后。

1.1　水库水体水温的年内变化

　　随着太阳辐射的日变化，不同时刻的水温也会发生相应的变化。太阳辐射照到水面上，首先受热的是表层水，若水面是静止的，表层水将随着太阳辐射的日变化而发生较大的日变化，随着表层水吸收热量的不断增加，水体通过传导、对流等作用将热量向下传递，另外，风浪作用也将加速上下层水热量的交换。

　　采用 2002—2004 年水库水温监测资料，每天 8 时监测一次，监测位置在水深 0.5m 处，计算其旬平均值，然后用 3 年的旬平均值绘制年内旬平均水温变化过程线，水库表层水温旬平均年内变化过程见图 10 - 1。

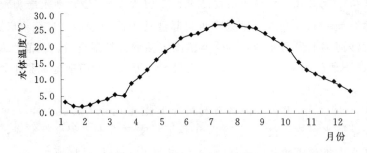

图 10 - 1　朱庄水库水面水体温度年内变化过程线

　　由于水库水体在年内各季节所受的太阳辐射热量不同，从而导致水温发生年内变化。由图 11 - 1 可以看出，水库表层水温的年变化特点为：夏季最大。春秋季节次之，冬季最小。最小值一般出现在 1 月或 2 月，最高值出现在 8 月。

1.2　水库水体分层结构类型

　　水库水体在水文、气象、地形、地理位置、出水口位置、调度运行方式等因素的影响下，形成不同的水温结构。水库水温结构可分为分层型和混合型两类。分层型水库随季节变化，上下层水温发生不同的变化；而混合型水库全年水库上下层水温没有明显区别。在温带气候地区的湖泊、水库水体的循环运动受季节变化的限制和影响，在不同的季节，不同深度的水体互不混合，表现出温度分层效应或者热分层现象。

　　湖水或水库水体热分层现象，于水体密度和温度之间的关系有关。水在 4℃ 时密度最大，这是水不同于其他物质的特殊性质，众所周知，0℃ 冰的密度小于周围水的密度，所以，冰可以浮在水面。而 4℃ 以上的水，随着温度升高，密度下降，因而，温度高的水位于冷水上面，形成温度分层。

　　在春季，冰雪消融，随着气温升高，水库表面水逐渐变暖，与温度较低的湖底层水达到完全混合，产生春季库水对流现象。

　　在夏季，水库表层水受太阳照射，水的温度升高，形成水库表温水层。表温水层由于风浪作用，得以均匀混合。因此，表温水层的温度几乎相同。而位于底层的水由于难以接受光照，因而温度明显低于表温水层。夏季，表温水层的水密度小于底层水的密度。这样就出现了夏季水体热分层现象。根据光照情况，有时也将表温水层称富光层，而将底层称作贫光层。富光层与贫光层之间为热梯度层或称中度光照层。其温度下降非常明显，温度梯度很大。几乎深度下降 1m，水温下降 1℃ 以上。

　　在秋季，气候转冷，表温水层容易散热，水体温度下降，与底层水温逐渐趋于均匀。这时，水体热分层消失，水体达到完全混合。这就是秋季水体对流过程。

　　入冬，水温继续下降，若表层水温低于 4℃，则在无风和有冰层的情况下，将出现底层水温比表层水温高的逆分层。春天来临，冰层开始融化，逆分层将混合消失，称为春季对流。随后，水库水体再一次出现温度分层。库面温水层水温在分层季节变化较大，与河水温度差不多或略高。库下冷水层温度变化较小，变化程度取决于分层前的水温。

　　分别在 2 月、5 月和 8 月对朱庄水库不同水深的水温进行测量，绘制不同水深的水体温度变化过程。图 10-2 为朱庄水库不同季节、不同深度水温变化过程。

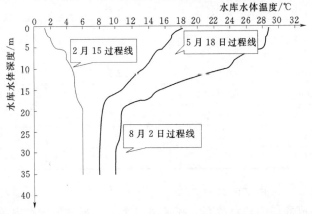

图 10-2　朱庄水库 2 月、5 月和 8 月不同深度水温变化过程线

在冬季，表层水温低于下部水温，最高与最低变化不大，变化过程基本呈直线变化。随着气温升高，表面水温升高，对下部水温的传导作用，水温逐渐升高，5 月表层水温在 18℃左右时，在水深 0～17m 之间水温随着深度增加而降低，下部呈直线变化。随着温度继续升高，表层水温也逐渐升高，到 8 月，表层水温在 29℃左右时，在水深 0～20m 之间随深度增加而降低，下部呈直线变化。以后随着气温降低，水深与水温变化过程进行逆向变化返回，到冬季回到原来过程线，完成一年的周期变化过程。

湖泊或水库这种热分层效应和季节对流的变化，对水库水体富营养化过程有很大影响。由于热分层效应，使得水库水体的表层在夏季光照充足，温度较高。若这时供给水体的营养物质充分，藻类光合作用便随之加强。因而生长旺盛，蓝藻、绿藻得以大量繁殖。

判断水温结构类型，常采用指数法，即用入库年水量与库容的比值（α）和一次洪水量与库容的比值（β）进行判断。计算公式如下：

$$\alpha = Q_{总}/W$$
$$\beta = Q_{次}/W$$

式中：α 为水库分层指标；当遇到大洪水时，β 值为第二次判别指标；$Q_{总}$ 为水库年入库总量，亿 m^3；W 为水库总库容，亿 m^3；$Q_{次}$ 为水库一次洪水入库总量，亿 m^3。

当 $\alpha < 10$ 时，该水库为稳定的分层型；当 $\alpha > 20$ 时，则为混合型。对于分层型水库，如遇 $\beta > 1$ 的大洪水，则往往为临时的混合性；只有当 $\beta < 0.5$ 时，才不致因洪水而影响水库的分层特性。表 10 - 7 为朱庄水库 1990—2004 年水库分层结构指标计算成果。

表 10 - 7　　　　　　朱庄水库 1990—2004 年水库分层结构指标统计表

年份	水库库容/亿 m^3	年入库总量/亿 m^3	一次洪水入库量/亿 m^3	判别指标 α	判别指标 β
1990	1.5292	1.5427	0.1464	1.009	0.096
1991	1.7570	0.8110	0.1532	0.462	0.087
1992	1.6760	0.3714	0.0196	0.222	0.012
1993	1.2530	0.6849	0.1200	0.547	0.096
1994	1.3452	0.4526	0.0430	0.336	0.032
1995	0.9372	3.0870	0.5370	3.294	0.573
1996	2.1724	6.5499	4.1400	3.015	1.906
1997	2.0857	0.8533	0.2040	0.409	0.098
1998	1.5603	0.4065	0.0263	0.261	0.017
1999	1.4532	0.1475	0.0096	0.102	0.007
2000	1.0204	4.5305	2.1800	4.440	2.136
2001	2.5980	0.4868	0.0615	0.187	0.024
2002	1.7970	0.2902	0.0352	0.161	0.020
2003	1.6820	0.6220	0.0653	0.370	0.039
2004	1.9140	1.2572	0.2660	0.657	0.139

通过对水库分层结构指标的分析计算，朱庄水库为稳定的分层型水库。由于夏季水体的热分层，往往造成底层的缺氧状态。在缺氧状态下，很容易导致内源性磷的增加，即加

速底泥中磷的释放。内源性磷负荷增加的结果，必然导致水体磷浓度的增高。虽然经过秋季水体对流，表层水中的磷浓度由于夏季藻类生长吸收有所降低。但经过春季水体对流，又将底泥释放的内源性磷带到了表层，从而提高了表层水中磷浓度，为夏季藻类的大量繁殖提供了适足的营养物质，使得水体继续保持富营养状态。

库水温不均匀常引起温度分层和水体对流现象，温度分层和水体对流作用对入库氮、磷和其他污染物都有不可忽视的影响。

2　水温分层对下游农业用水的影响分析

目前，朱庄水库农灌放水兼顾发电，放水口设置在大坝底部，由于水库分层现象，放水的水温较低。和当地地下水水温比较，最大变辐为−143％。在常温下，用低温水浇灌农作物，将对作物生长产生不良影响。表 10-8 为干渠水温与井水水温对照表。

表 10-8　　　　　　　　　　　朱庄水库干渠水温与井水水温比较

水温	1月	2月	3月	4月	5月	6月	7月	8月	9月	10月	11月	12月
干渠水温/℃	6.0	6.2	6.5	7.1	7.5	8.3	9.2	9.8	10.2	9.3	7.8	6.2
井水水温/℃	7.5	8.1	10.3	13.2	17.3	20.2	22.2	23.2	20.7	18.5	15.4	11.6
变化率/％	−25	−31	−58	−86	−131	−143	−141	−137	−103	−99	−97	−87

2.1　低温水对冬小麦生长的影响

小麦的生长发育在不同阶段有不同的适宜温度范围。在最适温度时，生长最快、发育最好。根据朱庄水库渠道放水监测资料，水库放水的温度在 6～10℃，直接用水农业灌溉，在作物不同生长期的影响也有所不同。

由于土壤热容量大，对不同温度的灌溉水进入田间，具有缓冲作用。同时田间积水或湿地表面经太阳能辐射、大气辐射等升温因素作用，地温恢复较快。根据实验资料：灌溉水温相差 7～8℃，分别对两块农田进行灌溉，24h 以后，两块地的低温差异小于 1.0℃。

播种出苗期：秋季昼夜平均气温 12～18℃时即可播种。过早播种，气温高，早拔节孕穗，冬季易受冻害；过迟播种土壤干燥，易缺苗或根系发育不良，幼苗生长细弱，且延迟成熟，易遭受后期锈病。播种前用低温水灌溉，主要是增加农田底墒，灌溉后等到地温恢复到适宜的温度后播种，不会产生不良影响。

分蘖期：适宜温度 10℃左右，天气晴朗、水肥充足，有利分蘖；日照不足，土壤干旱，会影响分蘖。由于返青后植株生长加快，抗寒力明显下降，水库放水的水温一般在 6～8℃左右，水温低于小麦生长的适宜温度，会导致小麦出现暂时的滞长，恢复 3d 左右可使地温适合小麦生长，对小麦生长不会产生大的影响。

拔节孕穗期：拔节期对水分的需要量占小麦整个生育期的 32％，要求日照充足，温度在 12℃左右对形成矮壮、抗倒伏的茎秆有利，孕穗期若水分不足，产量会降低。此时还需有充足养分，强光照及较高的温度。

抽穗开花期：开花期最低温度 10～12℃，一般日均温度 13～18℃。最适湿度为 60％～80％，天气晴朗、有利于开花授粉。该时期冬小麦生长进入需水最关键时期。此时用低温水灌溉，会使土壤温度骤然下降，则抑制子粒灌浆及干物质向子粒的运输与积累，导致粒重下降，会直接影响到小麦单产水平。使地温恢复到正常生长温度，需要 3～5d 时间，对作物生长影响较大。

成熟期：温度在 20℃ 左右，日照充足土壤水分适宜，有充足养分有利于灌浆成熟。氮肥过多，阴雨连绵，则植株恋青、晚熟，易引起锈病为害。此时用低温水灌溉，则会造成小麦灌浆期缩短，使小麦灌浆受到影响，容易早熟，千粒重下降，不完善粒增加。

通过对水库放水的水温监测分析，由于是水库底部放水，水温变化不大，小麦灌溉期间一般在 6～8℃。而小麦生长的适合温度随季节变化较大，其范围为 12～20℃。用低温水灌溉，随季节变化，其影响逐渐增大。

2.2 低温水对夏玉米生长的影响

玉米对温度的要求较高，玉米是喜温的对温度反应敏感的作物。目前应用的玉米品种生育期要求总积温在 1800～2800℃。不同生育时期对温度的要求不同，在土壤水、气条件适宜的情况下，玉米种子在 10℃ 能正常发芽，以 24℃ 发芽最快。拔节最低温度为 18℃，最适温度为 20℃，最高温度为 25℃。开花期是玉米一生中对温度要求最高，反应最敏感的时期，最适温度为 25～28℃。结粒期要求日平均温度在 20～24℃，如遇低于 16℃ 或高于 28℃，影响淀粉酶活性，养分合成、转移减慢，积累减少，成熟延迟，粒重降低减产。

根据朱庄水库放水的水温资料监测，玉米生长期水库放水的温度一般在 9～12℃。而玉米整个生长期的适合温度不同生长期变化幅度较大，拔节期的适宜温度 20℃；开花为 25～28℃；灌浆期为 20～24℃。玉米生长期正是该区的雨季，如果降雨能够满足玉米生长需水，玉米生长不用灌溉，则不会受到低温水灌溉的影响。如果该时期气候干旱，需要对玉米进行灌溉，则水库的低温水对玉米的生长影响较大。

2.3 产量对比分析

土壤温度与根系吸水关系很大。低温会使根系吸水下降，其原因：一是水分在低温下黏度增加，扩散速率降低，同时由于细胞原生质黏度增加，水分扩散阻力加大；二是根呼吸速率下降，影响根压产生，主动吸水减弱；三是根系生长缓慢，不发达，有碍吸水面积的扩大。

土温对根系吸水的影响，还与植物原产地和生长发育的状况有关。一般喜温植物和生长旺盛的植物根系吸水易受低温影响，特别是骤然降温，例如在夏天烈日下用冷水浇灌，对根系吸水不利。用低温水灌溉，还会使作物产生早熟现象。通过对水库灌区和井灌区对比分析，冬小麦一般早熟 7～10d，夏玉米早熟 3～5d。而低温水灌溉时，由于两种农作物生长期适宜的温度不同，低温水灌溉对夏玉米的影响大于冬小麦。

通过对朱庄水库南干渠灌溉区域的产量与井灌区产量进行对比分析，井灌区的粮食产量比水库灌区高 3.1%。低温灌溉是一个影响因素，还由于地质条件，土壤肥力和管理等方面的代表性等因素。粮食产量调查来源于统计手册资料，目前，该区没有在同等条件下进行低温灌溉与井水灌溉的对比资料。低温灌溉对产量影响的定量关系，有待遇进一步实验和研究。

3　低温水灌溉对农作物影响

利用朱庄水库实测资料,利用指数法对水库水体分层状况进行分析,朱庄水库属于稳定的分层型水库。由于水库设计的出水口在水库底部,水库放水的水温较低,将对下游用水产生一定的影响。

水库下游农业生产用低温水灌溉,温度的骤然变化对作物生长产生影响。通过调查分析,井灌区产量略高于低温灌溉的区域,通过多年观测,低温灌区比井灌区冬小麦出现早熟现象,由于两种农作物生长期适宜的温度不同,低温水灌溉对夏玉米的影响大于冬小麦。

低温水灌溉农田对作物影响是无疑的。对于同等条件下低温灌溉与常规灌溉对产量影响的定量分析,目前还没有专门实验研究资料,有待于进一步研究。

参 考 文 献

[1] 乔光建,张均玲. 朱庄水库水环境质量状况分析 [J]. 水资源保护,2002 (2):44-46.

[2] 鲍其钢,乔光建. 水库水温分层对农业灌溉影响机理分析 [J]. 南水北调与水利科技,2011,9 (2):67-72.

[3] 方子云,周家祥,郑连生. 中国水利百科全书:环境水利分册 [M]. 北京:中国水利水电出版社,2004.

[4] 刘春广,乔光建. 朱庄水库水体富营养化机理分析及治理对策 [J]. 南水北调与水利科技,2003 (5):24-26.

[5] 乔光建,张登杰,刘春广. 朱庄水库水体热力学特征对水质的影响分析 [J]. 水资源保护,2006 (z2):56-58.

[6] 常理,纵霄,张磊. 光照水电站水库水温分析预测及分层取水措施 [J]. 水电站设计,23 (3):30-32.

[7] 吴佳鹏,黄玉胜,等. 水库低温水灌溉对小麦生长的影响评价 [J]. 中国农村水利水电,2008 (3):68-71.

[8] 孙先波,楼继民. 水库深层水低温缺氧对灌溉作物的影响 [J]. 浙江水利科技,2003 (2):8-9.

第十一章 "引朱济邢"供水工程

第一节 工程设计与管理

"引朱济邢"输水工程建成之前,邢台市区工业和生活用水唯一的供给水源是地下水,随着城市建设和工农业的快速发展,市区地下水长期处于超采状态,水资源供需矛盾日益突出,在工业用水大户水源地和城市供水井群区已形成严重的地下水漏斗区,每年都有部分水源井干枯报废,给市区工业生产、城市建设和居民生活造成了很大影响。

为缓解市区水资源短缺状况,保障市区国民经济快速可持续发展,邢台市委、市政府决定从距市区 35km 的朱庄水库引水入市,解决邢台电厂和邢台钢厂的生产用水,把宝贵的地下水资源节省下来供城市建设和居民生活饮用,以实现水资源统一调度和科学管理的用水原则,这项引水工程简称"引朱济邢"输水工程。

"引朱济邢"输水工程由水利部河北水利水电勘测设计研究院设计完成,年引水量 5000 万 m^3,其中供邢台电厂 3300 万 m^3,供邢台钢厂 1700 万 m^3。工程总投资 1.5322 亿元,设计正常运行年限为 40 年。

输水工程选定的输水线路是自朱庄水库低机组电站尾水池引水,沿沙河右岸河滩向东敷设,管线到距引水口 4.5km 处的金牛洞附近穿沙河主槽向东沿沙河左岸河滩敷设,引水线路在距引水口 15.7km 处的沙河大桥收费站南侧穿邢都公路,继续向东在固坊村南离开河滩上岸沿东北方向在王村西南、伍仲村相距引水口约 20.433km 处,引水线路分成两条支线:一条是一直向东北方向在先贤南穿七里河,再折向东经贾村到邢台钢厂的钢厂支线;另一条是向南经伍仲村,再穿伍仲煤矿和葛泉煤矿技术分界线进入大沙河,再折向东沿邢台煤矿外包线到电厂二、三期粉煤灰场之间,从洛阳村东折向北,过张宽村在西北留村悟思村北到邢台发电厂的电厂支线。输水管线总长 42.978km,其中主干线 20.433km,钢厂支线 8.33km,电厂支线 14.215km。

工程建设分为输水管道土建安装工程、管理建设工程、微机自动化监控工程三部分。

1 输水管线

主要采用预应力钢筋混凝土管,局部管内压较大和穿越工程及防冲刷严重部位采用钢管。管线为双排,设计管径是 0+000~7+000m 段为 D\1000mm;7+000~20+433m 和电厂支线 0+000~1+700m 段为 D\800mm;电厂支线 1+700~13+731m 段为 D\700mm;钢厂支线 20+433~28+763m 段为 D\600mm。输水工程主干线自上而下较大的穿越工程有桩号 4+302.07~4+640.3m 穿沙河主槽 338.23m 长的金牛洞倒虹吸工程,桩号 15+713~15+848m 在沙河大桥收费站南侧穿邢都公路 135m 长的顶管工程,桩号

18＋523～18＋673m 穿羊范沟 150m 长倒虹吸工程；钢厂支线桩号 20＋489～20＋527m 穿邢都公路 38m 长的顶管工程；桩号 23＋710～24＋840m 穿七里河 1138m 长的倒虹吸工程，桩号 27＋640～27＋676m 穿西环线 36m 长顶管工程，桩号 28＋474～28＋498m 穿邢钢铁路 24m 长的顶管工程；电厂支线桩号 7＋330～8＋444.6m 是长 1114.6m 穿电厂二期粉煤灰场工程，11＋290～11＋310m 穿电厂路 20m 长顶管工程，桩号 11＋500～11＋576m 是长 76m 穿电厂专用铁路顶管工程。

输水管道为保证某管段发生事故时仍能通过 70％的水量，全线共设联络阀组三处共四组，其位置在主干线桩号 11＋901m、调度中心院内的钢支和电支始端、电厂支线 8＋150m，每组 5 个阀门。

为了合理调节分配流量，输水管线在取水头部和电支、钢支始末端均设置了电磁流量计，分叉口还设了泄压阀组，在管线金牛洞倒虹吸桩号 4＋320m、羊范倒虹吸桩号 18＋527m、钢厂支线倒虹吸桩号 23＋755m 三处设置了检修蝶阀；在桩号 4＋530m、6＋741m、24＋680m 和电支 1＋760m 四处设置了检修蝶阀；在管线隆起部位桩号 2＋090m、4＋320m、4＋580m、5＋080m、5＋636m、6＋611m、6＋776m、7＋741m、9＋430m、12＋666m、14＋647m、16＋987m、18＋276m、18＋527m、18＋663m、19＋151m、20＋660m、22＋054m、23＋775m、24＋750m、25＋495m、26＋660m、电支 1＋485m、1＋800m、2＋400m、3＋400m、4＋300m、6＋626m、7＋500m、8＋280m、8＋845m、9＋795m、12＋121m 共 33 处管线隆起点设置了排气阀。

2　管理站数据采集系统

"引朱济邢"建设管理站 2 处，即渠首管理站和王村管理站。王村管理站由于电支和钢支分叉点位置上移，实际王村管理站在伍仲村北，目前改称"引朱济邢"输水工程调度中心。渠首管理站位于取水头部，有取水构筑物、加氯间和控制室等设施。

水闸泵站计算机远程监控系统需要实时采集河道的水位、流量、水闸闸门的高度、水泵开启状况以及雨量等水情工况，为调水调度、水闸泵站的控制提供决策依据。河北省"引朱济邢"引水工程是引朱庄水库的蓄水至邢台市区的钢厂和电厂。一条输水管道自水库尾水池引水，沿河右岸铺设，在调度中心分成四条支路，其中两支通往钢厂，两支通往电厂。为了满足工程的可靠性及自动化管理的要求，该工程采用了计算机监控系统进行工程的调度及管理。整个工程设有水库、调度中心、钢厂和电厂四个管理站（图 11-1），监视并控制沿线的闸门和阀门状态，监测管道的压力和实时流量。

其中水库和调度中心本地的流量数据可以通过 RS-485 总线直接上传到工控机中，而钢厂和电厂由于距离水库和调度中心比较远，当地的实时流量数据不能直接通过 RS-485 总线上传，所以采用了本文所述的流量数据采集方案：先通过 RS-485 总线将数据上传至当地的 PLC 中，再经光纤以太网与水库和调度中心的工控机通信。为了准确的反映出现场的实际情况，水库和调度中心要求实时显示出钢厂和电厂流量的瞬时值和累计值，这样水库和调度中心管理站才能根据现场的情况调节闸门和阀门的状态。同时由于钢厂和电厂还需要做到无人值守，所以必须保证设备采集数据的实时性和准确性。

钢厂和电厂两个管理站都配置了 GE 公司的 90-30 系列 PLC，包括电源模块、CPU

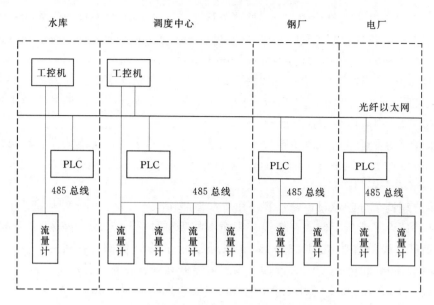

水库　　　　　调度中心　　　　　钢厂　　　电厂

图 11 - 1　"引朱济邢"供水工程控制系统框图

模块、以太网接口模块、可编程协处理模块。电磁流量计采用的是上海科隆光华仪器有限公司的 AQUAFLUX 型电磁流量计,钢厂和电厂的流量可以由安装在钢厂和电厂入口处的电磁流量计采集。整个采集系统的关键是将流量计的数据上传至 PLC 相应的寄存器中,此功能是通过为 PLC 配置的可编程协处理模块 PCM 来完成的,PCM 模块通过 RS - 485 总线采集电磁流量计的数据,然后通过开发的通信程序计算出瞬时流量和累计流量,并写入 PLC 相应的寄存器单元,最后通过以太网接口模块和交换机连接到光纤以太网上,将数据传送到水库和调度中心两个管理站。

3　自动化监控工程

为提高整个输水工程系统管理的科学化、自动化,工程设置了过程监视仪表和自动化控制系统,中心控制室设在调度中心,通过临近系统即可掌握引水渠首及两用水户的供水过程和各项指标,完成输水过程的信息转发、存储、显示等功能。

计算机监控系统可以为自动化控制系统提供更高的可靠性和稳定性,在工业控制中占有重要地位。由于涉及的领域多,系统复杂,计算机监控一直是国内自动化领域的重要研究内容。将计算机控制技术和计算机网络技术应用于水利工程的监视、控制和管理,有利于提高水利工程的计算机监控水平,提高水利工程的可靠性,具有现实意义。

近年来,国内的水电厂和水库相继采用计算机监控系统,提高了我国水利事业为社会服务的整体水平。水利工程中的水锤现象和控制对策一直是水利工程及其自动化的重要研究课题。水锤对输水管道的危害性很大,严重时可以使管道破裂。研究管道系统的水力过渡过程,通过控制水锤的规模,为管道提供有效的防护措施,可以提高水利工程的安全性,降低工程投资。

河北省邢台市"引朱济邢"输水工程。在工程中采用计算机监控系统,以满足水利控制的可靠性及自动化管理水平的严格要求。

在计算机监控方面，以 GE Fanuc 公司的组态软件 Cimplicity 为基础，构造了基于 DCS 模式的分层分布式计算机监控网络结构。开发出多站点间、工业仪表与站点间的通信软件。在网络通信和数据库方面，开发了支持 DDE 通信方式的软件组件，实现和组态软件 Cimplicity 的 DDE 通信，基于 RS485 总线的采集智能仪表数据的软件组件，解决了设计院所提供的智能仪表和 Cimplicity 在通信协议方面不一致的问题；公用电话网数据传送的软件组件，和寻呼机报警的软件组件；基于 Access 数据库打印报表的软件组件和与 Internet Explorer 软件兼容的数据报表，使用户可以在任何地方，通过 Internet 访问现场数据库的内容；上位机双机冗余的软件组件；开发了 PLC 控制器的部分梯形图，利用 PLC 的 PCM 模块采集 RS-485 仪表数据的 MegaBasic 软件。

在水利控制方面，针对工程中需要重点解决的水锤防护问题，采取有效的控制算法，通过控制阀门开度来调节管道流量，达到减轻管道承受的压力的目的。在水利工程方面的工作，进行了阀门控制过程计算机仿真，以及水锤模型方程的选定、求解和计算机仿真。

针对"引朱济邢"工程中提出的实际问题，进行软件开发和硬件试验。取得了满意的结果，顺利实施"引朱济邢"输水工程的计算机监控。

4 工程管理

"引朱济邢"输水工程于 2000 年开工建设，2003 年工程完工，自 2004 年 4 月"引朱济邢"输水工程正式运行，2005 年 1 月通过竣工验收，各项指标均满足设计要求，正式供水运营。

"引朱济邢"输水工程是省、市重点工程，为确保该工程项目的实施，邢台市政府于 1998 年 4 月成立了"邢台市'引朱济邢'供水工程领导小组"。领导小组以常务副市长张洪义任组长和主管副市长李英民任常务副组长，成员有市直各有关部门、沿线县市区及用水户等部门和单位的主要领导组成，领导小组下设"邢台市'引朱济邢'供水工程筹建处"负责项目建设前期的具体筹备工作，1998 年 9 月，市政府为适应工程建设的需要，批准成立了"邢台市朱庄供水有限公司"为该工程项目法人，公司实行董事会制度，公司设总经理、常务副总经理各一人、副总经理、总工、总会计师共 6 人，公司下设综合处、工程技术处、财务处、征迁治安处分别负责实施的具体工作。

工程完工后，供水公司负责工程的行政管理和技术管理。根据实际工程运行管理需要，结合运行管理设计，设综合处、财务处、调度中心、技术处、维护处、保卫处六个职能部门，负责工程的运行管理。

自 2004 年试通水，运行 10 年来，总计向邢台钢厂和邢台电厂供水 16885.8 万 m^3，有效地缓解了邢台市水资源短缺状况。

第二节 工 程 效 益

计算参数的确定：社会折现率，按 1993 年中华人民共和国国家计委和建设部组织编制与修订的《建设项目经济评价方法与参数》选定为 12%。

计算期和折算基准年。工程建设期为 2 年，第三年开始发挥效益，正常运用期按 40 年计，计算期共 42 年，折算基准年定在建设期第一年年初，各项费用和效益均按年末发生折算。

1 费用计算

国民经济评价中工程费包括固定资产投资、年运行费和流动资金三部分。

1.1 固定资产投资

固定资产投资主要根据工程设计概算投资，对个别项目进行调整，剔除国民经济内部转移支付的各种费用，剔除预备费用中的价差预备费，调整后固定资产投资 11630 万元，若第一年投资 6980 万元，则第二年投资 4650 万元。

1.2 年运行费

年运行费主要包括工资福利费、材料及动力费、维护费及其他费用。

工资及福利费按人均定额计算，根据有关类似工程的实际运行情况，每年人均工资及福利费用 2.5 万元，"引朱济邢"输水工程的定员编制为 55 人，则年工资及福利费为 138 万元。

材料、燃料及动力费，初步估算为 67 万元。

其他费用是指不属于材料、燃料及动力费、工资及福利费、维护费、折旧费、返销费和利息净支出的费用支出。按每年人均定额 3.5 万元计，则其他费用为 193 万元。

"引朱济邢"输水工程年运行费为 684 万元。

1.3 流动资金

流动资金包括维持工程正常运行所需购买材料、燃料、备品备件及支付职工工资等周转资金，参照其他类似工程，按年运行费的 10% 计，流动资金为 68 万元。

2 效益估算

2.1 供水效益

规范推荐了四种城镇供水的计算方法，经分析比较，采用效益分摊系数法，即根据水在工业生产中的地位和作用，经工业净产值乘以分摊系数计算工业供水效益。

邢台市重点工业多年平均净产值占总产值的比例为 47.3%，据预测，2000 年万元产值耗水量为 $400\text{m}^3/$ 万元，水的分摊系数取 10%，则单方水效益为 1.18 元 $/\text{m}^3$。"引朱济邢"输水工程供电厂和钢厂的水量为 4750 万 m^3，年供水效益为 5605 万元；同时向市区的小黄河供环境水 300 万 m^3，供水效益按 0.5 元 $/\text{m}^3$ 计，年供水效益 150 万元。以上供水效益的 70% 计入输水工程，则正常运行期年供水效益为 4029 万元。

2.2 负效益估算

（1）灌溉负效益。"引朱济邢"输水工程兴建后，由于增加了向市区的供水，从而减少了朱庄水库向下游农业的供水量。根据调节计算成果分析，2020 水平年农业供水多年平均减少 710 万 m^3。灌溉负效益按单方水的灌溉效益乘以农业减少水量计算。据调查，朱庄水库下游灌区以种植小麦、玉米等粮食作物为主，有灌溉比无灌溉亩产量增加 130kg，按现行市场价，粮食综合单位 1.2 元 /kg，农业生产成本以 60% 计，扣除成本后，每亩灌溉净效益为 62.4 元，单方水效益为 0.17 元。

（2）水力发电负效益。根据朱庄水库调节计算，朱庄水库低机组 2020 水平年电能损失为 147 万 kW·h。华北电网平均电力影子价格为 0.2181 元/(kW·h)，求得水力发电负效益为 32 万元。

3 国民经济评价

3.1 经济评价指标

根据规范选用经济内部收益率、经济净现值、经济效益费用比等国民经济评价指标，评价该项目的经济合理性。经分析计算，该项目经济内部收益率为 22.9%，经济净现值为 10447 万元，经济效益费用比为 1.72。

3.2 敏感性分析

为进一步论证国民经济评价的可靠性，估计项目承担风险的能力，应进行敏感性分析。

在影响项目评价成果的众多因素中，先取固定资产投资和效益作为敏感性因素，对该工程进行敏感性分析。根据规范要求，按固定资产投资增加 15%、效益减少 15% 两项不确定性因素单独发生浮动，敏感性分析结果见表 11-1。

表 11-1   国民经济敏感性分析表

因素及变幅	经济内部收益率/%	经济净现值/万元	经济效益费用比
投资增加 15%	19.7	8276	1.50
效益减少 15%	19.2	6709	1.46

3.3 经济评价

从国民经济评价指标可以看出，该项目经济内部收益率大于社会折现率，经济净现值大于零，经济效益费用比大于 1.0，表明该项目在经济上是合理可行的。

从敏感性分析结果可以看出，当效益减少 15% 或固定资产投资增加 15% 的情况下，该项目的经济内部收益率大于社会折现率，经济净现值大于零，经济效益费用比大于 1.0，表明该项目具有较强的抗风险能力。

第三节 工 程 扩 建

目前，"引朱济邢"输水工程已投入正式运行阶段，由于邢钢、电厂积极采取节能降耗等措施，加强了生产用水的循环利用，两大用水企业的实际用水量远远未达到设计的水量。

1 德龙钢铁有限公司用水

德龙钢铁实业公司自建成开始均采用地下水，随着生产规模的不断扩大，用水量不断增加。地下水超重开采，已形成地下漏斗，根据《河北省人民政府关于加强城市供水节水和水污染防治工作的通知》（冀政〔2001〕44 号）精神，德龙钢铁有限公司现有水源井在邢台市制定的关闭自备井范围内。

为解决上述矛盾，邢台市供水有限公司于 2011 年开始规划兴建德龙供水工程，由邢台市政设计研究院有限公司设计，由邢台水业集团金泉供水有限公司施工，该工程自2012 年 5 月 18 日开工建设，2012 年底完工，该工程铺设 DN700 管道约 12023m，DN700阀门井 14 座，DN300 阀门井 13 座，DN100 阀门井 23 座，自动吸排气阀门井 23 座。工程线路从调度中心院内的两根主管线接口后，通过三通合并成单根管线向德龙供水。管线走向，由调度中心院内向北穿邢峰公路至邢汾高速引线一直向北穿七里河、新兴路、中兴路至西石门，由西石门村北向西至黄羊公路、再由黄羊公路向北至德龙钢厂内蓄水池。管线全长 12km。2012 年 12 月 13 日正式向德龙钢厂供水，目前日供水为 1.2 万 m³。

邢台市德龙供水工程是向德龙钢铁有限公司供应朱庄水库地表水作为其生产用水工程。工程设计管道全长 12023m，供水管道管径 DN700、设计年供水能力 600 万 m³、最高日输水能力 2.0 万 m³、压力流输送、工程设计年限 30 年。

2 沙河电厂用水

为尽快实现牛城百泉竞涌的胜景，邢台当地各部门正积极努力。从 2012 年 4 月开始，邢台朱庄水库库水的成功引入沙河电厂，将使沙河电厂投产后大大减少地下水资源的使用。

河北建投沙河电厂 2×600MW 超临界空冷机组，是通过关停河北兴泰发电公司部分机组，在沙河市异地建设的"上大压小"工程。与一般火电企业冷却塔耸立的景象不同，在沙河电厂只能看到"空冷岛"。所谓"空冷岛"，实际上是对电厂空气冷却装置的一个形象称谓，主要由 56 台风机组成，功能是为高温蒸汽降温。

火力发电的三大装置是锅炉、汽轮机和发电机。液态水通过锅炉变成高温、高压蒸汽后进入汽轮机，推动汽轮机高速转动，进而带动发电机发电，从汽轮机里出来的高温蒸汽需要一个冷却装置来降温，从而实现循环使用。湿冷发电机组是通过冷却塔来降温，其间大量的水会汽化蒸发掉，采用空冷装置则可以完全规避这个问题。两台 600MW 湿冷机组年耗水量在 1500 万 m³ 左右，而同等规模的空冷机组年耗水量只需 300 万 m³ 左右，节水比例在 80% 以上。

面对近年来水资源供应日趋紧张的严峻形势，沙河电厂在初步设计阶段和可研阶段就大力实施节水工程，提高用水效率、改变用水方式，提出了"能用地表水不用地下水，能用劣质水不用优质水"节水用水目标。沙河电厂是通过关停河北兴泰发电公司部分机组，在邢台沙河市异地建设的"上大压小"重点工程，设计主水源采用城市中水处理，主要利用沙河市污水处理厂出水。同时，沙河电厂还建设了中水处理站、厂内地表水处理站、工业废水处理站、生活污水处理站和公用水池，通过这些设施和装置，可实现厂内生产废水和生活污水回收再利用，达到废水零排放标准。

沙河市污水处理厂日出水量 5 万 m³，可满足本工程用水需求，利用这部分水资源建设本项目，实现水资源的综合利用，建设超临界高效、节能、环保电厂，提供清洁电力，实现节能降耗、资源利用、高效、环保电力的目标。

厂内地表水为备用水源，生产废水和生活污水分别经工业废水处理站和生活污水处理站处理后全部回收再利用，实现废水零排放。由于其他因素厂内地表水近期将作为调试及运行后主水源，从 4 月初成功将邢台朱庄水库水引进厂外地表水站，再从厂外地表水站经 18km 管道引水入厂。2012 年引水量 21 万 m³，2013 年引水量 254.2 万 m³。

沙河电厂引邢台朱庄水库水成功，不仅节约了地下水资源、保护了环境，而且为沙河电厂两台 60 万 kW 机组正常调试、早日投产发电打下了坚实的基础，确保了机组投产运营时，中水、除尘、脱硫、脱硝、等环保设施全部实现同步施工、同步试运、同时投产环保"三同时"的要求。

3 其他用水

自 2008 年开始向邢台市区七里河生态补水，截至 2010 年，累计供水 596.7 万 m³。

根据南和县水生态工程建设规划，将调用"引朱济邢"工程用水，经七里河进入顺水河至南和水系，计划水量 500 万 m³。

"引朱济邢"工程承担从朱庄水库向市区供水、缓解市区供水短缺的功能，设计年输水能力 5000 万 m³，现主要有邢钢和电厂两家用户，年用水量不足 2000 万 m³，供水能力未得到充分利用。为此，邢台市水业集团下一步将积极中钢邢机和邢襄工业园等企业、园区展开合作，并瞄准环城郊县的农业和环境景观用水继续拓展，充分开发"引朱济邢"富余供水能力，促进地下水位回升，加快推进"山水泉城、魅力邢襄"建设。

参 考 文 献

[1] 河北省水利水电勘测设计研究院．"引朱济邢"输水工程可行性研究报告 [R]. 1995.
[2] 阎常友．"引朱济邢"输水工程中的计算机监控系统 [D]. 石家庄：河北工业大学，2002.
[3] 郭嘉，马承先，商建锋．利用 PCM 实现智能设备的数据采集 [J]. 电子产品世界，2009.

第十二章　水库水环境质量评价

第一节　水　质　评　价

1　水质评价依据和方法

1.1　评价依据

主要评价依据有：《中华人民共和国水法》、《中华人民共和国环境保护法》、《中华人民共和国水污染防治法》、《中华人民共和国河道管理条例》、《取水许可制度实施办法》、《水资源评价导则》（SL/T 238—1999）、《地面水环境质量标准》（GB 3838—2002）、《生活饮用水卫生标准》（GB 5749—2006）、《农田灌溉水质标准》（GB 5084—2005）、《污水综合排放标准》（GB 8978—1996）、《水环境监测规范》（SL 219—98）。

评价标准采用 GB 3838—2002，该标准将水质分为Ⅰ类、Ⅱ类、Ⅲ类、Ⅳ类、Ⅴ类及劣Ⅴ类。

Ⅰ类：主要适用于源头水、国家自然保护区；

Ⅱ类：主要适用于集中式生活饮用水水源地一级保护区、珍贵鱼类保护区、鱼虾产卵场等；

Ⅲ类：主要适用于集中式生活饮用水源地二级保护区、一般鱼类保护区及游泳区；

Ⅳ类：主要适用于一般工业用水区及人体非直接接触的娱乐用水区；

Ⅴ类：主要适用于农业用水区及一般景观要求水域。

对应地表水上述五类水域功能，将地表水环境质量标准基本项目标准值分为五类，不同功能类别分别执行相应类别的标准值。水域功能类别高的标准值严于水域功能类别低的标准值。同一水域兼有多类使用功能的，执行最高功能类别对应的标准值。实现水域功能与达功能类别标准为同一含义。表 12-1 为地表水环境质量标准基本项目准限值。

表 12-1　　　　　　地表水环境质量标准基本项目标准限值

序号	项　目		Ⅰ类	Ⅱ类	Ⅲ类	Ⅳ类	Ⅴ类
1	水温/℃		人为造成的环境水温变化应限制在：周平均最大温升≤1；周平均最大温降≤2				
2	pH 值		6～9				
3	溶解氧/（mg/L）	≥	饱和率90%（或7.5）	6	5	3	2
4	高锰酸盐指数/（mg/L）	≤	2	4	6	10	15

序号	项 目	Ⅰ类	Ⅱ类	Ⅲ类	Ⅳ类	Ⅴ类
5	化学需氧量（COD）/（mg/L） ≤	15	15	20	30	40
6	五日生化需氧量（BOD$_5$）/（mg/L） ≤	3	3	4	6	10
7	氨氮（NH$_3$-N）/（mg/L） ≤	0.15	0.5	1.0	1.5	2.0
8	总磷（以 P 计）/（mg/L） ≤	0.02（湖、库 0.01）	0.1（湖、库 0.025）	0.2（湖、库 0.05）	0.3（湖、库 0.1）	0.4（湖、库 0.2）
9	总氮（湖、库，以 N 计）/（mg/L） ≤	0.2	0.5	1.0	1.5	2.0
10	铜/（mg/L） ≤	0.01	1.0	1.0	1.0	1.0
11	锌/（mg/L） ≤	0.05	1.0	1.0	2.0	2.0
12	氟化物（以 F$^-$计）/（mg/L） ≤	1.0	1.0	1.0	1.5	1.5
13	硒/（mg/L） ≤	0.01	0.01	0.01	0.02	0.02
14	砷/（mg/L） ≤	0.05	0.05	0.05	0.1	0.1
15	汞/（mg/L） ≤	0.00005	0.00005	0.0001	0.001	0.001
16	镉/（mg/L） ≤	0.001	0.005	0.005	0.005	0.01
17	铬（六价）/（mg/L） ≤	0.01	0.05	0.05	0.05	0.1
18	铅/（mg/L） ≤	0.01	0.01	0.05	0.05	0.1
19	氰化物/（mg/L） ≤	0.005	0.05	0.2	0.2	0.2
20	挥发酚/（mg/L） ≤	0.002	0.002	0.005	0.01	0.1
21	石油类/（mg/L） ≤	0.05	0.05	0.05	0.5	1.0
22	阴离子表面活性剂/（mg/L） ≤	0.2	0.2	0.2	0.3	0.3
23	硫化物/（mg/L） ≤	0.05	0.1	0.2	0.5	1.0
24	粪大肠菌群（个/L） ≤	200	2000	10000	20000	40000

1.2 水质评价方法

综合质量采用 GB 3838—2002；功能评价采用 GB 5749—2006；GB 5084—2005。

进行现状评价，一般按某种污染物浓度是否超过某一规定的水质标准，计算其超标率和超标倍数，然后进行评价。本次评价要求只计算出水库的综合污染指数。

单项污染指数表示某种污染物对水环境产生影响程度，一般用该种污染物质在水中的实测浓度与其在水环境标准中的允许浓度（地表水水环境质量标准第Ⅲ类）的比值进行计算。

$$I_i = \frac{C_i}{C_{si}}$$

式中：I_i 为单项污染分指数；C_i 为评价项目的监测浓度；C_{si} 为评价项目的标准值，本次采用地表水环境质量标准第Ⅲ类。

污染危害程度随其浓度增加而降低的评价参数（如溶解氧），其单项污染指数按下式计算：

$$I_i = \frac{C_{i\max} - C_i}{C_{i\max} - C_{si}}$$

式中：$C_{i\max}$ 为该评价项目的最大值，溶解氧为该条件下的饱和浓度。

对具有最低和最高允许限度的评价参数（如 pH 值），单项污染指数按下式计算：

$$I_i = \frac{C_i - C_{sip}}{C_{si\max} - C_{sip}} \qquad 当\ C_i < C_{sip}\ 时$$

$$I_i = \frac{C_i - C_{sip}}{C_{sisma} - C_i} \qquad 当\ C_i > C_{sip}\ 时$$

式中：C_{sip} 为容许值界限间平均值；$C_{si\max}$ 为最大容许值；C_{sisma} 为最小容许值。

平均值按下式计算：

$$C_{sip} = \frac{C_{si\max} + C_{sisma}}{2}$$

地表水环境质量标准中未列入的总硬度、溶解性总固体项目采用生活饮用水卫生标准进行评价。

综合污染指数的计算方法用算术平均法，即求各单项污染指数的算术平均值：

$$I = \frac{1}{n} \sum_{i=1}^{n} I_i$$

式中：I 为综合污染指数；I_i 为单项目污染分指数；n 为参加评价项目数。

根据综合污染指数，划分为六个地表水环境质量分级标准，见表 12-2。

表 12-2　　　　　　　　　　　　地表水环境质量分级标准

综合污染指数	级　　别	分　级　依　据
<0.2	清洁	多数项目未检出，个别项目检出也在标准之内
0.2~0.4	尚清洁	检出值均在标准内，个别接近标准
0.4~0.7	轻污染	个别项目检出值超过标准
0.7~1.0	中污染	有两项检出值超过标准
1.0~2.0	重污染	相当部分检出值超过标准
>2.0	严重污染	相当一部分检出值超过数倍或几十倍

2　水质评价结果

评价参数应根据评价目的而定。水库评价主要选择一些能反映水库基本状况的参数，以地表水环境质量标准基本项目标准值作为评价项目，结合水质监测资料情况，参加评价的项目为 pH 值、硫酸盐、氯化物、溶解性铁、锰、铜、硝酸盐氮、亚硝酸盐氮、非离子氨、总磷、高锰酸盐指数、溶解氧、氟化物、总砷、总汞、总镉、总氰化物、挥发酚、氨氮共 19 项。

进行现状评价，一般按某种污染物浓度是否超过某一规定的水质标准，计算其超标率和超标倍数，然后进行评价。本次评价要求只计算出水库的综合污染指数。

对朱庄水库1985—2010年不同时期水质情况进行评价，评价结果见表12-3。

表 12-3　　　　　　　　　　　　朱庄水库不同时期水质评价成果表

年份	2 月		4 月		6 月		8 月		10 月		12 月	
	综合污染指数	评价结果	综合污染指数	评价结果	综合污染指数	评价结果	综合污染指数	评价结果	综合污染指数	评价结果	综合污染指数	评价结果
2000	0.14	清洁	0.27	尚清洁	0.16	清洁	0.21	尚清洁	0.16	清洁	0.17	清洁
2001	0.18	清洁	0.12	清洁	0.13	清洁	0.15	清洁	0.13	清洁	0.18	清洁
2002	0.14	清洁	0.18	清洁	0.19	清洁	0.18	清洁	0.15	清洁	0.14	清洁
2003	0.14	清洁	0.18	清洁	0.18	清洁	0.17	清洁	0.15	清洁	0.16	清洁
2004	0.14	清洁	0.16	清洁	0.16	清洁	0.16	清洁	0.12	清洁	0.16	清洁
2005	0.15	清洁	0.15	清洁	0.17	清洁	0.14	清洁	0.13	清洁	0.13	清洁
2006	0.18	清洁	0.19	清洁	0.14	清洁	0.17	清洁	0.15	清洁	0.13	清洁
2007	0.16	清洁	0.15	清洁	0.16	清洁	0.18	清洁	0.15	清洁	0.19	清洁
2008	0.20	尚清洁	0.18	清洁	0.22	尚清洁	0.15	清洁	0.18	清洁	0.17	清洁
2009	0.15	清洁	0.14	清洁	0.19	清洁	0.20	尚清洁	0.18	清洁	0.16	清洁
2010	0.13	清洁	0.18	清洁	0.16	清洁	0.21	尚清洁	0.19	清洁	0.20	尚清洁

通过对2000—2010年水质现状评价，大部分月份水质清洁。2月、4月、6月各有1年为尚清洁，8月有3年为尚清洁，10月全部为清洁，12月有1年为尚清洁。利用2000—2010年各月综合污染指数的多年平均值，绘制年内水质变化过程，见图12-1。

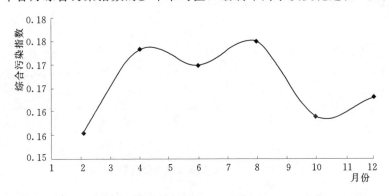

图 12-1　朱庄水库水质综合和污染指数年内变化过程

从综合污染指数年内变化过程可以看出，4月、6月、8月综合污染指数较大，而2月、10月、12月综合污染指数相对较小。一般来讲，6月、8月综合污染指数偏大与上游来水量有关，其原因是汛期降雨产生地表径流将流域地表的腐殖物、地表杂物、泥沙等大量带入水库，使部分有机物质含量增高所致。而10月、12月、2月上有来水量较小，经过水体的自净作用，水质变好。而4月偏大的原因较为复杂，上游来水量较小，而且是每年水库蓄水量最小的时期，是哪种因素导致水质变差，有待于进一步实验研究。

水库是人类为了调节径流、改善河流条件、利用水利和供水等目的而兴建的人工湖泊。水库的环境条件与天然湖泊有许多相似之处，但仍保留某些河流特征，因此，水库是个半河、半湖的人工水体。其特点是水位不稳定、浊度大。水库兴建后，淹没区的植被沉入水底，腐败分解，土壤的浸渍、岩石溶蚀作用，使库水矿化度、溶解氧和营养物质等与原来河水有很大的变化，但水库水交换频率高于湖水，如果交换频率高，其水质状况接近河水，反之，则接近湖水。此外，水库的排量、溶解氧和营养物质收支与水库排水方式密切相关。如果输水孔设在水坝底部，则排出的水温低，营养物丰富和溶解氧贫乏，而营养物缺乏和溶解氧充足的水留在水库中，这不仅使水库失去所需的营养物，而对下游地区产生多方面的不利影响。

3　水质变化趋势分析

评价方法采用单因子污染指数法，即将每个监测分析参数的监测值与各级水质标准对照，如监测值有一项或多项水质参数不符合某项水质标准，即为超过该等级水质标准，以最高超标的污染物确定其水质类别。并计算其超标倍数：

$$B = \frac{C_i}{C_{si}} - 1$$

式中：B 为超标倍数；C_{si} 为第 i 项污染物评价标准值（国家标准中Ⅲ类水质标准），mg/L；C_i 为第 i 项污染物实测浓度，mg/L。

采用 1985 年到 2000 年水质监测成果，评价标准用国家颁布的《地表水环境质量标准》（GHZB 1—1999），以当月的监测值与评价标准对照，若评价项目中有一项不符合某类标准，则以不符合某类标准计。对朱庄水库水质的趋势分析见图 12-2。

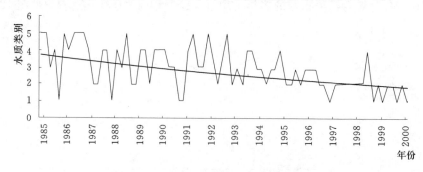

图 12-2　朱庄水库水质变化趋势图

从图 12-2 中可以看出，1985—1992 年水库水质差别较大，水质不稳定。影响水质类别的主要因素是 pH 值和非离子氨等。从 1993—1999 年水质逐步变好趋于稳定。从资料系列变化可以看出，农业对水库水质的影响逐渐减缓。工业污染相对稳定。影响水质类别的主要因子有 pH 值、非离子氨、挥发酚、总磷、铁、高锰酸盐指数、重金属等。

4　水库水体富营养评价

根据评价标准和评价方法，对朱庄水库水体富营养化状态进行评价。水库富营养评分与分类方法参考《全国水资源综合评价技术细则》的标准,见表12-4。

表 12-4   湖泊水库富营养化控制指标

评分值	叶绿素/(mg/m³)	总 磷/(mg/m³)	总 氮/(mg/m³)	高锰酸盐指数/(mg/L)	透明度/m
10	0.5	1.0	20	0.15	10.0
20	1.0	4.0	50	0.4	5.0
30	2.0	10	100	1.0	3.0
40	4.0	25	300	2.0	1.5
50	10.0	50	500	4.0	1.0
60	26.0	100	1000	8.0	0.50
70	64.0	200	2000	10.0	0.40
80	160.0	600	60 00	25.0	0.30
90	400.0	900	9000	40.0	0.20
100	1000.0	1300	16000	60.0	0.12

以透明度、高锰酸盐指数、总磷、总氮、叶绿素评价水库水体富营养化状态。评价采用百分制,首先根据监测点项目的实测平均值,对照评价标准,求得各单项的评分值;然后根据下式计算水体的总分值:

$$M = \frac{1}{n} \sum_{i=1}^{n} M_i$$

式中:M 为水体富营养状态的评价值;M_i 为第 i 项目的评分值;n 为评价项目个数。

湖泊(水库)营养状态分级,采用0~100的一系列连续数字对湖泊(水库)营养状态进行分级。

表 12-5   水库(湖泊)富营养化分级标准

分级标准	$M<30$	$30 \leqslant M \leqslant 50$	$50 < M \leqslant 60$	$60 < M \leqslant 70$	$M > 70$
评价结果	贫营养	中营养	轻度富营养	中度富营养	重度富营养

在同一营养状态下,指数值越高,其营养程度越重。

对富营养化评价,通常所使用的理化指标主要有营养物质浓度、藻类所含叶绿素、水体的透明度等。虽然判别标准很多,评价指标各有不同,但总磷和总氮营养物质浓度是最基本的两个指标。通过对朱庄水库2001—2010年水库水体富营养化评价,富营养化程度为中营养状态。朱庄水库富营养化评价成果见表12-6。

表 12-6   朱庄水库富营养化评价成果表

年份	水质评级分类蓄水量/亿 m³						6—9月富营养化评价	
	I类	II类	III类	IV类	V类	>V类	评分值	富营养化程度
2001		1.8080					40.0	中营养
2002		1.6820					53.3	轻度富营养
2003	1.9100						43.3	中营养

续表

年份	水质评级分类蓄水量/亿 m³						6—9月富营养化评价	
	Ⅰ类	Ⅱ类	Ⅲ类	Ⅳ类	Ⅴ类	＞Ⅴ类	评分值	富营养化程度
2004	2.0300						50.0	中营养
2005		2.0038					53.3	轻度富营养
2006	1.9260						49.7	中营养
2007	1.800						48.7	中营养
2008	1.480						47.0	中营养
2009	1.110						44.9	中营养
2010		0.9249					47.7	中营养
2011		0.8910					41.1	中营养
2012		1.0530					44.4	中营养

对于富营养化评价，总氮和总磷的负荷值，国际通用标准为，贫营养状态：总氮＜0.2mg/L；总磷＜0.02mg/L。富营养状态：总氮＞0.2mg/L；总磷＞0.02mg/L。水库水体中总氮小于0.2mg/L，而总磷浓度小于0.02mg/L时，水体不会发生富营养状态，朱庄水库水体总氮浓度任何时期都大于0.2mg/L，而总磷浓度一直小于或等于0.02mg/L。

在研究氮、磷物质与水质富营养化过程中，氮、磷浓度的比值与藻类增殖有密切关系。日本湖泊科学家研究指出，当湖水的总氮和总磷浓度的比值在10∶1～15∶1的范围时，藻类生长与氮、磷浓度存在直线相关关系。随着研究的深入，确定出湖水的总氮和总磷浓度的比值在12∶1～13∶1时最适宜于藻类增殖。若总氮和总磷浓度之比小于此值时，则藻类增殖可能受到影响。

通过对氮磷比和氮、磷最低标准值约束条件分析，两个条件都制约了水质发生富营养状态。由分析结果可以看出，朱庄水库营养物质总氮比较充足，富营养化程度依赖磷的含量，朱庄水库属于磷限制型水库，因此，该水库在氮营养物质充足的条件下，一旦磷营养物质增加，就会发生严重的富营养化，影响供水安全。防治水库富营养化的根本措施是控制水库流域内氮、磷营养物质的排入量。

第二节　水库水体污染物时空分布与变化规律

1　朱庄水库水质时空变化规律分析

水的耗氧量在一定程度上代表水中所含被氧化的物质数量的一种概念，可以作为水体被污染的标志之一。水中氨氮、亚硝酸酸盐氮、硝酸盐氮的变化，主要来自生活污水或化学肥料的污染。因此，用氨氮、亚硝酸酸盐氮、硝酸盐氮做动态观察来评价水质是否受到污染有一定的参考意义。

1.1　高锰酸盐指数时空变化分析

水中耗氧量随着所加氧化剂的种类、浓度、氧化时的温度和接触时间以及有机化合物的分子结构等因素的不同而有很大差别。高锰酸盐指数是指在一定条件下，用高锰酸钾氧化水样中的某些有机物及无机还原性物质。在水质评价中，它只是在一定程度上代表水中所含可被氧化的物质数量的一种概念，反映水体中有机及无机可氧化物质污染的常用指标。

1.1.1　高锰酸盐指数随季节变化情况分析

采用 1990—2000 年水质监测资料，计算其月平均值，分析高锰酸盐指数年内随季节变化情况，变化情况见图 12-3。

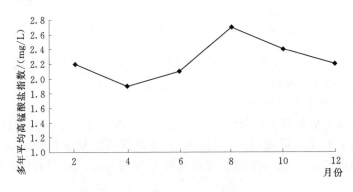

图 12-3　高锰酸盐指数年内变化特征

在一年内，最低值出现在枯水期，水库蓄水经过长时间的沉淀、过滤和自净作用，水质较好。最高值出现在洪水期，流域上游来水，地表径流携带大量污染物质进入水库，对水库水质产生一定影响，使水质变差。由于朱庄水库来水供水按年度呈周期性变化，受此影响，水质中高锰酸盐指数也随年度呈周期变化。

1.1.2　高锰酸盐指数在库区内分布情况

采用 1999 年研究实验监测资料，在库区内的坝上、库中、入库分别设立监测点，监测次数分别为坝上 6 次，库中 5 次，入库 3 次，计算其平均值，分析高锰酸盐指数在库区内分布变化情况，分析结果见图 12-4。

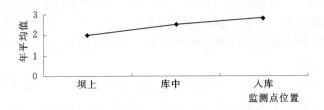

图 12-4　高锰酸盐指数库区内变化分布情况

通过分析图可看出，高锰酸盐指数在坝前含量最低，距入库口愈近含量愈高，入库口含量最高，在它们之间基本呈直线变化，上游来水进入库区，从入库口到坝前位置要经过一段时间。在这期间经过自净、沉淀等作用，水质会逐渐变好，到坝前达到最好。

1.1.3　高锰酸盐指数变化趋势分析

采用 1990—2000 年朱庄水库高锰酸盐指数水质监测资料系列，每年双月监测，全年监测 6 次，计算其年平均值，分析其趋势变化，分析结果见图 12-5。

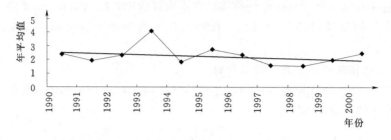

图 12-5　高锰酸盐指数年际变化过程

从分析结果知，高锰酸盐指数除 1993 年偏大以外，其他年份几乎变化不大，总趋势在保持稳定情况下略呈下降趋势。

1.2　水库水体中氮分布情况分析

水体中的氮有无机氮和有机氮两类。无机氮主要有氨氮、亚硝酸盐氮、硝酸盐氮和溶解氮；有机氮主要是构成蛋白质、酶、核酸等的氨基酸和酰胺等。这些含氮化合物在水中经一系列的反应（包括生物参与的反应）互相联系、互相转化，组成了氮的循环系统。

水体中氮的主要来源有两个方面：一是地表径流和农田排水携带大量的无机氮和有机含氮物质，前者包括降水中氨氮和硝酸盐氮以及无机氮肥，后者是生物残骸及分泌物和排泄物；二是水体中的某些生物的固氮作用。

水体中各种含氮物质之间的转化是通过氨化、硝化、反硝化、同化等作用和在特定的生物参与下完成的。

氨化作用（有机氨转化为氨氮）：水体中各种蛋白质化合物在好气性和嫌气性条件下，被腐生性的各种氨化细菌分解，首先产生氨。

硝化作用（氨氮转化为硝酸盐氮）：氨氮在水中不稳定，除被生物吸收同化外，其余在溶解氧充足条件下，被各种硝化细菌氧化为亚硝酸盐氮，最后转化为硝酸盐氮。

反硝化作用（硝酸盐氮转化为气态氮）：硝酸盐在厌氧条件下，逐步被各种反硝化细菌作用，还原硝酸盐氮为气态氨，使水体失去氮素。

同化作用：藻类对水中几种无机氮都能利用，在光合过程以及随后的同化过程中，逐步形成各种含氮有机物。

从分析结果可看出，氨氮和亚硝酸盐氮变化趋势基本一致，因为氨氮在水中不稳定，首先向亚硝酸盐氮转化，它们在含量关系上有一定的联系。硝酸盐氮的转化与溶解氧的含量有关，还与水质好坏有关，其年内变化枯水期最低，洪水期最高，与高锰酸盐指数变化情况基本一致。

1.3　评价结果

采用大量的水质监测资料，对影响朱庄水库水质主要因素耗氧量和氮的循环及变化规律进行分析，为水库水质站网规划中监测点的布设和水库水质的代表性问题提供参考依据。

高锰酸盐指数作为表示水被有机物质污染程度的标志之一，其变化情况为：年内在枯水期含量最低，洪水期含量最高；按水库内位置分布，坝前含量最低，入库口含量最高；变化趋势分析，逐年呈减小趋势，并基本趋于稳定。高锰酸盐指数污染的原因主要来自流域汇流的洪水，是由流域内生活污水、生活垃圾被携带进入水库水体。从多年资料分析趋势看，流域内该指标对水库水体的污染较明显，从长远分析，应加强流域内对生活污染源的管理。

水库水体中氮的循环是一个非常复杂的物理化学过程，受各种环境因素的影响和制约。对朱庄水库而言，其变化规律为：氨氮、亚硝酸盐氮随季节变化趋势基本一致，由于硝化作用，硝酸盐氮年内变化枯水期含量最低，洪水期含量最高；总变化趋势为，氨氮、亚硝酸盐氮变化趋势逐年减小。硝酸盐氮是逐年增长的趋势，其原因是朱庄水库在好氧状态下，使硝酸盐氮积累的结果。硝酸盐在厌氧条件下，逐步被各种反硝化细菌（主要为异样性细菌）作用，还原硝酸盐氮为气态氮，可使硝酸盐得到释放，使其减小；藻类对水中无机态氮都能利用，在光合过程以及同化过程中，逐步形成各种含氮有机物，也是释放氮含量的一种方式。朱庄水库水体中藻类较少，而且溶解氧常接近饱和状态，两种作用的结果，导致硝酸盐增加。在今后水库水质保护中，应考虑以上因素对氮循环的影响。但在水质总体评价中，水质逐渐变好。

水库水体与河流、湖泊水体有很大差异。朱庄水库特点是库内水深较大，岸边很陡，以致生物生产能力低于湖泊、河流，不利于藻类生长。朱庄水库输水管道设在大坝底部，所排出的水温度较低，将温度高、营养物缺乏和溶解氧充足的水留在库内，使水库水体长期处于好氧状态。所以硝酸盐氮的增加是水库水体内部转化造成的，高锰酸盐指数变化是流域来水造成。"引朱济邢"工程实施后，朱庄水库将成为邢台市主要供水水源，分析并掌握水质变化规律，为合理供水调水提供依据。

2　朱庄水库水体氮磷营养物质变化规律分析

2.1　水体富营养化形成

富营养化过程是自养型生物（浮游藻类）在水体中建立优势的过程。它包含着一系列生物、化学和物理变化的过程，与水体化学物理性状、水库的形态和底质等众多因素有关。水体富营养化是水体生态演变的一个阶段，这种演变既可以是天然的，也可以是人为的。

天然水体富营养化是自然循环因素改变所致的生态演变，其过程极其缓慢，常需几千年甚至几万年。它与湖泊的发生、发展和消亡密切相关，并受地质地理环境演变的制约。这种水体富营养化的控制因子是内源性的。水体中的藻类以及其他浮游生物能源源不断的得到营养物质而繁殖；死亡后，通过腐烂分解，可以把氮、磷等营养物质释放至水中，供下一代藻类利用。死亡的藻类残体沉入水底，一代又一代地堆积，使湖泊逐渐变浅，直至成为沼泽。

人为的水体富营养化是在人类活动的影响下发生的水体生态演替。这种演替很快，可以在短时期内出现。其控制因子主要是外源性的。例如，人为破坏湖泊流域的植被，促使大量地表物质流向湖泊水库；过量施肥，造成地表径流含营养物质；直接排放含有营养物质的工业废水和生活污水，可加速水体富营养化。

一个水体生态系统在未受污染的时候，系统内各个生物类群之间存在着互生、共栖、共生、竞争、拮抗、捕食等各种关系，它们相生相克，使整个生态系统保持着自动平衡和相对稳定性。生态系统受到污染后，生态平衡遭到破坏，少数对污染环境较能适应的生物群保留下来，并大量繁殖，

总之，湖库营养化的实质是由于营养物质输入输出的失衡，而造成水体生态系统中物种分布的平衡被打破，导致单一物种（如藻类）的疯长，从而进一步破坏了生态系统，致使整个水生态系统走向消亡。

2.2　水体富营养化影响因素分析

藻类的生长和繁殖与水体中的氮、磷的含量成正相关，并受温度、光照、有机物、pH 值、毒物、捕食性生物等因素制约。这些因素相互作用，共同影响水体富营养化的进程。

2.2.1　营养物质

水体生物生长所需要的营养元素有 20～30 种。从藻的组成看，除碳、氢、氧外，需要量最大的营养元素是氮和磷，氮和磷是制约藻类生长的限制因子。一般认为这两种营养元素诱发水体富营养化的浓度为：含氮量大于 0.2～0.3mg/L，含磷量大于 0.01～0.02mg/L。当这两种营养元素的浓度低于上述临界值时，藻类不会过度增殖而导致富营养化。在大多数湖泊水库中，因有固氮蓝细菌，磷常为营养化的限制因子。

在水体富营养化时大量繁殖的藻类约有 20 种，在湖泊中形成水华的藻类以蓝细菌为主，常见的有微囊藻属、鱼腥藻属、束丝藻属和颤藻属。每种蓝细菌旺盛繁殖的持续时间各不相同。过度繁殖后，可造成水体缺氧而降低繁殖速度。一种蓝细菌的衰退可促使其他蓝细菌的增殖，从而发生各种蓝细菌的演替现象。在富营养化阶段，水中藻的种类减少而个体数猛增。

生活污水、工业废水、农田径流均含磷和氮，经过二级处理的出水亦含有大量氮和磷，将这些污水排入水体，可为藻类提供充足的养料，一旦其他条件适宜，藻类便可旺盛繁殖。

2.2.2　季节与水温

藻类是中温型微生物，因此在气温较高的夏季易发生藻类徒长。夏季的水体会产生分层，上层水暖，相对密度小，下层水冷，相对密度大。若无风，上下层不会混层，这种情况尤以深水湖库为甚，由此导致水体上下层的藻类活动、营养状况及供氧状况不同，而导致上层藻类活动旺盛发生富营养化。冬季到来，湖库里水温降低，大量繁殖的浮游生物受冻而死，由于水体静止，所以残体就在原处沉积湖库底部。春季到来，随着水温的变化，顶部水分与底部水分发生大循环，原先沉积底部浮游生物的尸体，又再浮起。这种浮于水面的浮游生物的尸体，可作为营养物质而被利用，于是新生的浮游生物又再生长繁殖。而不适应的群种则被抑制，甚至被淘汰。

湖泊水库的富营养化除与水中的营养物质浓度有关外，还与水温和营养物质负荷有关。由于湖泊、水库水深不同，可以容纳的氮、磷数量也必然不同，因此允许负荷量也有所不同，沃兰威德提出不同湖水深度氮磷允许负荷量，见表 12-7。

表 12-7　　　　　　　　　　不同水深总氮、总磷允许负荷量

项　　目	水　深/m	总　　　氮/(mg/L)		总　　磷/(mg/L)	
		允许	危险	允许	危险
理论推算值	5	1.0	2.0	0.07	0.14
	10	1.5	3.0	0.10	0.20
	50	4.0	8.0	0.25	0.50
	100	6.0	12.0	0.40	0.80
	200	9.0	18.0	0.60	1.20

2.2.3　光照

充足的光照是藻类旺盛繁殖的必要条件。在水体中，上层光照充足而成为富光区，藻类的光合作用也相应较强，释放的氧气可使溶解氧量达到饱和的程度。当上层藻类的生长密度较大时，光线不易透过，下层即成为弱光区，藻类和其他异养菌主要进行呼吸作用，消耗大量的溶解氧而使下层水处于缺氧状态。

2.3　氮在水体中的循环及变化规律

氮是生物生长必需的元素。自然界中氮主要储藏在大气中。大气圈中氮气为具有固氮能力的植物与藻类提供了丰富的氮供给源。由于水体中有一些藻类具有固氮能力，能够把大气中的氮转化为能被水生植物吸收和利用的硝酸盐类，因而使得藻类能够获得充足的氮营养物质。此外，由于工业、生活污水中含有大量的氮营养物质。农业生产过程中大量使用农药、化肥，而它们中的很大一部分最终被排入水体，从某种程度上说，水体富营养化形成的一个主要原因，就是由于自然界中氮循环的固氮过程被不断强化而造成水体氮负荷的增加。

2.3.1　氮在水体中的循环过程

水体中各种含氮物质之间的转化是通过氨化、硝化、反硝化、同化等作用和在特定的生物参与下完成的。氨化作用（有机氨转化为氨氮）：水体中各种蛋白质化合物在好气性和嫌气性条件下，被腐生性的各种氨化细菌分解，首先产生氨。硝化作用（氨氮转化为硝酸盐氮）：氨氮在水中不稳定，除被生物吸收同化外，其余在溶解氧充足条件下，被各种硝化细菌氧化为亚硝酸盐氮，最后转化为硝酸盐氮。反硝化作用（硝酸盐氮转化为气态氮）：硝酸盐在厌氧条件下，逐步被各种反硝化细菌作用，还原硝酸盐氮为气态氨，使水体失去氮素。同化作用：藻类对水中几种无机氮都能利用，在光合过程以及随后的同化过程中，逐步形成各种含氮有机物。

水体中脱氮的方式有氧化脱氮、还原脱氮、水解脱氮及减饱和脱氮：氧化脱氮在好氧微生物作用下进行，进入三羧酸循环氧化为二氧化碳和水。还原脱氮由专性厌氧菌和兼性厌氧菌在厌氧条件下进行。如甘氨酸在梭状芽孢杆菌作用下生成乙酸和氨氮（NH_3）；丙氨酸脱氮生成丙酸和氨氮。水解脱氮：氨基酸在水解脱氮后生成翔酸。以上经脱氮后形成的有机酸和脂肪酸在好氧或厌氧条件下，在不同的微生物作用下继续分解。脱翔作用：氨基酸脱翔作用多数由腐败细菌和霉菌引起，经脱翔后生成胺。如丙氨酸脱翔后生成乙胺和二氧化碳。

水体氮的转化由 6 个过程相连接而成。①氮在沉积物的厌氧环境下，作为电子接受者，被固氮生物（蓝绿藻、固氮菌等）转化为铵根离子。②水体中的硝酸根离子和铵根离子被生物（主要是植物）吸收利用，并在水体及界面之间按浓梯度自由扩散。③在水体和水土界面有氧环境下，来源于植物尸体的有机氮被微生物分解可溶性有机氮，进一步矿化和氮化为铵根离子，该离子或被生物吸收利用，或在硝化细菌的参与下进行消化作用形成亚硝酸根离子，直至硝酸根离子。④在沉积层的厌氧环境下，来源于植物尸体的有机氮微生物分解为可溶性有机氮，进一步矿化和氮化为铵根离子，该离子被生物吸收利用，同时，可溶性有机氮和铵根离子从高浓度的沉积层向低浓度的水体扩散。⑤在沉积层的厌氧环境下，硝酸根在反硝化细菌的参与下，经过反硝化作用转化为氮和一氧化二氮，该惰性气体大部分通过水体逸散到大气中，水体中的硝酸根离子经常向沉积层扩散，以弥补沉积层中该离子的不足。⑥水体中的铵根离子、亚硝酸根离子和硝酸根离子被浮游藻类吸收利用。当 pH＞8 时，铵根离子转化为氮，逃逸到大气中。

2.3.2　水库水体中氮年内变化情况分析

氮在水体中根据不同条件，以不同形态的氮存在，随条件的改变而改变。水库的来水和用水基本上是以年为周期进行调节的，外界条件因素也随其变化。我们采用朱庄水库 1990—2000 年氨氮、亚硝酸盐氮、硝酸盐氮水库水质监测资料，对监测月份计算其平均值，分析其变化情况，分析成果见图 12-6～图 12-8。

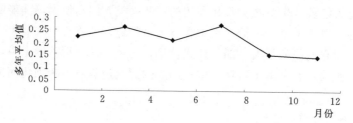

图 12-6　朱庄水库氨氮年内变化情况

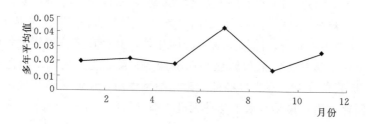

图 12-7　朱庄水库亚硝酸盐氮年内变化情况

从分析结果可看出，氨氮和亚硝酸盐氮变化趋势基本一致，因为氨氮在水中不稳定，首先向亚硝酸盐氮转化，它们在含量关系上有一定的联系。亚硝酸盐氮含量 8 月明显偏大，其原因为：氨氮在水中不稳定，除被生物吸收同化外，其余在溶解氧充足条件下，被各种硝化细菌氧化为亚硝酸盐氮。8 月水体水温、各种硝化细菌和溶解氧等都有利于这种转换条件，导致大量氨氮转换为亚硝酸盐氮，这种转化过程使得 8 月亚硝酸盐明显偏大。硝酸盐氮的转化与溶解氧的含量有关，还与水质好坏有关，其年内变化枯水期最低，洪水

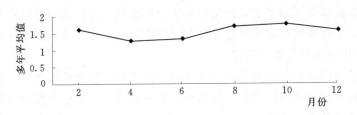

图 12-8　朱庄水库硝酸盐氮年内变化情况

期最高。

2.3.3　水库水体中氮的变化趋势分析

有前面分析中知道，水库水体中的氮随外界环境和条件在不停地进行着转换或循环，有的不利于水质，有的有利于水质，例如水中的反硝化作用，使硝酸盐氮受到脱氮作用变成氮气，回到大气中，由于微生物的脱氮作用而使生成的氮气被除掉，减少了水库水体中的氮，对限制富营养化是有利的。我们采用朱庄水库 1990—2000 年氨氮、亚硝酸盐氮、硝酸盐氮的监测资料，计算其年平均值，分析其变化趋势，分析结果见图 12-9～图 12-11。

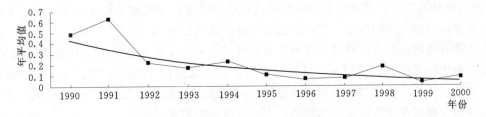

图 12-9　朱庄水库氨氮变化趋势

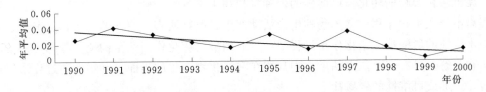

图 12-10　朱庄水库亚硝酸盐氮变化趋势

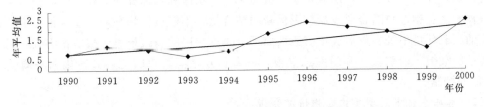

图 12-11　朱庄水库硝酸盐氮变化趋势

从分析结果可以看出，氨氮和亚硝酸盐氮含量逐年变小，说明水质也在逐渐变好。而硝酸盐氮逐年呈上升趋势，分析其原因有两个方面：其一，进入水库的含氮物质，通过氨化作用和硝化作用，使一部分有机氮首先转化为氨氮，再由氨氮转化为亚硝酸盐氮，在好氧条件下，硝酸盐氮却不断增加，产生积累造成的；其二，水体中浮游植物对硝酸盐氮的吸收有阻碍作用，浮游植物对硝酸盐氮的利用便被控制，也促使硝酸盐氮含量的增加。

2.4　磷在水体中的循环及变化规律

磷是生命活动绝对必需的元素。自然界中的磷主要来源于磷酸盐矿，动物粪便以及化石等天然磷酸盐沉积物。众所周知，自然界中的磷循环是一个单项流动过程。由于过度的人为活动（如矿山开采、土地开发等），储藏在地球表面的磷食物链进入水循环中，使得水体中的磷负荷增加。由于环境因素造成磷浓度的变化，又通过藻类生物量表现出来，当环境中连续不断地增加水体中磷供给时，藻类便大量迅速的增殖。

2.4.1　磷在水体中的循环过程

水体中的各种含磷化合物主要通过有机磷矿化、无机磷同化和不溶性有机磷有效化途径进行循环。有机磷的矿化作用：有机物中的磷，在其生物降解过程中，生成无机磷和磷化物，许多细菌和真菌都参与这个矿化过程。磷的同化作用：水中的溶解性无机磷首先为上层水中的浮游植物所吸收，其中一部分用于本身生长的需要，大部分积累在植物细胞中以备磷源不足时使用。水生高等植物能从沉积物中大量吸收无机磷，经代谢转变为有机磷化合物。不溶性磷转化为可溶性磷：沉积物中不溶性磷不能为水中生产者所利用，当水中pH值向酸性转变时，可使沉积物中的磷成为可溶性的，如果加入酸性物质或水中某些自养的细菌活动所生成的酸类，可使磷的溶解过程加快。

含磷有机物的转化。核酸：各种生物的细菌含有大量的核酸，它是核苷酸的多聚物。核酸在微生物核酸酶的作用下，被水解成核苷酸，又在核苷酸酶作用下分解成核苷和磷酸，核苷再经核苷酶水解成嘧啶（或嘌呤）和核糖。生成的嘌呤继续分解，经脱氮基生成氨。磷脂：卵磷酸是含胆碱的磷酸酯，它可被微生物卵磷脂酶水解为甘油、脂肪酸、磷酸和胆碱。胆碱再分解为二氧化碳、有机酸和醇。

无机磷化合物的转化。可溶性的磷和沉积物中不溶性的磷之间是可以转化，这种转化过程离不开微生物作用。微生物的生命活动产生酸类物质将不溶性的磷矿物逐渐溶解，转化为水溶性的磷酸盐。硝化作用过程中产生的硝酸、硫化作用产生的硫酸等都可使不溶性磷矿物分解。具有产酸能力的微生物都能在在沉积物与水的界面上利用产酸过程来促进磷的溶化，形成可溶性的磷酸盐。

磷的转化包含4个主要过程。①来源于生物的颗粒有机磷在微生物作用下，形成可溶性有机磷，并进一步矿质化形成正磷酸根离子。②水体和水体界面的磷酸根离子与无机离子（铁、钙、铝等）结合形成颗粒无机磷的螯合物，不能被植物利用。③颗粒无机磷在沉积层的厌氧环境中被释放形成正磷酸根离子。④沉积层的磷酸根离子被植物吸收。正磷酸根包括磷酸根、磷酸氢根和磷酸二氢根，三者相互之间可以转化，其转化和平衡受水体pH值的控制。

2.4.2　水库水体中总磷年内变化情况分析

采用朱庄水库1991—2000年总磷监测资料，每年双月监测，全年监测6次。为计算年内变化规律，按月份计算其平均值，求总磷年内变化规律。总磷年内变化规律见图12-12。通过分析可以看出，朱庄水库水体总磷含量不大，年内变化情况为：2—8月逐渐增大，8月总磷含量最大，8—12月逐渐减小，水体总磷年内变化主要受温度因素影响，温度较高时，促使水体中磷的转换，温度较低时，转换速度减缓，导致总磷含量随季节呈周期性变化。

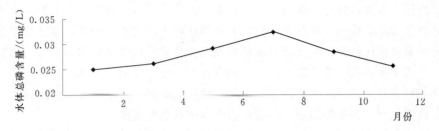

图 12-12　朱庄水库总磷年内变化情况

2.4.3　水库水体中总磷变化趋势分析

采用 1991—2000 年朱庄水库水体总磷监测资料，计算其年平均值，分析年度变化规律。从 1991—1993 年逐渐增大，到 1993 年达最大；根据朱庄水库水质变化趋势分析，朱庄水库 1991—1994 年水质状况明显下降，个别污染项目高达 5 类，主要是上游乡镇企业排放污水和农业过度开发，随着流域上游工业治理和农业退耕还林，以后水质逐渐变好。从 1993—1996 年逐渐减小，1996—2000 年几乎没有变化，处于稳定状态，而且含量也最小。

图 12-13　朱庄水库总磷变化趋势

2.5　氮、磷对水体富营养化影响分析

2.5.1　氮、磷对富营养影响

水库出现富营养化，表现为多方面的特征，水的物理性质可由色度和透明度表现。水质方面有：pH 值、溶解氧、化学需氧量、生化需氧量、总磷、总氮等物质含量确定富营养程度。生物方面有碳素生产力、叶绿素、底栖生物、浮游植物、浮游动物、沿岸植物等评价富营养程度。

国际经济合作与开发组织对水质富营养化的研究表明：氮、磷等营养物质的输入和富集是水体发生富营养化的最主要原因。根据对藻类化学成分进行分析研究，提出了藻类的"经验分子式"为 $C_{106}H_{236}O_{110}N_{16}P$，利贝格最小值定律指出，植物生长取决于外界提供给它的所需养料中数量最小的一种。由此可见，在藻类分子式中所占的重量百分比最小的两种元素氮和磷，特别是磷是控制水体藻类生长的主要因素。调查结果显示：80%的湖库富营养化受磷元素制约，大约 10%的湖库富营养化与氮元素有关，余下的 10%的湖库与其他因素有关。

富营养化是由于一种营养物质在水体中积蓄过多而造成水体从生产能力的贫营养状态逐步向生产力高的营养化过渡的一种现象。根据水体所含营养物质以及生物学、物理学和化学参数指标，人为地划分为贫营养、中营养、富营养三种状态。贫营养是表示水体中植物性营养物质浓度最低的一种状态。贫营养水体生物生产力水平最低，水体通常是清澈透明的，溶解氧含量比较高。与贫营养水体相反，富营养水体则具有很高的氮、磷物质浓度及生物生产力水平，水体透明度下降，溶解氧含量一般比较低，水体底层甚至出现缺氧情况。中营养则是介于贫营养和富营养状态之间的过渡状态。对水体营养化的评价，是通过对产生富营养化有关物质的调查、分析，确定水体状态的过程。

对富营养化评价，通常所使用的理化指标主要有营养物质浓度、藻类所含叶绿素、水体的透明度以及溶解氧等。虽然判别标准很多，评价指标各有不同，但总磷和总氮营养物质浓度是最基本的两个指标。在从贫营养到中营养的水域中，氮和磷是藻类增长的限制因素。当氮达到 0.3mg/L 以上和磷达到 0.02mg/L 时，最适合藻类增长。由上述分析知，氮和磷是影响水体富营养程度的主要因素。

2.5.2　氮、磷比对水体富营养影响

在研究氮、磷物质与水质富营养化过程中，氮、磷浓度的比值与藻类增殖有密切关系。日本湖泊科学家研究指出，当湖水的总氮和总磷浓度的比值在 10：1～15：1 的范围时，藻类生长与氮、磷浓度存在直线相关关系。随着研究的深入，确定出湖水的总氮和总磷浓度的比值在 12：1～13：1 时最适宜于藻类增殖。若总氮和总磷浓度之比小于此值时，则藻类增殖可能受到影响。表 12-8 是 1991—2000 年朱庄水库水体中总氮和总磷所占比例情况。

表 12-8　　　　　　　　朱庄水库水质营养物质总氮、总磷比例计算成果表

年份	时期	总磷/(mg/L)	总氮/(mg/L)	氮磷比	年份	时期	总磷/(mg/L)	总氮/(mg/L)	氮磷比
1991	汛期	0.020	1.21	60：1	1996	汛期	0.012	2.50	208：1
	非汛期	0.017	2.20	129：1		非汛期	0.019	2.74	144：1
1992	汛期	0.038	1.20	32：1	1997	汛期	0.008	2.05	256：1
	非汛期	0.088	1.19	14：1		非汛期	0.013	2.50	192：1
1993	汛期	0.099	0.89	9：01	1998	汛期	0.008	2.58	322：1
	非汛期	0.050	0.93	19：01		非汛期	0.006	1.98	330：1
1994	汛期	0.067	1.61	24：1	1999	汛期	0.005	1.09	218：1
	非汛期	0.050	1.02	20：1		非汛期	0.006	1.24	207：1
1995	汛期	0.019	2.69	142：1	2000	汛期	0.008	1.93	241：1
	非汛期	0.031	1.69	55：1		非汛期	0.009	2.6	289：1

通过评价分析，1991—1995 年水库水质的氮、磷比只有 1993 年汛期为 9：1，其余时段在 20：1～142：1 之间，1996—2000 年氮、磷比在 144：1～330：1 之间，从总体变化趋势分析，总磷浓度呈减小趋势，总氮浓度呈增加趋势。

对于富营养化评价，总氮和总磷的负荷值，国际通用标准为，贫营养状态：总氮＜

0.2mg/L；总磷＜0.02mg/L。富营养状态：总氮＞0.2mg/L；总磷＞0.02mg/L。水库水体中总氮小于 0.2mg/L，而总磷浓度小于 0.02mg/L 时，水体不会发生富营养状态，朱庄水库水体总氮浓度任何时期都大于 0.2mg/L，而总磷浓度 1996 年以前均大于标准值，1997 年以后均小于标准值。

通过对氮、磷比和氮、磷最低标准值约束条件分析，两个条件都制约了水质发生富营养状态。由分析结果可以看出，朱庄水库营养物质总氮比较充足，富营养化程度依赖磷的含量，朱庄水库属于磷限制型水库，所以，防治水库富营养化的根本措施是控制水库流域内磷的排入量。

水库水体富营养化与营养物质、气候条件、湖水化学性质和生物性质、水库调度方式、气候条件等各种因素有密切联系。开展对供水水库富营养化的机理和状态的分析研究，对有效防止富营养化有重要实用价值。朱庄水库作为邢台市地表水供水水源地，应建立一套水污染防治体系，结合以往以控制污染源为主的营养化防治措施，充分发挥水利工程调度优势，以便有效防止水质污染和水体富营养化的发生，保护好供水水源的水质。

3　氮、磷循环特征对水体富营养化影响分析

朱庄水库地表水资源是邢台市供水水源。用地表水作为供水水源，应对水质危害给予足够重视。在水库上游流域，由于人口的不断增加及工农业迅速发展，大量营养物质和污染物直接排入水库水体，会造成水体富营养化和水体污染。这不仅增加饮用水处理成本，而且影响水源的合理利用。因此，朱庄水库水质质量问题，是今后邢台市供水中的一个突出的问题。

为研究朱庄水库营养物质变化情况，邢台水环境监测中心从 2006 年 5 月开展了对朱庄水库水质监测的试验研究，为掌握其变化规律，每月监测 3 次，监测项目为 pH 值、高锰酸盐指数、氨氮、亚硝酸盐氮、硝酸盐氮、总氮、总磷等。

3.1　水体中氮循环特征分析

3.1.1　硝化作用

污染物质降解是对天然和人工合成的有机污染物质的破坏与矿化作用。降解类型有：生物降解，即利用需氧微生物以生物化学方法对有机污染物质进行破坏和矿化；光化学降解，即在太阳辐射或紫外线照射下引起有机污染物质的分解；化学降解，即利用催化反应或非催化反应促使一些有机污染物的分解。

污染物降解通常指生物降解。按生物降解的难易，有机污染物可分为三类：可生化降解的有机物，如碳水化合物、蛋白质、脂肪、核酸等。这些有机物通过微生物分泌的酶很容易分解为糖、氨基酸、甘油、脂肪酸等，最终被分解为二氧化碳、水和氨等；难溶解的有机物，如纤维素、有机氯农药、烃类等大分子有机人工合成化合物；不可降解的有机物，如塑料等一类高分子合成有机物。

根据水环境条件，有机物降解分为好氧降解和厌氧降解。

朱庄水库溶解氧监测情况：根据 2006—2008 年水质监测资料，水体 pH 值、溶解氧监测结果见表 12 - 9。

表 12 - 9　　　　　　　　　　　　　　　朱庄水库溶解氧监测结果

监测时间	1月	2月	3月	4月	5月	6月	7月	8月	9月	10月	11月	12月
pH 值	8.1	8.1	8.2	8.1	8.1	8.0	8.1	8.0	8.0	8.1	8.2	8.0
溶解氧/(mg/L)	10.6	8.9	10.4	8.4	8.5	7.4	6.9	7.5	6.7	7.9	8.4	8.9
溶解氧饱和度/%	85.3	60.8	77.4	72.9	88.0	83.1	83.6	95.9	82.6	85.2	81.6	82.6

溶解氧对水质的影响，水体溶解氧影响水质及底泥的氧化还原条件。溶解氧含量高，水质、底泥呈氧化状态；溶解氧含量低，呈还原状态。随着氧化还原反应的进行，水质物质的存在形式及迁移能力改变。水库水体溶解氧含量较高，饱和度在 90% 以上，有利于氧化反应进行。

溶解氧影响好氧、厌氧微生物的活动与分布。溶解氧含量高，好氧生物发展，氧化分解有机物比较迅速，最终产物为 CO_2、H_2O、NO_3、SO_4、PO_3，对生物无害；溶解氧含量低，厌氧性微生物生长，分解有机物速度慢，产物多为还原态，如 H_2S、NH_3、CH_4等，对水生生物有毒害作用或不良影响。

溶解氧变化间接影响 pH 值，使含钙、镁、铁、锰等盐类沉淀或溶解。

好氧降解：在温度和酸碱度适宜、养分充分、氧气充足的条件下，需氧微生物在分解有机物的过程中获得充足养分和能量，能把有机物迅速分解为就简单的无机无害物质（如二氧化碳和水）。例如：

$$C_6H_{12}O_6 + 6O_2 \longrightarrow 6CO_2 + 6H_2O + 能量$$

在有机物分解过程中，伴随着将有机氮转化为无机氮的矿化作用。矿化作用释放出氨，通过硝化细菌作用，继续被氧化为亚硝酸盐和硝酸盐，成为植物生长必要元素。其反应式为：

$$2NH_3 + O_2 \longrightarrow 2HNO_2 + 2H_2O + 能量$$
$$2HNO_2 + O_2 \longrightarrow 2HNO_3 + 能量$$

在好氧状态下，水库水体内的氮类化合物通过硝化作用，将其转化为硝酸盐。水体一直处于好氧状态，长时期则造成硝酸盐在水体中的累积，导致水体硝酸盐氮含量偏高。

进行硝化作用的微生物：亚硝化细菌和硝化细菌进行硝化作用的亚硝化细菌和硝化细菌都是化能自养菌，专性好氧，它们分别从氧化 NH_3 和 NO_2^- 的过程中获得能量，以二氧化碳为唯一碳源，作用产物分别为 NO_2^- 和 NO_3^-。它们要求中性或弱碱性的环境（pH=6.5～8.0），pH<6.0 时，作用强度明显下降。由对朱庄水库水体 pH 值监测结果知，水体全年处于碱性环境，有利于亚硝化细菌和硝化细菌进行反应。

3.1.2　水体中三氮情况分析

水库水体中氮的来源主要有：一是地表径流和农田挟带大量的无机氮和有机含氮物质，前者包括降雨中的氨氮、硝酸盐氮以及无机氮肥，后者包括生物残骸及分泌物和排泄物；二是水体中某些生物的固氮作用。水中的藻类和细菌种类虽然很多，但能直接同化"分子态氮"的只有蓝藻和细菌中的某些种类。共生固氮细菌、自生固氮细菌和蓝藻都属于原核生物。水中共生固氮细菌不多，大量的氮素可能通过浮游的蓝藻固定。朱庄水库水体中三氮转化监测成果见表 12 - 10。

表 12-10　　　　　　　　　　水体中三氮转化监测计算成果

监测时段	氨氮/(mg/L)	亚硝酸盐氮/(mg/L)	硝酸盐氮/(mg/L)	硝酸盐氮占三氮总量的百分比/%
2006 年二季度	0.086	0.001	3.945	97.8
2006 年三季度	0.103	0.003	4.269	97.6
2006 年四季度	0.133	0.002	4.626	97.2
2007 年一季度	0.165	0.004	4.282	96.2
2007 年二季度	0.100	0.004	3.769	97.3
2007 年三季度	0.146	0.019	3.820	95.9
2007 年四季度	0.144	0.004	3.679	96.1
2008 年一季度	0.141	0.004	3.588	96.1
2008 年二季度	0.133	0.001	3.384	96.2
2008 年三季度	0.150	0.002	3.767	96.1
2008 年四季度	0.098	0.003	3.323	97.1

根据对朱庄水库水体三氮含量监测分析，在氨氮、亚硝酸盐氮、硝酸盐氮的氮类化合物中，硝酸盐氮占 95.9%～97.8%，在水库水体中，氮类化合物中主要由硝酸盐氮的形式存在。

水体中氮的消耗有四个途径：经水流输出；沉积于库底；由于水体中存在反硝化作用而逸出；水生动植物以水产品的形式被人类或动物捕捞而脱离水体。

3.1.3　硝酸盐氮分布情况

水质中的氮有有机氮和无机氮两类。无机氮主要有氨氮、亚硝酸盐氮、硝酸盐氮和溶解氮；有机氮主要是构成蛋白质、镁、核酸等的氨基酸、嘧啶和酰胺等。这些含氮化合物在水中经一系列的反应互相联系、互相转化，形成氮循环。

根据上述监测结果分析，朱庄水库水体中，总氮含量的组成形式，主要由无机氮组成。而无机氮构成情况分析，主要有硝酸盐氮组成。由表 12-11 计算出硝酸盐氮占总氮的百分数，其含量占总氮的 64.3%～99.7%之间。就是说，朱庄水库水体中氮类化合物主要以硝酸盐氮的形式存在。

表 12-11　　　　　　朱庄水库水体中硝酸盐氮占总氮的百分数

监测时段	总氮/(mg/L)	硝酸盐氮/(mg/L)	硝酸盐氮占总氮的百分比/%
2006 年二季度	4.21	3.945	93.7
2006 年三季度	4.283	4.269	99.7
2006 年四季度	4.763	4.626	97.1
2007 年一季度	5.08	4.282	84.3
2007 年二季度	5.86	3.769	64.3
2007 年三季度	5.587	3.820	68.4
2007 年四季度	5.227	3.679	70.4

监测时段	总氮/(mg/L)	硝酸盐氮/(mg/L)	硝酸盐氮占总氮的百分比/%
2008 年一季度	4.38	3.588	81.9
2008 年二季度	4.14	3.384	81.7
2008 年三季度	4.06	3.767	92.8
2008 年四季度	3.71	3.323	89.6

3.2　水体中磷循环特征分析

天然水体中的磷含量不高，因此它往往是限制水体生产者发展的因素之一。

元素磷是所有生物细胞都必不可少的。磷存在于一切核苷酸结构中，三磷酸腺苷（ATP）与生物体内能量转化密切相关。在生物圈内，磷主要以三种状态存在，即以可溶解状态存在于水溶液中；在生物体内与大分子结合；不溶解的磷酸盐大部分存在于沉积物内。微生物对磷的转化起着重要作用。天然水体中可溶性磷酸盐浓度过大会造成水体富营养化。

磷循环包括可溶性无机磷的同化、有机磷的矿化及不溶性磷的溶解等。

有机磷同化作用：可溶性的无机磷化物被微生物同化为有机磷，成为活细胞的组分。在水体中，磷的同化作用主要是由藻类进行的，并在食物链中传递。水生高等植物能从沉积物中大量吸收无机磷，经代谢转变为有机磷化合物。

矿化作用：有机磷的矿化作用是伴随着有机硫和有机氮的矿化作用同时进行的。在天然水体中，大部分磷存在于沉积物中。水体中的某些生理类群微生物在代谢过程中产生硝酸、硫酸和一些有机酸，使盐基中的磷释出；微生物和植物在生命活动中释出的 CO_2，溶于水生成 H_2CO_3，也有同样的作用。

不溶性磷转化为可溶性磷过程：沉积物中的不溶性磷不能成为水中生产者所利用。如果水中 pH 值呈酸性时，可使沉积物中的磷成为可溶性的。如果加入酸性物质或水中某些自养性的细菌所生成酸类，可使磷的溶解过程加快。

$$Ca(PO_4)_2 \longrightarrow 2CaHPO_4 + CaSO_4$$

根据对朱庄水库监测资料分析，水体中 pH 值呈碱性，限制了不溶性磷的转化。将导致水体中不溶性磷积累，沉积于水库底部。水体中磷含量检测成果见表 12-12。

表 12-12　　　　　　　　　　水体中磷含量检测成果

监 测 时 段	总　磷/(mg/L)	监 测 时 段	总　磷/(mg/L)
2006 年二季度	0.012	2007 年四季度	0.009
2006 年三季度	0.014	2008 年一季度	0.010
2006 年四季度	0.013	2008 年二季度	0.011
2007 年一季度	0.010	2008 年三季度	0.009
2007 年二季度	0.007	2008 年四季度	0.009
2007 年三季度	0.009		

根据对朱庄水库上游面污染调查，磷物质单位面积污染负荷为 $0.0016t/(km^2 \cdot a)$，

一部分通过生物降解消耗外，大部分不溶性磷沉入库底，水体中磷含量较小。有部分监测结果小于检测限。该水库磷循环的特点是：受 pH 值以及外界条件的影响，使磷元素在环过程中，大部分成为不溶性磷沉积于底部。沉积于底部的不溶性磷，一部分可以通过水生植物吸收无机磷，经代谢转化为有机磷化合物。

3.3　抑制水体富营养化爆发环境条件分析

根据上述监测结果，水体中总氮异常偏高的情况下，水体水质良好，没有产生水华现象，分析其原因有以下几个方面。

3.3.1　磷含量较低

国际经济合作与开发组织对水质富营养化的研究表明：氮、磷等营养物质的输入和富集是水体发生富营养化的最主要原因。根据对藻类化学成分进行分析研究，提出了藻类的"经验分子式"为 $C_{106}H_{236}O_{110}N_{16}P$，利贝格最小值定律指出，植物生长取决于外界提供给它的所需养料中数量最小的一种。由此可见，在藻类分子式中所占的重量百分比最小的两种元素氮和磷，特别是磷是控制水体藻类生长的主要因素。调查结果显示：80％的湖库富营养化受磷元素制约，大约 10％的湖库富营养化与氮元素有关，余下的 10％的湖库与其他因素有关。

在研究氮、磷物质与水质富营养化过程中，氮、磷浓度的比值与藻类增殖有密切关系。日本湖泊科学家研究指出，当湖水的总氮和总磷浓度的比值在 10：1～15：1 的范围时，藻类生长与氮、磷浓度存在直线相关关系。随着研究的深入，确定出湖水的总氮和总磷浓度的比值在 12：1～13：1 时最适宜于藻类增殖。若总氮和总磷浓度之比大于或小于此值时，则藻类增殖可能受到影响。表 12-13 是 2006—2008 年朱庄水库水体中总氮和总磷含量比例。

表 12-13　　　　　朱庄水库水质营养物质总氮、总磷含量比例计算成果表

监测时间	氮磷比	监测时间	氮磷比	监测时间	氮磷比	监测时间	氮磷比
2006 年 5 月	421：1	2007 年 1 月	277：1	2007 年 9 月	445：1	2008 年 5 月	610：1
2006 年 6 月	298：1	2007 年 2 月	749：1	2007 年 10 月	530：1	2008 年 6 月	195：1
2006 年 7 月	275：1	2007 年 3 月	1058：1	2007 年 11 月	719：1	2008 年 7 月	334：1
2006 年 8 月	331：1	2007 年 4 月	619：1	2007 年 12 月	535：1	2008 年 8 月	525：1
2006 年 9 月	360：1	2007 年 5 月	871：1	2008 年 1 月	336：1	2008 年 9 月	496：1
2006 年 10 月	289：1	2007 年 6 月	1058：1	2008 年 2 月	443：1	2008 年 10 月	554：1
2006 年 11 月	364：1	2007 年 7 月	830：1	2008 年 3 月	620：1	2008 年 11 月	557：1
2006 年 12 月	465：1	2007 年 8 月	737：1	2008 年 4 月	609：1	2008 年 12 月	250：1

通过评价分析，2006—2008 年水库水质的氮、磷比最小为 2007 年 1 月（277：1），最大为 2007 年 3 月（1058：1）。由于水体中总磷含量较小，与总氮比较相差数百倍，甚至上千倍。

该水库磷含量较低，使形成富营养化的营养物质受到限制，抑制了藻类的形成。所以，要防治该水库出现富营养化，就要限制磷的入库量。当前，在氮元素充足的情况下，磷元素一旦增加到形成富营养化需要的含量，就会发生水体富营养化。所以，该水库是一

个磷限制性水库。防治水体富营养化，限制磷是关键。

3.3.2 水库排水口位置对水体影响

水库枢纽工程由溢流坝、非溢流坝、泄洪底孔、放水洞、发电洞、高低电站及南、北干渠渠首组成。坝体为浆砌石混凝土重力坝，坝高95m，坝长544m。两岸为非溢流坝，在原河床段布置了溢流坝，全长111m，溢流坝顶高程为243.00m，设有6孔14m×12.5m的弧型钢闸门，最大泄量12300m^3/s。泄洪底孔进口高程210.00m，孔口尺寸2.2m×4m，共设三孔，分别布置在溢流坝8、9、10坝块的中墩内，最大泄量724m^3/s。放水洞为放空水库由原施工导流洞改建而成，洞长300.7m，进口高程198.20m，孔口尺寸1.6m×1.6m，最大泄量80.3m^3/s。

水库生态系统还有不同于天然湖泊的特点。水库水位相对比较稳定，浊度大，生物生产力一般低于天然湖波。水库的能量、氧气和营养物收支依其排水方式而已。根据水库大坝设计情况，导流洞出水口高程198.20m，正常水位高程251.00m。该水库水闸设在水库底部，则排出的就是水温低、营养丰富、氧气贫乏的水，而温度高、营养缺乏、氧气充足的水留在水库内。这样会使水库排出大量的营养物质，减少水库污染或富营养化的形成。

3.3.3 水库类型对水体的影响

朱庄水库是一个深水型水库，按正常水位计算，最大水深达50m。库型狭长，是一个长方形条形水库。

在深水型水库，库面温水层通过水面通气和水生植物的光合作用保持较高的溶解氧；而库下冷水层溶解氧含量较低，当有浮游生物死后的残体和沉淀物产生的生化需氧量较大时，将出现缺氧现象，变成或接近于厌氧微生物层。溶解氧的分布与水库的生产力有关。由于库面温水层的生物作用和库下冷水层的缺氧，使二氧化碳、硝酸盐、氨、二氧化硅金属元素等产生分层现象。营养物多集累积在冷水层。可通过设置在水库底部的排水口，把含有丰富营养物质和其他元素排出水库，使水库水体保持良好状态，维持水库水体的正常循环。

通过对氮磷比例和氮磷最低最低标准值的约束条件分析，两个条件都制约了水质发生富营养化状态。另外，水库的排水口位置（位于水库底部）和水库类型（深水型），有利于营养物质的排泄，制约富营养化形成。由分析结果可以看出，朱庄水库水体总氮含量较高，富营养化程度依赖于磷含量，一旦水体中磷含量增大到一定程度，就不可避免地会发生富营养化。根据目前朱庄水库地理条件和流域状况，属于磷限制性水库。所以，防治水体富营养化的根本措施是控制总磷的输入量。

3.4 防治水库富营养化措施

朱庄水库是深水型水库，在好氧环境下，有利于硝酸盐氮的积累；上游氮污染来源大，是造成水库水体氮营养物质偏高的主要原因。磷物质在循环中受环境条件的限制，转化为不溶性磷沉淀于底部，使水体中磷含量较小，可抑制水体富营养化发生。

朱庄水库营养物质中氮比较充裕，富营养化爆发依赖于磷的含量。磷循环过程中，形成大量不溶性磷沉于底部，使水体中磷含量较低，抑制了富营养化的形成。朱庄水库属于磷限制性水库，该水库防治水体富营养化根本措施是控制入量。

水库的排水口位置（位于水库底部）和水库类型（深水型），对富营养化形成条件有制约作用。

朱庄水库作为邢台市地表水供水水源地，应结合水库和水域的特点，建立一套完善的水污染防治体系，确保城市供水安全。

第三节　水库上游流域植被对水质影响

1　流域植被分布情况

水资源的主要来源是降水，由于地形、植被等因素不同，同一场降水过程，可以直接到地面形成径流，或者通过树冠漏下，或通过较好植被渗入土壤中，再汇入溪流。在此过程中，无论是在数量上还是在质量上，水都发生了很大变化，这不仅与植被、土壤、地形等自然环境有关，还和水利工程、水土保持等人类活动有关。本文就邢台市西部两个小流域实验站进行水量水质分析，比较不同流域和不同植被对水质的影响。

1.1　地理位置

坡底站位于西部深山区邢台县城计头乡，东经 114°02′，北纬 37°05′，是朱庄水库上游路罗川入库控制站，流域面积 283km²。该流域农垦面积较小，山林面积大，植被较好，流域内无大型水利工程，只有几处塘坝等小型水土保持工程。

西台峪站位于临城县石城乡，东经 114°17′，北纬 37°25′，是临城水库上游南泚河入库控制站。该流域河网密度大，都是小支沟，源短流急，洪枯期流量悬殊，暴涨暴落。流域集水面积 127km²，由于近年来封山育林卓有成效，基本上消灭了荒山，水土流失得到一定控制，但植被度不高。

1.2　水文特征

降水：邢台市西部山区多年平均降水量 610.3mm。该流域附近有蝉房、獐貘等700mm 以上的多雨中心。全年降水量75%～80%集中在 6—9 月的汛期，而汛期降水量又集中在 7 月中下旬—8 月上中旬的 30d，甚至 7d 之内，特别是一些大水年份，降水量更加集中。降水量的年际变化很大，变差系数坡底和西台峪均为 0.46，单站年降水量最大最小之比一般在 5～9 倍。

蒸发：坡底站多年平均水面蒸发量 1187mm（E601 型蒸发器），西台峪站多年平均水面蒸发量 1005mm。水面蒸发量随各月气温、日照、风速而变化，年内变化较大，蒸发量最大出现在 5—6 月；水面蒸发的年际变化较小，一般不超过 15%。

径流：上述流域均为闭合流域，径流以降水补给为主，其特点是全年径流量集中在7—8 月，年最大流量发生在 7 月下旬和 8 月上旬，径流量占全年水量的 60%～90%；冬季为枯水期，径流量很小，有的年份甚至河干，非汛期水量只占全年的 20%～30%，反映了北方地区季节性河流的特性。

河流径流量的多年变化与年降水量有直接关系，径流量多年变化基本上反映了降水量的多年变化。其变差系数 C_v 值分别为坡底站 1.20，西台峪站 1.25，坡底站较小，西台峪站较大。

1.3　土地类型与利用状况调查

流域内地理状况和生产结构及生产条件等，对流域的产流、汇流均有影响，表 12 - 14 是两个不同流域土地生产类型与利用情况。

表 12 - 14　　　　　　　　　流域土地生产类型与利用现状调查表

流域名称	流域面积/km²	植被覆盖率/%	森林覆被率/%	土地利用率/%
坡底	283	92.2	29.5	38.4
西台峪	127	64.7	9.4	43.4

通过对两个小流域土地利用情况调查可看出，西台峪流域内农田面积比坡底流域的农田面积还多，农业开发程度较高。而森林覆被率坡底流域是西台峪流域的三倍多。由此对流域内土壤、植被产生影响。

根据《邢台市水土保持总体规划》资料显示，坡底流域内土壤类型以褐土、草甸土为主，土体结构为片状团粒，土壤中有机质为 2.36%。西台峪流域内土壤类型为褐土，土壤结构为单粒、屑粒，土壤中有机质含量为 1.30%。

2　流域植被对水质影响

2.1　流域水质评价

采用 2000—2002 年坡底站和西台峪站水质监测资料，评价项目为 pH 值、溶解氧、高锰酸盐指数、氨氮、总磷、铜、氟化物、砷、汞、镉、六价铬、铅、氰化物、挥发酚、硫酸盐、氯化物、溶解性总固体、溶解性铁、硝酸盐、总硬度等共 20 项。评价标准采用 GB 3838—2002 地表水环境质量标准基本项目标准限值中第Ⅲ类水质标准，《地表水环境质量标准》标准限值中未列入的项目，采用集中式生活饮用水地表水源地补充项目标准限值中标准值或 GB 5749—85 进行评价。

对两个流域不同时期水质的综合污染指数和水质评价结果进行计算，结果见表 12 - 15。通过对比可以看出，西台峪流域综合污染指数明显高于坡底，水质类别也反映坡底水质好于西台峪。

表 12 - 15　　　　　　　坡底、西台峪站水质综合污染指数计算结果

年份	坡　　底				西　台　峪			
	时段	综合污染指数	水质评价结果	备注	时段	综合污染指数	水质评价结果	备注
2001	汛期	0.12	清洁		汛期	0.20	尚清洁	
	非汛期	0.13	清洁		非汛期			河干
	全年	0.12	清洁		全年	0.20	尚清洁	
2002	汛期	0.13	清洁		汛期			河干
	非汛期	0.18	清洁		非汛期			河干
	全年	0.16	清洁		全年			

2.2　流域对水质影响分析

采用坡底、西台峪两个水质监测站 1991—2000 年水质监测资料，监测项目选用 pH 值、钙离子、镁离子、钾离子、钠离子、氯化物、硫酸盐、碳酸盐、重碳酸盐、矿化度、

氨氮、亚硝酸盐氮、硝酸盐氮等项目，计算其平均值。然后进行比较，表 12 - 16 是 1991—2000 年两个流域水质监测结果多年平均值。通过对坡底站、西台峪站两个流域水质中每年各物质含量比较可以看出，植被较好的坡底站水质中的物质含量明显低于植被较差的西台峪站。

表 12 - 16　　　　　　　　　西台峪、坡底流域水质不同物质含量多年平均值

站　　名	监测项目监测结果/(mg/L)												
	pH 值	钙离子	镁离子	钾离子	钠离子	氯化物	硫酸盐	碳酸盐	重碳 酸盐	矿化度	氨氮	亚硝酸 盐氮	硝酸 盐氮
坡底站	8.1	52.3	13.8	6.21	17.0	13.9	49.8	1.48	198	354	0.23	0.026	3.75
西台峪站	8.1	85.7	23.7	16.7	17.0	20.8	140	1.14	201	492	0.32	0.033	2.08
西台峪比坡底增 加的比例/%	0	60.9	71.7	169	0	49.6	181	−23	1.5	39.0	39.1	26.9	−44

2.2.1　产流汇流过程对水质的影响

随着流域内降水的增加，流量也增加。在同一流域中流量变化，是随着降雨径流和基流的比例变化而变化。降水在地下表层存留时间的长短，对水质产生一定影响。坡底流域内植被覆盖率为 92.2%，而西台峪流域植被覆盖率为 64.7%，由于植被的不同，对降雨产流及汇流都产生影响，坡底流域植被截流水量的百分数明显高于西台峪流域，表 12 - 17 是坡底、西台峪 1991—2000 年流域水量截流率统计表。坡底水文站水量截流率为 67.5%，西台峪则为 55.7%。

流域植被对水质的影响，主要表现在土壤对水质的作用，土壤中的黏土及腐殖质形成胶体，其表面具有吸附阳离子的作用。当水流经土壤时，其中的阳离子会被土壤的胶体所吸附，再与被吸附的其他阳离子发生离子交换作用。另一方面土壤中各种各样的生物以及植物根系，经常吸收土壤的营养成分。通常在植被较好流域，植物的根系特别茂密地分布在表土，容易吸收水中的营养成分。

2.2.2　流域生产结构对水质的影响

流域内森林植被面积和耕地面积的比例关系，也对流域水质产生影响。通过调查，坡底流域内有耕地面积 1170hm²，流域的耕地率为 38.4%，西台峪流域内有耕地 2636hm²，流域的耕地率为 43.4%。以氮为例，土壤中氮的蓄存量非常大，但是，土壤中的氮几乎全部是以有机态形式存在，不易溶解于水，也不易被植物吸收利用。但在耕地面积较大的流域，由于水土流失严重，一部分氮被直接带入水中。使氮的含量明显偏高。

表 12 - 17　　　　　坡底、西台峪 1991—2000 年流域产流汇流统计表

站名	坡　　底			西　台　峪		
年份	年径流量 /万 m³	降水直接产流水量 /万 m³	流域水量截流率 /%	年径流量 /万 m³	降水直接产流水量 /万 m³	流域水量截流率 /%
1991	3150	1080	65.7	1640	781.2	52.4
1992	1023	210.3	79.4	913	307.5	66.3
1993	2809	1387	50.6	1220	450.9	63.0

续表

站名	坡　　　　底			西　台　峪		
年份	年径流量 /万 m³	降水直接产流水量 /万 m³	流域水量截流率 /%	年径流量 /万 m³	降水直接产流水量 /万 m³	流域水量截流率 /%
1994	1320	292.7	77.8	504.6	191.2	62.1
1995	8536	2511	70.6	6920	2833	59.1
1996	14570	8903.2	38.9	8112	5257.7	35.2
1997	2287	506.4	77.9	1327	326.8	75.4
1998	1626	152.7	90.6	86.0	29.2	66.0
1999	952	78.6	91.7	358	165.2	53.9
2000	8595	5903	31.3	3359	2600	22.6
平均	4486.8	2102.5	67.5	2444	1294.3	55.7

从两站水质资料分析可看出，发现坡底站水体中硝酸盐氮含量大于西台峪站，分析其原因有两个方面。其一，进入水体的含氮物质，通过氨化作用和硝化作用，使一部分有机氮首先转化为氨氮，再由氨氮转化为亚硝酸盐氮，在一定条件下再转化为硝酸盐氮。而硝酸盐氮只能在厌氧条件下，通过反硝化作用，还原为气态氮。在好氧条件下，硝酸盐氮不断增加而产生积累。其二，水体中如果氨氮浓度高于一定值，那么，浮游植物对硝酸盐氮的利用便被抑制，也促使硝酸盐氮含量的增加。

2.2.3　流域水土流失对水质的影响

水土流失首先破坏土壤结构而使土壤的蓄水保水能力减弱，使土壤中的储水量减少。初步测定，轻度、中度、强度侵蚀的土壤有效水容量分别为 15%、12%、10%，在非侵蚀区一般土壤有效水容量在 20% 左右。其次，水土流失淤塞地下蓄水溶洞、裂隙、淤积河道、水库，使陆面蓄水量减少。水土流失使土壤溶入水中，使水体浑浊，悬浮物增大，水质受到物理污染。根据邢台市水土保持规划调查资料，坡底流域内上游属微度侵蚀，下游属轻度侵蚀；西台峪流域上游属轻度侵蚀，下游属中度侵蚀。同时，水土流失使土壤中的化肥、农药、盐分和大量营养物质溶入水中，引起水体富营养化，使水质恶化。

造成该流域内土壤侵蚀主要为水蚀，强度较大的降水会引起水土流失或冲刷。根据 1992 年水土保持测试结果，微度、轻度、中度侵蚀区 1.0km² 年泥沙流失量分别为 0.025 万 t、0.15 万 t、0.38 万 t，泥沙中钾的含量约为 20kg/t。在地表和表层土壤中，未分解的有机物中的钾，可被直接被水溶解出来，导致流出水中的钾浓度升高。从水质分析资料可看出，西台峪站钾浓度几乎是坡底站的 3 倍。

受地质和土壤植被影响，西台峪降雨产流的水中硫酸盐比坡底站高将近 3 倍，经调查，在西台峪流域上游有硫化矿床分布，局部地下水中硫酸盐含量很高，选矿厂分布较多，不可避免地影响地表水水质，导致硫酸盐含量偏高。说明流域地质和下垫面也是影响水质的因素之一。

不同流域径流量和水质存在差别，主要原因是流域植被的作用，据有关实验资料表明：一次降雨后森林要对雨量进行重新分配。对于适中的降雨，大约有 20%～30% 的雨量被密集树冠截流，穿过树冠落到地面上的雨水，一部分被地面落叶形成的腐殖质层吸收，一部分透过腐殖质层渗入土壤形成地下水。这样森林改变了径流的分配形式，在重新分配过程中使水质发生变化。对于植被较好的流域，大量的雨水渗入地下储存起来，从而减少了洪水径流，在枯季地下水又成为补给河流水量的来源，通过地下浅层过滤和自净作用使水质变得更好。

坡底站上游流域植被较好，对洪水的调节能力较强，使得该站枯季水量保持在一个相当水平，而水质中大部分物质含量明显小于西台峪流域。西台峪站上游流域片麻岩构成面积较大，植被较差，对洪水的调节能力较低，使得枯季经常出现河干的情况，水中大部分物质含量明显高于植被较好的坡底站。由此可以看出，流域植被不仅对洪水有明显的调节功能，同时对提高水资源利用率、保护水质、保持生态环境用水有重要作用。充分说明植被保护和水土保持工作等也是水资源保护的重要措施。

参 考 文 献

[1] 方子云．水资源保护工作手册 [M]．南京：河海大学出版社，1998．

[2] 吴晓磊，俞毓馨，钱易．好氧及厌氧固定化微生物处理能力的比较研究 [J]．环境科学与技术，1994（4）：13-16．

[3] 乔光建．朱庄水库水环境质量状况分析 [J]．水资源保护，2002（2）：17-20．

[4] 刘春广，乔光建．朱庄水库水体富营养化机理分析及治理对策 [J]．南水北调与水利科技，2003，1（5）：44-46．

[5] 周凤霞，白京生．环境微生物 [M]．北京：化学工业出版社，2003．

[6] 康彦付，乔光建．朱庄水库面污染计算及控制技术研究 [J]．水资源保护，2008（s1）：16-19．

[7] 乔光建．区域水资源保护探索与实践 [M]．北京：中国水利水电出版社，2007．

[8] 乔光建．朱庄水库水质时空变化规律分析 [J]．河北水利水电技术，2003（1）：38-39．

第十三章　水库生态调度与功能评价

第一节　水库生态用水调度决策

水库作为国民经济基础建设的重要组成部分，为维护社会稳定，保证人民生命财产安全，促进社会经济可持续发展提供了重要的保障条件。但由于过去传统水库建设对生态环境问题的忽视，导致下游河道生态条件恶化，引发许多不良后果。因此，如何改善水库调度，补偿或缓解下游河流生态和环境的负面影响，是新时期构建人与河流和谐发展的重要组成内容。

生态调度是伴随水利工程对河流生态系统健康如何补偿而出现的一个新概念。从河流生态安全的角度讲，生态调度概念的提出具有现实意义。它的提出有助于改变人类对强加于下游河流的影响，是对筑坝河流的一种生态补偿。生态调度的核心内容是指将生态因素纳入到现行的水利工程调度中去，并将其提到相应的高度，根据具体的工作特点制定相应的生态调度方案。生态调度是水库调度发展的最新阶段，并自始至终贯穿着生态与环境问题，以满足流域水资源优化调度和河流生态健康为目标。

生态调度内容包括生态需水调度、生态洪水调度、泥沙调度、水质调度、生态因子调度和综合调度等多项内容，本文通过对朱庄水库对下游生态需水调度分析，探讨多功能水库在充分发挥防洪、发电、灌溉、供水等功能的基础上，最大限度减轻大坝对下游生态环境造成的影响，为多功能水库生态调度提供参考依据。

1　水库生态用水调度原则和目标

水库生态调度准则的建立就是为让水库承担起由于其修建导致的生态环境影响的责任，其核心的理念就是要将生态环境保护目标引入到水库调度中来，丰富、发展和完善水库现有的功能，提高水库的综合效益。因此，水库运行的生态准则就需要和水库目前的兴利调度和防洪调度进行有机的结合，为水库在实际运行中考虑生态目标提供依据，促使水库在保障社会经济发展的同时统筹兼顾生态环境的用水要求，以此保障人与自然的和谐发展。

1.1　水库生态调度的基本原则

水库作为充分利用水资源的重要方式，为社会的发展起到了不可替代的作用，在新的时期，它还要承担起维持河流健康的使命，维护安全的人类生态格局。为此，水库的生态调度应遵循以下基本原则。

以满足人类基本需求为前提：凡事以民生为重，修建水库的初衷就是为了维护人类基本生计，保护人类生命财产安全，因此水库生态调度也首先应考虑满足人类的基本需求。

以河流的生态需水为基础：河流生态需水是水库进行生态调度的重要依据，水库下泄水量，包括泄流时间、泄流量、泄流历时等应根据下游河道生态需水要求进行泄放。

以实现河流健康生命为最终目标：水库生态调度既要在一定程度上满足人类社会经济发展的需求，同时也要考虑满足河流生命得以维持和延续的需要，其最终的目标是维护河流健康生命，实现人与河流和谐发展。

1.2　多功能水库调度目标分析

水库的调度目标很多，既有提供清洁可靠的水电能源，提供一定量和质的清洁淡水用于城市生活、工业和农业灌溉用水，也有维护流域安全，如防洪防涝，防止河流断流，防止河道萎缩等目标，还有提供优美的水体环境，保证与水相关的文化旅游景点等目标。通常可将其分为经济目标、社会目标和生态环境目标。其中经济目标包括供水、发电、航运、渔鱼等，主要通过水这一载体的作用实现相关社会经济部门的有效运行，该目标是最直接、最受关注的目标；社会目标是指社会财富的维护和对社会成员心理的保障目标，包括防洪、供水安全等目标；生态目标是近年来随着生态环境问题越来越受关注而逐渐成为水库调度的重要目标，其目标从保证河流不断流、河道不萎缩、遏止生态环境恶化，到满足特定断面稀释净化水量要求、保证特定生物栖息地等。水库调度的总目标就是追求流域水资源系统综合效益最大目标，其函数形式为：

目标函数：$\max\{E(X), S(X), R(X), Z, t\}$；

约束条件：$G(X) < 0$；

$$X_j \geqslant 0 (j = 1, 2, \cdots, n)。$$

式中：X 为 n 维向量的决策（控制）变量；E，S，R 分别表示经济效益、社会效益和生态环境效益；Z，t 为系统占有空间和时间，在具体区域和时间确定时，均为常数；G 为对系统起制约作用的约束条件集，如水的承载能力、环境容量和其他社会约束条件等；X_j 为决策向量非负条件。

遵循"三生"用水共享的原则："三生"是指生活、生态和生产，生态需水只有与社会经济发展需水相协调，才能得到有效保障；生态系统对水的需求有一定的弹性，结合区域社会经济发展的实际情况，兼顾生态需水和社会经济需水，合理地确定生态用水比例。

传统水库调度主要是考虑社会经济目标，而较少考虑下游生态要求，这导致下游生态环境恶化，因此水库下泄流量生态调度概念的关键原则是考虑下游生态要求，协调生产、生活和发电需求水量，有计划地下泄水量，减轻因建坝而产生的负面影响，以达到经济效益和生态效益优化目标。因此，水库下泄流量生态调度可以作为一种工具用来修复下游河流生态系统恢复或将其保持在某种理想的状态。对水库泄水、蓄水及取水必须综合考虑水库上、下游生活、生产、生态用水，包括满足供水和发电需求，满足依靠下游生态系统自然资源生活的人们的需要，同时，还要保持水生生物的生存环境。

2　河流生态环境需水分析

河流的物理、化学、生态特征是流域许多因素综合作用的结果，在河流筑坝蓄水后，河流将产生一系列复杂的连锁反应改变河流的物理、生物、化学因素。

流速、流量以及水库的泄流方式、频率等对河流物理、化学和生物特征的影响具有重要作用，其中水力特性对河流生态系统具有决定作用。水库蓄水对河流流量的调节，使下游河道流量的模式发生变化；水库的运行方式将产生不同的泄流方式，影响河流原有物质、能量、生态系统结构和功能，其影响程度取决于水库的调度方案、泄流位置、溢流堰特性、蓄水库容、泥沙沉积以及流域地貌等，建库引起河流水力条件的改变，导致河流、河岸、洪泛平原等各类生态环境产生相应的变化，进而对河道地貌形态和河床地质的稳定性产生间接影响。

20 世纪 50 年代邢台市河道水量充沛，到 60 年代曾发生过"63·8"特大暴雨，从 70 年代水量开始减少，到 80 年代出现泉水干涸，河流断流。近年来，由于天然径流进一步减少，用水量增加，河水流量不断减少，每年过水主要集中在汛期的几天中，水量几乎不能利用。

北方地区河流水生态环境退化严重，如断流、河床沙化和物种的消失等。为了缓解河流生态环境的进一步恶化，应在枯水季节优先保证河道留有一定的流量，以满足河流最基本的生态功能。

朱庄水库下游河道生态环境需水量确定方法，利用 20 世纪 70 年代以前系列资料进行频率计算，以适应枯水年的水量作为该河道生态环境需水量。

设计枯水年径流量计算公式为：

$$W_P = 0.1 F Y_P$$

式中：W_P 为河流设计枯水年年径流量，m^3；F 为流域面积，km^2；Y_P 为设计年径流深，mm；0.1 为单位换算系数。

Y_P 的确定方法：首先在多年平均径流深等值线图上查得该流域的多年平均年径流深 $Y_{平均}$，在 C_v 等值线图上查得该流域的 C_v 值，根据 $Y_{平均}$，C_v 及 $C_s = 2.5 C_v$，在 P—Ⅲ 型曲线 K_P 值表中查出设计的 K_P 值，则设计年径流深 $Y_P = K_P \times Y_{平均}$，水库下游沙河枯水年不同保证率径流量见表 13-1。

表 13-1　　　　　　　　　　朱庄水库下游河道枯水年设计径流量

保　证　率	$P = 75\%$	$P = 90\%$	$P = 95\%$
枯水年设计水量/万 m^3	12974	8766	7714

考虑当地水资源状况和水资源承载能力等因素，选择 $P = 90\%$ 枯水年的设计水量作为河道生态环境用水量。

3　水库生态用水调度

作为人类生活和生产的水源地工程，水库承担着提供生活、生产用水的任务，因此协调生活、生产用水和生态用水之间的关系，成为进行生态调度准则设计的核心问题所在。处理好生活、生态、生产用水之间的关系，关键问题是协调好社会发展和生态环境保护之间的关系。

朱庄水库在做好汛期以防汛为主的调度和管理外，利用汛期防洪库容的要求，有计划地调节释放流量，补充下游地下水及河道用水。

朱庄水库下游河道有部分河段在岩溶区裸露岩段，河道过水时，河道产生大量渗漏现象，直接补充岩溶地下水，现状条件下朱庄水库放水渗漏补给系数在 0.437~0.543 之间。水库下游河道两岸，植物生长以及地下水补充，主要来源于河道地表水。水库适当向河道放水，对保护下游生态环境，缓解下游生产和生活用水，有重要的作用。在 1994 年春季，邢台市区地下水位大幅度下降，部分用水井出现吊泵现象，影响人们正常的生活和生产活动。邢台市政府根据有关部门和专家的建议，由朱庄水库向下游河道放水，调节适当流量，补充地下水。朱庄水库向下游河道放水 40 多天，放水量 5536 万 m³，使城区地下水位上升了 7m 左右，为缓解城市供水发挥了重要作用。

近年来，朱庄水库考虑下游生态和生产用水的实际情况，适当向下游河道放水，以保护和缓解下游生态环境和用水需求。根据朱庄水库水文站与下游端庄水文站流量监测资料，计算水库放水后对地下水补给量。该补给量包括两部分，一部分是在裸露岩区河道水量直接补给岩溶水，一部分通过测渗补给第四系孔隙水。通过对朱庄水库 1989—2008 年放（弃）水资料分析，对地下水多年平均补给量为 2728 万 m³，对改善和回复地下水生态环境发挥了重要作用。表 13-2 为朱庄水库 1989—2008 年朱庄水库向河道放水（弃水）对地下水补给量统计表。

表 13-2　　　　　　　　朱庄水库向下游河道放水统计表　　　　　　　单位：万 m³

年份	水库放（弃）水量	地下水补给量	年份	水库放（弃）水量	地下水补给量
1989	3404	1239	1999	237	237
1990	5929	3065	2000	11920	5209
1991	4655	2414	2001	5661	3574
1992	0	0	2002	0	0
1993	0	0	2003	1490	1490
1994	5536	5536	2004	4422	766
1995	9065	2384	2005	3681	3594
1996	57159	8829	2006	4482	4482
1997	6485	3847	2007	3850	3850
1998	270	270	2008	3777	3777

2004—2008 年，"引朱济邢"输水工程的运行，平均每年向邢台市区输水 2560 万 m³，为减少邢台市城区地下水位持续下降发挥了重要作用。在此期间，朱庄水库有计划地向下游河道调节放水，2004—2008 年平均每年向河道放水 3294 万 m³。

邢台百泉岩溶地下水系统具有一定的调蓄能力，通过对该岩溶区补给-排泄量分析计算，地下岩溶水库水位变化 1m 时，岩溶水所给出或储存的地下水量为 698 万 m³。从 2004 年开始，通过生态调度和城市供水两种补给方式每年向邢台市区补水 6022 万 m³。平均每年减少水位下降 8.63m。为邢台市地下水生态环境的改善发挥了重要作用。2006 年 9 月，使多年干涸的泉水开始复涌，改善了邢台市区地下水生态环境。

朱庄水库是邢台市区域内具有多种服务功能的大型水库，不仅为该区带来了巨大的社会效益和经济效益，同时对改善干旱与半干旱地区的生态环境也起到了重要作用。由于建库时的指导思想为防洪灌溉，忽视了水库对生态环境的负面影响，以至于使水库在运行过程中对生态产生不良后果。改善水库调度，补偿或缓解下游河流生态和环境的负面影响，是构建人与河流和谐发展的重要研究内容。针对目前水库调度中缺乏生态因素的现状，从水库现行运行方式，对下游河道生态和环境的负面影响出发，因此，正确分析水库对下游河流产生的负面影响，建立水库生态调度的调控体系，是今后水库调度的一个重要课题。

在枯水期，正确处理好生态、生活和生产用水的关系。目前的水库调度方式，基本没有考虑生态用水的需求，生态环境用水无法得到保障，导致了河流的萎缩甚至断流，对生态环境构成了极大的威胁，而生态环境的自我修复有一个限度，超过这个限度就无法进行修复，从这个意思上看，人类生活和生态环境的基本用水都必须得到优先保证，而生产用水可以通过产业结构调整或其他临时措施进行压缩，在水资源比较丰富时也具备恢复和扩大生产的能力。

为了减缓大坝对河流生态系统的影响，需采取相应的对策措施，利用水库进行生态调度不失为有效的减缓措施。生态调度的主要内容为：根据生态保护目标的要求，水库调度保证下泄合理的生态流量，维持下游河道的基本生态功能；通过水库调度保护库区及下游河流水体的水质，是生境质量的基本保证。在兼顾工程运行经济效益和生态保护，对水库生态调度方案进行更具体的研究，并辅以更深入的专题研究，使这些生态保护措施更具可操作性。

由于水库生态调度是一个多目标决策问题，其涉及因素很多，既包括社会、经济、生态等大系统，也包括水生生物、农业生产等各个层面的子系统，对有关水库生态调度的理论和实践研究，有待于进一步探讨。

第二节　水库生态调度对岩溶地下水的补充作用分析

水库生态调度准则是以促进人与自然和谐发展为目的，通过对水库生活、生态、生产不同用户进行协调，从而形成一套水库运行机制。核心问题是在水资源短缺的情况下，如何在不同用水户之间进行水量的优化配置，以达到社会经济效益和生态效益总体最优。在岩溶地区，上游水库对岩溶地下水的影响明显。由于岩溶地区对地下水的补充范围相对集中，而且补充时间短，水库等水利工程建设对岩溶地下水比较敏感。因此，研究岩溶地区的水库生态调度，对保证下游生态环境和用水，有重要意义。本文就岩溶地区水库生态调度对岩溶地下水的补给作用进行分析，以达到合理开发利用水资源。

1　邢台百泉岩溶地区概况及水环境现状

岩溶地下水系统，把赋存于可溶岩含水介质中的岩溶地下水体看作一个由相互联系又相互制约的各个组成部分所构成的、具有一定结构特征、有其自身的储存-传递-调节功能、不断地进行水量和水质更新交替、与外部环境相互作用的地下水文体系。它是一个完整的地质单元，既包括由裸露型可溶岩构造的直接补给区，又可包括部分非可溶岩的间接补给区。

邢台百泉地下水系统处于太行山拱断束。区内构造复杂，行迹纵横交错，由于岩浆岩的侵入，将含水体分割得支离破碎。其西部边界为变质岩；东南部为寒武系、奥陶系灰岩

第二节 水库生态调度对岩溶地下水的补充作用分析

裸露区，面积 338.6km^2。百泉泉域是一个以降水为唯一补给来源，边界性清楚，基本独立、完整、封闭式的水文地质自然单元。其补给方式有两种：大气降水在灰岩裸露区面状直接入渗补给，入渗系数在 0.6～0.7 之间；其次是大气降水在西部变质碎屑岩区形成地表径流，汇入下游河道和水库，河水和水库放水在河道渗漏段部分下渗，以线状间接补给岩溶水。区域内有发源于西部变质岩区的小马河、白马河、七里河、沙河、马会河、北洺河。各河流在雨季洪峰期流经裸露区产生严重渗漏。图 13-1 为泉域水利工程及裸露岩区、隐伏区分布示意图。

图 13-1 邢台百泉泉域水利工程及裸露岩区、隐伏区分布示意图

邢台百泉泉域是一个独立的岩溶地下水盆地，含水层以奥陶系、寒武系灰岩为主，岩溶裂隙发育，垂直分带明显。自地下水位以下至标高 -150m 为岩溶强发育带，标高 -150～-400m 为岩溶中等发育带，标高 -400～-650m 为岩溶弱发育带。

在该区上游修建的水库和水利工程，对防汛、灌溉等发挥了巨大作用。同时，对下游也产生一些负面影响，最主要的是对下游河道生态坏境产生影响，通过对区内沙河、七里河、白马河、小马河、李阳河等 5 条河调查，在 1991—2000 年期间，平均河干天数为 335d，除汛期暴雨期间或水库弃水时，下游河道有水外，其余时间全部河干。在岩溶区内，由于对岩溶水的补给区的来水量受到限制，对地下水的影响非常明显。邢台市区位于岩溶区的排泄区，生活生产用水主要开采岩溶水，自 1978 年以来，地下水位年平均下降 1.6～1.8m/a，1999 年最大埋深达 85.06m，已经形成多次"城市水荒"和工业企业因"吊泵"而停产的事件，同时也造成素有"百泉之城"美称的邢台市泉水干涸。

2　水库生态调度对下游地下水环境的保护和修复

2.1　岩溶水动力场特征

岩溶地下水形态以大量溶蚀裂隙为主，为数不多的溶洞多呈孤立状洞穴，连续性差，溶洞之间主要靠溶隙连通，组成以溶隙为主的地下水网络系统。受溶隙网络含水介质特征控制，岩溶含水层的透水性能大多比较均匀。根据对大量钻孔抽水试验资料和典型岩溶水系统的地下水流场分析，虽然在一些较大的溶洞和缝隙内可能存在紊流运动，但从宏观来看，它又具备渗流的性质。同一系统内的不同岩溶含水层组之间，有密切的水力联系，有大体统一的水动力场。在系统中的主要岩溶储水体内，从上游至下游，从补给径流区到排泄区，岩溶水的流场、流向、水力梯度、导水性能和动态等，都呈现出明显的规律性变化。

2.2　岩溶水补给条件

百泉泉域补给区分布于高村、王窑、皇台底、西丘一线以西地区和基岩裸露区，寒武系中-上统及奥陶系中-下统碳酸盐岩裸露区的渗漏条件受区域节理裂隙的控制，面裂隙率一般为 7%～20%，以北北东向裂隙为主，北西向亦有相当水文地质意义，且很少有植被覆盖，形成了良好的入渗条件。根据野外小流域观测，在碳酸盐岩分布区，一般雨后无地表径流，既是在暴雨之后，地表径流亦极短暂；在非碳酸盐岩分布区，则因岩性的限制，入渗条件较差，主要起地表汇流作用，构成间接补给区。

区域内河谷渗漏段的渗入补给量占整个泉域天然补给量的一半以上。本区河流具有两个重要特点：第一是各河流进入碳酸盐岩分布区之后，因大量渗漏而断流；第二是河流的展布与区域横向构造具有一定的联系。因此，受横向构造控制的渗漏段，常处于纵向构造带相连接的复合部位，出现强烈的渗漏现象。像沙河的南、北两条支流，在八里庙、朱庄一带穿越朱庄断裂束，八里庙附近位于奥陶系中统灰岩上的佐村水库建成蓄水后，两昼夜全部漏光。

河谷渗漏的条件也于区域性节理裂隙的发育方向有关，同时，还受河床地质结构的控制。当沟谷中有透水性较好的冲洪积层分布，而其下伏为透水性良好的灰岩时，则沟谷中的水通过卵石、硕石层渗漏补给灰岩含水层。例如北洺河，在沙洺河以上常年有水。而从沙洺至西寺村段，却由于河床为奥陶系中-下统和寒武系中统灰岩、白云质灰岩，河水漏失而干涸。因此，北洺河仅在汛期洪水较大时才全河有水，但经过一段时间后，即随着水势减小和灰岩段河床漏水而干涸。

2.3　地下径流条件

邢台百泉岩溶地下水的径流条件，具有明显的构造控水规律。泉域内的岩溶地下水，在宏观上受太行山东麓的单斜构造和地形控制，呈自西向东的径流总趋势。但其径流过程比较复杂，在地形、水文网、褶皱、断裂构造和岩体诸多因素的控制下，岩溶地下水以径流带的形式汇集于排泄区，至泉水出露地表，完成与大气圈、水圈的水体转换。

2.3.1　水平径流分布带特征

本区的岩溶地下水，在以溶蚀裂隙为主的溶隙网络型岩溶通道和含水单元中，呈面上分散的水流。并且，在运移过程中不断汇流、集中，于构造和水流运动的有利地段，形成岩溶水流的强径流带。其具有明显的系统性，由主流和支流组成，但却没有明显的河道，而是一个由密集溶隙和少量洞穴管道所组成的溶隙网络层状富水带。它与两侧弱径流区之间，是逐渐过渡的，没有明显的界线。这些岩溶水的径流带有以下特点。

径流带在成因上受北-北东向构造和南北向构造的各种阻水界面的控制，呈纵向条带状分布；径流带内岩溶发育均匀，富水性强，水力传递迅速；径流带内水力梯度平缓，动态稳定。其水力梯度仅为邻区的 1/10～1/100，水位变幅亦只有邻区的 1/2～1/3。

2.3.2　垂向发育特征

本区的岩溶地下水径流，还存在垂向发育分布带。其自上而下可分为岩溶强发育带、较强发育带、弱发育带和极弱发育带。

岩溶强发育带的控制标高为 −150m。地下水水力梯度平缓，一般为 0.034‰～0.142‰。岩溶裂隙率为 5.04%～55.3%，是极强富水带，单井单位涌水量一般大于 10m³/(h·m)，个别小于 10m³/(h·m)。在天然状态下地下水位年变幅 15～20m。

岩溶较强发育带的控制标高为 −150～−400m。地下水力梯度为 0.12‰～0.363‰。岩溶裂隙率为 2.43%～25.7%，属于强富水带，单井单位涌水量常见为 5～10m³/(h·m)，个别小于 5m³/(h·m) 或大于 10m³/(h·m)。在天然状态下地下水位年变幅 10～15m。

岩溶弱发育带的控制标高为 −400～−650m。地下水力梯度为 0.66‰～0.925‰。岩溶裂隙率为 2.75%～11.5%，为中等富水带，单井单位涌水量常见为 1～5m³/(h·m)，个别小于 1m³/(h·m) 或大于 5m³/(h·m)。

岩溶极弱发育带的控制标高在 −650m。岩溶发育微弱，岩溶裂隙率低于 2.75%，且多被方解石脉充填，属于弱富水含水段，单井单位涌水量小于 1m³/(h·m)。

2.4　水库生态调度对地下水的补充作用

水库建成后，对岩溶水的补给作用，裸露区的补充作用没有受到影响，而在裸露区的河道补给作用，完全受水库控制。利用水库在汛期拦蓄的洪水，在非汛期放水补充岩溶地下水，使水库不仅发挥防洪作用，同时也发挥生态作用，改善岩溶地区的地下水环境。

通过试验，利用朱庄水库放水补充百泉岩溶水，取得较好的效果。如 1994 年汛前，当邢台市区地下水位大幅度下降时，邢台市政府根据有关部门的建议，由朱庄水库放水，通过河道渗漏，全部补给市区地下水，市区岩溶水位明显上升，收到良好效果。水库有计划调节弃水补充地下水，水库弃水的渗漏补给系数可更大。根据实验资料，现状条件下朱庄水库放水渗漏补给系数最低为 0.437，若通过对河道进行人工处理，如河道开挖加大过水断面，增加人工渗水坑等，或者水库弃水时进行调节放水，效果更好。通过分析可知，在岩溶区内，水库不仅具有防洪灌溉功能，还可通过调节水量补充地下水。在今后岩溶区内，制定水库调度方案时，应考虑对地下水的补给功能，这是今后水库调度研究的新内容，新课题。

3　水库生态调度补水量计算

3.1　百泉泉域岩溶水用水量调查

邢台市的供水水源主要是百泉泉域的岩溶地下水，市内的几个重点水源地都位于百泉泉域的径流区下游地段及排泄附近。水源地的开采都直接影响泉域排泄、径流区的水位动态，随着开采量的不断增加，最后影响整个泉域区。泉域的多年平均补给量也就是泉域内的多年平均可开采量。邢台市重点水源地有：邢台发电厂位于邢台市区南 7km 处，生产和生活用水均为百泉泉域的岩溶水，多年平均开采量为 3372.6 万 m³；邢台钢铁有限公司位于邢台市南侧，多年平均开采量 1780 万 m³；邢台市供水公司每年开采岩溶水 3832.5万 m³。在岩溶区内的各大中型企业生产和生活用水，主要以开采岩溶水为主。岩溶区内邢台市用水量较大，邢台县、沙河市、内丘县、武安市用水大部分开采岩溶水。通过对1991—2000 年用水量调查计算，平均每年从百泉岩溶储蓄水构造中开采岩溶地下水量为18691 万 m³。

3.2 岩溶水补给量计算

百泉泉域是一个以降水为唯一补给来源，边界性质清楚，基本独立、完整、封闭式的水文地质自然单元。其补给方式有两种：百泉泉域岩溶地下水是降水沿裸露灰岩直接渗入补给和地表水汇流后在河道渗漏段的下渗补给，裸露区面积 338.6km²。补给区地下水以垂直运动为主，径流区地下水以水平运动为主，以泉群为收敛中心的扇形径流网分 4 条汇流带流向百泉泉区排泄，补给相对集中，径流条件复杂。大气降水在灰岩裸露区面状直接入渗补给，入渗系数在 0.6～0.7 之间；区域内有发源于西部变质岩区的小马河、白马河、七里河、沙河、马会河、北洺河。各河流在雨季洪峰期流经裸露区产生严重渗漏。

岩溶水补给资源按下式计算，计算出多年平均补给量为 13390 万 m³。

$$W_补 = k\alpha_1 PF$$

式中：$W_补$ 为岩溶水的补给量，万 m³；α_1 为降水综合入渗系数；P 为灰岩裸露区面降水量，mm；F 为裸露区入渗面积，km²；k 为单位换算系数。

3.3 岩溶地下水水量平衡计算

根据调查资料，百泉岩溶地下水多年平均开采量为 18691 万 m³，在裸露区补给量为13390 万 m³，每年超采 5301 万 m³。在裸露岩上游流域，降水产流后，在通过裸露区时可直接补充岩溶水。在裸露岩上游总面积为 1929.4km²，水库控制面积为 1746.5km²，水库控制面积占总面积的 90.5%。大气降水在西部区形成地表径流，汇入下游河道和水库，河水和水库放水在河道渗漏段部分下渗，以线状间接补给岩溶水。在上游区域，来水全部受水库控制，通过河道补充岩溶水受人为因素影响。

3.4 水库生态调度方案分析

降水量年内分配集中。邢台市全年降水量 75%～80% 集中在 6—9 月的汛期，而汛期降水量又主要集中在 7 月中下旬至 8 月上中旬的 30d 甚至 7d 之内，特别是一些丰水年，降水量更加集中。由此可看出北方地区建设水库的重要性。随着对生态环境的重视，水库在保护生态环境中越来越发挥重要作用。把汛期拦蓄的洪水，在为工农业提供水源的同时，在枯水期，有计划、有目的向下游河流提供生态环境用水，是水库功能的一个新内容。

邢台市西部山区已建成大、中型水库 6 座，小（1）型水库 7 座，对开发利用西部水资源发挥重要作用，水库蓄水也是河流生态用水的主要水源。在百泉岩溶区上游水库总库容为 69301 万 m³。每年通过河道补给水量为 5301 万 m³，才能满足下游生活生产用水。

按照最低入渗 0.437 计算，则每年上游水库需要调节放水 12130 万 m³，占水库总库容的 18％。

4　岩溶地区水库生态调度的对策和建议

4.1　人工补给是增加水资源的有效措施

可以利用岩溶水系统的巨大地下库容，用渗坑或修建人工补给水库、拦河坝等大型回灌工程拦蓄洪水进行补给。有关资料表明，在岩溶山区修建的水库有严重渗漏现象，但这些漏库为我们研究岩溶水人工补给提供了间接试验数据，根据对岩溶水文地质条件的研究，无论从地面水入渗、地下蓄水和水源条件都是可行的。

4.2　水量分配、调度要遵循生态效益最大化原则

从工程上涉及山区水土保持、水库工程和沿河提水工程，在用水、调水、供水分配方面，要遵循生态效益最大化原则。山区蓄水工程，水库调水、供水应考虑下游河道生态环境用水。洪水资源化作为生态恢复的一项重要措施，把生态用水纳入水库供、需水量规划方案中，统一安排，优先考虑。通过建立水库生态调度准则，利用水库进行生态调度，进而构建生态补水的长效机制，保证下游生活生产用水。

4.3　建设生态水库的设想

在北方地区，降水量年内分配集中，加之近年来降水量偏少，要保证生态用水，必须利用汛期洪水水量作为水源，因此，要有计划地建设一些生态水库，在汛期把雨洪水量拦蓄起来，平时调节放水，以保证下游生态环境用水要求。该水库主要以防洪和保证生态环境用水为主。

第三节　朱庄水库回补百泉岩溶水调蓄方案

1　百泉岩溶水系统回灌可行性分析

1.1　百泉岩溶水地下水库库容

百泉岩溶水系统碳酸盐岩裂隙岩溶含水层分布面积达 1638.6km²，其中裸露灰岩区面积 338.6km²，隐伏灰岩区 1300km²，具有一个易于补给、能够贮存、便于开采、调节能力极强的天然地下水库，其中包括库容达 1.7667 亿 m³ 的可回灌地下库容。

1.2　朱庄水库弃水状况

朱庄水库为多年调节水库，上游路罗川、将军墓川等为太行山迎风坡径流高值区，具有较为充沛的地表水资源，在近 20 年的系列中，水库弃水年数 16 年，为 80％，即为每 5 年中有 4 年水库要弃水。多年平均（1989—2008 年）弃水量 6247 万 m³，最大弃水量 57164 万 m³（1996 年）。具备为百泉岩溶水系统开展人工回灌的良好地表水资源条件。

1.3　回灌补给区的确定

朱庄川自朱庄水库坝下向东至朱庄村南转而向南，于西坚固与渡口川汇合，向东河道渐宽，朱庄村南南北向河道段及左村至喉咽沙河河道段是地表水回灌渗漏补给岩溶地下水的有利地段。

根据水文地质条件，回灌段选定在朱庄水库至固坊桥间。弃水自朱庄水库坝下起，经朱庄川至马峪沟，进入南北向河道渗漏段，流经金牛洞桥，转而向东，进入沙河河道，流经西坚固、中坚固、喉咽、固坊桥河床，伍仲村南、京广铁路向东进入东部平原区。

1.4 河段弃水渗漏特征

为查明不同时间、不同河段的弃水径流量及相应河段渗漏量、渗补强度，分别在朱庄水库坝下、金牛洞桥、固坊村设立测流断面。根据对朱庄水库至下游金牛洞桥段漏水量调查和监测，当朱庄水库弃水小于 $2.5 m^3/s$ 时，金牛洞桥断面基本没有水，因此，回灌补给是在朱庄水库弃水流量大于 $2.5 m^3/s$ 的条件下进行的。

观测期间，对区间内农业用水量、生活用水及其他用水进行了调查，对区间水面蒸发量及浸润损失量进行了估算。

根据回灌试验测试结果表明，河段入渗强度朱庄—金牛洞段平均 $1.7 m^3/s$，金牛洞—固坊桥段 $2.0 m^3/s$；单位入渗强度朱庄—金牛洞段平均 $0.50 m^3/(s \cdot km)$，金牛洞—固坊桥段 $0.16 m^3/(s \cdot km)$；河段渗漏量及渗补强度与总弃水量及弃水延续时间成正比关系。但这种关系不是恒定的，随着渗漏时间的无限延长，河段渗漏系数及渗漏补给量趋于一个定值。

1.5 弃水回灌水质

根据地表水评价标准《地表水环境质量标准》，朱庄水库水质为地表水Ⅱ类，水库水质较好，适于工业、生活用水。朱庄水库地表水满足回灌要求。

2 回灌调蓄方案分析

2.1 方案设计指导原则

在区域水均衡的各排泄项中，开采量占极大比重，占整个排泄项的98％以上。人为开采地下水也是造成区域大面积降落漏斗的主要原因。因此，必须对区域内的开采量进行控制即控制开采动态；同时大力开展人工回灌工作，尽可能增大源头补给，补充开采对含水层水量的消耗，使含水层的收支逐渐趋于平衡。因此，提出了进行人工回灌方案设计的三条指导原则：以工程上能够实现为前提，特征值的变化要符合实际情况，限制后的开采量要能够满足生产生活用水要求，与城市的水资源规划相一致；科学弃水，充分回灌，实现地下水漏斗的恢复；尽量满足经济上节约的原则，对河流进行修整。

2.2 回灌调蓄方案

（1）自然弃水方案。在考虑水库兴利最大的原则下，依据水文情势，汛前、汛后酌情弃水。自然弃水方案的弊端是当水库需要弃水的量出现极端时，对于渗漏补给岩溶水不利。水库以 $1 \sim 2 m^3/s$ 弃水，弃水流量太小，消耗于沿途蒸发及浸润河道，沿途渗漏微乎其微；1996 年汛前弃水，弃水流量 $350 m^3/s$，日弃水量 3000 万 m^3，在河道内形成洪水，形成短时洪流向下游平原下泻，不利于下渗补给岩溶水。

（2）控制弃水方案。依据水库调度方案、水文情势，汛前、汛后估算弃水量，进而规划以 $8.0 m^3/s$ 弃水流量弃水，计算弃水时间，实现有计划的弃水。在弃水流量的掌握上，以全部弃水在固坊桥断面以上全部漏失补给岩溶水。在河道内适当修筑拦河坝后，弃水流量可适当增大，同样掌握上述全部渗漏原则。利用水库的控制作用，向河道弃水，控制弃水流量，提高河道入渗段的入渗补给强度，利用各种措施将雨季洪水、水库弃水等引渗入岩溶含水层。

2.3　不同回灌调蓄方案下水位预测及均衡分析

以朱庄水库近 10 年（1999—2008 年）实际弃水量的平均值 2433 万 m^3 作为典型弃水量（未含 2000 年大洪水弃水），分别采用自然弃水回灌和控制弃水回灌方案对地下水水位进行预测。

方案一：自然回灌方案。

该方案是利用 5 月一个月的时间弃水 2433.0 万 m^3，朱庄水库弃水流量为 $9.1m^3/s$。自然弃水方案模拟条件输入经过率定的模型，运行模型后，重新计算得出该状态下的地下水水位等值线。可以发现，与没有弃水之前相比，岩溶水水位从 5 月开始回升，水位上升幅度达到 1.07～2.68m。

方案二：控制弃水方案。

该方案是利用 4 月、5 月两个月的时间弃水 2433.0 万 m^3，控制朱庄水库弃水流量为 $4.6m^3/s$。该方案下预测岩溶水水位与模拟条件下同一时段的水位变幅比较，图中显示，与没有弃水之前相比，岩溶水水位从 4 月开始回升，水位上升幅度达到 1.62～3.23m。在控制弃水回灌方案下，同样弃水量的条件下，较自然弃水回灌方案水位抬升 0.55m。比较两个方案的水均衡结果可以发现，方案二优于方案一，水位提升效果好，入渗补给量较大。

2.4　不同来水保证率回灌调蓄实施方案

朱庄水库多年平均弃水量 11930 万 m^3，50% 来水保证率时弃水量为 5053 万 m^3，75% 来水保证率时弃水量为 0。根据分析，控制弃水方案条件下百泉水位回升效果最佳，参考水库调度方案等，本次研究提出不同来水保证率下回灌调蓄实施方案。

多年平均来水情况下，水库可弃水量 11930 万 m^3，弃水流量控制在 $5.8m^3/s$，弃水从 10 月开始至第二年 5 月结束，汛期 6—9 月不安排弃水，计算补给岩溶水量 8434 万 m^3。

此方案避免短时间大流量弃水沿河道下泄，不利于回灌，故在汛期过后，依据汛期来水、水库蓄水情况于 10 月安排弃水至次年上汛。

50% 来水保证率时水库可弃水量 5053 万 m^3，弃水流量控制在 $4.9m^3/s$，可安排 2 月、3 月、4 月、5 月弃水，汛期 6—9 月和其他月不安排弃水，计算补给岩溶水量 3572 万 m^3。

此方案同样避免短时间大流量弃水，依据上年来水、水库蓄水情况于次年安排弃水至上汛。

3　回灌补给岩溶水效果分析

3.1　改善生态环境

岩溶水水位抬升，提水成本降低。参考邢台市供水公司每提 $1.0m^3$ 水水位降深增加 1m、提水成本增加 0.02 元计算，按多年平均开采岩溶水 2.2442 亿 m^3/a，可节约提水成本 448.84 万元。

恢复百泉农业灌区。地下水灌溉是确保山前平原农业生产稳产、增产的关键所在。百泉灌区是一个历史悠久的泉水灌区，利用泉水灌溉，受益村庄 36 个，灌溉面积为 3.57 万亩。1975 年进一步开挖百泉，把一部分泉水东调到黑龙港地区的巨鹿、隆尧等县，灌溉面积再次扩大。泉水的复涌，可恢复百泉下游的农业灌区，减少下游地下水的开采、地下水得以修复。泉水复涌初期可使灌区 3 万亩得以恢复，远期可回复 5 万亩以上，对保障农业生产具有重大意义。

改善地质环境。泉水的复涌，减少和减缓了地面沉陷和地裂缝产生，可以从根本上改善地质环境条件。

泉水喷涌，促进城市增值。泉水复涌，人文景观加强，提升城市品位。便于吸引人才和招商引资，将为牛城带来更大的发展机遇。

回灌岩溶水后对邢台采矿业有负面影响。弃水回灌后补给沙河径流带，沿綦村岩体北侧经西坚固、先贤煤田两侧与七里河径流带汇集流向百泉。邢台煤矿、伍仲煤矿均处于先贤煤田范围内，煤层底板富含岩溶承压水，工作面开采过程中不同程度地受到岩溶承压水的威胁，对煤层安全开采造成难度。可通过采用"带压开采"技术，通过地质体注浆改造技术，注浆加固隔水层，以提高隔水层隔水能力，确保安全开采。

3.2　多渠道补水

七里河治理自东三环外 200m 处至西二环外 3.3km 处，全长约 15km，南北宽度从 800m 到 2000m 不等，治理总面积约 16km²。铺设沿河公园绿化带，架起六座景观桥梁，建造标志性特色建筑群等。七里河区为集防汛排洪、旅游观光、居住办公、生态度假为一体的"植物生态园""观光旅游区"。

邢台市区七里河综合治理工程的"样板"，为使此"样板"工程早日达到可赏可游的标准，同时检验防渗层的防渗功能，2007 年 11 月 13 日，邢台市专门召开由相关单位负责人参加的现场办公会，协调解决示范段的供水问题。由朱庄水库供水 40 万 m³。具体输水路线为：朱庄水库—兴泰发电厂"引朱济邢"输水口—南二环地下雨水排水管道—七里河。从试供水成功后，每年向七里河补充生态用水，2008 年朱庄水库向七里河供水 359 万 m³，2009 年供水 354 万 m³，2010 年供水 42.2 万 m³，2013 年 130.9 万 m³。从 2007 年开始，累计向七里河供水 926.1 万 m³。

2013 年 6 月，邢台县野沟门和东川口水库同时提闸放水，即从野沟门水库引水，途经 9.4km 的野沟门灌区渠道和 10km 的自然河道，输送到东川口水库后以 5.0m³/s 的流量通过七里河黄店村东至邢左公路桥 10km 渗漏段补充泉域岩溶水。通过七里河河道渗漏带为百泉泉域补充岩溶水。本次放水历时 38d，通过七里河强渗漏带向市区补充岩溶水 1511.47 万 m³。

2013 年 7 月，邢台县根据今年雨季雨量充沛、水库上游径流较大的现状，科学调度雨洪资源，决定再次提闸放水。此次补水改变以往直接从野沟门水库提闸放水的做法，而是将野沟门水库的水资源通过野沟门灌区总干渠 5.7km、野北干渠 3.7km、自然河道 10km 输送至东川口水库，再对七里河进行补水。补水到 8 月 15 日结束，历时 33d，补水量达到 1200 万 m³。

参 考 文 献

［1］　乔暑晓，刘英学，乔光建．多功能水库生态调度决策目标分析［J］．南水北调与水利科技，2009，7（2）：66-69．

［2］　乔光建，高守忠，赵永其．邢台市生态环境需水量分析［J］．河北水利水电技术，2002（增刊）：108-109．

［3］　乔光建．恢复邢台百泉泉水流量可行性研究［J］．水资源保护，2006（1）：46-49．

［4］　邢台水文水资源勘测局．河北省邢台市水资源评价［R］．2006．

［5］　邢台地质工程勘察院．朱庄水库放弃水地下水动态监测报告［R］．1989．

［6］　邢台地质工程勘察院．邢台百泉岩溶水系统环境同位素研究报告［R］．1992．

［7］　河北水文工程地质勘察院．邢台百泉岩溶水系统水资源管理——人工调蓄试验勘查报告［R］．1994．

［8］　王远坤，夏自强，王桂华．水库调度的新阶段——生态调度［J］．水文，2008，28（2）：44-46．

［9］　乔光建，张均玲．朱庄水库水环境质量状况分析［J］．水资源保护，2002，18（2）：44-46．

［10］　乔光建．区域水资源保护探索与实践［M］．北京：中国水利水电出版社，2007．

第十四章 饮用水水源地保护

第一节 保护区划分依据

饮用水水源保护区是国家为保护水源洁净而划定的加以特殊保护、防止污染和破坏的一定区域。饮用水水源保护区可分为地表水源保护区和地下水源保护区。按照不同的水质标准和防护要求，饮用水水源保护区可分为一级保护区和二级保护区。

集中式饮用水水源地范围包括向城市自来水厂直接提供水源的地表水（河流、湖泊、水库）、地下水的取水水域和密切相关的陆域，以及海水淡化厂取海水的海域。

跨地区的河流、湖泊、水库、输水渠道的饮用水水源地，应上下游兼顾、共同协调，制定出入境的水质和水量要求，其保护区的划分应与流域水污染防治规划相协调。按照流域水污染防治规划要求，其上游地区必须保证达到出境水质要求，并应保证下游有合理水量。其上游地区排污不得影响下游（或相邻）地区饮用水水源保护区对水质标准的要求。

根据水源地环境特征和水源地的重要性，地表水饮用水水源保护区分为一级保护区和二级保护区，必要时也可在二级保护区范围外设置准保护区。地下水水源保护区是指地下水水源地的地表分区，分为一级保护区和二级保护区，必要时也可在二级保护区范围外设置准保护区，准保护区范围为地下水水源的补给、径流区（承压含水层单指补给区）。

关于水质标准的要求，饮用水地表水源一级保护区的水质基本项目限值不得低于GB 3838—2002 Ⅱ类标准且补充项目和特定检测项目满足限值要求。

二级保护区的水质基本项目限值不得低于 GB 3838—2002 Ⅲ类标准，并且保证流入一级保护区的水质满足一级保护区水质标准的要求。

准保护区内的水质标准应保证流入二级保护区的水质满足二级保护区水质标准的要求。

集中式饮用水地下水源保护区（包括一级、二级）水质各项指标不低于 GB/T 14848 Ⅲ类水水质标准的要求。

为保护朱庄水库饮用水水源安全，改善周边生态环境，保障人民群众身体健康，促进经济和社会的和谐发展，根据《中华人民共和国水污染防治法》《中华人民共和国水法》《中华人民共和国水土保持法》的规定，结合邢台市实际，于 2010 年 11 月，邢台市人民政府办公室以邢政办〔2010〕51 号文件，印发《邢台市朱庄水库水源地保护和管理办法》的通知。使朱庄水库饮用水水源地保护有法可依。

第二节　饮用水源地保护区划分

1　划分原则

饮用水水源保护区分为地表水饮用水源保护区和地下水饮用水源保护区，一般划分为一级保护区和二级保护区，必要时可增设准保护区。按照《中华人民共和国水污染防治法》有关规定，在饮用水水源保护区内，禁止设置排污口。

按照规定，禁止在一级保护区内新建、改建、扩建与供水设施和保护水源无关的建设项目，已建成的与供水设施和保护水源无关的建设项目责令拆除或者关闭。禁止在一级保护区内从事网箱养殖、旅游、游泳、垂钓或者其他可能污染饮用水水体的活动。禁止在二级保护区内新建、改建、扩建排放污染物的建设项目，已建成的排放污染物的建设项目责令拆除或者关闭。在二级保护区内从事网箱养殖、旅游等活动的，应采取严格的污染防治措施，防止污染饮用水水体。

2　技术方法

根据各级保护区的划分方法，说明选用的技术指标、数值计算方法；计算结果及分析，各级保护区定界的技术说明；用图表示各级保护区的范围，并用表格确定红线坐标，保护区内污染源、集水区、排水区分布特性等。

2.1　水源地分类

考虑湖库型饮用水水源地所在水库、湖泊规模的大小、周边地形地貌等，将湖库型饮用水水源地进行分类，分类结果见表 14-1。

表 14-1　　　　　　　　　　　　湖库型饮用水水源地分类表

水源地类型	水库库容/亿 m^3	湖泊面积/km^2
小型	$V < 0.1$	$S < 100$
大中型	$0.1 \leqslant V < 10$	$S \geqslant 100$
特大型	$V \geqslant 10$	

2.2　一级保护区

（1）水域范围。一级保护区边界至取水点的径向流程距离大于所选定的主要污染物的水质指标衰减到一级保护区水质标准允许的浓度水平所需的距离；但其范围不小于饮用水源卫生防护带划定的范围。

经验方法：小型湖库水域范围为取水口半径 100m 范围的区域，必要时可以将整个正常水位线以下的水域作为一级保护区；单一供水功能的湖库，应将全部水面面积划为一级保护区；大中型湖泊水库水域范围为取水口半径 200m 范围的区域；特大型湖库为取水口半径大于 500m 的区域。

（2）陆域范围。小型湖库为取水口侧正常水位线以上陆域半径 200m 距离，必要时可以将整个正常水位线以上 200m 的陆域作为一级保护区。

大中型湖库为取水口侧正常水位线以上陆域半径 200m 的陆域。

特大型湖库为取水口侧正常水位线以上陆域半径 200m 的陆域。

2.3　二级保护区

（1）水域范围。二级保护区边界至一级保护区的径向距离大于所选定的主要污染物或水质指标从二级保护区水质标准允许的浓度衰减到一级保护区水质标准允许的浓度水平所需的距离。

经验方法：小型湖库一级保护区边界外的水域面积、山脊线以内的流域设定为二级保护区；大中型湖库一级保护区外半径 1000m 的水域为二级保护区；特大型湖库以一级保护区外半径为 2000m 区域为二级保护区水域面积。

（2）陆域范围。当面污染源为主要污染源时，二级保护区陆域沿岸纵深范围，主要依据自然地理、环境特征和环境管理的需要，通过分析地形、植被、土地利用、森林开发、地面径流的集水汇流特性、集水域范围等确定。

当点污染源为主要污染源时，二级保护区陆域范围应包括主要废水集中排放区。

二级保护区陆域边界不超过相应的山脊线。

如果条件有限可以通过经验方法确定：对于小型湖库可将上游整个流域（一级保护区陆域外区域）设定为二级保护区；大中型湖库：平原型水库的二级保护区范围是正常水位线以下（一级保护区以外）的区域，山区型水库二级保护区的范围为周边山脊线以内（一级保护区以外）的区域；特大型湖库可以划定一级保护区外 3000m 的区域为二级保护区范围。

2.4　准保护区划定

小型湖库二级保护区以外的区域可以设定为准保护区。

大中型湖库二级保护区以外的湖库流域面积可以划定为准保护区。

特大型湖库二级保护区以外的湖库流域面积可以划定为准保护区。

3　划分结果

饮用水源保护区划分方案的说明，表明保护区详细情况（包括监测点的位置等）的图集、饮用水源保护区登记表、保护区详细情况的文字说明，准保护区划分的必要性及意义等。

一级保护区：以朱庄水库最高蓄水位等高线为边线，周边 300m 的区域。

二级保护区：朱庄水库一级保护区以外至沿岸周边陆域 1km。

朱庄水库饮用水水源地准保护区面积范围：水库水源地保护区以外的流域汇流区域，总面积 1220km²。朱庄水库向邢台市供水采用地下管道，全封闭供水，供水线路不会对水源造成污染。

第三节　饮用水水源保护区的监督与管理措施

饮用水源保护区的水质监测网站的布置，水质项目的监测，陆源污染的监督等；若水质尚未达标，应确定水质达标期限和相应的管理与控制措施。

1　工程措施

城市饮用水水源地保护工程规划是对划定的饮用水水源保护区，根据水源地安全状况评价发现的问题，按水源地的重要性和具体特点，有针对性地制定保护工程方案，包括工程措施和管理措施。水源地保护工程措施主要针对水源地保护中存在的问题，开展隔离防护工程、污染源综合整治工程和生态修复工程的建设，规划中要注重跨行政区的水源保护区的保护。对评价为"不安全"、已经受到较严重污染的水源地应采取全面的保护和治理措施；评价为"安全"和"基本安全"的水源地，根据需要，主要采取隔离防护等基本的保护工程措施。

水源地防护工程规划，主要是提出在饮用水水源保护区建立隔离防护的方案。即通过在保护区边界设立物理或生物隔离设施，防止人类活动等对水源地保护和管理的干扰，拦截污染物直接进入水源保护区。

水源地污染源综合整治工程规划，是通过对保护区内现有点源、面源、内源、线源等各类污染源采取综合治理措施，对直接进入保护区的污染源采取分流、截污及入河、入渗控制等工程措施，阻隔污染物直接进入水源地水体。

水源地水生态修复工程规划，要按照水利部《关于水生态系统保护与修复的若干意见》，根据水源地的具体特点，选择采取生物和生态工程技术，对湖库型水源保护区的湖库周边湿地、环库岸生态和植被进行修复和保护，营造水源地良性生态系统，以达到保护水源地的目的。

1.1　水土保持治理工程

在面污染源治理中，重点是水土流失区的小流域治理工程、生态修复工程。小流域综合治理的重点是中度以上土壤侵蚀区，小流域综合治理要以小流域为单元。在治理措施中，以坡耕地改造为主，封禁治理相结合；重点实施谷坊、拦沙坝、小塘坝等治沟骨干工程。在坡缓、土厚的地块，兴建水平梯田。逐步对 25°以上坡耕地实行退耕，还林还草，并采取封山等措施。对面积在 0.5km² 以内的沟道，因地制宜、就地取材，修建土、石谷坊；面积较大的沟道，修建拦沙坝。

因地制宜地营造各种水土保持林，发展人工种草。在高山阴坡、半阴坡，主要种植薪炭林，在树种和草种的选择上，要注意草、灌、乔的平面结合和立体结合以及防治病虫害的需要；在水土光热条件较好的山麓、坡脚和退耕地，大力发展经济林果。为了保证小流域治理效果，营造一定面积的放牧场。

荒山荒坡自然条件差异很大，充分发挥大自然的自我恢复能力，轻度土壤流失区通过生态综合治理即可达到治理效果；对条件较差的地区进行封山、禁牧，依靠大自然的力量自我恢复为主，同时辅以少量的人工措施实施治理；条件过于恶劣、人工治理近期难有效果的地方，需经过几年生态恢复后，再进行人工治理。

沿主要城乡河道建设绿化带（网）和防护带，固土护岸，建立防冲刷屏障。

实施农村能源替代工程，推广沼气清洁能源的使用，减少对薪柴的砍伐。

对水库库区居民生活污水进行处理，可使出水水质达到 GB 8978—1996 的一级排放标准。再进行生态处理，使污水处理站的出水进一步得到净化，减少对水库有机物和氨氮污染。

在库区范围要逐步杜绝陡坡开荒，逐步取缔食饵性鱼类网箱养殖。以扶植养殖户合理补偿的方式，结合国家已批复实施的移民规划，发展林（果）产业，择地发展水产养殖。

对库区管理范围依法确权划界，在库区周边实施必要的隔离工程措施，以保护水库岸边及水面。

以农业节水为主，安排农业节水工程，减少耗水。根据"以水定供，以水定规模，以水定发展"的原则，结合农业结构调整，在逐步削减水稻种植面积的情况下，大力推广渠道防渗、膜上灌、水稻旱种等节水技术；旱地节水方面推广管灌、滴灌和非充分灌溉技术，在山地要结合作物栽培技术推广集雨（聚流）场、水窖、管灌、微喷、点穴灌等节水技术。

在干旱、半干旱牧区，结合当地的水资源条件，合理开发利用水资源，因地制宜地发展灌溉生产基地。一是充分利用当地的地表水和地下水，在地表水相对比较丰富的地区，建设规模适度的连片饲草料、基本农田灌溉生产基地；二是采取积极的节水灌溉措施，以较少的可利用水资源，发展较大的饲草料灌溉面积。

工业节水方面，一是与治污相结合，提高污水回用率；二是通过调整水价进行强制性节水；三是根据企业的产品总量或总产值，核定用水总量，超量加价。

城市生活节水主要是通过提高节水器具普及率和调整水价来实现节水目标并通过节水减少废污水的排放。

1.2　地表水饮用水水源地防护工程

在城市地表水饮用水水源保护区边界建设隔离防护工程，对饮用水水源保护区内的污染源和直接进入保护区的入河排污口进行综合治理，提出排污口封闭、搬迁、分流，面源治理，固体废物清理处置，污染底泥清淤等措施的工程方案。

（1）饮用水水源保护区入河污染物控制。以饮用水水源保护区为单元，结合相应的水功能区划，计算相应的水功能区污染物入河量与纳污能力，并根据饮用水水源准保护区内规划水平年的污染物排放量，提出入河削减量、相应的排放削减量以及总量控制方案。具体方法参照《全国水资源综合规划技术细则》，并可利用水资源综合规划水资源保护部分有关规划成果。

（2）地表水水源地隔离防护工程。城市主要饮用水水源保护区应设置隔离防护设施，包括物理隔离工程（护栏、围网等）和生物隔离工程（如防护林），防止人类活动对水源保护区水量水质造成影响。

1.3　地表水饮用水水源污染源综合整治工程

根据《中华人民共和国水法》第三十四条和《中华人民共和国水污染防治法》第二十条的规定以及《饮用水水源保护区污染防治管理规定》，在保护区内禁止从事可能污染饮用水水源的活动，禁止对开展与保护水源无关的建设项目。并按照生活饮用水保护区水源保护的有关规定，加强对保护区的管理和监督。

饮用水水源保护区污染源治理包括工业和生活污染点源治理、保护区内人口搬迁、集中式禽畜养殖控制等治理工程。

1.3.1　工业、生活污染点源治理

对饮用水水源保护区内污染点源以及入河排污口按照有关法律规定进行关停，确保水源保护区内没有排污口。提出工业、生活污染源治理的工程方案，明确治理项目类型、所属行政区、行业，估算治理后的废污水削减量及污染物削减量，便于相关部门进行污染源的治理和控制。

在点污染源治理中，统筹考虑工矿企业污染和生活污染，突出城市污水集中处理、重点企业治理和生活垃圾处理。选择生活污染严重的城镇，建设城市污水处理厂、城镇污水生态处理厂。对该市造纸、酿造、制药、冶金、化工、选矿等行业的重点污染企业进行治理。在每个城镇建设生活垃圾处理场（站），减少城镇生活垃圾的流失。

1.3.2　集中式禽畜养殖污染控制

根据国家环境保护总局第九号令《畜禽养殖污染防治管理办法》（2001 年）中禁止在饮用水水源保护区内新建畜禽养殖场，对原有养殖业限期搬迁或关闭等有关规定，提出规划水平年的饮用水水源保护区内养殖厂搬迁或关闭计划。暂时不能搬迁的要采取防治措施，严格按照《畜禽养殖业污染防治技术规范》《畜禽养殖业污染物排放标准》执行，对畜禽养殖场排放的废水、粪便要集中处理，规模化养殖场清粪方式要由水冲方式改为干检粪方式；畜禽废水不得随意排放或排入渗坑，必须经过处理后达标排放：畜禽废渣要采取堆肥还田、生产沼气、制造有机肥料、制造再生饲料等方法进行综合利用。乡镇污染物的集中堆放和处理，以农户为单位的牲畜圈改造，以自然村为单位的垃圾处理和厕所改造，集中解决农村生活污染、牲畜污染问题。对牲畜实行圈养，减少上游植被破坏。

1.3.3　保护区面源污染控制工程

饮用水水源保护区内面源污染控制工程主要是农田径流污染控制工程，通过坑、塘、池等工程措施，减少径流冲刷和土壤流失，并通过生物系统拦截净化面源污染。提出农田径流污染控制工程以及相应投资等。

1.3.4　保护区内源污染治理工程

内源污染主要是指水下沉积物的污染释放、水产养殖等。

（1）底泥治理工程。对底泥污染严重并对水质造成不利影响的饮用水水源保护区，应根据底泥污染和影响水质的程度拟定底泥清淤方案，提出清淤的范围及厚度、土方量、主要污染物及超标情况等。

（2）水产养殖治理工程。水产养殖尤其是投施化肥网箱与围网养鱼污染对周围水体的影响较大，水平方向将影响 $300\sim500m$；在垂直方向，越是深水处、接近底泥的部位，因沉于底泥的残饵、鱼类粪便的二次污染致使水体污染浓度越大。因此，在饮用水水源保护区应禁止网箱与围网养鱼。

水库从 1994 年以来，经过市、县水产部门及水库技术人员的多次调研、考察和研究，科学决策决定引进大银鱼卵增殖放流，经过 10 余年摸索和实践，已经成功完成了人工采卵、受精、孵化等各项技术，大银鱼年产量维持在 7 万 kg 左右，产值达到 150 万元，经济效益明显，同时对原有鱼类的生长无不利影响，保持了立方水体的生态平衡。

大银鱼属鲑形目银鱼科一年生小型鱼类，身体呈长条形，遍体透明，是银鱼中最大的一种，一般体长在 $10\sim16cm$，最大个体长可达 28cm。它对水质的适应能力很强，它是一

年生短周期经济鱼类，当年早春孵出，当年冬季即可产卵繁衍后代，产卵后死去，寿命为1年，食物以浮游动物、小型鱼虾为主。经过几年的科学移植，已经在河北省形成不可忽视的一种经济价值很高水产品。大银鱼的生长繁殖规律和特性是，在每年6—9月为大银鱼的生长增重期，到了12月—次年2月为大银鱼的繁殖、产卵期。为保证其有足够的空间和环境进行生长和增重，到期产卵和孵化，水库管理处制定了禁渔、限渔制度，选择了水库上游底质为沙质的区域为大银鱼的产卵区，并确定为永久性禁渔区，其他区域在捕渔期禁止使用小于3cm网眼的网具、地笼、虾米笼等渔具，并且禁止使用电鱼工具，有效保证大银鱼有足够的时间生长，直到产卵季节，才予捕获、取卵、受精和孵化。

湖泊养珍珠对水质污染也很严重，在饮用水水源保护区应制止。

朱庄水库作为邢台市备用水源地，近几年已经撤销了网箱养殖，水库内不使用任何肥料和饲料，水库周边和上游无污染源，生态环境良好，水质清纯，各类水生生物自然生长，维持着生态平衡，所产水产品，品色纯正，肉质鲜嫩，远近闻名，早在2004年就通过了河北省无公害水产品产地认定，并且连续通过了两次复查认定，现正在实施无公害水产品认证，申请注册产品商标，进一步提高水产品的知名度，不断推进水库生态渔业又好又快发展。

1.4 湖库型饮用水水源保护区生态修复与保护工程

对于重要的湖库型饮用水水源保护区，在采取隔离防护及综合整治工程方案的基础上，根据需要和可能，还可有针对性地在主要入湖库支流、湖库周边及湖库内建设生态防护工程，通过生物净化作用改善入湖库支流和湖库水质。但应特别注意生态修复工程中植物措施的运行管理与保障措施，以免对水体水质造成负面影响。

1.4.1 入湖库支流生态修复与保护工程

生态滚水堰工程：对污染严重且有条件的入湖库支流下游，可建设生态滚水堰工程，形成一定的回水区域，增加水流停留时间，提高水体的含氧量。同时，可根据实际情况在滚水堰上游的湿地和滩地营造水生和陆生植物种植区，提高水体的自净能力。水生植物的选择应以土著物种为主，并适应当地条件，具有较强的污染物吸收能力，便于管理等。

前置库工程：对污染严重且有条件的湖库型饮用水水源地，可在支流口建设前置库，一方面可以减缓水流，沉淀泥沙，同时去除颗粒态的营养物质和污染物质；另一方面通过构建前置库良性生态系统，降解和吸收水体和底泥中的污染物质，蓄浑放清，改善水质。在满足防洪要求的前提下，合理选择拦河堰的堰址和堰高，因地制宜布置前置库生物措施，合理选取适应性、高效性和经济性的生物物种。

河岸生态防护工程：通过对支流河岸的整治、基底修复，种植适宜的水生、陆生植物，构成绿化隔离带，维护河流良性生态系统，兼顾景观美化。

1.4.2 湖库周边生态修复与保护工程

对湖库周边生态破坏较重区域，结合饮用水水源保护区生物隔离工程建设，在湖库周边建立生态屏障，减少农田径流等面源对湖库水体的污染，减轻波浪的冲刷影响，减缓周边水土流失。

对湖库周边的自然滩地和湿地应选择合适的生物物种进行培育，为水生和两栖生物等提供栖息地，保护生态系统。

1.4.3　湖库内生态修复与保护工程

对于生态系统遭受破坏，水污染、富营养化较重、存在蓝藻暴发等问题的湖库，可在湖库内采取适当的生态防护工程措施，保障水源地供水与生态安全。

在取水口附近及其他合适区域布置生态浮床，选择适宜的水生植物物种进行培育，通过吸收和降解作用，去除水体中的氮、磷营养物质及其他污染物质。生态浮床宜选择相对密度小、强度高、耐水性好的材料构成框架，其上种植能净化水质的水生植物。在受蓝藻暴发影响较大的取水口，应采取适当的生物除藻技术，或建设人工曝气工程措施减轻蓝藻对供水的影响。

2　非工程措施

划定水库饮用水水源保护区。在水库划定饮用水水源保护区，制定保护区管理办法，明确各级保护区界限和各部门职责，规范保护区内企事业单位、居民涉水行为，确保水库水源地得到较好的保护。

切实抓好水污染防治和水资源保护监督管理工作。地方水利、环保部门和流域水资源保护管理等单位要各司其职，加强合作，通过信息共享、联合检查等措施加强对排污企业的监督管理，并加强对主要河流和入河排污口的监测，确保河流、水库水质达到功能要求。

加强规划区水资源保护能力建设。通过建设水质水量信息采集、水土保持监测网络与信息系统，加强对水库及入库河流水环境、水土流失的监控，为水资源管理科学决策提供服务。

充分利用报刊、广播、电视、互联网等各种媒体，并采取多种方式，在规划区宣传水污染、水土流失形势及水库水源地保护的重要性，不断增强规划区群众的节水、爱水和保护水的意识，积极主动保护水资源。

大力推进基层技术人员培训和专题研究工作。一方面要注重当地基层技术人员培训工作，不断提高其业务素质和科技水平，增强治理开发的科技含量和成果转化。另一方面要根据当地治理与开发中存在的问题，着力研究生态保护与经济发展最佳结合的治理开发模式。在关键技术方面，要通过试点、示范和与推广相结合的方式，大力推广采用先进技术，如生态治污、科学施肥、荒山封禁治理、集雨节灌等技术。

3　生态环境监察

为认真贯彻落实《全国生态环境保护纲要》和《河北省人民政府办公厅关于印发〈河北省区域生态环境监察试点实施方案〉的通知》（办字〔2008〕76号）精神，邢台市人民政府办公室关于印发《邢台市区域生态环境监察试点实施方案》的通知。

近年来随着经济发展的加快，由此带来的环境问题也日益突出。一是工业污染物排放总量较大，生活污水排放量逐年增加，远远超过了环境承载能力。二是由于邢台市矿产资源丰富，矿产开发造成植被、土地毁坏，山体滑坡、河道淤积、水质污染。不合理的开采引起的地质灾害也较为严重，超采地下水引起岩溶塌陷、地下水超采漏斗等环境地质问题以及矿山尾矿库、及尚未恢复的塌陷区带来的问题都不容忽视。三是由于农村生活污水的随意排放、生活垃圾的随意倾倒、化肥的过度使用以及畜禽的不规范养殖等造成农村生活污染和面源污染严重。

3.1 指导思想及工作目标

指导思想：认真贯彻落实《国务院关于落实科学发展观加强环境保护的决定》（国发〔2005〕39号）精神，以《河北生态省建设规划纲要》和《邢台生态市建设规划》为指导，以《中华人民共和国环境保护法》等环境保护法律法规为依据，坚持"立足监督、联合执法、各负其责"的原则，坚持生态监察与经济建设相结合，坚持生态监察与污染减排相结合，坚持生态监察与日常监管相结合，扎实开展生态环境监察试点工作。

工作目标：通过生态监察试点，加快邢台市生态环境保护和生态环境监察法制建设，完善生态环境保护管理体系和政策体系；建立环保部门统一监管，各有关部门密切配合的生态环境监察执法机制；建立生态环境监察执法专业队伍，大力查处破坏生态环境的违法行为和案件，切实解决群众反映强烈、影响当地经济、社会、环境可持续发展的重大问题，有效遏制人为因素造成的生态环境破坏趋势，逐步改善生态环境质量，为建设生态市打下良好基础。

3.2 饮用水源保护区生态环境监察

监察重点区域为重点饮用水源地及朱庄水库、临城水库、野沟门水库、八一水库等重要生态功能区。

监察内容：组织开展邢台市城镇集中式饮用水源保护区的生态监察工作，加强邢台市区重点饮用水源地及朱庄水库、临城水库、野沟门水库、八一水库等重要生态功能区的保护。饮用水源地设立明显的标志牌，采取有效措施防止对水源保护区的污染；加强饮用水水源保护区的监测和监管；制定饮用水水源保护区应急预案，强化水污染事故的预防和应急处理。

3.3 重点流域"十二五"水污染防治规划

2012年5月16日，环境保护部、国家发展和改革委员会、财政部、水利部关于印发《重点流域水污染防治规划（2011—2015年）》的通知，对邢台市朱庄水库流域水污染防治进行了规划，明确指出：加大朱庄水库、临城水库、野沟门水库等大中型水库周边地区农业种植结构调整力度，发展生态农业，科学合理施用化肥农药，重点实施健加乐鸭业有限公司鸭粪处理和红山乳业有限公司粪便综合利用项目。

4 人工增雨措施

2012年，邢台市制定《人工增雨实施方案》，利用2年的时间，在百泉上游水系范围内的沙河市、邢台县、内丘县三个县市建设完备的地面增雨系统、市级指挥系统和增雨效果评估系统，以河流流域、裸漏岩区为主要增雨作业点，朱庄水库上游流域涵盖了邢台县山区大部和内丘县部分区域，利用人工增雨的方式增加山区有效降水，实现年平均增加有效降水8000万 m^3。

建设天气监测系统。2012年计划完成卫星云图接收系统建设，实现实时接收气象卫星发送的云图实况等资料，及时掌握大范围天气系统的演变，提高增雨决策的时效和准确性。在沙河市、邢台县、内丘县共计建设23套自动观测系统，并与水利、水文部门实行微机联网以获得各支流流域雨量观测资料，水库的水文、供蓄水资料，以满足实时人工增雨作业决策和进行效果检验分析等工作。

建设市级人影指挥系统。该指挥系统承担全区天气系统的监测，对实时天气监测资料能进行综合分析，做出开展增雨作业条件的判断，提高人工增雨作业的决策能力和水平。

建设人工增雨作业系统。人工增雨作业系统包括飞机增雨作业、火箭增雨作业和地面碘化银发生器作业三种方式。三种作业方式可以做到在不造成洪涝灾害的情况下，全年随时可捕捉有利作业条件，实施不同方式的增雨（雪）作业。此外，还将建设增雨通信信息网络系统和作业效益评估系统，更好地提高作业水平和效果。

5 保护水库水环境的建议

朱庄水库是邢台市城区饮用水的备用水源，随着城市发展和"引朱济邢"工程的实施，迫切需要对朱庄水库水源加以保护。

朱庄水库上游流域点污染源数量虽然较少，但由于各企业废水均没有治理直接排入河道，对水库水质构成威胁。从污染源调查结果来看，上游以选矿企业为主，主要污染物有悬浮物、COD、硫化物和重金属等。对于上述企业，根据国家有关环保法规，限期治理，建设污水处理设施，保证污水达标排放，对于选矿废水，主要应采取建尾矿库措施，使尾矿水循环利用，禁止排入河道。在工业布局方面，优惠发展无污染的工业企业，不再增加有污染的工业企业，对排污严重企业要限期整改，对于无治理能力或者治理不能达标排放的则要采取关停措施。有计划对朱庄水库控制流域内工业污染和生活污染实行严格控制，把库区内污染源降到最低限度。

面污染对水库水质的影响是相当大的，一般情况下施入农田的氮肥，能被农作物利用的不超过50%，有些情况下甚至更低。许多未被农作物利用的氮化合物被农田排水和地表径流携带进入水库中。朱庄水库水质中非离子氨超标可能与上游化肥使用量较大有关。对于面污染的控制，政府部门对水库流域内工农业生产应采取相应的优惠政策和调控措施，一是控制上游农药、化肥的使用量，大力推行低毒、低残留农药和有机肥的使用，发展有机农业和生态农业；二是合理施肥、合理用药，提高化肥、农药的使用效率；三是要开展水土保持工程，植树造林，优先发展林业，涵养水土，改善区域生态环境，减少水土流失，改进植被和农业结构。

根据国家《饮用水源保护区污染防治管理规定》和《饮用水源地保护区划分技术纲要》的要求，对朱庄水库流域划分为一级保护区、二级保护区和三级保护区，对不同级别的保护区采取相应的保护措施。

参 考 文 献

[1] 邢台市人民政府办公室. 邢台市朱庄水库水源地保护和管理办法 [R]. 2010.
[2] HJ/T 338—2007 饮用水水源保护区划分技术规范 [S]. 北京：中国环境科学出版社，2007.

第十五章 流域水土保持

第一节 流域土壤侵蚀类型

根据外营力的种类，可将土壤侵蚀划分为水力侵蚀、风力侵蚀、冻融侵蚀、重力侵蚀、淋溶侵蚀、山洪侵蚀、泥石流侵蚀及土壤塌陷等。侵蚀的对象也并不限于土壤及其母质，还包括土壤下面的土体、岩屑及松软岩层等。在现在侵蚀条件下，人类活动对土壤侵蚀的影响日益加剧，它对土壤和地表物质的剥离和破坏，已成为十分重要的外营力。

研究区土壤侵蚀以降水和地表径流作为侵蚀的直接动力，即以水力侵蚀为主，其主要侵蚀形态有面蚀和沟蚀。水力侵蚀的强度决定于土壤或土体的特性、地面坡度、植被情况、降水特征及水流冲刷力的大小等，其中降水是最重要的动力因素，尤其是暴雨对土壤的分散、破坏作用最大，同时增强地面径流的冲刷力和搬运能力，加大土壤侵蚀量。少数几次大暴雨引起的侵蚀量，往往占年侵蚀量的主要部分。植被对地面的覆盖是减少水力侵蚀的关键因素，严重的水力侵蚀一般发生在植被遭到严重破坏的地区。坡度与坡长既影响径流速度，也影响渗透量和径流量。人为不合理的经营活动是引起水力侵蚀的主导因素，滥垦、滥伐、滥牧和不合理的耕作方法均能加剧水力侵蚀。侵蚀因素的不同组合决定着水蚀的形式、强度、时空分布以及潜在危险的大小。

1 面蚀情况分析

坡面径流的形成是降水与下垫面因素相互作用的结果，降水是产生径流的前提条件，降水量、降水强度、降水历时、降水面积等对径流的形成产生较大的影响。由降水而导致径流的形成可以分为蓄渗阶段和坡面漫流阶段。

分散的地表径流亦可称为坡面径流，它的形成分两个阶段，一是坡面漫流阶段，二是全面漫流阶段。漫流开始时，并不是普及到整个坡面，而是由许多股不大的彼此时合时分的水流所组成，径流处于分散状态，流速也较缓慢；当降雨强度增加，漫流占有的范围较大，表层水流逐渐扩展到全部受雨面时，就进入到全面漫流阶段。最初的地表径流冲力并不大，但当径流顺坡而下，水量逐渐增加，坡面糙率随之减小，促进流速增大，就增大了径流的冲力，这也是坡地流水作用分带性产生的机制，终将导致地表径流的冲力大于土壤的抗蚀能力时，也就是地表径流产生的剪切应力大于土壤的抗剪应力时，土壤表面在地表径流的作用下产生面蚀。虽然层状面蚀也可能发生，但因自然界完全平坦的坡面很少，而地表径流又常常稍行集中之后，才具有可以冲动表层土壤的冲力，因此由地表引起的面蚀，主要是细沟状面蚀。

坡面侵蚀过程。坡面水流形成初期，水层很薄，速度较慢，但水质点由于地表凸起物的阻挡，形成绕流，流线相互不平行，故不属层流。由于地形起伏的影响，往往处于分散状态，没有固定的路径，在缓坡地上，能量不大，冲刷力微弱，只能较均匀地带走土壤表层中细小的呈悬浮状态的物质和一些松散物质，即形成层状侵蚀。但当地表径流沿坡面漫流时，径流汇集的面积不断增大，同时又继续接纳沿途降雨，因而流量和流速不断增加。到一定距离后，坡面水流的冲刷能力便大大增加，产生强烈的坡面冲刷，引起地面凹陷，随之径流相对集中，侵蚀力变强，在地表上会逐渐形成细小而密集的沟，称细沟侵蚀。最初出现的是斑状侵蚀或不连续的侵蚀点，以后互相串通成为连续细沟，这种细沟沟形很小，且位置和形状不固定，耕作后即可平复。细沟的出现，标志着面蚀的结束和沟道水流侵蚀的开始。

面蚀包括溅蚀、片蚀和细沟侵蚀。溅蚀是水蚀过程的开端，溅蚀使土壤结构分散，同时还增加坡面径流的冲刷和搬运能力，促使片蚀发生和发展。由于坡面的不均匀性，片蚀发生后，坡面出现一些微形小坑或现状痕迹，径流相对集中，并逐步过渡到细沟侵蚀，细沟发生后，侵蚀强度将明显增大。面蚀分布面积广泛，危害较大。面蚀主要发生在坡耕地以及植被稀疏的荒坡上。根据发生地类的不同，分为耕地面蚀和非耕地面蚀。根据邢台市水土保持规划调查情况，坡地小流域在次暴雨面雨量小于 50mm 时，土壤侵蚀以面蚀为主。在流域的土石山区，由于土层浅薄，土壤含砂砾较多，在面蚀过程中，细土粒被地表径流带走，使土壤表层的细土粒不断减少，砂砾逐渐增多，最后导致弃耕，这种砂砾化面蚀是造成该流域水土流失的一个重要因素。

2 沟蚀情况分析

侵蚀沟的形成过程。侵蚀沟是在水流不断下切、侧蚀，包括由切蚀引起的溯源侵蚀和沿程侵蚀，以及侵蚀物质随水流悬移、推移搬运作用下形成的。

坡面降水经过复杂的产流和汇流，顺坡面流动，水量增加、流速加大，出现水流的分异与兼并，形成许多切入坡面的线状水流，称为股流或沟槽流。水流的分异与兼并是地表非均匀性和水流能量由小变大，共同造成的。

引起地表非均匀性的原因有：①地表凹凸起伏差异。②地表物质抗蚀性强弱、渗透强度、颗粒组成大小的差异。③地表植被覆盖上的差异。因此，在易侵蚀地方首先出现侵蚀沟谷，并逐渐演化为大型沟谷；在难侵蚀的地方会推迟出现小沟谷。径流集中的过程还产生横向均夷作用，导致强沟谷并弱沟谷的兼并现象。水流能量的差异除了降水、坡度、渗透消耗等影响外，在同一地区则主要是径流线的长度。因此，总是先出现细小沟谷，然后依次出现大型沟谷。

股流水流集中，侵蚀能量增强，下切侵蚀剧烈，并不断旁蚀和溯源侵蚀，改变沟槽形态。在沟谷的深、宽达到不能为生产和其他活动所消除时，地面上就留下永久的沟槽，成为沟谷。通常把晚更新世以前形成的沟谷称古老沟谷，把全新世以来形成的沟谷称现代侵蚀沟谷。现代侵蚀沟谷发育在古老沟谷上，被称为承袭沟谷。由于冲刷而形成的侵蚀沟具有一定的外形，它是一条长而深的水蚀沟，一般通入河谷或荒溪，每一条侵蚀沟可分为沟顶、沟底、水道、沟沿、冲积圆锥及侵蚀沟岸地带等几个部分。

根据沟蚀发生的形态和演变过程，可分为浅沟侵蚀、切沟侵蚀、冲沟侵蚀、干沟侵蚀、河沟侵蚀等。沟蚀所形成的各种沟道，从上至下互相连接，形成自然排水系统的组成部分。浅沟侵蚀是沟蚀的开始阶段，进一步发展则形成切沟侵蚀和冲沟侵蚀。沟蚀上部与面蚀地段呈犬牙状交错连接，其下部与河道相通。河道是地表径流的自然通路，主要由凹地、旱溪和河川三个环节组成。当地面径流集中于相对狭长的河道后，水流逐渐变大，对土壤的侵蚀作用以下切河道底部和冲淘河道边岸为主。该区域面雨量在 $50\sim150\mathrm{mm}$ 时，面蚀、沟蚀两种侵蚀形式均对土壤产生侵蚀作用，而以沟蚀侵蚀为主。

3 山洪侵蚀

暴雨引起的山洪是山洪的主要类型，是由大强度的降雨所形成的，其过程特征、峰量的大小等，主要决定于暴雨的强度、暴雨中心移动方向、暴雨区域范围及暴雨过程等因素。

根据暴雨的时空分布，又可分为三种：①由短历时（几小时或十几小时）大暴雨形成的局地性山洪，暴雨笼罩面积较小，约几十至几千平方公里，位于暴雨中心范围内的河沟产生较大山洪。②由中等历时的一次暴雨过程所形成的区域性山洪。持续时间在 $3\sim7\mathrm{d}$ 左右，可使一个地区内普遍暴发山洪，甚至使大河流发生大洪水。③由长时间大范围的连续淫雨，并有多个地区多次暴雨组合产生的大范围淫雨性山洪。其降雨时间可长达 $1\sim2$ 个月，造成几个大流域同时发生大洪水。

在山区、丘陵区富含泥沙的地表径流，经过侵蚀沟网的集中，形成突发洪水，冲出沟道向河道汇集，山区河流洪水对沟道堤岸的冲淘、对河床的冲刷或淤积过程称之为山洪侵蚀。如 1996 年 8 月的一场暴雨，坡底流域次暴雨面雨量为 $326.1\mathrm{mm}$，土壤侵蚀模数为 $5830\mathrm{t/km}^2$，该次降水过程对土壤侵蚀量为 165 万 t。该研究区在 1996 年、2000 年发生特大暴雨洪水，上述流域均发生山洪侵蚀，对农田、河流、道路等损毁严重，给当地生产生活造成很大损失。

第二节 降水对土壤侵蚀实验研究

水土流失是一个十分复杂的现象和过程，受多种因素的作用和影响，其中地貌、土壤、植被、气候、人为活动是其主要影响因素。影响侵蚀量的因素很多，如降雨情况、地形（坡度、坡长、坡形）、地面状况（植被、土壤性质）等。本文以河北省南部两个相邻小面积实验站的观测资料为基础，探讨流域植被对土壤侵蚀的控制作用。

流域植被较好的区域，土壤疏松，物理结构好，孔隙度高，具有较强的透水性。在汛期可以截留大量的水分，渗入地下补充地下水，同时也减少地表径流对土壤的冲刷力。

土壤渗透能力主要决定于非毛管孔隙度，通常与非毛管孔隙度呈显著正线性相关关系。土壤渗透的发生及渗透量决定于土壤水分饱和度与补给状况，不同的土壤类型和森林生态系统类型决定着土壤的渗透性能。植被较差的流域会降低根系的活动，加之凋落物层减少和土壤孔隙度降低，使土壤的渗水性能降低，增大地表径流对土壤的侵蚀作用。

1　研究区基本概况与植被情况

1.1　研究区地理位置与基本概况

坡底小流域实验站位于邢台县西部山区城计头乡，东经 114°02′，北纬 37°05′。流域面积 283km²，流域内设有 11 个雨量观测站，雨量站网密度为 25.7km²/站。流域平均比降 34.5‰，流域平均宽度 10.6km。该流域农垦面积较小，山林面积大，连年绿化封山造林，基本上消灭了荒山，植被较好。土壤主要以黄土黑土为主。流域内无大型水利工程，只有几处塘坝等小型水土保持工程。西台峪小流域实验站位于临城县石城乡，东经 114°17′，北纬 37°25′。本站上游河网密度大，都是小支沟，源短流急，洪枯期流量悬殊，流量暴涨暴落。流域集水面积 127km²，流域内设有 8 个雨量观测站，雨量站网密度为 15.9km²/站。流域平均比降 27.9‰，流域平均宽度 5.29km。由于近年来搞封山育林，基本上消灭了荒山，水土流失现象大为减少，但植被度不高。土壤主要以红土和沙土为主。

1.2　流域植被与土地利用状况

通过对不同小流域土壤土质情况调查，坡底流域内土壤类型以褐土、草甸土为主，土体结构为片状团粒，土壤中有机质为 2.36%。西台峪流域内土壤类型为褐土，土壤结构为单粒、屑粒，土壤中有机质含量为 1.30%。

流域内地理状况和生产结构及生产条件等，包括农田面积、林地面积、天然草地、荒坡地、果园面积等所占比例的多少，均对流域的产流、汇流有直接影响，表 15-1 是两个流域土地生产类型与利用情况。

表 15-1　　　　　　　　　实验区植被及土地利用情况调查表

流域生产种植结构	坡　　底		西　台　峪	
	面积/hm²	占总面积的百分数/%	面积/hm²	占总面积的百分数/%
农田面积	2170	7.67	2936	23.12
林地面积	6805	24.04	952	7.50
天然草地	1670	5.90	661	5.20
荒坡灌木丛	14700	51.94	6354	50.03
果园面积	1247	4.41	743	5.85
其他	1708	6.04	1054	8.30
合计	28300	100	12700	100

通过对两个小流域土地利用情况调查可看出，西台峪流域内农田面积占流域总面积的 23.12%，而坡底流域的农田面积占总面积的 7.67%，西台峪流域内农业开发程度较高。坡底流域内林地面积占总流域面积的 24.04%，而西台峪流域内林地面积仅占总流域面积的 7.50%。流域植被覆被率按林地面积、天然草场、荒坡地和果园面积统计，则坡底流域植被覆盖率占流域面积的 86.30%，西台峪的植被覆盖率占总流域面积的 68.58%。

1.3　流域降水特性分析

利用 1956—2000 年山区降雨量资料系列分析计算，邢台市西部山区多年平均降水量 594.5mm。对年降雨量系列进行频率计算，频率曲线采用皮尔逊Ⅲ型曲线，频率计算采用适线法。对于变差系数 C_v 值的确定，在适线中，对系列中出现的特大特小值，一般不做处理，由于年降水量相对稳定。偏差系数 C_s 的取值一般用 C_v/C_s 值来反映。邢台市西部山区不同频率年降水量计算成果见表 15 - 2。

表 15 - 2　　　　　　　　　邢台市西部山区年降水量频率计算成果表

年平均降水量 /mm	参　　数		不同频率年降水量/mm			
	C_v	C_v/C_s	20%	50%	75%	95%
594.5	0.45	3.5	778.8	529.1	398.3	297.3

邢台市西部山区降水量年际变化很大，且常有连续几年降水量偏多或连续几年降水量偏少的现象。以历年年降水量最大值与最小值之间的比值 K 来表示年际变化，西部山区各雨量站监测的年降雨量资料分析，各站极值比大都在 4.0 以上，其中，獐獏、侯家庄两个雨量站变化幅度最大，极值比分别为 9.4 和 9.2。

邢台市西部山区降水量具有年内非常集中的特点，全年降水量的 80% 左右集中在汛期（6—9 月），而汛期降水又集中在 7—8 月，按多年平均计算，7—8 月降水量占全年降水量的 60%，6—9 月降水量占全年降水量的 78.3%。特别是一些大水年份，降雨更加集中。非汛期 8 个月期间的降水量仅占全年降水量的 21.7%。

1.4　泥沙监测情况

坡底小流域实验站 1973 年设立，西台峪 1960 年设立。两站均检测单样含沙量和悬移质输沙率检测项目。单沙测次的年内分布及要求，应能控制沙量变化的过程。洪水期，每次较大洪水，取样不得小于 3 次，洪峰重叠，水沙峰不一致或含沙量变化剧烈时，应增加测次。汛期的平水期，在水位定时观测时取样一次，非汛期含沙量变化平缓时，每 5—10d 取样一次。年内悬移质输沙率的测次及要求，应主要分布在洪水期，每次较大洪水不得小于 3 次，平水期每月测 3～5 次，以控制年内含沙量的变化过程。本次分析计算采用 1991—2005 年泥沙监测资料。

2　流域植被对土壤侵蚀作用的实验分析

流域植被影响径流量、径流深、流速及其径流运行状态。但其影响程度，取决于植被种类（树，草，农作物）、植物群落、生长状况（年限，树冠，茎，叶和根系等）、植被覆盖度、枯枝落叶厚度等。凡是有良好植被覆盖的坡地，可以增加入渗，减少坡面径流量，减缓径流速度，削弱径流的动能，改变径流的运行轨迹，从而减少径流对土壤的侵蚀作用。

当降雨的时候，植被的茎、叶、躯干可以拦截部分雨水，随后逐渐蒸发。这样可以减少部分雨水变成径流，越是枝叶茂盛，且叶面积大的植物，其作用越明显。

当降水强度大、雨滴大时，多层次、高密度的植被，可以保护土壤免遭大雨滴直接击溅，并削弱其降雨动能。同时，可以使大雨滴经过枝叶撞击而变小，然后再落到地面，其强度也大为减弱。这取决于植物种类和植物群落。如果是郁闭度高的天然混交林，林下灌木、草类丛生，枯枝落叶层遍布的地表层，减少径流量和流速以及径流强度的作用显著，很少造成水土流失。另外，有良好的天然草坡和茎叶交织如密网的多年生人工草地，非常严密地遮盖坡面，几乎看不到裸土，这样就能防止雨滴直击地面，同时增强拦阻坡面径流和增加土壤入渗能力，极大地降低径流的冲刷强度。

植被的根系可以固结土壤，改善土壤结构，增强团粒的黏结性，可以增加土壤孔隙度，增强土壤渗透力。根系发达的木本植物，具有强大的主根和支根体系，其作用更强；主根型的草本植物，对于雨水向下移动有良好的作用；须根系的草本植物可以牢固地固结土壤，死亡后为土壤增加有机质。

枯枝落叶层对于拦截坡面径流，减缓径流速度和径流强度，增加土壤入渗的作用很显著。良好而深厚的枯枝落叶层，在植物保护土壤免遭侵蚀中可起到 $60\%\sim70\%$ 的作用。没有枯枝落叶层和灌丛的林地，尽管郁闭度高，仍然产生强烈的坡面径流，并导致严重的沟蚀。如坡底流域内 24.04％森林植被，坡面的枯枝落叶和灌草的覆盖层很厚，它们具有很大的容水量，能吸收比自身干重 $2\sim5$ 倍的水分，对减少径流量和径流强度起重要作用。

2.1 流域植被对土壤年侵蚀模数的影响

土壤侵蚀量是指土壤侵蚀作用的数量结果。通常把土壤、母质及地表散松物质在外营力的破坏、剥蚀作用下产生分离和位移的物质量，称为土壤侵蚀量。单位时间单位面积内产生的土壤侵蚀量，称为土壤侵蚀模数。

土壤侵蚀物质以一定的方式搬运，并被输移出特定地段，这些被输移出的泥沙量称为流域产沙量。相应地单位时间内，通过河川某断面的泥沙总量称为流域输沙量。在本研究区内土壤组成多以褐土、草甸土为主，且粒径组成范围较小，可以近似地将输沙量看作流域的产沙量，因而常用流域的输沙量和流域土壤侵蚀面积来计算平均侵蚀模数。

泥沙的搬运形式可分为推移和悬移两大类。这两种形式运动的泥沙分别称为推移质及悬移质，它们各自遵循不同的规律。

水流挟沙力应该包括推移质和悬移质的全部沙量。由于推移质运动要比悬移质运动复杂得多，当前的测验工作仅限于悬移质方面，对于推移质测验还有不少困难，并且在天然河流中，悬移质一般成了全部运动泥沙的主体，因此，对于一般河流来说，常以悬移质输沙率代替水流的全部挟沙力。根据 1991—2005 年泥沙监测资料，分析比较坡底、西台峪两个流域输沙模数等情况，流域输沙模数、平均输沙率统计结果见表 15-3。

表 15-3 流域输沙模数、平均输沙率统计表

年份	坡　底			西　台　峪		
	输沙模数 /[t/(km²·a)]	最大日平均 输沙率/(kg/s)	平均输沙率 /(kg/s)	输沙模数 /[t/(km²·a)]	最大日平均 输沙率/(kg/s)	平均输沙率 /(kg/s)
1991	25.7	79.6	0.23	178	22.1	0.72
1992	0.495	0.90	0.004	87.4	46.6	0.35
1993	7.00	14.5	0.063	371	209	1.49
1994	3.85	4.24	0.035	157	43.4	0.63
1995	88.7	66.8	0.80	2460	1090	9.92
1996	5870	16800	52.6	5250	6840	21.1
1997	30.4	59.0	0.27	389	470	1.56

续表

年份	坡　底			西　台　峪		
	输沙模数 /[t/(km²·a)]	最大日平均 输沙率/(kg/s)	平均输沙率 /(kg/s)	输沙模数 /[t/(km²·a)]	最大日平均 输沙率/(kg/s)	平均输沙率 /(kg/s)
1998	0.834	4.47	0.060	0	0	0
1999	2.09	4.64	0.019	175	139	0.70
2000	1260	2030	11.3	2830	3230	11.4
2001	22.8	43.4	0.205	519	192	2.09
2002	18.0	13.8	0.160	0	0	0
2003	19.8	20.0	0.17	63.5	24.3	0.256
2004	91.2	98.7	0.815	245	160	1.71
2005	125	204	1.12	23.0	16.5	0.093
平均	504.391		4.523	849.86		3.468

　　通过对坡底、西台峪两个小面积实验站年输沙模数与年平均输沙率进行分析计算，坡底站流域输沙模数为 504.39t/(km²·a)，西台峪站为 849.86t/(km²·a)。西台峪站输沙模数比坡地站多 345.6t/(km²·a)。通过计算还可以看出，流域植被对土壤侵蚀的影响主要与植被有关，但也和降雨强度和降雨历时及降水量有关。如 1996 年，该流域发生较大洪水，两站输沙模数相差很小，坡底站年输沙模数为 5870t/(km²·a)，西台峪年输沙模数为 5250t/(km²·a)，而且坡底流域大于西台峪，说明流域植被对土壤侵蚀的影响也是有一定限度的。一旦发生山洪侵蚀，侵蚀模数是正常年份的几百倍，甚至上千倍。

2.2　流域植被对含沙量影响分析

　　植被对控制土壤侵蚀作用，主要反映以下方面。当地表有致密的植物覆盖，特别是紧贴地面的植被和枯枝落叶时，不仅可防止雨滴对土壤的直接击溅，而且可阻滞坡面径流，削弱其动能，改变其运行轨迹，增加土壤入渗量。其作用大小，主要取决于植物类别、组合和覆盖度。在上述两个研究区内植被覆盖率中，坡底流域森林面积的比例明显高于西台峪流域。当降暴雨时，坡面径流量随之增大，任何植被在不同坡度的坡地上，也会产生坡面径流，不可能全部拦阻入渗。但是，坡面径流经过植物的层层拦截，极大地削弱了冲刷动能，分散的坡面径流不再具有那么大的破坏力。植被可以截流降雨，增加蒸发量。特别是森林植被，可以吸收更多的雨水，大部分通过躯干和枝叶蒸散于大气。

　　土壤是侵蚀的对象又是影响径流的因素，因此土壤的各种性质都会对面蚀产生影响。影响土壤性质的因素有土壤质地、土壤结构、土壤孔隙、剖面构造、土层厚度、土壤湿度，以及土地利用方式等。在上述因素基本相似的情况下，流域植被因素对径流含沙量的影响十分重要。表 15-4 为两个不同流域含沙量监测结果。

　　根据 1991—2005 年资料统计，坡底水文站平均含沙量为 1.268kg/m³，而西台峪水文站平均含沙量为 3.686kg/m³，两站相差 2.9 倍。在流域内，作物植被和森林植被保土的作用是不同的。在坡底小流域内，农田面积占 7.67%，林地面积占 24.04%；而西台峪小流域，农田面积占 23.12%，林地面积占 7.5%。在发生土壤侵蚀的地区，坡地上种植各

表 15 - 4　　　　　　　　　　　不同流域含沙量监测结果

年份	坡 底 站			西 台 峪 站		
	平均流量 /(m³/s)	平均含沙量 /(kg/m³)	最大含沙量 /(kg/m³)	平均流量 /(m³/s)	平均含沙量 /(kg/m³)	最大含沙量 /(kg/m³)
1991	1.00	0.23	3.56	0.52	1.38	14.5
1992	0.32	0.013	0.58	0.29	1.21	21.5
1993	0.89	0.071	2.98	0.39	3.82	40.2
1994	0.42	0.083	2.02	0.16	3.94	41.5
1995	2.71	0.30	31.4	2.19	4.53	162
1996	4.61	11.4	49.7	2.57	8.21	70.1
1997	0.73	0.37	13.5	0.42	3.71	41.4
1998	0.52	0.12	2.97	0.027	0	0
1999	0.30	0.063	1.29	0.11	6.36	62.6
2000	2.72	4.15	11.0	1.13	11.4	83.8
2001	0.533	0.385	9.74	0.269	7.77	97.0
2002	0.538	0.299	9.28	0.281	0	0
2003	0.755	0.234	4.06	0.213	1.2	7.35
2004	1.16	0.703	7.40	1.22	1.40	9.58
2005	1.87	0.599	6.60	0.258	0.360	5.77
平均	1.272	1.268		0.67	3.686	

类农作物，形成一定的植被覆盖，能保护土壤，阻抗侵蚀。一般作物植被的保土作用与森林植被作用相比，作用机理特点不同。森林植被的保土作用有三个层次：首先，冠层拦截降水，削减降水侵蚀能量；其次，地被物（活地被物和凋落物层）保护地面直接遭受打击，又调节地表径流，增加土壤渗透时间，削减径流动能，阻滞泥沙迁移；森林还改良土壤，增强土壤渗透性，提高其抗冲性和抗蚀性能。

作物植被冠层结构单一、低矮，但覆盖均匀，能够削减雨滴能量，截留部分降水。作物在整个生育期间，没有或极少有地被物，不像森林植被依赖地被物层发挥蓄水功能。但作物种植密度极大，如禾本科的麦、谷等，能够阻滞径流，增加土壤入渗，减少冲刷；耕地土壤性质主要受人为管理影响，人们的耕锄造"洼"，形成地表起伏，导致坡面流减少和泥沙停积，此外，作物根系密集固结表土，也提高了土壤的抗冲性。两个流域平均含沙量相差2.9倍，在其他因素基本相似的情况下，流域植被是影响含沙量的重要因素。

2.3　降水量对土壤侵蚀量的影响

坡面水流形成初期，水层很薄，速度较慢，但水质点由于地表凸起物的阻挡，形成绕流，流线相互不平行，在缓坡地上，薄层水流的速度通常不会超过 0.5m/s。因此，能量不大，冲刷力微弱，只能较均匀地带走土壤表层中细小的呈悬浮状态的物质和一些松散物质，即形成层状侵蚀。但当地表径流沿坡面漫流时，径流汇集的面积不断增大，同时又继续接纳沿途降雨，因而流量和流速不断增加。到一定距离后，坡面水流的冲刷能力便大大增加，产生强烈的坡面冲刷，引起地面凹陷，随之径流相对集中，侵蚀力变强，在地表上会逐渐形成细小而密集的沟，称细沟侵蚀。最初出现的是斑状侵蚀或不连续的侵蚀点，以后互相串通成为连续细沟，细沟的出现，标志着面蚀的结束和沟道水流侵蚀的开始。因此，降水量和降水强度是影响土壤侵蚀的主要因素之一。根据 1991—2005 年泥沙监测资料，选择有代表性的降水过程和泥沙过程资料，对面雨量在不同范围的次降水产沙资料进行分析，分析结果见表 15-5。

表 15-5 不同流域次暴雨产沙调查表

站　　名	降雨次数/次	流域面雨量/mm	平均径流系数/%	平均产沙模数/(t/km²)
坡底	5	10～50	9.82	4.39
	9	50～100	15.7	6.19
	6	100～150	16.8	28.92
西台峪	6	10～50	14.9	44.30
	8	50～100	20.8	76.98
	5	100～150	25.4	406.76

通过分析可以看出，在流域面雨量为 10～50mm 范围时，坡底流域平均产沙模数为 4.39t/km²，西台峪则为 44.30t/km²，平均产沙模数增大了 10 倍；在流域面雨量为 50～100mm 范围时，坡底流域平均产沙模数为 6.19t/km²，西台峪则为 76.98t/km²，平均产沙模数增大了 12 倍；在流域面雨量为 100～150mm 范围时，坡底流域平均产沙模数为 28.92t/km²，西台峪则为 406.76t/km²，平均产沙模数增大了 14 倍，侵蚀模数随降水量和雨强的增加而增加。

流域植被较好的坡底站，在降水量和降水强度基本相同的情况下，产沙模数比植被较差的西台峪站相差 10 倍以上。随着流域面雨量的增大，产沙模数也逐渐增大，而且两流域产沙模数的倍数也逐渐增大。分析结果说明，流域植被对控制土壤侵蚀影响比较明显。植被较好的坡底站土壤侵蚀量明显低于西台峪站。

流域植被对改变水量循环有密切关系，对天然降水量起水量再分配、调节、储蓄和改变水分循环系统的作用。同时也改变了径流的分配形式，不仅对调节水量起重要作用，对减少土壤侵蚀也起到重要作用。

通过对坡底、西台峪两个小面积实验站年输沙模数进行分析计算，坡底站流域年输沙模数为 504.39t/(km²·a)，西台峪站为 849.86 t/(km²·a)。流域植被覆盖率高的流域，土壤侵蚀量就少。根据实验站 15 年监测资料分析，流域植被覆盖率高 17.72%，植被对土壤侵蚀量控制减少 345.47 t/(km²·a)。

根据 15 年泥沙系列资料计算，坡底站平均含沙量 1.268kg/m³，西台峪则为 3.686kg/m³，坡底站多年平均含沙量低于西台峪站，流域植被对含沙量的控制作用比较明显。在流域植被高 17.72% 的情况下，含沙量减少了 2.418kg/m³。

通过对不同降水范围情况调查分析，在不同流域内，随着次降水的流域面雨量增加，流域植被对水土流失的控制作用愈加明显。通过对不同时段降水量分析，两个流域次暴雨产沙模数相差很大，西台峪流域比坡底高 10 倍以上。说明流域植被不仅减少洪峰流量，延缓洪峰时间，增大对地下水的入渗量和入渗时间，而且减少地表径流对土壤的侵蚀也发挥重要作用。

第三节 水土保持治理措施

1 工程措施

坡改梯：坡改梯是指山区实施的能抵御一般旱、涝等自然灾害，保持高产稳产的农田。包括梯田或梯地（梯土、水平梯田、坡式梯田、隔坡梯田）、坝地（通过修建沟道拦蓄工程，在沟道内因泥沙淤积形成的耕地）、小片水地、滩地、引水拉沙造田等。

经济林：经济林有狭义与广义之分，广义经济林是与防护林相对而言，以生产木料或其他林产品直接获得经济效益为主要目的的森林。它包括用材林、特用经济林、薪炭林等。经果林是指实施的以利用林木的果实、叶片、皮层、树液等林产品作为工业原料或供人食用为主要目的、并有控制或减轻水土流失作用的人工林。

水保林：水保林是指以防治水土流失为主要目的的人工乔木林和灌木林。包括坡面防护林、沟头防护林、沟底防护林、塬边防护林、护岸林、水库防护林、防风固沙林、海岸防护林等。

封育治理：封育治理是指对水土流失地区的稀疏植被采取全年或定期封禁管理，依靠人工补植和抚育，促进植被自然恢复的措施。封育，就是将某个生态区域封闭，禁止人类活动的干扰。比如封山，禁止垦荒、放牧、砍柴等人为的破坏活动，以恢复森林植被。该项目的实施，加大了林地的保护力度，提高封育区天然灌木林的植被覆盖率，促进天然更新，改善气候环境、扩大森林资源，也是逐步构建适合山区生态发展环境的植被体系，推动山区生态环境建设的重大举措。

其他治理措施：其他是指除上述项外可以按面积计算的水土流失治理措施，如鱼鳞坑、水平阶等坡面措施。

2 植树造林

2.1 飞播造林

从1989年开始，邢台市已累计完成飞播造林近100万亩。

2012年，邢台市上下全力以赴，大搞植树造林，共完成人工造林42.99万亩，总投入达到13.1亿元，是邢台市历史上年度造林数量最多、投入最大的一年。特别是在百泉泉域范围内完成人工造林9.42万亩，超额5个百分点完成了目标任务，为有效改善百泉泉域水生态环境奠定了坚实的基础。

但整体上看，百泉泉域范围植被覆盖度还很低，水土流失还很严重，旱涝灾害频繁发生，地下水位持续下降，对太行山区乃至全市的生态建设和经济发展带来严重影响。特别是一些山场，山高坡陡，地势险要，交通不便，人工造林难度大，绿化速度相对迟缓。据相关专家介绍，在邢台百泉泉域3300多km² 地下"大水盆"里，地下水补充大多来自西部山区。只有西部山区的水量充沛了，地下水位才能提升。加大西部山区蓄水量，实施矿山企业关闭控制、企业改水节水、引朱补水、市区采压和人工增雨等工程可以起到"立竿见影"的效果。此外，实施绿化治理，增加绿色植被是立足长远的有效举措。

内丘县、邢台县、沙河市三县市西部太行山区属于百泉泉域，搞好该区域绿化治理，增加绿色植被，对改善泉域水环境质量、促进水资源可持续利用具有十分重要的作用。经现场勘察，市林业部门选择了内丘县小马河流域上游，邢台县和沙河市大沙河上游、朱庄水库周围。

2.2　人工造林

为落实市委、市政府"还邢台青山绿水，走生态发展之路"的战略决策，加快浅山丘陵区绿化步伐，全面改善水生态环境，2013年8月以来，林业局抢抓有利时机，细谋划，快动手，到目前已完成了5000亩环朱庄水库侧柏容器苗造林工程。

邢台市林业局抢抓有利时机，针对水库周边立地条件差、造林难度大的特点，细谋划，快动手，采取多种技术措施，确保造林成效。完成环朱庄水库侧柏容器苗造林工程5000亩。

一是高度重视。为实施好这项工程，市林业局先后两次召开会议，进行安排部署。施工期间，市林业局领导多次到现场指导工作。邢台、沙河2个县市都抽专门人员，每天到现场督促检查，进行技术指导。

二是科学组织。工程由邢台县和沙河市承担，其中邢台县3000亩，沙河市2000亩。为确保造林质量和进度，工程面向社会进行了公开招标，由6家中标的造林公司组织近千人上山施工。

三是严格标准。为提高造林质量，确保造林成效，严格按照作业设计技术指标进行施工，全部采用3年生、高度为70cm以上的侧柏容器苗，造林密度为130株/亩以上。

四是加强管护。针对近期天气干旱无雨的情况，为确保栽一棵活一棵，栽一片活一片，及时对新植苗木进行了浇水。

第四节　水土保持效益分析

1　水土保持效益计算有关参数

水土保持效益主要与水土保持措施经济计算期、始效期、经济效益单位指标等密切相关。

1.1　经济计算期、始效期确定

按《水土保持综合治理效益计算方法》进行计算，采用静态计算方法，各项措施自实施后即开始计算其经济计算期，效益始效期根据不同的措施而不同，具体确定见表15-6。

表15-6　　　　各种措施效益始效期表

治理措施	坡改梯	水保林	经济林	种草	植物护埂	植物篱	封禁治理	其他措施
蓄水保土效益始效期/a	1	2	2	0	2	0	0	0

水土保持各种措施，发挥作用需要一定的时间。而且开始发挥作用的时间不一样，如

种植林木发挥效益的时间较长。各种治理措施的前期效益年限见表 15 - 7。

表 15 - 7　　　　　　　　　各种措施前期效益年限

治理措施	坡改梯	水保林	经济林	种草	植物护埂	植物篱	封禁治理	其他措施
蓄水保土前期效益年限/a	1	3	4	0	4	—	1	1

1.2　蓄水保土效益单位指标

蓄水保土效益单位指标主要指减蚀模数及蓄水指标。减蚀模数与治理前水土流失强度有关，根据治理前流失强度及治理后流失强度对比可以确定其减蚀模数，蓄水指标按经验取值。各措施蓄水、减蚀指标确定见表 15 - 8。

表 15 - 8　　　　　　　　各措施蓄水保土效益单位指标

治理措施	坡改梯	水保林	经济林	种草	植物护埂	植物篱	封禁治理	其他措施
保土指标/[t/(hm² · a)]	25	20	15	21	14	14	8.5	15
蓄水指标/[m³/(hm² · a)]	900	750	270	650	700	700	275	600

1.3　设计保存率

各项水土保持措施实施后，由于受多方面因素的影响，例如洪、涝、旱、病、虫等灾害，水土保持生物措施不可能全部保存下来，根据北方地区实施"长治"工程各项措施的保存情况，确定各项水土保持措施的设计保证率，见表 15 - 9。

表 15 - 9　　　　　　　　各措施蓄水保土效益单位指标

治理措施	坡改梯	水保林	经济林	种草	植物护埂	植物篱	封禁治理	其他措施
设计保存率/%	95	90	95	90	90	90	90	100

2　保土经济效益计算

朱庄水库流域治理主要措施包括坡地改梯田、水土保持林建设、种植经济林、封山育林治理等。

经济计算期内各项措施累计有效面积计算公式为：

$$F = \left[\left(\frac{1}{m} + \frac{2}{m} + \cdots + \frac{m}{m} \right) + (n - t - m) \right] f$$

式中：F 为单向措施累计有效面积，hm²；m 为前期效益年限，a；n 为经济计算期，a；t 为经济效益始效期，a；f 为规划期末单项措施实施的总面积，hm²。

根据 2003—2012 年小流域治理情况，按照上述公式，计算小流域治理累计有效面积。表 15 - 10 为朱庄水库流域综合治理累计有效面积计算结果。

单项措施经济计算期内累计增产值计算公式：

$$J = FjP$$

式中：J 为单项措施累计净增产值，元；F 为单项措施累计有效面积，hm²；j 为单项措施单位面积净增产值，元/(hm² · a)；P 为设计保存率，%。

表 15-10   朱庄水库流域综合治理累计有效面积计算结果

项目名称	治 理 项 目					合计
	坡改梯	水保林	经济林	封禁治理	其他措施	
期末治理总面积/hm²	424	9984	17586	35997	90	64081
前期效益年限/a	1	3	4	1	1	
经济计算期/a	10	10	10	10	10	
经济效益始效期/a	1	2	2	0	0	
累计有效面积/hm²	3816	69888	118707	359966	900	553277

各项措施累计增产值：

$$J_{总} = \sum_{i=1}^{m} J_i$$

根据不同治理项目的累计有效面积，结合各项目的增产指标及保证存在率，计算各治理项目的累计增产值。表 15-11 为朱庄水库流域综合治理累计增产值。

表 15-11   朱庄水库流域综合治理累计增产值

项目名称	分 项 治 理 项 目					合计
	坡改梯	水保林	经济林	封禁治理	其他措施	
累计有效面积/hm²	3816	69888	118706.85	359966	900	553277
增产指标/[元/(hm²·a)]	2750	850	3800	650	1550	
保证存在率/%	95	90	95	90	100	
累计增产值/万元	997	5346	42853	21058	140	70394

通过对朱庄水库流域综合治理情况分析，统计项目由坡改梯、水保林、经济林、封禁治理和其他措施，截至 2012 年，蓄水保土经济效益为 70394 万元。

3   保土生态效益计算

3.1   减少坡面土壤损失量

用有措施（梯田、林、草）坡面的侵蚀模数与无措施（坡耕地、荒坡）坡面的相应模数对比而得，其关系式如下：

$$\Delta S_m = S_{mb} - S_{ma}$$

式中：ΔS_m 为减少侵蚀模数，t/hm²；S_{mb} 为治理前（无措施）侵蚀模数，t/hm²；S_{ma} 为治理后（有措施）侵蚀模数，t/hm²。

某项措施保土量： $\Delta S_i = F_e \Delta S_m$

式中：ΔS_i 为某项措施保土量，万 t；F_e 为某项措施的有效面积，hm²；ΔS_m 为某项措施减少的侵蚀模数，t/hm²·a。

保土总量为各项治理措施保土量之和，计算公式：

$$\Delta S = \Delta S_1 + \Delta S_2 + \cdots + \Delta S_n$$

式中：ΔS 为各项措施保土量总和，万 t；ΔS_i 为单项措施保土量，万 t。

根据朱庄水库流域小流域综合治理累计有效面积，按照上述公式，分别计算出各治理项目的保土总量。表 15 – 12 为流域治理各项目保土计算结果。

表 15 – 12　　　　朱庄水库流域水土保持综合治理项目保土计算结果

项　　　目	分项治理项目					合计
	坡改梯	水保林	经济林	封育治理	其他措施	
累计有效面积/hm²	3816	69888	118707	359966	900	553277
减少侵蚀模数/[t/(hm² · a)]	25	20	15	8.5	15	
总沙量/万 t	10	140	178	306	1	635

根据上述分析，截至 2012 年，坡改梯保沙量为 10 万 t，水保林保沙量为 140 万 t，经济林为 178 万 t，封育治理为 306 万 t，其他为 1.4 万 t，朱庄水库流域水土保持工程措施减少坡面土壤损失量总计 635 万 t。

3.2　保土生态效益计算

小流域治理的保土作用每年减少的 3 种物质损失，即减少土地废弃、减少泥沙滞留和淤积及减少土壤营养物质损失。采用《中国森林环境资源价值评估》中的方法对此 3 种物质损失进行经济价值核算。

重置成本法又称置换成本法或恢复费用法，通过估算环境被破坏后将其恢复原状所要支出的费用，用以计算环境影响的经济价值。重置成本法将环境视为一种资产，当人们开展某一活动对环境造成破坏时，相当于降低了环境资产的价值，可以通过重新构建一项全新的环境资产来弥补。

3.2.1　流域治理减少废弃土地面积经济价值计算

流域治理减少土地废弃的经济价值可以根据机会成本来计算。机会成本的经营方式有多种，如林业生产和农业生产等。采用林业生产的机会成本。运用机会成本计算资源价值的方法。将某种资源安排特种用途，而放弃其他用途所造成的损失、付出的代价，就是该种资源的机会成本。

根据国家统计局的有关资料，在 1987—1990 年间中国林业生产的年均收益为 282.17 元/(hm² · a)。邢台市小流域治理措施水保林、经济林累计有效面积为 18.9 万 hm²，减少土地废弃的累计经济价值 5333 万元。

3.2.2　流域治理减少泥沙滞留经济价值计算

滞留泥沙主要集中在山前、坡脚、沟口、库坝河的入口等，因此，可以利用清除滞留泥沙的经济费用作为流域减少泥沙滞留的经济价值。计算公式为：

$$J_z = \frac{AG}{\rho} \times 33\%$$

式中：J_z 为减少泥沙滞留量价值，万元；A 为减少土壤侵蚀量，万 t；G 为清理滞留泥沙费用，元/m³；ρ 为土壤容重；t/m³。

根据《经济技术手册》，清除 1.0m³ 滞留泥沙工费为 4.7 元。我国水土流失研究成果，土壤侵蚀中滞留泥沙量占 33%。流域内累计减少土壤流失量 635 万 t，滞留量为 210 万 t，则累计经济价值为 709.2 万元。

3.2.3 流域治理减少泥沙淤积经济价值计算

国内外核算流域减少泥沙淤积的经济价值有两种方法：根据清除成本核算；根据蓄水价格核算。即泥沙淤积于湖泊、水库和河道，减少了地表有效水的蓄积，可根据水库工程的蓄水成本计算其损失价值。

减轻泥沙淤积价值估算，按照我国主要流域的泥沙运动规律，全国土壤流失的泥沙有24%淤积于水库、江河、湖泊，根据蓄水成本来计算森林生态系统减轻泥沙淤积灾害的经济效益。减轻水库淤积效益计算公式：

$$E_n = \frac{A_c C}{\rho} \times 24\%$$

式中：E_n 为减轻泥沙淤积经济效益，万元/a；A_c 为土壤保持量；t/a；C 为水库工程费用；元/m³；ρ 为土壤容重；t/m³。

河北省目前水库工程费为 10.1 元/m³。流域治理累计减少泥沙流失 635 万 t，山区土壤容重为 1.30t/m³，累计减少泥沙淤积的经济价值为 1184 万元。

3.2.4 流域治理减少土壤氮、磷、钾损失经济价值计算

土壤侵蚀使土壤中氮、磷、钾大量流失，增加了土壤化肥的施用量，因此，流域减少氮、磷、钾损失的经济价值可根据化肥的价格来确定。河北省山地主要土壤类型养分含量状况见表 15-13。

表 15-13 河北省山地主要土壤类型养分含量状况

土壤类型	土壤主要养分含量/(g/kg)				土壤质地
	有机质	全氮	全磷	全钾	
山地草甸土	103	4.46	0.92	20.3	轻壤土
棕壤土	90.4	3.43	0.52	21.1	中壤土
褐土	8.2	0.63	0.31	26.1	重壤土
草甸沼泽土	39.4	2.29	0.67	17.6	中壤土
灰色森林土	42.6	2.24	0.34	25.0	中壤土
黑土	60.2	2.75	0.43	18.5	轻壤土
栗钙土	39.9	2.00	0.49	18.9	—
风沙土	2.32	0.10	0.09	19.1	沙壤土
平均	93.3	2.20	0.50	20.8	

根据减少的土壤流失量，首先计算氮、磷、钾营养元素的含量：

$$L_i = k \Delta S H_i$$

式中：L_i 为减少土壤流失中第 i 种营养元素数量，t；k 为单位换算系数；ΔS 为流域治理较少的土壤流失量，t；H_i 为土壤中第 i 种营养元素含量，g/kg。

分别采用不同土壤全氮、全磷、全钾的平均值，计算流域治理减少土壤流失量中的营养元素数量。计算结果见表 15-14。

表 15 – 14　　　　　　　流域治理减少土壤养分损失经济价值计算表

项目名称	分项治理项目					合计
	坡改梯	水保林	经济林	封育治理	其他措施	
减少排沙量/万 t	10	140	178	306	1	635
氮含量/t	2.2	30.8	39.2	67.3	0.2	139.7
磷含量/t	0.5	7.0	8.9	15.3	0.1	31.8
钾含量/t	20.8	291.2	370.2	636.5	2.1	1320.8

　　根据碳酸铵、碳酸氢铵、尿素、液体氨、氨水、氯化铵、硝酸铵、石灰氮、和其他氨肥等常用氮肥计算其折纯量。磷肥包括过磷酸钙、磷矿粉、重过磷酸钙、钢渣磷肥和其他磷肥计算其平均折纯量。钾肥包括氯化钾、硫酸钾、灰窑钾肥等计算其折纯量。计算结果见表 15 – 15。

表 15 – 15　　　　　　　　　　化肥折纯量计算参考值

氮　肥		磷　肥		钾　肥	
化肥品种	氮（N）平均折纯率/%	化肥品种	磷（P₂O₅）平均折纯率/%	化肥品种	钾（K₂O）平均折纯率/%
硫酸铵	20	过磷酸钙	17	氯化钾	55
碳酸氢铵	17	钙镁磷肥	17	硫酸钾	48
尿素	46	磷矿粉	20	窑灰钾肥	15
液体氨	82	重过磷酸钙	46	其他钾肥	20
氨水	16	钢渣磷肥	11	平均	34.5
氯化铵	23	其他磷肥	20		
硝酸钠	15	平均	21.8		
石灰氮	21				
其他氮肥	20				
平均	28.9				

　　按照不同化肥的折纯量，计算出实际化肥数量，根据化肥平均价格，计算其经济价值。

$$B = \sum_{i=1}^{n} \frac{x_i}{z_i} J$$

式中：B 为总经济价值，万元；x_i 为减少土壤流失中第 i 种营养元素的含量，t；z_i 为第 i 种营养元素相应化肥的折纯率，%；J 为化肥平均价格，元/t。

　　根据农业部门统计资料，我国 2010 年氮肥平均价格为 600 元/t，磷肥平均价格为 2300 元/t，钾肥平均价格 2500 元/t。朱庄水库流域流域治理减少氮、磷、钾损失的经济价值为 164921 万元。水土保持工程减少土壤营养元素流失价值计算结果见表 15 – 16。

表 15 – 16 土壤减少流失营养元素价值计算表

项　目	氮元素	磷元素	钾元素	合计
减少营养元素流失量/t	139.7	31.8	1320.8	
化肥折纯率/%	28.9	21.8	34.5	
化肥平均价格/(元/t)	600	2300	2500	
减少土壤营养元素价值/万元	2.4	1.6	113.9	117.9

3.2.5 保土总价值计算

减少土壤流失总价值包括：减少土地废弃的累计经济价值5333万元，减少土壤流失量经济价值为709.2万元，减少泥沙淤积的经济价值为1184万元，减少氮、磷、钾损失的经济价值为117.9万元。蓄水保土生态效益总计7344万元。

朱庄水库流域内水土保持主要措施有坡改梯、水保林、经济林、封育治理等几个方面。结合该区域特点，以种植经济林和封育治理措施为主。

朱庄水库作为邢台市区水源地，在流域内加强水土保持治理及环境保护工作，对保护好水源地水质，保障供水安全至关重要。

参 考 文 献

[1] 乔光建，张均铃，刘春广．流域植被对水质的影响分析 [J]．水资源保护，2004，20（4）：28-30.

[2] 乔光建．区域水资源保护探索与实践 [M]．北京：中国水利水电出版社，2007.

[3] 王礼先．中国水利百科全书·水土保持分册 [M]．北京：中国水利水电出版社，2004.

[4] 郭廷辅，段巧甫．水土保持径流调控理论与实践 [M]．北京：中国水利水电出版社，2004.

[5] 符素华，段淑怀，李永贵，等．北京山区土地利用对土壤侵蚀的影响 [J]．自然科学进展，2002，12（1）：108-112.

[6] 刘春广，乔光建．朱庄水库水体富营养化机理分析及治理对策 [J]．南水北调与水利科技，2003（5）：44-49.

[7] 徐生贵，何俊，徐寿喜．提高荒山生态林造林成活率的对策 [J]．中国林业产业，2006（8）：33-34.

[8] 高小平，康学林，郭保文．坡面措施对小流域治理的减水减沙效益分析 [J]．中国水土保持，1995（6）：13-15.

[9] 赵建民．基于生态系统服务的水土保持综合效益评价研究 [M]．银川：宁夏人民教育出版社，2012.

第十六章 水 库 泥 沙

第一节 流 域 输 沙 监 测

邢台市西部山丘区的成土母质主要是花岗岩、片麻岩、砂岩、页岩和石灰岩。西部山丘区多分布褐土及棕壤土；丘陵区多大片碳酸岩褐土，在河滩有少量潮土分布；平原以耕种潮土型褐土为主。

暴雨是造成严重水力侵蚀的主要气候因子。因为只有当单位时间内的降雨量达到一定强度，并超过土壤的渗透能力时，才会产生径流，而径流是水力侵蚀的动力；暴雨由于雨滴大，动能也大，雨滴的击溅侵蚀作用也强，因此少数强大的暴雨往往造成巨量的水土流失。一般说来，暴雨强度越大，水土流失量也越大。上述两个流域相邻，降雨强度、年降水量相似，降雨影响因子也相近。

朱庄水库上游区域属西部山区，土壤侵蚀特征为地表径流作为侵蚀的直接动力，即以水力侵蚀为主，其主要侵蚀形态有面蚀和沟蚀。水力侵蚀的强度取决于土壤或土体的特性、地面坡度、植被情况、降水特征及水流冲刷力的大小等，其中降水是最重要的动力因素，尤其是暴雨对土壤的分散、破坏作用最大，同时暴雨还会增强地面径流的冲刷力和搬运能力，加大土壤侵蚀量。少数几次大暴雨引起的侵蚀量，往往成为年侵蚀量的主要部分。植被对地面的覆盖是减少水力侵蚀的关键因素，严重的水力侵蚀一般发生在植被遭到严重破坏的地区。坡度与坡长既影响径流速度，也影响渗透量和径流量。人为不合理的经营活动是引起水力侵蚀的主导因素，滥垦、滥伐、滥牧和不合理的耕作方法均能加剧水力侵蚀。侵蚀因素的不同组合决定着水力侵蚀的形式、强度、时空分布以及潜在危险的大小。

1 建库前输沙量监测成果

根据朱庄水库建库前 1953—1974 年实测泥沙资料统计，23 年总输沙量（悬移质）3617 万 t，其中 1963 年输沙量为 2778 万 t，占 23 年输沙量的 77%。

朱庄水库泥沙在年内分配上极不均匀，输沙量主要集中在汛期，汛期输沙量占年输沙量的 95% 以上，而汛期输沙量往往又集中在 7、8 月的几次较大洪水。

泥沙在年际间变化非常悬殊，朱庄站 1963 年输沙量为 2778 万 t，而 1972 年枯水年输沙量仅为 0.032 万 t。建库前泥沙监测成果见表 16-1。

含沙量。朱庄水库修建水库后没有入库水文站，因此无法取得含沙量资料。建库前 1963 年资料进行分析。根据 1963 年实测资料，总体上含沙量随着流量的增加而增加，且退水期含沙量小于涨水期含沙量。表 16-2 为 1963 年 8 月 3—7 日洪水过程间的流量与含沙量情况统计表。

表 16 - 1 建库前朱庄站输沙量统计表

年份		1月	2月	3月	4月	5月	6月	7月	8月	9月	10月	11月	12月	含沙量合计
1953	输沙率/(kg/s)						0.43	1.13	34.5	0.32	0.01	0.18	0.44	
	输沙量/万 t						0.111	0.303	9.24	0.088	0.0027	0.0467	0.118	9.909
1954	输沙率/(kg/s)	0.28	0.19	0.18	0	0.06	8.43	55.6	192	24.1	0.7	0.74	0.44	
	输沙量/万 t	0.075	0.046	0.0342	0	0.0161	2.18	14.9	51.4	6.25	0.187	0.192	0.118	75.227
1955	输沙率/(kg/s)	0.38	50.05	0.03	0	0	3.55	0.45	289	38.4	4.5	2.77	1.51	
	输沙量/万 t	0.102	0.0121	0.008	0	0	0.02	0.12	77.4	9.95	1.205	0.719	0.404	89.818
1956	输沙率/(kg/s)	1.59	0.907	0	0	3.6	17.4	62.9	1520	0.837	0	0	0	
	输沙量/万 t	0.426	0.227	0	0	0.964	4.51	16.8	407	0.227	0	0	0	428.537
1957	输沙率/(kg/s)	0	0	0	0	0	29.4	7.21	0.698	0.097	0	0	0	
	输沙量/万 t	0	0	0	0	0	7.62	1.93	0.187	0.0204	0	0	0	9.757
1958	输沙率/(kg/s)	0	0	0	0	0.167	0.015	32.9	33.8	2.79	1.31	0.516		
	输沙量/万 t	0	0	0	0	0.0447	0.0039	8.81	9.05	0.715	0.351	0.134		19.064
1959	输沙率/(kg/s)			0.022	0	0.031	7.47	12.3	45.8	2.77	0.227	0	0	
	输沙量/万 t			0.006	0	0.008	1.94	3.29	12.3	0.717	0.0608	0	0	18.308
1960	输沙率/(kg/s)	0	0	0	0	0	1.25	17.7	8.16	0.006	0	0	0	
	输沙量/万 t	0	0	0	0	0	0.324	4.74	2.18	0.002	0	0	0	7.246
1961	输沙率/(kg/s)	0	0	0	0	0	0	28.5	6.4	0.106	0.683	0.296	0.004	
	输沙量/万 t	0	0	0	0	0	0	7.64	1.71	0.027	0.183	0.077	0.001	9.638
1962	输沙率/(kg/s)	0	0	0	0	0	0							
	输沙量/万 t	0	0	0	0	0	0.812	0.876	6.96	0.0408	0	0	0	8.689
1963	输沙率/(kg/s)				0.004	1.17	0.139	101	10300	2.03	0.982	1.1	0.745	
	输沙量/万 t	0	0	0	0.001	0.313	0.036	27	2750	0.526	0.263	0.286	0.199	2778.31
1964	输沙率/(kg/s)	0.865	0.409	0.54	2.43	5.19	1.02	9.92	18.3	7.89	1.06	0.298	0.13	
	输沙量/万 t	0.232	0.103	0.147	0.643	1.38	0.264	2.66	4.9	2.04	0.284	0.077	0.035	10.26
1965	输沙率/(kg/s)	0.034	0.002	0.027	0.06	0.01	0.031	1.5	0.334	0.066	0	0.018	0	
	输沙量/万 t	0.009	0.000	0.007	0.016	0.003	0.008	0.402	0.089	0.017	0.000	0.005	0.000	0.556
1966	输沙率/(kg/s)	0	0	0	0	0	1.36	147	169	0.289	0	0	0	
	输沙量/万 t	0	0	0	0	0	0.353	39.372	45.265	0.075	0	0	0	85.065
1967	输沙率/(kg/s)	0	0	0	0	0	0	5.34	13.8	0.11	0	0	0	
	输沙量/万 t	0	0	0	0	0	0	1.430	3.696	0.029	0	0	0	5.155
1968	输沙率/(kg/s)	0	0	0	0	0	0	9.13	5.95	0	0	0	0	
	输沙量/万 t	0	0	0	0	0	0	2.445	1.594	0	0	0	0	4.039
1969	输沙率/(kg/s)	0	0	0	0	0	2.86	14.3	16.4	2.56	0	0	0	
	输沙量/万 t	0	0	0	0	0	0.741	3.830	4.393	0.664	0	0	0	9.628

续表

年份		1月	2月	3月	4月	5月	6月	7月	8月	9月	10月	11月	12月	含沙量合计
1970	输沙率/(kg/s)	0	0	0	0	0	0	2.91	7.35	0	0	0	0	
	输沙量/万 t	0	0	0	0	0	0	0.779	1.969	0	0	0	0	2.748
1971	输沙率/(kg/s)	0	0	0	0	0	0.1	3.84	5.86	8.41	0	0	0	
	输沙量/万 t	0	0	0	0	0	0.026	1.029	1.570	2.180	0	0	0	4.804
1972	输沙率/(kg/s)	0	0	0	0	0	0	0.12	0	0	0	0	0	
	输沙量/万 t	0	0	0	0	0	0	0.032	0	0	0	0	0	0.032
1973	输沙率/(kg/s)	0	0	0	0	0	0.98	44.1	40.3	12.5	6.61	0	0	
	输沙量/万 t	0	0	0	0	0	0.254	11.812	10.794	3.240	1.770	0	0	27.870
1974	输沙率/(kg/s)	0	0	0	0	0	0	3.27	17.8	0.45	0	0	0	
	输沙量/万 t	0	0	0	0	0	0	0.876	4.768	0.117	0	0	0	5.760
1975	输沙率/(kg/s)	0	0	0	0	0	0	6.81	16.7	1.91	0.28	0	0	
	输沙量/万 t	0	0	0	0	0	0	1.824	4.473	0.495	0.075	0	0	6.867

表 16-2　　　　　　　　　朱庄站 1963 年洪水期间流量与含沙量变化情况表

时间	流量/(m³/s)	含沙量/(kg/m³)	时间	流量/(m³/s)	含沙量/(kg/m³)	时间	流量/(m³/s)	含沙量/(/kg/m³)
3 日 10：00	292	1.35	4 日 6：50	6160	31.6	5 日 8：00	2600	21.7
18：00	388	4.10	8：00	6160	36.0	14：00	3030	18.8
20：00	454	5.21	11：00	4110	33.3	23：00	4220	25.6
4 日 2：00	1580	17.0	16：00	3760	28.0	6 日 2：00	9500	38.3
2：30	2130	19.2	19：00	2600	16.9	5：00	4940	27.6
4：00	4230	21.4	20：00	4140	22.8	9：00	3200	14.0
5：10	6150	24.6	22：00	4140	25.6	20：00	2360	9.70
6：00	6360	28.0	5 日 1：00	2600	21.7	7 日 8：00	1730	7.45

在忽略涨水、退水过程中含沙量差异的情况下，利用 1963 年实测流量、含沙量资料，建立水沙关系，其关系式为：$y=-4\times10^{-7}x^2+0.007x+1.6517$，相关系数为 $R=0.9081$。朱庄水库建库前水沙关系见图 16-1。

2　泥沙颗粒分析

泥沙颗粒级配是影响泥沙运动形式的重要因素，在水利工程的设计管理，水库淤积部位的预测，异重流产生条件与排沙能力，河道整治与防洪、灌溉渠道冲淤平衡与船闸航运设计和水力机械的抗磨研究工作中，都离不开泥沙级配资料。泥沙颗粒分析，是确定泥沙样品中各粒径组泥沙量占样品总量的百分数，并以此绘制级配曲线的操作过程。泥沙颗粒分析工作

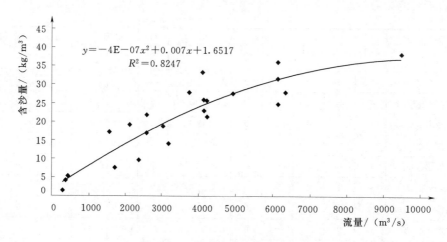

图 16-1　朱庄水库入库水沙关系

的内容包括：悬移质、推移质及床沙质的颗粒组成；在悬移质中要分析测点、垂线（混合取样）、单样含沙量及输沙率等水样颗粒级配组成和绘颗粒级配曲线；计算并绘制面平均颗粒级配曲线；计算断面平均粒径和平均沉速等。某站实测资料颗粒级配曲线，纵坐标为对数坐标，代表泥沙粒径，横坐标为几率格坐标，代表小于某粒径沙重的百分数。

泥沙颗粒组成。根据 1963 年实测悬移质泥沙颗粒组成资料，前期泥沙颗粒组成中较细颗粒相对密度较大，下沉速度较小；随着流量增加，较粗颗粒相对密度较大，沉降速度加大。1963 年 8 月 2 日、3 日两次实测成果见表 16-3。

表 16-3　　　　　　　　　朱庄水文站 1963 年两次悬移质泥沙颗粒分析结果

时间	粒径级/mm							最大粒径/mm	平均粒径/mm
	<0.0005	0.01	0.025	0.05	0.1	0.25	0.5		
	泥沙颗粒小于某粒径的重量的百分数/%								
2 日 13 时	2.5	8.0	20.5	61	89	99	100	0.3	0.056
3 日 17 时	0.5	1.5	11	33	63	89	100	0.5	0.111

第二节　流域产沙规律分析

水土流失是一个十分复杂的现象和过程，受多种因素的作用和影响，其中地貌、土壤、植被、气候、人为活动是其主要影响因素。影响侵蚀量的因素很多，如降雨情况、地形（坡度、坡长、坡形）、地面状况（植被、土壤性质）等。本文以坡底小流域实验站实测水文数据为基础，探讨了流域产沙临界雨量，流域径流过程、侵蚀产沙过程、以及输沙量时空分布特征，为小流域治理、防止水土流失提供科学依据。

1　研究区土壤侵蚀概况

坡底小流域实验站位于邢台县西部山区城计头乡，东经 114°02′，北纬 37°05′。流域面积 283km²，河长 30.2km，河道直线长度 24.4km，河道弯度 1.24，流域平均宽度 9.37km，河源至河口高程落差 900m，河道比降 29.8‰。流域内设有 11 个雨量观测站，雨量站网密度为 25.7km²/站，坡底站流域情况图见图 16-2。该流域农垦面积较小，农田面积占总面积的 7.67%。山林面积大，连年绿化封山造林，基本上消灭了荒山，植被覆盖率为 86.3%。土壤主要以黄土黑土为主。流域内无大型水利工程，只有几处塘坝等小型水土保持工程。

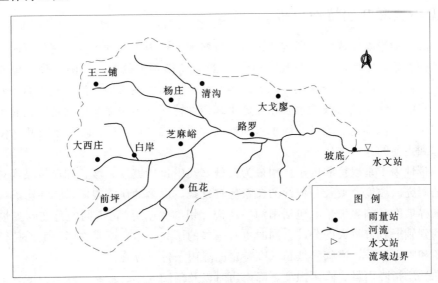

图 16-2　坡底流域雨量站分布示意图

坡底水文站 1973 年设立，1982 年开展监测单样含沙量和悬移质输沙率项目。单沙测次的年内分布及要求，应能控制沙量变化的过程。洪水期，每次较大洪水，取样不得少于 3 次，洪峰重叠，水沙峰不一致或含沙量变化剧烈时，应增加测次。汛期的平水期，在水位定时观测时取样一次，非汛期含沙量变化平缓时，每 5—10 日取样一次。年内悬移质输沙率的测次及要求，因土壤侵蚀主要在洪水期，每次较大洪水不得少于 3 次，平水期每月测 3~5 次，以控制年内含沙量的变化过程。本次输沙量分析计算采用 1982—2007 年泥沙监测资料。

通过对不同小流域土壤土质情况调查，坡底流域内土壤类型以褐土、草甸土为主，土体结构为片状团粒，土壤中有机质为 2.36%。流域内地理状况和生产结构及生产条件等，包括农田面积、林地面积、天然草地、荒坡地、果园面积等所占比例的多少，均对流域的产流、汇流有直接影响，表 16-4 是研究区土地生产类型与利用情况。

表 16-4　　　　　　　　　　　　研究区植被及土地利用情况调查表

流域生产种植结构	面积/hm²	占总面积的百分数/%
农田面积	2170	7.67
林地面积	6805	24.04
天然草地	1670	5.90
荒坡灌木丛	14700	51.94

续表

流域生产种植结构	面积/hm²	占总面积的百分数/%
果园面积	1247	4.41
其他	1708	6.04
合计	28300	100

2　典型小流域产沙特性分析

在人类活动影响小或没有影响的区域，自然地带性因子起到主要控制作用时（指年降雨量与植被类型、密度的对应关系）。但在人类活动影响大的流域，随年降雨量的增加出现的流域产沙量双峰或多峰变化，显示出当非地带性因素在流域产沙中起重要控制，如人类活动的影响致使天然植被发生破坏，原生地带性特征已不明显，植被密度也起不到原有的保护作用等，而其他非地带性因子（如地表物质组成、坡度等）就会显现其在侵蚀产沙过程中起到主要的控制作用。

非地带性因子是以地貌因子作用最为典型，其中包括坡度、坡长和流域尺度对侵蚀产沙影响的研究。坡度、坡长与侵蚀的关系比较复杂，许多的研究表明，存在影响坡面侵蚀产沙的临界坡度、临界坡长（包括细沟、浅沟、切沟等临界），不同的是在临界坡度、临界坡长的判别上有着较大的分歧。同时也有一些的研究显示，不存在影响坡面侵蚀产沙的临界坡角和临界坡长，或临界坡长只在特定的降雨条件下存在。

雨的性质指降雨量、降雨强度、降雨历时以及雨滴大小、形状、降落速度、落地之冲力等。一次或多次降雨的总量，称为降雨量；单位时间内的降雨量，称为降雨强度；降雨持续的时间，称为降雨历时。三者关系一般是：当降雨量一定时，降雨历时愈短，则降雨强度愈大，反之，则降雨强度愈小。雨滴大小、形状、降落速度及落地时的冲力，关系极为密切。通常极小雨滴呈圆形，稍大雨滴呈扁平形。当雨滴落地时，原有之位能全部转为动能，冲击土壤，使土壤破坏、分离、飞溅、流失，这种现象称为雨蚀。在一定区域内，只有一次降雨量达到并超过一定数值（临界雨量）之后，才能出现雨蚀。表 16-5 为坡底实验站 2000—2007 年产沙降水量统计结果。

表 16-5　　　　　　　坡底小流域 2000—2007 年产沙降水量统计表

年份	年降水量/mm	产沙降水		产沙降水占年降水量比例/%
		降水次数	降水量/mm	
2000	949.4	3	526.3	55.4
2001	464.2	2	159.2	34.3
2002	527.6	3	122.1	23.1
2003	674.8	3	195.7	29.0
2004	767.7	3	277.9	36.4
2005	666.9	6	461.1	64.1
2006	656.5	3	195.3	29.7
2007	541.4	3	200.1	37.0
平均			267.2	38.6

通过对典型小流域水沙变化特性分析，每年产沙降水 2～3 次，只有 2005 年产沙量降水达到 5 次。产沙量的降水量占年降水量在 23.1%～64.1% 之间，变化幅度较大，平均产沙降水量占全年降水量的 38.6%。

3 流域产沙量时空分布特征分析

对于一个特定的流域来讲，气候是输沙量变化的主要因素。在不同的丰枯年份，年输沙量显著不同。由于季节的变化，在一年之内输沙量的分配也极不均匀。在北方地区，受降水影响，有时一次暴雨的输沙量即为全年的输沙量。

3.1 输沙量年内变化特征分析

水力侵蚀的强度，决定于土壤或土体的特性、地面坡度、植被状况、降水特征及水流冲刷力的大小等。少数几次大暴雨引起的侵蚀量，往往占年总量的主要部分。河北省暴雨多发生在 7 月中下旬和 8 月上中旬。一般每年 2～4 次暴雨，暴雨量占全年雨量的一半左右。由于暴雨的作用，引起水土大量流失。根据该小流域 1991—2007 年试验站监测资料分析，土壤侵蚀主要是暴雨引起的，年内几次较大的降水过程产生的输沙量，决定全年的输沙量。个别年份，一次降水过程产生的沙量即为全年的土壤侵蚀量。表 16-6 为河北省坡底小流域试验站年内一次最大暴雨的土壤侵蚀量占全年土壤侵蚀量的计算成果。

表 16-6 河北省坡底小流域试验站一次暴雨最大暴雨土壤侵蚀量
与年土壤侵蚀量成果表

年份	一次最大降雨量及土壤侵蚀量				年土壤侵蚀量/万 t	一次暴雨侵蚀量占全年的百分数/%
	降水起止时间	降雨量/mm	降雨历时/h	土壤侵蚀量/万 t		
1991	8 月 24 日 10 时—27 日 1 时	131.6	63	0.708	0.727	97.3
1992	8 月 10 日 12 时—12 日 8 时	55.3	44	0.0128	0.0140	91.4
1993	8 月 3 日 13 时—6 日 6 时	108.2	65	0.195	0.198	98.4
1994	7 月 11 日 8 时—21 日 21 时	83.1	253	0.109	0.109	100.0
1995	7 月 16 日 13 时—18 日 15 时	109.1	50	0.615	2.51	24.5
1996	8 月 2 日 15 时—5 日 8 时	326.1	65	165	166	99.3
1997	7 月 29 日 17 时—8 月 2 日 10 时	122.2	89	0.747	0.860	86.8
1998	7 月 22 日 8 时—23 日 24 时	21.7	40	0.0776	0.189	41.1
1999	8 月 18 日 13 时—19 日 19 时	66.1	30	0.0591	0.0591	100.0
2000	7 月 3 日 17 时—9 日 8 时	359.9	135	33.4	35.7	93.6
2001	7 月 26 日 18 时—28 日 9 时	111.5	39	0.469	0.645	72.8
2002	5 月 13 日 11 时—15 日 11 时	55.6	48	0.308	0.509	60.5
2003	10 月 9 日 12 时—12 日 21 时	86.4	81	0.335	0.560	59.8
2004	8 月 8 日 15 时—13 日 12 时	141.0	117	2.04	2.58	79.0
2005	8 月 16 日 3 时—17 日 14 时	118.3	35	3.06	3.54	86.5
2006	8 月 13 日 21 时—14 日 19 时	86.4	21	0.155	0.289	53.7
2007	7 月 28 日 17 时—31 日 24 时	132.2	79	0.0517	0.0680	76.0
平均						77.7

通过 1991—2007 年资料分析可以看出，该流域土壤侵蚀量年内分配比较集中。一次暴雨侵蚀量占全年土壤侵蚀量低于 50% 的有 2 年，占全年侵蚀量 50%～80% 的有 8 年次，大于 90% 的有 5 年次，有 2 年的一次暴雨侵蚀量即为全年侵蚀量。根据 1991—2007 年计算成果分析，该区一次暴雨的土壤侵蚀量占全年土壤侵蚀量的 77.7%。

3.2　输沙量年际变化特征

悬移质输沙量的年际变化表现在各年输沙总量的差异。一般采用频率计算方法来确定其年际变化特征值。受气象因素和地形因素、地貌因素的综合影响，输沙量年际变化比较大。年际变化大小可以用变差系数或极值比（最大值与最小是之比）加以衡量。年输沙量系列的 C_v 值越大，极值比越大，年输沙量变化越不均匀。

该研究区土壤侵蚀量，主要受降水量及降水强度的影响。遇到特大暴雨，流域内一年的土壤侵蚀量比多年平均侵蚀量高出数倍。利用 1973—2007 年该区降雨量坡底小流域资料系列分析计算，多年平均水量 4979 万 m^3。由 1982—2007 年沙量资料系列计算，多年平均输沙量 8.899 万 t。对年输沙量系列和水量进行频率计算，频率曲线采用皮尔逊Ⅲ型曲线，频率计算采用适线法。在实际水文统计应用中，常用相对量即变差系数 C_v，以便于综合、比较。对于变差系数 C_v 值的确定，在适线中，对系列中出现的特大特小值，一般不做处理。偏差系数 C_s 的取值一般用 C_v/C_s 值来反映。坡底小流域不同频率年输沙量和年水量计算成果见表 16-7。

表 16-7　　　　　　　　　　坡底小流域泥沙侵蚀量参数计算成果表

径　流　量			输　沙　量		
多年平均值	统计参数		多年平均值	统计参数	
/万 m^3	C_v	C_v/C_s	/万 t	C_v	C_v/C_s
4979	1.43	2.5	8.899	3.69	1.29

通过对坡底小流域河流径流量与输沙量年际变化分析，变差系数 C_v 相差 2.6 倍，值越大，说明随机变量相对于均值越离散，频率曲线的偏离程度也随之增大。根据输沙量系列资料统计，年土壤侵蚀量最小值与最大值的比为 1:11875。河流输沙量的年际变化远大于径流量的年际变化。

通过对坡底小流域长系列降雨、径流、泥沙和径流场观测资料的统计分析，探讨了太行山区典型小流域的水沙特性和水土流失规律。

在太行山区，产流降雨一般发生在 5—10 月，侵蚀性降雨也主要发生在 5—10 月，侵蚀性降雨年平均发生 2～3 次，多年平均为 267.2mm，占全年降降水的 38.6%。

河流输沙量的年际变化远大于径流量的年际变化。根据输沙量资料统计，年土壤侵蚀量最小值与最大值的比为 1:11875。

通过 1991—2007 年资料分析可以看出，该流域土壤侵蚀量年内分配比较集中。一次暴雨的土壤侵蚀量占全年土壤侵蚀量的 77.7%。

第三节　降水强度与产沙量的关系

水土流失是一个十分复杂的现象和过程，受多种因素的作用和影响，其中地貌、土壤、植被、气候、人为活动是其主要影响因素。影响侵蚀量的因素很多，如降雨情况、地形（坡度、坡长、坡形）、地面状况（植被、土壤性质）等。本文以河北省南部太行山区坡底小面积实验站的观测资料为基础，探讨降水量时空分布对水沙关系的影响，为小流域治理和水土保持提供科学依据。

1 研究区基本概况

1.1 流域降水特性分析

利用 1973—2007 年坡底小流域降雨量资料系列分析计算，该区多年平均降水量 647.2mm。对年降雨量系列进行频率计算，频率曲线采用皮尔逊Ⅲ型曲线，频率计算采用适线法。对于变差系数 C_v 值的确定，在适线中，对系列中出现的特大特小值，一般不做处理，由于年降水量相对稳定。偏差系数 C_s 的取值一般用 C_v/C_s 值来反映。坡底小流域不同频率年降水量计算成果见表 16-8。

表 16-8 坡底小流域年降水量频率计算成果表

年平均降水 /mm	C_v	C_v/C_s	不同频率年降水量/mm			
			20%	50%	75%	95%
605	0.35	3.0	720	569	448	330

该区降水量年际变化很大，且常有连续几年降水量偏多或连续几年降水量偏少的现象。以历年年降水量最大值与最小值之间的比值 K 来表示年际变化，该区各雨量站监测的年降雨量资料分析，各站极值比大都在 4.0～6.5 之间。如路罗雨量站 1963 年的年降水量为 1753.1mm，1986 年的年降水量为 281.8mm，相差 6.22 倍。

该区降水量具有年内非常集中的特点，全年降水量的 80% 左右集中在汛期（6—9月），而汛期降水又集中在 7—8 月，按多年平均计算，7—8 月降水量占全年降水量的 59.6%，6—9 月降水量占全年降水量的 78.3%。特别是一些大水年份，降雨更加集中。非汛期 8 个月期间的降水量仅占全年降水量的 21.7%。坡底小流域不同频率降水量年内分配见表 16-9。

表 16-9 坡底小流域不同频率月平均降水量

月份	不同频率月降水量/mm			
	$P=20\%$水平年	$P=50\%$水平年	$P=75\%$水平年	$P=95\%$水平年
1	3.6	2.8	2.3	1.7
2	8.1	6.4	5.1	3.7
3	14.9	11.8	9.3	6.8
4	29.6	23.4	18.6	13.6
5	41.8	33.0	26.2	19.1
6	72.5	57.3	45.4	33.2
7	208.8	165.1	130.8	95.7
8	220.6	174.4	138.1	101.1

续表

月份	不同频率月降水量/mm			
	$P=20\%$水平年	$P=50\%$水平年	$P=75\%$水平年	$P=95\%$水平年
9	62.0	49.1	38.8	28.5
10	36.5	28.8	22.9	16.8
11	17.3	13.7	10.9	8.0
12	4.2	3.3	2.6	1.9
合计	720.0	569.1	450.9	330.0

1.2 泥沙监测情况

坡底水文站 1973 年设立，1982 年开展监测单样含沙量和悬移质输沙率项目。单沙测次的年内分布及要求，应能控制沙量变化的过程。洪水期，每次较大洪水，取样不得少于 3 次，洪峰重叠，水沙峰不一致或含沙量变化剧烈时，应增加测次。汛期的平水期，在水位定时观测时取样一次，非汛期含沙量变化平缓时，每 5—10d 取样一次。年内悬移质输沙率的测次及要求，因土壤侵蚀主要在洪水期，每次较大洪水不得少于 3 次，平水期每月测 3～5 次，以控制年内含沙量的变化过程。本次输沙量分析计算采用 1982—2007 年泥沙监测资料。

2 流域内水沙关系不确定性分析

所有的气候因子都从不同方面，在不同程度上影响水土流失。大体上可分为两种情况：一种是直接的，如降水和风对土壤的破坏作用，一般来说，暴雨是造成严重水土流失的直接动力；另一种是间接的，如降水、温度、日照等的变化对于植物的生长、植被类型、岩石风化、成土过程和土壤性质等的影响，进而间接影响水土流失发生和发展的过程。流域内水沙关系不确定性由以下几个方面的特性。

变异性：变异性是指流动特性（如径流）或状态变量（如土壤水分）的时空变化。土壤侵蚀的时空变异是指在一定的范围内，不同时间、不同地点的土壤侵蚀特征存在明显的差异性和多样性。土壤侵蚀的时空变异是多重尺度上的植被、土地利用、降雨、地形和土壤等多因素综合作用的结果，但是就某一具体地区而言存在重点尺度和主控因子，土壤侵蚀的重点尺度与主控因子的时空关系因时间、空间和尺度而异。

层次复杂性：侵蚀产沙是一个多因素、多层次、多尺度的地学问题。土壤侵蚀问题按尺度的不同可以归结为四个层次：小区、坡面、小流域和区域土壤侵蚀研究。空间跨度从几米到几公里到几百公里，时间间隔为一天到一年到几十年。由于水土流失的复杂性，学科发展以及研究手段的局限，长期以来，国内外关于水土流失的研究主要集中在小区、坡面和小流域的尺度上。

多重性：每一个天然流域都含有一个或若干个小流域，每一个小流域又包含若干个子流域，而对每一个子流域又可划分为若干个单元流域或流域分块，构成一种多重的、套合的尺度结构。因此，在流域尺度下，各种尺度变量的变化共存，在不同尺度的流域内不同尺度的变量又起主导作用，对小尺度流域而言，小尺度变量（如地貌、土壤和植被等）起主导作用；但在大尺度流域下，大尺度变量如流域的地形结构及河网结构等的变化起主要作用。因此，流域的侵蚀产沙是多重尺度化效应的综合结果。

2.1 相同降水强度情况下土壤侵蚀模数不确定性分析

通过对坡底小流域多年典型降水与输沙监测结果分析，流域输沙量除受降水强度影响外，还受降水过程在流域上分布的影响。通过实测资料知，这种关系存在较大的不确定性。如降水量和降水强度都比较接近的情况，输沙量却相差很多，其原因主要是降水过程在流域上分布不均的缘故。如 1995 年 8 月 5 日与 1999 年 8 月 18 日两场降水过程，降水量分别为 67.6mm 和 66.1mm，降水强度相同（2.2mm/h），输沙量却相差近 11 倍。现行统计的流域面降水量与降水强度资料，没有反映出流域内降水量分布不均的问题，而流域降水量分布不均是造成输沙量变化幅度的主要原因。通过对坡底实验站 5 组不同级别，对降水量和降水强度相近的降水过程分析，其侵蚀模式比值在 1.6～10.9 之间。表 16 - 10 为坡底小流域 5 组典型降水过程与输沙量变化特征统计表。

表 16 - 10　　　　　坡底小流域典型降水过程与输沙量变化特征统计表

分组序号	降水时间	降水量 /mm	降水历时 /h	降水强度 /(mm/h)	侵蚀模数 /(t/km²)	侵蚀模数 比值
Ⅰ组	1998 年 7 月 22 日	21.7	40	0.5	2.74	1.6：1
	2002 年 7 月 26 日	24.9	37	0.7	1.75	
Ⅱ组	2004 年 7 月 11 日	113.3	69	1.6	14.2	3.0：1
	2005 年 9 月 18 日	112.9	64	1.8	4.77	
Ⅲ组	1996 年 7 月 23 日	65.5	33	2.0	13.8	4.6：1
	1997 年 6 月 24 日	62.9	31	2.0	3.01	
Ⅳ组	1995 年 8 月 5 日	67.6	31	2.2	22.7	10.9：1
	1999 年 8 月 18 日	66.1	30	2.2	2.08	
Ⅴ组	2001 年 7 月 26 日	111.5	39	2.9	16.6	2.0：1
	2005 年 7 月 22 日	108.5	38	2.9	8.27	

2.2 流域水沙关系不确定性分析

含沙量变化受降水量影响，正常情况是降水量越大，产流量越大，造成的土壤侵蚀量亦越大。由于受降水强度和降水过程分布的影响，在同一流域内，最大流量和最大含沙量相差很大。通过对 7 组降水过程线与含沙量过程线分析，同级最大流量情况下，最大含沙量进行比较，其比值在 1.3～21.4 之间。如 1997 年 6 月 25 日和 2006 年 8 月 28 日两场流量与含沙量过程线，最大流量相近（31.9 m³/s 和 30.2 m³/s），而最大含沙量却相差 21.4 倍。表 16 - 11 为坡底小流域水沙特征值统计表。

天然河道中含沙量与流量存在一定的关系，但由于沙量来源及水力条件的变化，两者关系较为复杂。在同一流域，有时河流洪水上涨，输沙相应增加，洪峰与沙峰相应出现，有时则不同，出现沙峰与洪峰不协调的情况，或提前或滞后。就小流域而言，由于各支流的单位面积产沙量有显著差异，而暴雨有时集中在一个较小的区域，因此洪峰与沙峰往往不一定相应。

表 16-11 坡底小流域水沙特征值统计表

分组序号	年份	输沙开始时间	输沙结束时间	最大流量/(m³/s)	最大含沙量/(kg/m³)	最大含沙量比值
Ⅰ组	2002	7月13日6时	7月14日20时	3.70	9.28	3.1:1
	1993	7月9日14时	7月10日8时	3.81	2.98	
Ⅱ组	1999	8月18日15时	8月21日8时	5.52	1.29	2.3:1
	1992	8月10日20时	8月13日20时	5.02	0.55	
Ⅲ组	2001	7月27日4时	7月29日8时	15.1	9.74	2.2:1
	2004	7月11日20时	7月15日20时	15.2	4.50	
Ⅳ组	1997	6月25日1时	6月25日20时	31.9	9.83	21.4:1
	2006	8月28日17时	9月1日8时	30.2	0.459	
Ⅴ组	2004	8月8日16时	8月14日2时	43.0	7.40	10.1:1
	1995	7月16日20时	7月21日8时	42.5	0.73	
Ⅵ组	1995	8月16日0时	8月19日20时	77.0	0.97	1.3:1
	1993	8月4日8时	8月7日20时	60.4	0.73	
Ⅶ组	1997	7月31日22时	8月4日8时	118	5.99	1.7:1
	1991	8月25日20时	8月28日20时	120	3.56	

3 降水时空分析对水沙关系影响分析

暴雨是造成严重水力侵蚀的主要气候因子，通过对坡底小流域多年水量与沙量关系分析，流域内沙量的变化，还与降水时空分布的影响有关，而且是造成水沙关系不稳定的重要因素。流域内设有 11 个雨量观测站，利用泰森多边形法计算各雨量站的权重，以便于流域面雨量计算。各雨量站权重见表 16-12。

表 16-12 坡底小流域各雨量站权重分配表

雨量站	坡底	路罗	大戈廖	杨庄	清沟	五花	芝麻峪	前坪	白岸	大西庄	王三铺	合计
权重	0.07	0.16	0.06	0.1	0.09	0.09	0.08	0.1	0.08	0.07	0.1	1.00

下面通过几场典型降水过程、流量过程、含沙量过程监测资料，分析降水量时空分布对水沙关系的影响。

3.1 降水强度对流域水沙关系影响分析

2002 年 7 月 13 日的一次降水过程，该次降水过程在流域上分布均匀，降水历时短，降水强度较大，流域平均降水量 26.4mm，平均降水强度为 8.8mm/h，最大 1h 降水量 23.6mm。通过对该流域 27 场降水过程分析，该次降水过程是降水强度最大的一次。由于该次降水强度大，对土壤侵蚀作用较强，导致输沙率偏大。降水强度大小，是影响输沙量的主要因素。表 16-13 为坡底小流域 2002 年 7 月 13 日各雨量站时段降水量摘录表。

图 16-3 为 2002 年 7 月 13 日降水过程、流量过程和输沙率过程线图。通过该次流量、输沙量过程线可看出，降水强度大是土壤侵蚀的主要因子。该次在整个流域上分布较

表 16-13　　　坡底小流域 2002 年 7 月 13 日各雨量站时段降水量摘录表

时段	坡底	路罗	大戈廖	杨庄	清沟	五花	芝麻峪	前坪	白岸	大西庄	王三铺	合计
5—6 时	0	0	0	0	0	0	0.1	0	0	0	0	0.0
6—7 时	17.5	26.9	20.0	19.0	18.6	6.0	29.8	20.8	31.8	32.4	34.6	23.6
7—8 时	5.6	0.3	1.0	0.5	0.8	20.6	0.3	0.1	1.8	0.4	1.5	2.8
合计	23.1	27.2	21	19.5	19.4	26.6	30.2	20.9	33.6	32.8	36.1	26.4

均匀，最大流量和最大含沙量出现时间比较接近。最大流量 $3.70\text{m}^3/\text{s}$，最大含沙量 9.28kg/m^3，是历年相同级流量下含沙量最大的一次输沙过程。

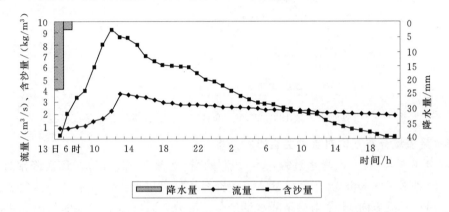

图 16-3　坡底站 2002 年 7 月 13 日降水量、流量、含沙量过程线

3.2　降水量时空变化对产沙过程影响

1997 年 7 月 29 日一场降水过程，降水强度在 1h 以后最大，以后逐渐减小。而降水分布是下游大于上游，29 日 18—19 时流域降水强度为 5.0mm/h，而流域最下游的坡底雨量站降水强度达 32.1mm/h。坡底小流域 1997 年 7 月 29 日各雨量站时段降水量见表 16-14。

表 16-14　　　坡底小流域 1997 年 7 月 29 日各雨量站时段降水量摘录表

时段	坡底	路罗	大戈廖	杨庄	清沟	五花	芝麻峪	前坪	白岸	大西庄	王三铺	合计
29 日 18—19 时	32.1	0.4	7.2	1.0	0	6.7	8.0	0	10.0	1.5	0	5.0
19—20 时	15.3	29.2	16.9	19.3	11.5	3.3	11.2	0	2.6	0.2	25.7	13.7
20—21 时	14.7	4.3	5.4	1.3	6.0	2.7	0.1	8.9	3.7	5.8	3.2	4.9
21—22 时	12.5	12.0	15.3	5.3	12.6	3.1	3.7	8.9	8.3	12.9	7.4	9.1
22—23 时	2.0	1.8	3.4	2.0	1.9	6.7	4.1	0	8.4	11.5	3.2	4.1
23—24 时	2.9	2.5	4.7	1.9	2.8	2.9	1.6	0.1	1.7	1.8	1.3	2.1
30 日 0—1 时	2.8	1.8	1.3	0.3	0.6	1.5	1.0	0.1	0.5	1.6	0.6	1.1
1—2 时	1.5	1.4	0.5	0.8	0.9	0.4	1.6	0.7	1.1	0.9	0.1	0.9
合计	83.8	53.4	54.7	32.8	36.3	27.3	31.3	21.7	36.3	36.2	41.5	41.0

由降水量过程分析，降水量过程第一时段，流域最下游的坡底雨量站降水强度为

32.1mm/h，如此大的降水强度产生大量的泥沙率先到达监测断面，使流量过程线涨水段，出现了沙量最大值，该次最大沙是下游局部产沙造成的。降水量的时空分布不均，导致含沙量过程线比流量过程线时间提前，最大含沙量比最大流量时间提前 2h。由于降水过程中强度的变化，使水沙过程线关系也发生相应的变化。图 16-4 为坡底站 1997 年 7 月 29 日降水量、流量、含沙量过程线。

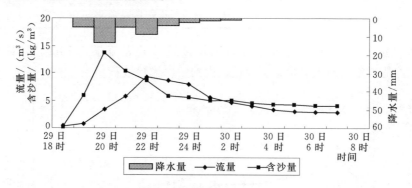

图 16-4　坡底小流域 1997 年 7 月 29 日降水量、流量、含沙量过程线

3.3　降水量流域分布不均对水沙关系影响分析

1997 年 6 月 25 日一次降水过程，本次流域面降水量为 31.8mm，该次降水过程 6h，流域平均降水强度 5.3mm/h。由雨量站统计资料结果可以看出，降水过程前期的降水强度较大。通过对流域内 11 个雨量站降水量分布情况分析，降水量最大的站出现在流域下游的坡底雨量站，降水量为 82.9mm，而最大 1h 降水量为 81.4mm。流域平均最大 1h 降水量 15.0mm。该次降水过程分布是流域中下游明显大于流域上游，降水量在流域上的分析见表 16-15。

表 16-15　　　　坡底流域内 1997 年 6 月 25 日各雨量站时段降水量摘录表

时段	坡底	路罗	大戈廖	杨庄	清沟	五花	芝麻峪	前坪	白岸	大西庄	王三铺	合计
25 日 23—24 时	0	0	0.5	0	0.4	42.3	0	0	0	0	0	3.9
26 日 0—1 时	0	4.3	17.8	6.0	16.0	30.2	16.9	14.9	12.5	4.6	0.6	10.7
1—2 时	81.4	30.3	9.5	5.1	8.8	2.3	15.4	3.7	4.1	2.9	2.5	15.0
2—3 时	1.5	2.7	0.5	0.6	0.5	3.5	2.8	2.0	1.7	0.7	0.3	1.6
3—4 时	0	0.4	0	0.4	0.1	0.5	0.6	1.1	1.1	0.6	0.2	0.5
4—5 时	0	0.3	0	0	0	0	0.2	0	0.1	0	0	0.1
合计	82.9	38	28.3	12.1	25.8	78.8	35.9	21.7	19.5	8.8	3.6	31.8

图 16-5 为 1997 年 6 月 25 日一次降水产生的流量和含沙量过程线，最大流量为 31.9m³/s，最大含沙量 13.0kg/m³。通过对 2007 年 6 月 25 日降水过程分析，本次降水集中，降水强度较大，从降水的流域分布分析，暴雨中心由中游向下游移动，流域下游降水量的强度和降水量均大于流域上游，含沙量最大值比流量最大值提前 1h。说明降水过程在流域上的分布和强度，对输沙率的影响明显。降水强度在流域上的分布不均，使不同区间水沙变化特征存在很大的差异。

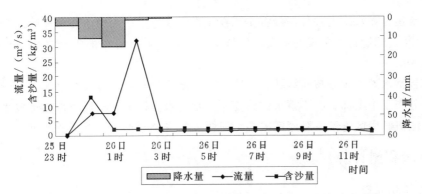

图 16-5　坡底站 1997 年 6 月 25 日降水量、流量、含沙量过程线

通过对太行山区典型小流域水沙关系分析，流域产沙量与降水量之间存在较大的不确定性，在相同降水量和降水强度的情况下，产沙量最大相差 10 倍；最大流量和最大含沙量之间也存在较大的不确定性，最大相差 20 多倍。通过对该小流域多次降水量、流量、含沙量过程线分析，水沙关系的这种不确定性，主要是降水量在流域上分布不均，降水在时间和空间上的变化引起的。降水强度是造成土壤侵蚀的原动力，由于降水强度在流域上分布变化，致使监测断面水沙关系产生较大的不确定性。侵蚀产沙系统是一个极其复杂的非线性系统，要揭示不同尺度下侵蚀产沙过程的变化规律和普遍规律，还需要在理论上的进一步完善和观测手段的提高。

第四节　水库泥沙淤积与清淤

1　水库淤积影响分析

根据朱庄水库建库前 1953—1974 年实测泥沙资料统计，22 年输沙量（悬移质）为 3607.7 万 t，其中 1963 年输沙量为 2270 万 t，占 22 年总输沙量的 63％。考虑到 1963 年洪水三日洪量相当于 300 年一遇，因此也考虑其输沙量的稀遇性。经综合分析，朱庄水库多年平均悬移质输沙量确定为 74 万 t。通过泥沙资料可以看出，河道输沙量年际变化十分悬殊，而年内分配主要集中在几场洪水中。

根据《水库泥沙》中的经验面积减少法计算水库淤积到 2005 年、2010 年、2020 年和 2030 年的库容曲线。此法是以运用多年的水库淤积分布的实测资料为依据加以概化，得出水库沿高程的淤积量分布的 4 种类型，其分类按水库地形特性指标 m 值进行。m 为库容沿高程增加的指数，用下式表示：

$$V = Nh^m$$

式中：V 为相应水深 h 的库容，m^3；N 为系数；h 为从原河床算起的坝前水深，m。

从公式可以看出，将库容与水深之关系点绘在双对数纸上为一直线，其斜率即是 m 值。经计算朱庄水库属于分类中的 IV 型，即峡谷型水库，按峡谷型水库淤积分布曲线计算朱庄水库的淤积分布，现状水库坝前淤积高程 206.37m，2010 年坝前淤积高程 207.55m，2020 年坝前淤积高程 209.37m，2030 年坝前淤积高程 210.97m。

按正常运行，水库大部分泥沙将淤积在正常水位以下。由于朱庄水库建库后最大洪水年份 1996 年实际运行中出现的最高水位特殊情况，因此计算中的控制淤积高程上限综合取定为 258m。

按峡谷型水库淤积分布曲线计算朱庄水库的淤积分布，推算现状水库坝前淤积并不严重，主要分布于中上部。由于蓄水位偏高，正常蓄水位以上淤积量所占比重较小，但其对库区洪水汇流和库区淹没一级库区末端跨河桥梁的安全等方面影响均较严重。

2　水库淤积量计算

2.1　水库淤积过程

水库淤积过程是在水流对不同粒径泥沙的分选过程中发展的。在回水末端区，流速沿程迅速递减，卵石、粗沙等推移质首先淤积，泥沙分选较显著。向下游，悬移质中的大部分床沙质沿程落淤，形成了三角洲的顶坡段，其终点就是三角洲的顶点。在顶坡段，由于水面曲线平缓，泥沙沿程分选不显著。当水流通过三角洲顶点后，过水断面突然扩大，紊动强度锐减，悬移质中剩余的床沙质在范围不大的水域全部落淤，形成了三角洲的前坡。水体中残存的细粒泥沙，当含沙量较大时，往往从前坡潜入库底，形成继续向前运动的异重流，或当含沙量较小而不能形成异重流时，便扩散并在水库深处淤积。

水库淤积是一个长期过程。一方面，卵石、粗沙淤积段逐渐向下游伸展，缩小顶坡段，并使顶坡段表层泥沙组成逐渐粗化；另一方面，淤积过程使水库回水曲线继续抬高，回水末端也继续向上游移动，淤积末端逐渐向上游伸延，也就是通常所说的翘尾巴现象，但整个发展过程随时间和距离逐渐减缓。最终，在回水末端以下，直到拦河建筑物前的整个河段内，河床将建立起新的平衡剖面，水库淤积发展达到终极。终极平衡纵剖面仍是下凹曲线，平均比降总是比原河床平均比降小，并与旧河床在上游某点相切。

2.2　水库淤积影响因素

影响水库泥沙淤积的因素可分为自然因素和人类活动影响因素两方面，自然因素是水库泥沙淤积发生、发展的潜在条件，人类活动是水库泥沙淤积发生和发展的主导因素，人类活动可以通过改变某些自然因素来改变侵蚀力和抗蚀力大小的对比关系，得到水库泥沙淤积加剧或者减小两种截然不同的结果。

泥沙淤积对水库的影响体现为：侵占调节库容，减少综合利用效益；淤积末端上延，抬高回水位，增加水库淹没、浸没损失；变动回水使宽浅河段主流摆动或移位，影响航运；坝前堆淤（特别是锥体淤积）增加作用于水工建筑物上的泥沙压力，妨碍船闸及取水口正常运行，使进入电站泥沙增加而加剧对过水建筑物和水轮机的磨损，影响建筑物和设备的效率和寿命；化学物质随泥沙淤积而沉淀，污染水质，影响水生生物的生长；泥沙淤积使下泄水流变清，引起下游河床冲刷变形，使下游取水困难，并增大水轮机吸出高度，不利于水电站的运行。此外，淤满的水库可能面临拆坝问题，造成经济损失。

2.3　水库淤积量计算

朱庄水库淤积量计算涉及上游野沟门水库入库沙量、区间流域入库沙量和朱庄水库沙量。

野沟门水库位于朱庄水库上游，在将军墓、宋家川汇合处以下 2000m 处，流域控制面积 500km²，野沟门水库上游输沙量大部分滞留在野沟门水库内，进入朱庄水库的沙量以野沟门水库河道输沙量计算。野沟门水库在 1973 年开始观测，而朱庄水库在 1976 年开始建成蓄水，所以朱庄水库建成后，野沟门流域进入朱庄水库的沙量只统计野沟门水库站河道输沙量。

路罗川是朱庄水库流域内一条支流，在路罗川城计头乡坡底设有小流域试验站。坡底水文站于 1982 年开始观测输沙量，利用小流域试验站实测沙量资料，利用坡底水文站监测的流域内输沙模数，计算野沟门水库以下朱庄水库区间流域内的产沙量。计算公式为：

$$W_{i,区间} = A_{区间} M_{i,试验}$$

式中：$W_{i,区间}$ 为野沟门水库下游区间流域第 i 年输沙量，t；$A_{区间}$ 为野沟门水库下游区间面积，km^2；$M_{i,试验}$ 为区间内坡底小流域试验站第 i 年泥沙侵蚀模数，$t/(km^2 \cdot a)$。

1982 年以前坡底水文站没有开展输沙量监测，对于 1975—1981 年区间产沙量，采用 1982—2010 年坡底站年土壤侵蚀模数资料与坡底流域内年降水量进行相关分析，建立相关关系，然后用坡底流域年降水量资料推求区间内土壤侵蚀模数。

在建立相关关系时，不考虑考虑流域内侵蚀模数较大或较小两种情况，以及流域降水不均匀造成的相关程度较差的点距，选择由代表性的点距建立相关关系。图 16-6 为坡底流域年降水量与土壤侵蚀模数的相关关系图。根据实测资料计算，该相关关系适应范围在降水量为 420~850mm 之间，较大暴雨或较小降雨不符合该关系范围。其关系式为：

$$y = \begin{cases} 0 & (x \leqslant 420) \\ 0.1934x - 80.639 & (420 < x \leqslant 850) \end{cases}$$

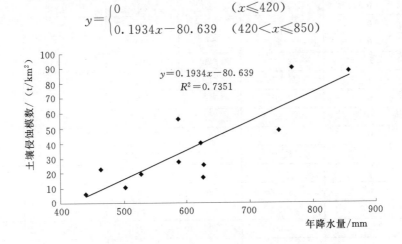

图 16-6　坡底流域年降水量与土壤侵蚀模数相关关系图

朱庄水库在 1976 年建成蓄水，出库沙量从 1976 年开始统计，然后利用相关关系计算坡底流域 1976—1981 年土壤侵蚀模数。朱庄水库河道站输沙量即为出库沙量。

水库淤积量从 1976 年计算，根据沙量平衡计算：

$$W_{i,淤积} = W_{i,野沟门} + W_{i,区间} - W_{i,河道}$$

式中：$W_{i,淤积}$ 为朱庄水库第 i 年泥沙淤积量，万 t；$W_{i,野沟门}$ 为第 i 年野沟门水库河道出库沙量，万 t；$W_{i,区间}$ 为第 i 年野沟门以下区间流域入库沙量，万 t；$W_{i,河道}$ 为朱庄水库河道出库沙量，万 t。

采用 1976—2010 年野沟门水库输沙量资料、坡底小流域试验站 1976—2010 年泥沙侵蚀模数资料、朱庄水库 1976—2010 年河道出库沙量资料，计算历年水库淤积量。计算结果见表 16-16。

表 16-16 朱庄水库泥沙淤积量计算表

年份	野沟门水库出库沙量/万 t	区间入库沙量			朱庄水库出库沙量/万 t	水库年淤积量/万 t
		侵蚀模数/(t/km²)	面积/km²	输沙量/万 t		
1976	0	56.48	720	4.07	2.48	1.59
1977	0.0094	48.88	720	3.52	1.07	2.4594
1978	0	35.40	720	2.55	0.846	1.704
1979	0	14.42	720	1.04	0.833	0.207
1980	0	1.75	720	0.13	0	0.13
1981	0	7.86	720	0.57	0	0.57
1982	1.79	424	720	30.53	0.419	31.901
1983	0	40.6	720	2.92	0	2.92
1984	0	0.965	720	0.07	0	0.07
1985	0	15.1	720	1.09	0	1.09
1986	0	3.64	720	0.26	0	0.26
1987	0	17.3	720	1.25	0	1.25
1988	0	56.5	720	4.07	0	4.07
1989	0	27.5	720	1.98	0	1.98
1990	0	5.41	720	0.390	0	0.39
1991	0.0281	25.7	720	1.850	0.0281	1.8781
1992	0	0.495	720	0.036	0	0.036
1993	0	7.00	720	0.504	0	0.504
1994	0	3.85	720	0.277	0	0.277
1995	0	88.7	720	6.386	0	6.386
1996	284	5870	720	422.640	89.3	795.94
1997	0	30.2	720	2.174	0	2.174
1998	0	6.68	720	0.481	0	0.481
1999	0	2.08	720	0.150	0	0.15
2000	32.7	1260	720	90.720	13.7	137.12
2001	0	22.8	720	1.642	0	1.642
2002	0	19.0	720	1.368	0	1.368
2003	0	19.8	720	1.426	0	1.426
2004	0	91.2	720	6.566	0	6.566
2005	0	125	720	9.000	0	9
2006	0	10.2	720	0.734	0	0.734
2007	0	2.10	720	0.151	0	0.151
2008	0	49.1	720	3.535	0	3.535
2009	0	0.0686	720	0.005	0	0.005
2010	0	10.5	720	0.756	0	0.756
平均						28.3533

根据上述计算结果,可以计算出建库后多年平均淤积量。计算公式为:

$$\overline{W}_{淤积} = \frac{1}{n} \sum_{i=1}^{n} W_{i,淤积}$$

式中:$\overline{W}_{淤积}$ 多年平均淤积量,万 t;$W_{i,淤积}$ 为第 i 年水库淤积量,万 t;n 为计算数。

朱庄水库多年平均淤积量为 28.35 万 t。

2.4 库容损失量

根据计算的逐年水库淤积量,结合当地土壤容重,计算其库容损失量。计算公式为:

$$V_{i,损失} = \frac{W_{i,淤积}}{\rho}$$

式中:$V_{i,损失}$ 为第 i 年水库由于泥沙淤积造成的库容损失量,万 m³;$W_{i,淤积}$ 为第 i 年水库泥沙淤积量,万 t;ρ 为水库上游流域内土壤容重;t/m³。

根据上述计算的水库逐年泥沙淤积量,计算由于泥沙淤积造成的库容损失量、库容累计损失量和每年库容损失量占库容的百分数。计算结果见表 16-17。

表 16-17 朱庄水库泥沙淤积量计算表

年份	水库年淤积量 /万 t	土壤容重 /(t/m³)	库容损失量 /万 m³	库容累积损失量 /万 m³	占总库容的百分数 /%
1976	1.59	1.30	1.22	1.22	0.003
1977	2.4594	1.30	1.89	3.11	0.007
1978	1.704	1.30	1.31	4.42	0.011
1979	0.207	1.30	0.16	4.58	0.011
1980	0.13	1.30	0.10	4.68	0.011
1981	0.57	1.30	0.44	5.12	0.012
1982	31.901	1.30	24.54	29.66	0.071
1983	2.92	1.30	2.25	31.91	0.077
1984	0.07	1.30	0.05	31.96	0.077
1985	1.09	1.30	0.84	32.80	0.079
1986	0.26	1.30	0.20	33.00	0.079
1987	1.25	1.30	0.96	33.96	0.082
1988	4.07	1.30	3.13	37.09	0.089
1989	1.98	1.30	1.52	38.61	0.093
1990	0.39	1.30	0.30	38.91	0.093
1991	1.8781	1.30	1.44	40.36	0.097
1992	0.036	1.30	0.03	40.39	0.097
1993	0.504	1.30	0.39	40.77	0.098
1994	0.277	1.30	0.21	40.99	0.098
1995	6.386	1.30	4.91	45.90	0.110
1996	795.94	1.30	612.26	658.16	1.581

续表

年份	水库年淤积量 /万 t	土壤容重 /(t/m³)	库容损失量 /万 m³	库容累积损失量 /万 m³	占总库容的百分数 /%
1997	2.174	1.30	1.67	659.83	1.585
1998	0.481	1.30	0.37	660.20	1.586
1999	0.15	1.30	0.12	660.32	1.587
2000	137.12	1.30	105.48	765.80	1.840
2001	1.642	1.30	1.26	767.06	1.843
2002	1.368	1.30	1.05	768.11	1.846
2003	1.426	1.30	1.10	769.21	1.848
2004	6.566	1.30	5.05	774.26	1.860
2005	9	1.30	6.92	781.18	1.877
2006	0.734	1.30	0.56	781.75	1.878
2007	0.151	1.30	0.12	781.86	1.879
2008	3.535	1.30	2.72	784.58	1.885
2009	0.005	1.30	0.00	784.59	1.885
2010	0.756	1.30	0.58	785.17	1.887
平均	28.3533				

从建库的 1976 年开始，由于水库淤积造成库容损失 785.17 万 m³。利用逐年库容累计损失量，绘制库容累计损失量过程线，较清楚的反应水库逐年库容损失量变化。图 16-7 为朱庄水库年度累计库容损失量过程线。

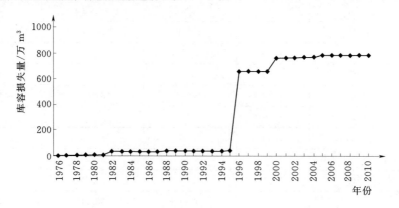

图 16-7 朱庄水库年度累计库容损失量过程线图

通过泥沙淤积造成的库容损失量过程线可以看出，较大淤积量的 3 个年份分比为 1982 年、1996 年和 2000 年。库容损失主要是大水年产生的暴雨造成的。例如，1976—2010 年期间库容损失量 785.17 万 m³，而 1996 年库容损失量达 612.26 万 m³，1996 年一年的库容损失量占 35 年总库容损失量的 77.98%。截至 2010 年，由于泥沙淤积量造成库容减少 785.17 万 m³，占总库容的 1.887%。

3　水库排沙方法

水库排沙的方式有：滞洪排沙、异重流排沙、泄空排沙，基流排沙、人工排沙和机械清淤排沙等多种。

3.1　滞洪排沙

蓄清排浑运用的水库中，洪水到来时，必须空库迎洪，或者降低水位运用。当入库洪水流量大于泄水流量时，便会产生滞洪壅水，有时为了减轻下游的洪水负担，也要求滞留一部分洪水。滞洪期内，整个库区保持一定的行近流速，粗颗粒泥沙淤积在库中，细颗粒泥沙可被水流带至坝前排出库外，避免蓄水运用可能产生的严重淤积，这就是滞洪排沙。滞洪过程中，洪峰沙峰的改变程度及库区淤积和排沙情况，不同水库的不同滞洪排沙过程可能差别很大。

当入库洪水流量大于泄水流量时，会产生滞洪壅水。滞洪期内整个库区仍保持一定的行近流速，部分粗颗粒泥沙淤积在库中，细颗粒泥沙可被水流带至坝前排出库外，这就是滞洪排沙。

滞洪排沙的效率受排沙时机、滞洪历时、开闸时间、泄量大小和洪水漫滩程度等因素的影响。一般来说，开闸及时，滞洪历时短、下泄量大、洪水不漫滩或少漫滩，则排沙效率高。汛期沙量集中，这时利用滞洪排沙往往能得到较好的排沙效果。

3.2　异重流排沙

在水库蓄水期间，当入库洪水形成潜入库底向坝前运动的异重流，若能适时打开排沙孔闸门泄放，就可将一部分泥沙排走，减少水库的淤积。异重流排沙的效果与洪水流量、含沙量、泥沙粒径、泄量、库区地形、开闸时间及底孔尺寸和高程有关。入库洪水含沙量大，粒径细，泥沙就不易沉降，容易运移到坝前排出；另外库区地形平顺、比降大、回水短、泄量大、底孔高程低都能提高异重流排沙效率。

3.3　泄空排沙

将水库放空，在泄空过程中回水末端逐渐向坝前移动，库区原来淤积的泥沙会因回水下移而发生冲刷；特别在水库泄空的最后阶段突然加大泄量，冲刷效果便更加显著。这种排沙方式称为泄空排沙。泄空排沙实际是沿程冲刷和溯源冲刷共同作用的结果。沿程冲刷消除回水末端的淤积，把泥沙带到坝前；溯源冲刷又将沿程冲刷带来的泥沙冲走排出库区，并逐渐向上游发展，逐步改变上游水力条件使冲刷能继续进行。实际上，泄空排沙是通过消耗一定的水量换取部分兴利库容的恢复。采用这种方式排沙要因地制宜，进行技术经济效益分析后再确定。

3.4　基流排沙

水库泄空后继续开闸，让含沙量不饱和的常流量畅泄冲刷主槽，减少库区泥沙淤积，这种排沙方式称为基流排沙。基流排沙的特点是：冲沙量和水流含沙量自冲刷开始至终结由大到小，最终趋于相对稳定。基流排沙的效果取决于常流量及其含沙量的大小，流量大、含沙量小，则排沙效果好。

3.5　机械清淤

在不能采取水力排沙的缺水地区和没有设置底孔的水库，可采用机械清淤的方式进行排沙。通常采用挖泥船、吸泥泵等清淤装置，清除库区淤积泥沙。这种方法适用于中小型水库和大型枢纽航道的清淤，其成本及管理费用较高。以上几种方式的排沙方法，在运用时，必须因地制宜在不能采取水力排沙的缺水地区和没有设置底孔的水库，可采用机械清淤的方式进行排沙。

3.6 "蓄清排浑"运用方式的水库减淤

水库拦蓄含沙量低的水流，对汛期含沙量较高的洪水则不予拦蓄，尽量排除库外。一般对于具有一定发电、灌溉和调沙要求的水库，汛期要保持一定的低水位控制运用但不泄空，就可利用异重流和浑水排沙。由于汛期为排沙期，既调水又调沙，可以减轻水库的淤积，在一定时段内保持冲淤平衡和长期存在一定的可用库容。

水库泥沙淤积是一项需长期进行研究解决的水库技术问题，关系到水库运行安全及综合经济效益的发挥。因此，在水库的规划设计和应用管理中，要根据水沙运动的基本规律，布设必要的工程设施，制定合理的水库运用方式，减少水库淤积，延长水库的使用寿命。

4 水库库区末端清淤分析

4.1 水库清淤部位分析

考虑到水库建设时对库区淤积留有一定的库容，根据上述语句部位分析，死库容内和兴利库容中下部的预计量对水库兴利、防洪并不严重，而末端淤积则影响洪水汇流，并对沿岸土地侵蚀产生影响。考虑到清淤不应影响水库正常运用和效益发挥，因此清淤部位应重点放在兴利库容苦布和正常蓄水位以上部位。

按照库区干支流地形条件，清淤重点区域应位于干流庞会桥上下游河段，清淤面积约$200hm^2$，清淤量470万m^3。另外，张沟、洛峪购、李峪沟、崔峪沟、自然沟5道汇流沟区清淤面积$40hm^2$，清淤量120万m^3。上述区域清淤量共计590万m^3，相当于库区预计量的1/3。

4.2 水库清淤断面分析

按照水库库区淤积状况，河道清淤以不超过原始河底高程为原则，主河道上游断面平均清淤深度1.5m，下游段平均清淤3.5m。张沟、洛峪购、李峪沟、崔峪沟、自然沟等支流清淤深度为2.7～3.6m。

清淤区域河底纵坡与原河床自然纵坡一致，平均4‰，上下游边坡按1：10衔接原地面，左右两侧按1：3衔接两岸地面。

参 考 文 献

[1] 乔光建，王春泽，李哲强．河北省坡底、西台峪小流域水土流失影响因素分析 [J]．水文，2008，28 (6)：92-96．

[2] 邢台县农业区划办公室．邢台县水资源调查及水利区划报告 [R]．1984．

[3] 邢台县水政水资源管理办公室．邢台县水资源开发利用现状分析报告 [R]．1992．

[4] 邢台县水务局．邢台县水资源评价 [R]．2005．

[5] 丘扬，傅伯杰，王勇．土壤侵蚀时空变异及其与环境因子的时空关系 [J]．水土保持学报，2002，

16 (1)：108－111.

[6]　刘纪根，蔡强国，樊良新，等．流域侵蚀产沙模拟研究中的尺度转换方法［J］．泥沙研究，2004，
(3)：69－74.

[7]　河北省水利学会．河北省第六届水土保持生态环境建设学术研讨会论文汇编［C］.2004：
350－354.

[8]　乔光建．区域水资源保护探索与实践［M］．北京：中国水利水电出版社，2007.

[9]　叶守泽，詹道江．工程水文学［M］．北京：中国水利水电出版社，2007.

[10]　张广军，赵晓光．水土流失及荒漠化监测与评价［M］．北京：中国水利水电出版社，2005.

第十七章　水库除险加固工程

第一节　水库大坝安全鉴定情况

1　大坝安全鉴定

根据水利部水管〔1995〕86 号《水库大坝安全鉴定办法》和河北省水利厅建管处的通知精神，2002 年河北省邢台市水务局委托河北省水利水电勘测设计研究院牵头，会同邢台市勘测设计处和朱庄水库管理处等组成朱庄水库大坝安全鉴定工作组，在做了大量现场调查、计算分析、论证的基础上，于 2003 年 9 月编制完成了《河北省朱庄水库大坝安全鉴定报告辑》。2003 年 11 月由河北省邢台市水务局组织专家组对"报告辑"进行了审查，并提出《朱庄水库大坝安全鉴定报告书》，2005 年 5 月水利部水利建设管理总站对鉴定报告书进行了核查，确定朱庄水库为三类坝。安全鉴定结论为：

（1）经洪水复核，水库抗洪能力，满足规范要求。

（2）拦河坝非溢流坝段在各种工况下，抗滑稳定安全系数、坝基底应力均满足规范要求。溢流坝段坝体稳定不满足规范要求，坝体、坝基上下游应力均在允许应力范围内。泄洪底孔、放水洞、灌溉发电洞洞身钢筋混凝土强度满足原设计要求，但材料强度取值不满足取值现行规范要求。

（3）坝体混凝土及砌石质量总体满足原设计要求，但部分混凝土均匀性差，外观粗糙，原设计混凝土强度及耐久性指标不符合现行规范要求。

（4）通过对监测资料分析，坝基渗压力分布图和扬压力分布图形，与原设计基本一致，接近允许值上限，未发现异常现象。但渗流观测设施破损较严重，观测仪器和观测手段落后，准确性较差。

左坝头存在绕渗问题，部分坝基排水孔淤堵，廊道渗水明显，钙质析出物较多。

（5）根据 GB 18306—2001《中国地震动参数区划图》划分，库区及坝址区地震动峰值加速度为 0.10g，地震动反应普特征周期为 0.40s，相当于地震烈度Ⅶ度。依据水利电力部（72）水电水字 77 号文，水库位于地震危险区，设计地震烈度应按基本烈度提高 1 度要求。拦河坝溢流坝段在地震条件下，坝体稳定不满足规范要求。

（6）金属结构设备锈蚀严重，止水老化，溢流坝无检修闸门，工作闸门启闭机配置不全。溢流坝弧门及泄洪底孔弧门部分构件强度不足。灌溉发电洞、放水洞闸门埋件，泄洪底孔的检修闸门埋件，材质不符合现行规范要求，启闭机存在严重质量问题，不能正常运行。供配电设备简陋，无自动监控设施，不能保证正常供电。

（7）水库管理组织机构健全，规章制度完善，管理设施及大坝监测设施简陋，调度控制、监测手段落后，不满足水库防洪调度需要。

依据大坝安全鉴定各专项报告复核评价结果，及国家现行有关规范规定，水库大坝防洪安全性属 A 级，结构稳定性属 C 级，抗震稳定性属 C 级，渗流安全性属 B 级，金属结构性属 C 级，故朱庄水库大坝安全综合评价为 C 级。

2 工程存在的主要安全隐患

根据大坝安全鉴定结论，总结大坝存在的主要工程隐患：

(1) 溢流坝深层抗滑稳定按抗剪断公式计算不满足规范要求。

(2) 机架桥大梁及支墩裂缝严重，虽采取了应急加固处理，但仍不能保证安全运用。

(3) 溢流面混凝土裂缝严重、反弧段表层混凝土冻融剥蚀破坏。

(4) 消力池下游局部淘刷、冲刷破坏，消能设施不完善。

(5) 溢流坝、泄洪底孔等闸门与启闭机老化锈蚀严重，不能正常运用，供配电设备简陋。

(6) 工程管理设施落后，不能满足现代化管理的要求。

3 针对缺陷、异常现象和安全隐患的处置措施

根据大坝安全鉴定结论并受邢台市水务局委托，河北省水利水电勘测设计研究院于 2005 年 4 月底开始除险加固工程的初步设计工作，2006 年 1 月，《朱庄水库除险加固工程初步设计报告》编制完成。2007 年 1 月水利部海河水利委员会再次组织专家对修编后的"初设报告"进行了复审，对"初设报告"提出了复核意见。针对复核意见，再次修编完成了《朱庄水库除险加固工程初步设计报告》。2007 年 3 月河北省发改委组织省工程咨询研究院等有关专家再次对"初设报告"进行了审查。2007 年 6 月河北省发改委发冀发改投资〔2007〕800 号文对初步设计进行了批复。除险加固工程主要由坝基处理、溢流面修补、消力池加固、发电洞泄洪底孔加固工程、放水洞封堵、机电及金属结构设备更新、对外交通工程、观测设施恢复、管理用房建设等组成。项目总投资 6916 万元，工程建设期 22 个月。

第二节 主坝加固设计依据

1 工程等别及建筑物级别

根据《水利水电工程等级划分及洪水标准》（SL 252—2000），确定本工程等别为 II 等，其主要建筑物非溢流坝、溢流坝、泄洪底孔、放水洞及发电洞均为 2 级建筑物，消力池作为溢流坝深层抗滑稳定的抗体，其建筑物级别亦采用 2 级，电站（包括厂房和变电站）为 3 级建筑物。

根据 SL 252—2000，2 级建筑物设计洪水标准为 100 年一遇，校核洪水标准为 1000 年一遇；3 级建筑物（电站）设计洪水标准为 50 年一遇，校核洪水标准为 200 年一遇。

2　设计规范及文件

《水利水电工程等级划分及洪水标准》（SL 252—2000）；《混凝土重力坝设计规范》（SL 319—2005）；《砌石坝设计规范》（SL 25—2006）；《溢洪道设计规范》（SL 253—2000）；《水工建筑物抗震设计规范》（SL 203—97）；《水工钢筋混凝土结构设计规范》（SDJ 20—78）；《水工混凝土结构设计规范》（SL/T 191—96）；《水工建筑物抗冰冻设计规范》（SL 211—98）；《水工建筑物水泥灌浆施工技术规范》（SL 62—94）；《混凝土坝安全监测技术规范》（DL/T 5178—2003）；《朱庄水库除险加固工程初步设计报告初审意见》；《河北省朱庄水库大坝安全鉴定报告辑》及《朱庄水库大坝安全鉴定报告书》；水利部大坝安全管理中心坝函〔2005〕1094 号文《关于朱庄等五座水库三类坝安全鉴定成果的核查意见》；朱庄水库建设的批复及竣工资料。

第三节　大坝深层抗滑稳定复核

根据新的调洪演算成果，20 年一遇洪水限泄时库水位为 255.15m，100 年一遇设计洪水敞泄时库水位为 255.3m，基本与水库现状持平；1000 年一遇校核洪水敞泄时库水位达到 258.9m，高于水库现状校核水位。

从大坝及消力池基础排水施工情况来看，大坝及消力池基础共钻设排水孔 261 孔，其中 35 孔未达到设计孔深，对坝基排水有一定影响。另据大坝现场检查情况来看，坝基灌浆廊道内主排水孔亦存在不同程度的淤堵问题，亦使排水孔作用减弱。

鉴于上述情况，本设计阶段依据新颁布执行的《混凝土重力坝设计规范》（SL 319—2005），采用抗剪断公式进一步核算了溢流坝沿坝基软弱结构面的抗滑稳定安全度。

1　计算断面的选取及边界条件

1.1　深层抗滑稳定边界条件

溢流坝坝段基岩为 $Z_1 - II$ 层，层厚 55～60m，岩层倾向下游，倾角 6°～8°，其中包括对坝体深层抗滑稳定有影响的软弱夹层 Cn72 层和 II - 5 层。夹层层面褶曲平缓，在一定程度上起到了增大摩擦系数的作用，对坝体稳定有利。

坝区附近较大的断层主要有 F1、F4、F5 和 F6，其中 F4 断层斜贯坝后河床段，其产状为 EW - S - ∠65°，断层部分处在消力池底板下，大部分位于消力池尾端外河床中，对溢流坝坝体稳定影响较大。针对控制坝体稳定的软弱夹层的性状及其特殊的地质问题，结合施工具体条件，原设计时在消力池底板范围内以 F4 断层破碎带宽度的 1.5～2 倍深度进行了挖填处理。

1.2　计算断面的选取

计算断面的选择根据坝底的地质构造、软弱泥化夹层分布情况和坝体挡水情况选定。

溢流坝分第八、九、十坝段共三个坝块，坝下地质构造复杂，泥化夹层摩擦系数较小。第九坝块处于河床段，有小褶皱，坝体挡水面积大，代表计算断面为 0+315m 断面，坝基夹泥层 Cn72 为控制层。第八坝段和第十坝段夹层性质及地基处理情况均相似，复核时选取第十坝段 0+346m 断面为计算断面，坝基夹泥层Ⅱ-5 为控制层。

1.3 地质参数的选取

根据地质勘察情况，消力池基岩高角度裂隙发育，岩石层面与裂隙面相互切割，完整性较差，降低了基岩的承载力及水平抗力。为安全起见，基岩抗体的抗剪断指标按地质建议的石英砂岩岩体指标的低值选定。

各计算断面滑动面及抗裂面的抗剪断强度指标见表 17-1。

表 17-1　　　　　　　　　　　　　抗剪断强度指标选用值

岩 性 层	坝块（段）	部 位	f'	c'/MPa
Z_1-Ⅱ层石英砂岩	第八、九、十块	抗裂面	0.90	0.70
混凝土与厚层砂岩	第八、十块	上加部分	0.90	0.90
混凝土与薄层砂岩	第九块	上加部分	0.70	0.60
混凝土体	第八、九、十块	抗裂面	0.85	0.80
Ⅱ-5 软弱夹层	第八、十块	滑动面	0.30	0.015
Cn72 软弱夹层	第九块	滑动面	0.25	0.01

图 17-1 为溢流坝 0+315m 断面计算简图。

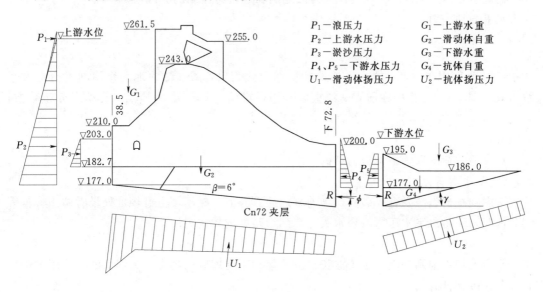

P_1—浪压力　　　　G_1—上游水重
P_2—上游水压力　　G_2—滑动体自重
P_3—淤沙压力　　　G_3—下游水重
P_4、P_5—下游水压力　G_4—抗体自重
U_1—滑动体扬压力　U_2—抗体扬压力

图 17-1　溢流坝 0+315m 断面计算简图

2　荷载及荷载组合

2.1　荷载

2.1.1　自重

坝体浆砌石混凝土容重取为 23.5kN/m³；深层稳定计算时坝基岩石容重取为 26.0kN/m³，混凝土容重取为 24.0kN/m³。

2.1.2　扬压力

根据大坝现场检查情况，灌浆廊道内的主排水孔存在不同程度的淤堵问题，导致坝基测压管实测资料失真，难以反映坝基扬压力的真实变化情况。

基于以上原因，稳定核算时坝基扬压力折减按照 SL 319—2005 中的有关规定确定为：主排水设施正常时，考虑帷幕和排水的共同作用，渗透压力折减系数取 0.25；主排水设施失效时，仅考虑帷幕的作用，参照《混凝土重力坝设计规范（试行）》（SDJ 21—78），渗透压力折减系数取 0.5。

2.1.3　淤沙压力

泥沙浮容重取 $8.0\mathrm{kN/m^3}$，内摩擦角取 $18°\sim20°$。

2.1.4　地震力

根据《水工建筑物抗震设计规范》（SL 203—97），采用拟静力法计算地震荷载，地震动态分布系数：

$$\alpha_i = 1.4\ \frac{1+4\left(\dfrac{h_i}{H}\right)^4}{1+4\displaystyle\sum_{i=1}^{n}\dfrac{G_{Ej}}{G_E}\left(\dfrac{h_j}{H}\right)^4}$$

式中：n 为坝体计算质点总数；H 为坝高，溢流坝计算至闸墩顶，m；h_i，h_j 分别为质点 i，j 的高度，m；G 为产生地震惯性力的建筑物总重力作用的标准值，kN。

水平向地震力：

$$F_i = \frac{1}{g}\alpha_h\xi G_{Ei}\alpha_i$$

式中：F_i 为作用在质点 i 的水平向地震惯性力代表值，kN；ξ 为地震作用的效应折减系数，取 0.25；G_{Ei} 为集中在质点 i 的重力作用标准值，kN；α_i 为质点 i 的动态分布系数；α_h 为水平向地震加速度代表值，Ⅶ度地震烈度时，取 $0.1g$，其 g 为重力加速度，取 $9.81\mathrm{m/s^2}$。

竖直地震荷载取水平地震荷载的一半。

2.1.5　水平水压力

考虑到基岩裂隙发育、破碎、坝前堆放碎石弃渣，拦河坝上游坝址处设有防渗帷幕等实际情况，上游水平水压力按全水头计算到坝踵处的软弱夹层。

2.1.6　浪压力

水库大坝坝前水深大于半个波长，波浪运动不受库底的约束，为深水波，浪压力采用官厅公式进行计算：

$$2h_l = 0.0166 v_f^{\frac{5}{4}} D_f^{\frac{1}{3}}$$

$$2L_l = 10.4(2h_l)^{0.8}$$

$$h_0 = \frac{4\pi h_l^2}{2L_l}$$

$$P_l = \gamma\frac{(L_l+2h_l+h_0)L_l}{2}-\frac{1}{2}\gamma(L_l)^2$$

式中：$2h_l$ 为浪高，m；$2L_l$ 为波长，m；v_f 为计算风速，m/s；D_f 为吹程，由坝前水面至对岸的最大直线距离，km；h_0 为波浪中心线至水库静水位的高度，m；P_l 为浪压力，kN；γ 为水容重，kN/m³。

2.1.7　时均压力

$$p_{tr} = \rho_w g h \cos\theta$$

式中：p_{tr} 为过流面上计算点的时均压强，N/m²；ρ_w 为水的密度，kg/m³；g 为重力加速度，m/s²；h 为计算点的水深，m；θ 为结构物底面与水平面的夹角。

2.1.8　反弧段水流离心力

$$p_{cr} = q\rho_w v / R$$

式中：p_{cr} 为水流离心力压强，N/m²；q 为相应设计状况下反弧段上的单宽流量，m³/(s·m)；v 为反弧段最低点处的断面流速，m/s；R 为反弧半径，m；ρ_w 为水的密度，kg/m³。

2.1.9　脉动压力

$$P_{fr} = \pm\beta_m p_{fr} A$$

$$p_{fr} = 3K_p \frac{\rho_w v^2}{2}$$

式中：P_{fr} 为脉动压力，N；p_{fr} 为脉动压强，N/m²；A 为作用面积，m²；β_m 为面积均化系数；K_p 为脉动压强系数；v 为相应设计状况下水流计算断面的平均流速，m/s。

2.2　荷载组合

根据 SL 319—2005 及《浆砌石坝设计规范》（SL 25—91），结合水库的运行条件及坝体的受力状况，选定以下工况进行稳定复核计算，详见表 17-2。

表 17-2　　　　　　　　　　　　计算工况及荷载组合

荷载组合	计算工况	荷载									
		自重	上游水重	静水压力	扬压力	浪压力	淤沙压力	下游水重	土压力	动土压力	地震力
基本组合	正常蓄水位	√	√	√	√	√	√	√	√		
	20年一遇洪水限泄	√	√	√	√	√	√	√			
	设计洪水位	√	√	√	√	√	√	√			
特殊组合	校核洪水位	√	√	√	√	√	√	√			
	正常蓄水位＋Ⅶ度地震	√	√	√	√	√	√	√	√	√	√

按抗剪断强度公式计算时 K' 值按表 17-3 采用。

表 17-3　　　　　　　　　　　　抗滑稳定安全系数

荷载组合	计算工况	抗滑稳定安全系数 K'
基本组合	正常蓄水位	3.0
	20年一遇洪水限泄	3.0
	设计洪水位	3.0
特殊组合	校核洪水位	2.5
	正常蓄水位＋Ⅶ度地震	2.3

3 深层抗滑稳定复核

3.1 计算公式和基本假定

3.1.1 计算公式

采用刚体极限平衡等安全系数法按抗剪断强度公式进行计算，计算力学分析模型见图17-2。

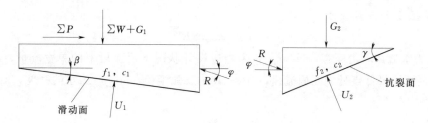

图 17-2　深层抗滑稳定力学分析示意图

抗剪断强度公式：

$$K'_1=\frac{f'_1[(\sum W+G_1)\cos\beta-R\sin(\varphi-\beta)-\sum P\sin\beta-U_1]+c'_1A_1}{(\sum W+G_1)\sin\beta-R\cos(\varphi-\beta)+\sum P\cos\beta}$$

$$K'_2=\frac{f'_2[G_2\cos\gamma-U_2+R\sin(\varphi+\gamma)]+c'_2A_2}{R\cos(\varphi+\gamma)-G_2\sin\gamma}$$

式中：R 为坝体下游岩体可提供的抗力，kN；$\sum W$ 为作用于坝体上的垂直荷载，不包括扬压力，kN；$\sum P$ 为作用于软弱夹层以上坝体和坝基的水平荷载，kN；G_1 为坝下滑动面以上岩体的重量，kN；U_1 为坝下滑动面上的扬压力，kN；G_2 为抗滑体的重量（含其上部的水重），kN；U_2 为抗裂面上的扬压力，kN；f'_1、f'_2 分别为坝下滑动面、抗裂面的抗剪断摩擦系数；c'_1、c'_2 分别为坝下滑动面、抗裂面的抗剪断凝聚力，kN/m^2；β 为软弱夹层面与水平面的夹角，(°)，$\beta=6°$；γ 为产生最小抗力时，尾岩抗力体的破裂角，(°)；φ 为抗力 R 的作用方向与水平面的夹角，(°)；A_1、A_2 分别为滑动面、滑裂面的面积，m^2；K'_1、K'_2 分别为深层抗滑稳定抗剪断安全系数，$K'_1=K'_2$。

3.1.2 基本假定

（1）朱庄水库坝基岩石软弱夹层产状稳定，倾角平缓，分布范围广，相邻两坝段之间夹层性质变化不大，因此，计算中按平面问题计算，不考虑侧向阻力影响。

（2）在复核坝体深层滑动时，采用双斜滑动面，坝后尾岩沿岩体最小阻力面滑动，前后滑动面均按平面考虑。

（3）滑裂面以上滑裂体均可以看作一刚体。

（4）各段滑裂体均看作刚体，坝体段和抗体段之间假定存在一个理论分界垂直面，称为第二破裂面，作用在垂直分界面上的抗力 R 的作用方向与水平面夹角为 φ，取

$$\varphi=\arctan\frac{f_3}{K}$$

式中：f_3 为第二破裂面上的摩擦系数；K 为深层抗滑稳定安全系数。

（5）以单个坝段为计算单元，计算单元上荷载折算为单宽断面上荷载，抗滑稳定按单宽进行计算。

（6）考虑到上游帷幕和排水作用，渗透压力图形采用折线，根据溢流坝坝基排水措施，渗压出逸点选在坝体下游坝脚处。

3.2　复核计算成果与评价

溢流坝坝基 Cn72 软弱夹层在第 9 坝段（0＋315m）上加部分施工中已全部挖除，坝基位置亦部分挖除，第 10 坝段（0＋346m）上加部分也有部分挖除，挖除部分的基础面平行于软弱夹层面，因此，沿软弱夹层滑动面的抗剪断强度指标应进行折算，对垂直作用荷载，采取分段选用指标，对水平作用荷载，采用滑动面上的加权平均指标。

下游抗体抗裂面的抗剪断指标采用消力池基岩和消力池底板混凝土加权平均指标确定。

3.2.1　现状坝体稳定分析

由于坝体灌浆廊道内的主排水孔存在不同程度的淤堵问题，因此按主排水孔失效情况对现状大坝深层抗滑稳定性进行了复核，复核结果见表 17－4。

由表 17－4 可知，现状大坝 0＋315m 断面在基本组合（2）情况下 K' 值小于规范允许值，其他组合均满足规范要求。

表 17－4　　　　　　　　　　现状溢流坝稳定复核计算成果表

断面	荷载组合	计算工况	抗剪断 K'	抗剪 K
0＋315m	基本组合	正常蓄水位	3.24	1.34
		20 年一遇洪水限泄	2.97	1.16
		设计洪水位	3.08	1.20
	特殊组合	校核洪水位	2.89	1.12
		正常蓄水位＋Ⅶ度地震	2.74	1.12
0＋346m	基本组合	正常蓄水位	3.59	1.39
		20 年一遇洪水限泄	3.38	1.31
		设计洪水位	3.70	1.44
	特殊组合	校核洪水位	3.33	1.27
		正常蓄水位＋Ⅶ度地震	3.00	1.14

3.2.2　现状坝体稳定敏感性分析

抗体抗裂面上的抗剪断参数对大坝的深层抗滑稳定安全系数影响较大，考虑到工程的重要性，在已选定的石英砂岩岩体抗剪断强度指标的基础上，又选取了 $f'=0.9$、$c'=0.6$、0.5，$f'=0.85$、$c'=0.7$、0.6、0.5 和 $f'=0.8$、$c'=0.7$、0.6、0.5 共 8 组指标进行复核计算，对现状坝体深层抗滑稳定性进行敏感性分析。不同抗剪断强度指标的计算结果详见表 17－5 和表 17－6。

表 17－5　　　　　　　现状 0＋315m 断面稳定敏感性分析计算成果表

荷载组合	计算工况	抗剪断凝聚力 c'	抗剪断安全系数 K'		
			$f'=0.9$	$f'=0.85$	$f'=0.8$
基本组合	正常蓄水位	0.7	3.24	3.22	3.20
		0.6	3.16	3.14	3.12
		0.5	3.08	3.06	3.03
	20 年一遇洪水限泄	0.7	2.97	2.95	2.93
		0.6	2.89	2.87	2.85
		0.5	2.81	2.79	2.77
	设计洪水位	0.7	3.08	3.06	3.04
		0.6	3.00	2.98	2.96
		0.5	2.91	2.90	2.88
特殊组合	校核洪水位	0.7	2.89	2.87	2.85
		0.6	2.81	2.79	2.77
		0.5	2.74	2.73	2.71
	正常蓄水位＋Ⅷ度地震	0.7	2.74	2.72	2.70
		0.6	2.67	2.65	2.63
		0.5	2.60	2.59	2.57

表 17－6　　　　　　　现状 0＋346m 断面稳定敏感性分析计算成果表

荷载组合	计算工况	抗剪断凝聚力 c'	抗剪断安全系数 K'		
			$f'=0.9$	$f'=0.85$	$f'=0.8$
基本组合	正常蓄水位	0.7	3.59	3.58	3.56
		0.6	3.52	3.50	3.49
		0.5	3.45	3.43	3.41
	20 年一遇洪水限泄	0.7	3.38	3.37	3.35
		0.6	3.31	3.29	3.28
		0.5	3.24	3.22	3.20
	设计洪水位	0.7	3.70	3.68	3.66
		0.6	3.62	3.60	3.58
		0.5	3.54	3.52	3.51
特殊组合	校核洪水位	0.7	3.33	3.31	3.29
		0.6	3.26	3.24	3.22
		0.5	3.19	3.17	3.15
	正常蓄水位＋Ⅷ度地震	0.7	3.00	2.98	2.96
		0.6	2.93	2.92	2.90
		0.5	2.87	2.85	2.83

3.2.2.1 0＋315m 断面

由表 17-5 可知，f' 变化时对 K' 值影响不大，c' 变化时对 K' 值有一定影响。基本组合 (2) 情况下取 f'＝0.9、c'＝0.6 时，K' 值由 2.97 降低至 2.9 以下，低于规范允许值较多。基本组合 (3) 情况下取 f'＝0.9、c'＝0.5 时，K' 值略低于规范要求。其他组合时 K' 值满足规范要求。

3.2.2.2 0＋346m 断面

由表 17-6 可知，f'、c' 变化时对 K' 值影响与 0＋315m 断面基本一致。基本组合情况下 K' 值均大于 3.0，特殊组合 (1) 情况下 K' 值均大于 2.5，特殊组合 (2) 情况下 K' 值均大于 2.3，均满足规范要求。

综上分析，认为大坝深层抗滑稳定安全性较低，其 0＋315m 断面的深层抗滑稳定安全系数不能满足规范要求，需对其采取加固措施。

3.2.3 加固后坝体稳定分析

根据坝体排水孔施工情况和现场检查情况，结合现状坝体稳定分析结果，考虑坝体灌浆廊道内的主排水孔进行扫孔或重钻，以恢复其正常排水功能。

采用对主排水孔扫孔或重钻加固措施后的坝体深层抗滑稳定计算成果见表 17-7。

由表 17-7 可知，主排水孔扫孔或重钻后，基本组合情况下 K' 值大于 3.0，特殊组合 (1) 情况下 K' 值大于 2.5，特殊组合 (2) 情况下 K' 值大于 2.3，均满足规范要求。

表 17-7   加固后溢流坝稳定计算成果表

断面	荷载组合	计算工况	抗剪断 K'	抗剪 K
0＋315m	基本组合	正常蓄水位	3.30	1.34
		20 年一遇洪水限泄	3.03	1.21
		设计洪水位	3.13	1.24
	特殊组合	校核洪水位	2.94	1.17
		正常蓄水位＋Ⅶ度地震	2.79	1.16
0＋346m	基本组合	正常蓄水位	3.59	1.45
		20 年一遇洪水限泄	3.38	1.37
		设计洪水位	3.70	1.50
	特殊组合	校核洪水位	3.33	1.33
		正常蓄水位＋Ⅶ度地震	3.00	1.18

3.2.4 加固后坝体稳定敏感性分析

为进一步分析坝体深层抗滑稳定的安全性，对采取加固措施后的坝体深层抗滑稳定性再次进行敏感性分析。其不同抗剪断强度指标的计算结果详见表 17-8 和表 17-9。

表 17 - 8　　　　　　　　加固后 0＋315m 断面稳定敏感性分析计算成果表

荷载组合	计算工况	抗剪断凝聚力 c'	抗剪断安全系数 K'		
			$f'=0.9$	$f'=0.85$	$f'=0.8$
基本组合	正常蓄水位	0.7	3.30	3.28	3.26
		0.6	3.22	3.20	3.18
		0.5	3.14	3.12	3.10
	20 年一遇洪水限泄	0.7	3.03	3.01	2.99
		0.6	2.97	2.95	2.93
		0.5	2.90	2.88	2.86
	设计洪水位	0.7	3.13	3.11	3.09
		0.6	3.06	3.04	3.02
		0.5	2.99	2.97	2.95
特殊组合	校核洪水位	0.7	2.94	2.92	2.90
		0.6	2.88	2.85	2.83
		0.5	2.80	2.78	2.76
	正常蓄水位＋Ⅶ度地震	0.7	2.79	2.78	2.76
		0.6	2.73	2.71	2.68
		0.5	2.66	2.63	2.61

3.2.4.1　0＋315m 断面

由上表可知，f'、c' 变化时对 K' 值影响与加固前基本一致。基本组合(1)情况下 K' 值均大于 3.0，满足规范要求；基本组合（2）情况下，$f'=0.9$、$c'=0.6$ 时，K' 值由 3.03 降低至 2.97，略低于规范允许值，即使 $f'=0.85$、$c'=0.6$ 时，K' 值仍可达到 2.95；基本组合（3）情况下仅在取 $f'=0.9$、$c'=0.5$ 时，K' 值为 2.99，略低于规范允许值。其他组合时 K' 值均可满足规范要求。

表 17 - 9　　　　　　　　加固后 0＋346m 断面稳定敏感性分析计算成果表

荷载组合	计算工况	抗剪断凝聚力 c'	抗剪断安全系数 K'		
			$f'=0.9$	$f'=0.85$	$f'=0.8$
基本组合	正常蓄水位	0.7	3.67	3.66	3.64
		0.6	3.60	3.58	3.57
		0.5	3.52	3.51	3.49
	20 年一遇洪水限泄	0.7	3.46	3.45	3.43
		0.6	3.39	3.38	3.36
		0.5	3.32	3.31	3.29
	设计洪水位	0.7	3.78	3.76	3.74
		0.6	3.70	3.68	3.67
		0.5	3.62	3.61	3.59

续表

荷载组合	计算工况	抗剪断凝聚力 c'	抗剪断安全系数 K'		
			$f'=0.9$	$f'=0.85$	$f'=0.8$
特殊组合	校核洪水位	0.7	3.40	3.39	3.37
		0.6	3.33	3.32	3.30
		0.5	3.26	3.24	3.23
	正常蓄水位＋Ⅶ度地震	0.7	3.06	3.04	3.03
		0.6	3.00	2.98	2.97
		0.5	2.93	2.92	2.90

3.2.4.2 0＋346m 断面

由上表可知，f'、c' 变化时对 K' 值影响与加固前基本一致。基本组合情况下 K' 值均大于 3.0，特殊组合（1）情况下 K' 值均大于 2.5，特殊组合（2）情况下 K' 值均大于 2.3，均满足规范要求。

综上分析，采取对主排水孔扫孔或重钻的加固措施后，溢流坝深层抗滑稳定安全系数满足规范要求，其安全性相对较高。

第四节 溢流面表层混凝土破坏原因分析及处理

1 溢流面表层混凝土普查

1.1 溢流坝现状

溢流坝布置在河床段，全长 111m，分 8、9、10 共三个坝段，溢流堰堰型采用克-奥（Ⅱ）型曲线，堰顶高程 243.00m，堰面上游坡比由 1:0.25 变至 1:1，堰面下游以 1:1 的直线段与反弧段相接，反弧段由两段圆弧组成，圆弧半径分别为 79.185m 和 21.961m，反弧段下游接平坎，平坎高程 200.00m。

溢流堰堰顶建闸 6 孔，单孔净宽 14m，最大泄量为 12300m³/s。闸墩墩顶高程 263.50m，2 号、6 号闸墩厚 4.45m，4 号墩厚 5.5m，3 号、5 号缝墩厚 4.0m，两边墩厚 2.3m。闸孔设有 14m×12.5m 的弧形钢闸门，以固定卷扬启闭机控制，启闭机容量为 2×450kN。工作闸门前未设检修闸门。

"96·8"洪水造成溢流面反弧段剥蚀严重，汛后采用聚合物 KT 砂浆进行过处理，处理后表面多处裂缝局部有隆起、内空现象，处理效果不理想，由于溢流坝堰体内部为浆砌石，若任其继续发展，将严重影响溢流坝的安全运行。

1.2 溢流面破坏普查

2005 年 9 月 20—29 日，朱庄水库管理处委托中国水利水电科学研究院结构材料研究所对溢流面进行了普查，主要病害为：本次共对 6 孔溢流堰面进行了普查，堰面的裂缝较多，共计 185 条，但堰面未发现有剥蚀现象。

2　混凝土芯样质量检查

2.1　混凝土强度检测

原溢流面混凝土最小厚度为 2.0m，坝体内部为浆砌石。溢流面面层为 0.6m 厚 $R_{28}250$ 混凝土，面层以下为 $R_{28}150$ 混凝土。混凝土强度采用回弹法和钻孔取芯进行检测，检测成果见表 17-10 和表 17-11。

表 17-10　　　　　　　　溢流面混凝土强度检测成果表（回弹法）

特征值	强度检测结果/MPa			
	1号孔	3号孔	5号孔	6号孔
最大	49.8	51.6	50.1	52.6
最小	32.8	41.8	42.3	37.8
平均	42.1	45.8	44.6	44.1

表 17-11　　　　　　　溢流面混凝土强度检测成果表（钻孔取芯法）

芯样编号	取芯位置	钻深/芯长/cm	抗压强度/MPa	描述
1	1号孔坝面，距闸门 2.0m	40/36	33.4	芯样完整，混凝土密实
2	2号孔坝面，距闸门 2.8m	60/56	38.0	芯样完整，混凝土密实
3	2号孔挑流坎	40/22	43.5	芯样完整，混凝土密实
4	4号孔挑流坎	40/32	35.8	芯样完整，混凝土密实
5	5号孔挑流坎	60/52	42.8	芯样完整，混凝土密实

由表 17-10 和表 17-11 可知，溢流面和挑流坎芯样抗压强度值比较高，且数据均匀，满足原设计混凝土强度。

2.2　混凝土抗冻性试验

根据 SL 319—2005，对溢流面等抗冲刷部位混凝土，应提出抗冻要求，因此本次混凝土质量检测时还对溢流面混凝土抗冻性能进行了室内试验，试验结果见表 17-12。

根据《水工建筑物抗冰冻设计规范》（SL 211—98），对寒冷地区，溢流坝溢流面抗冻等级应不低于 F200，但由表 17-12 可知，溢流坝面、反弧段等部位混凝土抗冻性能均小于 50 个冻融循环，远低于规范要求标准。

表 17-12　　　　　　　　溢流面混凝土抗冻性能试验结果表

试件编号	取样部位	相对动弹性模数/%/质量损失率/%		抗冻等级
		25次	50次	
C-1	3号孔坝面	42.1/0	—	<F25
D-1	4号孔坝面	24.5/0	—	<F25
C-2	2号孔反弧段	74.3/0	试件破损	F25
F-2	6号孔反弧段	69.3/0	36.3/6.5	F25

3　溢流面表层混凝土破坏原因分析

根据溢流坝堰面和反弧段混凝土检测结果，溢流面表层混凝土破坏主要原因为冻融破坏。

朱庄水库地处华北地区，冰冻期为每年12月上旬—次年3月初，最冷月平均气温在−3.6℃左右。由于溢流面位置朝向偏南，受太阳辐射热影响，一般冬季气温白天为正温，夜间降为负温，气温处于正负交替状态，每年冻融循坏可达80～100次，而溢流面混凝土实测抗冻标号不及F25，与现行SL 211—98的要求相差较多。

溢流面混凝土除了上述先天不足外，产生冻融破坏的另一个原因是混凝土被水饱和。普查表明闸门水封不严，漏水严重。冻融破坏的机理，一般认为是混凝土微孔中积水，在某一冻结温度下结冰后产生体积膨胀，挤压未结冰的水体引起冰胀压力和渗透压力的联合作用，或混凝土微孔内冰晶体在水体的渗透过程中引起冰体生长产生冰胀力，在无数次反复的冻融循环以后，混凝土损伤逐步积累，内部孔隙及微裂缝逐渐增大，扩展后互相贯通，混凝土强度逐渐降低，当压力超过混凝土的抗拉强度时，轻则混凝土由表及里发生酥松、剥落，重则产生分层裂缝，混凝土出现脱空现象。

朱庄水库溢流坝反弧段具备上述混凝土表层冻融破坏的三个原因：一是混凝土冻融循环频繁；二是混凝土本身抗冻性能差；三是反弧段混凝土面常年积水。以上原因最终导致了溢流坝反弧段混凝土表面发生冻融破坏。

溢流堰面由于不具备积水条件，尚未发生冻融破坏现象，但在普查时发现了大量裂缝，许多裂缝均贯穿了整个芯样，裂缝深度大于60cm，因此，一旦因天然降水使溢流面保持湿润，亦将最终导致溢流面发生冻融破坏，为防患于未然，拟对溢流堰面连同反弧段一起加固处理。

4　溢流面表层混凝土破坏处理

4.1　处理方案的确定

目前用于溢流面修补的材料有混凝土、聚合物水泥砂浆和补偿收缩混凝土等。聚合物水泥砂浆根据聚合物品种不同，常用的有PAEC（又称丙乳砂浆）、NSF、CR和SBR等，主要适用于修补层厚不超过10cm的破坏面；补偿收缩混凝土主要适用于5cm以下的表面薄层修补和缺陷填灌。

丰满大坝溢流面修补0.7～3.7m厚混凝土后出现大量裂缝，说明修补设计必须考虑防止裂缝的措施。如果开挖混凝土相对较厚，在施工时将减少坝体刚度，引起坝体应力变化，且新浇筑的混凝土并不能承担原混凝土所承担的荷载，即不能承担水压已产生的压应力，同时新浇筑混凝土很容易因温度应力而产生裂缝。

黄壁庄水库正常溢洪道堰面采用全断面法修补0.4m厚后效果良好。朱庄水库堰面裂缝较多，如采用局部修补的方法，新浇筑混凝土与完整的老混凝土结合不易保证，各修补块之间无法真正做到光滑平整的结合，会形成许多接触缝面，泄水时高速水流有可能深入修补块以下，从而掀开修补层。朱庄水库2001年曾对反弧段冻融破坏部位进行过局部修补，混凝土凿除深度未超过10cm，但未获成功，说明局部修补法不适用。

考虑到朱庄水库溢流面混凝土抗冻标号偏低，参照国内已加固工程的经验，本次加固时拟采用全断面修补法，即将整个溢流面全部凿除，重新浇筑一层高强混凝土，并在新老混凝土间设置锚筋，在混凝土表面设置温度钢筋网。

4.2 溢流面补强范围和混凝土补强厚度

根据溢流面普查结果，6个溢流面总共发现185条裂缝，裂缝宽度一般都在0.2mm以上，裂缝范围几乎覆盖了整个溢流面，而且反弧段已出现明显的冻融破坏，未发生明显破坏的混凝土其抗冻性能亦远低于现行规范要求。为消除隐患，同时便于施工，原则上6孔溢流面均应进行补强处理。

根据溢流面钻孔取芯检测情况，溢流面裂缝已贯穿了整个芯样，缝深几乎均在60cm以上，参照黄壁庄水库正常溢洪道溢流堰面加固处理的经验，初步选定混凝土补强厚度为40cm，补强处理后溢流面曲线与原溢流面曲线相同。溢流面表层补强混凝土内新铺设一层$\phi18$钢筋网，钢筋间距20cm，以与原溢流面面层钢筋相适应。为便于原溢流面表层钢筋与新铺设溢流面表层钢筋相互焊接，选取混凝土保护层厚度为10cm（与原溢流面混凝土保护层厚度相同）。溢流面混凝土开挖时应注意保护好溢流面表层预留钢筋接头，以保证与新铺设溢流面表层温度钢筋网可靠焊接。

为加强新、老混凝土结合，参照已建工程的经验，新、老混凝土之间采用锚筋进行连接，即在清除已破坏的混凝土后，在老混凝土面上钻孔埋设锚筋，在产生一定锚固强度后，再浇筑混凝土。考虑到新、老混凝土之间可能产生渗透压力，选取锚筋直径为$\phi25$，伸入老混凝土内80cm，外露30cm，并与溢流面表层钢筋网相互焊接。

4.3 修补材料的选取

4.3.1 混凝土标号的选定

依据 SL 319—2005 和 SL 211—98，过流面混凝土标号不应低于 $R_{28}250$、抗冻等级不宜低于 F200。

为提高溢流面混凝土抗冻耐久性和抗冲耐磨性能，同时考虑到溢流面检修困难等因素，溢流面混凝土标号最终选定为C25W4F200。

4.3.2 修补材料的确定

根据溢流坝水力计算成果，溢流面过流流速达10～30m/s，其中堰顶流速最小，反弧底流速最大，应考虑堰面混凝土的抗冲耐磨性能。目前已在实际工程中应用的抗冲耐磨材料主要有：

（1）硅粉抗磨蚀混凝土。通过掺加硅粉和高效减水剂对普通混凝土改性而制成。硅粉掺量为10%～15%，抗压强度约为70～90MPa，与普通C40混凝土相比，其抗渗性、抗冻性等均有极大改善，耐快速冻融循环次数大于300次，抗冲磨强度比普通C40混凝土提高约1～2倍，抗空蚀强度提高3～5倍。但其早期干缩比较大，需加强早期潮湿养护7～14d。

（2）高强耐磨粉煤灰混凝土。选用优质粉煤灰和高效复合外加剂对混凝土进行改性，优质粉煤灰掺量约为15%时，在常规水泥用量下，可配制70～90MPa的高强混凝土。高强耐磨粉煤灰混凝土具有早强高强特点及良好的耐久性，各项技术指标基本能达到硅粉混凝土的相应指标，但早期抗冲磨强度较低。

以上两种改性混凝土均在实际工程维修中得到应用，效果良好，原则上均可选用，但考虑到华北地区混凝土施工条件和工程安全度汛等客观因素，本阶段暂选用早期强度较高的硅粉混凝土，作为溢流面的修补材料。

第五节　溢流坝闸墩混凝土强度复核

1　闸墩牛腿附近混凝土低强问题

溢流坝坝顶闸墩高程 246.00～255.00m（弧形闸门牛腿受力范围内）施工期间曾发生过混凝土质量事故，该部位混凝土浇筑于 1978 年 7—8 月，由于施工质量差造成混凝土低强，施工期间 7 个闸墩共浇筑 35 仓次，取试件 29 组，其中有 15 组平均抗压强度（28d）低于设计标号 R150，最低的仅达到 107kg/cm²，合格率仅达到 47%。由于试件大部分为机口取样，一般认为仓内混凝土要比机口取样的混凝土质量差，为了解仓内混凝土质量情况，1980 年曾对问题比较严重的 1 号墩（左边墩）、3 号墩（左边中墩）、4 号墩（中-中墩）进行钻孔取样，共钻孔 8 个，钻孔孔径为 φ130，高程 246.00～255.00m 范围内共取试块 59 个，其中 24 个试块强度仍低于 R150，占 40%，最低的仅达到 83kg/cm²；为对溢流坝 7 个闸墩作全面质量检验，1981 年又对每个闸墩钻孔 2 个，共钻孔 14 个，钻孔孔径为 φ270，检验结果表明闸墩牛腿受力范围内混凝土平均抗压强度为 114～150kg/cm²，低于混凝土设计强度。

2　闸墩混凝土强度检测

朱庄水库建成至今已运行多年，根据国内外许多试验资料，混凝土强度增长可延续 15～20 年，因此溢流坝闸墩后期强度应有一定程度的增长，为了解闸墩后期强度增长情况，并为闸墩强度复核提供设计依据，初步设计阶段又分别采用回弹法和钻孔取芯法对闸墩强度做了进一步检测，检测结果见表 17-13～表 17-15。

从闸墩回弹结果看，测值不均匀，这表明闸墩混凝土浇筑质量较差，最小回弹值在 3 号墩，推定强度值仅为 17.0MPa。

从取芯实测混凝土强度结果来看，闸墩芯样抗压强度值亦不均匀，最大值和最小值偏差很大，亦说明闸墩混凝土浇筑质量差，混凝土强度离散性较大，与回弹检测闸墩混凝土强度推定结果相一致。

第 1 号、3 号、4 号、5 号、7 号闸墩共钻孔取了 16 个芯样进行抗压强度检测，结果 15 个芯样的抗压强度大于 15MPa，但 3 号墩右侧边墙高程 249.60m 位置取芯实测抗压强度值仅为 8.3MPa，远低于闸墩混凝土原设计标号。

根据检测结果，回弹推定的混凝土强度和钻孔取芯实测的混凝土强度均以 3 号墩右侧强度为最低，这说明 3 号墩在高程 249.00～255.00m 范围内混凝土强度偏低，达不到闸墩混凝土原设计标号。

表 17－13　　　　　　　　　　　　　回弹法检测闸墩混凝土强度表

回弹位置	测区	回弹平均值	推定强度/MPa	回弹位置	测区	回弹平均值	推定强度/MPa
1号墩右侧牛腿上方	1	35.8	20.0	7号墩左侧牛腿上方	1	38.4	23.0
	2	38.7	23.2		2	47.6	35.4
	3	39.6	24.4		3	43.5	29.6
	4	39.6	24.4		4	47.7	35.4
	5	40.0	25.0		5	44.8	31.3
3号墩右侧牛腿上方	1	33.4	17.8	3号墩左侧牛腿上方	1	40.7	25.7
	2	38.0	22.5		2	35.9	20.2
	3	32.6	17.0		3	38.1	22.5
	4	36.3	20.6		4	35.7	20.0
	5	43.6	29.6		5	34.1	18.4
4号墩右侧牛腿上方	1	40.9	26.0	4号墩左侧牛腿上方	1	40.1	25.2
	2	41.9	27.2		2	39.2	24.0
	3	39.9	25.0		3	35.1	19.0
	4	41.2	26.5		4	35.6	19.8
	5	37.7	22.3		5	55.0	47.3
5号墩右侧牛腿上方	1	51.7	41.6	5号墩左侧牛腿上方	1	42.3	29.1
	2	49.2	37.8		2	40.2	25.2
	3	50.2	39.4		3	38.6	23.2
	4	39.2	24.0		4	39.8	24.7
	5	38.1	22.5		5	46.6	33.9

表 17－14　　　　　　　　　　　　　钻孔取芯实测混凝土强度表

芯样编号	取芯位置	钻深/芯长/cm	抗压强度/MPa	描　述
1	1号墩顶高程255.00m距下游墩头0.6m，向下	38/35	37.6	芯样完整，混凝土密实
2	1号墩顶高程255.00m距下游墩头7.4m，向下	60/57	23.1	芯样上、下部位骨料集中，混凝土密实
3	1号墩右侧边墙高程251.00m水平	45/40	25.6	芯样在上部7cm处断开，混凝土较密实
4	1号墩右侧边墙高程249.80m水平	70/65	24.1	芯样在上部15cm处断开，混凝土较密实
5	3号墩顶高程255.00m距下游墩头6.9m，向下	55/44	22.5	芯样完整，混凝土密实
6	3号墩顶高程255.00m距下游墩头0.9m，向下	48/45	32.4	芯样完整，混凝土密实

芯样编号	取芯位置	钻深/芯长/cm	抗压强度/MPa	描　述
7	3号墩右侧边墙高程250.50m水平	55/50	17.1	芯样完整，混凝土密实
8	3号墩右侧边墙高程249.60水平	40/25	8.3	芯样气泡多，不密实，水泥少
9	4号墩顶高程255.00m距下游墩头6.8m，向下	60/57	34.2	芯样完整，混凝土密实
10	4号墩顶高程255.00m距下游墩头2.5m，向下	55/50	24.3	芯样在上部23cm处断开，混凝土密实
11	4号墩左侧边墙高程251.20m水平	66/64	23.4	芯样完整，混凝土密实
12	4号墩左侧边墙高程249.70m水平	40/33	27.8	芯样完整，混凝土密实
13	5号墩顶高程255.00m距下游墩头1.8m	39/31	28.1	下部有大骨料，混凝土密实
14	5号墩右侧边墙高程250.80m水平	59/58	32.2	芯样完整，混凝土密实
15	7号墩顶高程255.00m距下游墩头0.8m，向下	40/29	19.8	芯样完整，混凝土密实
16	7号墩顶高程255.00m距下游墩头7m	65/61	28.8	芯样完整，混凝土密实

表 17 - 15　　　　　　　　　　闸墩混凝土强度检测成果表

孔　　号		1号闸墩	3号闸墩	4号闸墩	5号闸墩	7号闸墩
回弹法	最大	25.0	29.6	47.3	41.6	35.4
	最小	20.0	17.0	19.0	22.5	23.0
	平均	23.4	21.4	26.2	30.1	30.9
钻孔取芯	最大	37.6	32.4	34.2	32.2	28.8
	最小	23.1	8.3	23.4	28.1	19.8
	平均	27.6	20.1	27.4	30.1	24.3

3　牛腿配筋及其附近闸墩局部受拉区强度复核

　　闸墩混凝土强度分别依据《水工钢筋混凝土结构设计规范》（SDJ 20—78）和《水工混凝土结构设计规范》（SL/T 191—96）进行复核。

　　根据闸墩混凝土现状和水库运用情况，对牛腿和闸墩的强度、配筋进行了复核验算，复核时混凝土强度按钻孔试块检测结果选取。

3.1　荷载及荷载组合

　　根据水库调度运用情况，计算工况分别选取为。设计情况一：20年一遇洪水（库水位255.15m）时闸门挡水。设计情况二：正常蓄水（上游水位251.00m）情况。校核情况正常蓄水（上游水位251.00m）时遇Ⅷ度地震。

　　不同计算工况情况下闸门及支铰处产生荷载见表17－16。

表 17-16 不同计算工况下闸门及支铰处荷载

计算工况	荷载/t		合力和方向		门铰上作用力/t	
	水平 E	垂直 V	合力/t	与水平夹角 φ	径向 N	切向 T
设计情况一	546.8	134.4	563.1	13°48′12″	563.1	1.54
设计情况二	268.1	81.0	280.1	16°49′28″	279.8	14.0
校核情况	275.5	81.0	287.2	16°23′46″	287.0	12.2

3.2 牛腿配筋强度复核

3.2.1 牛腿纵向受力钢筋截面验算

牛腿受弯主筋截面按 SDJ 20—78 进行验算时，受弯主筋截面计算公式为：

$$A_g = \frac{kNC}{0.85h_0R_g}$$

式中：A_g 为纵向受力钢筋的总截面面积；k 为强度安全系数；N 为闸墩一侧弧门门轴推力；C 为弧门推力作用点至闸墩边缘的距离；h_0 为牛腿的有效高度；R_g 为纵向受力钢筋的强度设计值。

按《水工混凝土结构设计规范》（SL/T 191—96）进行验算时，受弯主筋截面计算公式为：

$$A_s = \frac{\gamma_d Fa}{0.8f_yh_0}$$

式中：A_s 为纵向受力钢筋的总截面面积；γ_d 为钢筋混凝土结构的结构系数；F 为闸墩一侧弧门门轴推力；a 为弧门推力作用点至闸墩边缘的距离；f_y 为纵向受力钢筋的强度设计值。

表 17-17 为牛腿纵向受力钢筋截面面积计算表。由此看出，设计情况和校核情况下牛腿纵向受弯钢筋实配面积均满足规范要求。

表 17-17 牛腿纵向受力钢筋截面面积计算表

计算工况	计算钢筋截面/cm^2		实配钢筋截面/cm^2
	SDJ 20—78 复核	SL/T 191—56 复核	
设计情况一	100.71	97.84	
设计情况二	50.10	48.67	104.6
校核情况	47.94	49.90	

3.2.2 牛腿与闸墩接触面的抗裂验算

牛腿与闸墩接触面抗裂依据 SDJ 20—78 进行验算时，计算公式为：

$$\frac{0.75bh_0^2R_f}{C+0.5h_0} > K_fQ$$

式中：b 为牛腿宽度，$b=200cm$；h_0 为牛腿有效高度，$h_0=370cm$；R_f 为混凝土抗裂强度；K_f 为抗裂安全系数，取 1.10。

按 SL/T 191—96 进行验算，牛腿的裂缝控制计算公式为：

$$F_s \leqslant 0.7f_{tk}bh$$

式中：F_s 为由荷载标准值按荷载效应短期组合计算的闸墩一侧牛腿推力值；f_{tk} 为混凝土轴心抗拉强度标准值。

牛腿与闸墩接触面抗裂验算成果见表 17-18。

表 17-18 牛腿与闸墩接触面抗裂验算成果表

计算工况	SDJ 20—78 复核		SL/T 191—96 复核	
	$\dfrac{0.75bh_0^2R_f}{C+0.5h_0}$ (t)	K_fQ (t)	$0.7f_{tk}bh$ (t)	Γ_s (t)
设计情况一	634.7/746.7	619.4	478.8/638.4	563.1
设计情况二	634.7/746.7	308.1	478.8/638.4	280.1

注 按 SDJ 20—78 复核时，表中分子代表 R75 混凝土计算结果，分母代表 R100 混凝土计算结果；按 SL/T 191—96 复核时，表中分子代表 C10 混凝土计算结果，分母代表 C15 混凝土计算结果。

按 SDJ 20—78 复核时，混凝土标号按 R75 采用时，设计情况一和设计情况二均满足规范要求；混凝土标号按 R100 采用时，设计情况一和设计情况二亦满足规范要求。

按 SL/T 191—96 复核时，混凝土强度等级按 C10 采用时，仅设计情况一不满足规范要求；混凝土强度等级按 C15 采用时，设计情况一和设计情况二均满足规范要求。

根据闸墩混凝土检测结果，混凝土最低强度为 8.3MPa，显然不满足 SL/T 191—96 混凝土抗裂要求。一般说来，对于新建工程宜推荐按 96 规范进行设计计算，但朱庄水库作为已建工程，依据水利部水科技〔1997〕50 号文关于批准发布《水工混凝土结构设计规范》（SL/T 191—96）的通知，"原《水工钢筋混凝土结构设计规范》（SDJ 20—78）仍可继续执行"，因此，考虑到工程实际情况，仍可按 SDJ 20—78 进行复核。按 SDJ 20—78 复核计算时，混凝土抗裂强度折算值为 9.0kg/cm²，设计情况一和设计情况二下其抗裂安全系数分别为 1.2 和 2.4，均满足规范要求。

3.3 牛腿附近闸墩的局部受拉区强度复核

3.3.1 牛腿拉筋截面复核

牛腿附近闸墩局部受拉区的拉筋截面按 SDJ 20—78 进行验算时，牛腿处闸墩受力钢筋总面积为：

$$A_g = \frac{kN'}{R_g}$$

式中：$N' \approx 0.7 \sim 0.8N$，即为牛腿作用力的 70%～80%。

牛腿附近闸墩局部受拉区的拉筋截面按 SL/T 191—96 进行验算时：

（1）闸墩受两侧弧门支座推力作用时：

$$F \leqslant \frac{1}{\gamma_d} f_y \sum_{i=1}^{n} A_{si} \cos\theta_i$$

（2）闸墩受一侧弧门支座推力作用时：

$$F \leqslant \frac{1}{\gamma_d}\left(\frac{B_0'-a_s}{e_0+0.5B-a_s}\right) f_y \sum_{i=1}^{n} A_{si} \cos\theta_i$$

式中：F 为闸墩一侧弧门支座推力的设计值；γ_d 为钢筋混凝土结构的结构系数，取 1.2；A_{si} 为闸墩一侧局部受拉有效范围内的第 i 根局部受拉钢筋的截面面积；f_y 为局部受拉钢筋的强度设计值；B'_0 为受拉边局部受拉钢筋中心至闸墩另一边的距离；θ_i 为第 i 根局部受拉钢筋与弧门推力方向的夹角。

按 SDJ 20—78 进行核算时，牛腿拉筋截面面积未考虑闸墩厚度和闸墩承受弧门推力情况（一侧推力或两侧推力）的影响，而按 SL/T 191—96 核算时考虑了上述因素的影响，因此两者计算结果差别较大，但均未超过实际配筋量，牛腿实配拉筋截面面积满足要求。表 17－19 为牛腿拉筋截面面积计算表。

表 17－19 牛腿拉筋截面面积计算表

计算工况	计算钢筋截面/cm²		实配钢筋截面/cm²
	SDJ 20—78 复核	SL/T 191—96 复核	
设计情况一	263.95	563.01	
设计情况二	131.30	291.08	755.99
校核情况	125.65	305.63	

3.3.2 牛腿附近闸墩的局部受拉区的裂缝控制验算

对于牛腿附近闸墩的局部受拉区的裂缝控制问题，SDJ 20—78 并未做具体要求，但试验结果表明，牛腿附近闸墩在两侧或一侧牛腿推力作用下，牛腿与闸墩交接处出现垂直于推力方向的裂缝，并沿闸墩厚度方向发展，构成闸墩沿垂直于推力方向的局部轴心受拉或偏心受拉应力状态，其抗裂能力与混凝土抗拉强度、牛腿在闸墩中的相对位置、牛腿宽度、闸墩厚度以及不同推力作用下的应力状态等因素有关，基于上述原因，SL/T 191—96 对牛腿附近闸墩的局部受拉区提出了裂缝控制要求，因此，牛腿附近闸墩的局部受拉区的裂缝控制仅按 SL/T 191—96 进行验算：

闸门受两侧弧门支座推力作用时：

$$F_s \leqslant 0.7 f_{tk} bB$$

闸门受一侧弧门支座推力作用时：

$$F_s \leqslant \frac{0.55 f_{tk} bB}{\dfrac{e_0}{B} + 0.20}$$

式中：F_s 为由荷载标准值按荷载效应短期组合计算的闸墩单侧弧门推力值；b 为牛腿宽度；B 为闸墩厚度；e_0 为牛腿推力对闸墩厚度中心线的偏心距；f_{tk} 为混凝土轴心抗拉强度标准值。

闸墩抗裂控制验算时混凝土强度等级分别 C10 和 C15 采用，设计情况和校核情况时中-中墩裂缝控制均满足要求，但边墩和缝墩裂缝控制均不满足要求。另外，混凝土强度等级采用 C10 时，对于设计情况一，边-中墩承受一侧推力作用时不满足要求，承受两侧推力作用时满足要求，对于设计情况二和校核情况，边-中墩承受一侧推力作用和两侧推力作用时裂缝控制均满足要求；混凝土强度等级采用 C15 时，设计情况和校核情况时边-中墩裂缝控制均满足要求。计算结果见表 17－20。

表 17 - 20 牛腿附近闸墩的局部受拉区的裂缝控制验算成果表

计算工况	边墩 （单侧推力）	边-中墩		中-中墩		缝墩 （一侧推力）
		一侧推力	两侧推力	一侧推力	两侧推力	
设计情况一	−/−	−/+	−/+	+/+	+/+	−/−
设计情况二	−/−	+/+	+/+	+/+	+/+	−/−

注 表中分子代表混凝土强度等级为 C10 时计算结果，分母代表混凝土强度等级为 C15 时计算结果，"＋"代表满足要求，"−"代表不满足要求。

可见，按 SL/T 191—96 验算时，牛腿附近闸墩的局部受拉区的裂缝控制不能满足规范要求，但朱庄水库建成至今曾经历了"96·8"洪水的考验，"96·8"洪水入库最大洪峰流量达到 9760m³/s，洪水标准为超 200 年一遇，最高库水位达到了 258.16m，超过了水库 20 年一遇运用水位。根据本次加固前溢流坝闸墩裂缝普查情况，牛腿附近闸墩的局部受拉区并未发现垂直于弧门推力方向的裂缝，闸墩运行情况尚好。考虑到工程的实际情况，本次加固暂不对牛腿附近闸墩的局部受拉区进行处理，对 20 年一遇水库限泄运用情况应加强闸墩监测。

第六节　水库建筑工程加固

1　坝基防渗、排水

1.1　原坝基防渗、排水概述

1.1.1　坝基防渗帷幕

朱庄水库大坝基岩为震旦系石英砂岩，自上而下分为九层，石英砂岩以下为前震旦系花岗片麻岩，二者成不整合接触，有 20m 左右厚的古风化壳。经过坝址区的主要断层为 F4 断层，其产状为 EW−S−∠65°，破碎带宽度约 8～10m。河床坝段基岩为 Z_1-Ⅱ层，层厚 55～60m，该层有七个连续的软弱夹层，其中包括有影响的 Cn-72 层，第一层为砂页岩互层，质较软，第二层为石英砂岩，水平层理发育，又受小褶曲影响，透水性较大。两岸非溢流坝段基岩为震旦系石英砂岩 Z_1-Ⅲ～Z_1-Ⅶ层，每层有厚度不等的软弱夹层。

根据不同坝段基岩及灌浆试验情况，帷幕灌浆孔布置为：溢流坝段（第八、九、十坝段）设 3 排，均布置在灌浆廊道上游高程 210m 平台上，排距为 2.2m 和 2.3m，孔距 3m，鉴于河床地段花岗片麻岩表层有 10m 左右的古风化壳，故帷幕深度均穿过风化层，深入到新鲜花岗片麻岩内 5m，帷幕底高程为 140m；左岸非溢流坝段（第二至十坝段），从施工期间压水试验资料可知，单位吸水率 ω 值大于 0.01L/(min·m·m) 的深度在 30m 左右，少数地段深达 65～87m，由于坝前水头较小，相对不透水层埋藏又较深，除第七坝段岩石破碎严重，帷幕钻孔仍按 3 排布置外，其余坝段均按 2 排布孔，排距、孔距均为 2m（其中第五坝段排距为 2.5m）；七坝段帷幕深入花岗片麻岩中，其余坝段帷幕底高程均位于软弱夹层 Z_1-Ⅱ、Ⅲ层内；右岸非溢流坝段（第十一至十七坝段），根据压水试验情况，基岩透水性较小，单位吸水率 ω 值大于 0.01L/(min·m·m) 的深度一般在 20～25m，最深达 54m，因此帷幕钻孔按 1 排布置，孔距 2.5m，但在桩号 0+542～0+582m F4 断层地段，为加强防渗，帷幕钻孔仍按 3 排布置，孔距 2.5m，帷幕底高程均位于 Z_1-Ⅱ层底部，高程为 185m，为防止 F4 断层绕渗，在桩号 0+550～0+580m 地段帷幕钻孔要求更深些。

大坝帷幕防渗施工自 1974 年 10 月—1981 年 7 月，共完成钻孔 379 个，总进尺 20248.71m（其中混凝土进尺 5891.28m，岩石进尺 14357.43m），共计耗用水泥为 1944.7t（注入量 1594.6t），单位注入量 111.07kg/m，其中检查孔 33 个，总进尺 1953.12m，封孔用水泥 63.1t。

检查孔布置在单位吸水量 ω 值和单位注入量较大的钻孔之间，检查孔孔数占灌浆孔孔数的 9%，检查孔单位吸水量和单位注入量情况见表 17-21。

表 17-21　　　　　　　　检查孔单位吸水量和单位注入量表

单位吸水量 / [L/(min·m·m)]	孔数	占总检查孔百分数 /%	单位注入量 C /(kg/m)	孔数	占总检查孔百分数 /%
<0.01	14	43	<20	25	76
0.01～0.05	11	33	20～100	6	18
0.05～0.10	3	9	100～500	1	3
>0.10	5	15	500～1000	1	3

由表 17-21 可知，检查孔单位吸水量小于 0.05L/(min·m·m) 的孔数为 25 孔，占总检查孔孔数的 76%，单位注入量小于 100kg/m 的孔数占总检查孔数的 94%，说明灌浆效果良好。单位吸水量大于 0.1L/(min·m·m) 和单位注入量小于 30kg/m 的检查孔主要系受 F4 断层的影响。

1.1.2　坝基排水

水库蓄水后，为进一步降低基础渗水扬压力，在大坝基础和消力池基础设有排水孔，溢流坝坝基和消力池基础各设有 1 个集水井，由水泵将渗水排向下游。坝基排水孔布置在灌浆廊道内，孔距 2.5～5m，孔底高程 155.5～223.5m；同时，为进一步排除坝基承压水和减小扬压力，又于溢流坝段下$_{5.5}$廊道内增设 1 排排水孔。消力池底部廊道内设有承压水排水孔和潜水排水孔。大坝基础及消力池基础排水孔完成情况见表 17-22。

表 17-22　　　　　　　大坝基础及消力池基础排水孔完成情况表

位　置	孔数	进尺 /m	排水孔平均深度 /m	备　注
左岸非溢流坝段	31	1062.37	34.27	有 2 孔未达到设计孔深
右岸非溢流坝段	88	3267.73	37.13	有 20 孔未达到设计孔深
溢流坝段上$_{29.5}$廊道	31	1407.18	45.39	有 4 孔未达到设计孔深
溢流坝段下$_{5.5}$廊道	20	668.29	33.42	有 3 孔未达到设计孔深
消力池	91	6405.65	70.37	有 6 孔未达到设计孔深

1.2　坝基防渗、排水情况分析

坝基防渗帷幕：根据帷幕灌浆竣工资料，检查孔单位吸水量绝大部分均小于 0.05L/(min·m·m)，说明灌浆标准基本满足 SL 319—2005《混凝土重力坝设计规范》中要求的防渗标准。从大坝测压管观测资料看，测压管管内水位与库水位关系密切，水位差较大，另外坝体渗漏流量呈逐年减少趋势，说明坝前帷幕防渗效果良好。

坝基排水：根据大坝及消力池基础排水孔完成情况，大坝及消力池基础共钻设 261 孔，其中 35 孔未达到设计孔深，对坝基排水有一定影响。根据大坝现场检查情况来看，坝基及消力池部分排水孔存在不同程度的堵塞问题，使排水孔作用减弱，如不及时采取措施，排水孔堵塞范围一旦扩大，坝基很难保证排水通畅，将威胁到大坝的安全运行。

1.3　坝基排水设计

根据溢流坝深层抗滑稳定复核结果，20 年一遇洪水限泄工况下，在坝基主排水孔失效时，第 9 坝段溢流坝按抗剪断强度公式计算的 K' 值低于规范允许值。为了有效削减大坝坝基扬压力，消除大坝安全隐患，对第九坝段溢流坝灌浆廊道内的主排水孔进行扫孔或重钻，以确保坝体稳定。

2　溢流坝机架桥改建

2.1　机架桥基本情况

溢流坝机架桥建成于 1979 年，桥长为 111.0m，桥宽 6.8m，桥面高程 265m，为五梁式 T 型梁结构，梁高 1.5m，梁跨 15m（净跨 14m），支撑在闸墩上，支座为弧形钢板支座。机架桥共分 6 跨，每跨设置 2×450kN 固定卷扬机。

"96·8"洪水后检查发现，溢洪道机架桥 T 型梁存在多条垂直裂缝，后经水利部能源部天津勘测设计研究院水科所对大梁的裂缝进行了检测和应急加固处理，加固措施为在各主梁的下部受拉区两侧增设预应力拉杆，拉杆两端通过焊接钢板固定在梁端。

本次加固前水库管理处又委托中国水利水电科学研究院结构材料研究所对加固后机架桥进行了检测，认为虽对机架桥进行过应急加固处理，但并未对大梁裂缝进行处理，大梁原来的整体性并未得到恢复，由于大梁表面涂刷了防护涂料，其内部的钢筋锈蚀情况也不清楚，不应作为永久工程措施。

另外启闭设备的更换要求机架桥桥面高程提高 40cm，由原来的 265.0m 提高至 265.4m，虽然启门力没有变化，但是荷载作用位置已经改变，对机架桥影响亦较大。

承载机架桥 T 型梁的支墩，此次普查也发现了裂缝，其中第 5 孔机架桥 T 型梁的支墩裂缝最严重，T 型梁在支墩的下游侧已处悬空状态，我处曾进行了补强加固处理，加固方法为在支墩外侧浇筑混凝土斜墙。

2.2　机架桥改建设计

经全部 30 根主梁的裂缝普查，长于 1000mm 的裂缝达到 89 条，平均长度 1079mm，最大长度 1270mm，最大裂缝 0.38mm。这些裂缝的存在直接影响主梁的强度。大部分主梁的结构刚度达不到规范要求。基于机架桥存在的问题拟对机架桥拆除重建。

新建机架桥拟采用 C30 预制 T 梁结构，梁高 1900mm，翼缘板厚 150mm，腹板厚度 500mm。各梁之间用钢板焊接连接，顶面做 C30 混凝土现浇层以加强结构的整体性。梁端支撑处采用橡胶支座。

2.3　机架桥支墩加固设计

结合机架桥改建，参照国内已建工程的经验，机架桥支墩加固主要考虑了"拆除重建"和"化学灌浆＋碳纤维复合材料补强"两种方案，两个方案各有利弊，分述如下。

2.3.1　"拆除重建"方案

结合机架桥拆除改建，将产生裂缝的支墩全部凿除，重新浇筑混凝土支墩。为加强新、老混凝土结合，新、老混凝土之间采用锚筋进行连接。该方案优点为新浇筑混凝土支墩整体性强，缺点是施工时需注意保护原支墩内钢筋网，施工难度大，且新、老混凝土结合面为结构薄弱面，极易顺结合面又形成新的裂缝，从而影响加固效果。

2.3.2　"化学灌浆＋碳纤维复合材料补强"方案

为提高支墩整体性，改善支墩受力性能，对支墩混凝土裂缝的补强处理，采取内部化学灌浆、表面粘贴碳纤维复合材料的方法。首先进行化学灌浆，以提高支墩混凝土的整体性，然后采用层压方式将浸透了树脂胶的碳纤维布粘贴在支墩表面，通过碳纤维布与混凝土之间的协同工作，从而达到加固补强的目的。该方案优点是结构具有强度高、耐久性能好等特点，对周围环境影响小，缺点是粘贴剂需要专用的环氧树脂胶，对施工工艺的要求较高。

通过化学灌浆对机架桥支墩进行补强已在大黑汀水库加固中成功运用，采用碳纤维布对支墩裂缝补强加固，目前国内亦有很多成功的先例，如辽宁省东部桓仁水电站等。以上工程的经验说明"化学灌浆＋碳纤维复合材料补强"方案对处理本工程机架桥支墩裂缝是适宜的，而且还减少了施工弃渣对环境的影响。

综上所述，本设计阶段推荐采用"化学灌浆＋碳纤维复合材料补强"方案对机架桥支墩裂缝进行补强加固。

3　消力池加固设计

3.1　消力池现状

3.1.1　消力池基本情况

朱庄水库修改初步设计中坝顶高程为276.5m，最大坝高110m，总库容7.1亿 m³，1971年工程开工后发现基岩内存在软弱夹层，对坝体稳定极为不利，后几经修改设计最终确定为现状规模。

现状消力池采用二级消能，全长137.2m，宽110～120m；一级消力池长90.2m，为复式梯形断面，中间底槽底部高程186.0m，两侧高程193.0m，边墙顶高程211.0m；二级消力池长47m，为矩形断面，底高程187.5m，边墙顶高程206.5m，末端设差动式尾坎，尾坎顶高程190.5m。消力池底部设有排水廊道，与大坝集水井相通，廊道内设有排水孔，以减小消力池底部扬压力。

3.1.2　消力池存在问题

1996年8月水库遭遇了自建库以来的最大一次洪水，防汛调度过程中发现消力池消能不够充分，行洪过程中发现消力池南边墙偏低。通过水下摄像检查发现：桩号 0＋280～0＋330m 区间直墙底部（与 1∶2 斜坡相交处）至其上 0.5m 范围内可能存在一条裂缝，缝宽 1～10mm；桩号 0＋270m 高程 193.2m、194.7m，桩号 0＋280m 高程 190.6m，桩号 0＋318m 高程 190.6m、192.2m、193.0m，以上部位可能存在小裂缝，缝宽 1～2mm；直墙底部存在局部冲刷麻面、小坑，其中桩号 0＋257m 附近冲蚀破坏严重；二级池底基本被淤泥所覆盖,未能进行检查。

为了加强消力池的整体性和确保大坝安全,根据检查情况,在实施朱庄水库 2000 年应急度汛工程时由水利部天津水利水电勘测设计院科研所对消力池裂缝进行了化学灌浆处理,灌浆材料为 JH-1 型浆材,材料性能见表 17-23。

表 17-23   **JH-1 型化学灌浆材料性能表**

型 号	黏度	黏结强度	拉伸强度	抗压强度	抗折强度
	MPas/18℃	MPa	MPa	MPa	MPa
JH-1	10~15	>3	5~10	>50	>5

根据《朱庄水库 2000 年应急度汛工程初步验收报告》,一级消力池后生结构缝灌浆效果较好,但由于混凝土浇筑施工时产生的施工冷缝灌浆效果不太理想,消力池裂缝渗水问题没有得到彻底解决。

3.2 底流消能复核

底流消能复核时分别按 50 年一遇洪水、100 年一遇设计洪水和 1000 年一遇校核洪水进行计算。

3.2.1 一级消力池

根据消力池内跃后水位与消力坎坎上水位关系判别池中底流衔接形式,如为淹没式水跃,则说明消力坎坎高满足消能要求,反之则不满足要求,然后再进一步复核消力池长度是否满足消能要求。

消力池长度依据 SL 265—2001《水闸设计规范》进行计算。

$$L_{sj} = L_s + \beta L_j$$
$$L_j = 6.9(h_c'' - h_c)$$

式中:L_{sj} 为消力池长度,m;L_s 为消力池斜坡段水平投影长度,m;β 为水跃长度校正系数,取 $\beta=0.75$;L_j 为水跃长度,m;h_c 为收缩水深,m;h_c'' 为跃后水深,m。

一级消力池消能计算成果见表 17-24。

表 17-24   **一级消力池消能计算成果表**

计算工况	收缩水深 h_c/m	跃后水位/m	坎上水位/m	消力池长 L_{sj}/m
50 年一遇洪水	1.75	204.08	207.62	77.36
100 年一遇洪水	2.27	206.57	209.47	86.78
1000 年一遇洪水	3.15	210.80	212.56	102.80

根据表 17-24 可知,50 年一遇洪水、100 年一遇洪水和 1000 年一遇洪水情况下跃后水位均小于消力坎坎上水位,消力池内将产生淹没式水跃,相应消力池长度分别为77.36m、86.78m 和 102.80m,说明消力坎坎高满足消能要求,但在 1000 年一遇洪水情况下,现状一级消力池长度(90.2m)偏短了 12.6m。

3.2.2 二级消力池

根据复核计算,50 年一遇洪水和 100 年一遇洪水时一级消力池过坎水流均为淹没溢流,一级消力池坎后不需另设消能设施。1000年一遇洪水时一级消力池内产生水跃尾端位于二级消力池内(二级消力池长度为47m),但由于跃后水深小于河床下游水位,因此水跃衔接形式仍为淹没式水跃,说明现有消力池规模满足消能要求。

综上所述,50年一遇洪水、100年一遇洪水和1000年一遇洪水情况下现有消力池规模均已满足消能要求,不需增设消能设施。

3.3　下游河床局部冲刷复核

由于水流出消力池后紊动仍很激烈,且流速仍较大,流速分布也未恢复到天然河道流速分布,对河床仍有较大的冲刷能力,因此还需复核下游河床的局部冲刷状况。

消力池下游河床的局部冲刷参照《水力计算手册》(第二版)按下式计算:

$$h_d = \frac{0.66q\sqrt{2\alpha_0 - z/h}}{\sqrt{\left(\frac{\gamma_s}{\gamma} - 1\right)gd\left(\frac{h}{d}\right)^{1/6}}} - h_i$$

式中：q 为消力池尾坎末端的河床单宽流量,m^2/s;h 为消力池尾坎末端的河床水深,m;z 为消力池尾坎末端的流速分布图中最大流速的位置高度,m;α_0 为消力池尾坎末端流速分布的动量修正系数;h_t 为下游河床水深,m;d(d_{50})为河床砂粒径,m;γ_s、γ 为河床砂和水的容重,kg/m^3。

不同计算工况的下游河床局部冲刷成果见表17-25。

表17-25　　　　　　　不同计算工况的下游河床局部冲刷复核成果表

计算工况	河床基岩高程/m	断面平均流速/(m/s)	齿坎底高程/m	最终冲坑高程/m
50年一遇洪水	185.0	3.85	183.5	187.1
100年一遇洪水	185.0	4.69	183.5	185.0
1000年一遇洪水	185.0	5.97	183.5	185.0

由表17-25可知,由于出池流速相对较低,最大不足6m,小于基岩的抗冲流速(根据《水工设计手册》基岩的容许不冲流速为6~6.5m/s,地质报告中对 F_4 断层的抗冲刷流速建议值为5~6m),因此下泄水流不会对河床基岩造成冲刷,计算的最终冲坑底高程高于齿坎底高程1.5m以上,不会对消力池造成冲刷破坏。

3.4　水工模型试验

1977年朱庄水库提出了溢流坝堰顶高程由236m提高至243m一次建成方案,即"243方案",在上报原水电部审批之前,曾专门针对该方案进行了消力池水工模型试验,试验模型采用整体式,模型比尺为1:100。试验结果为100年一遇设计泄量和1000年一遇校核泄量下,下游河床最大冲刷坑底高程分别达到184.22m和183.3m。

"96·8"洪水后,根据水库泄洪情况和水库调度运用方式的变化,又重新进行了溢流坝的消能试验,试验仍采用整体正态模型,模型比尺为1:100。试验结果为100年一遇设计泄量和1000年一遇校核泄量下,下游河床最大冲坑底高程分别达到186.27m和181.45m。

从"78"、"98"试验情况来看,二级消力池出口水流余能仍较大,并对下游河床造成了一定的冲刷,但冲坑最低点高于二级消力池下游齿坎底高程或距齿坎的距离大于2.5倍的坑深,不会对消力池造成冲刷破坏。

3.5 消力池加固处理

3.5.1 消力池边墙高度复核

依据水工模型试验结果和"96·8"洪水中消力池运用情况，溢流坝泄量超过 6000m³/s 时，消力池内水流因碰撞消能作用而引起水流漫溢，致使右岸电站被淹，汛后依据水工模型试验情况对右岸边墙进行了加高，加高后一级、二级消力池边墙顶高程分别达到了 215.0m 和 209.0m，左岸边墙因资金不足尚未进行加高。

为确保工程安全，本次加固又依据 SL 319—2005《混凝土重力坝设计规范》对消力池边墙高度进行了复核，消力池两侧边墙顶的高程根据跃后水深加超高确定。复核结果见表 17-26。

表 17-26 消力池边墙高度复核成果表

部 位	计算工况	跃后水深 h''_c /m	安全超高 Δh/m	底板高程 /m	边墙高程 /m
一级消力池	50 年一遇洪水	18.08	0.5	186.0	204.58
	100 年一遇洪水	20.57	0.5	186.0	207.07
	1000 年一遇洪水	24.80	0.4	186.0	211.20
二级消力池	50 年一遇洪水	11.95	0.5	187.5	199.95
	100 年一遇洪水	13.79	0.5	187.5	201.79
	1000 年一遇洪水	16.66	0.4	187.5	204.56

由表 17-26 可知，在消力池消能防冲设计洪水范围内边墙高度满足规范要求，与"96·8"洪水期间观测情况及水工试验情况存在一定偏差。

为防止墙顶漫溢水流对地表造成冲刷破坏，本次加固拟在左岸边墙外侧回填土顶部做 M7.5 砂浆砌石护面，浆砌石厚度 0.4m。

3.5.2 消力池底板、堰坎裂缝处理

由于本次未能对消力池抽干进行检查，仅根据水下录像资料确定对消力池底板裂缝进行化学灌浆处理，待工程实施时将消力池内积水排干并清淤详查后，再优化处理方案。

4 坝体裂缝及廊道渗水处理

4.1 泄洪底孔拱顶裂缝处理

4.1.1 泄洪底孔基本情况

泄洪底孔布设在河床溢流坝段（八、九、十坝块）的三个中墩内，共设 3 孔，均为混凝土结构，洞身尺寸 3m×6.2m，出口下游以曲线段与溢流面平顺衔接。

根据对泄洪底孔普查情况，底板未见冲坑、气蚀破坏现象，但边墙及拱顶部裂缝已相当严重（已贯穿），裂缝表面有大量白色析出物和渗漏现象。裂缝的普查统计结果见表 17-27。

表 17-27 泄洪底孔裂缝统计表

泄洪底孔编号	1 号	2 号	3 号	合计
裂缝条数	5	11	7	23
裂缝总长/m	26.2	78.5	40.7	145.4

通过对泄洪底孔进行普查发现，虽然底板未见冲坑和气蚀现象，但边墙和拱顶共查出23条裂缝，裂缝宽度均大于0.2mm，其中裂缝大于0.4mm（含0.4mm）的有16条，占裂缝总条数的70%，特别是2号、3号底孔拱顶的裂缝较严重，裂缝的宽度达1mm，有白色析出物和渗水现象，这表明该裂缝已贯穿，应尽早进行处理。

4.1.2 泄洪底孔裂缝修补设计

4.1.2.1 处理方案的确定

目前国内外修补裂缝的方法有很多，归纳起来主要有充填法、注入法和表面覆盖法等。充填法适合于修补较宽的裂缝（一般宽度大于0.5mm），充填修补材料有水泥砂浆、预缩水泥砂浆、丙乳砂浆、BAC砂浆、环氧砂浆和弹性环氧砂浆等。注入法又分为压力注入法（灌浆法）和真空吸入法，压力灌浆适用于较深较细裂缝，而真空吸入法则是利用真空泵使缝内形成真空，将浆材吸入缝内，适用于各种表面裂缝的修补，灌浆材料有水泥浆材、普通环氧浆材、弹性环氧浆材等。表面覆盖法利用在微细裂缝（一般宽度小于0.2mm）的表面涂膜，分部分涂覆和全部涂覆两种，缺点是修补工作无法深入裂缝内部。

王快水库泄洪洞进水塔塔身外高程170～173m范围内存在多条裂缝（主要为施工冷缝和温度缝），后来采用充填法进行处理，即骑缝凿深5cm后用丙乳砂浆（PAEC）进行处理后效果良好。

根据泄洪底孔裂缝普查情况，宽度大于0.4mm（含0.4mm）的裂缝占70%，部分裂缝宽度甚至达到了1mm，注入法和表面覆盖法修补均不适用，而充填法适合于修补较宽的裂缝，因此本次加固考虑采用充填法对泄洪底孔裂缝进行修补。

4.1.2.2 泄洪底孔裂缝修补

（1）充填材料的选取。丙乳砂浆（PAEC）是丙烯酸酯共聚乳液水泥砂浆的简称，具有基本无毒、施工方便及成本较低等优点，与普通水泥砂浆相比，具有以下优异性能：极限拉伸提高2～3倍，抗拉强度提高1倍，抗拉弹模相应减小，收缩较小很多，抗老化能力强等。国内外已广泛用作混凝土修补、防水、防腐及黏结材料，为比较理想的新型裂缝修补材料，因此本次加固考虑采用丙乳砂浆充填材料。

（2）填充法修补工艺。补充工艺有以下集中：①沿裂缝两侧凿U形或V形槽，顶宽5～10cm，底宽3～5cm，槽深3～5cm。②用压缩空气清扫槽内残渣或用高压水冲洗。③涂刷界面处理剂（丙乳浆液）。④嵌入充填材料（丙乳砂浆）。

4.2 大坝上游坝面裂缝处理

朱庄水库大坝为浆砌石重力坝，大坝坝体上游面设有2m厚的常态混凝土防渗层。本次加固对非溢流坝段上游坝面进行了普查，上游坝面共查出裂缝22条，但未发现剥蚀现象。裂缝的普查统计结果见表17-28。

表 17-28   **上游坝面裂缝统计表**

序　　号	桩号	缝长/m	缝宽/mm	描　　述
1	0+081m	5.1		
2	0+087m	1.6	0.5	垂直方向
3	0+098m	6.6	0.5	垂直方向

序　号	桩号	缝长/m	缝宽/mm	描　述
4	0+147m	9.6	0.2	垂直方向
5	0+162m	11	0.3	垂直方向
6	0+179m	5.5	0.2	垂直方向
7	0+217m	3.6	0.2	垂直方向
8	0+241m	7.5	0.2	垂直方向
9	0+395m	13	0.6	进水塔检修闸门
10	0+414m	9.5	0.1	水平方向
11	0+446m	5	0.3	垂直方向
12	0+461m	5	0.3	垂直方向
13	0+465m	12	0.3	垂直方向
14	0+473m	4.2	0.3	垂直方向
15	0+491m	3.9	0.3	垂直方向
16	0+499m	5	0.3	垂直方向
17	0+512m	11.5	0.3	垂直方向
18	0+517m	5	0.3	垂直方向
19	0+530m	6.5	0.3	垂直方向
20	0+559m	9	0.2	垂直方向
21	0+572m	7.5	0.3	垂直方向
22	0+601m	5	0.2	垂直方向

由表 17-28 可知，绝大部分裂缝走向为垂直方向，裂缝宽度均达到了 0.2mm，其中裂缝宽度大于 0.3mm（包括 0.3mm）有 13 条，占裂缝总数的 60%。根据上游坝面抽检情况，裂缝的深度大都超过了 0.6m，已基本贯穿，导致下游灌浆廊道产生了渗漏现象，日久会使混凝土发生溶蚀破坏和加速钢筋锈蚀等，应尽快进行处理。

由于裂缝的宽度及深度均较大，而上游坝面混凝土防渗层仅有 2m 厚，如采用灌浆修补法，浆液可能流窜至坝体浆砌石内部，从而影响灌浆效果。因此对上游坝面仍考虑按充填法进行修补，修补工艺见泄洪底孔部分。

4.3　主灌浆廊道渗水处理

通过现场检查，发现南北灌浆廊道有多处渗水，有白色析出物和渗水现象。造成廊道渗漏的可能原因有：①上游坝体防渗层产生了贯穿性裂缝，形成渗漏通道。②上游防渗层止水结构失效或伸缩缝变形大导致绕止水带渗漏。③上游防渗层混凝土施工质量差，密实度低，从而导致混凝土渗漏。根据坝体裂缝普查情况，大坝上游坝面共查出了 22 条裂缝，其中大都基本贯穿，经分析后认为是造成灌浆廊道渗漏的主要原因，应结合大坝上游坝面裂缝处理，对灌浆廊道渗漏部位进行堵漏处理。

由于我处曾对部分渗漏部位进行过化学灌浆处理，根据现场检查情况，灌浆效果良好。考虑到工程的实际情况，本次加固采用普通水泥灌浆法对其余渗漏部位进行修补处理。

4.4 北灌浆廊道渗水处理

经现场查勘，发现桩号 0+135m 大坝下游北灌浆廊道进口处（高程 244.0m）沿伸缩缝发生渗漏。2005 年 6 月库水位 242.0m 时，出溢点渗水较为严重，但出溢点高出库水位 2m；2006 年 11 月库水位高出出溢点 2m 时，却未发现水流溢出。另据水库管理人员介绍，当左坝肩疗养院居住人员增多时，渗水明显增大，反之减小。

经分析后认为，北灌浆廊道进口渗水与库水无关，主要为疗养院生活区废水或降雨入渗产生，由于廊道内伸缩缝止水结构失效，导致渗水沿伸缩缝面出溢。渗水对左坝肩稳定影响不大，但对水库的工程管理运用造成了不便。因此，本次加固拟对渗漏部位进行堵漏处理。

根据国内对变形缝的处理经验，拟采用 GBW 遇水膨胀嵌缝胶条对混凝土伸缩缝进行防渗处理，首先沿伸缩缝走向凿宽 25～30cm、深 7～10cm 的矩形槽，然后将膨胀嵌缝胶条植入缝内锚固，最后用丙乳砂浆封填、压实。渗漏部位伸缩缝采用的处理方案见图 17-3。

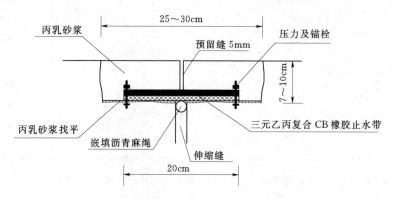

图 17-3　渗漏部位伸缩缝处理示意图

5　放水洞封堵设计

5.1　放水洞基本情况

放水洞位于右岸 12 坝块下基岩内，系原施工导流洞改造而成，由进水塔、洞身、消力池及交通桥组成。进口底高程 198.3m，出口底高程 196.86m，洞身断面由宽 1.6m、高 2.8m 渐变为宽 3m、高 3.6m 的圆拱直墙无压明流洞，钢筋混凝土衬砌，洞底纵坡 1：200，泄水能力为 80.3m³/s。

进水塔长 11m，宽 5.2m，闸底高程 198.2m，顶部高程 261.5m，与大坝顶齐平。塔内设有 1 扇 1.6m×2.1m 的平面事故检修闸门，采用 QPQ 固定卷扬式 1×63t 启闭机启闭。检修门后设有 1.6m×1.6m 弧形工作闸门，采用 25/17t 的油压启闭机启闭，启闭机安装在进水塔内 204.2m 高程平台上。

放水洞出口消力池为矩形断面，长 28.1m，宽由 4.7m 渐变至 8.9m，底板高程 195.7m，尾坎高程 197.6m。

交通桥是大坝通往放水洞的交通设施，长 120m，为钢结构，交通桥共三孔，桥面为混凝土预制板，桥面高程 261.5m，下部桥墩采用浆砌石砌筑。

5.2　放水洞封堵的原因

放水洞主要承担排沙和放空水库的任务，但经近 30 年的运行，以上功能已基本丧失，对其加以改造和重新利用的价值不大，考虑对其进行封堵，主要考虑了以下因素。

5.2.1　排沙、放空水库的功能失效

放水洞弧形工作闸门自 1978 年安装下水至今，一直由两个千斤顶下压在闸门底槛上，长期处于不正常状态；检修闸门由于门槽变形未作处理，安装至今尚未运行过。因此，放水洞难以执行排沙和放空水库的任务。

5.2.2　改造放水洞投资较大

为恢复放水洞的功能，应对弧形工作闸门、事故检修闸门及其埋件和启闭机全部更换。由于放水洞进口底高程最低，需在洞口设置叠梁堵门方可施工，施工难度大，工程量大，投资较高。

5.2.3　放水洞排沙的功能可由泄洪底孔代替

根据本次水库淤积分析，现状水库坝前淤积高程已达 206.37m，2030 年坝前淤积高程可达 210.97m，均超出了放水洞进口洞顶高程，接近泄洪底孔进口底高程；另根据泄水建筑物布置，溢流坝段共设有 3 孔泄洪底孔，且均位于主河槽内，排沙效果比放水洞更为理想，因此可利用位于溢流坝段的泄洪底孔排沙。

5.2.4　放水洞对泄洪影响不大

从放水洞泄洪作用分析，对于 20 年一遇以下洪水，因水库调度中的限泄放水洞无论是否参加泄洪，20 年一遇以下洪水设计洪水位基本相同；对于 100 一遇洪水和 1000 一遇洪水，放水洞不参加泄洪时，水库不同设计洪水位和校核洪水位仅增加 0.14m 和 0.09m。

根据以上分析结果，结合河北省水利厅对"初设报告"的初审意见，本阶段拟对放水洞进行封堵。

5.3　放水洞封堵设计

5.3.1　封堵方案的确定

根据放水洞布置及洞身周围工程地质条件，封堵方案主要考虑了"上游封堵"和"下游封堵"两种方案，分述如下。

5.3.1.1　"上游封堵"方案

该方案为在进水塔上游实施封堵。由于放水洞进口底高程最低，封堵前需在进口设置叠梁堵门，以确保干场施工。首先拆除事故检修闸门和弧形工作闸门，然后对封堵段进行清淤，最后进行封堵。

由于放水洞进口呈喇叭口形，在水压作用下，封堵体与洞壁结合更为紧密，封堵效果好。缺点为施工时需潜水作业，施工难度较大，且增加了金属结构拆除量和土建清淤量，工程投资较高。

5.3.1.2　"下游封堵"方案

该方案为在进水塔下游实施封堵。由于弧形闸门的挡水作用，封堵施工时不需增设叠梁堵门，可以直接干场实施封堵。

封堵段由于位于进水塔下游，不存在淤积问题，不需清淤和拆除事故检修闸门、弧形工作闸门，工程投资低，且施工方便。缺点为封堵体与洞壁结合不如"上游封堵"方案紧密，需精心组织回填灌浆和接触灌浆施工。

综合以上分析，本着投资省和便于施工的原则，本阶段推荐"下游封堵"方案。

5.3.2 封堵体设计

封堵体通过浇筑一定长度的混凝土塞和周围围岩、衬砌混凝土联成一个整体，以共同起到永久挡水作用。为便于施工，封堵位置暂选定为桩号 0+044.0～0+055.5m 洞身段。

5.3.2.1 堵头长度

堵头的最小长度根据刚体极限平衡条件进行计算，计算中假定混凝土塞和围岩均为刚体，水头推力均匀地作用在混凝土塞横断面上。水头推力按正常蓄水位设计、校核洪水位校核。

按刚体极限平衡条件计算公式为

$$L=\frac{KP}{\gamma Af'+pc'}$$

式中：K 为安全系数（设计 $K=3.0$，校核 $K=2.5$）；P 为作用水头推力，kN；A 为混凝土塞横断面面积，m^2；γ 为混凝土容重，kN/m^3；f' 为混凝土与围岩间的抗剪断摩擦系数；c' 为混凝土与围岩间的黏结力，kN/m^2；p 为混凝土塞的周长，m。

经计算，正常蓄水位时所需堵头长度为 6.04m，校核洪水位时所需堵头长度为 5.90m，综合考虑后封堵段长度最终确定为 6.0m。

5.3.2.2 封堵体混凝土浇筑

先对混凝土衬砌进行凿毛，再用微膨胀混凝土进行封堵，拱顶部位进行回填灌浆。为避免产生温度裂缝，在封堵混凝土内埋设 U 形冷却水管，以便对浇筑的混凝土进行人工冷却。

为确保封堵混凝土与衬砌、围岩的紧密结合，封堵段混凝土浇筑完成并降温至稳定温度后，对封堵混凝土周边进行接触灌浆。

6 溢流坝、泄洪底孔等闸门启闭机室改建

6.1 基本情况

溢流坝启闭机室建于机架桥上，长度为 111.0m，宽度为 6.0m，室内高程 265.0m，内设 6 台 2×450kN 启闭机。启闭房屋为砖混结构，外墙为砖墙，厚 370mm，钢制门窗，外墙装饰均为水刷石。启闭机室两侧设有楼梯间及配电室等，均为两层框架结构。

泄洪底孔启闭机室共设三座，建于溢流坝坝顶闸墩上，总建筑面积为 99.3m^2。内部各设一台固定卷扬机。启闭机房均为砖混结构，砖墙厚 240mm，外墙用水刷石抹面，内墙及顶棚喷大白浆，门窗均为钢制材料。

灌溉发电洞启闭机室建于坝顶 261.5m 高程平台上，平台梁板支承在钢筋混凝土侧墙上，墙厚 700mm。启闭机房屋建筑面积 110.7m^2，内设两台启闭机。房屋为框架结构，500mm×500mm 框架柱生根于侧墙上，填充墙墙厚 240mm。采用钢制门窗。

北灌渠渠首闸室位于左岸一级消力池边墙末端，建筑面积 38m^2，砖混结构。

由于金属结构更换闸门和启闭机，现状启闭机房屋不满足要求，结合溢流坝机架桥改建及支墩加固处理，对上述启闭机房屋一并拆除重建。

6.2 坝顶房屋改建

由于溢流坝启闭机更新，机架桥桥面抬高，机架桥拆除重建，故溢流坝启闭机室需拆除重建。因两侧变压器室和工作室与启闭机室为一体，一并拆除重建。新建启闭机室为砖混结构，建筑面积 $1100m^2$。

泄洪洞底孔、发电洞、北灌渠渠首闸启闭机需更换，更换后启闭机机架下部埋件和开孔位置均发生变化，原来埋件和孔洞位置不能满足新启闭机的要求；为方便启闭机检修，需要在室内增加吊装设备，现状启闭机房屋净高不满足要求；综上所述，原有启闭机室及下部平台需拆除重建。其中发电洞启闭机室为框架结构，建筑面积为 $115m^2$，其余均为砖混结构，总建筑面积为 $177m^2$。

因下$_{30}$廊道进、出口房屋现状比较破旧，需进行维修。

另根据工程管理运用需要，增设南灌区锥阀控制室一间，建筑面积 $30m^2$，采用砖混结构。

6.3 闸门门槽、轨道及门槛等改建

朱庄水库泄水建筑物计有溢流坝 6 孔、泄洪底孔 3 孔，发电洞 1 孔及北灌区渠首闸 1 孔，根据金属结构更换闸门及埋件要求，所涉及到的土建改建项目主要包括泄洪底孔检修门门槽与门槛二期混凝土拆除与浇筑、泄洪底孔弧门轨道与门槛二期混凝土拆除与浇筑、泄洪底孔弧门液压启闭机平台改建、发电洞拦污栅门槽与门槛二期混凝土拆除与浇筑及发电洞事故门门槽与门槛二期混凝土拆除与浇筑等。

6.3.1 门槽、轨道及门槛改建

拆除泄洪底孔、发电洞相应门槽、轨道及门槛二期混凝土，重新浇筑二期混凝土。为加强新、老混凝土结合和满足金属结构埋件安装的要求，参照已建工程的经验，在新、老混凝土之间用锚筋进行联接，即在清除已凿除的旧混凝土面之后，在老混凝土面钻孔埋设锚筋，在产生一定锚固强度后，再浇筑新混凝土。选用锚筋直径为 $\phi20$，锚筋间距 30cm，深入老混凝土内 50cm。

6.3.2 泄洪底孔启闭机平台改建

根据金属结构要求，拆除原弧门螺杆启闭机滑槽二期混凝土，重新浇筑液压启闭机平台，支承梁采用壁式连续牛腿结构，平台顶高程为 223.213m。启闭平台新、老混凝土之间采用锚筋进行联接，锚筋直径 $\phi25$，锚筋间距 25cm，深入混凝土内 50cm。牛腿纵向受力钢筋与预设锚筋可靠焊接，锚筋直径 $\phi25$，锚筋间距 25cm，深入混凝土内 100cm。

7 坝顶维修和改建

7.1 坝顶现状

朱庄水库坝顶全长 544.0m，坝顶高程 261.5m，坝顶宽 6m，上游侧设 1.2m 高的防浪墙，下游侧设有防护栏杆。水库地处丘陵地区，河谷开阔，两岸山丘连绵起伏，大坝拦河蓄起一库清水，规模非常壮观。

坝顶为混凝土路面，多处出现裂缝，坝顶路面两边高中间低，排水孔已不起作用，每

当降雪下雨，大坝中间积水严重，给水库管理工作带来极大不便，且易造成路面冻融破坏。

坝顶下游护栏和上游防浪墙由于混凝土内部钢筋严重锈蚀，造成混凝土开裂、崩落。个别部位的钢筋已经锈断，护栏损毁，管理部门曾采取了一些临时办法进行安全拦护。上游的防浪墙也作为公路桥的护栏使用，目前也已不能满足原设计要求，存在很大的安全隐患。

7.2　防浪墙及下游护栏改建

由于防浪墙和下游护栏毁坏严重，靠补强加固处理很难恢复原有功能，本次加固拟将原防浪墙及下游护栏全部拆除。根据调洪成果对坝顶高程进行了复核，计算的坝顶高程为260.38m，而现状坝顶高程为261.5m，因此坝顶不需设防浪墙，为安全计，坝顶上、下游均采用钢制栏杆。

7.3　坝顶路面改建

坝顶路面采用在现混凝土路面上新浇注一层18cm厚混凝土，混凝土强度等级为C30，路面设坡向下游单向横坡，坡度1%，下游路缘设排水孔，将路面积水排向下游。

8　对外交通工程

8.1　对外交通基本情况

朱庄水库建成初期，对外交通路是固坡路，由固坊路口起，经金牛洞路口、河滩路和朱庄村至左坝头，穿过大坝终至坡底村。"96·8"大洪水时河滩路段被冲毁，洪水过后河滩路未修复，在东山路原有路基上对东山路进行了整修，固坡路金牛洞至朱庄村段改线为东山路。

目前水库对外交通道路仍为固坡路，固坊路口至水库左坝头路段共长17.5km，水泥混凝土路面，路面宽6m，其中固坊路口至金牛洞路段长11.3km，路况尚好；金牛洞至水库左坝头路段长6.22km，弯多路陡，路况较差。左坝头至朱庄村1.92km混凝土路面年久失修，破损严重；朱庄村至金牛洞4.3km东山路段混凝土路面较好，不过路况极差，主要存在以下问题：

东山路段依山而建，线形过于弯曲，大小弯道64个，而且多是急转弯，影响行车速度和交通安全，不利于工程抢险，而且也不便于当地百姓通行。

该段路经常有险石从山上滑下，汛期尤为严重，威胁着过往车辆及行人的安全，并影响到水库的防汛抢险。

冬季雨雪天气路面结冰后车辆无法通行，特别是背阴处，积雪很难消融，有的路段坡度太陡，有时造成整个冬天封路断交。

坝顶公路是连接水库左右岸的唯一通道。近几年来随着国民经济的发展，坝顶公路的交通量呈逐年增加的趋势，对水库管理带来不便，并且经常有30t以上的重车（矿石车）通过，使坝顶公路路面破坏严重，而且30t的载重量已大大超出坝顶交通桥原设计荷载标准汽车-15级，这对交通桥的安全构成了极大威胁，对大坝的正常运行造成了安全隐患。

针对目前水库对外交通存在的问题，采取的工程措施为左坝头至朱庄路段公路全面返修，朱庄至金牛洞东山路段对高坡危石进行除险处理，原路基本不动，东山路仍作为防汛抢险主要交通道路；由"村村通"工程修复的朱庄至金牛洞段河滩路作为非汛期通行道路。

为解决坝顶对外交通问题，进行了两个不同方案的比选。

方案一：原坝顶公路桥保留，整修坝顶公路路面，严格控制上坝车辆，在右岸开山，新修一条5m宽单车道盘山公路，横断面见对外交通横断面图，线路总长2.5km，局部陡峭高坡处打隧洞，隧洞断面见对外交通横断面图，隧洞长1km。右岸盘山路修至河滩路一号桥处，走河滩路至金牛洞与固坡路连通，以解决重车对坝顶交通桥和大坝运行造成的安全隐患。

方案二：拆除现坝顶交通桥T型梁，更换为预应力空心板，下部工程仍以原桥墩为支承基础进行改建。整修坝顶公路路面，新交通桥标准提高至公路-Ⅱ级，由水库加强对坝顶公路的管理。

方案一涉及到高边坡的开挖、支护及隧洞开挖、衬砌，施工条件差、难度大、工期长，且石方开挖量巨大，工程投资约649万元；方案二重修坝上交通桥，通过提高荷载标准来满足当地的交通要求，工程量相对较少，工期短，工程投资仅95万元，比方案一节省投资约544万元。

综合分析比较，本阶段推荐方案二。

8.2　工程设计改建标准

根据JTG B01—2003《公路工程技术标准》的要求，并结合当地交通情况，坝上交通桥荷载等级为公路-Ⅱ级。对外交通路参照四级公路标准实施改建，设计洪水标准为20年一遇，路面宽6m，设计速度为20km/h。一号桥设计荷载等级为公路-Ⅱ级。

8.3　工程线路总体布置

朱庄水库对外交通工程可分为坝顶公路桥重建和固坡路两个路段的复建整修工程。

坝上交通桥由六孔15m预应力T型梁桥改为六孔16m预应力空心板桥，桥长110m，采用原桥墩支撑；

左坝头至朱庄村段公路整修，线路长1920m，其中包括重建一号桥40m，5×8m混凝土板桥，浆砌石实体桥墩；

朱庄村至金牛洞东山路段，线路长4300m，危石除险，防护墙整修。

8.4　工程改建设计

8.4.1　坝顶对外交通

坝顶公路是连接大坝左、右岸的唯一交通通道，根据现场调查情况，将现坝顶交通桥T型梁拆掉，更换为C40预应力空心板，下部工程仍以原桥墩为支承基础进行改建。新桥标准提高至公路-Ⅱ级，由水库加强管理。为了新建桥安全可靠，梁长由原来的15m改为16m，因此新墩帽支承宽由0.5m变为1.0m，墩帽底部下凿0.2m与原桥墩钢筋焊接生根，重新浇筑强度等级为C30的混凝土墩帽。

8.4.2　左坝头至朱庄村路段公路整修

8.4.2.1　线路工程

该路段年久失修，现混凝土路面不足6m且破损严重，拟进行全面返修。由于地形限制，该段路基、线形和纵坡原则上不做调整，只沿线路左侧局部加宽，以原路面作为基层，新铺 20cm 厚 6.5m 宽混凝土路面，线形及路面结构见朱庄水库左坝头至朱庄段平面图、横断面。

8.4.2.2 一号桥重建工程

一号桥位于桩号 1+018m 处，原桥为浆砌石拱桥，后经拓宽改建至现状桥宽。根据现场检查情况，原浆砌石砌筑质量极差，很多部位出现砂浆脱空现象，桥墩和拱圈砌石亦局部崩裂，存在较大安全隐患。依据水库交通要求，本次重建一号桥。

一号桥所跨沟渠深达 9m，如拆掉原桥，在原桥位修建新桥，临时复道工程量较大，经现场勘查，考虑错一桥位修建新桥，可以直线连接原路，保持线型顺畅，原桥保留作为临时通行道路，见朱庄水库左坝头至朱庄段平面布置图。

根据路面设计宽度及所跨沟渠宽度，桥面宽度定为 8m（7.5+2×0.25m），跨长设计为 40m（8×5m），桥面高程设计为 205.4m。桥体上部采用 C30 预制混凝土简支板，下部采用浆砌石实体桥墩，墩顶浇筑 C25 混凝土墩帽，墩基为浆砌石重力式基础。

预制板每孔桥布置 5 块，规格为 8m×1.6m×0.4m，采用板式橡胶支座，规格为 20cm×20cm×3.5cm。桥面铺装采用 C30W4 混凝土，桥面中心铺装厚 10cm，设双向横坡，横坡坡度 1%，铺装面层设 $\phi 8$ 钢筋网，桥面缝采用改性沥青缝，栏杆采用防撞护栏。

8.4.2.3 路涵工程

本段共有路涵工程 10 处：埋设 $D=0.2m$ 跨路水管一根，长 10m；埋设 $D=0.5m$ 灌溉涵 4 座，埋设 $D=0.8m$ 涵洞 1 座；维修加固排水涵洞 3 座；维修加固跨北干渠盖板涵 1 座。

8.4.3 朱庄村至金牛洞东山路段

本路为"96·8"大洪水后在东山路原有路基上修建而成，混凝土路面宽 6m，此路段运行时限较短，混凝土路面较好，基本无破损，本次设计本着充分利用现有路的原则，拟采用工程措施如下：

清除高坡险石，并在危坡段新建险石挡土墙，宽 50cm，高 60cm，墙顶现浇 20cm 厚混凝土墙帽，见标准横断图。挡土墙统一布置在经常有危石下滑路段，由于缺乏实际地质情况，本阶段设计拟定按修建长度为 600m 考虑。

将现状路缘防护墙整修，局部破损严重的重新修建，新建防护墙，墙体形式见标准横断图。防护墙统一布置在盘山路段，由于缺乏实际地质情况，本阶段按修建长度为 2000m 考虑。

第七节 大坝金属结构工程加固

1 溢流坝金属结构

1.1 溢流坝原金属结构情况

溢流坝位于河床段，堰型为克-奥（Ⅱ）型曲线，堰顶高程 243.00m。堰顶建闸 6 孔，每孔净宽 14m，闸墩厚度分别为 2.3m、4.45m、4m、5.5m、4m、4.45m、2.3m，每孔设有 14m×12.5m-12m（孔宽×门高-设计水头）露顶式弧形工作闸门 1 扇。闸底高程

242.925m，弧门支铰高程 250.425m。弧形闸门启闭设备为 6 台 2×450kN 固定弧门卷扬启闭机。闸门操作方式为动水启闭。启闭机室地面高程 265m。弧形闸门前未设检修闸门。

弧形工作闸门及其启闭设备于 1979 年建成，投入运行 27 年来，存在的主要问题是闸门止水老化、漏水严重，闸门和埋件严重锈蚀。尤其是 3～6 号闸门，涂层已基本老化脱落，闸门上主梁及其以下部位多为较重锈蚀，有的严重锈蚀，局部有的已锈损。焊缝外观质量较差，主要受力焊缝局部存在少量的制造缺陷，但未发现裂纹缺陷，闸门制造质量较差。在设计水头 12.0m 情况下，闸门的部分构件主梁的最大折算应力、支臂最大轴向应力以及六根小横梁的最大应力均已超过材料的容许应力（见《朱庄水库大坝安全鉴定报告辑》及《朱庄水库水工金属结构安全检测报告》）。

启闭设备为 2×450kN 弧门卷扬机，该启闭机系统无过负荷保护装置，无行程开关及闸门开度指示装置，原高度指示装置已损坏。启闭机运行时，抱闸偏心跳动。机械零件表面及减速器内齿轮副普遍存在锈蚀。开式齿轮副、卷筒、钢丝绳润滑状况不良，减速器及齿轮联轴器密封圈老化，存有渗漏现象。部分制动器制动带已破损。部分启闭机电动机绝缘电阻不满足安全运行要求。经安全复核启闭机的电动机、制动器、减速器、开式齿轮副等，在许多方面存在安全隐患，均不满足安全运行要求。

2005 年 9 月，水利部水工金属结构安全监测中心对水库溢流坝弧形工作闸门（按原设计水头 12m 核算）及其启闭机，泄洪底孔工作闸门及启闭机，泄洪底孔事故闸门及启闭机，输水发电洞事故闸门、拦污栅及其启闭机，灌溉洞闸门及其启闭机，南灌渠输水管闸门及其启闭机进行了安全检测，检测报告结论认为，溢流坝 6 孔弧形闸门及其启闭机设备均应报废更新。溢流坝金属结构拆除总量为：启闭机 144t。

1.2 溢流坝弧形工作闸门加固

根据专家组的初步评审意见，结合水利部水工金属结构安全检测结论的锈蚀厚度，按新的调洪演算成果（弧门设计水位 255.15m）及调度运用方式，重新对闸门结构强度进行复核。制定出对 4 孔溢流坝弧门粘钢补强及换件方案。

1.2.1 粘钢补强及换件方法

先对需要进行补强的弧型钢闸门进行除锈处理，然后裁剪下与补强部位相当形状和面积的新钢板进行除锈处理后，贴在需要进行补强的部位，沿周边间断施焊。利用机具往小孔打压灌胶，直至将钢板与钢闸门的接触面灌满新型结构胶，周边间断未施焊部位也要灌足胶，使其牢牢地黏接在一起。这样不仅不影响钢闸门的整体工作性能，而且能够提高钢闸门的结构安全度。

对锈蚀严重小梁及小底梁，从腹板根部切除，剩余槽梁翼板打平，将新槽梁点焊在原位置，同上进行接触面灌注结构胶，至灌满为止。

1.2.2 容许应力

在对闸门结构进行强度校核时，应首先确定材料的容许应力，而容许应力与钢材的厚度直接相关，闸门各构件的厚度不同，其容许应力亦不相同。闸门主横梁的翼缘、支臂的腹板及翼缘厚度介于 16～40mm 之间，属钢材尺寸分组中的第 2 组，其容许应力为 $[\sigma]=150MPa$，$[\tau]=90MPa$；其他构件所用钢材的厚度均不大于 16mm，属第 1 组，其容许应力为 $[\sigma]=160MPa$，$[\tau]=95MPa$。

容许应力不仅与钢材厚度有关，还与闸门的重要程度和运行条件有关。根据 DL/T 5013—1995《水利水电工程钢闸门设计规范》规定，对于大中型工程的工作闸门和重要事故闸门，容许应力应乘以 0.90～0.95 的调整系数。此外，SL 226—1998《水利水电工程金属结构报废标准》规定，对在役闸门进行结构强度验算时，材料的容许应力应按使用年限进行修正，容许应力应乘以 0.90～0.95 的使用年限修正系数，达到或超过折旧年限的修正系数取 0.9。根据以上规定，取容许应力的修正系数 $k=0.9×0.9=0.81$。修正后的闸门构件材料的容许应力列于表 17-29。

表 17-29　　　　　　　　　　闸门各主要构件材料的容许应力

应力种类	主横梁的翼缘板、支臂的腹板与翼缘板/MPa		其他构件/MPa	
	调整前	调整后	调整前	调整后
抗拉、抗压和抗弯 $[\sigma]$	150.0	121.5	160.0	129.6
抗剪 $[\tau]$	90.0	72.9	95.0	77.0

1.2.3　评判标准

由于受力状况不同，闸门各构件的强度评判标准亦不相同。

对于闸门承重构件和连接件，应校核正应力 σ 和剪应力 τ，校核公式为

$$\sigma \leqslant [\sigma], \tau \leqslant [\tau]$$

式中：$[\sigma]$、$[\tau]$ 均为调整后的容许应力。

对于组合梁中同时受较大正应力和剪应力作用处，除校核正应力和剪应力外，还应校核折算应力 σ_{zh}，校核公式为

$$\sigma_{zh} \leqslant 1.1[\sigma]$$

对于面板而言，考虑到面板本身在局部弯曲的同时还随主（次）梁受整体弯曲的作用，故应对面板的折算应力 σ_{zh} 进行校核，校核公式为

$$\sigma_{zh} \leqslant 1.1\alpha[\sigma]$$

式中：α 为弹塑性调整系数，α 取 1.5。

1.2.4　应力计算结果及加固措施

1.2.4.1　面板及小梁

在设计水头 12.225m 下，面板及 18 根小梁计算应力见表 17-30。

表 17-30　　　　　　　　　　闸门面板及小梁应力核算结果表

部　　位	名　　称	核算值/MPa	允许值/MPa
面板最大	折算弯应力	1143.74	213.8
小横梁 （自上而下依次为 1～18 号）	1 号弯应力	26.9	129.6
	2 号弯应力	18.6	129.6
	3 号弯应力	30.4	129.6
	4 号弯应力	57.0	129.6
	5 号弯应力	80.5	129.6
	6 号弯应力	62.6	129.6

部　位	名　称	核算值/MPa	允许值/MPa
小横梁 （自上而下依次为 1 号~18 号）	7 号弯应力	100.5（接近）	129.6
	8 号弯应力	125.3（接近）	129.6
	9 号弯应力	125.7（接近）	129.6
	10 号弯应力	134.8（超）	129.6
	11 号弯应力	141.7（超）	129.6
	12 号弯应力	140.9（超）	129.6
	13 号弯应力	138.1（超）	129.6
	14 号弯应力	136.7（超）	129.6
	15 号弯应力	136.1（超）	129.6
	16 号弯应力	106.3（接近）	129.6
	17 号弯应力	32.2	129.6
	18 号弯应力	41.1	129.6

换件及补强措施：由表可以看出，底部 10 号、11 号、12 号、13 号、14 号、15 号小梁弯应力均超过容许值 129.6MPa，需进行更换。对于 7 号、8 号、9 号、16 号小梁弯应力虽未超过容许值，但比较接近容许应力值，考虑加固后还需要使用 30 年，故在弯矩最大的部位进行腹板补强。底部 2 根小梁现场检查时，锈蚀严重，需要进行更换。其他小梁最大应力均小于材料相应的应力容许值，不再进行加固处理。

1.2.4.2　纵梁和边梁

纵梁和边梁自左向右依次编号为 1~7 号。在计算水位下，纵梁和边梁的最大应力见表 17-31。

表 17-31　　　　　　　　　　　纵梁和边梁的最大应力

梁　号	正应力/MPa		剪应力 /MPa	折算应力 /MPa
	纵梁轴向应力	垂直于纵梁轴向应力		
允许值	129.6	129.6	77	142.6
1 号	−111.6	−47.4	41.0	117.2
2 号	−90.1	−57.7	57.9	124.5（接近）
3 号	−65.6	−43.4	40.3	75.8
4 号	71.1	37.8	38.5	88.8
5 号	−65.6	−43.4	40.3	75.8
6 号	−90.1	−57.7	57.9	124.5（接近）
7 号	−111.6	−47.4	41.0	117.2

换件及补强措施：从表中数据可知，在计算水位 255.15m 下，2 号、6 号纵（边）梁腹板上的最大折算应力均为 124.5MPa，均小于材料相应的容许应力值（142.6MPa），但比较接近，考虑加固后仍需使用 30 年，故在弯矩最大的部位进行腹板补强。

1.2.4.3　主横梁

主横梁由前翼缘（与面板相贴）、腹板、后翼缘组成。腹板的主要作用是抗弯抗剪，后翼缘主要作用是抗弯。在计算水位下，主横梁最大应力值见表 17-32。

表 17-32　　　　　　　　　　　　　　闸门主横梁最大应力

构件		正应力/MPa		剪应力/MPa	折算应力/MPa
		σ_x	σ_y		
允许值		121.5	121.5	72.9	142.5
上主横梁	腹板	102.2	−111.4（接近）	72.0	137.8（接近）
	后翼缘	101.9	—	—	134.7（接近）
下主横梁	腹板	−73.4	−82.2	66.9	148.8（超）
	后翼缘	−108.7	—		106.9

表中 σ_x 为沿主横梁轴线方向的正应力（x 方向），σ_y 为沿 y 轴方向（水流方向）的正应力，τ 为剪应力，σ_{zh} 为折算应力。通过表中数据，可以看出以下 3 个问题。

主横梁的应力在跨中区域，主横梁的前翼缘受压、后翼缘受拉。在与支臂连接处，主横梁腹板存在较大的压应力，且压应力以较大的梯度沿轴向递减。

在设计水位下，闸门上主横梁轴线方向的最大正应力（σ_x）为 102.2MPa，出现在主横梁跨中腹板，下主横梁轴线方向的最大正应力（σ_x）为 −108.7 MPa，出现在主横梁与支臂连接处的后翼缘上；上、下主横梁垂直于轴线方向的最大正应力（σ_y）分别为 −111.4MPa、−82.2MPa，最大剪应力（τ）分别为 72.0MPa、66.9MPa，最大折算应力（σ_{zh}）分别为 137.8MPa、148.8MPa，均出现在主横梁腹板与支臂连接的区域。

在计算水位下，主横梁的最大折算应力 148.8MPa，已超过材料相应的容许应力（142.5MPa），其余应力均小于材料相应的容许应力。

补强措施：在下主横梁腹板与支臂连接的区域，进行腹板粘钢补强。在上主横梁腹板与支臂连接的区域，最大折算应力（σ_{zh}）为 137.8MPa，较为接近相应的容许应力（142.5MPa），设计仍进行腹板、下翼板粘钢补强。

1.2.4.4　支臂

支臂有两个主平面，一个主平面位于主横梁和支臂框架平面内，称为主框架平面；另一主平面在上、下臂杆组成的平面内。支臂臂杆在两个平面内均受弯矩和轴力作用，为偏心受压杆。

在设计水位下，支臂臂杆最大轴向应力列于表 17-33。支臂连接系杆件应力较小，表中不再列出。

表 17-33　　　　　　　　　　　　　支臂臂杆最大轴向应力

上臂杆/MPa	下臂杆/MPa	允许值/MPa
−131.0（超）	−127.3（超）	121.5

由计算结果可知：在计算水位下，闸门上、下支臂臂杆最大轴向应力分别出现在上支臂臂杆腹板和下支臂臂杆翼缘上，均已超过材料的容许应力（121.5 MPa）。

换件及补强措施：对两个上支臂臂杆腹板进行全长度上补强。对两个下支臂臂杆上下翼缘，进行全长度上补强。根据现场情况，更换锈穿的肋板及支臂前端板。

1.2.4.5 支臂稳定计算与分析

（1）弯矩作用平面内的稳定计算。偏心受压柱在弯矩作用平面内、外的稳定性不但和柱的长细比有关，而且还取决于偏心情况。偏心情况通常用偏心率（即偏心距与截面核心距的比值）衡量。

偏心率：

$$\varepsilon = \frac{M}{N}\frac{A}{W}$$

长细比：

$$\lambda = \frac{h_0}{r}$$

式中：M 为支臂最大弯矩；W 为最大受压纤维的毛截面抵抗矩；N 为支臂轴向压力；A 为构件毛截面面积；h_0 为支臂的计算长度，$h_0 = \mu h$；h 为支臂长度；μ 为计算长度系数，根据单位刚度比及支臂与支座的连接方式选定；λ 为构件在弯矩作用平面内的长细比；r 为构件在弯矩作用平面内的回转半径。

当 $\varepsilon > 30$ 时不必进行稳定计算，当 $\varepsilon \leqslant 30$ 时，按下式计算：

$$\sigma = \frac{N}{\varphi_p A} \leqslant [\sigma]$$

式中：φ_p 为弯矩作用平面内的稳定系数，根据截面型式、偏心方向、偏心率及长细比查表。

（2）弯矩作用平面外的稳定计算。由于弯矩作用在最大刚度平面内，所以弯矩作用平面外的稳定，按下式计算：

$$\sigma = \frac{N}{\varphi_1 A} \leqslant [\sigma]$$

式中：φ_1 为弯矩作用平面外的稳定系数，根据截面型式、偏心率及长细比 λ_y 查表；λ_y 为构件在弯矩作用平面外的长细比。

$$\lambda_y = \frac{l_y}{r_y}$$

其中：l_y 为构件两侧向固定点之间的长度；r_y 为构件在垂直弯矩作用平面的回转半径。

（3）计算结果与分析。稳定计算时，构件截面厚度以现场实测的蚀余厚度为准。在计算水位下，支臂稳定计算结果列于表 17-34。

表 17-34　　　　　　　　　　**支 臂 稳 定 计 算 应 力**　　　　　　　　单位：MPa

构 件 名 称	支臂稳定应力		
	允许值	弯矩作用平面内	弯矩作用平面外
上支臂	121.5	97.8	91.4
下支臂	121.5	101.4	94.9

从表中数据可以看出：在计算水位下，闸门支臂弯矩作用平面内最大稳定计算应力为

101.4MPa，支臂弯矩作用平面外最大稳定计算应力为 94.9MPa，均小于材料的容许应力（121.5 MPa）。表 17-35 为闸门埋件应力核算结果表。

表 17-35　　　　　　　　　　　　　闸门埋件应力核算结果表

部　　位	应力名称	核算应力/MPa	允许应力/MPa
固定支座底板处	混凝土承压应力	7.2	9.0
	横断面弯应力	79.6	133

从表中数据可以看出，闸门固定支座底板混凝土承压应力及横断面弯应力均在允许应力范围内。保留固定支座底板。

1.2.4.6　加固处理小结

经核算埋件可继续使用，为了闸门封水严密，减少封水磨损和减少启门力，在原埋件封水上下走行部位，要进行旧埋件检测，对超差部位要进行处理。

弧形闸门需要换件和粘钢补强后使用。对于底部 10 号、11 号、12 号、13 号、14 号、15 号小梁要进行换件，对于 7 号、8 号、9 号、16 号小梁在弯矩最大的部位进行腹板粘钢补强，更换锈穿的其他底部小梁。

对于闸门主梁，在上下主横梁腹板与支臂连接的区域，进行腹板及上主横梁腹板与支臂连接的区域下翼板贴焊加强。

对两个上支臂臂杆腹板进行全长补强。对两个下支臂臂杆上下翼缘，进行全长粘钢补强。更换锈穿的肋板及支臂前端板。对 2 号、6 号纵梁和边梁，折算应力虽未超过容许值，但比较接近容许应力值，考虑加固后仍需要使用 30 年，故在弯矩最大的部位进行腹板粘钢补强。

因 1986 年 6 扇大弧门上游面全部进行了喷锌防腐，下游面只有 1 号、2 号门进行了部分除锈刷漆，3 号、4 号、5 号、6 号闸门下游面，从 1986 年到至今没进行过任何防腐措施。根据水利部水工金属结构安全检测中心 2005 年 9 月编制《朱庄水库水工金属结构安全检测检测报告》溢洪道闸门锈蚀量频数分布及闸门主要构件及总体锈蚀量和锈蚀速率的平均值及上述计算值，对 6 扇闸门下游面梁系及支臂、强度不够的构件及部位，更换及粘钢补强，6 扇闸门更换粘钢补强总量为 171t，补强材料为 Q235B。对后支铰要进行维护处理。对 6 孔埋件进行检测，对超差部位进行处理。闸门粘钢补强和埋件处理完后要进行防腐。

1.2.5　加固后的闸门

加固后的溢流坝弧形工作闸门尺寸为 14m×12.5m—12.225m（孔宽×门高—设计水头），闸门为露顶式双主横梁斜支臂圆柱铰弧形钢闸门，板梁结构，等高布置。闸门设计水头 12.225m。闸底高程 242.925m，弧门支铰高程 250.425m。启闭机室地面高程上抬至 265.4m，较原高程抬高了 0.4m。因原机架桥偏低，致使原弧门底部垫台那么高，检修和察看启闭机不方便。弧门面板外半径 15m，闸门吊耳中心距 9m。最大开度门底高程 256.0m。

闸门操作方式为动水启闭。该方案优点是所有闸门及埋件全部保留。旧门利用，可节省工程投资。因只是对部分闸门构件补强，埋件全部保留，不利于变形闸门与埋件的尺寸配合精确性，施工难度较大。粘钢补强后的弧门要全部进行金属热喷涂，并用涂料封闭保护其表面，以达到长期防腐保护的目的。防腐完毕后更换封水。对闸门支铰要进行检修保养，更换启闭机。

1.3　更新启闭机

该启闭机与闸门布置为一门一机，6 孔闸门配置 6 台启闭机。

对启闭机型式进行了弧门卷扬启闭机和下挂式液压启闭机两种方案的比较。

方案一采用弧门卷扬机，启闭机容量为 $2 \times 500kN$，扬程为 15m，自重 30t，共 6 台。闸门吊点设在面板上游，不设滑模组，该方案优点是布置紧凑，结构简单、工作可靠、运用维修简便，后期维修成本费用低；其缺点是启闭机自重较大，不易实现自动化控制，设置启闭机室时所需机架桥较宽。因该库是改建工程，可利用原已有机架桥的位置和空间，故首推固定卷扬式启闭机方案。

方案二：下挂式液压启闭机 QHLY - $2 \times 1600kN$，行程 8.0m。其优点是结构紧凑，便于自动化控制，整机体积小，可减少机架桥宽度，其缺点是密封件磨损易老化，易引起漏油；对安装和管理要求较高，检修及维护使用费用较高（2～3 年液压油要全换一次），检修油缸需租用设备。且泄洪底孔弧门主通气孔的内直径为 1.2m，下部斜向上，上部是垂直插到溢流坝弧门闸墩中部，弧门闸底桩号为上 $_{2.004}$ m，主通气孔上部桩号为下 $_{3.0}$ m，支铰桩号为下 $_{10.961}$ m，对于闸门补强方案，经过布置，下挂式液压启闭机，液压缸上端铰支埋件安装合适位置，正与 $\phi1.2m$ 通气孔相冲突。另外水工要在铰支埋件周围，布设圆锥台型钢筋笼子，在圆锥台侧面上的 8 个环筋上，引出 8 排扇型筋，往闸墩里斜向吊耳初始方向轧埋，这样将对现有 $\phi1.2m$ 通气孔有影响。

通过上述两个方案的价格比较，卷扬启闭机方案比液压启闭机方案节省投资 435.2 万元。综合比较以上两个方案，两种启闭机布置方案各有优缺点，虽然液压启闭机技术先进，自动化程度高，但是考虑到后期长期的管理使用成本，弧门卷扬启闭机比液压启闭机也节省投资。又针对本工程实际和运行特点，八、九、十坝段中间闸墩均布有泄洪底孔的主通气孔，采用下挂式液压启闭机，液压缸上端铰支埋件位置与通气孔位置相冲突，不适合采用液压启闭机。补强方案推荐采用弧门固定卷扬式启闭机。启闭机自重每台 30t，扬程 15m。更新后的闸门和启闭机主要技术参数见表 17 - 36。

表 17 - 36　　　　　　　　更新后溢流坝弧形闸门和启闭机主要技术参数

闸　门		启　闭　机	
型式	露顶式弧形钢闸门	型式	弧门固定卷扬式
孔口尺寸	14.0m×12.5m（宽×高）	额定容量	$2 \times 500kN$
设计水头	12.225m	启闭扬程	15m
操作条件	动水启闭	启门速度	1.496m/min
闸门补强量	42.75t/扇	吊点距	9.0m

2　泄洪底孔

2.1　原泄洪底孔金属结构概况

泄洪底孔分别布置在溢流坝八、九、十坝块的中墩内，底孔进口位于溢流坝段下 $_{210}$ m

高程处，其出口高程 208.691m，共 3 孔。进口设 3 扇平面滑动事故检修闸门 2.2m×
4.75m—45.93m（孔宽×孔高—设计水头），设 3 台 1×1250kN 固定卷扬启闭机，闸门操
作方式为动闭静启。闸门检修平台高程 251.5m，启闭机室地面高程 261.5m。在平面滑动
事故检修闸门后设有 2.2m×4.0m～45.93m（孔宽×孔高～设计水头）潜孔式弧形工作
闸门，闸门为主横梁直支臂圆柱铰结构，弧门面板曲率半径 8m。支铰高程 216.5m，闸门
启闭设备为 3 台启门力 750kN/闭门力 400kN 螺杆启闭机，螺杆启闭机为上海起重机械厂
生产。闸门操作方式为动水启闭。启闭机室地面高程 229.41m。

2.1.1 弧形工作闸门和启闭设备

检测报告结论认为弧形工作闸门整体外观形态基本良好，表面涂层老化、局部脱落，
闸门止水装置老化破损，闸门漏水严重。导向轮多已经锈死不能转动。闸门整体较重锈
蚀，局部严重锈蚀或锈损。主要受力焊缝局部存在少量的制造缺陷，但是未发现裂纹
缺陷。

闸门制造质量较差。9 号、10 号孔闸门面板不平度较大，最大为 6.5mm，超过现行
规范≤3mm。8 号孔闸门的上部顶封部位，面板中间凸向下游，安装时虽用渐变后度封水
垫进行了调整，经多年冲刷老化，渐变后度封水垫早已失效，致使弧门顶部漏水严重。

在新设计水头 453m 下，闸门构件的强度、刚度和稳定均满足安全运行要求，但综合
考虑闸门支臂的最大稳定应力已接近材料的容许应力，闸门运行已近 30 年，且闸门构件
锈蚀严重，故对现有闸门进行更新改造。

埋件制造及安装质量较差。8 号、9 号底孔弧门顶封座板埋件铸造时，在顶封座板部
位有气孔沙眼，安装时，虽用环氧树脂进行了处理，从 1979—2009 年近 30 年冲刷锈蚀，
孔眼更大，致使弧门漏水严重。埋设式顶水封型式不合理，侧轨埋件安装后检测，向下游
位移较大，九号孔侧轨位移最大，向下游位移 14mm，超出现行规范位移值±3mm。埋件
整体较重锈蚀，局部严重锈蚀或锈损，故对 8 号、9 号、10 号孔弧门埋件彻底更换。

启闭机运行环境恶劣，老化现象严重，运行维护困难。蜗杆两端支承处轴承磨损严
重。启闭机安全联轴器锈蚀严重，致使安全联轴器失去调节作用，存在安全隐患。启闭机
电动机绝缘电阻不满足安全运行要求。在实测水头（31.06m，下游无水）情况下，得出
闸门最大启门力超过启闭机的额定容量，说明门、机运行阻力增大到已影响水库安全运
行。经复核，启闭机的电动机不满足安全运行要求。根据 SL 226—1998《水利水电工程
金属结构报废标准》，现有启闭机应报废更新。

2.1.2 事故检修闸门及启闭机设备

事故检修闸门整体外观形态良好，表面涂层基本良好，整体一般锈蚀，局部严重锈
蚀。闸门胶木滑块及止水橡皮存在磨损。闸门漏水非常严重。闸门吊杆多数存在较重或严
重锈蚀。焊缝外观质量较差，主要受力焊缝局部存在少量的制造缺陷，但是未发现裂纹缺
陷，闸门制造质量较差。检测报告结论认为，现有闸门应可继续使用。但考虑到原事故闸
门材料为 A3F，按照现行钢闸门设计规范，重要事故闸门材料应为 Q235 镇静钢，此闸门
材料不合格，应该报废更新。

埋件整体一般锈蚀，局部严重锈蚀。事故检修闸门、埋件与弧形工作闸门、埋件的制
造及安装质量均较差。

事故检修闸门启闭机设备老化现象严重，设备整体状况较差。电动机功率、制动力矩以及减速器的承载能力均偏小，都不能满足安全运行要求。启闭机系统中过负荷保护装置和行程控制开关均已经失去作用，存在安全隐患。减速器内齿轮副齿面及开式齿轮副小齿轮存在明显磨损。综合考虑启闭机设备的整体状况以及启闭机运行已接近30年等指标因素，根据 SL 226—1998，现有启闭机应报废更新。

工作闸门及事故闸门拆除量为：启闭机 139.8t（含滑槽重），闸门 121.2t，埋件 105t。

2.2　更新后工作闸门和启闭设备

改建后，进口工作闸门采用弧形工作钢闸门，尺寸为 2.2m×4.0m～45.3m（孔宽×孔高～设计水头），3孔3扇，闸底高程 210m，设计水位 255.3m，校核水位 258.9m。闸门结构采用双主横梁直支臂工字形截面组合梁，板梁结构，等高布置，面板支承在由主横梁、纵梁和水平次梁组成的梁格上，面板与梁格直接焊接，支臂与主横梁采用螺栓连接构成主框架。闸门顶止水采用双道P型止水，一道为活动止水，布置在门叶上，另一道为固定止水，布置在门楣埋件上。支铰采用圆柱铰，支铰高程 216.5m。每扇闸门自重 26.5t，材料均为 Q235B。每孔埋件总重 3t，材料均为 Q235。闸门操作方式为动水启闭。

启闭设备方案。考虑到本闸门运行特点和重要性，现在加工大型螺杆启闭机能力强的厂家大多改产。加之螺杆启闭机是一种将要被逃汰的产品。液压机优点，它是一种新型启闭设备，代表目前运用趋势，其结构简单，运行可靠，我们首推摇摆式液压启闭机布置方案。摇摆式液压启闭机 QHSY1000kN/400kN，行程 6.0m，自重 21.7t。将原弧门启闭机检修平台下挖 400mm，可布置开摇摆式液压启闭机。该启闭机布置于现有的启闭机室（高程 229.41m）以下，重新搭建新的启闭机室平台，原启闭机室内布置液压启闭机的液压站，每孔布置一个泵站，每个泵站设两个泵组，互为备用。启闭机采用双电源动力保证措施。其优点是结构紧凑，运行可靠，动作准确，便于自动化控制，与闸门钢性连接，闸门不宜振动，整机体积小，重量轻，承载力大，设备技术先进。其缺点是密封件磨损易老化，易引起漏油，对安装和管理要求较高，检修费及维修费用较高。闸门的操作条件为动水启闭，启闭机采用双电源动力保证措施。液压启闭机检修所用 10t 吊车由管理单位临时租用。

表 17 - 37　　　　　　推荐方案泄洪底孔工作闸门和启闭机主要技术参数

闸　　门		启　闭　机	
型式	潜孔式弧形钢闸门	型式	摇摆式液压
闸门尺寸	2.2m×4.0m（宽）（高）	额定容量	1000kN/400kN
设计水头	45.3m	工作行程	6m
操作条件	动水启闭	启门速度	0.7497m/min
闸门自重	26.5t/扇	吊点距	单吊点

2.3　更新后事故检修闸门和启闭机

改建后，进口共3孔，设3扇平面滑动事故检修闸门 2.2m×4.75m～45.3m（孔宽×孔高～设计水头）。泄洪底孔事故检修闸门为平面滑动钢闸门，滑块采用复合材料滑块，板梁结构，等高布置。面板支承在由主横梁、纵梁和边梁组成的梁格上，面板与梁格直接焊接。主横梁为焊接工字形截面组合梁，共六根。纵（边）梁为焊接 T 形截面组合梁，共三根。门顶设充水阀。闸底高程 210.0m，设计水位 255.3m，校核水位 258.9m。每扇闸门自重 13t，每扇门设拉杆长 23m，拉杆重 5.6t，材料为 Q235B。每孔埋件总重 36t，主材料为 Q235。为减小摩阻力，轨头材料采用不锈钢，与复合材料滑块配合使用。闸门操作方式为动闭静启，门顶充水阀平压。

根据启闭机室原有建筑物情况，3 扇平面滑动事故检修闸门，仍设 3 台 QP1×1250kN 固定卷扬启闭，扬程 20m。每台启闭机自重 21t，事故闸门及启闭机的主要技术参数见表 17 - 38。

表 17 - 38　　　　　　更新后泄洪底孔事故检修闸门和启闭机主要技术参数

闸　门		启　闭　机	
型式	潜孔式平面钢闸门	型式	固定卷扬式
闸门尺寸	2.2m×4.75m（宽×高）	额定容量	1250kN
设计水头	45.3m	启闭机扬程	20m
操作条件	动闭静启	启门速度	1.19m/min
闸门自重	13t；拉杆重 5.6t	吊点距	单吊点

3　发电洞

3.1　原发电洞金属结构概况

发电洞洞径 4.1m，共设 1 孔，进口底部高程 212.95m。进口设 1 扇拦污栅，栅底高程 212.95m，拦污栅分为上、下 2 节，尺寸为 4.5m×6.6m～4m（孔宽×孔高～水位差），定轮式支承，双吊点，吊点距 4m。拦污栅启闭设备为 1 台 2×80kN 固定卷扬启闭机。拦污栅检修平台高程 252.5m。拦污栅后设 1 扇 3.5m×4.1m～42.98m（孔宽×孔高～设计水头）平面滑动事故检修闸门，闸门吊点距 4m；启闭设备为 1 台 2×1000kN 固定卷扬启闭机，启闭机吊点距 4.4m，启闭机吊耳与闸门吊耳中间用一启吊横梁连接。闸门操作方式为动闭静启。闸底高程 212.95m，检修平台高程 252.5m，启闭机室地面高程 261.5。拦污栅、闸门及其启闭设备于 1977 年建成，并投入运行。

检测报告结论认为：拦污栅启闭机钢丝绳已经锈断，运行至今近 30 年，从未提栅清污和提栅检修，不能再继续使用，应报废更换。

事故检修闸门整体外观形态良好，表面涂层基本良好，整体一般锈蚀，局部严重锈蚀。闸门胶木滑块磨损严重，导向轮多已经锈死不能转动，有的存在严重磨损，止水橡皮老化、磨损，局部已经破损；焊缝外观质量较差，主要受力焊缝局部存在少量的制造缺陷，但未发现裂纹缺陷，闸门制造质量较差。该闸门在运行中，曾经两次一侧拉杆脱节，出现侧轮碰掉事故，闸门滑块损伤严重，埋件不锈钢轨头脱落约 4m 长两段。在设计水头（42.98m）下，闸门的主横梁、边梁的最大应力均已经超过材料的容许应力，闸门的其余构件的强度和刚度均满足要求。闸门主材料为 A3F，按现行规范材料不符合要求。检测报告结论认为：综合考虑闸门材料不合格，部分构件的强度已不能满足安全运行要求，闸门制造质量较差，且闸门运行已近30年等指标因素，根据SL 226—1998，现有闸门应报废更新。

启闭机减速器齿轮副齿面损伤、磨损，挤压变形现象严重，减速箱底座锈坏漏油。减速箱内齿轮磨损成尖角，箱底发现磨损脱落的大块三棱体铁屑。轴承盖顶坏，减速器不能正常工作，左端减速器中间轴左支承处有一道裂纹，存在安全隐患。负荷限制器、行程开关及闸门开度指示装置损坏，存在安全隐患。开式齿轮副、卷筒及钢丝绳无润滑。经安全复核，启闭机的电动机、制动器、开式齿轮副均不满足安全运行要求。根据SL 226—1998，现有启闭机应报废更新。

闸门及拦污栅拆除总量：启闭设备27.0t，门及拉杆35.6t，埋件13.6t。

3.2 更新后拦污栅

新设拦污栅支承型式由滚动式改为滑动式，原埋件与改后栅门不配套，更换原埋件。

设计拦污栅分为上、下两节，栅门孔口尺寸为4.5m×6.6m～4m（孔宽×孔高～水位差），双吊点，吊点距4m，滑动式支承。每扇拦污栅自重9t，拉杆重5t，材料为Q235B，每孔埋件总重5t，材料为Q235。拦污栅检修平台高程252.5m，栅底高程212.95m。拦污栅启闭设备为1台QPQ2×125kN固定卷扬启闭机，扬程9m，每台启闭机自重4t。为防止钢丝绳再次锈断，拦污栅门设2×34m拉杆。输水洞进口拦污栅和启闭机的主要技术参数见表17-39。

表 17-39　　　　　　　更新后发电洞进口拦污栅门和启闭机主要技术参数

闸　门		启　闭　机	
型式	滑动倾斜式拦污栅	型式	固定卷扬式
孔口尺寸	4.5m×6.6m（孔宽×孔高）	额定容量	2×125kN
设计水头差	4m	扬程	9m（拉杆长2×34m）
操作条件	静水启闭	启门速度	2.41m/min
栅门自重	门重9t/扇；拉杆重5t/孔	吊点距	4.0m

3.3 更新后事故检修闸门和启闭设备

设1扇3.5m×4.1m～42.35m（孔宽×孔高～设计水头）平面滑动事故检修闸门，双吊点，吊点距4m，板梁结构，等高布置。面板支承在由主横梁、纵梁、边梁和小横梁组成的梁格上，面板与梁格直接焊接，主横梁为焊接工字形截面组合梁，共五根。纵梁为焊接T形截面组合梁，共三根；边梁为焊接工字形截面组合梁。支承滑块材料为复合材料，门顶设充水阀，闸门设拉杆2×37m。去掉启吊横梁，闸门及启闭机吊点距均为4m。闸底高程212.95m，设计水位255.3m，校核水位258.9m。每扇闸门自重15.5t，每套拉杆重15.5t，材料均为Q235B，每孔埋件总重12t，材料为Q235。为减小摩阻力，埋件轨头材料采用不锈钢，与复合材料滑块配合使用。

根据启闭机室原有建筑物情况，电洞事故检修闸门启闭设备仍采用1台PQ2×1000kN固定卷扬启闭机，扬程16m，每台启闭机自重23t。闸门操作方式为动闭静启，门顶充水阀平压。输水发电洞事故检修闸门和启闭机的主要技术参数见表17-40。

表 17-40　　　　更新后输水发电洞事故检修闸门和启闭机主要技术参数

闸　门		启　闭　机	
型式	潜孔式平面滑动钢闸门	型式	固定卷扬式
孔口尺寸	3.5m×4.1m（孔宽×孔高）	额定容量	2×1000kN
设计水头	42.35m	工作行程	16m
操作条件	动闭静启	启门速度	1.43m/min
闸门自重	15.5t/扇；拉杆重 15.5t/孔	吊点距	4.0m

4　北灌渠渠首

4.1　原北灌渠渠首金属结构概况

北灌渠渠首闸共 1 孔，设有 1 扇潜孔式平面钢闸门 3.0m×2.5m～13.5m（孔宽×孔高～设计水头），闸底高程 195.5m，检修平台高程 206.0m。闸门板梁结构，等高布置。闸门采用悬臂轮支承。面板支承在由主横梁、纵梁、边梁和小横梁组成的梁格上，面板与梁格直接焊接。主横梁为焊接 T 形或工字形截面组合梁；共三根；纵（边）梁为焊接 T 形截面组合梁，共五根。

原北灌渠渠首闸门整体外观形态良好，表面涂层局部已有脱落，闸门整体一般锈蚀，局部较重锈蚀。闸门主轮及导向轮多数已经锈死不动，连接螺栓锈蚀较重，表面龟裂。止水橡皮老化、磨损，局部已经破损。主要受力焊缝均未发现超标的制造和裂纹缺陷。从外观上看，灌溉渠渠首工作闸门可以继续使用。对现有闸门进行维护处理。

闸门启闭设备为 1 台额定容量 2×160kN 的固定卷扬式启闭机。启闭机运行环境差，设备陈旧老化严重，传动效率降低，致使电动机处于超负荷运行状态，存在安全隐患。启闭机运行状况不平稳。机械零部件锈蚀、损坏现象普遍。减速器内齿轮副磨损现象严重。启闭机卷筒长度过短，致使闸门无法提到检修平台上进行正常维护。启闭机供电线路简陋，布置紊乱，线路老化现象严重。

综合考虑启闭机设备的整体状况，以及存在诸多的安全隐患，且启闭机运行已近 30 年等指标因素，根据 SL 226—1998，现有启闭机报废更新。

北灌渠渠首启闭机拆除量 4.0t，闸门轮子拆除量 1t。

4.2　维护处理北灌渠渠首工作闸门

渠首工作闸门闸底高程 195.5m，检修平台高程 206.0m，启闭机室地面高程 211.17m。

为了闸门封水严密，减少封水磨损及减少启门力，在原侧埋件及门楣（封水上下行走）部位，贴焊不锈钢板条。贴焊前，要进行旧埋件检测，对超差部位要进行处理。

原工作闸门进行防腐处理，将原主轮中的轴承，改为滚动轴承。更换主轮及侧轮，更换封水。对闸门埋件进行防腐处理及贴焊不锈钢板条。闸门轮子改造工程量 1.5t，材料为 ZG45 铸钢及 45 号钢。埋件 0.5t，材料为 1Cr18Ni9Ti。

4.3　更新后启闭设备

新建启闭设备为 1 台额定容量 2×160kN 的固定卷扬式启闭机，扬程 12m，每台启闭机自重 4t。闸门操作方式为动水启闭。

北灌溉渠渠首工作闸门和启闭机的主要技术参数见表 17-41。

表 17-41　　　　处理维修后北灌溉渠渠首工作闸门和启闭机主要技术参数

闸　门		启　闭　机	
型式	潜孔式平面定轮钢闸门	型式	固定卷扬式
闸门尺寸	3m×2.5m（宽×高）	额定容量	2×160kN
设计水头	13.5m	扬程	12m
操作条件	动水启闭	启门速度	~2.32m/min
闸门及埋件	改造量 2t/扇	吊点距	2.6m

5　南灌渠输水管

5.1　南灌渠输水管原金属结构概况

原南灌渠输水管闸门及启闭机担负着水库右岸下游农业灌溉用水的控制运行任务。输水管闸门为电动暗管楔式闸阀，引水管直径为 $\phi 1400$。阀体为整体铸铁件，闸阀各处连接螺栓均已经锈死，致使闸阀无法进行正常的检修维护，长期处于带病运行状态。现有闸阀不能满足消能防冲要求，致使闸阀出口处冲刷严重，底板处钢筋全部裸露，已严重威胁建筑物安全。

启闭机为电动螺杆式，运行环境恶劣。启闭机室设置于地面高程以下，室顶混凝土板上表面与地面持平。室内漏雨、进水，设备严重锈损。启闭机无行程控制装置及过负荷保护装置（安全离合器），致使螺杆弯曲变形严重。启闭机电气控制系统简陋，运行操作时人身安全没有保障。

南灌渠输水管阀门拆除量：阀门和启闭机一套总量为 7.5t。

5.2　南灌渠输水管阀门改造

南灌渠渠底高程为 215.4m。引水支管出口设检修闸阀和梳齿碟阀，引水管直径为 $\phi 1400$。碟阀传动方式为电动，闸阀传动方式为手动。

6　消力池北边墙廊道排水管逆止阀门

6.1　逆止阀门原金属结构概况

消力池北边墙在高程 204m 处有 2 孔廊道排水管逆止阀门，分别是 $\phi 1000$ 及 $\phi 500$ 逆止阀门，是 78 年安装建成，至今近 30 年，现今橡皮封水早已老化失效，锈蚀较严重，需对其更新改造。

2 孔阀门拆除总量为 0.6t。

6.2　逆止阀门改造

方案一：将 2 孔逆止阀门改换成防洪式拍门，即 FHP 型 1000×1000-2×2（上下 4 个小门），门座尺寸 1300×1280；FHP 型 500×500，门座尺寸 790×780；两种拍门全是门叶绕横轴转动。为防门叶水头小时打不开，每节门叶底部要做 2 个支承钩，大洪水到来之前去掉支承钩，靠水压封住拍门，防止洪水进入排水管。

方案二：按原设计重新制作 2 个逆止阀门进行更换。

方案比较：前者安全可靠，投资较高，后者制造简便，投资低，但可靠性较差。综合比较，推荐采用防洪拍门。

7 防冰冻设计

朱庄水库位于北方寒冷地区，极端最低气温发生在 1 月份，为 -21.4℃。为防止冰冻对闸门的影响，应对溢流坝弧形工作闸门设置防冰冻系统。经技术经济比较，闸门防冰冻系统采用压力水射流法，该方法利用潜水泵取深层温水扬至水层表层进行热交换，形成一股强烈上升的温水流，使水面在一定范围内产生扰动，从而达到防止水面结冰的目的。

上述系统由潜水泵、射流管等组成，采用集中控制方式，共设 3 个控制单元，每个控制单元设置 1 台潜水泵。本系统共设置 4 台潜水泵，3 台工作，1 台备用。潜水泵性能参数见表 17-42。

表 17-42　　　　　　　　潜 水 泵 性 能 参 数 表

型　　号	QX40-15-3.0	设计扬程	15m
设计流量	40m³/h	电机功率	3.0kW

8 启闭机室辅助设备

朱庄水库启闭机室辅助设备金结总工程量 39.4t，共设 6 台电动葫芦，电动葫芦轨道为工 45c 型钢，总长 265.3m，轨道及附件总重 31.1t。葫芦的钢结构重 2.5t，葫芦的配重总量为 1.5t，电动葫芦自重总量为 5.3t。防腐面积为 480m²。

6 孔溢流坝弧型闸门启闭机室辅助设备：选用双运行轨道，LXT 型电动单梁悬挂式，起重量为 10t 的起重机一台，双轨运行速度 8m/min，其运行电机功率均是 0.18kW。起重机运行速度为双速，即 16m/min 和 4m/min；电动葫芦运行速度为双速，即 16m/min 和 4m/min。主起升电机功率是 7.8kW，慢起升电机功率是 1.3kW。起重机起升最大高度为 6m。车轮直径为 200mm，双轨道为工 45c 型钢，总长为 111m×2=222m，最大轮压 6.48t，最小轮压 0.22t。双运行轨道及附件总重 25.18t，电动单梁悬挂式起重机钢结构总重 2.49t，一台电动葫芦重 0.88t。6 孔流坝弧形闸门启闭机室辅助设备金结总重 28.55t。

3 孔泄洪底孔事故检修闸门启闭机室辅助设备：每孔选用 10t 移动式电动葫芦一台，小车运行速度 8m/min，运行电机功率是 0.18kW。电动葫芦起升速度为双速，主起升速度 4m/min，主起升电机功率 7.8kW，慢起升速度 0.7m/min，慢起升电机功率 1.3kW。最大启升高度 6m。单台电动葫芦重 0.88t，单台电动葫芦配重 0.3t。机室顶部钢轨选工 45c，每孔轨道长 7.2m，重 0.6804t。3 孔轨道总长 21.6m。3 孔机室钢轨及附件总重 2.45t，3 孔电动葫芦总重 2.64t，3 孔电动葫芦总配重 0.9t。机室辅助设备金结总重 5.99t。

1 孔输水发电洞事故检修闸门、拦污栅启闭机室辅助设备：每孔选用 10t 移动式电动葫芦两台（因启闭机均为双吊点），小车运行速度 8m/min，运行电机功率是 0.18kW。电动葫芦起升速度为双速。主起升速度 4m/min，主起升电机功率 7.8kW，慢起升速度

0.7m/min，慢起升电机输出功率 1.3kW。最大启升高度 6m。机室顶部钢轨选工 45c，每孔轨道长 $2\times10.83m=21.66m$。机室钢轨及附件总重 2.46t，2 台电动葫芦总重 1.76t，2 台电动葫芦总配重是 0.6t。输水发电洞机室辅助设备金结总重 4.82t。

9 防腐设计

根据结构的使用环境、运行工况、维护管理条件，结合本工程特点，拟对所有闸门、拦污栅进行金属热喷涂，并用涂料封闭保护其表面，以达到长期防腐保护的目的。对通往放水洞闸室及灌溉洞闸室的钢桥进行除锈后，用涂料封闭保护其表面。

金属热喷涂保护所采用的金属材料选用锌丝，其含锌量应大于 99.99%，喷锌厚度 $120\mu m$。

各闸门及埋件防腐面积 $20130m^2$。

通往放水洞闸门机房的钢桥，要进行防腐，防腐面积 $500m^2$。

通往消力池北边墙灌溉洞闸门机房的钢桥，要进行防腐，防腐面积 $100m^2$。

辅助设备防腐面积 $480m^2$。

金结防腐总面积为 $21210m^2$。

第八节　水力机械与电气

1 工程概况

朱庄水库水力机械设备主要包括溢流坝廊道排水设备和溢流坝消力池旁泵室内排水设备。

溢流坝廊道排水设备用于排除大坝渗漏水（坝基排水）。共设 2 座深井泵站，1 座在下$_{30}$廊道（底高程 204.0m）集水井（0＋293.5m，下$_{37}$）处，井底高程 175.0m，安装 2 台型号为 12J160×4 的深井泵，扬程 54m，转数 1450r/min，流量 160m³/h，效率 70%，轴功率 33.6kW，配套电机功率 40kW；另 1 座在南边墙下 166.5 处，底高程为 183.2m，顶高程为 206.5m，安装 2 台型号为 10J80×6 的深井泵，扬程 48m，转数 1480r/min，流量 80m³/h，效率 73%，轴功率 14.3kW，配套电机功率 20kW。

溢流坝消力池旁泵室内排水设备用于抽出坝内深井泵抽出的水。安装 2 台水泵型号为 10J80×3 的深井泵，扬程 23.5m，转数 1480r/min，流量 80m³/h，效率 68%，轴功率 7.5kW，电机为 11kW。

根据朱庄水库大坝安全鉴定，大坝及消力池排水设施均为 20 世纪 70 年代初建库时装设，投入使用已 30 年。这些设备均处于廊道内，空气非常潮湿，泵组及其管件锈蚀严重，设备可靠性大为降低，不能保证正常的使用，对大坝安全构成事故隐患。因此，本次加固拟更换大坝及消力池排水设施及其配套管件。

2 水力机械设计

经现场实地考察并结合工程管理单位运行建议，认为 160m³/h 流量的水泵可维持现状参数基本不变；而流量 80m³/h 流量的水泵容量偏小，水泵启动频繁，需更换较大容量的水泵，水泵扬程基本不变。

本工程为除险加固工程，只能在维持原有排水系统的设备布置和管路部分的基础上进行设备的更新改造设计。根据以上设计思路，查取水泵样本，经选择比较，确定了更新后的水泵型号。3 座排水泵站的新旧水泵主要技术参数比较如下。

原型号为 12J160×4 的深井泵更换为型号为 300RJC160 - 11.5×5。两种水泵的主要技术参数比较见表 17 - 43。

表 17 - 43 　　　　　　　　　　　主要技术参数比较表

水泵型号	流量/(m³/s)	扬程/m	效率/%	转速/(r/min)	级数	电机功率/kW
12J160×4（旧）	160	54	70	1450	4	40
300RJC160 - 11.5×5（新）	160	57.5	80	1460	5	37

原型号为 10J80×6 的深井泵更换为型号为 250RJC130 - 8×6。两种水泵的主要技术参数比较见表 17 - 44。

表 17 - 44 　　　　　　　　　　　主要技术参数比较表

水泵型号	流量/(m³/s)	扬程/m	效率/%	转速/(r/min)	级数	电机功率/kW
10J80×6（旧）	80	48	73	1480	6	20
250RJC130 - 8×6（新）	130	48	75	1460	6	30

原型号为 10J80×3 的深井泵更换为型号为 250RJC130 - 8×3。两种水泵的主要技术参数比较见表 17 - 45。

表 17 - 45 　　　　　　　　　　　主要技术参数比较表

水泵型号	流量/(m³/s)	扬程/m	效率/%	转速/(r/min)	级数	电机功率/kW
10J80×3（旧）	80	23.5	68	1480	3	11
250RJC130 - 8×3（新）	130	24	75	1460	3	18.5

从以上表中可以看出：因原水泵为 20 世纪 70 年代产品，更新后的水泵效率与原水泵效率都有不同程度的提高。

每座泵站均设置了 1 套浮球式液开关，用于实现水泵的自动控制。

朱庄水库除险加固工程水力机械专业主要设备配置见表 17 - 46。

表 17 - 46 　　　　　　　　　　水力机械专业主要设备配置表

主 机 设 备			辅 属 设 备			
型号	台数	电机功率/kW	消声止回阀型号与规格	台数	蝶阀型号与规格	台数
300RJC160 - 11.5×5	2	37	HK44X - 10，DN300	2	D341X - 10，DN300	2
250RJC130 - 8×6	2	30	HK44X - 10，DN250	2	D341X - 10，DN250	2
250RJC130 - 8×3	2	18.5	HK44X - 10，DN250	2	D341X - 10，DN250	2

3 供配电方案优化设计

根据该工程现状及存在的问题，结合水库除险加固工程的实施，对现有供电电源、电气设备以及自动化水平等方面，本着采用先进技术、选用名优产品、保证供电可靠并与整体环境协调的原则进行设计。供配电设施虽在水库除险加固工程设计中投资比例较少，但对改善供电质量、提高运行可靠性、减少电气事故、改变水库环境、实现科学管理自动化，安全防洪度汛起到决定性的作用。

供配电系统优化设计内容如下。供电系统设计包括朱庄变电站供电电源、朱庄水电站供电电源、10kV 架空输电线路、应急柴油发电机组、水库枢纽变压器以及变压器选型，高、低压设备选型；配电系统设计包括溢流坝、泄洪底孔、发电洞、北灌渠及南灌渠等闸门动力配电设施；照明系统设计包括坝面照明、廊道照明、变压器室、配电室及各闸室照明、水库建筑照明；各闸室及配电设施的防雷接地及过电压保护系统设计；朱庄水库管理设施配电；水库枢纽变压器距离水库管理机构及生产、生活地较远，为增加供电质量减少变压器损耗，在综合调度楼及生活设施处附近装设 1 台变压器，在管理处生活区装设 1 台变压器。

3.1 供配电系统

根据水库汛期防洪度汛供电可靠性要求，溢流坝、泄洪底孔、发电洞、北灌渠等建筑物的闸门启闭机属于二级负荷，除设有互为备用的两个供电电源外尚需配备应急柴油发电机组为保安电源。

3.1.1 电源引自朱庄变电站 082 线路

朱庄变电站距离溢流坝右端变压器室约 4km，变电站 082 线路经 10kV 架空输电线路以单回路引至溢流坝左端电梯井，再经过约 150m 沿溢流坝楼板下层明敷的高压电力电缆进高压开关柜室再进变压器室与 1 号降压变压器连接后，引至溢流坝右端水库枢纽配电室内动力配电盘向各负荷供电。

3.1.2 电源引自朱庄水电站 35kV 母线

朱庄水电站发电机组 35kV 母线，原输出电压为 6.3kV。作为水库的第二电源需要电压等级升至 10kV。现接一台 6.3kV/10kV 变压器，经 10kV 架空输电线路引至高压开关柜室再进变压器室与 2 号降压变压器连接后，引至溢流坝右端水库枢纽配电室内动力配电盘向各负荷供电。

3.1.3 自动应急柴油发电机组

当 1 号电源和 2 号电源均出现故障时，距溢流坝左端电梯井坝下约 250m 处，有"96·8"洪水后更换的 2 台 75kW 自动应急柴油发电机组，其低压出线与水库枢纽配电室低压配电盘母线相连。可人工切换。

3.1.4 水库供配电设备选型

水库枢纽变压器室装设两台 SC－315kVA 干式电力变压器，分别连接 1 号和 2 号电源。每台变压器高压侧（10kV）选用 1 台 KYN－10－04（G）型交流金属铠装移开式开关柜，装设高压熔断器、电流互感器、电压监测装置和接地开关；选用 1 台 KYN－10－42（G）型交流金属铠装移开式开关柜，装设熔断器、电压互感器和避雷器。开关柜与变压器高压侧（10kV）由高压电缆连接。变压器低压侧（0.4kV）选用 7 台 GCS（G）型低压抽屉式配电盘，盘内装低压断路器、电流互感器和电源电涌保护器等设备。泄洪底孔闸室、发电洞闸室、北灌渠闸室及南灌渠锥阀控制室各设一台 GHL-Ⅱ14（G）型低压动力配电盘。

3.1.5 管理处供配电设备选型

综合调度楼及生活设施配电选用 NXB 型 10/0.4kV 箱式变电站一套。箱式变电站内高压单元选用性能可靠的 SF_6 绝缘开关柜，变压器单元选用一台 S11-M-250kVA 变压器，低压单元选用防护等级高且具有互换功能的 GCS 型抽屉式低压配电盘。

管理处生活区配电选用 NXB 型 10/0.4kV 箱式变电站一套。箱式变电站内高压单元选用性能可靠的 SF_6 绝缘开关柜，变压器单元选用一台 S11-M-100kVA 变压器，低压单元选用防护等级高且具有互换功能的 GCS 型抽屉式低压配电盘。

为水库管理设施配备 1 台 120kW 拖车式柴油发电机组作为备用电源。当 1 号电源和 2 号电源出现故障时，可单独与综合调度楼及生活设施配电变电站、管理处生活区配电变电站连接。

3.2 电气设备布置

变压器、高压开关柜、低压动力配电盘均采用室内布置方式。4 面 KYN 型高压开关柜布置在高压开关柜室。7 面 GCS 型低压动力配电盘布置在配电室。2 台 SC 型干式变压器布置在变压器室。泄洪底孔闸室、发电洞闸室、北灌渠闸室和南灌渠闸阀控制室每处各设一台 GHL（G）型低压动力配电盘。

高压开关柜、变压器、配电室低压动力配电盘及闸室低压动力配电盘之间均以电缆连接。

3.3 照明

按设计规范要求选择照明种类、照度标准、电光源、照明器具。

变压器室、高压开关柜室照明采用防爆灯具；配电室、闸室照明采用防水防尘荧光灯具；办公室及普通房间照明采用高效节能型荧光灯具；坝面道路照明采用高压钠灯具；室外及新建楼区照明采用户外型壁灯和庭院型灯具。

变压器室、开关柜室、配电室、闸室等室内照明网络采用 380/220V 中性点接地的三相四线制系统；坝面道路照明网络采用 380/220V 中性点接地的三相六线制系统。

照明配线采用阻燃型铜芯导线，敷设方式为穿管暗敷设。

3.4 电缆敷设

电源从溢流坝左端电梯井至降压变压器采用高压电力电缆沿溢流坝楼板下层明敷设；高压开关柜室至变压器室采用电缆穿钢管敷设；变压器室至配电室采用电缆穿钢管敷设；配电室至各闸室均采用电缆穿钢管敷设；配电室至道路照明均采用导线穿钢管敷设。

3.5 防雷接地及过电压保护

为了保证人身和设备的安全，防止直击雷对电气设备及建筑物的危害。

变压器室、高压开关柜室、配电室及各闸室建筑按三类防雷标准在屋面设避雷带或避雷网。

在高压进线终端杆装设金属氧化物避雷器。

在每台配电盘加装电源电涌保护器。

在每台箱式变电站入口内装设过电压保护器，在进线终端杆上装设金属氧化物避雷器。

变压器室内、配电室内及各闸室内电气设备及坝面道路等电气设备按有关规程、规定接地或接零。

电气设备工作接地和保护接地共用一组接地装置，接地电阻不应大于 4Ω。

4 电气一次设备供配电系统现状及存在问题

4.1 电气一次设备配电系统

电气一次设备是指直接用于生产、变换、输送、疏导、分配和使用电能的电气设备，包括发电机、变压器、断路器、隔离开关、自动开关、接触器、刀开关、母线、输电线路、电力电缆、电抗器、电动机、接地、避雷器、滤波器、绝缘子等。

朱庄水库电气设备均为 20 世纪 70 年代建库时装设，运用至今已近 30 年，这些电气设备均为水库自行设计采购装设，投入运用以来，虽然发挥了很大作用，但终因设备陈旧，且为淘汰产品，又因年久失修，导致设备可靠性大为降低，不能保证正常使用，已对大坝的安全运行构成威胁。故此，本次加固拟对电气设备进行更新换代、增加功能、提高供电可靠性，以确保下游的防洪安全。

朱庄水库除险加固工程电气设计包括以下两部分内容：溢流坝弧形闸门、泄洪底孔弧形闸门、泄洪底孔事故检修闸门、发电洞进口事故检修闸门、发电洞进口拦污栅、北灌渠渠首闸门、南灌渠输水管出口阀门、坝内廊道排水、溢流坝闸门吹冰、吊物井、配电变压器、闸室照明、廊道照明、大坝照明及其附属设备等供配电设计；管理处生活区配电、综合调度楼及生活设施配电。

4.2 存在的问题

水库枢纽用电均由溢流坝右端变压器室内容量为 100kVA 的降压变压器供电，变压器容量明显不足，坝区供电变压器系 20 世纪 70 年代产品，能耗较高，且有多处漏油。

变压器用的高压隔离开关系老式产品，因器件老化经常操作失灵，刀卡片经常烧毁。

变压器、坝区供电高压电缆以及所有配电电缆的绝缘因使用年限较长已严重老化，电缆耐压达不到要求，存在严重的安全隐患。

溢流坝 6 孔弧形钢质闸门没有同步启闭开关、行程开关及开启高度指示，操作起来很不方便。工作闸门启闭控制箱为正式厂家产品。启闭机尚有主令开关及电磁制动器，但启闭机及电气设备均处于廊道内，空气非常潮湿，触点锈蚀、电动机及电气设备线圈受潮，致使设备受损，影响正常使用。检修闸门启闭机处于溢流坝上游侧，露天安装，使用时临时加接电源。

泄洪底孔启闭机室内开关盘裸露装挂在墙上，因设备氧化常造成接触不良，不能正常运行。每到汛期潮湿异常，经常造成空气开关烧坏、行程开关失灵、指示灯不亮。泄洪底孔用动力电缆均是橡胶套电缆，因年久潮湿，绝缘降低、发热，存在着烧毁线路及电气的隐患。

发电洞进口设一拦污栅，采用 QPQ 固定卷扬式 $2\times8t$ 启闭机，（启闭机安装在坝上游），与工作门启闭机在同一启闭机室内，配用 JZ₂22 - 8TH 型 7.5kW 三相异步电动机。拦污栅下游设一扇检修平板钢闸门，采用固定卷扬式 2×100t 启闭机，配用 JZ₂52 - 8TH 型 2×28kW 三相异步电动机。

放水洞是由原施工导流洞改造而成，由进水塔、洞身、消力池及交通桥组成。采用 QPQ 型固定卷扬式 1×63t 启闭机启闭（启闭室设在进水塔顶部），配用 28kW 三相异步电动机。放水洞进出口启闭室控制板均为自制木质，仅有闸刀开关及螺旋式熔断器。启闭机所配电气零件，极不完善。位于大坝左坝头附近的放水洞进口启闭机只有手动制动器无主令开关，完全靠人工控制启闭。放水洞出口启闭机既无主令开关又无手或电制动器，完全靠人工控制启闭。检修平门启闭机电源没有接通，一直没有工作。本次加固设计将其封堵，拆除原电气设备。

溢流坝廊道内设 2×2 台 8″立式排水泵，配用 JLB - 4 型 40kW 异步鼠笼电动机。溢流坝消力池旁排水泵，配用约 7.5kW 异步鼠笼电动机。由于潮湿及运行年限较长，廊道内的排水泵及电机经常出现故障。由于潮湿及老化，廊道内的动力及照明线路多处漏电。

照明。大坝坝顶照明线路管内穿线短路、断路严重，灯罩损坏，灯柱歪斜，急需修复。大坝廊道及启闭机室内的照明设施简陋甚至缺乏，因潮湿经常导致短路、断路及烧坏现象，极不安全，影响工作。

防雷及接地。大坝廊道及各启闭机室无防雷设施，接地简陋。

大坝泄洪、放水及排水设施，全部为现地操作且无完善配套电气零件，完全靠人工现场目测操作，缺乏远方监控设施，已不适应现代大型水库的管理要求。

5 电气二次设备

电气二次设备是指对一次设备的工作进行监测、控制、调节、保护以及为运行、维护人员提供运行工况或生产指挥信号所需的低压电气设备。如熔断器、控制开关、继电器、控制电缆、仪表、信号设备、自动装置等。

5.1 保护测量系统

水库供电系统控制保护包括 10kV 架空线路、10/0.4kV 降压变电和各供电点的电气测量、控制及继电保护。

10kV 架空线路及主变压器均装设三相短路保护，其中电流速断保护为主保护，带时限的过电流保护为后备保护。

水库变压器高压侧装设电度表、功率因数表、电流表、电压表，低压侧装设电流表、电压表。测量仪表和互感器的准确等级要符合规程规范的要求。

各供电支路装设断路器对各个照明、动力设备及线路进行操作及保护。

5.2 自动控制系统

朱庄水库自动控制系统的设计包括水库闸门监控系统、水库水情自动测报系统和图像监控系统三个部分。

闸门监控系统主要实现对溢流坝工作闸门、泄洪底孔工作闸门进行现地自动化监控。

闸门监控中心采用工控机作为工作站，实现对闸门的远方监控和对外部的数据传输。

水情自动测报系统采用分层分布式结构，以分布于各水位雨量遥测站基础层，完成雨量、水位等数据参量的实时采集，以卫星通信按"自报式"或"应答式"两种运行方式，向水库中心站发送信息，并以"自报式"为主要运行方式；水库中心站为管理层，接收遥测站的水文数据，进行加工处理，提供洪水预报结果，并向上级管理单位传送。

图像监视系统实现图像的远程传输和监视，可大大提高闸门监控水平。

5.2.1 闸门监控系统

5.2.1.1 监控内容

朱庄水库闸门监控系统包括6孔溢流坝工作闸门、3孔泄洪底孔工作闸门、信号检测（闸门开度、上下游水位、闸门运行工况及故障信号等）。

溢流坝用电负荷主要包括：溢流坝工作闸门启闭机6台，每台启闭机负荷为26kW。

泄洪底孔用电负荷主要包括：泄洪底孔弧型工作闸门液压式启闭机3台，电机容量为22×2kW。

5.2.1.2 系统结构

朱庄水库的闸门监控系统采用由微机集中控制与现地控制组成的分层分布开放式系统，即由闸门监控中心、集中监控单元和现地控制单元组成。

（1）闸门监控中心。位于管理处中控室，由主计算机、人机接口设备和外围设备组成，实现溢流坝、泄洪洞等闸门的远方监控。

监控中心采用一台进口 Pentium 4 工业控制计算机作为工作站（上位机），通过图形卡驱动 CRT，并配有专用功能键盘和语音装置，留有远程数据通信接口，接收水情自动测报系统的信息，按水库洪水调度方案，指导闸门操作。工控机作为管理单元，发送指令并处理事故。

PLC 通过与上位机进行网络数据通信，接收控制指令，对现地控制单元发出启闭信号，并通过传感器接收闸门现场信息，向上位机反馈闸门现场运行工况、故障信号等信息。PLC 选用进口可编程控制器，它作为逻辑控制部件，利用其工作的高可靠性，实现闸门集中监控。

（2）集中监控单元。溢流坝系统设置闸门集中监控单元，位于溢流坝控制室。可实现闸门集中成组控制，通过与闸门监控中心进行网络数据通信，向闸门监控中心反馈闸门现场运行工况、故障信号等信息，接收控制指令，对现地控制单元发出启闭信号，当上位机故障时还可代替上位机监控闸门运行。集中控制单元采用可编程控制器 PLC，并配置操作员屏，运行人员可通过操作员屏观察属下闸门的开度和运行状态，同时也可通过操作员屏键入闸门启闭指令，实现闸门的自动启闭。

（3）现地控制单元。每孔闸门设现地综合控制屏，综合控制屏的核心是可编程控制器 PLC。即在现地综合控制屏上，通过按钮手动或通过 PLC 自动进行闸门升、降、停操作，现地综合控制屏的 PLC 可脱离上位机及现场总线独立进行操作控制，主要用于设备投运初期、闸门检修期及主控级故障或通信中断等情况。

远方控制与现地控制相互闭锁，并在现地进行切换，仅当现地综合控制屏上的控制方式开关打向远方时，上位机才能进行远方控制。

每孔闸门开入量包括闸门行程开关限位接点、闸门开度指示仪位置接点、闸门执行电器辅助接点、控制开关转换接点及故障信号引入接点。开出量包括闸门执行电器操作接点、故障信号引出接点等。模入量包括电动机电流及电压等。

5.2.1.3　系统功能及配置

（1）闸门监控中心功能及配置。

功能：主要完成数据处理、安全监视、远方控制、优化调度以及自动化管理等功能。

配置：计算机系统、人机接口设备、外围设备、UPS电源、其他基本设备、闸门监测网络及系统管理软件等。

（2）集中监控单元功能及配置。

功能：主要完成数据采集与处理、事件检测、控制与调节、人机接口与通信等功能。

配置：PLC可编程控制器、编程接口、触摸屏、水位计及实用软件等。

（3）现地控制单元（LCU）功能及配置。

功能：主要完成对各监控对象的数据采集、显示、监测、数据通信、自诊断等。如果主控级故障，LCU与主控级脱离后仍能在现地实现对有关设备的监测和控制功能，当与主控级恢复联系后又能自动地服从主控级的控制和管理。

配置：柜体、PLC及其外围设备（按钮、指示灯、中间继电器等，以及隔离变压器、开关电源等电源设备），闸门开度仪、端子、控制电缆及配线等。

5.2.1.4　通信及联网

闸门监控中心的上位机与PLC之间采用光纤进行通信，水库中心网络采用局域网，网络协议为TCP/IP。表17-47为闸门监控系统设备配置表。

表 17-47　　　　　　　　　　闸门监控系统设备配置表

项　目		设备名称	规格与型号	单位	数量
溢流坝闸门现地控制单元	1	屏体及配件	PK-10	套	6
	2	PLC		套	6
	3	闸位计及显示仪	WFH-2	套	6
	4	控制电缆		km	0.5
	5	防雷模块		套	6
泄洪底孔闸门现地控制单元	1	屏体及配件	PK-10 防护等级：IP65	套	3
	2	PLC		套	3
	3	闸位计及显示仪	WFH-2	套	3
	4	控制电缆		km	0.3
	5	防雷模块		套	3
溢流坝闸门集中控制单元	1	屏体及配件	PK-10	套	1
	2	PLC		套	1
	3	彩色触摸屏	TP270-10	套	1
	4	上下游浮子式水位计		km	2
监控中心	1	操作员工作站（上位机）	IL40 工控机 P4 2.4GHZ/256MB/80GB	套	1
	2	交换机	3C16792	台	1
	3	激光打印机	HP LJ1200	台	1

续表

项 目		设备名称	规格与型号	单位	数量
监控中心	4	绘图仪	HP C2500CP	套	1
	5	扫描仪	HP SCANJet4c	套	1
	6	投影仪	HP	套	1
	7	操作台		套	1
	8	UPS	STK 1K 在线/1H	台	1
	9	集中监控单元软件		套	1
	10	监控组态软件		套	1
	11	监控专用软件		套	1
	12	防雷模块		套	1
	13	通信电缆	DJYVP 1×2×1.0	km	1

5.2.2 水情自动测报系统

朱庄水库的水情测报系统，由于许多测报站点年久失修，没有形成一个完整的自动测报系统，影响了正常测报工作。因此，朱庄水库的水情测报系统需要以原有测站为基础，进行统一设计，形成一个基本完整的水情自动测报系统。

5.2.2.1 系统组成

遥测雨量站：路罗、白岸、白云山、西枣园、冀家村、侯家庄，共6个站点。

遥测水文站：朱庄水库、波底、野沟门，共计3个站。

中心站：朱庄水库管理处。

5.2.2.2 通信组网方案

由于朱庄水库遥测站地处山区，对数据传送的稳定性、可靠性要求高，且希望降低运行费用，因此确定采用神州天鸿卫星通信方式。

5.2.2.3 水情测报中心站功能及配置

（1）中心站功能。

实时值守功能：实时接收遥测水文气象数据，并对接收到的数据进行预处理；实时水文数据库操作、检查、查询、统计归并、显示打印；洪汛图形仿真，越限报警，并提示洪水调度决策；实时响应传输数据命令，依相应通信协议传送水文数据。

预报调度功能：根据率定的水文模型进行流域的产流、汇流和洪水演进计算，对预报成果进行实修正，发布水文预报；提供水资源优化调度方案；建立水库历史水文数据库。

数据共享：为闸门监控系统提供水情数据和预报结果；向上级防汛中心发布，传送水情数据和预报调度结果；接收天气预报天气云图气象信息。

（2）中心站配置。

信息接收、处理、传递部分：包括卫星天线、避雷器、接地装置、工控机、CRT、Modem卡、网卡、声卡和打印机等。

能量供给部分：包括市电电源、隔离变压器、交流净化电源和不间断电源（UPS）等。

环境设施：包括控制室及机房（可与其他计算机控制设备共用）防静电地板、温度及湿度控制器等。

中心站软件：包括系统管理软件、水文及防汛调度、水库联合调度专家系统软件。

5.2.2.4 遥测站功能和配置

遥测站功能：实时采集雨量、水位数据信息，并自动编码发送，无水情变化时发送定时信息；平时测站工作在低功耗守候状态。当雨量或水位有增量变化时，激活守候电路，读入数据，经码制转换、信道编码，变成调制信号，串行输出给电台。发送完数据后，又进入低功耗守候状态；为避免各站之间发生数据碰撞，测站设有发送数据的最小时间间隔限制；适应无人看守、无交流电源的野外工作环境。

遥测点配置：卫星天线；数据采集器；雨量计、水位计；太阳能电池充电控制器；太阳能光板及支架；免维护蓄电池；同轴避雷器；水位计传输电缆及护套。

5.2.2.5 传感器

"系统"雨量观测配备翻斗式雨量计，水位观测配备超声波水位计，其技术指标如下。

（1）翻斗式雨量计（智能型）。

a. 承雨器内径：$\phi200mm$。

b. 分辨率（精度）：1.0mm。

c. 测量误差：自身排水量≤25mm 时，误差为±1.0mm；自身排水量＞25mm 时，误差为±4％。

d. 雨量精度：0.01～4mm，允许最大雨强 8mm/min。

e. 适应环境条件：工作温度−30～50℃，相对湿度 95％。

f. 供电和防雷电：采用直流供电的无功耗传感器，传感器及输出信号传输应有防雷措施。

g. 防堵塞：传感器应有防堵、防虫、防尘措施。

h. 可靠性指标：传感器的 MTBF≥20000h。

（2）超声波水位计

a. 型号：HW-1000R。

b. 水位变幅：10.0、20.0、40.0m。

c. 测量精度：1cm。

d. 显示方式：四位液晶显示。

e. 存储容量：32K。

f. 采集间隔：6、12、30min 至 24h10 档范围内选定。

g. 传输距离：2km。

朱庄水库水情自动测报系统设备配置见表 17-48。

表 17-48　　　　　　　　　水情自动测报系统设备配置表

序　号	名　称	型号与规格	单位	数量
朱庄水库水情监控中心	北斗星卫星终端设备		台	1
	卫星终端专用电源	24V/20A	台	1
	抗干扰调制解调卡	M300	块	1
	在线长延时 UPS	APC1000VV	台	1

续表

序　号	名　称	型号与规格	单位	数量
朱庄水库水情监控中心	交流稳压净化电源	铁塔 CWY-3kW	台	1
	高效防雷隔离变压器		台	1
	外围设备（绘图仪、打印机）	HP	套	1
	水情前置计算机	331T	套	1
	水情采集工作站		套	1
	接口扩展卡		块	1
	C站天线支架		支	1
	天馈线、高频插接件及各种信号线		套	1
	数据采集处理软件		套	1
	水情测报及调度系统软件		套	1
	系统操作平台		套	1
雨量遥测站（6套）	北斗星卫星终端设备		台	6
	雨量计	5186	台	6
	数据采集器		块	6
	太阳能光板、支架及稳压器	日地 50W	套	6
	进口免维护电池	NPN200AH	块	6
	高强度铝合金仪器筒		个	6
	高强度铝合金站房		套	6
	各种插接件		套	6
	电缆、天馈线及各种信号线		套	6
水文站（3套）	北斗星卫星终端设备		台	3
	超声波水位计	HW-1000	台	3
	雨量计	5186	台	3
	数据采集器		块	3
	太阳能光板、支架及稳压器	日地 50W	套	3
	进口免维护电池	NPN200AH	块	3
	高强度铝合金仪器筒		个	3
	高强度铝合金站房		套	3
	各种插接件		套	3
	电缆、天馈线及各种信号线		套	3
测试仪器与专用工具	笔记本电脑	IBM	台	1
	移动电话		台	2
	多功能测试仪		套	1
	北斗星便携接收器		只	1

5.2.3　图像监控系统

由于朱庄水库闸门监控系统距离监控中心距离较远，为操作巡视方便，采用图像监控系统，实现图像远程传输及监视，可以提高闸门监控水平，加强整个坝区的安全监视。

图像监控系统是指设在现场的多个摄像机将景象视频信号汇集到多媒体计算机中，将数字信号压缩处理，经调制解调器或网卡以各类通道（普通电话线、微波、扩频或光缆）送往远方的监控中心多媒体计算机中，再解调、解压后即可重现现场景象。

朱庄水库溢流坝闸门采用 AD2052 图像监控系统，由主控中心和各监视点设备及信号传输网络构成。该系统非常适用于水利工程中具有中心站点控制和各个分站单独控制能力的级联视频矩阵控制系统，主控中心可以观看和控制本中心的摄像机以及位于各现地分布子站点的任意摄像机。

5.2.3.1　图像监控系统的功能

图像监控系统控制中心功能：在控制中心可以对前端任意一监控点的云台镜头控制，前端的报警信号可以通过天网工作站传到控制中心并进行实时切换。

图像监控系统软件功能：软件采用 AD NTK 系列"天网"软件，其功能特点如下：开放结构安防集成系统；监控资源网络共享；软件系统基于 WINDOWS NT 网络平台，其界面美观，功能较强；具有 CAD 平面设计功能，软件内置 CAD 功能可以绘制出形象的地形图，用户可以在主控界面中调用图标或地图、翻阅按钮选择总图或分地图；事件记录功能；控制功能；报警处理等。

5.2.3.2　图像监控系统各监视点设备配置

监视点共有 3 个：溢流坝工作闸门、泄洪底孔工作闸门和发电洞工作闸门。3 个控制点设备配置种类相同，数量不同，可以控制任意一路视频输入切换到任意一路显示器上，并通过解码器控制前端任一云台和摄像机的动作。当任意一路有告警时，矩阵主机有声光告警并将有告警的图像切换到预先指定的监视器上，告警可以预先设定时间自动解除或手动解除。AD1650R32 主机还能在任意一路摄像机的视频输出上迭加上时间、日期及 12 个字符的摄像机编号等字符信息。

朱庄水库图像监控系统设备配置见表 17－49。

表 17－49　　　　　　　　　　图像监控系统设备配置表

设备名称	名　称	型号与规格	单位	数量
管理处图像监控中心	视频切换主机（带键盘）	AD2052R64	台	1
	报警跟随器	AD2032	台	1
	24 小时实时录像机	AD8016X PAL	台	1
	监视器	AD9421	台	1
	软件	AD5500C	套	1
溢流坝监视设备	快球摄像机（带安装附件）	AD616LS－1	个	2
	彩色摄像机（带安装附件）	AD860	台	1
	视频电缆		km	2
泄洪底孔、发电洞监视设备	快球摄像机（带安装附件）	AD616LS－1	个	4
	彩色摄像机（带安装附件）	AD860	台	2
	视频电缆		km	3
管理处监视设备	彩色摄像机（带安装附件）	AD860	台	2
	视频电缆		km	1

5.2.4 水库通信

通信内容：水库内部通信是指水库内部供生产管理及生产调度用的行政通信和调度通信。外部通信是指水库至上级主管单位及联合调度水库之间的通信，水库至当地邮电局的中继联络通信，水库与附近有重要业务联系的单位通信。

通信方式选择：水库的内部通信，用户分机分散在水库各个建筑物，如采用光缆通信方式需增加很多光端设备，投资增加很大，因此采用音频电缆传输方式。水库的外部通信，可利用现有市话通信设备，完成朱庄水库至市局的通信，并通过朱庄—县局—市局数据语音综合通信系统实现水库之间联合调度的通信。

通信设备配置：在朱庄水库监控中心设置一部数字程控交换机，经过配线箱，以通信电缆连接至分布在各个建筑物的分线盒，由分线盒连至用户分机，以满足朱庄水库内部行政通信和综合调度的需要。数字程控交换机选用国家有关技术标准的定型产品，具有综合业务数字网（ISDN）的基本功能。

通信接口：朱庄水库数字程控交换机的对外通信接口包括 3 路模拟中继（ATC）接入本地市话公网。

朱庄水库通信设备配置见表 17－50。

表 17－50 通 信 设 备 配 置 表

序 号	项 目 名 称	规格型号	单位	数量
通信设备	数字程控交换机	IDS2000	台	1
	Milink 数据模块		只	2
	数字电话机	420 型	只	2
	电话机		只	20
	传真机		只	1
	50 回线配电箱		台	1
	通信电缆	HPVV－20×2×0.5	m	500
	通信线	HPVV－2×0.5	m	300
环境设备	空调		台	2
	防静电地板		m^2	100

参 考 文 献

[1] SL 319—2005 混凝土重力坝设计规范 [S]. 北京：中国水利水电出版社，2005.

[2] SL 252—2000 水利水电工程等级划分及洪水标准 [S]. 北京：中国水利水电出版社，2000.

[3] SL 25—2006 砌石坝设计规范 [S]. 北京：中国水利水电出版社，2006.

[4] SL 253—2000 溢洪道设计规范 [S]. 北京：中国水利水电出版社，2002.

[5] SDJ 20—78 水工钢筋混凝土结构设计规范 [S]. 北京：水利电力出版社，1978.

[6] 王远旺. 朱庄水库泄洪洞洞口封堵闸门的设计与安装 [J]. 水科学与工程技术，2011 (5)：41-43.

[7] SL 74—95 水利水电工程钢闸门设计规范 [S]. 北京：中国水利水电出版社，1995.

[8] DL/T 5195—2004 水工涵洞设计规范 [S]. 北京：中国电力出版社，2004.

第十八章　水库工程效益

　　水利工程效益是兴办水利工程设施所能获得的社会、经济、环境等各方面收益的总称。兴办水利工程，需要投入建设资金和经常性的运行管理费，效益是上述两项投入的产出，是评价该水利工程项目是否可行的重要指标。水利工程效益特性有以下几个方面。

　　随机性：由于各年水文情况不同，水利工程的效益也具有随机的特性。如某些年份，防洪、除涝工程可充分发挥作用，效益就大；如遇较小洪涝年份，作用就小甚至没有作用。又如遇干旱年，灌溉的作用就大，效益显著；而遇多雨年，灌溉工程的效益就小等。

　　综合性：特别是大中型水利工程，往往是多目标开发、综合利用的工程，具有防洪、除涝、灌溉、供水、发电、航运、水产养殖、旅游等多方面的综合效益。

　　发展性：由于工程和社会经济的情况随着时间的发展而有所变化，水利工程的效益也是发展的。如由于泥沙淤积，水库调节性能逐渐降低，效益相应不断减少。又如防洪工程建成初期，保护区的社会经济发展水平较低，受灾的损失小，相应防洪效益也较小；随着社会经济的发展，洪灾损失增大，防洪工程的效益也随着增大等。

　　复杂性：水利工程设施的效益往往比较复杂，需全面分析研究。如在河流上修建水库，由于它的控制调节作用，下游可获得效益，而上游由于水库淹没会受到一定的损失。又如在河流左岸修建防护整治工程，可减免崩塌获得效益，但有时对右岸往往会造成一定影响，引起一定的损失等。综合利用水利工程各部门间的要求有时是相矛盾的，如水库预留的防洪库容大，防洪效益相应较大，而兴利效益则相应减少。

第一节　经　济　效　益

　　经济效益指有工程和无工程相比较所增加的财富或减少的损失，如提供生产用水使工农业增产所获得的收益，兴建防洪除涝工程所减少的洪涝灾害损失等。从国家或国民经济总体的角度进行经济分析时，所有社会各方面能够获得的收益均作为经济效益；从工程所有者或管理者的角度进行财务分析时，只有那些实际能够征收回来的水费、电费等，才算作财务效益。经济效益和财务效益是经济评价的重要指标，是着重进行分析估算的内容。

1　灌溉效益

　　朱庄水库自 1976 年汛期拦洪蓄水以来，发挥了巨大的综合效益。水库下游为丘陵、浅山区由于过去人畜饮水困难，如今变成农业稳产高产区。水库建成后，使沙河市、邢台县的 9 个乡 124 个村的丘陵荒滩变成丰产田。

　　灌溉设计保证率为 50%，相应供水量为 1.535 亿 m^3，可调节量为 1.278 亿 m^3。南干渠全长 60km，设计流量 5.5m³/s；北干渠全长 20km，设计流量 4.3 m³/s。朱庄水库原设计南北干渠灌溉沙河市、邢台县农田面积 25300km²，因受下游引水枢纽配套能力的限制，建库以来年实际灌溉面积约 9300km²。

农业用水水价偏低，1982 年为 0.0002 元/m³，到 2010 年为 0.015 元/m³。虽然水价涨了好几倍，但是和其他行业用水比较，相差甚远。表 18-1 为朱庄水库历年农业用水收费统计表。

表 18-1　　　　朱庄水库灌区历年计费引水量、灌溉面积及收费统计表

年份	水价 /(元/m³)	南灌区		北灌区	
		引水量/万 m³	水费/万元	引水量/万 m³	水费/万元
1982	0.0002	1488.32	0.30	1724.51	0.34
1983	0.0023	3072.15	7.07	5042.16	11.60
1984	0.0025	1765.79	4.41	1831.16	4.58
1985	0.0025	2211.11	5.53	932.42	2.33
1986	0.0025	3386.74	8.47	3379.88	8.45
1987	0.003	2285.13	6.86	1428.94	4.29
1988	0.003	1371.38	4.11	1098.44	3.30
1989	0.003	1752.3	5.26	1617.11	4.85
1990	0.003	823	2.47	970	2.91
	0.0058	359	2.08	112	0.65
1991	0.0058	601	3.49	2448	14.20
1992	0.0058	1141	6.62	1369	7.94
1993	0.0058	1140	6.61	2602	15.09
1994	0.0058	1668	9.67	3340	19.37
1995	0.015	1221	18.32	2108	31.62
1996	0.015	1454	21.81	2019	30.29
1997	0.015	1116	16.74	2110	31.65
1998	0.015	1377	20.66	1636	24.54
1999	0.015	1297	19.46	1365	20.48
2000	0.015	853	12.80	1084	16.26
2001	0.015	1194	17.91	793	11.90
2002	0.015	1407	21.11	1615	24.23
2003	0.015	272	4.08	602	9.03
2004	0.015	756	11.34	1984	29.76
2005	0.015	778	11.67	2087	31.31
2006	0.015	733	11.00	2695	40.43
2007	0.015	734	11.01	2237	33.56
2008	0.015	524	7.86	2037	30.56
2009	0.015	244	3.66	2917	43.76
2010	0.015	929	13.94	2801	42.02
2011	0.015	512.7	7.69	1710.7	25.66
2012	0.015	392.8	5.98	2154.7	32.32
2013	0.015	73.9	1.93	1108.6	16.63

2 发电效益

朱庄水库水电站于 1981 年 9 月 9 日安装试验完毕并发电运行。高低厂房共安装三台机组，总装机容量 4200kW。其中低机组装机容量为 3200kW（1 号机组），设计水头 30.5m，设计发电流量为 12.6m³/s；高机组装机容量为 2×500kW（3 号、4 号机组），设计水头 17.1m，设计发电流量为 4.18m³/s。

2003 年为充分利用邢台市工业用水水能资源，电站在低厂房内增装了一台 630kW 机组（2 号机组），该机组设计水头 40m，设计流量 1.95m³/s。

朱庄水电站利用工农业用水及水库弃水发电，近期设计年发电量 535.26 万 kW，远期 433.37 万 kW。实际发电量与水库蓄水和水库上游来水量有关。从 1982 年至 2013 年，总发电量为 12398 万 kW·h；发电的电价变化较大，从 1982 年的 50 元/（MW·h）到 2012 年 420 元/（MW·h），累计发电总收入为 2608.5 万元。表 18-2 为朱庄水库历年发电量、收入统计表。

表 18-2　　　　　　　　朱庄水库历年发电量、收入统计表

年份	年利用时间/h	发电量/（万 kW·h）	电价/[元/（MW·h）]	年总收入/万元
1982	216	44	50	2.2
1983	3960	929	50	46.5
1984	183	85	50	4.3
1985	102	33	50	1.7
1986	520	218	50	10.9
1987	110	68	50	3.4
1988	137	52	50	2.6
1989	873	367	50	18.4
1990	1426	599	50	30.0
1991	1059	445	50	22.3
1992	574	241	50	12.1
1993	410	172	50	8.6
1994	538	226	140	31.6
1995	2020	848	150	127.2
1996	2293	963	230	221.5
1997	2010	844	230	194.1
1998	357	150	230	34.5
1999	307	129	230	29.7
2000	1017	427	230	98.2
2001	1914	804	230	184.9
2002	233	98	230	22.5
2003	436	183	250	45.8
2004	1364	659	250	164.8

年份	年利用时间/h	发电量/(万 kW·h)	电价/[元/(MW·h)]	年总收入/万元
2005	1269	613	300	183.9
2006	1818	878	300	263.4
2007	1466	708	330	233.6
2008	1027	496	330	163.7
2009	385	186	330	61.4
2010	551	266	400	106.4
2011	199	96	400	38.4
2012	627	303	420	127.3
2013	555	268	420	112.6
合计	29956	12398		2608.5

3 供水效益

为解决邢台市区水资源短缺状况，保障市区国民经济稳定、快速可持续发展，邢台市政府决定从朱庄水库向市区修建输水工程，引水入市，实现地表水、地下水资源的统一调度、科学管理、有效利用，即谓"引朱济邢"供水工程。"引朱济邢"供水工程规模为年引水量 5000 万 m^3，可增加邢台市区日供水能力 13.7 万 m^3。

"引朱济邢"输水工程引水路线总长 42.2km，涉及沙河市、邢台县、邢台市桥西区的 7 个乡镇、24 个村庄。"引朱济邢"输水工程投入正常运行后，对缓解市区水资源供需紧张状况效果非常明显，它是水资源统一管理、科学调度、合理配置的经典项目。"引朱济邢"输水工程经过多年时间的通水试运行，各项试验指标达到设计要求，用水单位配套工程已全部完工，于 2004 年 12 月 29 日全部通水。

2005 年，河北省物价局根据《水利工程供水价格管理办法》（国家发展和改革委员会、水利部 4 号令）和《河北省人民政府关于深化水价改革促进节约用水保护水资源的实施意见》（冀政〔2005〕66 号）的有关规定，依据成本监审结论，经研究决定：朱庄水库对邢台市朱庄供水有限公司的供水价格为 0.20 元/m^3（工程产权分界点计量），其他有关问题仍按现行规定执行。

2006 年，根据河北省物价局《关于制定朱庄水库供水价格的通知》（冀价工资〔2006〕18 号）和河北省人民政府第 183 号令发布施行的《河北省水力工程供水价格管理办法》精神，朱庄水库非农业供水价格为 0.23 元/m^3。自 2006 年 3 月 25 日起执行。

2009 年，根据河北省物价局《关于调整邢台市朱庄水库和朱庄供水有限公司供水价格的通知》（冀价经费〔2009〕8 号）精神，邢台市物价局于对朱庄水库管理处和朱庄供水有限公司供水价格进行了调整，具体价格调整如下：邢台朱庄水库管理处非农业供水价格由 0.20 元/m^3 调整为 0.26 元/m^3（含省水土流失防治资金 0.01 元/m^3）；朱庄供水有限公司对工业用户的供水价格由 0.72 元/m^3 调整为 1.05 元/m^3；水资源费（含基金）仍按邢台市物价局邢价管函〔2008〕25 号文件有关规定，水资源费 0.2 元/m^3，南水北调基金 0.2 元/m³，由邢台市水务局直接征收。其他有关问题按现行政策执行；工业用户的终端价格为 1.45 元/m³。其中朱庄供水有限公司供水价格 0.79 元/m³，朱庄水库管理处非农业供水价格 0.26 元/m³，南水北调基金 0.2 元/m³，水资源费 0.2 元/m³。

2013 年，根据河北省物价局关于调整邢台市朱庄水库供水价格的通知（冀价经费〔2012〕29 号），为保障朱庄水库供水工程的正常运行，朱庄水库非农业供水价格调整为 0.40 元/m³，其他有关问题仍按现行规定执行。调整后的价格自 2013 年 1 月 1 日起执行。

从 2004 年开始"引朱济邢"输水工程已经开始向邢台市区供水从 2004—2013 年，累计工业供水 18067 万 m³，总收益 4165.22 万元。表 18-3 为朱庄水库工业供水量及效益计算表。

表 18-3　　　　　　　朱庄水库城市、工业供水量及效益计算表

年份	供水量/万 m³	水价/(元/m³)	收益/万元
2004	83	0.20	16.60
2005	1185	0.20	237.00
2006	2811	0.23	646.53
2007	2525	0.23	580.75
2008	2266	0.23	521.18
2009	1820	0.26	473.20
2010	1705	0.26	443.30
2011	1695	0.26	440.70
2012	1657	0.26	430.82
2013	2320	0.40	928.00
合计	18067		4718.08

4 综合经营效益

4.1 渔业生产

朱庄水库有效养殖水面万亩以上。按照死水位至兴利库容 1/3 计算养育面积为 10494 万亩。按照 1981—1984 年行署水利局与朱庄水库签订的经营合同和 1984 年、1985 年邢台行署水利局主持召开有关单位召开的灌溉分水会议，确定朱庄水库最低养鱼用水 5900 万 m³，相应水面为 7000 亩。

1978 年 8 月，水库管理处组建后，突出抓渔业项目。根据国务院国发〔1980〕153 号文批转水利部、财政部、国家水产在这种总局文件提出："所有新建、在建和除险加固的水利工程都应随同主体工程兴建、加固，把管理和在综合经营所需的基本设施一起哈成，否则，不予审批和验收。"的精神，河北省海河指挥部陆续向朱庄水库渔业投资 70 余万元，购、建养捕渔业设施。河北省水利厅渔业中心、河北省秦皇岛水产学校、地区畜牧水产局多次派人协助水库拟定渔业发展规划，设计渔业工程，现场传授技术、培养人才，致力于把朱庄水库建成商品渔业基地。

1979 年河北省投资 24 万元兴建窦王墓鱼种池 10.4 亩，建孵化池一座，在上海订购

110kW 的大面积捕捞机船两艘。

1980 年河北省拨款 12 万元，在坝西林也基地建鱼种池 14.2 亩，购鱼种网箱 1 亩，并订购夏花、鱼种，在鱼池、网箱同时开展养殖。根据朱庄水库睡眠为窄长条式，秦皇岛水产学校童文辉校长几次来现场考察，确定了赶、拦、刺、张捕鱼方法。

1982 年，河北省投资 20.5 万元，购置了赶、拦、刺、张捕鱼网具和拦鱼设备，并先后打制木船 21 只。

朱庄水库 1976 年汛期拦洪蓄水 7900 万 m^3，1977 年春季地区畜牧水产局投放鱼苗。由于工程需要，1978 年 5 月 1 日放空水库，主要产鲢鱼、鲫鱼近 10000kg。1979 年汛期重新蓄水，1980 年即向水库投放鱼苗 145.89 万尾。1983 年秋季，水库用赶、拦、刺、张捕鱼方法一网捕捞鲢鱼 24600kg；1984 年秋季蜂拥此法捕捞鲢鱼 15162kg。以后捕捞改以刺网为主，连年投放鱼苗，连年捕捞成鱼。1987 年捕捞成鱼最多，年捕 71480.65kg；其次是 1988 年，年捕成鱼 51134.95kg。

从 1983—1989 年总捕捞成鱼 214546.75kg，收入 51.13 万元，平均年亩产成鱼 30.6kg。

表 18-4 为朱庄水库大水面养鱼产量收入情况统计表。

表 18-4　　　　　　　朱庄水库大水面养鱼产量收入情况统计表

年份	自繁鱼种/kg		投放鱼种/万尾	捕捞成鱼/kg	收入/万元	
	鱼池	网箱			捕捞收入	承包费
1980	0	500.0	145.89	0	0	0
1981	0	532.0	46.50	0	0	0
1982	783.0	657.0	99.39	0	0	0
1983	1237.5	1253.0	82.50	24600	3.2	0
1984	1587.5	0	10.00	15162.35	2.1	0
1985	1936.0	0	15.0	16254.5	2.3	0
1986	1782.0	0	0	26737.65	3.7	0
1987	2738.4	0	0	71480.65	14.2	0
1988	3013.6	2854.0	37.0	51134.95	10.2	0
1989	4454.1	4066.0	3.0	25431.15	5.8	2.0
1990	5634.0	3542.0	0	0	0	2.0
1991	5524.0	0	0	0	0	2.0
1992	8000.0	0	0	0	0	2.0
1993	6058.0	0	0	0	0	2.0
1994	11036.0	0	0	0	0	2.0
1995	4785.0	0	10.0	23649.0	4.70	0
1996	405.0	0	5.0	57156.0	12.0	0
1997	8256.0	0	11.0	45689.0	10.5	0
1998	7989.0	0	12.0	37854.0	7.2	0
1999	0	0	30.0	12000.0	2.4	8.0
2000	3500.0	0	25.0	11200.0	2.2	8.0
2001	0	0	15.0	15000.0	3.0	8.0

续表

年份	自繁鱼种/kg		投放鱼种 /万尾	捕捞成鱼 /kg	收入/万元	
	鱼池	网箱			捕捞收入	承包费
2002	0	0	20.0	23000.0	4.6	8.0
2003	0	0	10.0	33000.0	11.0	8.0
2004	0	0	11.0	38500.0	40.0	11.0
2005	0	0	10.0	39500.0	36.0	13.0
2006	0	0	0	13600.0	2.7	15.0
2007	0	0	0	15500.0	3.0	15.0
2008	0	0	0	35000.0	7.0	15.0
2009	0	0	0	35300.0	8.2	15.0
2010	0	0	0	21000.0	5.0	15.0

朱庄水库网箱养鱼始于1989年。由于资金缺乏，1988年11月28日，邢台地委领导主持召开邢台地市大中型企业、地直有关部门29家参加的"朱庄水库水资源开发商谈会"，要各单位有偿集资搞网箱养鱼，朱庄水库用比市价低20%的鱼价，以鱼还债，三年还清。采取其他方式养鱼也可以。

供电局、磨窝煤矿集资25万元，地区财政局筹措周转金和水库自筹资金21万元，共计46万元，购买安装成鱼网箱32套，1.15亩，鱼种网箱10套，0.37亩。由于鱼种缺口，当年实际网箱养成鱼0.54亩，网箱鱼种0.78亩，计1.32亩，在河北省水利渔业中心现场指导下，当年网箱产成鱼3.16万kg，平均亩产5.87万kg。

2007年4月，邢台市人民政府关于印发《邢台市"十一五"城市环境综合整治定量考核工作方案》的通知，该方案提出三项主要措施：一是严格落实国家饮用水源地管理规定，取缔水源地二级保护区内所有的直接排污口，加强水源地水污染防治，确保市区饮用水源安全。二是加强对市区饮用水源地备用水源朱庄水库的管理。水库内禁止网箱养鱼，水库上游禁止建设产生废水的工业项目，保护区上游禁用剧毒农药和过量化肥，对水库周边餐饮服务业进行综合治理。三是健全饮用水源水质监测体系，对市区饮用水源地及朱庄水库水质进行定期监测。2007年以后朱庄水库取消了网箱养鱼。

朱庄水库作为邢台市备用水源地，从2007年已经撤销了网箱养殖，水库内不使用任何肥料和饲料，水库周边和上游无污染源，生态环境良好，水质清纯，各类水生生物自然生长，维持着生态平衡，所产水产品，品色纯正，肉质鲜嫩，远近闻名，早在2004年就通过了河北省无公害水产品产地认定，并且连续通过了两次复查认定，现正在实施无公害水产品认证，申请注册产品商标，进一步提高水产品的知名度，不断推进水库生态渔业又好又快发展。2010年邢台朱庄水库引进繁殖大银鱼取得成功。大银鱼属鲑形目银鱼科一年生小型鱼类，身体呈长条形，遍体透明，是银鱼中最大的一种，一般体长在10~16cm，最大个体长可达28cm。它对水质的适应能力很强，它是一年生短周期经济鱼类，当年早春孵出，当年冬季即可产卵繁衍后代，产卵后死去，寿命为1年，食物以浮游动物、小型鱼虾为主。

2012年11月13—14日，河北省渔业增殖放流活动在邢台的临城水库、朱庄水库进行，共放流鲢鱼、鳙鱼苗种 100 万尾。这次增殖放流工作严格按照《河北省 2012 年渔业资源增殖放流项目实施方案》要求，河北省渔政处人员亲临现场监督指导，市县水产主管部门、渔民代表共同参加了放流活动。实施增殖放流工作是开展渔业资源增殖与保护活动的一项有力措施，对修复渔业资源，保护生态平衡，净化水质，惠及渔民，促进渔业可持续发展具有非常重要的意义，临城水库、朱庄水库为邢台地域内大型水库，经过连续几年的增殖放流，大大改善了水库的渔业资源状况，带动了当地渔业发展，取得了明显的经济社会效益。

按照邢台市"十二五"畜牧水产发展规划，为保障"十二五"期间邢台市畜牧水产业健康、稳定、持续发展，对朱庄水库渔业养殖进行了规划：结合山水旅游大力推进休闲垂钓基础设施建设在朱庄、野沟门、东石岭及八一水库增殖放流 300 万尾。

4.2 林业

水库管理处周围宜林面积约 500 余亩。水库工程施工时，工程指挥部每年提出"每人栽活一棵树"。因而，在水库工程竣工时，水库管理处房前屋后及原施工队驻地、加工场地，绿树成荫，主要是杨树、榆树、槐树和梧桐树等，直径在 10cm 以上，1981 年建立生产科后，设有林业队专抓林业管理工作。对已拆除的原木工厂、沥青厂、钢筋厂、部分施工县团、专业施工队驻地，已做过永久征地的，重新机械凭证，垒地唇，新栽苹果树 560棵，核桃树 1000 棵，用材树 2500 棵。同时还在收回移民村原址荣庄、杨庄、岳山头等地高程 262m 以下土地建设林业基地。杨庄栽植桑树发展养蚕业，荣庄种植苹果树，岳山头栽植核桃树，杨庄、荣庄建了苗圃。

1985 年 2 月统计，水库管理处周围和坝面林业基地已成活果树 2085 棵，桑树 4000棵，榆树、槐树、杨树、梧桐树等材林树 15128 棵。

水库管理处驻地周围和水库工程占地，在施工期间，朱庄水库工程指挥部只做了永久征地，与被征地单位建立征地协议，没有办理征地手续。朱庄村提出，水库永久征地农业税在县里未消号，朱庄村连续几年缴纳地税后，水库在向村里补交。因而，对土地所有权存有争议。

1983 年水库管理处北边苹果园朱庄村接管；1989 年 2 月，朱庄村江峡沟内及以西原木工厂、沥青厂、水库小学以东及前后 208 亩材林全部砍伐。1990 年，水库管理处遵照行署领导意见，把上述 300 余土地移交给朱庄村。水库管理处周围林业只剩下管理处院内及坝后河床北岸材林。

4.3 农业

水库管理处 1980 年 9 月与库区已远迁的杨庄、荣庄、岳山头 3 个村联系，把库区262m 以下永久性征地收回，水面以上约有耕地 400 余亩，规划为林业基地，间作农业。1982 年开始种植作物，长势良好，恰逢当年是丰水年，庄稼全部淹没。1983 年库水位下降后，种植小麦。1984 年收小麦 4000kg。1985 年春种植西瓜，减产。从 1986 年起库区水面以上的耕地，陆续由 3 个村种植。

4.4 温泉疗养院

朱庄水库疗养院于 1988 年 10 月移交给朱庄水库管理处。全院由客房 63 间，150 床位，另有职工宿舍 20 建，会议室 6 间，宽敞的饭厅 11 间和伙房等。疗养院于水库温泉相配套，泉水引入室内，室内可沐浴、喷浴等。

朱庄水库大坝上游 600m 杨庄附近有一温泉，水温 52℃ 左右，流量 0.004m³/s，为氯化物硫酸盐钠型水。泉水对皮肤病风湿症等有较好疗效。水库蓄水后温泉被淹没。

建成初期，疗养院年接待疗养、会议人员 3000～4000 人次，收入近 5 万元。

第二节 生 态 效 益

环境效益指修建水利工程比无工程情况下，对改善水环境、气候及生活环境所获得的利益。如修建污水处理工程对改善水质的作用，修建水库对改善气候及美化环境的作用等。

1 恢复百泉生态环境

利用朱庄水库弃水来最大限度的补给回灌岩溶水，有其独特的优势，它不但造价低，而且不破坏自然生态环境，具有可观的生态、社会和经济效益。

1.1 生态环境效益显著

岩溶水在保障城乡居民生活、支撑经济社会发展和维持生态平衡等方面具有不可替代的作用。近 40 年来，邢台市区及附近由于连年超采地下水，腾空了巨大的岩溶地下水调蓄空间，同时形成了区域性地下水位下降、泉水断流等环境地质问题，制约着邢台市经济社会的全面、协调、可持续发展。

朱庄水库弃水回灌岩溶水后，将会使地下水水位明显升高，地下水水位的升高不仅会有效遏制地下水环境恶化，朱庄水库水经含水层过滤、净化，水质良好，水温稳定，大大改善地下水环境，也会使区域的植被得到明显的改观，而且由于地下水位的提高，改善生态环境，缓解因地下水位下降而引发的环境地质问题，将会有效促进邢台市水生态系统保护与修复工程。

1.2 有效保障城市供水

邢台市是人口稠密、工农业发达，水资源供需矛盾尖锐。发生在 20 世纪 90 年代以来同期最严重的春夏连旱，给城市居民用水造成越来越严重的困难，城市供水问题日益严峻。

朱庄水库弃水回灌岩溶水，以解决城市生活和工业用水为主，兼顾农业和生态环境用水。将丰水年过剩的水量渗入地下，丰蓄枯用，可以有效地提高市区的供水保证率，保障市区经济的可持续发展，维持人民生活秩序的稳定，缓解城市的水危机。

1.3 社会经济效益明显

水资源不足已成为一个深刻的社会危机，水资源短缺则会直接影响到改革开放发展大局，并将对经济社会发展产生重要的影响。朱庄水库水弃水回灌岩溶水是缓解水资源紧缺、实现经济可持续发展的有效举措，进行人工调蓄引渗回灌，是科学合理开发利用大气降水、地表水、地下水，获得宝贵水资源，增加可供给水资源量的有效途径。

利用岩溶水蓄水空间对"三水"（大气降水、地表水源、地下水源）资源在时间和空间上进行联合调蓄，具有年内和年际间调蓄功能，可以加大地表水和地下水的垂直交替和水平交替强度，这对降水量丰、枯悬殊、地表水与地下水相互转化关系十分明显的邢台市水资源合理开发利用具有重要价值。朱庄水库弃水回灌岩溶水是解决邢台市水资源不足、促进经济可持续发展的可行性战略措施。

通过对朱庄水库弃水回灌补给百泉岩溶水调蓄方案研究，使有限的水库弃水最大限度地渗漏补给岩溶水。是缓解水资源紧缺、实现经济可持续发展的有效举措，进行人工调蓄引渗回灌，是科学合理开发利用大气降水、地表水、地下水，获得宝贵水资源，增加可供给水资源量的有效途径。有效促进邢台市水生态系统保护与修复工程，对经济可持续发展起到不可估量的促进作用。

2 改善小气候环境质量

生态环境效益的估算方法有很多，如市场价值法、机会成本法、恢复/防护费用法、替代工程法等等。但是，在实际工作中，生态环境效益分析仍多为定性描述，缺乏定量研究。为直观评价应急供水工程通水后对该地区的影响，采用替代工程法定量计算平原水网实施后发挥生态环境效益。

替代工程法是在生态系统遭遇破坏后人工建造一个工程来代替原来的生态系统服务功能，用建造新的工程的费用来估算生态环境破坏所造成的经济损失的一种方法。其表达式为：

$$V = G = \sum_{i=1}^{n} X_i$$

式中：V 为生态环境效益值，元；G 为替代工程的造价或损失，元；X_i 为替代工程中 i 项目的建设费用，元。

朱庄水库建成后，蓄水库容 4.162 亿 m^3，按多年平均水位计算，可形成 9.2km^2 的水面。本次只计算水库水面的调节气温效益和增加水汽效益。运用替代工程法分别定量评估气候调节的效益值。

2.1 调节气温

人工湖面吸收太阳能后获得热量，再通过水面蒸发、水面有效辐射和水面与大气的对流热交换等失去热量。热量的输送和交换，可以用湖泊热量平衡方程来表达和计算。由于湖泊热量平衡的某些要素（如湖泊蒸发率）不易精确测定，因而通常用水温来表达湖中的热动态。太阳辐射主要是增高湖水表层的温度，而下层湖水的温度变化主要是湖水对流和紊动混合造成的。

湖水因温度不同也可造成密度差异，在水层不稳定状态下产生对流循环，在对流循环达到的深度以上，水温趋于一致。风的扰动可使人工湖在任何季节产生同温现象；对于深水湖泊来说，风的扰动只能涉及湖水上层，因而在垂向上会产生上层与下层不同的温度分布。上、下水层之间温度变化急剧的中间层称为温跃层。湖水温度具有一定的年变化和日变化，这种变化在湖水表层最为明显，随着深度的增加而减弱。

由于温度差，在热传递过程中，物体（系统）吸收或放出能量的多少，叫做"热量"。它与作功一样，都是系统能量传递的一种形式，并可作为系统能量变化的量度。热量是热学中最重要的概念之一，它是量度系统内能变化的物理量。在热传递的过程中，实质上是能量转移的过程，而热量就是能量转换的一种量度。热传递的条件是系统间必须有温度差，参加热交换的不同温度的物体（或系统）之间，热量总是由高温物体（或系统）向低温物体（或系统）传递的，直到两个物体的温度相同，达到热平衡为止。即使在等温过程中，物体间温度也不断出现微小的差别，通过热量传递而不断达到新的平衡。对于参加热传递的任何一个系统，只有在和其他系统之间有温差，才能获得或失去能量。

大面积的湿地，通过蒸腾作用能够产生大量水蒸气，不仅可以提高周围地区空气湿度，减少土壤水分丧失，还可诱发降雨，增加地表和地下水资源。湿地有助于调节区域小气候，优化自然环境，对减少风沙干旱等自然灾害十分有利。湿地还可以通过水生植物的作用，以及化学、生物过程，吸收、固定、转化土壤和水中营养物质含量，降解有毒和污染物质，净化水体，消减环境污染的重要作用。

调节气温效益值按照外调补水量所增加的水面面积蒸发吸收的热量，能够减少的空调制冷消耗进行计算。计算公式为：

$$V_t = \frac{\delta Q_q P}{k}$$

式中：V_t 为可调节气温的效益，元；δ 为 J（焦耳）与 kW·h（千瓦时）的转换系数，能和热量单位计量单位换算：1 千瓦·时（kW·h）＝3.6×10^6 焦耳（J）；Q_q 为水面蒸发所吸收的热量，J；P 为电价，元/(kW·h)；k 为空调能效比。

蒸腾水量计算公式为：

$$W = 0.001FE$$

式中：W 为河湖水面蒸腾水量，万 m^3；0.001 为单位换算系数；F 为河渠水面面积，hm^2；E 为水面年平均蒸发量，mm。

水面蒸发所吸收热量计算公式为：

$$Q_q = 0.1KW$$

式中：Q_q 为水面蒸发吸收的热量，亿 kJ；0.1 为单位换算系数；K 为汽化热系数，kJ/kg；W 为蒸腾水量，万 m^3。

调节气温效益计算参照朱庄水库年水面蒸发量多年平均值计算，取水在 100℃时 1 个标准大气压下蒸发的汽化热为 2260kJ/kg，空调能效比取 3.0，当地居民电价为 0.6 元/(kW·h)，朱庄水库水面气候调节效益计算结果见表 18-5。由计算结果知，水库水面调节气温的生态效益为 9.97 亿元。

表 18-5　　　　　　　　　　朱庄水库水面气候调节效益分析

年份	年平均水位 /m	水库水面面积 /hm²	蒸腾水量 /万 m³	消耗热量 /亿 kJ	转换电能 /(万 kW·h)	空调效能转换	调节气温效益 /万元
2000	239.09	8.680	745	168370	467694	155898	93539
2001	246.36	10.863	994	224644	624011	208004	124802
2002	242.09	9.576	894	202044	561233	187078	112247
2003	241.56	9.427	638	144188	400522	133507	80104

年份	年平均水位 /m	水库水面面积 /hm²	蒸腾水量 /万 m³	消耗热量 /亿 kJ	转换电能 /(万 kW·h)	空调效能 转换	调节气温效益 /万元
2004	244.59	10.321	922	208372	578811	192937	115762
2005	244.96	10.440	936	211536	587600	195867	117520
2006	244.47	10.380	927	209502	581950	193983	116390
2007	242.92	9.814	832	188032	522311	174104	104462
2008	239.03	8.650	701	158426	440072	146691	88014
2009	234.00	7.148	631	142606	396128	132043	79226
2010	231.23	6.032	518	117068	325189	108396	65038
平均			794		498684	166228	99737

2.2 增加水汽

导致水体蒸发的一个重要因素是太阳辐射,蒸汽压(在给定的温度下湿度达到100%时的最大水汽压)也是一个基本变量,水温、风、气温和水质也会影响蒸发量。

蒸发量是水平衡计算中的主要支出项,各种蒸发损失量的计算都是以水面蒸发观测资料为依据,先通过蒸发折算系数,将不同口径蒸发量观测值折算成天然水体的蒸发量,然后再进行水面蒸发计算。

朱庄水库多年平均水面蒸发量为885.3mm。对改善朱庄水库周边环境也发挥了重要作用。

增加水汽效益按增加的外调水量补充环境用水可减少的加湿器使用消耗量计算其效益,外调水在大汽的蒸发作用下,液体水汽化所能增加的大气湿度。计算公式为:

$$V_r = \beta Q_s P$$

式中:V_r 为可增加大气湿度的效益,元;Q_s 为水面蒸发所吸收的水量,m³;β 为 1.0m³ 水蒸发耗电量,kW·h;P 为电价,元/(kW·h)。

增加水汽效益参照以往研究,以市场上较常见的家用加湿器功率 32W 来计算,将 1.0m³ 水转化为蒸汽耗电量约为 125kW·h。朱庄水库水面增加水汽效益分析结果见表 18-6。

表 18-6 朱庄水库水面增加水汽效益计算表

年份	水库水面面积 /hm²	蒸发水量 /万 m³	转化为耗电量 /(万 kW·h)	电价 /[元/(kW·h)]	增加湿度效益 /万元
2000	8.680	745	93125	0.6	55875
2001	10.863	994	124250	0.6	74550
2002	9.576	894	111750	0.6	67050
2003	9.427	638	79750	0.6	47850
2004	10.321	922	115250	0.6	69150
2005	10.440	936	117000	0.6	70200

年份	水库水面面积/hm²	蒸发水量/万 m³	转化为耗电量/(万 kW·h)	电价/[元/(kW·h)]	增加湿度效益/万元
2006	10.380	927	115875	0.6	69525
2007	9.814	832	104000	0.6	62400
2008	8.650	701	87625	0.6	52575
2009	7.148	631	78875	0.6	47325
2010	6.032	518	64750	0.6	38850
平均		794			59577

沼泽湿地具有湿润气候、净化环境的功能，是生态系统的重要组成部分。其大部分发育在负地貌类型中，长期积水，生长了茂密的植物，其下根茎交织，残体堆积。潜育沼泽一般也有几十厘米的草根层。草根层疏松多孔，具有很强的持水能力，它能保持大于本身绝对干重3～15倍的水量。不仅能储蓄大量水分，还能通过植物蒸腾和水分蒸发，把水分源源不断地送回大气中，从而增加了空气湿度，调节降水，在水的自然循环中起着良好的作用。据朱庄水库2000—2010年平均水面计算结果，朱庄水库水面蒸发水量794万 m³，可见其调节气候的巨大功能。增加水汽环境生态效益为5.98亿元。水库水面调节气温的生态效益为9.97亿元。

3 生态旅游

在层峦叠嶂的太行深处，一座碧波万顷的人造湖泊，恰如一面晶莹光洁的明镜，镶嵌在锦屏绣帏的万山丛中，这就是朱庄水库。

3.1 名胜古迹

这里有许都名胜古迹，水库旁边的窦王墓山，传说是隋末农民起义领袖窦建德与官军鏖兵之处，窦王兵败后跳崖牺牲，葬于此山。水库北面的山谷中，有唐代净峪寺遗址。

在朱庄水库旁边的小西天，俗称奶奶顶，邢台县志记载又名栳栳红山。山上建有碧霞元君祠，传说碧霞元君是东岳大帝的三女儿，性情刚烈，仙术盖世，怀有一副菩萨心肠，专管人间不平事，是天下敬仰的有道神君，被善男信女誉为有求必应的三奶奶。

小西天壮丽景观一年四季各呈异彩，尤以冬景最为壮观。由于这里山脚下的映雪湖内藏温泉，水温宜人的温泉含有20多种有益人体健康的矿物元素，为各类皮肤病患者提供了一洗解百愁的如意场所。保持恒温的湖水在寒冬里照样柔波荡漾，遇冷后一碰上满山草木枝丫，便冷不丁冻结成一串串晶莹闪光的霜花冰挂。在七彩的霞光映照下，整个小西天宛如千树万树怒放的梅花飞光溢彩，瑰丽玲珑，邢台古八景之一的"鼎梅晴雪"便指此地。

3.2 生态观光

朱庄水库一带，山是巍峨，绿水荡漾，林木郁葱，鸟啼蜂鸣，是很好的风景胜地。

朱庄水库整个水面长达20余 km，宽1000～3000m，水深10～50m，在纵横40km²的水域里，沿岸山场自然景观秀美别致，双凤山、卧佛山、插旗岭、月亮脑等环湖高峰竞相高耸，保存完好的小龙泉寺古塔，波兰教堂及菩提神树点缀辉映，美丽的传说为其增添神秘的色彩。并与河北名胜小西天、白云山、峡谷群、紫金山、天河山等景区相连形成优势互补多日游特色路线。这里奇峰迭出，怪石荟萃，湖岛湖湾风景迷人，山上林木遮天蔽日，四季美景交替变换。这里远离市区从无污染，植被良好，空气新鲜，水面碧波荡漾，野鸟翻飞，水中鱼虾蟹蚌成群，穿梭漫游，游客来此可抛竿垂钓，架舟击浪，尽情领略太行风情的生活情趣，尽情享受呼吸沙河齐江涛新鲜空气和回归大自然返璞归真的惬意。

小西天景区位于邢台市西南40km处，与波光粼闪的朱庄水库（又称映雪湖）相连，山光水色融为一体，游览面积40km²，主峰鼎梅山海拔1089m，山势奇特秀美，直插云霄，"雷鸣峰崖下，雨起半山间"，以相对高为特色。小西天又俗称奶奶顶，山上有碧霞元君祠等多处庙观，香火旺盛。该景区一年四季别致多彩，春绿夏幽秋红冬雪。山上的滴血古树，长毛巨石，迎客和尚堪称北国三绝。山下朱庄水库水面延延十几华里，沿岸形成了17个半岛孤岛，是休闲娱乐，水上运动的最佳场所。湖畔温泉，含多种对人体有益的微量元素，可防病治病。

3.3 温泉疗养

最令人神往的是这里有邢台市唯一的温泉，水温达54℃，水中含硫，镁，镭等多种矿物质，对皮肤病，关节炎，心血管病，肠胃病等有很好的疗效。

据记载，温泉天然溢出口附近的2000～2500m²地范围内冬季无雪，春天树木早绿。1958年在温泉北16m处打一钻孔（9号孔），孔深34.02m，该孔0～6.97m为砂卵石，6.67～34.02m为片麻岩，从孔深12.52m开始喷水，水柱高约2m，水头标高212.09m，高出地面11.37m。泉水无色透明，有较浓的硫化氢气味。

对温泉水的水质化验结果表明：氯离子含量200～212mg/L，钾钠离子含量177～216mg/L，偏硅酸（H_2SiO_3）含量7.5～12.29mg/L。其中氟元素是区分热水系统的标志性元素，因为大多数金属氯化物易溶于水，而在高温条件下许多矿物中氯化物容易被淋滤于水中。同样，钠离子属于金属中最活泼的元素，它与氯离子在热水系统中互相依存。

热水中含盐总量是地下热储系统中重要的化学指标之一。热水中的含盐总量700mg/L。这和氯离子、钠离子含量较高有一定的对应关系。

其他特殊组分硅酸（H_2SiO_3）含量为60～140mg/L，氟元素为10～11mg/L。氡为12.05埃曼/L，溴为1.5mg/L，镭含量$1×10^{-11}$g/L，铀$1.9×10^{-7}$g/L，以及氯钠系数（Na/Cl）为1.30～1.63，氯溴系数（Cl/Br）为262，从特殊组分的含量看出，该系统属于隆起带深循环氯化物硫钠型热水。

热水的补给主要是西部山区大气降水沿着各种断裂通道向下渗入，并在地下深处运移过程中逐渐增温而形成热水。

为了充分利用地热资源，在地质部门的协助下，探明温泉的埋藏、运移和排泄条件，并采用岸边引水塔结构，把水库水位30m以下的热水引出地表建成一所可容纳200多人的职工疗养院。

朱庄水库疗养院远近闻名，水内含有对人体有益的离子、放射性元素镭、铀和侵蚀性二氧化碳、硫化氢等。这些微量元素能防病治病，有利健康。

第三节 社 会 效 益

社会效益指修建工程比无工程情况下，在保障社会安定、促进社会发展和提高人民福利方面的作用。

1 防洪减灾

1963 年 8 月洪水发生时，朱庄水库尚未建设，朱庄村附近流量近 8360m³/s，相当于 300 年一遇，致使淹没村庄 4726 个，淹死 1635 人，伤 15148 人，造成重大损失。水库修建后，经历了"96·8"洪水。在朱庄水库流域范围内，从 1996 年 8 月 3 日 5 时开始普降暴雨，截至 5 日 8 时，西部山区降雨普遍超过 300mm，中心雨量超过 500mm，朱庄两日降雨 364mm，瞬时最大入库洪峰 9760m³/s，出库最大泄量 5733m³/s，削减洪峰 42%，为保护下游京广铁路等交通干线和减轻下游防洪压力发挥了巨大作用。

水库建成后，沙河上游洪水基本得到控制，使下游南和、任县等县减免洪水灾害。朱庄水库设有防洪库容 2.8 亿 m³，具有较强的调洪能力。自 1976 年汛期拦洪蓄水以来，运行期间，起到削洪减峰作用。

原设计标准为 100 年一遇洪水，校核标准 1000 年一遇洪水（10000 年一遇验算）；按现行有关规范，水库设计标准为 100 年一遇洪水，校核标准 2000 年一遇洪水；大坝安全复核，防洪标准达到 10000 年一遇。经过多年的运用，在防洪、灌溉、发电方面均发挥了较大作用。拦蓄了 1996 年大洪水，起到了削减洪峰流量的作用。

1982 年 8 月 3 日，水库上游以 1168m³/s 的洪峰流量入库，洪水全部拦蓄在库内，只在 8 月 15 日以 50.5m³/s 流量下泄。10 月 2 日最高库水位达到 247.81m。据《子牙河系工程新中国成立 40 周年来防洪效益分析》中，1982 年该库拦蓄洪水，使下游减淹面积 90.1 万亩，减淹损失 1.03 亿元，仅这一年防洪效益就接近本枢纽的总投资。

1996 年 8 月 4 日，朱庄水库上游发生特大暴雨，最大 24h 降水量为：路罗雨量站为 254.8mm，浆水雨量站为 279.0mm，野沟门雨量站为 589.8mm，獐獏雨量站为 436.6mm。强降雨是山洪暴发，朱庄水库最大入库洪峰流量为 9761m³/s。同归水库拦蓄，最大出库流量为 6650m³/s，削减洪峰 31.9%，拦蓄水量 1.80 亿 m³。给下游沿河地区以及滞洪区人民群众安全转移赢得了时间，各级防汛部门对洪水合理调度，使洪水灾害降低到最低限度。

2 保障城市供水

1958 年以前，邢台百泉泉域地下水流动系统处于天然稳定状态，地下水埋深总的变化规律是：从补给区埋深型到排泄区逐渐过渡为浅埋型，直到排泄点以泉群涌出地表。水位标高从补给区大于 160m，到排泄点为 60m。那时岩溶水基本没有开采，只是引用，百泉泉域的出流量一般为 8～10m³/s。1958—1978 年间，随着工农业的发展和人口的增加，岩溶水逐渐被开发，此期间该泉域出流量为 6.87m³/s。上述两个流量都表征当时岩溶水的补给量。

1979 年以后，岩溶水大规模集中开采，水位变化大，呈现出多年下降趋势。年内水位历时曲线的上升段变缓，下降段曲线变陡，说明补给量已小于开采量，反映了开采型水位特征。在集中开采区，还产生了地下水位下降漏斗，使地下水流系统受到人为经济工程的影响，由天然型稳定状态变成为天然-人工复合流动系统的非稳定状。在人工集中大量开采岩溶水的地段，则出现漏斗状流网形态。邢台市区由于过量开采岩溶水，按 1991—2000 年岩溶地下水位资料统计，地下水位年平均下降 1.4～1.6m/a，1999 年最大埋深达 85.06m（动水位埋深），已经形成多次"水荒"和工矿企业因"吊泵"而停产的事件。

为解决邢台市区水资源短缺状况，保障市区国民经济稳定、快速可持续发展，市政府决定从朱庄水库向市区修建输水工程，引水入市，实现地表水、地下水资源的统一调度、科学管理、有效利用，即谓"引朱济邢"供水工程。"引朱济邢"供水工程规模为年引水量 5000 万 m³，可增加邢台市区日供水能力 13.7 万 m³。"引朱济邢"输水工程运行以来，每年向邢台市区输水 3000 万 m³，为减少邢台市城区地下水位持续下降发挥了重要作用。

3 解决山区人畜饮水

朱庄水库原设计灌溉面积 38 万亩，因受下游引水枢纽配套能力的限制，建库以来年实际灌溉面积约 14 万亩，水库多年平均供水量为 0.403 亿 m³。邢台县和沙河市丘陵区是严重缺水地区，南北干渠通水后，不仅解决了农业灌溉问题，也解决丘陵山区人畜饮水问题。

参 考 文 献

[1] 方国华，戴树声. 防洪效益计算方法述评 [J]. 水利水电科技进展，1995 (2)：32 - 35.

[2] 俞日新，苏平. 水文情报预报经济效益实用推算方法 [J]. 水文，2000 (5)：19 - 22.

[3] 赵宝璋，王晓妍. 水利工程供水经济效益计算方法研究 [J]. 水利经济，2000 (6)：31 - 38.

[4] 王本德，周惠成，王国利. 水库汛限水位动态控制理论与方法及其应用 [M]. 北京：中国水利水电出版社，2006.

[5] 冯平，韩松，李健. 水库调整汛限水位的风险效益综合分析 [J]. 水利学报，2006 (4)：451 - 457.

[6] 胡新锁，乔光建，邢威洲. 邯郸生态水网建设与水环境修复 [M]. 北京：中国水利水电出版社，2013.

[7] 郭伟，吴静，王丽丽. 朱庄水库生态旅游开发规划研究 [J]. 生态经济，2007，(11)：141 - 142.

第十九章 水库管理沿革

朱庄水库管理处始建于 1978 年 8 月，为处级事业单位，1981 年组建下属科室，1982 年底正式办公，担负起了工程管理和维护等方面的工作，直至 1985 年 4 月中旬朱庄水库工程验收。朱庄水库现有干部职工 144 人，离退休干部职工 65 人，下设 10 个职能机构：办公室，工程管理科，财务科，人事科，水力发电站，水产科，水情调度科，事务科，党办室，派出所。其中，工程管理科负责水库工程的运行管理工作由管理处主任分管。

第一节 组 织 沿 革

朱庄水库工程管理，使随着施工进展需要，于 1978 年 12 月成立朱庄水库管理处，当时正处于施工阶段，一套人马两个牌子，直到 1985 年 4 月竣工后验收后，才全面转向工程管理。

1987 年 8 月 10 日，中共邢台地委组织部以邢干〔1978〕178 号文任命：魏家玉为邢台地区行署水利局副局长、朱庄水库管理处主任，董学保、马尚信为朱庄水库管理处副主任。

1979 年 12 月 31 日，中共邢台地委以邢干〔1979〕406 号文通知：任命秦存英、冯秀岩任朱庄水库管理处副主任。

1980 年中共邢台地委以干〔1980〕第 78 号文通知：庞贵福任朱庄水库管理处副主任。

1980 年中共邢台地委以邢干〔1980〕282 号文通知：魏家玉任朱庄水库管理处党委书记；秦存英任党委副书记；马尚信、冯秀岩任党委委员。

1981 年 5 月邢台地编委批复：朱庄水库管理处编制为 158 人，其中干部 46 人，职工112 人。

1981 年 12 月，朱庄水库管理处开始组建下属职能科室，计有：办公室、工管科、财供科、生产科、机电科、保卫科等 6 个科室。从 1982 年 1 月 1 日起管理处开始办公。

朱庄水库管理处机构设置情况：管理处主任、副主任 4 人；下设 8 个科室。

办公室 43 人，主要工作：党务工作、人事工作、行政管理、机要、收发、文秘工作、文印室、劳保福利、通信电话、防汛电台、共青团、机关食堂、子弟学校、招待所、机动车辆、文书档案、医务室、统计工作、住邢办事处等。

工程管理科 32 人，主要工作：工程管理、闸门管理、灌溉管理、防汛调度、大坝观测、技术档案、地震台等。

机电科 11 人，主要工作：坝区供电管理、生活区供电管理、供排水管理、修配厂、用电计量收费、电梯井管理、吊物井管理、生活区备用发电机管理等。

水电站 35 人，主要工作范围：发电并网计量计费、灌溉闸门和退水闸门管理、坝区备用发电机管理、电站机组管理等。

财供科 13 人，主要工作范围：年度财务预算、决算、财务制度制定、财会收支、经济摊点结算、仓库管理、劳保用品发放、各种物资采购等。

多种经营科 32 人，主要工作范围：渔业养殖、林业、农业、牧业、副业经营管理等。

纪委 3 人，主要工作范围：为水库发展保驾护航、政治腐败、监督检查、廉政教育、计划生育等。

此时，水库工程基本结束，水库工程指挥部人员陆续调出。行署人事局于 1983 年把尚未调出和建库 10 余年老弱病干部，调入水库管理处。管理处人员达到 214 人，超编56 人。

为便于管理，有利发展，水库管理处下属职能单位又有所变动：1984 年组建水电站；1986 年保卫科改为朱庄水库派出所，业务归属沙河市公安局领导；1987 年 6 月，经水利厅渔政处批准，新建渔政管理站（不占编制，人员兼职），管理渔政，执行渔业法，维护水库秩序等。同时把生产科改为多种经营科。

交接工作开展情况，1987 年 9 月 16 日，邢台地区编委以〔1987〕44 号文通知朱庄水库事业编制总额为 185 人，其中干部 59 人，职工 126 人。

1988 年 10 月，朱庄水库疗养院由行署水利局移交朱庄水库管理处。

第二节 管 理 体 制

根据中共邢台地委邢编字〔1981〕12 号文件和行署〔1986〕第 28 号文通知精神，朱庄水库管理处为县级事业单位，业务归属行署水利局代管。

朱庄水库管理处工作性质大体可分为三个阶段。

从 1978 年建立朱庄水库管理处起，到 1988 年 6 月为目标管理责任制。其人员经费在 1985 年水库竣工验收前（包括 1985 年），由河北省水利厅随工程基建费一同划拨。从 1986 年 1 月起，改由地区财政局划拨，每年经费 38 万元，水库不稳定的收入全部上交。

从 1988 年 7 月—1989 年底，水库管理处为承包管理。地区水利局为发包单位。并公开答辩，地区以杨湘荣副专员为首组成 17 人的评委会讨论确定，行署批准，以杨朝君为代表承包管理，承包期为三年。水库人员经费，在原来财政年拨 39 万元的基础上，逐年递减 6 万元，自负盈亏。

1989 年 12 月 2 日，杨湘荣副专员，由行署水利局杜立章来水库宣布：专员办公会议决定水库承包终止、其理由是"水库是事业单位，收入以财政拨款为主，不一定非搞承包管理"。从 1990 年起水库又实行目标管理责任制。水库人员经费，按承包管理第三年数由地区财政年划拨 22.4 万元（疗养院移交水库管理处，年增经费 1.4 万元），其他由水库管理处自行创收，收支自负。

第三节 领 导 人 员 变 更

朱庄水库管理分两种类型。1978 年 12 月—1988 年 5 月实行目标管理。由于受当时的社会大环境影响，1988 年 6 月—1989 年 12 月改制为承包管理。到 1990 年 1 月以后，又改制为事业单位，实行目标管理。表 19 - 1、表 19 - 2 为朱庄水库管理处历届领导及干部基本情况。

表 19 - 1 　　　　　　　　　　　　　　朱庄水库历届领导简明表

年度	姓名	籍贯	出生年月	学历	职务	任职时间（年-月-日）
1978 年 12 月— 1988 年 5 月 目标管理	魏家玉	河北威县	1924 - 12	初中	主任、 党委书记	1978 - 08 - 10—1985 - 12 - 25 1980 - 11 - 16—1985 - 12 - 25
	秦存英	河北沙河县	1928 - 10	高小	副主任 党委副书记 督导员 副主任、党委委员	1979 - 12 - 31—1985 1980 - 11 - 06—1985 1985—1986 - 02 1986 - 03 - 05—1998 - 05
	马尚信	河北清苑县	1930 - 07	中专	副主任 党委委员 顾问 纪检书记 工会主席	1978 - 08 - 10—1986 - 03 - 05 1980 - 11 - 16—1986 - 03 - 05 1986 - 03 - 05—1986 - 07 1986 - 07—1988 - 05 1986 - 10—1988 - 05
	冯秀岩	河北省景县	1935 - 01	中专	副主任 党委委员	1979 - 12 - 31—1988 - 05 1980 - 11 - 06—1988 - 05
	郑惠民	河北柏乡县	1931 - 11	初中	督导员	1986 - 04 - 08—1988 - 05
	杨朝君	河北南宫市	1931 - 09	大学	副主任 党委副书记	1986 - 03 - 08—1988 - 05
	申绪彬	河北沙河市		函大	副主任	1986 - 03—1988 - 05
1988 年 6 月— 1989 年 12 月 承包管理	杨朝君	河北南宫市	1931 - 09	大学	副主任、党委副书记 顾问	1986 - 06—1989 - 11 - 24 1989 - 11 - 24—1989 - 12
	冯秀岩	河北省景县	1935 - 01	中专	副主任、党委委员	1988 - 06—1989 - 12
	秦存英	河北沙河市	1928 - 10	高小	副主任 党委委员	1988 - 06—1989 - 12 1988 - 06—1989 - 11 - 24
	张洪志	河北广宗县	1937 - 07	大学	副主任	1988 - 06—1989 - 12
	马尚信	河北清苑县	1930 - 07	中专	纪检书记、党委委员、工会主席	1986 - 06—1989 - 12
	郑惠民	河北柏乡县	1931 - 11	初中	督导员	1988 - 06—1989 - 12

续表

年度	姓名	籍贯	出生年月	学历	职务	任职时间（年-月-日）
1990 年 1 月—2010 年目标管理	左文治	河北元氏县	1942 – 02	大学	副主任、党委副书记 主任、党委书记	1989 – 11 – 24—1990 – 12 1993 – 07—1999 – 12
	冯秀岩	河北景县	1935 – 01	中专	副主任、党委委员 工会主席	1990 – 01—1990 – 12 1990 – 04—1990 – 12
	马尚信	河北清苑县	1930 – 07	中专	纪检书记	1990 – 01—1990 – 03
	卢建民	河北柏乡县	1951 – 05	高中	副主任、党委委员 主任、党委副书记	1990 – 01—1990 – 12 1999 – 12—2006 – 07
	秦存英	河北沙河市	1928 – 10	高小	副主任	1990 – 01—1990 – 03 – 25
	杨朝君	河北南宫市	1931 – 09	大学	顾问	1990 – 01—1990 – 12
	郑惠民	河北柏乡县	1931 – 11	初中	督导员	1990 – 01—1990 – 12
	赵锁贵	河北隆尧县	1955 – 02	大学	副主任 党委书记	1994 – 09—2005 – 09 1999 – 12—2005 – 09
	白志亮	河北沙河市	1953 – 06	大专	纪检书记 副主任	1994 – 08—2004 – 01 1999 – 12—2004 – 01
	王振末	河北威县	1956 – 05	大学	纪检书记 党委书记	2006 – 04—2010 – 08 2010 – 08—2013 – 08
	董禄锁	河北宁晋县	1953 – 06	大专	副主任	2000 – 07—2006 – 07
	梁景江	河北省广宗	1964 – 12	大专	纪检书记	2004 – 01—2006 – 04
	刘春广	河北省临西	1961 – 12	研究生	副主任 主任、党委书记 主任、副书记	2002 – 11—2008 – 07 2008 – 07—2010 – 08 2010 – 08—2014 – 01
	张振全		1964 – 03	大专	副主任、党委委员	2008 – 12—2010 – 08
	王振强	河北省南和	1964 – 03	大学	副主任、党委委员	2008 – 12—2014 – 01
	郑江峰		1964 – 01	大专	副主任、党委委员	2010 – 08—2014 – 01

表 19 - 2   朱庄水库管理处科级干部任职一览表

姓名	性别	科室职务	任 职 时 间
张胜年	男	办公室主任	1980 年 12 月 18 日—1985 年 11 月 15 日
张洪志	男	办公室主任	1986 年 1 月 18 日任办公室主任，1988 年 6 月 1 日—1989 年 12 月为管理处副主任，1990 年 6 月 16 日—1993 年 4 月任纪检书记，1993 年 4 月—1995 年 3 月任办公室主任，1995 年 3 月—1997 年 9 月任正科级调研员
王德春	男	办公室副主任	1981 年 7 月—1993 年 4 月任职
刘敬先	男	办公室副主任	1988 年 6 月 1 日—1990 年仍任职
刘世琦	男	办公室副主任	1984 年 10 月 7 日任机电科副科长抓全面工作，1990 年 12 月 8 日调办公室任副主任
任兰久	男	工管科科长	1980 年 12 月任职，1982 年调出

姓名	性别	科室职务	任 职 时 间
王俊山	男	工管科科长	1982 年 11 月 24 日任职，1983 年 12 月 19 日离休
赵保敏	男	工管科副科长	1981 年任职，1984 年 10 月调出
王更辰	男	工管科科长	1984 年 10 月 7 日—1998 年 4 月任工管科科长，1998 年 4 月—2000 年 4 月任正科级调研员
刘文荣	男	工管科副科长	1984 年 10 月 7 日—1993 年 4 月任工管科副科长，1993 年 4 月—2005 年 10 月任纪委副书记
唐廷廷	男	工管科副科长	1988 年 12 月 1 日—1998 年 4 月任工管科副科长，1998 年 4 月—2000 年 4 月任副科级调研员
夏桂友	男	财供科科长	1980 年 12 月 6 日任职，1986 年退休
韩更生	男	财供科副科长	1980 年 12 月 16 日任职，1984 年 4 月离休
高贵文	女	财供科副科长	1984 年 12 月 7 日任职，1986 年后抓全面工作，1989 年任邢台办事处副科长
李兰群	男	财供科副科长	1988 年 6 月 1 日—1994 年 3 月任财供科副科长，1994 年 3 月—1998 年 2 月任副科级调研员
任士俊	男	财供科副科长	1988 年 6 月 20 日任疗养院副院长，1989 年 3 月 31 日调财供科任副科长，抓全面工作至 1990 年底，仍任职
许志杰	男	机电科科长	1978 年 5 月 30 日任职，1990 年 3 月 25 日离休
刘占勋	男	电站站长	1986 年 8 月 10 人任职，1990 年底仍任职
张庆华	男	电站副站长	1984 年 10 月 7 日任职，1986 年调出
刘春光	男	电站副站长	1984 年 10 月 7 日—1990 年底
余喜周	男	生产科科长	1978 年 5 月 26 日任职，1983 年 11 月 23 日离休
王庆	男	生产科副科长	1980 年 10 月 13 日—1984 年 10 月
李明章	男	生产科副科长	1981 年 7 月 13 日—1984 年 10 月任生产科副科长，1988 年 6 月 1 日—1994 年 3 月任多种经营科副科长，1994 年 3 月—1996 年 11 月任副科级调研员
裘春海	男	生产科科长	1984 年 10 月 7 日—1988 年 5 月 31 日
贾四海	男	生产科科长	1984 年 10 月 7 日—1986 年
张忠林	男	生产科副科长	1984 年 10 月 7 日任职，1988 年调出
王秀浩	男	生产科副科长	1986 年 12 月 1 日任多种经营科副科长，1988 年 5 月抓全面工作，1990 年 5 月 31 日改为水产科副科长，1990 年底仍任职
董华	男	经营科科长	1988 年 3 月 8 日任职，1990 年底仍任职
陈兰国	男	水产科副科长	1990 年 9 月 14 日任职，1991 年调出
张谦朋	男	经营科科长	1990 年 9 月 14 日任职，1990 年底仍任职
王立浩	男	经营科副科长	1986 年 11 月—1990 年 5 月任经营科副科长，1990 年 5 月—1995 年 3 月任生产科副科长，1995 年 3 月—1996 年 1 月任副处级调研员
苗绍有	男	派出所所长	1981 年 7 月 13 日任保卫科科长，后改为派出所所长，1987 年 3 月 20 日辞职
孙国义	男	派出所副所长	1984 年 10 月 7 日任保卫科副科长，1984 年 12 月 19 日改任派出所副所长，1985 年病故

续表

姓名	性别	科室职务	任 职 时 间
张庆申	男	派出所副所长	1987 年 3 月底任职，1990 年 12 月仍任职
刘兴海	男	老干部科科长	2007 年 5 月—2014 年 1 月任职
赵庆丰	男	办公室主任	1994 年 7 月—1996 年 5 月任办公室副主任，1996 年 5 月—2004 年 12 月任办公室主任，监察室主任
任世俊	男	办公室主任	1989 年 3 月—1993 年 5 月任财务科副科长，1993 年 4 月—2004 年 12 月任财务科科长，2004 年 12 月—2009 年 7 月任办公室主任
李金华	男	办公室副主任	1995 年 3 月—2009 年 7 月任职
刘世琦	男	人事科科长	1984 年 10 月—1990 年 12 月任机电科副科长，1990 年 12 月—1993 年 4 月任办公室副主任，1993 年 4 月—2004 年 12 月任人事科科长
李喜振	男	人事科科长	1996 年 5 月—2009 年 12 月任监察室副主任，2009 年 7 月—2010 年 6 月任人事科科长
周振雄	男	电站站长	1994 年 7 月—2004 年 12 月任电站副站长，2004 年 12 月—2014 年 1 月任电站站长
李建良	男	财务科科长	1994 年 7 月—2004 年 12 月任财务科副科长，2004 年 12 月—2014 年 1 月任财务科科长
赵凤翔	男	水产科科长	1992 年 10 月—1996 年 5 月任水产科副科长，1996 年 5 月—2014 年 1 月任水产科科长
杨孟超	男	开发办主任	2007 年 5 月—2013 年 1 月任职
李伟召	男	办公室主任	2009 年 7 月—2011 年 8 月任办公室副主任，2011 年 8 月—2014 年 1 月任办公室主任
王建华	男	党办室主任	2009 年 7 月—2011 年 8 月任人事科副科长，2001 年 8 月—2013 年 1 月任人事科科长，2013 年 1 月—2014 年 1 月任党办室主任
王鹏	男	人事科科长	2009 年 12 月—2013 年 1 月任人事科副科长，2013 年 1 月—2014 年 1 月任人事科科长
孟磊	男	水情科科长	2006 年 4 月—2009 年 7 月任工管科副科长，2009 年 7 月—2014 年 1 月任水情科科长
陈立敏		水情科副科长	2009 年 7 月—2014 年 1 月任职
田献文	男	工管科科长	2004 年 12 月—2009 年 7 月任工管科副科长，2009 年 7 月—2014 年 1 月任工管科科长
梅凤波	男	工管科副科长	2009 年 7 月—2014 年 1 月任职
邢国霞	女	电站副站长	2009 年 7 月—2014 年 1 月任职
卢亚欣	女	财务科副科长	2013 年 1 月—2014 年 1 月任职
申明霞	女	财务科副科长	2004 年 12 月—2014 年 1 月任职
李志军	男	多种经营科副科长	2004 年 12 月—2014 年 1 月任职
董玉华	女	事务科科长	2004 年 12 月—2009 年 12 月任发改办副主任，2009 年 12 月—2014 年 1 月任事务科科长

姓名	性别	科室职务	任 职 时 间
左敬东	男	事务科副科长	2009 年 12 月—2014 年 1 月任职
张栓金	男	派出所指导员	1996 年 5 月—2004 年 12 月任派出所副所长，2004 年 12 月—2012 年 1 月任派出所指导员
关东奎	男	派出所指导员	2004 年 12 月—2009 年 12 月任派出所副所长，2009 年 12 月—2014 年 1 月任派出所指导员
王文亮	男	发改办副主任	1994 年 6 月—1994 年 11 月任职
董燕	女	纪委副科纪检员	2010 年 10 月—2014 年 1 月任职

第四节 管 理 制 度

朱庄水库管理处虽然于 1978 年 8 月组建，1982 年 1 月办公，但由于水库管理处与水库工程指挥部是一套人马，主要精力还是搞工程施工，直至 1988 年 1 月底水库尾工验收以后，才把精力转向水库运行管理。

水库运行管理首先抓了各项管理制度和规程的建立，健全工作。以水库管理处名义逐年下发的各项制度规程如下。

1981 年：朱庄水库水电站电气运行规程；朱庄水库水电站水轮机及附属设备运行规程；朱庄水库管理运用要求；关于节约用电的几项管理规定。

1982 年：朱庄水库关于水产养殖保护暂行规定。

1983 年：关于机关几项制度的暂行规定；关于医疗费管理试行办法。

1984 年：朱庄水库工程观测方法及精度要求的暂行规定；朱庄水库观测工作守则；关于林区管理的几项规定；关于麦收期间请假问题的几项规定。

1985 年：朱庄水库暂行管理办法；朱庄水库工程管理维护与检查操作规程；朱庄水库泄洪设施调洪计算；关于用电分配和用电收费标准暂行规定；关于职工个人防护品发放标准和管理使用办法；关于职工食堂几项暂行制度；关于干部、职工享受节假日试行规定和补充规定。

1996 年：关于发电站运行中几个问题的暂行规定；关于售鱼办法的暂行规定。

1997 年：关于物资处理的几项规定；关于渔政管理工作的规定。

1988 年：关于管不廉洁的若干规定。

1989 年：关于差旅费开支的若干规定。

1990 年：关于司机出车补助办法的规定。

1991 年：关于加强用电管理的实施办法；关于机关管理制度的几项改进意见。

1992 年：工作人员差旅费开支的规定。

1994 年：关于加强水电管理的规定。

1995 年：按劳分配津贴制度的实施方案；关于考勤和休假的试行办法。

1996 年：关于考勤和休假制度的暂行规定；关于接待工作的暂行规定。

1997年：朱庄水库管理处财务实施意见。

1998年：关于财务统一管理的暂行规定；朱庄水库管理处机关食堂管理暂行制度。

1999年：朱庄水库管理处机关房屋管理制度。

2001年：关于加快招商引资发展旅游产业的规定。

2002年：朱庄水库管理处水电管理暂行规定。

2003年：关于接待和小汽车管理的暂行规定；朱庄水库管理处经费管理暂行办法。

2004年：关于实行提前离岗退休的规定。

2005年：朱庄水库管理处财务管理补充规定。

2007年：关于加强水利设施管理和安全生产责任制的通知。

2008年：朱庄水库管理处政务公开实施办法。

2009年：大坝值班工作制度；关于建立责任追究制度的通知；关于实行提前离岗退养的规定；关于修订安全生产责任制的通知；朱庄水库管理处政务公开实施办法；朱庄水库管理处国有自查管理规定。

2010年：小汽车管理使用办法。

第五节 下 属 单 位

1 朱庄水库职干子弟学校

根据需要，朱庄水库于1972年由工程指挥部政治处组织，经王金海指挥长批准，成立了"朱庄水库职干子弟学校"，占地4200多 m²。设小学五个班，初中两个班，在校生86人，开设国家规定的全部课程。教育经费由工程指挥部财务处列支，业务归地区教委领导；1985年业务转为邢台市桥西区教育局管理。1978年初中取消。2008年因生源流向邢台市而停办，建校期间，共培养学生600多人。

在办学过程中，坚持"德、智、体、美、劳"全面发展的教育理念，以"爱祖国、爱人民、爱劳动、爱科学、爱社会主义"为基本内容的教育方针，充分发挥校内外相互配合，定期举行校会、家长会，坚持升旗仪式。期间得到了上级领导和广大干部职工的大力支持。魏家玉书记、杨朝军主任等多次到学校上革命传统课。

学校历任教师有张廉贞、曹二彬、梁保增、赵兴旺、耿贵宾、李明远、陈力、葛国强、张所柱、刘洪周、刘兴梅、赵杏存、贾俊花、王树贞、任方明、谢国军等共计16人。学校历任校长见表19-3。

表 19-3　　　　　　　　　　　学 校 历 任 校 长

校　　长	任 职 时 间	性　　别	政 治 面 貌
张廉贞	1972—1975 年	男	中共党员
葛国强	1976—1979 年	男	中共党员
陈力	1980—2008 年	男	中共党员

学校工作曾多次受到邢台地区教委和桥西区教育局的表扬，桥西区教育局多次组织邢

台市其他学校教师前来参观学习。学校历年被评为"朱庄水库先进单位"。1986 年因学校工作突出，水库党委给学校荣记"二等功"。

2　朱庄水库疗养院

朱庄水库养老院，其前身是 20 世纪 70 年代初期由河北省总工会筹建的邢台地区职工疗养院，隶属邢台地区总工会，80 年代中期由地区总工会归属邢台地区水利局。

1988 年 10 月邢台地委扩大会议上，行署专员徐金在宣布朱庄水库疗养院由邢台地区水利局移交朱庄水库管理处管理，属企业科级。朱庄水库管理处主任杨朝君、副主任冯秀岩，疗养院负责人秦占平等同志参加了会议。

2002 年 4 月朱庄水库管理处与天津正浩达联营开发养老院，原朱庄水库疗养院注册邢台市朱庄水库天颐资源旅游开发有限公司，疗养院人员已归属朱庄水库管理处。

疗养院科级干部任免情况：秦占平聘任院长 1988 年 1 月—1990 年 12 月；苗绍友聘任院长 1991 年 1 月—1992 年 9 月；宋保奎聘任院长 1992 年 10 月—1994 年 10 月；王文亮聘任院长 1994 年 11 月—2002 年 9 月；任士俊聘任副院长 1986 年 6 月—1993 年 7 月；王士坤聘任副院长 1995 年 3 月—1998 年 3 月；王贵生副院长 1992 年 10 月—1996 年 8 月。

3　地震观测站

朱庄水库地震观测组成立于 1976 年 2 月，系根据国家水利水电部和国家地震局群测群防及四大保护（大城市、大交通、大水库、大工业基地）要求下建立。在省地震局、邢台地区地震局的指导下，设有"土地变""地应力""生物变"观测手段。1976 年 4 月又增"水氡观测仪"主要观测水库温泉变化。1982 年建立朱庄水库地震台，设有地震测震仪，水氡测试仪，主要监测微震、小震发生情况、水氡观测、地震预报以及水库蓄水后水位高低与地震的关系。朱庄水库大坝建立在地震断裂带上，根据朱庄水库周边邢台地震台、永年地震台、临城地震台、邯郸地震台建立以前朱庄水库未蓄水时的观测资料统计，水库周边没有发生过微小地震；蓄水后均监测到微小地震发生。

附录 朱庄水库大事记

1957 年

1957-1：本年 11 月，水利部北京勘测设计院（简称水利部海河设计院）在《海河流域规划》（草案）中提出修建朱庄水库初步方案，其主要技术指标为控制流域面积 1318km²，水库任务为防洪、灌溉、发电，调节水量 1.15 亿 m³，调节保证率为 50%，防洪标准为 100 年一遇洪水，设计洪峰流量 1800m³/s，坝高 72m，总库容 2.77 亿 m³，防洪库容 1.8 亿 m³，调节库容 0.67 亿 m³，调节后泄量 130m³/s。大坝为混凝土重力坝，混凝土工程量 55.6 万 m³。

1958 年

1958-1：河北省水利厅勘测设计院对朱庄水库坝址基岩的发育、构造进行勘探，勘探区域上至杨庄，下至朱庄后沟。

1958-2：本年 7 月 14 日，邯郸地委（邢台、邯郸两个专区于 1958 年 7 月合并为邯郸专区，俗称"邢邯合并"）召开各县第一书记、地直各部门负责干部参加的地委扩大会议。根据省委提出的"大干一冬春基本根治海河"的精神，确定兴建岳城、娄里、刘家庄、东青山、三岐、朱庄 6 座大型水库，并明确各大水库负责人。

1958-3：本年 7 月下旬，邯郸地委批准成立朱庄水库工程局，安耕野任局长，樊风书任副局长，李志奇任党委书记。

1958-4：本年 8 月，邯郸地委确定邢台、沙河、南和、任县为修建朱庄水库出工县。8 月下旬 4 个县民工开始进场，首先进行"三通"工程（路、电、汛三通）等施工前的准备工作。翌年春完成。

1958-5：本年 8 月 14 日，邯郸专署专员刘琦主持召开第三次根治海河会议，贯彻河北省委、省人委 7 月上旬召开的根治海河工程会议精神。提出以"小型为基础、中型为骨干、辅之以大型"的海河治理方针，抓两头（小型、大型），量力安排中型。大干一冬春完成岳城、娄里、刘家庄、三岐、朱庄 5 座大型水库。

1958-6：汛后，邯郸专署副专员刘振邦主持召开会议，动员各个物资部门支援朱庄水库建设。会后，大批钢材、木料等物资不断地运往水库工地，基本满足了水库建设需要的钢材、木材。

1959 年

1959-1：年初，由于工农业"大跃进"，邯郸地区同时动工兴建 5 座大型水库，在经济及技术上遇到很多问题，地委决定缓建朱庄水库，集中力量确保岳城水库建设。朱庄水库停建后，水库物资由任修贵等 7 名留守人员看守。

1959-2：本年 6 月，根据省《海河流域规划》及《滏阳河流域规划纲要》（草案）和地方的要求，河北省水利厅勘测设计院将南澧河朱庄水库选定为近期治理的主要综合性水利枢纽，以解除南澧河洪水灾害。初步规划拟定朱庄水库最大坝高 86m（基岩以上），总库容 5.1 亿 m^3，灌溉面积 35 万亩，装机容量 5300kW，年发电量 1580 万 kW·h，坝型为浆砌石重力坝，需要工程量 57 万 m^3，总投资 2560 万元。设计洪水为 50 年一遇，200 年一遇洪水校核，以拦洪为主，灌溉兼顾发电的原则规划。

1960 年

1960-1：本年 1 月，邯郸地区水利局编制娄里、朱庄两座水库设计任务书报省审批。省水利厅同意该两项任务书。但对坝型、坝高的选择及投资问题，提出在初步设计阶段，经过充分论证后，再行确定。1961 年度暂不安排。

1960-2：本年，河北省地质局水文地质工程大队，对朱庄水库坝址进行地质勘探。

1961 年

1961-1：本年 5 月，恢复邢台专区专员公署。朱庄水库建设由邢台专员公署筹划安排。

1962 年

1962-1：冬季，邢台专署水利局向省水利厅请示，要求兴建朱庄水库。

1963 年

1963-1：本年 7 月 23 日，邢台地区西部大雨，朱庄洪峰流量达 358m^3/s。

1963-2：本年 7 月 25 日，邢台专属水利局提出"南澧河朱庄水库设计"任务书，水库以防洪为主，灌溉发电为辅，其标准为 100 年一遇洪水设计，500 年一遇洪水校核，总库容 5.65 亿 m^3，浆砌石坝，坝顶高程为 269m，坝高 74m，坝顶长 518m，溢洪道堰顶高程 260m，净宽 40m，需投资 5076 万元。

1963-3：本年 7 月 27 日，京广铁路以西降大暴雨，朱庄洪峰流量达 399m^3/s。

1963-4：本年 8 月 4 日，全区降特大暴雨，西部山区日降雨量均在 300mm 以上，朱庄洪峰流量达 6800m³/s。造成下游南和、任县河堤普遍漫溢。

1963-5：本年 8 月，邢台地区自 2—9 日连降暴雨，发生了历史上罕见的特大洪水。7 天来，西部山区一般降雨 1400mm，獐獏最大为 1850.2mm，朱庄洪峰流量达 9500m³/s。这是从 1922 年有水文气象资料记载以来所没有过的，相当于 1956 年大洪水的 4 倍多。山洪暴发，造成京广铁路沙河大桥冲毁，铁路运输中断。

1963-6：本年 10 月 15 日，特大洪水后，为了根治海河，邢台专区水利局在"邢台地区水利建设长远规划"中提出兴建朱庄水库的规划意见。

1963-7：本年 10 月，中共邢台地委先后于 9 月 24 日、10 月 31 日两次请示河北省委，要求速建朱庄水库。从本年冬开始至 1967 年全部建成，坝型为浆砌石重力坝，坝高 125m，总库容 15.99 亿 m³，需投资 1.2 亿元。

1965 年

1965-1：本年，《子牙河流域防洪规划》（草案）中，提出在滏阳河上游可能兴建与扩建的 7 座水库中，以朱庄水库建库条件最好，库容最大，群众的要求也最迫切。

1966 年

1966-1：本年 10 月 20 日，水电部海河设计院以海字 66 号文，通知邢台专属水利局，并电请河北省根治海河指挥部（简称省海河指挥部）派员，于本月 28 日到邢台集合查勘朱庄水库坝址。

1966-2：本年 11 月，水电部海河设计院开始进行朱庄水库库区及坝址的补充地质勘查、钻探、测量以及设计任务书的编制工作。

1966-3：本年 12 月底，水电部海河设计院地质勘探二队，根据朱庄设计书的要求，开始进行朱庄水库地质勘测。到 1968 年 6 月完成库区测绘 140km²；路线测绘 200km²；坝址测绘 0.64km²；勘探钻孔 13 个，进尺 283.11m；压水试验 56 段；抽水试验 3 次；开挖平洞 4 个、探槽 5 条、探坑 83 个；阳铲 98 个；室内抗剪试验 58 组、物理性质试验 1492 项次、水质分析 276 次以及有关的野外大型抗剪、岩石抗压试验和物探工作。

1967 年

1967-1：本年 5 月 23 日，朱庄水库砌石砂浆试验工作开始。这项工作由中国科学院、水利电力部水利水电科学研究院及海河设计院共同负责进行，在邢台专属水务局大力支持下，确定室外试验地点在东川口水库进行，6 月底提交成果。室内试验，8 月中旬提交成果。

1967-2：本年 7 月 12 日，河北省水利局在安国召开会议，审议朱庄水库设计任务书。参加会议的单位及主要人员有：海河设计院工程师林昭等 7 人、省水利局顿维礼、张抚存等 14 人及邢台专属水利局朱世忠、张庆祥。

1968 年

1968－1：本年 3 月 25 日，省水利局以〔68〕水规字第 72 号文向省革委呈送《南澧河朱庄书库设计任务书》审查意见的报告。建议省革委将朱庄水库的建设工程列入"三五"后期和"四五"期间根治海河计划。

1968－2：本年 8 月，水电部海河设计院提出《朱庄水库补充初步设计工程地质勘察报告》，随着提出《沙河朱庄水库初步设计水文分析报告》和《沙河朱庄站 1963 年 8 月上旬洪峰修改意见》，分别报送有关单位。

1969 年

1969－1：春季，邢台至朱庄交通道路开始施工。其中邢台至羊范 17km 为旧有路面尚可通车，为节省开支，只修建羊范至西坚固路面与桥涵，筑成 3 级土路标准，路面宽 8m，长 13.8km，投资 13.9 万元。由邢台市、邢台县、沙河县组织民工负责修路。

1969－2：春季，省革委决定修建朱庄水库。要求立即进行施工准备，由地革委组织工程指挥部，统一领导施工，本年汛后正式开工。

1969－3：本年 12 月 1 日，水电部海河设计院设计小组，会同邢台地海河指挥部水库组先后两次到朱庄水库现场进行勘测，并对水库下游进行调查，经讨论分析提出高中坝和低中坝两个设计方案向有关领导汇报。

1970 年

1970－1：本年 1 月，水电部海河设计院编制出《河北省邢台地区南澧河朱庄水库初步设计书》上报。确定朱庄水库以防洪灌溉为主，结合发电。设计标准为 100 年一遇洪水设计，1000 年一遇洪水校核，总库容为 8.25 亿 m^3。大坝为浆砌石重力坝，坝顶高程 281.0m，最大坝高 114.5m，泄洪方式采用河床坝顶溢流，堰顶高程 267.0m，上设 8 孔闸门，每孔净宽 10m，最大泄量 7400m^3/s，溢流以挑流消能，右岸设两个放水洞，孔口尺寸 3.0m×3.5m。为结合导流，右岸还设一放水隧洞，孔口尺寸 4.0m×4.0m，左岸电站装一台 3000kW 发电机组，右岸电站装 2 台 500kW 发电组，计划 4 年完成工程，总投资 4500 万元。

1970－2：本年 8 月兴建朱庄水库的先遣工作人员，由吉祥带队进驻朱庄村。临时办公地点设在村大队部。

1970－3：本年 8 月 26 日，地海河指挥部向地革委提出"关于今冬明春做好朱庄水库施工准备工作的安排意见"。组织领导班子，建立组织机构。朱庄水库施工指挥部计划 77 人，由 5 人组成领导小组，其中军带表 1 人，领导干部 4 人。下设秘书组、政工组、机电组、后勤组、施工组。指挥部建立党委会，领导兴建水库的全面工作；施工准备工作：完成"三通"，（即路通、电通、导流洞通）。并建一部分仓库。本年冬到 1971 年春，由邢台县出工 1500 名民工，内丘县出工 2500 名民工，10 月开工，工期 150d。

1970-4：本年 10 月 14 日，水电部以〔1970〕水电综合字 92 号文，同意朱庄水库做施工准备工作。

1970-5：本年 10 月 29 日，邢台地革委生产指挥部以〔1970〕革生字第 359 号通知，建立朱庄水库工程指挥部（简称朱庄水库指挥部），吉祥任指挥长，下设政工组、施工组和后勤组。

1970-6：本年 10 月卜旬，邢台县 2000 名民工，内丘县 2500 名民工开始进场，做朱庄水库施工准备工作。

1970-7：本年 11 月初，朱庄水库指挥部通过现场研究，确定导流方案：在大坝上游修建围堰截流，下游修建一小围堰防止下游水倒灌；在右岸开凿导流洞，洞首设一叠梁式闸门。

1970-8：本年 11 月 5 日，朱庄水库对外公路开工。该公路是在 1958 年、1959 年修建的邢台市至西坚固土石路面的基础上加以整修，主要修筑金牛洞至朱庄水库段。为了汛期不影响运输，该段公路选线在南澧河左岸的半山腰，长 5.65km。

1970-9：本年 11 月，导流洞开挖破土动工。

1970-10：本年 11 月，由邢台电力局协助，朱庄水库工程指挥部为主，当地群众出工完成从长征厂至朱庄 35kV 输电线路 14.5km 和西坚固至朱庄 10kV 输电线路的架设工作。

1970-11：本年 12 月 15 日，邢台地革委任命樊风书（军代表）兼任朱庄水库工程指挥部政治委员；吉祥任指挥长；秦存英、左树彬、王永华任副指挥长。

1970-12：本年 12 月，根据水电部〔1970〕水综字第 92 号文批示，同意朱庄水库 1971 年进行的施工准备工作，并认为原设计方案库容 8.25 亿 m^3 偏大，投资偏高。邢台地区提出"朱庄水库修改初步设计"方案上报。总库容 7.1 亿 m^3，最大坝高 110m，坝顶高程 276.5m，最高库水位由初设 279.9m 降为 275.4m 高程，泄洪溢流坝顶由初设 267.0m 降为 262.0m 高程，最大泄量为 7764m^3/s。工程仍计划 4 年完成，总投资 3970 万元。

1971 年

1971-1：本年 3 月 31 日，水电部以〔1971〕水综字第 40 号文批准朱庄水库修改初步设计。文件要求可按坝高 110m，总库容 7.1 亿 m^3 的规模进行初步设计和全面施工准备，总投资控制在 3900 万元之内。计划水库工程 3 年完成，4 年扫尾。

1971-2：本年 4 月 16 日，内丘县团河渠连东张村民工张如海，在峡沟备石料时，被永安连爆破飞石击中身亡。时年 20 岁。

1971-3：本年 8 月 16 日，邢台地革委以〔1971〕第 55 号文确定：建立中共朱庄水库委员会，由李衡甫、王金海、贾恩高、师自明、李长汉、吴文景、李占华、吉祥、靳翕如（未到任）、郑会民组成。李衡甫任书记，王金海、贾恩高、师自明、李长汉任副书记；李衡甫任朱庄水库工程指挥部政治委员（简称政委），王金海任指挥长，贾恩高、师自明、李占华任副政委，李长汉、吴文景任副指挥长。明确水库指挥部下设"三部一室"。政治部：李占华兼任主任，张富生、高功臣任副主任；施工部：吉祥任主任，王培勋（未到任）、秦存英任副主任；后勤部：靳禽如任主任，左树彬、史增贵任副主任；办公室：郑慧民任主任，李敬起任副主任。

1971-4：本年9月中旬，朱庄水库建设工程列入邢台地区1971年度国家重点建设项目。

1971-5：本年9月21日，大坝上游截流围堰由邢台、临城、南和三县民工修筑。堰顶高程为204m，长132m，围堰结构为黏土斜墙铺盖砂壳坝，在坝两头与山岩接触5m范围内采用黏土均质坝，月底全部完成。翌年汛后加高至高程207m，提高围堰的防洪能力。

1971-6：本年9月30日，大坝上游围堰合拢。

1971-7：本年10月，内丘县团永安连在北山坡采石时，刘庄民工闪小堂被石头砸伤身亡，时年32岁。

1971-8：本年10月2日，河床溢流坝基础正式破土动工。由邢台、隆尧两县民工6600人施工。该工程是本年度施工重点。为加快开挖进度，确保1972年汛前回填，翌年春又调进任县县团民工参加大会战，同时参加会战的还有驻邢台1588部队部分指战员，经共同奋战，按时完成了基础开挖任务。

1971-9：本年12月，邢台县团羊范营，在开挖溢流坝段基坑时，民工唐炳恒不慎被卷入爬坡器内身亡。时年22岁。

1971-10：本年12月底，朱庄水库工程全年共计完成：土、砂卵石开挖12.69万m³；石方开挖8.35万m³；干砌石2752m³；浆砌石6055m³；混凝土浇筑363m³。本年国家投资拨款700万元，完成基建费342.07万元。

1972 年

1972-1：春季，在大坝河床溢流坝段基础开挖过程中，发现基础岩石存有Cn72、Cn75（地质编号）软弱泥土夹层和顺河床小褶曲引起的破碎深槽（在8坝块附近），对坝体抗滑稳定极为不利。根据地质出现的新情况，又进行地质补充勘探和试验。此项工作由水电部十三局协助，自本年2月至1973年6月完成。补充地质勘探和必要的试验共完成13项；地质测绘0.02km；钻探27孔，进尺1783.7m；打竖井8个，共进尺157.05m，并详细进行了地质描述，平洞勘探39m；试验洞11个，共进尺151.9m；勘探坑槽13个，总长615.2m；野外大型剪力试验14组共70块；室内大型剪力试验20组共200块；静力法弹模试验8组共24个点；动力法弹模试验49组；土工试验106组；矿物分析14组；水质分析5组；岩质化学分析6组。试验工作繁忙，本年基础回填进度缓慢、慎重施工。

1972-2：春季，根据水电部及省海河指挥部对深槽现浇混凝土垫层进行质量检查的指示，水库党委决定部分坝块停止回填，立即对混凝土分块深槽1号、2号、3号、4号、5号早浇筑的混凝土质量进行全面检查。在钻机取样不成功的情况下，又进行开凿混凝土竖井3个，共深29.7m。揭露混凝土250m²左右，并分层取20cm×20cm×20cm试块11组，于本年7月底取样结束。在水科院进行抗压试验，其抗压强度均达到设计标号。水库工程指挥部党委还组织领导、技术人员和工人参加的"三结合"监定小组，对竖井进行描述并做出结论："各浇筑坝块基本满足设计要求，混凝土密实坚硬，试块抗压强度较高，但存在粗细骨料分布不均匀，离析现象较为普遍"。11月10日，朱庄水库工程指挥部向省海河呈报大坝施工事故检查及处理情况。在大坝2号竖井"老三块"高程170m附近的钢筋上下0.4～0.6m厚度处，发现较为严重的质量问题。在竖井的东南及西北角发现两个孔洞，深度最大尺寸有0.4～0.7m，其中西北孔深0.4m与基岩相通，并在钢筋上下1m以内，西南侧壁局部出现砂带，有渗水现象。事故处理中，挖除了不合格部分，埋设灌浆管进行补强灌处理。后经压水试验，未发现异常现象。

1972-3：本年1月17日，中共邢台地委以邢发〔1972〕第24号文任命：李喜斋（省水工五队书记）任朱庄水库工程指挥部副指挥长，中共朱庄水库委员会委员；吉祥任朱庄水库工程指挥部副指挥长；高功臣任中共朱庄水库委员会委员。

1972-4：本年6月1日，沙河县团禅房连石盆村民工刘保辰，在大坝西岩砌石时，和其他民工移抬一大块石时，由于石角突然断裂，造成铁链脱落，将刘闪落坝下水中被淹身亡，时年40岁。

1972-5：内丘县团永安连石河民工柳根生，在施工中不慎触电身亡，时年22岁。

1972-6：本年6月6日，中共邢台地委以邢发〔1972〕98号文任命：班敬之为朱庄水库工程指挥部政治部副主任；卫明卿任中共朱庄水库委员会委员、朱庄水库公安派出所所长。

1972-7：本年10月，河床八、九、十坝块开始深孔固结灌浆。由省水利厅工程局灌浆队施工，至1974年底完成，总钻孔250个，进尺7267.51m（其中浆砌石与混凝土2856.03m，岩石4411.48m）。注入水泥151.43万kg，其中岩石注入148.11万kg，平均每米注入量336kg。

1972-8：本年10月12日，该区发生一次中强度地震，震中在沙河县下曹村，距坝址10km，烈度为Ⅵ度强。

1972-9：本年10月20日，隆尧县团魏庄连东庄头村民工宋中林，在北山采石时，不慎被石头砸死，时年26岁。

1972-10：本年11月，水电部以水字〔1972〕77号文批准朱庄水库"补充初步设计意见"。即溢流坝体向上游加宽32.5m，做深孔固结灌浆，施工中挖除上加坝段Cn72软弱夹泥层，并对河床两岸坝基进行劈坡，南岸非溢流坝段Ⅲ大层以上全部挖掉。由于地质情况的变化，要求继续进行补充地质勘探和试验工作，并提出补充初步设计。

1972-11：本年12月11日，中共邢台地委以邢发〔1972〕212号文任命：王金海、吴文景任中共朱庄水库党委副书记；刘益民任中共朱庄水库党委副书记、副政委；高功臣任副政委；孟庆魁任中共朱庄水库党委常委、副指挥长；魏家玉任中共朱庄水库党委常委、施工部主任；张富生任中共朱庄水库党委常委、政治部主任；郑惠民任后勤部主任；李敬起任中共朱庄水库党委常委、办公室主任。

1972-12：内丘县团武家庄村民工武扎根，在施工中被石头砸破脑部身亡，时年29岁。

1972-13：本年共计完成：土、砂卵石开挖18.70万m³；石方开挖10.12万m³；干砌石 4503.7m³；深孔固结灌浆 47 孔，进尺 1.33 万 m。邢台、沙河、临城、内丘、南和、隆尧、任县及邢台市（以下简称 7 县 1 市）8 个县（市）共投入 241.7 万工日。本年国家投资拨款 730.48 万元，完成投资 591.18 万元。

1973 年

1973－1：本年 2 月 23 日，沙河县团孔庄连城湾民工谷小增，在大坝基坑施工时，被山坡上的一块活石滚下砸伤头部，经抢救无效身亡，时年 20 岁。

1973－2：本年 3 月，中共邢台地委以邢干字〔1973〕37 号文任命：马振银为中共朱庄水库委员会副书记，指挥部副指挥长；班敬之为中共朱庄水库委员会常委、政治部主任。免去李长汉中共朱庄水库委员会副书记、指挥部副指挥长；免去张富生中共朱庄水库委员会常委、政治部主任。

1973－3：本年 3 月 25 日，中共朱庄水库委员会召开社会主义劳动竞赛表彰大会。出席会议的先进集体代表及先进个人共 500 人，会期 4 天。

1973－4：本年 4 月 12 日，水库工程指挥部排水民技工焦小魁（邢台县西牛峪村人），在上㘭坝段基坑排水时，因排水泵发生故障，水位迅速上涨淹没基坑，焦和其他值班电工立即抢救排水设备，不慎将腿触到电机保护钢板上中电身亡，时年 24 岁。

1973－5：本年 4 月 21 日，中共邢台地委以邢干字〔1973〕67 号文任命：王永淮为中共朱庄水库委员会常委、施工部副主任。

1973－6：本年 4 月 29 日，水电部检查组王德祯等 4 人由地区水利局副局长张基峰陪同到朱庄水库工地检查指导施工工作。

1973－7：本年 5 月 9 日，中共邢台地委以邢干字〔1973〕102 号文任命：张玉庄为朱庄水库施工部副主任。

1973－7：本年 6 月 6 日，隆尧县团尹村连在开劈南山运石道路时，于 17 时发生塌坡造成 3 人死亡，遇难民工有刘力方、张东彬、张海申。

1973－8：本年 7 月 15 日，基坑左岸非溢流坝段劈坡开始，由隆尧、邢台两县团施工。

1973－9：本年 8 月 16 日，基坑右岸非溢流坝段劈坡开始，由南和、内邱两县团施工。

1973－10：本年 8 月 24 日，中共邢台地委以邢干字〔1973〕174 号文任命：周学彬为朱庄水库副政委。

1973－11：本年 8 月下旬以来，连续降雨，29 至 30 日，朱庄水库上游河水猛涨，洪水流量达 700m³/s，原计划本月底进场民工 2 万人，由于雨水阻隔，只进场 3505 人，同时坝基过水，给施工造成被动局面。

1973－12：本年 10 月 5 日，邢台地革委同意朱庄水库工程指挥部关于从海河、朱庄水库民工的劳动模范、积极分子中选拔长期民技工参加朱庄水库建设的请示。200 名长期民技工由朱庄水库老民技工（即参加施工 3 个工期以上）的劳动模范、积极分子中选拔 50 人外，其余 150 人以各县（市）历年参加海河（包括朱庄水库）民工平均数，按比分配到各县（市）。

1973-13：本年 10 月 25—27 日，朱庄水库委员会召开水库劳动模范表彰大会。会期 3 天，出席会议的代表 200 人。

1973-14：本年 12 月 4 日，中共邢台地委以邢干字〔1973〕272 号文任命：范振江为中共朱庄水库委员会委员。

1973-15：本年，共计完成：砂卵石开挖 2.0 万 m^3；石方开挖 18.6 万 m^3；干砌石 3797.6m^3；浆砌石 4.01 万 m^3；混凝土浇筑 2.87 万 m^3；深孔固结灌浆 72 孔，进尺 2272m。完成 312.8 万工日；本年国家投资拨款 984.52 万元，完成投资 878 万元。

1974 年

1974-1：本年 1 月 5 日，朱庄水库工程指挥部，经过一年多的补充地质勘探、试验和设计，编制出《朱庄水库补充设计要点》。提出降低坝高 10m，改挑流为底流消能，以保护软弱夹层基岩的意见。

1974-2：本年 3 月，经水库党委研究，将施工组织由"三部一室"改为"五处二区一室"。即：政治处、后勤处、调度处、机电处、计财处、大坝工区、浇筑工区和办公室。

1974-3：本年 3 月，去年冬在上加坝段浇筑的混凝土，高程 179～182m 的坝面上，发现裂缝 11 条，其中纵缝 1 条，斜缝 10 条，缝宽 1～3mm。经检查系暴露、低温历时较久产生的，研究后采取并缝处理，在缝顶铺设并缝钢筋，并埋设灌浆管，浇筑混凝土后进行补强灌浆处理。

1974-4：本年 3 月 11 日，内邱县团中午放炮后，对哑炮未做检查处理，下午，隆尧县团魏庄连魏庄村民工彭萝印，到炮区拣石子，触响哑炮雷管引起爆炸身亡，年仅 24 岁。

1974-5：本年 3 月 13 日，中共邢台地委以邢干字〔1974〕61 号文任命：庞贵福为中共朱庄水库委员会委员，施工处副主任。

1974-6：本年 5 月，水电部以〔1974〕水电水字第 35 号文正式批复"朱庄水库设计要点。同意"暂降坝 10m，进行补充初步设计"。同意"将挑流消能改为底流消能形式"，在坝下游设消力池的加固方案。

1974-7：本年 5 月 29 日，南和县团三思连辛庄村工棚电线被风刮断，该村民工张水的在接电线时，不慎触电，经抢救无效身亡，时年 24 岁。

1974-8：朱庄水库工程指挥部提出《朱庄水库补充初步设计》上报。降低坝高 10m，坝顶高程 266.5m，最大坝高 100m，总库容 5.0 亿 m^3。在补充设计过程中，进行了各坝段的抗滑稳定计算，并相应采取处理措施。另外，还做了有限单元法计算和石膏模型试验，以及对坝体与基岩的应力和变形进行分析研究。

1974-9：本年 8 月 30 日，朱庄水库原定在左右两岸各设发电洞一个，平洞一个。设计修改后将两个电洞合并为右岸建一个发电输水洞。

1974-10：本年 9 月 1 日，邢台县团羊范营固坊村民工张中秋，在南山劈坡出渣时，不慎落水淹死，时年 35 岁。

1974-11：本年 9 月 5 日，中共邢台地委以邢干字〔1974〕186 号文任命，范振江任中共朱庄水库委员会常委、指挥部副指挥长。

1974-12：本年9月5日，中共邢台地委以邢干字〔1974〕196号文任命，靳银仲任中共朱庄水库委员会常委、后勤处第一主任。

1974-13：本年9月5日，中共邢台地委以邢干字〔1974〕220号文任命，彭惠民任中共朱庄水库委员会委员，后勤处副主任。

1974-14：本年9月17日，中共邢台地委以邢干字〔1974〕202号文任命，魏家玉任朱庄水库工程指挥部副指挥长，兼施工处主任。

1974-15：秋季，水库实验室经过多次掺和料试验，成功地以10％～30％的粉浆灰掺和料加入混凝土和浆砌石砂浆中。每立方米砂浆可节约水泥40～70kg。共节约水泥103.14万kg；混凝土节约水泥141.2万kg。

1974-16：本年9月28日，中共邢台地委以邢干字〔1974〕225号文任命：李敬起、庞贵福为朱庄水库工程指挥部副指挥长；董学保、贺哲民、马尚信、王庆任副指挥长、委员会委员。

1974-17：本年10月，根据设计要求，由省灌浆队开始对大坝基础进行帷幕灌浆。

1974-18：本年10月22日，中共邢台地委以邢干字〔1974〕231号文任命：邢台军分区参谋长乔金保为朱庄水库党委副书记、副指挥长；免去马振银中共朱庄水库党委副书记、副指挥长。

1974-19：本年10月26日，中共邢台地委以邢干字〔1974〕234号文决定：参加朱庄水库建设的8个县（市）团主要负责人：张满英（邢台市）、秦风友（沙河县）、张更森（隆尧）、范国祯（南和）、冯树山（任县）、梁好修（邢台）、梁立贞（内邱）、魏根（临城）任水库党委委员。

1974-20：本年11月23日，中共邢台地委以邢干字〔1974〕266号文任命：卫光学为中共朱庄水库工程指挥部党委书记。

1974-21：本年11月27日，内丘县团官庄边中平村民工贾保全，在处理险石时，造成塌方被砸身亡，时年47岁。

1974-22：本年12月下旬，河北省委郑三生、马辉和省建委刘英到朱庄水库视察工作，并指示，要坚持自力更生、艰苦奋斗，加快水库建设步伐。

1974-23：本年，共计完成：砂卵石开挖10.54万m³；石方开挖11.93万m³；干砌石9031m³；浆砌石5.52万m³；混凝土浇筑7.09万m³；帷幕灌浆46孔，进尺2876m；深孔固结灌浆144孔，进尺3963m。总投工315.89万工日。国家投资拨款750万元，完成基建投资1229.26万元。

1975 年

1975-1：春季，邢朱公路羊范至金牛洞段长11.25km进行改建。由南和县团负责开挖路基、备料，省公路处建筑队承担铺设沥青路面。施工标准按山区4级公路修建，路面宽7m，至秋竣工。

1975-2：1月，水电部海河勘测设计院将朱庄水库工程设计工作移交给省水利厅设计院。经一年移交，于 12 月底朱庄水库设计工作全部由省水利厅设计院担负。

1975-3：本年 1 月 6 日，朱庄水库工程指挥部对 1974 年冬工作进行了总结，评比出先进集体 274 个、先进个人 3575 人。

1975-4：本年 1 月 29 日，由省海河指挥部和地革委主持，水电部十三局、省水利厅、省建设银行、省海河设计院、省工程局、邢台地革委农办、计委、水利局、建设银行及朱庄水库工程指挥部有关单位参加共计 20 人组成验收小组，于 1 月 27 日至 29 日，对 1974 年汛期动工开挖的北岸四$_1$、四$_2$、七坝块，南岸十一、十二$_2$坝块凿槽开挖部位与基岩处理进行了正式验收。

1975-5：本年 2 月 1 日，中共邢台地委以邢干字〔1975〕18 号文任命：师自明兼任中共朱庄水库工程指挥部党委第一书记、第一政委；王金海任中共朱庄水库党委书记、指挥长；李喜斋任中共朱庄水库党委常委、副指挥长。

1975-6：本年 5 月 15 日，中共朱庄水库工程指挥部委员会召开为期 3 天的春工先进集体、先进个人表彰大会。出席先进集体和个人代表 187 人。

1975-7：本年 8 月 6 日，中共邢台地委以邢干字〔1975〕126 号文件任命：王清君任朱庄水库工程指挥部办公室副主任。

1975-8：本年 8 月 23 日，邢台县团路罗营副教导员、共产党员曹兴峰（小戈寥村人），在排除砂浆漏斗堵塞时被摔伤，经抢救无效死亡。时年 29 岁。

1975-9：本年 9 月 5 日，朱庄水库补充设计在邢台通过审查。此后，省建委以冀革基〔1975〕56 号文向水电部转"关于朱庄水库补充设计审查意见的报告"。该报告的审查意见是将朱庄水库工程分两期施工，第一期工程的非溢流坝筑到高程 250m 或 245m。溢流坝筑到高程 235m 或 230m，保下游河道标准由 20 年一遇改为 10 年一遇。总投资在核定 1.4 亿元的基础上减至 1.0 亿元以内。

1975-10：本年 9 月，水电部以〔1975〕水电水字第 81 号文同意"省建委〔1975〕56 号文提出朱庄水库大坝分两期施工意见"。第一期工程溢流坝高程为 235m 或 230m，保下游河道由 20 年一遇改为 10 年一遇。并要求编制分期施工的设计方案报部审批。

1975-11：本年 9 月 27 日，中共邢台地委以邢干字〔1975〕15 号文任命：邢台军分区副参谋长马玉平任中共朱庄水库工程指挥部党委副书记、副指挥长；免去齐金保朱庄水库党委副书记、副指挥长。

1975-12：秋季，朱庄水库为改进浆砌石砌筑工艺，增强浆砌石抗渗性能，大坝组在 8 坝块高程 200m 部位，采用直径 5cm 电动振捣棒振捣浆砌石砂浆试验成功。试验方量 320m^3。

1975-13：秋季，朱庄水库浆砌石采用直径 3cm 电动振捣棒，振捣浆砌石砂浆，并在砌石缝内加碎石试验成功。每立方米浆砌石比人工插捣可节省水泥 16.4kg，并能提高抗渗抗压性能。

1975-14：本年 10 月，朱庄水库根据 2、3 坝块基础岩石破碎，设计确定进行固结灌浆，由省灌浆队施工。

1975-15：本年 10 月 15 日，中共朱庄水库工程指挥部委员会，召开先进集体、先进个人表彰大会。出席会议代表 248 人，会期 3 天。

1975-16：本年11月，由于河床溢流坝中的泄洪底孔建成，利用泄洪底孔导流过水，将原施工导流洞改建为永久放水洞，有利于放空水库、冲砂等作用。

1975-17：本年11月8日，中共邢台地委以邢干字〔1975〕167号文任命：周学彬、魏家玉任中共朱庄水库工程指挥部党委副书记。

1975-18：本年，施工进场人数是历年来最多的一年，最高出工人数达2.43万人，总计完成485.57万工日。完成土砂卵石开挖7.07万m³；石方开挖5.27万m³；干砌石5688.7m³；浆砌石10.70万m³；混凝土浇筑11.84万m³；帷幕灌浆69孔，进尺4874m；深孔固结灌浆4孔，进尺274m。国家投资拨款1646.84万元，完成投资1732.16万元。

1976 年

1976-1：本年1月，朱庄水库工程指挥部完成第一期施工设计方案，上报省海河指挥部。其设计指标：坝顶高程256.5m，溢流坝堰顶高程238m，总投资1.067亿元。在上报方案中提出溢流坝堰顶高程由238m提高到243m，一次建成的意见。

1976-2：本年1月3日，朱庄水库工程指挥部为贯彻《中共中央关于加强安全生产的通知》，对过去制定的安全施工文件进行补充和修改。保证安全施工，促进工程大干快上，制定《关于安全施工几项制度的暂行规定》，发各施工县团及施工单位。文件主要内容：关于安全施工的几项制度和暂行规定；爆破物品的管理及爆破制度；混凝土拌和系统和机电系统的安全操作规程；劈坡方面的安全制度；工地生产安全防火守则等。

1976-3：本报年3月，为解决第十至十六坝块浆砌石用砂及水泥的运输困难，以大坝组裴春海为首的技术革新小组开始研制绳索牵引空中运输系统，至6月底试车成功，开始投入使用。

1976-4：本年3月，水库试验室经多次试验配制糖蜜减水剂1.5万kg，既符合设计要求，又能节约水泥6%～25%，在混凝土及浆砌石砂浆中均能使用，并可改变和易性、降低水化热。用其混凝土浇筑3683m³，配制砂浆砌石2.75万m³，共节约水泥38.5万kg。

1976-5：本年4月，发电输水洞进门3.5m×4.1m事故检修平板钢闸门和拦污栅，由省水利厅工程局安装队安装，于本年6月完成。闸门由省海河工程局修配厂制作。闸门、拦污栅两台启闭机由地区建安公司于1979年汛前安装完成。朱庄水库工程指挥部分别组织有关单位检查验收。

1976-6：本年4月16日，朱庄水库工程指挥部组织施工、设计、地质、工务、质检、调度等有关部门对南岸非溢流坝十四₂至十六₂坝块及F_4断层（桩号0＋482～0＋582m）的开挖进行验收。并邀请省海河指挥部派员参加验收。

1976-7：本年4月22日，隆尧县团小孟连民工谷丙印，在混凝土后料台的610斗车开爬坡器，修机时横穿铁路，被斗车撞伤，经抢救无效身亡，时年22岁。

1976-8：本年5月，为确保建库物资运输，对外公路畅通，开始修建东坚固桁架拱桥。秋天竣工正式通车。

1976-9：本年6月，朱庄水库水电站基础开挖工程动工，由大坝组负责，邢台、沙河两县团施工。于 1979 年 6 月完成。共计完成砂卵石开挖 2.53 万 m³；石方开挖 2.07 万 m³。

1976-10：本年 6 月 1 日，任县县团团长吴东坡和大屯连旧周村民工冀香海，在导流洞口启叠梁时，落水身亡，时年 48 岁。

1976-11：本年 6 月 20 日，朱庄水库工程指挥部召开春季施工先进集体和先进个人代表表彰大会。参加代表 193 人，会期 3 天。

1976-12：本年 7 月，泄洪底孔 3 个事故平板钢闸开始安装，于本年 9 月安装完毕。安装后，水库工程指挥部组织有关人员进行检查验收。

1976-13：本年 7 月，泄洪底孔 3 个钢结构工作弧门开始安装，于本年 7 月安装完毕。

1976-14：本年 7 月，放水洞（原导流洞）进口检修平板钢闸门由省海河工程局安装队开始安装，于本年汛期安装完毕，经水库指挥部组织有关人员验收。

1976-15：本年 9 月，消力池基础开挖破土动工。

1976-16：秋季，朱庄水库工程指挥部和省海河工程五队共同研制成功曲线型液压滑动模板，应用于溢流坝面混凝土浇筑。既提高溢流面的浇筑质量，又解决抗冲及混凝土曲线施工的工艺流程，达到设计要求的平整度和密实性。使用该滑模共筑曲线溢流坝面 6000m²，施工质量良好，受到省海河指挥部及水电部的表扬。

1976-17：本年 11 月，北干渠渠首隧洞开挖动工，于 1977 年完成。

1976-18：本年 11 月，省海河指挥部以〔1976〕冀海字 380 号文批复朱庄水库第一期工程施工设计："溢流坝顶可提高到高程 238m，后经有关部门反复研究同意按 243 方案提出初步设计报告"。

1976-19：本年 12 月 15 日，下午，沙河县团大油村连在南山采石时，因塌方造成 3 人死亡的重大事故。

1976-20：本年 12 月 20 日，朱庄水库工程指挥部召开本年下半年施工先进集体和先进个人表彰大会，参加代表 303 人，会期 3 天。

1976-21：由于泄洪底闸门在 7 月份安装完毕，随即拦蓄了本年汛期洪水，汛后蓄水 7000 万 m³，相应库水位高程为 228m。

1976-22：本年，完成工程量：砂卵石开挖 2.57 万 m³；石方开挖 2.05 万 m³；干砌石 1735m³；浆砌石 12.41 万 m³；混凝土浇筑 11.43 万 m³；帷幕灌浆 61 孔，进尺 3134m；深孔固结灌浆 61 孔，进尺 628m；"7 县 1 市"施工进场人数 1.89 万人，完成投工 392.26 万工日。本年国家投资拨款 1270 万元，完成工程建设投资 1491.71 万元。

1977 年

1977-1：春季，水库试验室试验出减水剂木质素在混凝土及砂浆中的最优掺量 0.2%～0.3%，可节约水泥 8%～25%。共浇筑混凝土 2.1 万 m³，节约水泥 47.6 万 kg；浆砌石 2.1 万 m³，节约水泥 60 万 kg，共节约水泥 107.6 万 kg。

1977-2：本年 4 月，一号桥至北坝头上坝公路 1000m 和南坝头至电站低机组盘山交通路，在原线路的基础上，调整坡度后筑成宽 4m 和宽 3m 的混凝土路面，汛后完工。

1977－3：本年 5 月，朱庄水库工程指挥部提出"243 方案的初步设计报告"上报省海河指挥部及水电部。其设计指标：坝顶高程 261.5m，最大坝高 95m，总库容 4.162 亿 m³，按Ⅱ级建筑物标准，以 100 年设计，1000 年校核，10000 年一遇洪水验算，最大洪峰流量 1.81 万 m³/s，最大泄量 1.254 万 m³/s，水库为多年调节，总投资 1.066 亿元。

1977－4：本年 5 月 18—21 日，由省海河指挥部和邢台地革委主持，省建设委员会（简称建委）、省水利局、省海河设计院、省水利工程局、邢台地区计划委员会（简称计委）、农业办公室（简称农办）、水利局、建设银行（简称建行）及朱庄水库工程指挥部有关处室参加，组成以付积义、王金海、韩桂滋、韩一民等 21 人的验收小组，对消力池基础开挖进行验收。验收小组认为：开挖的断面、高程、深度、边坡尺寸基本符合设计要求，对断层、破碎、裂隙、夹泥层提出了一些验收意见，不再进行大型验收，遗留问题在混凝土浇筑前处理完毕，由水库组织有关单位进行复验，复验结果报省备案。

1977－5：本年 5 月 25 日，回填消力池开始，本年 7 月中旬仅完成底板混凝土浇筑。

1977－6：本年 6 月 24—25 日，朱庄水库工程指挥部召开上半年先进集体和先进个人表彰大会。参加代表 548 人，会期 2 天。

1977－7：秋季，利用泄洪底孔放水抗旱种麦共浇地 12 万亩，水库开始发挥效益。

1977－8：本年 9 月 21 日，根据消力池开挖后的基础情况，在 9 坝块下游坝脚 50m 范围内的一级消力，进行深孔固结灌浆。该工程由省灌浆队承担，于本年 11 月完成钻孔 89 个，总进尺 2448.9m，灌注水泥 66.05 万 kg，平均单位注入量 228kg/m。

1977－9：本年 9 月 24 日，中共朱庄水库委员会向邢台地委呈送："关于建立朱庄库管理局的报告"。

1977－10：本年，完成：砂卵石开挖 6.4 万 m³；石方开挖 2.42 万 m³；干砌石 221.2m³；浆砌石 6.29 万 m³；混凝土浇筑 15.47 万 m³；帷幕淡浆 29 孔，进尺 1045m；深孔固结灌浆 98 孔，进尺 2090m；排水孔 24 孔，进尺 904m。全年"7 县 1 市"共投 333.07 万工日。本年国家投资 1250 万元，完成基建投资 1065.96 万元。

1978 年

1978－1：春季，经与县、社、村商定，对朱庄水库施工中已征购淹没线以下的土地，收归水库经营，包括杨庄、荣庄、岳山头等村。

1978－2：本年 1 月 12 日，朱庄水库工程指挥部召开 1977 年下半年施工先进集体、先进个人表彰大会。参加代表 374 人，会期 4 天。

1978－3：本年 5 月 1 日，根据 1974 年 5 月 3 日水电部以〔1974〕水电水字 35 号文对朱庄水库补充设计要点审查批示中，要求改导流洞为放水洞。原导流洞洞身需要衬砌。朱庄水库工程指挥部决定，打开放水洞闸门放空水库，乘机对库区淹没线高程 262m 以下进行清理。

1978－4：本年 5 月 20 日，放水洞进行混凝土衬砌，其竖井（进水塔）、底板、边样均采用现浇混凝土。洞顶为半圆形，从桩号。0＋032～0＋151m 采用预填骨料灌浆，0＋

151m 至出口为现浇混凝土。拱顶预填骨料灌浆后又进行补强灌浆处理。

1978-5：本年 5 月 23 日，朱庄水库工程指挥部向省海河指挥部申请投资 2 万元，进行库区温泉保护改造工程。

1978-6：本年 6 月 1 日，温泉孔保护、埋管工程开始施工。由邢台县团出劳力，职工疗养院负责组织施工。

1978-7：本年 6 月 30 日，朱庄水库水轮机发电站高机组基础开挖动工。

1978-8：本年 8 月，河北省海河指挥部批准成立"朱庄水库管理处"。同意编制干部 46 人，工人 112 人，所需固定工从现有民技工中择优录用。

1978-9：本年 8 月 10 日，中共邢台地区委员邢干字〔1978〕178 号文任命：魏家玉任地区水利局副局长、党组成员兼朱庄水库管理处主任；董学保、马尚信任水库管理处副主任。

1978-10：秋季，经浇筑的 7 个溢流坝闸墩抗压试验，有 47％试块未能达到设计标号 150 号。最低标号仅 107 号，部位发生在高程 249～255m，即牛腿受力最大的部位。为此，引起有关部门重视。

1978-11：秋季，对第 8 坝块浆砌石质量进行现场测验，以人工开凿浆砌石砌休 3.8m³，对开挖出来的块石、砂浆分别称重，以干砂回填体积的方法，测的浆砌石的实际单位么重为 2343kg，大于设计 2290kg 的要求。

1978-12：本年 12 月，益流坝顶 6 扇钢结构弧形闸门，由二十冶制作后开始安装。每扇闸门配以 2×45t 固定卷扬式启闭机启闭。于 1979 年 3 月安装完毕。

1978-13：本年 12 月 14 日，朱庄水库管理处正式成立。

1978-14：本年，完成土砂卵石开挖 4.54 万 m³；石方开 1.58 万 m³；干砌石 637.7m³；浆砌石 2.30 万 m³；混凝土浇筑 7.92 万 m³；帷幕灌浆 38 孔，进尺 2127.12m；排水孔 29 孔，进尺 1280.48m。全年"7 县 1 市"总投工 206.99 万工日。全年国家总投资 1500 万元，完成投资 1239.05 万元。

1979 年

1979-1：春季，上半年施工人数为 6000 人，主要由邢、沙两县出工，其他县（市）只保留现有民技工人数。本年的施工特点是工程零星、要求高、难度大、时间性强。要求民工 2 月 16 日进齐。其中：邢台县 2460 人，沙河县 2162 人，隆尧县 796 人，任县 218 人，南和县 287 人，内丘县 39 人，临城县 32 人，邢台市 6 人。

1979-2：本年 1 月 15 日，放水洞拱顶衬砌开始预填骨料和灌浆。

1979-3：本年 2 月，朱庄水库管理处在水库上游荣庄附近筹建农、林二渔业生产基地。自本年 2 月至 1981 年 3 月，共建房屋 12 间、仓库 4 间。

1979-4：本年 3 月 26 日，中共邢台地委以邢干字〔79〕122 文任命：王金海为朱庄水库工程指挥部政委、指挥长。免去师自明兼水库政委（调回地委）。

1979-5：本年 6 月，在灌浆廊道内，距上游壁 0.8m 处设一排排水孔，在溢流坝下廊道内增加一排排水孔，以排降坝基承压水。排水孔开始钻孔，该项工程由省灌浆队施工，至 1981 年 8 月完成，共钻排水孔 170 个，总进尺 6405.65m。

1979-6：本年 6 月，发电洞进口平门固定卷扬式启闭机（型号 QPQ2×100t），由地区建安公司安装，本月底安装完毕，并经水库有关部门验收。

1979-7：本年 6 月 30 日，溢流坝 6 扇大弧门固定卷扬式启闭机由地区建安公司安装成功，并试车验收。

1979-8：本年 7 月 10 日，3 个泄洪底孔螺杆式启闭机由地区建安公司安装完毕。在运行中发现，中孔启闭机漏油。

1979-9：本年 8 月 18 日，电站主管道、高、低机组变压器及电站附属设施的混凝土开始浇筑。于 1980 年 8 月完成。电站机组安装与混凝土浇筑穿插进行，机组安装由水电部第一工程局施工，于 1981 年 8 月完成。

1979-10：本年 12 月 31 日，中共邢台地委以邢干字〔79〕406 号文任命：秦存英、冯秀岩为朱庄水库管理处副主任。

1979-11：本年 12 月底，朱庄水库拦河大坝混凝土浇筑及浆砌石工程均达到设计坝高高程。

1979-12：本年 12 月底，库蓄水位高程为 213.24m。

1979-13：本年，完成土砂卵石开挖 4.56 万 m³；石方开挖 1.82 万 m³；干砌石 4387.3m³；浆砌石 9226.72m³；混凝土浇筑 1.78 万 m³；帷幕灌浆 61 孔，进尺 2929.82m；排水孔 95 孔，进尺 3208.2m。完成总投工 127.64 万工日。国家投资 600 万元，完成投资 841.94 万元。

1980 年

1980-1：本年 1 月，省海河指挥部指示朱庄水库工程要在上半年全部竣工。据此，水库工程指挥部对尾工做出投资 452 万元计划安排，上报省海河指挥部。

1980-2：本年 1 月 18 日，中共邢台地委以邢干字〔1980〕37 号文任命：马尚信为朱庄水库管理处副主任。

1980-3：本年，朱庄水库工程指挥部报请省海河指挥部批准，在窦王墓修建养鱼池 4 个、面积 10 亩，在坝下游上坝公路南侧修建鱼种孵化池一处。

1980-4：本年 3 月 3 日，水利部以〔1980〕水字第 27 号文批准朱庄水库"243 方案"作为最终建设规模。即坝高 95m，总库容 4.162 亿 m³。

1980-5：本年 3 月 20 日，中共邢台地委以邢干字〔1980〕78 号文任命：庞贵福任朱庄水库管理处副主任。

1980-6：本年 5 月 5 日，朱庄水库工程指挥部与邢台市邮电局就"关于租用和改建邢台至 862 库通讯线路"达成协议。

1980-7：本年 5 月 18 日，水利部部长钱正英，由省水利局局长张子明陪同到朱庄水库工地视察。

1980-8：本年 7 月，通往放水洞进水塔钢结构交通桥 3 孔，由省水工五队开始现场制作安装，全长 120m，共使用钢材 12.3 万 kg，于年底完成。

1980-9：本年 7 月 22 日，省海河指挥部以〔1980〕冀海器字第 9 号文同意，朱庄水库管理处（包括电站）留用各种机械设备和生活用器具 202 台件，价款（原值）407880.23 元。主要有修配厂生产维修设备 35 台件，复价 116951.17 元；工程管理维修设备 37 台件，复价 41478.14 元；运输及起重设备 26 台件，复价 126894.19 元；动力排灌设备 65 台件，复价 101000.79 元；办公、生活机具 39 台件，复价 21555.94 元。

1980-10：本年 8 月 9 日，邢台行政公署编制委员会邢编〔1980〕37 号文，同意朱庄水库管理处设立"保卫科"。

1980-11：本年 10 月，电站厂房框架砌墙，内外装修及屋面工程开始动工。均于 1981 年 6 月完工。

1980-12：本年 11 月 6 日，邢台地委组织部以邢干字〔1980〕282 号文任命：魏家玉任中共朱庄水库管理处党委书记；秦存英任党委副书记；马尚信，冯秀岩任党委委员。

1980-13：本年，完成土砂卵石开挖 5049.7m³；石方开挖 1.01 万 m³；干砌石 307.2m³；浆砌石 4015.4m³；混凝土浇筑 1.06 万 m³；帷幕灌浆 .24 孔、进尺 3523.14m；排水孔 72 个、进尺 2891.63m。完成总投工 49.22 万工日。国家投资 363 万元，完成投资 382.48 万元。

1981 年

1981-1：本年 5 月 22 日，邢台地区编制委员会正式批复：同意朱庄水库管理处事业编制 158 人。其中干部 46 人，职工 112 人。为县级单位，业务归属邢台地区水利局领导。

1981-2：本年 8 月底，朱庄水库水电站高低机组安装竣工。

1981-3：本年 9 月，朱庄水库工程指挥部组织力量，对水电站机组安装进行调试。此后，由省地有关单位组成验收小组按照《朱庄水库电站水轮发电机启动试运转程序》，逐项进行机组试运转，并网及验收。验收结论：根据机组各项试运转情况，证明机组质量及安装良好。

1981-4：本年 9 月 9—13 日，朱庄水库工程指挥部召开溢流坝闸墩低强问题讨论会。邀请施工、设计等有关单位参加。参加会议的有省水利厅基建局工程师李维其、省水利厅工程局工程师武士雄、省水利厅工程局五队队长王秀清、省水利厅设计院工程师张明颖、郑德明、水库领导魏家玉、马玉平、董学保、冯秀岩等 19 人。会议结论意见：目前尚无充足证据说明 7 个闸墩必须推倒重做，但也程度不同地存在质量问题。处理意见是：加强观测，进行试蓄，发现问题再行研究。

1981-5：本年 9 月 26 日，朱庄水库工程指挥部对电站工程进行验收。参加验收的人员有：朱庄水库魏家玉、马尚信、冯秀岩，水利厅基建局工程师李维其、省水利厅水电处处长辛在森、省水利厅勘测设计院工程师武士雄、张明颖、孙东林、李佩华、省水利厅工程局五队队长王秀清、董校芳（助工），水利部一局工程安装队工程师谭敦泰、陈逢春、地区水利局副科长梅尚忠、地区电力局技术员刘相朋、地区建设银行魏金台。验收工作自 9 月 26 日开始，至 10 月 17 日结束。验收后写出《朱庄水库电站工程验收报告》报省水利厅、基建局备案。

1981-6：本年 11 月 27 日，朱庄水库工程指挥部成立"竣工验收工作领导小组"。组长：魏家玉；副组长：郑惠民、李维其、郑德明。

1981-7：本年 12 月 15 日，朱庄水库工程指挥部向省水利厅呈报《朱庄水库枢纽工程竣工报告并申请验收的请示》。

1981-8：本年 12 月 26 日，中共朱庄水库管理处下发"关于朱庄水库管理处下属组织机构设置和人员任命的通知"。根据中共邢台地委组织部、邢台地区编制委员会的指示精神，明确朱庄水库管理处为县级事业单位，业务归属邢署水利局领导。管理处下设：办公室、工管科、生产科、机电科、财供科、保卫科。

1981-9：本年，完成土砂卵石开挖 5096m³；石方开挖 1757.9m³；干砌石 40.7m³；浆砌石 1008.4m³；混凝土浇筑 1760m³；帷幕灌浆 39 孔、进尺 1912.4m；排水 35 孔、进尺 1117.6m，总投 13.96 万工日。国家投资 335 万元，完成投资 439.51 万元。

1982 年

1982-1：1 月 1 日，朱庄水库管理处正式办公。

1982-2：本年 8 月 5 日，朱庄水库以上流域连降大雨，降雨达 508mm。8 月 3 日，以 1168m³/s 的洪峰流量进行入库，库水位达 237.45m，超过汛限水位，并继续上涨。经地区批准，自本日 15 时至 8 月 6 日 22 时，由泄洪底孔（中孔）泄洪，平均泄量 50.8m³/s，共放水 574 万 m³。

1982-3：本年，完成水库建设投资 45.29 万元。

1983 年

1983-1：本年 2 月 15 日朱庄水库管理处制定《机关管理人员编制的意见》上报地区行署。水库管理处现有干部 69 名，正式职工 86 名，合同工 41 名，超编 38 名。按照水利部 1981 年颁发《水利工程管理单位编制定员试行标准》，朱庄水库属大型Ⅳ等水库，管理处机构属邢台地区地直县级单位，下设职能部门有办公室、工管科、财供科、机电科、电站、生产科、保卫科。

1983-2：本年 3 月 1—12 日，省水利厅水电处邀请安各庄、王快水电站、河北工业学院、河北水利专科学校、邢台电力局、省水利厅设计院等单位的技术人员，对朱庄水库 1 号机组（低级组）进行超高水头试验。（库水位 243.58m，超机组最高设计水头），试验运行成功。荣获省科技进步 4 等奖。

1983-3：本年 3 月 7 日，由于 1982 年年底库水位较高达 247.21m，经地区行署批准，于本日开始弃水发电，至 6 月 3 日，共弃水 8000 万 m³，灌溉用水 4000 万 m³。

1983-4：本年 7 月，朱庄水库开始设防汛电台。

1983-5：本年 11 月，朱庄水库管理处在省水利厅芦春海帮助下，第一次使用赶、拦、刺、张联合捕鱼法，两网捕鱼 2.6 万 kg。在捕鱼期间，省电视台将朱庄水库捕鱼实况进行电视录像，并在省电视台进行报道。售鱼收入 3.97 万元。

1983－6：本年，完成尾工投资 21.04 万元。

1984 年

1984－1：本年 1 月 5 日，在省水利厅召开的省水电工作会议上，朱庄水库水电站北评为"双百竞赛先进单位"，并颁发锦旗一面。

1984－2：本年 7 月，朱庄水库管理处成立工会。主席：姜国华；副主席：贾四海、张庆华。

1984－3：本年 8 月 8 日，朱庄水库管理处与省水文总站，就朱庄水文站修建蒸发场，占用朱庄水库土地达成协议。

1984－4：秋天，金牛洞至 1 号桥公路混凝土路面开始铺筑，于年底完成。

1984－5：本年，国家对朱庄水库尾工投资 50 万元全部完成。

1985 年

1985－1：本年 4 月 9—12 日，朱庄水库工程竣工验收会议在邢台召开。省水利厅副厅长王子清主持会议，邢台行署副专员杨湘荣、原副专员、原朱庄水库工程指挥部党委书记、指挥长王金海出席了会议。此外，参加验收的还有水利部基建司、海委、省水利厅基建处、行署水利局、建设银行、朱庄水库工程指挥部等单位。至此，历时 15 年修建的朱庄水库工程正式通过竣工验收。同时，朱庄水库工程指挥部撤销。

1985－2：本年 5 月 8 日省水利厅批复朱庄水库尾工投资 280 万元。其主要工程项目：主体工程 111.49 万元。包括观测设备、电站工程、坝区供电、竣工整理、闸门及其他金属结构维修保养、溢流坝面维修共计 7 项；附属工程 94.87 万元。包括对外公路整修、生活区整修改建两项；其他工程费用 65.4 万元；不可预见费 8.24 万元。共计 77 项工程。

1985－3：本年 6 月 2 日，省水利厅与朱庄水库管理处签订了朱庄水库尾工工程投资包干协议书。其主要内容：省负责投资 280 万元及三材供应；朱庄水库管理处按省投资项目于本年底完成；投资节余部分朱庄水库留 50%，上交省财政 20%、省水利厅 30%；留成部分按 6：2：2 比例分别作为生产发展基金、集体福利、职工奖励，节约的三材继续用于水库的维修管理。

1985－4：本年 6 月 3 日，以朝鲜电力工业部第一副部长李贵成为团长的水利考察团行 7 人，到朱庄水库进行浆砌石坝参观和技术考察。陪同考察的有水利部外事司副司长杨保源、省水利厅副厅长郑德明、邢台行署副专员杨湘荣、行署外事办公室副主任孟繁雄、行署水利局局长王存柱等。朱庄水库管理处党委书记魏家玉接待了考察团成员及陪同人员。当日下午考察团返回邢台宾馆。

1985－5：本年 7 月 9 日，朱庄水库管理处与沙河县张下曹村签订联营搞小煤矿协议。水库方面有董华出任副矿长，张双海担任会计，当矿井达到 22m 深处遇到流沙，到 1986 年 4 月 25 日才打井深 28m，以后基本停工，1986 年 8 月 23 日煤矿下马双方分家。

1985－6：本年 12 月 30 日，省财政厅以便函通知邢台地区财政局，从 1986 年 1 月份起，有地区财政解决朱庄水库管理处人员经费。

1985-7：本年，国家投资拨款 710 万元。其中，用于水库尾工工程投资 280 万元；移民迁建 430 万元。

1986 年

1986-1：本年 1 月 16 日，邢台县水利局钻井队钻机，在第 7 坝块桩号 0+240m、F_6 处，钻 y7-4 观测孔，用直径 89mm 钻头，当钻深 56.5m 至基岩时，取不出岩芯，直至钻深 59.05m 全是棕红色和橘红色的岩粉。为促成孔，灌入 600 号水泥 300kg，又在 59.05m 至 60.30m 处灌注水泥 250kg，并掺入 30kg 氯化钙。每次扫清水泥柱后，钻孔内水位下降很快。说明水泥浆并未将孔隙灌实，破碎带的渗透性很强，范围也较大。

1986-2：本年 2 月 19 日，省财政厅以〔1986〕冀财预字 11 号向邢台地区财政局行文《关于朱庄水库经费的复函》"经与省水利厅研究，该单位属新增事业单位，按照划分税种、核定收支、分级包干财政管理体制，朱庄水库所需经费，应由你地区自行安排解决"。

1986-3：本年 3 月 5 日，邢台地委组织部以邢干字〔1986〕102 号文任命：杨朝君为朱庄水库管理处副主任、党委副书记；申绪彬任副主任；马尚信任管理处顾问。

1986-4：本年 4 月 8 日，中共邢台地委组织部以邢干字〔1986〕140 号文任命：郑惠民为朱庄水库管理处督导员。

1986-5：本年 6 月 19 日，省水利厅基建处处长朱伟觉和地区行署副专员杨湘荣、地区水利局局长杜立章等，来水库检查基建尾工完成情况，听取朱庄水库汇报并进行现场查看，针对尾工中存在问题，提出处理意见。

1986-6：本年 7 月 10 日，中共邢台地委组织部以邢干字〔1986〕238 号文任命：马尚信为朱庄水库管理处纪律检查委员会书记。

1986-7：本年 8 月 30 日，地区行署发出《关于朱庄水库归口管理的通知》。"朱庄水库已于 1985 年 4 月 12 日正式验收，并移交地区行署。为便于管理，朱庄水库管理处为县级单位，业务上归行署水利局代管，其人事、财务等问题仍按地委、行署有关规定办理"。

1986-8：本年 12 月 30 日，地区财政局本年拨朱庄水库人员经费 39 万元。水库全年事业费支出 40.33 万元。

1987 年

1987-1：本年 4 月 19 日，沙河县土地管理局张学林率人来朱庄水库丈量地基，水库管理处围墙内占地 137.06 亩，其中疗养院 30.5 亩。

1987-2：本年 6 月 20 日，经省水利厅渔政处批准，朱庄水库管理处成立朱庄水库渔政管理站。

1987-3：本年 12 月 30 日，朱庄水库管理处对明年水库渔业捕捞公开招标答辩，参加答辩共 7 家。经民意测验，评委会评议，由李喜振承包。全年向水库交承包费 11.14

万元。

1987-4：本年 12 月 31 日，明年水库钓鱼经投标答辩，评委会评议，确定由牛增元、秦二忠承包，两人全年不发工资，并向水库交承包费 2100 元。

1988 年

1988-1：本年 1 月 29—30 日，省水利厅会同省建设银行、地区行署、计划委员会、建设银行、水利局、朱庄水库管理处、沙河市政府、邢台县政府等单位组成朱庄水库尾工工程竣工验收委员会，对朱庄水库尾工工程及省水利厅 1984 年批准实施的河滩公路段混凝土路面、四里桥跌水工程进行竣工验收。

1988-2：本年 3 月 16 日上午，地区水利局通知：杨湘荣副专员指示朱庄水库春灌放水 1000 万 m³，水费按每 m³ 7 厘收费。

1988-3：本年 5 月 26 日，行署办公室副主任王铃、农业科王春山、地区水利局局长杜立章等人，到朱庄水库召开科长以上干部会议，宣布本年 5 月 21 日下午专员办公室会议纪要。朱庄水库管理处实行承包制管理，杨朝君中标，从 6 月 1 日起开始承包朱庄水库管理处。

1988-4：本年 6 月 1 日，朱庄水库管理处，以杨朝君为法人代表，与发包单位地区水利局签订承包合同，承包期为 3 年。

1988-5：本年 6 月 1 日，邢台地区行署劳动人事局以邢劳人干字〔1988〕9 号文通知：经招标评审，行署同意，聘任杨朝君为水库管理处主任。

1988-6：本年 6 月 2 日，朱庄水库管理处主任杨朝君聘任：冯秀岩、秦存英、张洪志 3 人为朱庄水库管理处副主任。任期 3 年（从 1988 年 6 月 1 日至 1991 年 5 月 31 日止）。

1988-7：本年 8 月 22 日，朱庄水库管理处机电科与水电站合并。

1988-8：本年 9 月 30 日，朱庄水库管理处请示地区水利局、省水利厅，均同意汛后蓄水位可以超过初期运用控制最高水位 243m，为此，汛后蓄水位达到高程 243.48m。

1988-9：本年 10 月，在地委扩大会议上，专员徐金在宣布：朱庄水库疗养院由地区水利局移交朱庄水库管理处管理，属企业科级。朱庄水库管理处主任杨朝君、副主任冯秀岩、疗养院负责人秦占平参加了会议。

1988-10：本年 11 月 28 日，朱庄水库水产资源开发商讨会在邢台宾馆召开。会议由行署副专员杨湘荣主持，地委书记李明珠，副书记赵培仁参加了会议。与会的单位有：冶金部二十冶公司、邢台发电厂、邢台冶金扎辊厂、邢台矿务局、河北省煤田物探队、邢台供电局、邢台地区磨窝煤矿、邢台驻军 79 师、地区财政局、外贸局、地区粮食局、畜牧局、邢台日报社、地区广播电视局、地区物质局、商业局、供销社、邢台县、沙河市共计 29 个单位的负责人参加会议。会议请各单位集资开发朱庄水库水资源，发展网箱养鱼。并就联营开发形式、受益分配等问题进行商讨。会后，落实集资 25 万元。其中供电局 15 万元，磨窝煤矿 10 万元。

1988-11：本年 12 月 13 日，石家庄地区田庄水电站来人检修朱庄水库 3 号机组。12

月 15 日利用 50t 千斤顶卸开推力头后，发现大轴有划痕 11 道，深 1～3mm，宽 0.5～0.7cm。检查人员认为大轴能否使用，需要进一步查定，随着转入 4 号机组的检修。

1988-12：本年 12 月 15 日，朱庄水库与邢台供电局草签协议，供电局集资 15 万元，一次汇到水库，发展网箱养鱼。

1988-13：本年 12 月 26 日，朱庄水库管理处确定，1989 年发展网箱养鱼 48 箱，投放鱼种 3750kg，实行内部投标承包，承包期为明年 3—10 月底，要求秋后向管理处交成鱼 10.89 万 kg，交足定额剩余部分也可自售。

1989 年

1989-1：本年 1 月 23 日，本年网箱养鱼承包公开投标答辩，经评委评议确定由陈兰国等 3 人承包。

1989-2：本年 2 月 15 日，朱庄村干部带领男女老幼群众 100 多人，排子车、拖拉机齐上，把水库管理处北边峡沟以西，子弟小学前后 208 亩用材林，以招标形式出售砍伐，说是砍伐后重栽果林。朱庄水库上午发现后即向乡政府反映，张、郝两乡长出面解决，制止不住。下午水库管理处去沙河市政府、行署汇报上述情况。仅两天时间，朱庄村把上述范围内的大、小树木全部砍光，计砍树 900 余棵。2 月 16 日，沙河市林业局副局长贾肇明等来水库解决砍树问题，2 月 18 日地区公安处科长李福录、地区林业局副局长赵继英等人到水库察看砍树现场，认为已构成特大毁林案件，让朱庄水库写出文字报告。2 月 23 日，行署副专员杨湘荣、地区公安处副处长吴化起、地区林业局副局长赵继英等人来水库察看砍树现场，定属"滥砍滥伐"。随后，地区林业局率河北电台记者、河北日报社记者、省林业厅有关人员前来水库察看了现场省林。

1989-3：本年 3 月 27 日，朱庄水库管理处邀请省水利厅水电处李保五、西大洋发电厂赵厂长、承德地区水利局赵工、石家庄地区水利局李工、华北水电学院陈教授、地区水利局科长刘旭光等一起来水库检查 3 号机组大轴划道问题。一致认为只要推力头与大轴紧密接触面在 70% 以上即可运行。确定将大轴划道磨平后继续安装运行。

1989-4：本年 4 月 21 日，原河北省省委书记刘子厚来水库视察。地委副书记赵培仁、行署副专员贾长锁和王周南、王克东等陪同视察。水库管理处做了汇报。

1989-5：4 月 30 日，4 号机组检修后进行试运转，到 5 月 4 日，因振动过大，水轮机机架底脚螺栓松动而停机。此时库水位 242.45m，比机组设计最大水头 22m 超高 2.15m。

1989-6：6 月 6 日，朱庄水库管理处向地区防汛指挥部呈报本年汛期提高水库运用标准的紧急请示。要求汛限水位由初期运用 234.6m，提高为正常运用的 237.1m。汛后最高蓄水位由 243m 提高到 247m。

1989-7：6 月 30 日，3 号机组大轴经砂轮、手挫、砂纸打磨消除划道，重新组装后，8 时开机试运转，并甩负荷运行成功。继续运行至 7 月 11 日 16 时停机。运行正常。此时库水位 238.06m，低于机组设计最大水头 2.24m。由此得知：高机组不宜超设计最大水头运行。

1989-8：7月17日下午，地区水利局工管科副科长冯志坚电转省水利厅意见：朱庄水库汛限水位暂按 237.1m 运用，但正式执行还需请设计部门出具意见。

1989-9：11月10日，在邢台参加"全国砌石坝会议"的与会人员，到朱庄水库参观工程。在会议上，朱庄水库高级工程师周长海，工程师王更辰和技术员王振强与省水利科研所所做的 14_2 坝段 0+492m 断面整理的温度观测资料分析及大坝垂直、水平、挠度观测分析整理的论文在会上交流后受到好评。

1989-10：11月24日，中共邢台地区委员会以邢干〔1989〕279号文件命：左义治为朱庄水库管理处副主任、党委副书记；杨朝君任顾问。

1989-11：12月2日，行署副专员杨湘荣到朱庄水库宣布地委关于人事安排决定（即1989-10条文），水库承包终止，改为目标管理责任制。

1990 年

1990-1：本年3月17日，省水利厅天津设计院工程师郑于元到朱庄水库商定：朱庄水库运用标准，汛限水位和死水位均按正常运用标准，汛后最高库水位先按 249m 控制，保下游河道20年一遇标准。

1990-2：本年5月6日，行署副专员杨湘荣主持召开会议，解决朱庄水库在施工中占用朱庄村土地问题。参加人员有：行署办公室副主任阎沛忠、沙河市王副市长、地区土地管理局局长赵书田、朱庄水库管理处副主任左文治、冯秀岩、朱庄村干部张计林、王会林。结论是：这是最后一次解决占地问题，赔偿朱庄村占地款20万元（实际解决20.5万元）。

1990-3：本年5月30日，地区机构编制委员会以邢编〔1990〕35号文，同意朱庄水库成立"水产科"。

1990-4：本年10月10日，地区山区建设办公室张彦勋和沙河市山区办公室人员到朱庄水库，洽谈水库库区南岸综合开发问题。经共同商定：库区南岸高程 262m 以下土地（包括3个远迁村），在水库建设时，已经征购，所有权归水库，由专业队开垦植树，综合开发收入部分给水库。由沙河市山区办公室与水库具体签订文字协议。

1990-5：本年11月30日凌晨3时至12月1日傍晚，刮了一场6～7级大风，大风持续15h，库内水面浪高 2.5m，造成水库网箱养鱼和旅游船只等损失10余万元，于12月5日水库管理处向行署写了专题文字报告。

1990-6：本年12月24日，中共邢台地区委员会以邢干〔1990〕464号文任命：卢建民任朱庄水库管理处副主任，党委委员。

1991 年

1991-1：本年12月，为了进一步加强和改善党的领导，更好地贯彻党的路线方针和政策，请示行署编委将人事科改为党办室。

1992 年

1992-1：本年 8 月，经水库党委研究决定，在邢台市组建汽车修配厂，原朱庄水库修配厂设备全部运到邢台，由马服礼任厂长，水库职工 10 名。

1992-2：本年 9 月，成立了朱庄水库经济开发总公司，聘任董华同志为朱庄水库经济开发总公司经理（内部按副县级待遇）。

1993 年

1993-1：本年 7 月，经水库党委研究决定，在沙河市与个体户李志亮合股成立云达玻璃厂，任命任士俊同志为云达玻璃厂厂长（正科）。

1994 年

1994-1：本年 5 月，邢台市委邢干字〔1994〕118 号文通知，左文治同志任邢台市朱庄水库管理处党委书记；卢建民同志任邢台市朱庄水库管理处党委委员；冯秀岩同志任邢台市朱庄水库管理处督导员。

1994-2：本年 8 月，邢台市委以邢干字〔1994〕215 号文通知，赵锁贵同志任邢台市朱庄水库管理处党委委员；白志亮同志任邢台市朱庄水库管理处纪律检查委员会书记、党委委员。

1994-3：经水库管理处研究决定董华自 1994 年 8 月 24 日起不再担任朱庄水库经济开发总公司经理职务。

1994-4：本年 9 月，邢台市政府以邢政干字〔1994〕044 号文通知，赵锁贵为邢台市朱庄水库管理处副主任。

1994-5：本年 10 月，请示市计委组建邢台市长宏汽车配件公司。主要经营汽车零件、注浆泵、水利物资；实行独立核算、自主经营、自负盈亏，董玉华任公司经理，法人代表。

1995 年

1995-1：本年 5 月 29 日—7 月 5 日，朱庄水库为邢台市补充地下水 2000 万 m^3。

1995-2：本年 9 月 12 日，经省、市防办及邢台市政府同意，进行了泄洪试验，共计泄洪 58 万 m^3。

1995-3：本年 11 月，根据水库工作实际情况，经水库党委研究决定，将水产科、派出所、渔政站三者合为一体，成立水产公司，公司受管理处领导。

1996 年

1996-1：本年8月3—6日，"奋战三个昼夜、全力抗洪抢险"。8月3—6日，朱庄水库上游流域降特大暴雨，朱庄降雨404mm，坡底降雨627mm，水库最大洪峰流量达9760m³/s，相当于300年一遇洪水标准，三日洪量为3.99亿m³。管理处紧急召开了全体干部职工大会，强调了组织纪律和岗位职责，提出了"人在坝在，严防死守"的大会总动员令。经过三天三夜的奋战，顺利完成抗洪抢险任务，确保了大坝和下游人民生命财产的安全。

1997 年

1997-1：邢台修配厂停产，设备处理，职工全部调回单位。

1998 年

1998-1：本年3月，管理处实行财务统一管理规定，对我处所属财务实行统一管理，统一核算，统一计算盈亏的财务管理体制。

1999 年

1999-1：本年4月，请水利部天津水利水电勘测设计研究院科学研究所、海委基本工程质检中心对启闭机机架桥主梁裂缝进行鉴定。4月25—5月15日质检中心完成作业，结论如下：全部30根主梁的裂缝普查，长于100cm的裂缝89条，最大长度127cm，最大宽缝0.38mm。向市水务局请示了机架桥主梁加固补强工程。

1999-2：本年12月，邢台市委以邢干字〔1999〕207号文通知，赵锁贵同志任邢台市朱庄水库管理处党委书记；卢建民同志任邢台市朱庄水库管理处党委副书记；左文治同志任邢台市朱庄水库管理处顾问，免去其邢台市朱庄水库管理处党委书记。

1999-3：本年12月，邢台市政府以邢政干字〔1999〕41号文通知，任命卢建民为邢台市朱庄水库管理处主任；任命白志亮为邢台市朱庄水库管理处副主任；免去左文治的邢台市朱庄水库管理处主任职务。

2000 年

2000-1：本年2月，为了便于水库交通及防洪抢险工作，也给邢台县、沙河市等乡村提供一条奔小康的致富路，请求市政府修复朱庄水库至羊范段公路。

2000-2：本年7月，引朱济邢输水工程正式开工建设，输水管线总长42.978kg，其中主干线20.433kg，钢厂支线8.33kg，电厂支线14.215kg。引朱济邢输水工程由水利部河北水利水电勘测设计研究院设计完成，年引水量5000万 m^3，其中供邢台电厂3300万 m^3，供邢台钢厂1700万 m^3。工程总投资1.5322亿元，设计正常运行年限为40年。

2000-3：本年7月5日，西部山区连降暴雨，将军墓最大降雨量为132毫米，最大入库 $5528m^3/s$（接近百年一遇洪），最大下泄 $600m^3/s$，削减洪峰89%，最大程度地保护了下游人民的生命财产安全。

2000-4：邢台市政府邢政干字〔2000〕54号文通知，任命董禄锁为邢台市朱庄水库管理处副主任。

2000-5：本年11月，管理处委托唐山市现代工程技术有限公司做了朱庄水库自动化改造实施方案，包括：计算机远程控制中心，启闭机控制系统组成。

2001 年

2001-1：本年3月，为了加强大坝的安全管理，保证大坝的安全运行，管理处向邢台市水利局请示对大坝进行安全鉴定。

2001-2：本年9月，完成总投资85万元的四项应急度汛工程，一是溢洪道溢流面反弧段剥蚀处理，二是溢洪道闸墩除险加固，三是一级消力池挑坎裂缝处理，四是消力池边墙加高。

2002 年

2002-1：由朱庄水库内部职工筹资187.1万元修建水电站2号机组。

2002-2：本年4月，由邢台市朱庄水库管理处出资80万元（包括原疗养院的土地和房产）、天津市正昊达科技开发有限公司出资75万元，成立"邢台市天颐资源开发有限责任公司"。将原"朱庄水库疗养院"承租给邢台市天颐资源开发有限责任公司，租赁期限40年，自2002年3月30日起至2042年3月30日止。

2002-3：本年9月，市委邢干字〔2002〕375号文件通知，刘春广同志任朱庄水库管理处党委委员。

2004-4：本年11月，市政府邢政干字〔2002〕129号文件通知，任命刘春广为邢台市朱庄水库管理处副主任。

2003 年

2003-1：本年3月，由于水库闸门控制设备陈旧，控制手段落后，特向水务局申请闸门自动化改造。

2004-2：本年3月，引朱济邢输水工程完工。

2004-3：本年4月，为了切实加强对防治"非典"工作的领导，确保水库防疫措施落到实处，经处务会研究成立防治"非典"领导小组。

2004-4：本年11月，河北省水利厅建管处组织水利专家及有关单位，对朱庄水库大坝进行了安全鉴定，依据鉴定报告，朱庄水库大坝安全类别综合评定为三类坝。

2004-5：本年8月，朱庄水库水电站2号机组正式开工，水电站2号机组是引朱济邢渠首配套工程，水轮机型号为 HLN-WJ-50，发电机型号 SFWJ630-6/990，为小型卧式机组，装机容量630kW。11份安装完毕，历时近3个月。

2004 年

2004-1：本年3月，为确保"朱庄水库环境污染综合治理"项目的实施，特成立"朱庄水库环境污染综合治理"项目招标领导小组。组长：卢健民；副组长：刘春广；成员：乔光建、王振强、赵庆丰、李建良、董玉华。

2004-2：本年4月，引朱济邢输水工程正式运行。

2004-3：本年8月，邢机编〔2004〕16号文通知，对市直财政供养事业单位空余编制统一管理，朱庄水库核定编制为141人。

2004-4：依据国家发展和改革委员会、水利部联合印发的《水利工程供水价格管理办法》和省物价局、省水利厅印发的《河北省水利工程供水价格管理办法实施细节》，朱庄水库对供水价格进行了测算。农业供水单价测定为：0.301元/m³，工业供水价测定为：1.391元/m³。

2004-5：本年12月，为了扩大经营范围、安排富余人员就业，决定在邢台市成立"邢台市华兴机动车驾驶员信息中心"。法定代表人由石虎林同志担任。

2005 年

2005-1：本年1月，为了搞好水库体制改革，加强项目建设，经管理处研究决定，成立"朱庄水库管理处发展改革办公室"。

2005-2：本年6月，收到水利部大坝安全管理中心关于朱庄水库三类坝安全鉴定成果核查意见的批文。（坝函〔2005〕1094号）。

2005-3：本年5月15日—6月15日，完成了水库闸门自动化控制项目，总投资为65万元。

2006 年

2006-1：本年2月，呈报市水务局朱庄水库除险加固工程初步设计报告。除险加固总投资10764.98万元。

2006-2：本年4月，邢台市委以邢干字〔2206〕125号文通知，王振未同志任邢台市朱庄水库管理处党委委员、纪委书记；免去梁景江同志的邢台市朱庄水库管理处纪委书记、党委委员。

2006-3：本年4月，根据河北省物价局《关于朱庄水库供水价格的通知》（冀价工字〔2006〕18号）和市物价局（邢价管字〔2006〕16号）文件精神，请示市物价局批准

2006 年 3 月 25 日前朱庄水库对邢台市朱庄供水有限公司的供水结算价格为 0.23 元/m³，其中，供水价格 0.20 元/m³，移民生产扶助基金 0.03 元/m³。

2007 年

2007-1：本年 6 月，河北省发展和改革委员会以冀发改投资〔2007〕800 号文对邢台市朱庄水库除险加固工程初步设计进行了批复，总投资 6916.0 万元，工程内容主要包括：坝基排水孔修复、溢流坝面处理、坝体裂缝处理、机架桥和交通桥改建、消能设施加固、放水洞封堵、机电及金属结构设备改造工程、完善大坝安全监测和管理设施、对外交通等。

2008 年

2008-1：本年 3 月，为落实好国人发〔2007〕10 号文件精神，按照邢人发〔2007〕30 号文件要求，成立由刘春广同志为主任、其他 7 人组成的人事争议调解委员会。

2008-2：本年 5 月，为了对水库温泉进行更好的开发利用，申请办理温泉开采取水证和温泉探矿权证。

2008-3：本年 8 月，邢台市政府以邢政干字〔2008〕61 号文通知，任命刘春广为邢台市朱庄水库管理处主任，免去其邢台市朱庄水库管理处副主任职务；免去卢建民的邢台市朱庄水库管理处主任职务。

2008-4：本年 11 月，邢台市委以邢干字〔2008〕230 号文通知，张振全同志任邢台市朱庄水库管理处党委委员；王振强同志任邢台市朱庄水库管理处党委委员。

2008-5：本年 12 月，邢台市政府以邢政干字〔2008〕84 号文通知，任命张振全为邢台市朱庄水库管理处副主任；任命王振强为邢台市朱庄水库管理处副主任。

2009 年

2009-1：本年 3 月，根据省、市职称办文件精神结合我处工作实际，经研究成立以刘春广同志任组长的专业技术岗位聘用工作领导小组。

2009-2：本年 3 月，河北省水利工程局正式进驻朱庄水库，水库除险加固工程正式开始。

2009-3：本年 4 月，为从精神上和身体上减轻老职工的负担，结合水库实际，经管理处研究决定，对个别年龄偏大，并身患疾病的老职工实行提前离岗退养规定。

2009-4：本年 6 月，冀价经费〔2009〕8 号文通知，朱庄水库非农业供水价格由每 m³0.20 元调整为 0.26 元（含省水土流失防治资金每 m³0.01 元），2009 年 7 月 1 日起执行。

2009-5：本年 8 月，为进一步贯彻落实市政府文件精神，强化我处安全生产隐患治理工作，经研究决定成立由刘春广同志任组长的安全生产隐患治理领导小组。

2009-6：本年9月，根据省市职改办文件精神结合我处工作实际，制定专业技术岗位分级聘用实施办法。

2010 年

2010-1：本年1月，为进一步做好水库各项工作，分清职责，加强领导，经处务会研究决定，对我处内设机构进行调整：成立水情调度科：在工管科原有的基础上，分离出一个水情调度科；成立事务管理科：在办公室原有的基础上，分离出一个事务管理科；撤消发展改革办公室、工程队、华兴公司三个科室。

2010-2：本年5月，水库向大沙河放水2000万 m³，使地下水位得到回升。

2010-3：本年8月，市委以邢干字〔2010〕222号文件通知，刘春广同志任邢台市朱庄水库管理处党委副书记，免去其邢台市朱庄水库管理处党委书记职务；王振未同志任邢台市朱庄水库管理处党委书记职务，免去其邢台市朱庄水库管理处党委副书记；郑江峰同志为邢台市朱庄水库管理处党委委员职务；免去张振全同志的邢台市朱庄水库管理处党委委员职务。

2010-4：本年9月市政府邢政干字〔2010〕57号文件通知，任命郑江峰为邢台市朱庄水库管理处副主任；免去张振全的邢台市朱庄水库管理处副主任职务。

2010-5：本年11月11日，邢台市人民政府办公室关于印发《邢台市朱庄水库水源地保护和管理办法》的通知。本管理办法由邢台市政府第三十二次常务会议研究通过。

2011 年

2011-1：本年3月，为了使水库正常运行和持续发展，请示河北省水利厅调整朱庄水库管理处工业供水价格。

2011-2：本年6月，经过多方协调办理了包括办公区、生活区、疗养院、学校共计628亩土地证。朱庄水库建库时已经确权划界，但因历史原因一直没有办理土地证。

2012 年

2012-1：按照邢台市水生态保护与修复办公室的要求，我单位自4月27日10点10分开始通过北干渠和大沙河放水补充市区地下水，至7月20日8点停止，共计放水4394万 m³（水价0.2元/m³）。圆满完成2012年水生态系统保护与修复工作任务。

2012-2：本年12月，为保障朱庄水库工作的正常运转，根据河北省物价局关于调整邢台市朱庄水库供水价格的通知（冀水财〔2012〕158号），朱庄水库非农业供水价格调整为每0.40元/m³。调整后的价格自2013年1月1日起执行。

2013 年

2013-1：本年 3 月，为了切实加强我处党建工作，进一步夯实党建工作基础，认真落实基层党建工作责任制，经研究决定，成立朱庄水库党委办公室。

2013-2：按照邢台市水生态保护与修复办公室的要求，我单位自 3 月 29 日 10 点开始通过大沙河放水补充市区地下水，至 5 月 6 日 5 点停止，共计放水 3000 万 m³（水价 0.26 元/m³）。圆满完成 2013 年水生态系统保护与修复工作任务。

2013-3：本年 8 月，邢机编办字〔2013〕101 号文通知，核定内设科级领导职数 23 名（含纪检党群组织）。其他机构编制事项不变。

2013-4：为认真落实好市委关于在全市深入开展"解放思想、改革开放、创新驱动、科学发展"大讨论活动的指示要求，确保大讨论活动取得实效，经朱庄水库大讨论活动领导小组研究同意，特印发邢朱发〔2013〕6 号《全处"解放思想、改革开放、创新驱动、科学发展"大讨论活动推进方案》。